ALBERTI DE SAXONIA
QUÆSTIONES
IN ARISTOTELIS *DE CÆLO*

PHILOSOPHES MÉDIÉVAUX
TOME LI

BENOÎT PATAR
Maître-Agrégé en philosophie

ALBERTI DE SAXONIA QUÆSTIONES IN ARISTOTELIS *DE CÆLO*

Édition critique

LOUVAIN-LA-NEUVE
ÉDITIONS DE L'INSTITUT SUPÉRIEUR DE PHILOSOPHIE
LOUVAIN - PARIS - DUDLEY, MA
ÉDITIONS PEETERS
2008

A CIP record for this book is available from the Library of Congress

Illustration de la couverture: Détail d'une page tirée d'un Livre d'Heures, Bruges, ca. 1485. – Krakow, Musée national, Bibliothèque Czartoryski, Ms. Czart. 3025, fol. 151.

ISBN 978-90-429-2104-7 (Peeters Leuven)
ISBN 978-2-7584-0039-4 (Peeters France)
D. 2008/0602/94

À mon cousin et ami Marc Lejeune,
sans l'aide duquel ce livre
n'aurait pas vu le jour

En mémoire du Père Adriaan Pattin,
homme de bonté et d'érudition

Introduction

Les *Quaestiones in De caelo* d'Albert de Saxe ont bénéficié, pendant plusieurs siècles, d'une réputation enviable. Leur diffusion, en effet, fut très grande en Allemagne, en Italie et en Europe de l'Est (40 manuscrits, plus 8 éditions imprimées de la Renaissance). Leur rôle dans la diffusion de la pensée «nominaliste» et des conceptions cosmologiques des derniers siècles du Moyen-Âge fut déterminant et influença, parfois *a contrario*, des auteurs aussi différents que Nicolas Copernic, Léonard de Vinci et Galilée. Il n'était dès lors pas inutile d'en donner une édition critique qui permette d'en prendre connaissance d'une façon assurée.

Cette édition était d'autant plus nécessaire que l'ouvrage du maître saxon s'inspire fortement et abondamment du *De caelo* de Buridan, dont j'ai assuré il y a quelques années la publication. Une meilleure connaissance des textes d'Albert de Saxe nous permet donc de mieux apprécier la pensée du maître picard.

Vie d'Albert de Saxe

Albert de Saxe est connu pour avoir été un des disciples de Buridan et de Nicolas Oresme, même s'il n'a pas été officiellement un de leurs élèves (puisqu'il ne faisait pas partie de la Nation picarde ou de la Nation normande) ([1]). On s'est parfois interrogé sur cette filiation, mais l'analyse des textes montre à l'envi qu'il en a bien été ainsi. Non seulement il emprunte à ces derniers, mais il évoque lui-même à quelques reprises cette appartenance. Ainsi, dans le prologue de son *De caelo*, qui est sa première œuvre à l'Université de Paris, il parle avec grande révérence de ceux qui lui ont enseigné (voir p. 6, lignes 25 à 33). Dans la Question 26 du même ouvrage, il n'hésite pas à faire allusion à Buridan, dont il réfute les hypothèses héliocentriques.

([1]) Pour plus de renseignements sur ces trois auteurs, Cf. B. PATAR, *Dictionnaire des philosophes médiévaux*, 2006, pp. 36-38 (Albert de Saxe), pp. 215-222 (Jean Buridan), pp. 306-312 (Nicolas Oresme).

Albert se rendit également célèbre par ses ouvrages de logique, qui furent publiés en très grand nombre à travers toute l'Europe, et par quelques ouvrages scientifiques.

Les renseignements sur la vie du philosophe saxon sont encore moins nombreux que ceux de son maître. D'après les études de Sarnowsky (2), de Herold (3), de Kolesnyk (4) et à partir des quelques indices que l'on peut retrouver dans ses œuvres et dans quelques manuscrits, on est en mesure d'établir la biographie suivante.

Albert, dit de Saxe, est né probablement à Rickmersdorf, petit village situé près de Helmstedt en Basse-Saxe. De son enfance, on ne connaît rien, pas plus d'ailleurs que de sa date de naissance. Il est possible qu'il soit né vers 1320.

Cette date, sans avoir une valeur absolue, est vraisemblable. On sait, en effet, qu'il obtint sa maîtrise ès arts au mois de mars 1351 (5), et qu'à cette époque il était déjà prêtre (6). Or d'habitude un prêtre est ordonné vers l'âge de 25 ans. À cela s'ajoute le fait qu'il a probablement étudié 4 ou 5 ans avant de venir achever ses études à Paris. De toute façon, il est certain qu'il n'est plus un tout jeune homme en 1353 quand il est nommé recteur de la Faculté des arts. Même si cette fonction est plus un service qu'un honneur, on peut difficilement concevoir qu'un jeune homme de 25 ou 26 ans, qui vient à peine d'arriver à Paris, soit désigné à cette charge. Par ailleurs, l'espèce de vénération prudente qu'il manifeste à l'égard de ses maîtres dans le prologue de son *De caelo* (écrit vers 1353) n'est certainement pas le fait d'un homme d'âge mûr de 36 ou 37

(2) J. SARNOWSKY, *Die aristotelisch-scholastische Theorie der Bewegung. Studien...*, pp. 11-34. Plusieurs autres auteurs ont écrit sur la vie du «petit» Albert: Grabmann, Birkenmajer, Überweg-Geyer, Maier. Pour de plus amples renseignements, on consultera, outre Sarnowsky, O. WEIJERS, *Le travail intellectuel...*, pp. 45-46.

(3) V. HEROLD, «Albert von Sachsen und die Prager Universität», in J. BIARD (éd.), *Itnéraires d'Albert de Saxe.......*, pp. 285-297.

(4) A. KOLESNYK, «Bemerkungen zum Leben und zur Lehre Albert von Sachsen», in J. BIARD (éd.), *Itinéraires d'Albert de Saxe*, pp. 299-307.

(5) Cf. J. SARNOWSKY, *Die aristotelisch-scholastische...*, p. 12.

(6) *Ibidem*, p. 15. Albert se présente comme un prêtre appartenant au diocèse d'Halberstadt; il ne faisait donc partie d'aucun ordre religieux.

ans. Il est vraisemblable dès lors de conjecturer que le philosophe allemand est dans la trentaine commençante au moment où il entame véritablement son enseignement à la Faculté des arts. Par conséquent, la date de 1320 paraît acceptable.

Il n'en va pas de même pour la date de 1316 avancée par certains (7). Il est sûr, en effet, qu'Albert entame des études en théologie aussitôt après l'obtention de sa *licentia docendi* (8). Or s'il avait eu 36 ans en 1352, son avenir aurait été plutôt bouché et ses chances d'aboutir à une maîtrise en théologie pas très encourageantes (puisqu'il fallait 7 ans d'études). La chose est toujours possible, mais elle est à cette époque relativement peu probable. La date de 1320 paraît plus sûre, et doit donc être retenue jusqu'à plus ample informé.

Comme je viens de le signaler, le jeune Albert entreprend des études avant de venir à Paris. Où les a-t-il entamées? Les opinions divergent (9). Il ne serait pas impossible qu'il les ait effectuées à Erfurt, ville qui n'était pas éloignée de sa région natale et était devenue un centre d'études fort actif. C'est à cette époque qu'il aurait rédigé son *De philosophia pauperum* (± 1347). Il se peut également, comme le met en évidence le chercheur tchèque Herold, qu'il ait passé un ou deux ans (1348-1349) à Prague, dans la nouvelle université créée par Charles IV.

C'est de là qu'il serait arrivé à Paris fin 1349. Aussitôt, il suit les cours chez les artiens et se met sous la direction de maître Albert de Bohème, qui patronnera sa détermination en 1351. C'est à ce

---

(7) QUETIF et ÉCHARD, *Scriptores ordinis praedicatorum recensiti*, Paris, 1719, tome I, 735a. Cité par J. SARNOWSKY, *Die aristotelisch-scholastische...*, p. 13.

(8) Il était fréquent d'entamer d'autres études après avoir passé ses premières années à la Faculté des arts. On peut d'ailleurs difficilement imaginer Albert quittant sa Saxe natale, où il avait déjà fait des études avancées, dans le but de conquérir uniquement une licence en philosophie. Au demeurant, la suite de sa carrière montre que son intention n'était pas d'en rester là.

(9) J. SARNOWSKY (*Die aristotelischscholastische*, p. 18) opte pour Erfurt; V. HEROLD («Albert von Sachsen und die Prager Universität», pp. 285-297) pour Prague.

moment qu'il rencontre un autre maître, Buridan, dont il subira l'influence marquante; il fait également la connaissance de Nicolas Oresme qui est déjà professeur à la Faculté depuis 6 ans.

En mars 1351, il réussit ses examens de maîtrise en arts et obtient par conséquent l'autorisation d'enseigner. Il se met à la tâche dès le dernier trimestre de cette même année. C'est à ce moment qu'il faut sans doute situer ses premières leçons.

Étant d'origine saxonne, il fait partie presque automatiquement de la Nation anglaise ([10]) au sein de laquelle il exercera sa profession d'enseignant jusqu'à son départ en 1363. Ses capacités et son renom étaient suffisamment grands pour qu'en 1353, c'est-à-dire quatre ans seulement après son arrivée, on le désigne comme recteur de la Faculté des arts.

Entre-temps, il multiplie les tâches d'enseignement, abordant tour à tour les livres de philosophie naturelle et les problématiques logiques. Il dirige également un nombre assez important d'aspirants à la maîtrise (40 de 1352 à 1361) ([11]). Non content d'enseigner, il s'inscrit en 1353 comme étudiant en théologie, sur recommandation des maîtres artiens de la Nation anglaise.

Bien que sa famille ait été de petite noblesse, Albert ne semble pas avoir roulé sur l'or durant son séjour parisien. Grâce à l'appui de son frère et des membres de sa Nation, il parvient à survivre et réussit à payer ses études en théologie.

L'influence du maître allemand va grandissant, tant à l'intérieur de sa Nation qu'à l'extérieur. En 1357, il représente la Nation anglaise à l'occasion d'une réunion des facultés. En 1358, lors de la controverse entre les Anglais et les Picards ([12]), il est désigné

([10]) L'Université de Paris comprenait quatre Nations: la Nation française, la Nation normande, la Nation picarde et la Nation anglaise. Les étudiants étrangers qui n'étaient pas anglais s'inscrivaient là où ils le pouvaient, c'est-à-dire là où on les acceptait. D'habitude, les Allemands faisaient partie de la Nation anglaise. Albert a donc enseigné chez les Anglais.

([11]) Cf. J. SARNOWSKY, *Die aristotelisch-scholastische...*, p. 21. Il est à noter qu'en 1353, occupant la charge de recteur, il ne dirige personne.

([12]) Voir E. FARAL, «Jean Buridan, maître ès Arts...», pp. 478.

comme modérateur pour représenter les premiers, tandis que Buridan, son ancien maître, est choisi pour représenter la partie adverse. On peut imaginer qu'ils ne se sont pas ennuyés!

À partir de 1363, on perd quelque peu sa trace dans le cursus parisien. Il semble bien qu'il ait dès 1361 entrepris des voyages à la fois pour obtenir une charge rémunératrice et assurer son avenir. Si l'on en croit Sarnowsky ([13]), c'est à cette époque qu'il fréquente le pape à Avignon. Une lettre d'Urbain V au duc d'Autriche Rudolf IV, datée du 12 septembre 1364, nous le montre effectuant des représentations pour obtenir l'autorisation de fonder une université à Vienne. Démarches couronnées de succès dès 1365. En 1366, Albert élabore les statuts de l'Université de Vienne et est nommé recteur. Mais, suite à la mort de Rudolf IV, celle-ci commence à péricliter, seule la Faculté des arts gardant un certain prestige. À cette même époque, Albert devient chanoine d'Hildesheim tout en conservant la charge de curé de Laa qu'il avait obtenue quelques années auparavant. Peu de temps après, le 21 octobre 1366, Urbain V le nomme évêque de Halberstadt.

Ce n'est pas le lieu ici de raconter tous les avatars guerriers, financiers et administratifs qu'eut à subir le philosophe devenu évêque et prince ([14]). Disons simplement que la tâche fut rude. Albert dut lutter à la fois contre les chanoines de son chapitre et contre les entreprises de ses voisins, voire de ses administrés. Il eut même à jouer de l'épée lors d'un conflit survenu en 1367 (qui se solda par une cuisante défaite). Tous ces tracas n'empêchèrent pas le maître saxon de réorganiser son diocèse tant sur le plan territorial que sur le plan religieux. Peu à peu, ses activités de philosophe s'estompant, il se mit en évidence comme conciliateur et comme saint évêque. Ayant joui de l'estime d'Urbain V, il bénéficia également (magré quelques difficultés vite apaisées) de la considération de Grégoire XI.

Albert mourut le 8 juillet 1390.

([13]) Cf. J. SARNOWSKY, *Die aristotelisch-scholastische...*, pp. 24-27.

([14]) Pour de plus amples détails sur ces «intéressantes» activités et sur les difficultés que rencontra Albert de Saxe avec ses ouailles, on se reportera à ce qu'en dit J. SARNOWSKY, *Die aristotelisch-scholastische...*, pp. 27-34.

Les œuvres authentiques d'Albert de Saxe

Suite aux travaux de C. Lohr ([15]), de A. Pattin ([16]), de J. Sarnowsky ([17]), de A. Muñoz García ([18]), de M. J. Fitzgerald ([19]), de O. Weijers ([20]) et aux observations que j'ai pu effectuer moi-même, il est possible de parvenir à une connaissance relativement précise des ouvrages dont maître Albert est l'auteur.

Tous ces ouvrages, dont il n'existe, comme nous allons le voir, que très peu d'éditions critiques, sont des reportations, c'est-à-dire des notes de cours, plus ou moins révisées. Le penseur saxon n'ayant enseigné qu'une douzaine d'années, sa production philosophique occupe un champ moins vaste que celle de son maître picard. Par contre, le grand nombre d'éditions anciennes montre à l'évidence que sa réputation posthume n'a rien à envier à celle dont jouit Buridan durant les XVe et XVIe siècles. Avec son maître, il fut un des porte-drapeaux de la pensée «nominaliste» dans tout l'est de l'Europe.

Il est à noter également qu'Albert n'a pratiquement pas effectué de commentaires littéraux (*Expositiones*) des textes d'Aristote ou des grands auteurs de l'Antiquité, mais s'est plutôt intéressé à questionner les écrits de quelques-uns d'entre eux.

([15]) C. Lohr, «Medieval latin Aristotle commentaries», in *Traditio*, 1967, pp. 348-352.

([16]) A. Pattin, *Repertorium commentariorum medii aevi...*, pp. 13, 14, 32, 101, 103.

([17]) J. Sarnowsky, *Die aristotelisch-scholastische...*, pp. 34-54 et pp. 435-451.

([18]) A. Muñoz García, «Albert of Saxony, bibliography», in *BPM*, n° 32, pp. 159-190.

([19]) M. J. Fitzgerald, «The 25 metalogical questions of Albert of Saxony», in J. Biard (éd.), *Itinéraires d'Albert de Saxe...*, pp. 253-265.

([20]) O. Weijers, *Le travail intellectuel à la Faculté des arts de Paris: textes et maîtres (ca. 1200-1500)*, pp. 47-53.

Panorama général

Ouvrages de logique

– *Quaestiones* sur l'*Ars vetus*:
  Isagoge de Porphyre
  Catégories (*Praedicamenta*) d'Aristote
  Peri Hermenias d'Aristote
– *Expositio* et *Quaestiones* sur les *Premiers Analytiques* d'Aristote
– *Expositio* et *Quaestiones* sur les *Seconds Analytiques* d'Aristote
– *Quaestiones* sur les *Topiques* d'Aristote
– *Perutilis logica*
– *Quaestiones super logicam*
– *Sophismata*
– *Tractatus de locis dialecticis*
– *Tractatus propositionum*

Ouvrages de philosophie naturelle

– *Quaestiones* sur le *De generatione et corruptione* d'Aristote
– (*Expositio* et *Quaestiones* sur la *Physique* d'Aristote)
– *Expositio* et *Quaestiones* sur le *De caelo* d'Aristote
– *Quaestiones* sur les *Météores* d'Aristote
– *Quaestiones* sur le *De anima* d'Aristote
– *Quaestiones* sur les *Parva naturalia* d'Aristote:
  De sensu et sensato
  De memoria et reminiscentia
  De somno et vigilia
  De longitudine et brevitate vitae
  De iuventute et senectute
– *Commentarium* sur le *De pomo* du Pseudo-Aristote

Ouvrages scientifiques

– *Quaestiones* sur le *Traité de la sphère* de Jean de Sacrobosco
– *Tractatus proportionum*
– *Tractatus de quadratura circuli*

Ouvrages de philosophie morale et sociale

- *Philosophia pauperum*
- *Expositio* sur l'*Éthique* d'Aristote
- *Expositio* sur l'*Économique* d'Aristote

Chronologie sommaire des œuvres et des activités d'Albert de Saxe (21)

En l'absence d'éditions critiques (nous n'en avons que trois pour l'instant) et d'études ponctuelles sur les textes d'Albert de Saxe, il est impossible à l'heure actuelle d'établir une chronologie satisfaisante des œuvres du maître saxon, et d'une manière générale de son enseignement ou de ses activités. On ne peut donc que conjecturer à partir de certains indices contenus dans les manuscrits ou de certaines références repérées dans les différents ouvrages étudiés. Cela étant, on peut dresser le tableau embryonnaire suivant:

1320	naissance d'Albert de Saxe
±1347	ouvrage intitulé *Philosophia pauperum*
1348-1351	études à la Faculté des arts
1351	début de l'enseignement à la Faculté des arts à Paris avec les *Quaestiones* sur le *De caelo*
1353	recteur à la Faculté des arts de l'Université de Paris; entrée à la Faculté de théologie
1354-1362	enseignement de ses autres ouvrages
1361	séjour à Avignon
1366	recteur de l'Université de Vienne
1367	conflit armé avec ses voisins
1390	mort d'Albert

(21) Comme je l'ai fait remarquer dans mes précédents ouvrages, une liste de ce genre n'est jamais définitive, car on n'est jamais à l'abri de nouvelles attributions. Il s'agit donc d'un instrument de référence qui se veut le plus à jour possible, et toujours sujet à révision.

Examen détaillé des sources manuscrites et imprimées des ouvrages d'Albert de Saxe ([22])

Ouvrages d'Albert de Saxe

Dans un premier temps, nous examinerons les textes dont le maître saxon est l'auteur; après quoi, je donnerai une liste sommaire d'ouvrages ou d'articles qui lui sont consacrés.

SUPER ARTEM VETEREM
(Isagoge, Categoriae (Praedicamenta), Peri Hermenias)

Quaestiones:

Mss: 1) Michelbeuren, Stiftsbibl., cart. 57, ff. 258^{r}-303^{v}; 2) Séville, Bibl. Col., 7-2-19, ff. 1^{r} -69^{r}.

Fragment manuscrit: 1) New York, St. Bonav. Libr., 9, ff. 33va-70vb.

Quaestiones sur les Praedicamenta (seulement):

Mss: 1) Prague, Univers. Knihovna, 982, ff. 35^{r}-58^{r}.

Quaestiones sur le Peri Hermenias (seulement):

Mss: 1) Turin, BN, CMLXIV, i. II. 18.

Éditions anciennes:
1) MARCUS DE BENEVENTO (éd.), *Expositio aurea et ad modum*

([22]) Il est évident qu'une liste de ce genre est toujours provisoire, puisqu'elle n'est pas à l'abri de nouvelles découvertes. Elle constitue cependant un instrument de travail acceptable.

utilis super Artem veterem édita per [...] Guillelmum de Occham cum quaestionibus Alberti parvi de Saxonia, Bologne, 1496.
2) réimpression en fac-similé de l'édition de 1496: Ridgewood (N.J.), 1964.

Éditions modernes:
1) édition critique: ANGEL MUÑOZ GARCÍA, *Alberti de Saxonia «Quaestiones in artem veterem»*, Maracaibo (Vénézuéla), Universidad del Zulia, 1988.

SUPER ANALYTICA PRIORA

Expositio:

Mss: 1) Erfurt, WAB, Ampl. Q. 255, ff. 114^{r} -139^{r}; 2) Erfurt, WAB, Ampl. Q. 255, ff. 114ra-140ra;

Éditions: aucune

Quaestiones:

Mss: 1) Cracovie, BJ, 713, ff 1^{r}-58; 2) Erfurt, WAB, Ampl. Q. 255, ff. 70ra -113va; 3) Padoue, BU, 1616, ff. 1^{r}-162; 4) Turin, BN, CMLXIV, i. III. 18.

Éditions: aucune

SUPER ANALYTICA POSTERIORA

Expositio:

Mss: 1) Padoue, Bibl. Anton., 397 (Scaff. XVIII), ff. 1^{r}-33^{v}; 2) Padoue, BU, 1616, ff. 1^{r} -162; (douteux) Vatican, BAV, Urb. lat. 1489, ff. 119ra-150rb.

Quaestiones:

Mss: 1) Avranches, BM, 227, ff. 118^{r}-164^{r}; 2) Cracovie, BJ, 621, ff. 85ra-138ra; 3) Cracovie, BJ, 663, ff. 62ra-95ra; 4) Cracovie, BJ, 713, ff. 1ra-95ra; 5) Cracovie, BJ, 736, ff. 1ra-50va; 6) Eichstatt, SB, lat. 565, ff. 21^{v}-26^{v}; 7) Florence, BN, Conv. Soppr. I. III, 6, ff. 23^{r}-35^{v}; 8) Kremsmünster, Bibl. des Benedikt., 169, ff. 175^{r}-207^{r}; 9) Leipzig, UB, lat. 1371, ff. 190ra-223ra; 10) Leipzig, UB, lat. 1372, ff. 121ra-162ra; 11) Leipzig, UB, lat. 1373; 12) Madrid, BN, 3348; 13) Melk, Bibl. des Benedikt., 999 (749), ff. 209ra-273^{r}; 14) Munich, SB, Clm 6962, ff. 45ra-92 ^{rb}; 15) Munich, SB, Clm 19677, ff. 156^{r}-193^{v}; 16) Padoue, Bibl. Anton., 397 (Scaff. XVIII), ff. 34^{r}-86^{v}; 17) Padoue, BU, 1616, ff. 1^{r}-162; 18) Prague, Metr. Kap., 1324, ff. 38^{r}-52^{v}; 19) Rome, Academ. Naz., 415 (36 F 6), ff. 35^{v}-71^{r}; 20) Szczecin, Wojew. i Miejska Bibl., Cam. 5, ff. 230-239; 21) Tortosa, Bibl. del Capitol Catedral, 108, ff. 1^{r}-25^{v}; 22) Tortosa, Bibl. del Capitol Catedral, 108, ff. 111^{r}-188^{r}; 23) Varsovie, BN, 8071, ff. 230-239^{r}; 24) Vatican, BAV, Pal. lat. 1049, ff. 73ra-97ra; 25) Vienne, ÖNB, 4951, ff. 224^{r}-257^{r}; 26) Vienne, ÖNB, 5375, ff. 32^{r}-35rb; 27) Vienne, ÖNB, 5377, ff. 92ra-113vb.

Éditions anciennes:

1) JACOBUS BAPTISTA ALOISIANUS et IOHANNES BAPTISTA DE TOLENTINO (éds.), *[...] Quaestiones sibtilissimae Alberti de Saxonia super libros Posteriorum*, Milan, Libr. Octavianus Scotus, 1497.
2) *Ibidem*, Venise, Libr. Octavianus Scotus, 1497.
3) réimpression anastatique de l'édition de 1497: Hildesheim, Olms, 1986.

SUPER TOPICA

Quaestiones:

Fragment manuscrit (Q. 1, L. II): 1) Gießen, UB, 54, ff. 163^{v}-166^{v}.

Éditions: aucune

PERUTILIS LOGICA

Mss: 1) Assise, Bibl. comm., lat. 291, ff. 1ra-50va; 2) Barcelone, Cor. de Arag., Ripoll 162, ff. 1^{r}-135; 3) Bergame, Bibl. civ., Gamma VI. 29, ff. 1^{r}-63; 4) Bologne, BC dell'Arch., A. 887, ff. 1^{r}-191; 5) Columbia, UL, Plimpton 143, ff. 1^{r}-...; 6) Crémone, Bibl. gov-ern., 8, ff. 1ra-62rb; 7) Erfurt, WAB, Ampl. Q. 69, ff. 1^{r}-69; 8) Erfurt, WAB, Ampl. Q. 242, ff. 1^{r}-87^{r}; 9) Erfurt, WAB, Ampl. Q. 245, ff. 233^{v}-237^{v}; 10) Erfurt, WAB, Ampl. Q. 245, ff. 240^{r}-241^{v}; 11) Florence, Bibl. Laur., Plut. XII cod. VI, ff. 1^{r}-96; 12) Florence, BNC, Conv. Soppr. A. 6. 1258, ff. 1^{r}-72; 13) Florence, BNC, Conv. Soppr. B.3.21, ff. 1^{r}-4; 14) Leipzig, UB, lat. 367; 15) Léon, Bibl. Cap., 29, ff. 1^{r}-123; 16) Léon, Bibl. de la Real Col. de San Isid., 33 cajón st n.36, ff. 2^{r}-79^{r}; 17) Macerata, BC, 1199; 18) Milan, Bibl. Ambr., B. 36, ff. 1^{r}-139^{r}; 19) Naples, BN, 475 (VIII.E.9), ff. 13-56; 20) New York, St. Bonav. Lib., 9, ff. 1^{r}-32^{r}; 21) Osimo, Bibl. del Coll. Camp., ff. 1^{r}-....; 22) Oxford, Bodl. Lib., lat. misc. e. 20, ff. 4ra-105rb; 23) Paris, BN, lat. 6670, ff. 1^{r}-247^{r}; 24) Paris, BN, lat. 14715, ff. 1ra-59ra; 25) Pérouse, BC, A. 28, ff. 84^{r}-125^{v}; 26) Pommersfelden, Gräflich-Schönb. Bibl., 235 (2858), ff. ...-...; 27) Prague, Metr. Kap., 1277 (L. XXXIV), ff. 1^{r}-69^{r}; 28) Prague, Metr. Kap., 1383 (M. XXX), ff. 1^{r}-144; 29) Prague, NK, 736 (IV.G4), ff. 1^{r}-112^{r}; 30) Rome, Bibl. Angel., 1017 (R.6,32), ff. 14-19; 31) Stuttgart, Württemb. Landesbibl., HB X 3, ff. 4ra-57va; 32) Tortosa, Bibl. del Capitol Catedral, 243, ff. 1^{r}-94^{r}; 33) Turin, BN, F.V21, ff. 1^{r}-72; 34) Vatican, BAV, Barb. 265 (X 83), ff. 147-...; 35) Vatican, BAV, Chigi E.VI.191, ff. 77-...; 36) Vatican, BAV, lat. 3046, ff. 114-...; 37) Venise, Bib. Nazion. Marc., lat. Z.301 (1576), ff. 57^{v}-58^{v}; 38) Vienne, ÖNB, 4698, ff. 155^{v}-161^{r}; 39) Viterbe, Bibl. Capit., 47.

Fragment manuscrit consacré aux *Insolubilia*: 1) Vatican, BAV, lat. 3065, ff. 25^{r}-31^{v}.

Éditions anciennes:

1) partielle (*Insolubilia* et *De obligationibus*): ANONYME (éd.), *Sophismata, Insolubilia, Obligationes*, Paris, Libr. Georg Wolff, 1490.

2) partielle (*De obligationibus*): ANONYME (éd.), *Obligationes*, Lyon, Libr. J. Carcain, 1493.
3) partielle (*Insolubilia* et *De obligationibus*): ANONYME (éd.), *Insolubilia, Obligationes*, Paris, Libr. Felix Baligault, 1495.
4) partielle (*Insolubilia* et *De obligationibus*): ANONYME (éd.), *Insolubilia, Obligationes*, Paris, Libr. Antoine Caillaut, (1496-1498).
5) partielle (*De obligationibus*): ANONYME (éd.), *Obligationes*, Lyon, Libr. J. Carcain, 1498.
6) partielle (*Insolubilia* et *De obligationibus*): ANONYME (éd.), *Insolubilia, Obligationes*, Lyon, Libr. J. Carcain, 1498.
7) partielle (*Insolubilia* et *De obligationibus*): DENIS ROCE (éd.), *Insolubilia, Obligationes*, Paris, Libr. Antoine Chapiell, 1502.
8) complète: PETRUS AURELIUS SANUTUS (éd.), *Perutilis Logica Excellentissimi Sacrae theologiae professoris magistri Alberti de Saxonia ordinis eremitarum Divini Augustini, per reverendum sacrae paginae doctorem magistrum Petrum Aurelium Sanutum Venetum eiusdem ordinis professum, quam diligentissime catigata, nuperrimeque impressa*, Venise, Libr. Octavius Scotus, 1522.
9) réimpression anastatique de l'édition de 1522: *Perutilis Logica Excellentissimai Sacrae...*, Hildesheim, Olms, 1974.
10) partielle (*Insolubilia* et *De obligationibus*): réimpression anastatique de l'édition de 1502: Hildesheim, Olms, 1975.

Éditions modernes:
1) édition critique: ANGEL MUÑOZ GARCÍA (éd.), *Alberto de Sajonia: Perutilis logica o Lógica muy útil (o utilísima)*, Mexico (D.F.), Univers. Nacion. Autonóma de México, 1988.
2) édition d'un passage (f. 11vb de l'édition de 1522): STEPHEN READ, «*Descensus copulatim*: Albert of Saxony vs. Thomas Maulfelt», in *Itinéraires d'Albert de Saxe*, Paris, Éd. Vrin, 1991, pp. 83-85.

QUAESTIONES SUPER LOGICAM

Quaestiones:

Mss: 1) Berlin, SB, 852, ff. 93ra-118^{v}; 2) Leipzig, UB, 1367, ff. 1ra-

36vb; 3) Prague, Metr. Kap., L. XXIX, ff. 67ra-82^{v}; 4) Stuttgart, Württemb. Landesbibl., HB X 3, ff. 1ra-3rb; 5) Vatican, BAV, lat. Barb., 350, ff. 72^{r}-...; 6) Vatican, BAV, Urb. lat. 1419, ff. 1ra-30rb.

Éditions:

1) partielle (Q. 1): STEN EBBESEN, «Is logic theoretical or practical knowledge?», in *Itinéraires d'Albert de saxe*, Paris, Vrin, 1991, pp. 277-283;

SOPHISMATA

Mss: 1) Barcelone, Archivo de la Coro. de Arag., Ripoll 84, ff. 1-20; 2) Cracovie, BJ, 2330, ff. 1^{r}-113^{v}; 3) Erfurt, WAB, Ampl. Q. 313, ff. 1ra-85va; 4) Erfurt, WAB, Ampl. Q. 315, ff. ...-...; 5) Ipswich, Publ. Lib., Suff. Coll. 1, ff. 1ra-71vb; 6) Munich, SB, Clm 14522, ff. 1^{r}-72^{r}; 7) Oxford, Bodl. Libr., Can. Misc. 203, ff. 1^{r}-72^{r}; 8) Paris, BN, lat. 6669, ff. 1^{r}-89; 9) Paris, BN, lat. 16134, ff. 1ra-56vb; 10) Prague, Metr. Kap., 1325 (L. LXXXIX), ff. 22^{r}-66^{v}; 11) Prague, Metr. Kap., 1393 (M. LXXXIX), ff. 120^{r}-177^{r}; 12) Prague, Univers. Knihovna, 396 (III.A.11), ff. 105^{r}-152^{r}; 13) Prague, Univers. Knihovna, 898 (V.E4c), ff. 116^{r}-120^{r}; 14) Prague, Univers. Knihovna, 1008 (V.H.31), ff. 1^{r}-66^{v}; 15) Tarragon, Bibl. Provinc., 15, ff. 1^{r}-102; 16) Vatican, BAV, lat. 2148, ff. 141^{r}-172^{v}; 17) Vatican, BAV, lat. 3024, ff. 2^{r}-77; 18) Vatican, BAV, lat. 3057, ff. 2-80; 19) Vatican, BAV, Rossi 658 (X 39), ff. 99-128; 20) Vatican, BAV, Pal. lat. 1045, ff. 63ra-90rb; 21) Vienne, ÖNB, 5377, ff. 26ra-84vb; 22) Vienne, ÖNB, 5461, ff. 120^{r}-120^{v}; 23) Wroclaw, BU, IV. Q. 51a, ff. 30^{r}-38^{r}; 21) Zeitz, Stiftsbibl., 57 (Bech LXI), ff. 1^{r}-77^{r}.

Éditions anciennes:

1) PIERRE LE ROUGE, *Sophismata viri acutissimi Magistri Alberti de Saxonia Sophismata [...]*, Paris, Libr. Durand Gerlier, 1489.
2) GEORG WOLFF (éd.), *Sophismata Alberti de Saxonia nuperquam emendate impressa*, Paris, Libr. Georg Wolff, 1490.
3) FELIX BALIGAULT (éd.), *Sophismata Alberti de Saxonia nuper emendata*, Paris, Libr. Félix Baligault, 1495.

4) Antoine Caillaut (éd.), *Sophismata Alberti de Saxonia nuperquam emendate impressa*, Paris, Libr. A. Caillaut, 1495.
5) Anonyme (éd.), *Alberti de Saxonia Sophismata*, Lyon, Libr. J. Carcain, 1498.
6) Denis Roce, *Sophismata*, Paris, Libr. Antoine Chapiell, 1502.
7) réimpression anastatique de l'édition de 1502: Hildesheim, Olms, 1975.

Quaestiones sur les *Sophismata* (comprenant le texte d'Albert):

Mss: 1) Erfurt SB, Ampl. Q. 326, ff. 1-112.

Éditions:
1) Iodocus Trutuetter de Isenach (éd.), *Explanatio in nonnulla Petri Burdegalensis, quem Hispanum dicunt, volumina cum interrogationum ex iis elicibilium, et sophismatum Alberthi Saxonis expeditione*, s.l.n.d..
2) Anonyme (éd.), *Commentaria in Summulas Petri Hispani albertocentonus continentia [...] secundum processum bursae laurentianae*, Vienne, 1492.
3) *Ibidem*, 1512.
4) *Ibidem*, 1516.

TRACTATUS DE LOCIS DIALECTICIS

Mss: 1) Paris, BN, 14715, ff. 91^{r}-99^{r}; 2) Wertheim, Evang. Kirchenbibl., 157, ff. 56^{r}-74^{v}.

Éditions: aucune.

TRACTATUS PROPOSITIONUM (SEU DE MODO ET ARTE DISPUTANDI)

Mss: 1) Bologne, BU, 519 (920), ff. 100^{r}-116^{v}.

Éditions: aucune.

SUPER DE GENERATIONE

Quaestiones:

Mss: 1) Cracovie, BJ, 648, ff. 66-82; 2) Eichstätt, SB, 565, ff. 88^{r}-102^{v}; 3) Heidelberg, UB, D. 2921, ff. ...- ...; 4) Turin, BN, 958 (CDLXXI, i, VI. 16), ff. 1^{r}-117.

Éditions:

1) BONETUS LOCATELLUS (éd.), *Commentaria fidelissimi expositoris D. Egidii Romanni in libros De generatione [...]. Item quaestiones subtilissimae magistri Alberti de Saxonia in eosdem libros De generatione ultra nusquam impressae*, Venise, Libr. Octavianus Scotus, 1504, ff. 131^{a}-155^{b}.
2) *Ibidem*, 1505, même pagination.
3) *Ibidem*, 1515, même pagination.
4) GEORGIUS LOKERT (éd.), *Quaestiones et decisiones physicales insignium virorum: Alberti de Saxonia in Duos libros De generatione et corruptione [...]. Recognitae summa acuratione et iudicio Magistri Georgii Lokert, per quem collectae sunt tabulae & proportionum tractatus editi*, Paris, Libr. Josse Bade et Conrat Resch, 1516, ff. $CXXVIII^{va}$-CLV^{rb}.
5) GEORGIUS LOKERT (éd.), *Quaestiones et decisiones physicales insignium virorum: [...] Alberti de Saxonia in Duos libros De generatione et corruptione [...]. Recognitae rursus et emendatae summa acuratione et iudicio Magistri Georgii Lokert, a quo sunt tractatus proportionum additi*, Paris, Libr. Josse Bade et Conrat Resch, 1518, édition très légèrement modifiée.
6) réédition révisée de la version de Venise 1505: LUCIANTONIUS DE GIUNTA, Venise, Libr. Egidio Colonna, 1518.
7) *Ibidem*, Venise, 1519.
8) *Ibidem*, Venise, 1520.
9) GEORGIUS LOKERT (éd.), *Quaestiones et decisiones physicales insignium virorum: [...] Alberti de Saxonia in Duos libros De generatione et corruptione [...]. Recognitae rursus et emendatae summa acuratione et iudicio Magistri Georgii Lokert, a quo sunt tractatus proportionum additi. Ac demum ultima lima castigatae et Lugduni impressae et in bonam formam redactae*, Lyon, Libr. Johannes Moylin (de Chambray), 1534.

10) BONETUS LOCATELLUS (éd.) (?), *D. Egedii Romani Fidelissimi expositoris in Aristotelis libros De generatione commentaria, et subtilissimae quaestiones super primo clarissimique doctoris Marsilii Inguen, et magistri Alberti de Saxonia in eosdem accuratissimae quaestiones*, Venise, Éd. Hieronymus Scotus, 1567-68, ff. 284^{b}-339^{b}.
11) réédition de la version de Venise (?), Paris, 1568.
12) réédition de la version de 1567: Venise, 1568.
13) réimpression anastatique de l'éditio n de 1505: Francfort, Minerva, 1970, ff. 132ra-155rb.

Traduction anglaise:
1) partielle (L. I, Q. 19 et 20): E. GRANT (éd.), *A Source Book in Medieval Science*, Cambridge (Mass.), Harvard University Press, 1974, pp. 604-614.

(SUPER PHYSICAM)

Bien qu'étant attribuée à Albert de Saxe dans tous les manuscrits médiévaux, sauf deux, et dans tous les imprimés de la Renaissance, cette œuvre n'est pas d'Albert, mais de son maître Buridan. Pour plus de détails sur cette étonnante falsification, se reporter à B. PATAR, *La* Physique de Bruges *de Buridan et le* Traité du ciel *d'Albert de Saxe*, Longueuil, Les Presses Philosophiques, 2001, vol. I, pp. 243*-510*.

Expositio:

Mss: 1) Bruges, Stadtbibl., 477, ff. 1ra-60rb.

Éditions modernes:
1) édition critique: BENOÎT PATAR (éd.), *Ioannis Buridani Expositio et Quaestiones in Aristotelis Physicam ad Albertum de Saxonia false attributae*, Louvain, Éd. Peeters, 1999, pp. 5-406.

Quaestiones:

Mss: 1) Bruges, Stadtbibl., 477, ff. 60va-163vb; 2) Berlin, SB, lat. Qu. 829, ff. 1ra-101vb; 3) Eichstätt, UB, 766, ff. 1ra-94ra; 4)

Erfurt, WAB, Ampl. F. 345, ff. 1ra-65va; 5) Florence, Bibl. Med. Laur., Plut. 84-21, ff. 1ra-121rb; 6) Florence, BN, Conv. Soppr. A-9-20, ff. 1^{r}-160^{v}; 7) Florence, BN, Conv. Sopp. J. V. 38, ff. 1ra-91rb; 8) Leipzig, UB, 1417, ff. 1-61; 9) Londres, Wellc. Inst., L 15, ff. 99vb-130rb; 10) Oxford, Bodl. Libr., Can. Misc., 508, ff. 1ra-77va; 11) Paris, BN, lat. 6526, ff. 1ra-165ra; 12) Paris, BN, lat. 6527, ff. 1ra-129va; 13) Pérouse, BC, 1091, ff. 1ra-1rb, ff. 61ra-65vb, ff. 70ra-132vb; 14) Rome, Bibl. Angel., ff. 1ra-58va; 15) Vatican, BAV, lat. 10123, ff. 1ra-24vb; 16) Vendôme, BM, 106, ff. 1ra-117vb; 17) Venise, Bibl. Naz. Marc., lat. 284 (L. VI, CCXVIII), ff. 1ra-110ra.

Manuscrits à écarter:
1) Erfurt, WAB, Ampl. F. 337 a, ff. 64^{r}-129^{v};
2) Leipzig, UB, 1417, ff. 249ra-296rb; 3) Munich, SB, Clm 26338, 125^{r}-158^{r}.

Éditions:
1) JACOBUS BAPTISTA ALOISIANUS, *Acutissimae Questiones super libros de Physica auscultatione ab Alberto de Saxonia editae, iamdiu in tenebris torpentes, nuperrime vero quam diligentissime a vitiis purgatae, ac summo studio emendatae [...]*, Venise, Libr. Jacobus Pentius de Leuco, 1504.
2) *Ibidem*, Venise, Libr. Jacobus Pentius de Leuco, 1516, ff. 2ra-82vb.
3) GEORGIUS LOKERT (éd.), *Quaestiones et decisiones physicales insignium virorum: Alberti de Saxonia in octo libros Physicorum [...]. Recognitae summa acuratione et iudicio Magistri Georgii Lokert Scoti, per quem collectae sunt tabulae & proportionum tractatus editi*, Paris, Libr. Josse Bade et Conrat Resch, 1516, ff. I^{ra}-LXXXIII^{vb}.
4) GEORGIUS LOKERT (éd.), *Quaestiones et decisiones physicales insignium virorum: Alberti de Saxonia in octo libros Physicorum [...]. Recognitae rursus et emendatae summa acuratione et iudicio Magistri Georgii Lokert Scoti: a quo sunt tractatus proportionum additi*, Paris, Libr. Josse Bade et Conrat Resch, 1518, ff. I^{ra}-LXXXIII^{vb};
5) GEORGIUS LOKERT (éd.), *Quaestiones et decisiones physicales*

insignium virorum: Alberti de Saxonia in octo libros Physicorum [...]. Recognitae summa acuratione et iudicio Magistri Georgii Lokert Scoti, per quem collectae sunt tabulae & proportionum tractatus editi. Ac demum ultima lima castigatae et Lugduni impressae et in bonam formam redactae, Lyon, Éd. Joannes Moylin (de Chambray), 1534.

Traduction anglaise:
1) partielle (L. IV, Q. 9, Q. 8, Q. 11 et Q. 12): E. GRANT (éd.), *A Source Book in Medieval Science*, Cambridge (Mass.), Harvard University Press, 1974, pp. 272-274, pp. 324-326 et pp. 335-342.

SUPER DE CAELO

Pour plus de détails sur les problèmes d'authenticité du *De caelo*, voir B. PATAR, *La* Physique de Bruges *de Buridan et le* Traité du ciel *d'Albert de Saxe*, Longueuil, Les Presses Philosophiques, 2001, vol. I, pp. 447*-510*.

Expositio (douteux):

Mss: 1) Eichstätt, SB, 766, ff. 95--152- et 153--166-.

Éditions: aucune

Quaestiones:

Mss: 1) Bâle, UB, F.V. 2, ff. 122ra-139rb; 2) Bâle, UB, F.I. 11, ff. 156ra-209ra; 3) Berlin, SB, lat. fol. 387, ff. 1ra-62vb; 4) Breslau, UB, Ac IV 4° 24, ff. ...-...; 5) Cracovie, BJ, 648, ff. 1ra-39vb; 6) Cracovie, BJ, 649, ff. 172ra-230va; 7) Cracovie, BJ, 737, ff. 83ra-118ra; 8) Cracovie, BJ, 749, ff. 1ra-42va; 9) Cracovie, BJ, 751, ff. 74ra-124ra; 10) Cracovie, BJ, 1734, ff. 62ra-136ra; 11) Eichstätt, SB, lat. 565, ff. 1^{r}-26^{r}; 12) Eichstätt, SB, lat. 766, ff. 95ra-203vb; 13) Erfurt, WAB, Ampl. F. 353, ff. 1ra-69vb; 14) Gênes, Bibl. della Congreg. de RR Mission. Urb., 204, ff. ...-...; 15) Leipzig, UB, lat. 1415, ff. 1ra-132rb; 16) Leipzig, SB, lat. 1416, ff. 1ra-139rb; 17) Leipzig, SB, lat. 1417, ff. 1ra-117ra; 18) Liège, BU, 346 C (469), ff. 1va-52vb; 19) Milan, Bibl. Trivulz.,

1730, ff. 1ra-61rb; 20) Munich, SB, Clm 26838, ff. 158^{v}-172^{r}; 21) «Munich, SB, Clm 26929, ff. 251ra-262vb; 22) Munich, SB, Clm 28971, ff. 232^{r}-248^{v}; 23) Oxford, Bodl. Libr., Can. Misc. 219, ff. 139ra-175va; 24) Oxford, Bodl. Libr., Can. Misc. 423, ff. 3ra-102ra; 25) Oxford, Bodl. Libr., Can. Misc. 462, ff. 1ra-63va; 26) Paris, BN, lat. 14723, ff. 113ra-162rb; 27) Prague, Metr. Kap., 1286 (L. XLIIII), ff. 1^{r}-66^{v}; 28) Rome, Bibl. Angel., fondo antico 99, ff. 1ra-99va; 29) Rome, Bibl. Angel., 561, ff. 1ra-84vb; 30) Rome, Bibl. Angel., 592 (F.6.4), ff. 36-73; 31) Rome, Bibl. Angel., 592 (F.6.4), ff. 77ra-112vb; 32) Toronto, UL, Ms. 242, ff. ...-...; 33) Tübingen, Wilhelmsstift, Ac 6 Hs, ff. ...-...; 34) Turin, BN, 958 (CDLXXI, i. VI. 16), ff. 1^{r}-117; 35) Vatican, BAV, Pal. lat. 980, ff. 88ra-117ra; 36) Vatican, BAV, Pal. lat. 1045, ff. 1ra-61vb; 37) Vatican, BAV, Pal. lat. 1056, ff. 145ra-225va; 38) Venise, Bibl. Marc., lat. VI, 218, ff. 111ra-175ra; 39) Vienne, ÖNB, 5446, ff. 1ra-62rb; 40) Vienne, ÖNB, 5456, ff. 1ra-43vb; 41) Vienne, Dominikan., 108, ff. 157-180; 42) Wolffenbüttel, Herz.-Aug.-Bibl., guelf 79, ff. 1ra-100va.

Manuscrit à écarter: 1) Bamberg, SB, 2 (H.J.V.2), ff. 77-126^{v}.

Éditions:

1) ANTONIUS CARCANUS (éd.), *Aristotelis in libro De caelo et mundo*, Pavie, Libr. Antonius de Carcano, 1481.
2) HIERONYMUS SURIANUS VENETUS (éd.), *Clarissimi doctoris Alberti de Saxonia quaestiones super quattuor libros Aristotelis De caelo et mundo*, Venise, Libr. Octavianus Scotus, 1492.
3) *Ibidem*, Venise, Libr. Otinus de Luna, 1497.
4) GEORGIUS LOKERT (éd.), *Quaestiones et decisiones physicales insignium virorum: Alberti de Saxonia [...] in quattuor libros De caelo [...]. Recognitae summa acuratione et iudicio Magistri Georgii Lokert Scoti, per quem collectae sunt tabulae & proportionum tractatus editi*, Paris, Libr. Josse Bade et Conrat Resch, 1516.
5) GEORGIUS LOKERT (éd.), *Quaestiones et decisiones physicales insignium virorum: Alberti de Saxonia [...] in quattuor libros De caelo et mundo [...]. Recognitae rursus et emendatae summa acuratione et iudicio Magistri Georgii Lokert Scoti: a quo sunt*

tractatus proportionum additi, Paris, Libr. Josse Bade et Conrat Resch, 1518, ff. LXXXIV--CXXVIII-.

6) HIERONYMUS SURIANUS (éd.), *Quaestiones subtilissime Alberti de Saxonia in libros De caelo et mundo*, Venise, Libr. Octavianus Scotus, 1520.
7) *Ibidem*, 1522.
8) GEORGIUS LOKERT (éd.), *Quaestiones et decisiones physicales insignium virorum: Alberti de Saxonia [...] in quattuor libros De caelo [...]. Recognitae summa acuratione et iudicio Magistri Georgii Lokert Scoti, per quem collectae sunt tabulae & proportionum tractatus editi. Ac demum ultima lima castigatae et Lugduni impressae et in bonam formam redactae*, Lyon, Éd. Joannes Moylin (de Chambray), 1534.
9) réimpression anastatique de l'édition de 1492: Hildesheim, Olms, 1986.

Éditions modernes:
1) édition critique: BENOÎT PATAR (éd.), *Alberti de Saxonia Quaestiones in Aristotelis De caelo*, Louvain, Éd. Peeters (coll. «Philosophes médiévaux», LI), 2008.

Traduction anglaise:
1) partielle (L. I, Q. 11 (fragments)): E. GRANT (éd.), *A Source Book in Medieval Science*, Cambridge (Mass.), Harvard University Press, 1974, p. 548.

SUPER METEORA

Quaestiones:

Mss: 1) Berlin, SB, lat. fol. 387, ff. 65ra-102va; 2) Cracovie, BJ, 635, ff. 177ra-236vb; 3) Cracovie, BJ, 648, ff. 1^{r}-39; 4) Cracovie, BJ, 686, ff. 101ra-134va; 5) Cracovie, BJ, 751, ff. 2ra-2vb; 6) Cracovie, BJ, 757, ff. 1^{r}-53; 7) Erfurt, WAB, Ampl. Q. 299, ff. 53^{r}-103^{v}; 8) Paris, BN, lat. 14721, ff. ...- ....; 9) Paris, BN, lat. 15156, ff. 267^{r}-288^{v}.

Éditions: aucune.

SUPER DE ANIMA

Quaestiones:

Mss: 1) Cracovie, BJ, 635, ff. 237-346; 2) Cracovie, BJ, 751, ff. .....; 3) Leipzig, UB, 1416, ff. 141^{r}-234^{r}.

Éditions: 1) édition partielle in PETER MARSHALL, «Parisian psychology in the midfourteenth century», in *AHDLMA*, L (1983), pp. 185-193.

SUPER PARVA NATURALIA

Quaestiones De sensu et sensato (uniquement) (douteux):

Mss: 1) Erfurt, WAB, Ampl. Q. 299, ff. 128^{r}-157^{v}; 2) Munich, SB, Clm 761, ff. 41ra-47vb; 3) Munich, SB, 4376, ff. 68ra-86rb.

Éditions: 1) JOLE AGRIMI, *Le «Quaestiones de sensu» attribuite a Oresme e Alberto di Sassonia*, Pavie, Éd. La nuova Italia editrice (Publ. della Facoltà di lettere e filosofia), 1983.

Quaestiones super Parva naturalia
(y compris le De sensu et sensato):

Mss: 1) Cuse, Bibl. Hosp., lat. 192, ff. 1^{r}-18^{v}; 2) Leipzig, UB, 1416, ff. ...-...; 3) Munich, SB, 28971, ff. 197ra-222vb; 4) Vienne, Dominik., 57, ff. ...-...

Éditions: aucune.

SUPER PHYSIOGNOMIAM

Commentarius:

Mss: 1) Cracovie, BJ, 817, ff. 90^{v}-92^{v}; 2) Munich, SB, Clm 28971, ff. 223va-228vb; 3) Prague, Univers. Knihovna, 1814 (X.A.11), ff. 97ra-98rb.

SUPER DE POMO

Commentarius:

Mss: 1) Erfurt, WAB, Ampl. 319, ff. 133ra-138rb.

Éditions: aucune.

SUPER TRACTATUM DE SPHÆRA

Quaestiones:

Mss: 1) Rome, Accadem Nazion. dei Lin., Rossi 415, ff. 72ra-99vb; 2) Vienne, Dominik., 138/108, ff. 157va-180ra.

Éditions: aucune.

TRACTATUS PROPORTIONUM

Mss: 1) Arezzo, Bibl. civ., 410, ff. ...-...; 2) Bamberg, SB, Astr. 2, ff. 127^{v}-137^{r}; 3) Bologne, BU, 920, ff. 100-116; 4) Copenhague, Det Kong. Bibl., 62.2, ff. 65^{v}-72^{v}; 5) Cuse, Bibl. des St. Nic.-Hosp., lat. 26, ff. 296^{v}-309^{r}; 6) Florence, BN, II.80, ff. 1^{r}-16^{v}; 7) Florence, BN, II.IV.311, ff. 203^{r}-208^{r}; 8) Florence, Bibl. Riccard., 790 (L. I 1), ff. 2^{r}-7^{v}; 9) Florence, Bibl. Riccard., 821 (L. I 6), ff. 94^{r}-99^{v}; 10) Munich, SB, Clm 4377, ff. 126^{r}-135^{r}; 11) Munich, SB, Clm 26838, ff. 208^{r}-214^{v}; 12) Munich, SB, Clm 26889, ff. 193^{r}-200^{r}; 13) Naples, BN, 492 (VIII.F.10), ff. 116^{v}-124^{v}; 14) Notre Dame (Ind.), UL, 43, f. 35; 15) New York, Columbia Univ. Lib., Plimpton MS. 171, ff. 1^{r}-4^{r}; 16) New York, Columbia Univ. Lib., Plimpton MS. 187, ff. 135^{r}-154^{r}; 17) Oxford, Bodl. Libr., Can. Misc. 393, ff. 88ra-92rb; 18) Oxford, Bodl. Libr., Can. Misc. 506, ff. 445ra-452rb; 19) Padoue, Bibl. Anton., 431 (Scaff. XX), ff. 1ra-7va; 20) Paris, BN, lat. 2831, 116^{r}-122^{v}; 21) Paris, BN, lat. 7368, ff. 14^{r}-26^{v}; 22) Rome, Bibl. Angel., 480 (D. VII. 6), ff. 1^{r}-5^{r}; 23) Saint-Omer, BM, 317, ff. ...-...; 24) San Geminiano, BC, 1476, ff. ...-

...; 25) Schlagl, Stiftsbibl., 144, ff. 49^{r}-59^{v}; 26) Vatican, BAV, Chigi F. IV. 66, ff. 1^{r}-6^{r}; 27) Vatican, BAV, Pal. lat. 1207, ff. 131^{r}-143^{v}; 28) Vatican, BAV, Pal. lat. 1420, ff. 41^{r}-44^{v}; 29) Vatican, BAV, Ottobon. lat. 381, 23^{r}-32^{v}; 30) Venise, Bibl. Nazion. Marc., lat. VI 62, ff. 111^{v}-117^{r}; 31) Venise, Bibl. Nazion. Marc., lat. VI 71, ff. 42^{r}-46^{r}; 32) Venise, Bibl. Nazion. Marc., lat. VI 149, ff. 20^{r}-24^{r}; 33) Venise, Bibl. Nazion. Marc., lat. VIII 45, ff. 1^{r}-15^{r}; 34) Viterbe, Bibl. Capit., 56, ff. ...-...; 35) Vienne, ÖNB, 4217, ff. 152^{r}-153^{v}; 36) Vienne, ÖNB, 4698, ff. 123^{r}-129^{r}; 37) Vienne, ÖNB, 4951, ff. 260^{r}-271^{v}.

Éditions:

1) MICHELE MANSOLO (éd.), *Excellentissimi Magistri Alberti de Saxonia tractatus proportionum*, Trévise, 1474/1480.
2) JOHANNES HERBORT (éd.), *Tractatus proportionum*, Padoue, 1476/1477.
3) ANONYME (éd.), *Tractatus proportionum Alberti de Saxonia [...]*, Paris, Libr. Geoffroi de Marnef, 1481.
4) ANONYME (éd.), *De proportionibus*, Padoue, Libr. Mathieu Cerdon, 1482.
5) partielle (*De velocitate motuum*): ANONYME (éd.), *De velocitate motuum*, Oxford, 1483.
6) *Ibidem*, 1484.
7) ANTOINE CAILLAUT (éd.), *Tractatus proportionum*, Paris, Libr. A. Caillaut, 1485.
8) réédition de 1482: Padoue, 1487.
9) ANDREAS DE PALTASCICHIS CATHARENSIS (éd.), *Alberti de Saxonia tractatus proportionum*, Venise, 1487.
10) JACQUES FORESTIER (éd.), *Tractatus proportionum*, Rouen, Éd. Renaldus Monsauris Siculus Nothensis, 1493.
11) BERNARDINUS VENETUS (éd.), *Excellentissimi magistri Alberti de Saxonia tractatus proportionum*, Venise, Libr. Hyeronimus Duranti, 1495.
12) BONETUS LOCATELLUS et AGOSTINO NIFO (éds.), *Alberti de Saxonia tractatus proportionum*, Venise, Libr. Octavianus Scotus, 1496.
13) ANDREA CATHARENSIS (éd.), *Alberti de Saxonis tractatus proportionum*, Venise, 1497.

14) ANONYME (éd.), Paris, *Tractatus proportionum*, Paris, 1500.
15) B. HECTOR (éd.), *Excellentissimi magistri Alberti de Saxonia Tractatus proportionum*, Bologne, Libr. B. Hector, 1502.
16) *Ibidem*, 1506.
17) ANONYME (éd.), *Excellentissimi magistri Alberti de Saxonia tractatus proportionum [...]*, Paris, Lib. Enguilbert, Jean et Geoffroi de Marnef, ± 1513.
18) ISIDORUS ISOLANIS (éd.), *Tractatus proportionum*, Pavie, 1513.
19) *Ibidem*, 1522.
20) ANONYME (éd.), *Tractatus proportionum*, Lyon, 1580.

Éditions modernes:
1) BRUCE ROBERT PARKER (éd.), *Tractatus proportionum. Edited, Translated into English with a Commentary*, thèse, 1959.
2) H. L. L. BUSARD (éd.), «Der *Tractatus proportionum* von Albert von Sachsen», in *Österreischische Akad. der Wissensch., Denkschriften, math.-naturwiss.*, n° 116, 2 (1971), pp. 43-72.

TRACTATUS DE QUADRATURA CIRCULI

Mss: 1) Berne, Bibl. Bongars., A. 50, ff. 169r-178r; 2) Schlagl, Stiftsbibl., Prmt 144, ff. 47v-48r; 3) Vienne, ÖNB, 5257, ff. 64v-67r.

Éditions modernes:
1) H. SUTOR (éd.), «Der Tractatus *De quadratura circuli* des Albertus des Saxonia», in *Zeitschrift für Mathematih und Physik*, XXXII (1887), pp. 41-56.
2) partielle: S. GUNTHER, «Geschichte des Mathematischen Unterrichtes im Deutschen Mittelalter», in *Monumenta Germaniae Paedagogica*, III (1887), p. 171.
3) partielle: PIERRE DUHEM, *Études sur Léonard de Vinci*, Paris, Éd. Hermann, 1906, pp. 337 et pp. 341-344.
4) partielle: MARSHALL CLAGETT, «The impact of Archimedes on mediaeval sciences», in *Isis*, L (1959), p. 422.
5) MARSHALL CLAGETT (éd.), *Archimedes in the Middle Ages*, Madison (Wis.), Press of University of Wisconsin, 1964, tome I.

Traduction anglaise:
1) partielle: E. GRANT (éd.), *A Source Book in Medieval Science*, Cambridge (Mass.), Harvard University Press, 1974, pp. 171-176.

PHILOSOPHIA PAUPERUM

Mss: 1) Vatican, BAV, Pal. lat. 980, ff. 1ra-50ra; 2) Vienne, Dominikan., 93/57, ff. 1ra-98rb.

Fragment manuscrit: 1) Prague, NK, 1326, ff. 1^{r}-1^{v}.

Éditions: aucune.

SUPER ETHICAM AD NICOMACHUM

Expositio:

Mss: 1) Aschaffenburg, Stiftsbibl., Pap. 28, ff. 93^{r}-229^{r}; 2) Bâle, UB, F II 13, ff. 2ra-76ra; 3) Bruges, Stadtbibl., 496, ff. 223ra-261rb; 4) Cracovie, BJ, 649, ff. 232^{r}-272^{v}; 5) Eichstätt, SB, lat. 766, ff. 206^{r}-227^{v}; 6) Erfurt, WAB, Ampl. F. 13, ff. 75^{r}-85^{v}; 7) Erfurt, WAB, Ampl. F. 365, ff. 1ra-69ra; 8) Erfurt, WAB, Ampl. Q. 319, ff. 1va-24vb; 9) Erfurt, WAB, Ampl. Q. 319, ff. 37^{r}-64^{v}; 10) Erfurt, WAB, Ampl. Q. 322, ff. 1^{r}-71^{v}; 11) Florence, Bibl. Riccard., 645 (N. II. 26) ff. 179^{r}-181^{v}; 12) Freiburg, UB, 4° Ink, D. 1416; 13) Innsbruck, UB, 159, ff. 1^{r}-66^{v}; 14) Karlsruhe, Bad. Landesbibl., K. 2859, ff. 1^{r}-63^{v}; 15) Leipzig, UB, 1445, 1^{r}-53^{v}; 16) Liège, BU, 240 C (649, 652, 662), ff. 1ra-67va; 17) Madrid, BN, 3348, ff. 4^{v}-56^{v}; 18) Madrid, Bibl. del Pal., 1868, ff. 1^{r}-83^{r}; 19) Milan, Bibl. Ambr., G. 47, ff. 8^{r}-118^{v}; 20) Oxford, Bodl. Libr., Can. Misc. 304, ff. 1ra-94ra; 21) Paris, BN, lat. 14383, ff. ...- ...; 22) Paris, Bibl. Mazar., 3516, ff. 84ra-156va; 23) Tortosa, Bibl. Capit., 215, ff. 5^{r}-68^{v}; 24) Vatican, BAV, Pal. lat. 1030, ff. 191^{v}-295^{r}; 25) Venise, Archiv della Chies di S. Maria della Fava, 444, ff. 1^{r}-44^{r}.

Éditions: aucune.

SUPER ŒCONOMICAM

Expositio:

Mss: 1) Berlin, SB, lat. fol. 954, 337rb-341va; 2) Bruges, Stadtbibl., 496, ff. 262ra-266rb; 3) Erfurt, WAB, Ampl. F. 365, ff. 69rb-75ra; 4) Erfurt, WAB, Ampl. Q. 319, ff. 64vb-69vb; 5) Erfurt, WAB, Ampl. Q. 319, ff. 128^{r}-133^{v}; 6) Erfurt, WAB, Ampl. Q. 322, ff. 71^{v}-76^{v}; 7) Francfort, SB, 51, ff. 197va-202va; 8) Freiburg, UB, 114, ff. 25^{v}-50^{v}; 9) Fulda, Hess. Landesbibl., C 14b, ff. 247^{r}-280^{r}; 10) Harburg (Schloss), Ött.-Wallerst. Bibl., II lat. 1, fol. 6, ff. 110^{v}-115^{v}; 11) Innsbruck, UB, 159, ff. 67^{r}-72^{v}; 12) Leipzig, UB, 1445, 154^{r}-167^{r}; 13) Liège, BU, 240 C (649, 652, 662), ff. 69ra-74va; 14) Madrid, BN, 7804, ff. 119^{r}-136^{r}; 15) Madrid, Bibl. del Pal., 1868, ff. 83^{v}-90^{r}; 16) Munich, SB, Cms BUM 4° 806, ff. 175^{v}-198^{r}; 17) Munich, SB, Clm 8402, ff. 119^{r}-130^{r}; 18) Munich, SB, Clm 11478, ff. 239^{r}-249^{v}; 19) Prague, Univers. Knihovna, 995, ff. 94^{r}-101^{v}; 20) Vatican, BAV, Pal. lat. 1030, ff. 296^{r}-306^{r}; 21) Venise, Archiv della Chies di S. Maria della Fava, 444, ff. 46^{r}-55^{r}; 22) Vienne, Dominkan., 93/57, ff. 103ra-109ra; 23) Vienne, ÖNB, 4992, ff. 145^{v}-155^{r}.

Éditions modernes:

1) (avec attribution à Albert le Grand): BELTRÁN DE HEREDIA, «Commentarios de San Alberto Magno a los Economicos de Aristóteles», in *Ciencia Tomista*, XXXIV (1932), pp. 303-329.

Principaux ouvrages ou articles consacrés à Albert de Saxe

Livres

1) Jürgen SARNOWSKY, *Die aristotelisch-scholastische Theorie der Bewegung. Studien zum Kommentar Alberts von Sachsen zur Physik des Aristoteles*, Mûnster, Aschendorff, 1989. – Ouvrage remarquable, mais beaucoup trop centré sur la *Physique*, dont j'ai démontré récemment qu'il s'agit d'une œuvre de Buridan. Devra, dans une large mesure, être réécrit.

2) **Joël Biard (éd.), *Itinéraires d'Albert de Saxe. Paris-Vienne au XIVe siècle*, Paris, Vrin, 1991. – Ouvrage fort intéressant, surtout centré sur la logique. À retenir tout particulièrement: les articles de Jöel Biard, Jennifer Ashworth et Maurice Beuchot.**

3) B. Patar, *La* Physique de Bruges *de Buridan et le* Traité du ciel *d'Albert de Saxe*, Longueuil, Les Presses Philosophiques, 2001, 2 vol. Le tome I est consacré à une analyse très fouillée visant à souligner l'inauthenticité de la *Physique* et à mettre en évidence les nombreux emprunts effectués par le maître saxon dans sa rédaction du *De caelo*. Le tome II fournit une édition assez vaste de certains textes buridaniens et albertiens; il contient également le texte du Wellcome Institute, qui est la véritable *Physique* d'Albert.

Articles

Pour une liste relativement exhaustive des articles consacrés à Albert de Saxe, on consultera B. Patar, *Dictionnaire des philosophes médiévaux*, Montréal, Fides/Les Presses Philosophiques, 2006, p. 37. Pour une liste à peu près complète, on voudra bien se reporter aux remarquables bibliographies de Harald Berger mentionnées dans ce *Dictionnaire*.

On pourra également consulter, sur Internet, l'article de Joël Biard publié, en 2001 et 2004, dans l'encyclopédie philosophique de l'Université de Stanford (http://www.science.uva.nl/~seop/archives/win2005/entries/albert-saxony/). Cependant, on tiendra compte du fait que le Professeur Biard ne fait aucunement mention de mes travaux et qu'il accorde à Albert une importance philosophique que, à mes yeux, il n'a pas.

Les manuscrits et imprimés utilisés dans cette édition

À la suite des travaux mentionnés ci-dessus ([23]), et à partir d'un examen soigneux que j'ai moi-même effectué, il est possible de donner une liste assez exhaustive des manuscrits du *De caelo* attribués au philosophe saxon et de procéder à examen général de leur contenu.

Les manuscrits

Les manuscrits utilisés dans cet ouvrage sont au nombre de treize. Parmi ceux-ci, je n'en ai retenu, tout au long de l'ouvrage, que quatre vraiment significatifs. J'ai cependant tenu compte des huit autres non dépourvus d'intérêt. Leur examen attentif m'a permis de corriger certaines erreurs ou de signaler d'autres lectures. J'ai jugé totalement inutile d'établir un *stemma codicum* détaillé. L'entreprise eût été fastidieuse et, finalement, de peu d'intérêt.

Les quatre manuscrits consultés systématiquement

Bâle, Universitätsbibliothek, F. I. 11, ff. 156ra -209ra* (1369) = *S

On ne trouve qu'une inscription significative, celle du colophon (f. 209ra):

> Expliciunt quaestiones totius libri De caelo per reverendum Magistrum Albertum compilatae et finitae sub anno Domini 1369° et cetera ante leyith.

([23]) Cf. *supra*, notes 15 à 20.

Paris, Bibliothèque Nationale, lat. 14723, ff. 113ra -162rb* (1368) = *P

Cet écrit fait suite, dans le manuscrit, à l'*ultima lectura* de la *Physique* de Buridan.Il ne comprend que peu d'inscriptions:

1) À la fin du L. II (f. 145vb):

> Et sic cum Deo adiutorio finitae sunt quaestiones super secundum De caelo et mundo conscriptae per Magistrum Albertum de Saxonia.

2) À la fin du L. III-IV (f. 162rb):

> Et sic cum Deo adiutorio finitae sunt quaestiones super totalem librum De caelo et mundo per Magistrum Albertum de Saxonia iuxta illa quae didicit a Magistris suis Parisius in Facultate artium anno Domini 1368

Rome, Biblioteca Angelica, 592, ff. 77ra -112vb* (1368) = *A

Ce manuscrit est incomplet, comme l'indique très bien la page qui suit le dernier folio:

> Deficiunt quaestiones totius libri tertii [secundi *scr. sed del. et s.v.* tertii *add.*] et aliqua de quaestione XXVIII secundi libri, ut videre est in imprelio [*sic*] Alberto de Saxonia.

En réalité, il ne s'agit pas de la Question 28 (*Utrum totalis terra sit sphaerica*) du L. II, comme le prétend la note, mais bien de la Question 29 (*Utrum totalis terra sit habitabilis*), dont manquent les deux derniers tiers (à partir de la conclusio quarta).

Il comprend l'inscription suivante, à la fin du L. II (f. 97ra):

> Expliciunt quaestiones super libro Caeli et mundi Aristotelis secundum Albertum nominis de Saxonia per me Antonium de Aermannis de regione Bononiae [Bonononiae *scr. sed secundum* no *exp.*] studentis in artibus in 1368 die 18 februarii.

Vatican, Biblioteca Apostolica Vaticana, Pal. lat. 1045, ff. 1ra-64vb* (1366) = *V

Ce texte ne comprend que peu d'inscriptions:

1) Dans la marge inférieure du premier folio, une main tardive a écrit en italique:

> Alberti de Saxonia de caelo et mundo quaestiones.

À la fin du Livre II, on lit le colophon suivant (en gras):

> Expliciunt quaestiones primi libri De caelo et mundo finitae per manus Willelmi Zach anno domini 1366 hora sexta et sexto decimo pulsu campanae prope domum Lazari in Pragua.

3) À la fin du Livre III-IV, on trouve le colophon suivant (en gras):

> Expliciunt quaestiones quattuor librorum *De caelo et mundo* completae et finitae anno Domini 1366° die dominica qua cantatur Invocavit.

Cette inscription est suivie d'une autre, par une main contemporaine:

> Hic est finis quaestionum Reverendi magistri Alberti de Saxonia magistri parisiensis ante Artium Facultatem supra totalem librum *Caeli et mundi* Aristotelis lectae parisius in vico Straminis.

Les manuscrits examinés et consultés occasionnellement

Berlin, Staatsbibliothek, lat. 387, ff. 1ra-62vb* (XVe siècle) = *B

On ne trouve qu'une inscription significative, celle de l'explicit du L. IV (f. 62vb):

> Et sic finis quaestionum est super totalem librum De caelo et mundo consciptarum per Magistrum Albertum Ricmersdorp Parisius dictum de Saxonia iuxta ea quae didicit a Magistris suis in Facultate artium parisiense. Deo gratias.

Cracovie, Biblioteka Jagiellonska, 749, ff. 1ra -42va* (fin XIVe siècle) = *K

On ne trouve qu'une inscription significative, celle du colophon (f. 42va):

> Expliciunt quaestiones De caelo et mundo reverendi Magistri Alberti finitae die 1° sequenti post festum sancti Ægidii.

Cracovie, Biblioteka Jagiellonska, 7451, ff. 74ra -117va* (fin XIVe siècle) = *C

On ne trouve aucune inscription significative.

Eichstätt, Universitätsbibliothek, lat. 766, ff. 95ra-203vb* (1365) = *E

À la fin du codex (ancienne numérotation: n° 124), on trouve le colophon suivant:

> Expliciunt quaestiones De caelo et mundo finitae anno Domini millesimo trecentesimo sexagesimo quinto in die sancti Pauli apostoli per manus nescio cuius [*sic!*]. Et haec dicta sunt magistri Alberti de Rickmarsdorf episcopi halberstadensis.

Leipzig, Universitätsbibliothek («Bibliotheca Albertina»), lat. 1415, ff. 1ra -132rb* (fin XIVe siècle) = *L

Sur la page de garde une main ancienne, de la même époque, a écrit:

> Quaestiones Alberti de Saxonia super De caelo et mundo [...].

On ne trouve aucune autre indication.

Leipzig, Universitätsbibliothek («Bibliotheca Albertina»), lat. 1416, ff. 1ra -139rb* (1422) = *M

On ne trouve qu'une inscription significative, celle du colophon (f. 139^rab):

> Expliciunt quaestiones super libros De caelo et mundo editae a reverendo magistro Alberto de Ricmesdorp, qui Parisius de Saxonia appellabatur, quae quidem omnes collectae sunt in sollemni studio effordensi nec non idem finitae per quemdam ... anno Domini 1422. Amen

Rome, Biblioteca Angelica, ms. 99, ff. 1ra-99va* (1388) = *R

Ce texte comprend un certain nombre d'inscriptions significatives:

1) Dans la marge inférieure du premier folio, une main tardive a écrit en gothique:

> Incipiunt quaestiones secundum albertum super libro De caelo et mundo

2) À la fin du premier livre (f. 46rb), on trouve le colophon suivant:

> Expliciunt quaestiones primi libri Caeli et mundi Aristotlis finitae et completae anno Domini m° trecentesimo octagesimo octavo per manus Theodiri de Lever XV^{a} die mensis januari.

À la fin du L. IV (f. 99va), on trouve le colophon suivant:

> Expliciunt quaestiones De caelo et mundo Magistri Alberti de Saxonia finitae et completae in calico sancti patri anno Domini millesimo tre-centesimo octagesimo octavo die VII^{a} mensis februaris per manus Theodirii de Levercusset

4) Au début de la Table des Questions qui suit le colophon, on peut lire:

> Infra est scripta tabula omnium quaestionum De caelo et mundo Alberti de Saxonia viri excellentissimi.

Manuscrits à écarter

Bâle, Universitätsbibliothek, F. V. 2, ff. 122ra -139rb **(fin XIVe siècle)**

Les intitulés sont relativement conformes au *De caelo* d'Albert. Néanmoins, il s'agit de résumés fort succincts ne présentant que peu de points communs avec le texte original.

Bamberg, Staatsbibliothek, 2 (H.J.V.2), ff. 77^{r}-126^{v} **(1444)**

Le texte semble être un condensé.

Les imprimés

Je ne me suis pas limité à examiner les manuscrits. J'ai également cru nécessaire de recourir aux imprimés de la Renaissance et d'en vérifier la qualité.

Imprimés consultés

HIERONYMUS SURIANUS VENETUS (éd.), *Clarissimi doctoris Alberti de Saxonia quaestiones super quattuor libros Aristotelis De caelo et mundo*, Venise, Libr. Octavianus Scotus, 1492.

Cet ouvrage est présent dans une trentaine de bibliothèques [24]. J'ai utilisé l'exemplaire de Paris (Rés. R. 95 Y 661).

GEORGIUS LOKERT (éd.), *Quaestiones et decisiones physicales insignium virorum: Alberti de Saxonia [...] in quattuor libros De caelo [...]. Recognitae summa acuratione et iudicio Magistri Georgii Lokert Scoti, per quem collectae sunt tabulae & proportionum tractatus editi*, Paris, Libr. Josse Bade et Conrat Resch, 1516.

Cet ouvrage est présent dans au moins cinq bibliothèques [25]. J'ai utilisé l'exemplaire de Paris (Rés. R. 554).

GEORGIUS LOKERT (éd.), *Quaestiones et decisiones physicales insignium virorum: Alberti de Saxonia [...] in quattuor libros De caelo et mundo [...]. Recognitae rursus et emendatae summa acuratione et iudicio Magistri Georgii Lokert Scoti: a quo sunt trac-*

---

(24) A. MUÑOZ GARCÍA, «Albert of Saxony, bibliography», in *BPM*, n° 32, pp. 178-179.

(25) A. MUÑOZ GARCÍA, «Albert of Saxony, bibliography», in *BPM*, n° 32, p. 181.

***tatus proportionum additi*, Paris, Libr. Josse Bade et Conrat Resch, 1518.**

Cet ouvrage est présent dans au moins sept bibliothèques ([26]). J'ai utilisé l'exemplaire de Paris (Rés. R. 132).

HIERONYMUS SURIANUS VENETUS (**éd.**), ***Quaestiones subtilissime Alberti de Saxonia in libros De caelo et mundo*, Venise, Libr. Octavianus Scotus, 1520.**

Cet ouvrage est présent dans au moins six bibliothèques ([27]). J'ai utilisé l'exemplaire de Vienne (71. F. 10 (3)).

HIERONYMUS SURIANUS VENETUS (**éd.**), ***Quaestiones subtilissime Alberti de Saxonia in libros De caelo et mundo*, Venise, Libr. Octavianus Scotus, 1522.**

Cet ouvrage est présent dans au moins deux bibliothèques ([28]). J'ai utilisé l'exemplaire de Paris (Rés. R. 183.1).

GEORGIUS LOKERT (**éd.**), ***Quaestiones et decisiones physicales insignium virorum: Alberti de Saxonia [...] in quattuor libros De caelo [...]. Recognitae summa acuratione et iudicio Magistri Georgii Lokert Scoti, per quem collectae sunt tabulae & proportionum tractatus editi. Ac demum ultima lima castigatae et Lugduni impressae et in bonam formam redactae*, Lyon, Éd. Joannes Moylin (de Chambray), 1534.**

([26]) A. MUÑOZ GARCÍA, «Albert of Saxony, bibliography», in *BPM*, n° 32, p. 182.

([27]) A. MUÑOZ GARCÍA, «Albert of Saxony, bibliography», in *BPM*, n° 32, p. 180.

([28]) A. MUÑOZ GARCÍA, «Albert of Saxony, bibliography», in *BPM*, n° 32, p. 180.

Cet ouvrage est présent dans une seule bibliothèque, semble-t-il ([29]). J'ai utilisé l'exemplaire de l'Université de Coimbre (R. B. 22.14).

Les ouvrages de Lokert sont peu fiables et sont largement charcutés par l'éditeur (voir ci-dessous).

Imprimés non consultés

ANTONIUS CARCANUS (éd.), *Aristotelis in libro De caelo et mundo*, Pavie, Libr. Antonius de Carcano, 1481.

Cet ouvrage est présent, semble-t-il, dans au moins sept bibliothèques ([30]).

HIERONYMUS SURIANUS VENETUS (éd.), *Clarissimi doctoris Alberti de Saxonia quaestiones super quattuor libros Aristotelis De caelo et mundo*, Venise, Libr. Otinus de Luna, 1497.

Cet ouvrage est présent, semble-t-il, dans une trentaine de bibliothèques ([31]).

Évaluation des documents en présence

Après avoir examiné les variantes et lacunes de la quinzaine de documents en notre possession, j'en suis arrivé aux conclusions suivantes:

([29]) A. MUÑOZ GARCÍA, «Albert of Saxony, bibliography», in *BPM*, n° 32, p. 182.

([30]) A. MUÑOZ GARCÍA, «Albert of Saxony, bibliography», in *BPM*, n° 32, p. 178.

([31]) A. MUÑOZ GARCÍA, «Albert of Saxony, bibliography», in *BPM*, n° 32, p. 179.

1) L'imprimé de 1492 (*I*) est d'une excellente qualité. Certes, il comporte des erreurs de lecture ou quelquefois des omissions (rarement), mais dans l'ensemble il présente un texte solide, cohérent et intelligible. L'éditeur s'est permis de-ci de-là quelques conjectures, ou des rajouts clarifiants, mais sans jamais exagérer.

2) Les éditions de George Lokert sont toutes des altérations importantes du texte original. Il n'est pas exagéré de dire que le maître écossais a véritablement charcuté le *De caelo* d'Albert. Selon mon estimé, le tiers du contenu a été éliminé; cela fait donc de ces éditions successives des ouvrages peu fiables, et en définitive inutilisables.

3) Le manuscrit du Vatican, Pal. lat. 1045 (*V*) est une version légèrement différente de la leçon retenue par l'imprimé de 1492. Il a des qualités que n'a pas l'imprimé; mais, très souvent, la lecture est approximative et la prise de notes à l'emporte-pièce. Il constitue néanmoins une base solide sur laquelle appuyer la lecture du texte.

4) Le manuscrit de Bâle, UB, F. I. 11 (*S*) est de la même veine que celui du Vatican 1045. Tous deux ont été soit recopiés à partir d'un manuscrit commun soit copiés l'un sur l'autre. Le ms. de Bâle, qui est malgré tout d'excellente qualité, est moins cohérent que celui du Vatican. Dans ces conditions, il ne peut être utilisé que comme source de second ordre.

5) Le manuscrit de Paris, BN, lat. 14723 (*P*) fait partie d'une recension propre à l'imprimé de 1492. Il est cependant moins fidèle que l'imprimé, et présente parfois des lacunes et omissions non négligeables. La qualité du texte reste toutefois suffisamment grande pour qu'il puisse servir de témoin contrôle.

6) Le manuscrit de Rome, Bibl. Angel., 592 (*A*) est lui aussi assez fidèle. Il a ses lacunes et variantes propres, mais on peut le rattacher à première vue à la leçon de *I* et de *P*. Le fait qu'il soit incomplet le rend peu utile.

7) Tous les autres manuscrits en ma possession présentent un intérêt moindre, même s'ils sont parfois retranscrits de façon très soignée (comme c'est le cas pour les deux manuscrits de Leipzig).

Par conséquent, la présente édition reposera essentiellement sur la lecture du ms. *V* corrigée par le texte de l'imprimé de 1492 (*I*), ainsi que modifiée, le cas échéant, par les leçons des manuscrits *S, P* et *A*.

Principes d'édition

Le texte de l'édition latine est accompagné de deux apparats. Dans le premier, l'apparat critique, on relève les lacunes, omissions, fautes, additions et variantes des différents témoins par rapport au ms. 1045 de la Vaticane, utilisé comme texte de base, ainsi que les corrections ou restitutions conjecturales apportées à ce dernier. Dans le second, on donne les références aux sources citées: ces références renvoient aux éditions indiquées dans la Table bibliographique; quand le passage mentionné n'a pu être trouvé, il est donné comme *locus non inventus*. Il faut noter que les divisions et indications fournies par les copistes des cinq manuscrits sont dans l'ensemble respectées par la présente édition, avec cependant quelques rectifications çà et là.

L'orthographe moderne du latin a été adoptée. Comme je l'ai signalé, dans mon *Traité de l'âme de Jean Buridan*, il n'y a aucune raison de ne pas utiliser le latin standard, présent dans tous les dictionnaires du monde. Le contraire révèle souvent un certain élitisme pédant ou, en tout cas, une absence de cohérence et de lucidité ([32]).

La ponctuation a été effectuée par mes soins, dans le but de faciliter la lecture du texte. Elle respecte cependant la plupart des divisions et structures utilisées par le ms. 1045 et l'imprimé de 1492.

Les titres et les sous-titres correspondant aux divisions en *Libri* et *Quaestiones* ne figurent pas tels quels dans le manuscrit; neanmoins, il m'a paru fastidieux et superflu de les mettre continuellement entre chevrons: le lecteur voudra donc bien rectifier par lui-même.

([32]) B. PATAR, *Le Traité de l'âme...*, p. 111*.

Les indications marginales sont les suivantes. Dans les marges extérieures, on trouve les numéros des feuillets de l'imprimé de 1492 et du ms. 1045 du Vatican suivie de un ou plusieurs chiffres et de une ou deux lettres en exposant.

Dans les marges intérieures, on trouve la numérotation des lignes. À cet effet, j'ai adopté l'usage qui consiste: 1) à tenir compte de toutes les lignes imprimées du texte; 2) à ne procéder à la numérotation que toutes les cinq lignes; 3) à recommencer le décompte à partir de la ligne 100 (écrite sous la forme 00).

Remarques doctrinales

Le *De caelo* d'Albert de Saxe, comme nous l'avons vu au début de cette introduction, est d'une grande importance historique. C'est sous le nom d'Albert, et non pas sous celui de Buridan ou d'Oresme, que se sont transmises dans toute l'Europe les conceptions cosmologiques du Moyen Âge finissant. C'est sous le nom d'Albert qu'apparaît, une des premières fois, la question de l'héliocentrisme, dont les siècles ultérieurs s'empareront pour en faire ou la critique ou l'éloge, doctrine que le maître saxon réfute énergiquement dans les termes suivants: «Concernant cette conclusion, cependant, il faut faire remarquer qu'un de mes maîtres semble opter pour l'impossibilité de démontrer que la terre n'est pas mue et que le ciel ne se repose pas. Pour ma part, je crois, toute révérence gardée, que c'est le contraire [...]» (Q. 26, pp. 426-427).

Toutefois, il faut bien reconnaître, à l'analyse, que, malgré quelques prises de position personnelles du maître saxon, le *De caelo* est un ouvrage hétéroclite dont la plus grande partie est tirée des œuvres homonymes du maître picard et du maître normand.

Dans mon récent *La* Physique *de Bruges et le* Traité du ciel *d'Albert de Saxe* (2001), j'ai démontré, en effet, hors de tout doute et preuves à l'appui, que 70 % du contenu du *De caelo* d'Albert est un recopiage de Buridan et, à l'occasion, d'Oresme, soit sous forme d'emprunts directs, bien souvent mot à mot, soit sous forme intersticielle. Ce plagiat méthodique, que le Professeur Hubien dénonçait naguère avec humour et conviction, pose évidemment problème. Comme je le fais remarquer en page

497* de ce même ouvrage, le *Traité du ciel* d'Albert de Saxe ne devra être étudié «qu'avec la plus grande circonspection, la part de Buridan y étant prépondérante». C'est donc, en ultime instance, la démarche buridanienne qui aura influencé la cosmologie des deux derniers siècles du Moyen Âge et du premier siècle de la Renaissance, et bien peu celle de son disciple. Que cela nous plaise ou pas, c'est un fait. Et comme disent les Anglais avec un brin d'ironie, un fait, c'est plus important qu'un lord maire !

Signes et abréviations

< > : addition conjecturale de l'éditeur.

/ : indique un changement de folio ou de colonne dans le ms. principal, à savoir Vatican 1045 (tant pour l'*Expositio* que pour les *Quaestiones*); il est accompagné en marge par la mention correspondante.

| : indique un changement de folio dans le ms. Can. misc. 508 d'Oxford.

// : indique un changement de folio dans le ms. 6527 de Paris.

|| : indique un changement de folio dans le ms. F. 345 d'Erfurt.

\ : indique un changement de folio dans le ms. 766 d'Eichstätt.

\\ : indique un changement de folio dans le ms. J. V. 38 de Florence.

[ ] : dans le texte de base, signale un commentaire de l'auteur par rapport au texte d'une citation qu'il effectue.

[...] : indique une lacune du ms. signalée par l'éditeur; ou, quand il s'agit d'une citation, d'un abrégement du texte cité.

? : exprime un doute de l'éditeur sur la lecture du texte ou sur sa signification.

^{1} ^{2} ^{3} : chacun de ces exposants désigne l'ordre du mot visé quand un même mot est répété plusieurs fois sur la même ligne.

]	:	dans l'apparat critique, introduit un commentaire à propos du mot ou de l'ensemble des mots qui le précèdent.
...	:	dans l'apparat critique: *avant le crochet*, désigne un passage abrégé; *après le crochet*, désigne un mot manquant (ce signe est répété autant de fois qu'il y a de mots manquants.
« »	:	marque une citation littérale.
F.I.	:	désigne un folio de l'imprimé de 1492.
F.V.	:	désigne un folio du manuscrit 1045 du Vatican.
n.	:	note
add.	:	*addidit*
cod.	:	*codex*
corr.	:	*correxit*
del.	:	*delevit*
dub.	:	*dubitanter*
exp.	:	*expunxit*
f.	:	*folium*
hom.	:	*homoioteleuton*
ill.	:	*illisibilis*
in marg.	:	*in margine*
inv.	:	*invertit*
i.v.	:	*infra versum* (texte écrit en dessous de la ligne)
iter.	:	*iteravit*
lin.	:	*linea*
lect. diff.	:	*lectio difficilis*
litt.	:	*littera*
n.	:	*nota*
om.	:	*omisit*
scr.	:	*scripsit*
subl.	:	*sublineavit*
s.v.	:	*supra versum* (texte écrit au-dessus de la ligne)
suppl.	:	*supplevi*
I	:	*imprimé de 1492*
A	:	*ms.* 592 *Rome*
B	:	*ms 387 de Berlin*
C	:	*ms. 751 de Cracovie*
E	:	*ms. 766 d'Eichstätt*

K : *ms. 749 de Cracovie*
L : *ms. 1415 de Leipzig*
M : *ms. 1416 de Leipzig*
P : *ms. 14723 de Paris*
R : *ms. 99 de Rome*
S : *ms. F.I. 11 de Bâle*
V : *ms. 1045 du Vatican*

Pour alléger les notes et éviter les répétitions, les références aux travaux (livres ou articles) sont données, au cours du volume, sous une forme abrégée. Les renseignements complets sont donnés une fois pour toutes dans la Table bibliographique à la fin de cet ouvrage.

ALBERTI DE SAXONIA
QUÆSTIONES
IN ARISTOTELIS *DE CÆLO*

<ALBERTI DE SAXONIA QUÆSTIONES IN ARISTOTELIS DE *CÆLO ET MUNDO*>

//// |ARISTOTELES in libro *De caelo et mundo*, qui est secundus F.V. 1ra liber in ordine librorum naturalium, considerat de totali mundo et F.I. A2ra corporibus naturalibus simplicibus, sicut sunt quattuor elementa et caelum, secundum quod sunt mobilia motibus localibus simplicibus ex quibus ipse mundus constituitur talem observans ordinem. Quia in primo libro partiali determinat de mundo secundum se totum; in secundo autem de parte mundi nobiliore, puta de caelo partes eius et proprietates et per se passiones eius considerans; in tertio determinat de partibus mundi minus nobilibus, sicut sunt quattuor elementa, et hoc secundum opinionem antiquorum; in quarto determinat de eisdem secundum opinionem propriam.

In autem sic procedit quod primo determinat de perfectione mundi hanc solvens quaestionem «utrum mundus sit perfectus»;

---

4 Aristoteles in libro De caelo et mundo] Quaestiones circa librum De caelo et mundo declarabuntur hic. Aristoteles; *om. E*; Iste liber totalis De caelo et mundo *V* 4 Aristoteles] Circa initium De caelo et mundo quaeritur *L*; graecorum sapientissimus *add. R* 4 in] illo *add. K* 4 liber] *om. L* 5 considerat] qui *add. K*; *om. L* 5/7 totali mundo... caelum] magnitudinibus *K* 6 simplicibus] *om. C E L P R S* 7 sunt] *om. A* 8 ex] de *V* 8 ipse] iste *R* 8 constituitur] consistit *K* 8 talem] secundum *add. P sed del.* 8 observans ordinem] *inv. K* 8/9 observans] servans *P* 9 Quia] Scilicet quod *A*; Quod *B C E P R S* 9 libro] li *add. V sed del.* 9 partiali] partialiter *L* 9 determinat] determinatur *V* 10 in] *om. R* 10 autem] *om. K* 10 mundi nobiliore] nobiliore mundi *L* 11 de] 2° *add. R* 11 partes] *om. K* 11 et[1]] *s.v. A* 11 proprietates] proprietas *S* 11 passiones] privationes *L* 11 eius[2]] *om. B E P S* 12 considerans] desiderantes *L* 12 tertio] vero *add. A C K P R S V* 12 determinat] vult determinare *B*; determinatur *L* 12 mundi] *om. A sed in marg. sin. add.* 12/13 minus nobilibus] innobilibus *B* 12 nobilibus] ingenerabilibus *E*; nobilioribus *R S* 13 hoc] *om. K*; haec *L* 13/14 opinionem antiquorum] *inv. B E* 13/14 opinionem antiquorum... secundum] *om. C (hom.)* 14 quarto] *desio add. K* 14 determinat] determinatur *L V* 14/15 opinionem propriam] *inv. B* 16 In] *om. K* 16 autem] *om. K P* 16 sic procedit] *inv. B E* 16 quod] quia *A L* 16 determinat] determinatur *A* 17 solvens] apr *add. sed del.*

4 ARISTOTELES, *De caelo*, I-IV, 268 a 1 - 313 b 23.

secundo autem de finitate mundi in magnitudine, solvens secundam quaestionem principalem huius libri I^i, scilicet «utrum mundus sit magnitudo finita vel infinita»; tertio determinat de unitate mundi, scilicet «utrum sit unus mundus solum vel sint plures vel saltem possint esse», quae est tertia quaestio principalis huius I^i; quarto determinat de perpetuitate mundi hanc solvens quaestionem quartam «utrum mundus sit perpetuus».

Secundum exigentiam istarum materierum, deo concedente, quasdam conscribam quaestiones super librum totalem ARISTOTELIS antedictum. In quibus, si quid minus bene dixero, me benignae correctioni melius dicentium subiicio. Pro bene autem dictis non mihi soli sed magistris meis reverendis de nobili Facultate artium parisius, qui me talia docuerunt, peto dari grates cum exhibitione reverentiae et honoris. Volo autem quantum potero sic procedere, ut in quaestionibus prioribus deserviant dicendis in posterioribus ad finem quod scientia veniat ordinate.

---

18 autem] *om. C* 18 de finitate] dissimilitatem *A*; diffinitate *S* 18 finitate] infinitate *C P*; simplicitate *L*; forphicitate *R* 18 in] de *A* 18 in magnitudine] determinat *K* 18 solvens] istam *add. K* 18/19 secundam] *om. K* 19 libri] *om. A K*; primus *S* 19 libri I^i] *inv. R* 19 I^i] *om. B P V* 19 scilicet] *om. C* 21 utrum] mundus *add. B E* 21 sit unus] *inv. B E* 21 mundus solum] solus mundus *A B E K* 21 solum] *om. B* 21 vel] sint *add. B E* 22 saltem] *om. P* 22 possint] possent *C*; possunt *K* 22 tertia] *iter. K* 22/23 principalis] *om. V* 23 huius] libri *E R*; libri *add. C L P* 23 I^i] libri *B K* 23 determinat] *om. L*; utrum *P* 24 quaestionem quartam] *inv. A L* 24 quartam] scilicet *add. E; om P R S V* 25 Secundum] Sed *L*; Sed secundum *P* 25 exigentiam istarum materierum] materierum exigentiam *V* 25 istarum] illarum *B L* 25 materierum] *om. B E* 26 quasdam conscribam] *inv. R* 26 conscribam quaestiones] *inv. V* 26 Aristotelis] *om. K* 27 In quibus] *om. V* 27 quid] quod *A E K R*; quidem *V L* 27 minus bene dixero] bene minus dixero *(sr. sed del.)* minus bene dixero aliquod me *K* 27 bene dixero] *inv. R* 27 me] d *add. P sed exp.* 28 melius dicentium] *om. P* 28 dicentium] dictione *K* 28/29 bene autem dictis] autem benedictis *B E*; benedictis autem *I** 29 non mihi] *inv. K* 30 parisius] parisiensi *B E C S V* 30 talia] clericum *R* 30 dari] dare *A K P R* 31 autem] in *add. L* 31/32 quantum potero] *iter. A* 31/32 quantum potero sic procedere] sic procedere in quantum potero *B E* 31 quantum] inquantum *K P R* 32 ut] *om. K P* 32 in quaestionibus prioribus deserviant] *om. R sed in marg. dext. add.* 33 dicendis] *om. K* 33 dicendis in quaestionibus] *om. R* 33 ad finem quod scientia veniat ordinate] *om. V* 33 ordinate] et cetera *add. R* 33 quod] ita quod *K L* 33 veniat] venirem *K*; perveniat *L*

26/27 ARISTOTELES, *De caelo*, I-IV, 268 a 1 - 313 b 23.

LIBER I

Quaestio 1

Utrum cuilibet corpori simplici insit naturaliter tantum unus motus simplex

Accedendo igitur ad intentum pro concludendo mundum esse perfectum, quod ARISTOTELES intendit in I° tractatu *I[i] libri* partialis concludere, secundum hoc volo tractare istas quinque quaestiones. Quarum prima est ista: utrum cuilibet corpori simplici insit naturaliter tantum unus motus simplex; secunda: utrum in mundo sint quinque corpora simplicia distincta specie, scilicet quattuor elementa et quinta essentia; tertia: utrum praeter dicta quinque corpora simplicia sit ponendum sextum corpus simplex secundum speciem; quarta: utrum totalis mundus sit unum ens continuum; quinta: utrum mundus sit perfectus.

Ad primam dictarum quaestionum propositarum arguitur primo ad partem negativam sic. Non cuiuslibet corporis simplicis est motus; ergo non tantum unus motus. Consequentia est nota. Antecedens probatur. Primo de caelo quod est corpus simplex per ARISTOTELEM in *littera*; et tamen eius non videtur esse motus, saltem localis, de quo hic intenditur, cum semper maneat in eodem loco.

Et si dicatur quod propter hoc bene conceditur caelum non moveri secundum se totum, adhuc tamen caelum bene movetur

---

6 intendit] *om. I* 6 tractatu] huius *add. I* 6 partialis] intendit *add. I; om. V (est in I P)* 7 secundum hoc] *om. A I* 11/12 quinque corpora] *inv. V* 16 sic] *om. P V* 17 ergo] igitur *I* 17 nota] est de se *add. I* 18 Antecedens] Et *I* 18 probatur] assumptum *add. I* 18 Primo] Et primo *I* 19 per] secundum *I* 22 dicatur] dicitur *I*

6 ARISTOTELES, *De caelo*, I, 1-4, 268 a 6 - 271 a 33; 268 b 5-10.
19 ARISTOTELES, *De caelo*, I, 2, 269 a 2-30.

secundum eius partes. Probo quod non. Nam utraque medietas caeli ita manet in eodem loco sicut caelum: quod patet de medietatibus caeli quas aequinoctialis dividit ab invicem.

Secundo, ultima sphaera est corpus simplex, et tamen non movetur saltem localiter, ex eo quod non est in loco, cum extra eam nihil sit neque locus neque tempus neque vacuum, sicut dicit ARISTOTELES in *littera*.

Tertio, patet hoc de totali terra quae | ponitur esse corpus simplex, et cum hoc semper in medio mundi quiescere; quare non cuiuslibet corporis simplicis est motus.

Hoc idem confirmatur auctoritate astrologorum qui ponunt ultimum caelum esse immobile, non obstante quod istud est corpus simplex.

Secundo, ad principale. Nullus motus est simplex; ergo quaestio falsa, cum hoc supponatur in quaestione. Assumptum probatur, quia omnis motus est divisibilis in partes secundum divisionem temporis in quo fit, sicut vult ARISTOTELES in *VI° Physicorum*; igitur nullus est simplex.

F.V. 1rb Confirmatur //// hoc secundo: omnis motus vel est naturalis vel violentus. Si est naturalis, sic est in fine velocior quam in principio; si violentus, tunc in fine est tardior quam in principio. Et sic omnis motus, sive sit naturalis sive violentus, componitur ex velociore et tardiore, quare nullus est simplex.

Tertio ad principale. Quilibet orbis planetae est corpus simplex; et tamen ei naturaliter insunt plures motus locales simplices, quo-

---

24 Probo] Arguo *I* 28 quod] cum *V* 28 eam] ipsam *I* 29 nihil] non *I* 29 neque] *om. I* 29 neque [1 et 2]] nec *I* 29 dicit] *om. I* 29/30 Aristoteles] ponit *add. T* 31 esse] *om. I* 32 cum hoc] tamen *I* 32 semper] manet *add. I* 32 mundi] et *add. I* 32 quiescere] quiescit *I* 32 quare] igitur *I* 34 Hoc] Quarto *I* 34 auctoritate] *illorum add. I*; Aristotelis et aliorum *add. P* 35 esse] *om. I* 35 istud est] sit *I* 37 principale] sic *add. I* 38 supponatur] supponitur *V* 38 Assumptum probatur] Antecedens patet *I* 40 sicut vult Aristoteles in] ex V (est in I P) 41 igitur] ergo *I*; quare *P* 41 nullus] non *I* 42 hoc] idem *I* 43 est in fine] *inv. I* 44 tunc] sic *I* 44 quam in principio] *om. I P* 45 sit] *om. I P* 46 nullus] non *I* 47 principale] sic *add. I* 48 locales simplices] *inv. I*

29/30 ARISTOTELES, *De caelo*, I, 9, 279 a 11-12.
40 ARISTOTELES, *Physica*, VI, 4, 234 b 10-22.

rum unus est ab oriente in occidentem per meridiem secundum motum primi mobilis super polos mundi, alter autem est ab occidente in orientem etiam per meridiem super polos zodiaci, qui dicitur esse motus proprius istius orbis et primus motus raptus.

Nec valet si dicatur quod solum unus istorum motuum est orbi naturalis, alter autem est ei violentus, ex eo quod tunc non perpetue orbes planetarum taliter dictis motibus fuissent moti, cum nullum violentum diu duret per ARISTOTELEM in *littera*; quod tamen est falsum.

Quarto ad principale. Ignis in sphaera sua movetur circulariter unacum caelo, et cum hoc est mobilis naturaliter sursum; ideo eiusdem corporis simplicis sunt plures motus naturales simplices distincti secundum speciem. Prima pars antecedentis patet per ARISTOTELEM in *I° Meteororum*. Et secunda pars patet ad experientiam: videmus enim ignem hic inferius non prohibitum naturaliter moveri sursum. Consequentia tenet ex eo quod ignis ponitur esse corpus simplex, et cum hoc motus circularis et motus sursum ponuntur esse motus distincti secundum speciem per ARISTOTELEM in *littera*.

Et si dicatur: non propter hoc igni insunt duo motus, quorum uterque insit ei naturaliter, quia, licet uterque dictorum motuum ei insit, tamen solum unus eorum, scilicet motus sursum, inest ei naturaliter, et alter, scilicet motus circularis, inest ei violente; hoc non valet, nam tunc non perpetue ignis in sphaera sua fuisset motus circulariter unacum caelo; cuius oppositum concederet ARISTOTELES. Consequentia tenet per hoc quod nullum violentum diu durat per ARISTOTELEM in *littera*.

---

51 etiam] om. V (est in I P) 53 istorum] orbium *add. V sed del.* 55 taliter] ante *I* 56 duret] durat *P V* 56/57 quod tamen est falsum] *om. V (est in I A P)* 58 principale] sic *add. I* 64 tenet] patet *I* 68/69 non propter... naturaliter] *om. V* 68 duo] plures *P* 69 quia] quod *V* 69 dictorum] istorum *V* 69/70 ei insit] insit (igni *add. V sed del.*) igni *V* 71 violente] violenter *I* 72 perpetue] perpetuo *I* 73 unacum] cum *V (est in I P)*

56 ARISTOTELES, *De caelo*, I, 2, 269 b 9-10.
61/62 ARISTOTELES, *Meteora*, I, 3, 340 b 28-29.
66/67 ARISTOTELES, *De caelo*, I, 2, 268 b 17-19.
73 ARISTOTELES, *Meteora*, I, 3, 340 b 28-29.
75 ARISTOTELES, *De caelo*, I, 2, 269 b 9-10.

Quinto. Si terra quae ponitur esse corpus simplex poneretur sursum, ipsa non prohibita descenderet uno motu implici usque ad sphaeram aeris, et alio motu simplici distincto specie a primo usque ad aquam; deinde adhuc alio distincto specie usque ad medium mundi; igitur eiusdem corporis simplicis possunt esse plures motus naturales simplices. Consequentia tenet. Antecedens quantum ad partem eius dubiam probatur per ARISTOTELEM in *littera*, quae videtur distinguere motus naturales ab invicem secundum distinctionem specificam terminorum, ad quos modo patet quod dicti motus terrae sunt ad terminos distinctos specie postquam unus est ad aerem, alter ad aquam; ista autem distinguuntur specie.

Sexto. Motus sursum et motus deorsum sunt motus naturales simplices, et ambobus illis motibus aer qui ponitur corpus simplex potest moveri, saltem successive: nam, si aer esset in loco aquae, moveretur naturaliter sursum ad locum proprium, si autem esset in loco ignis, moveretur naturaliter deorsum ad eundem locum .

Septimo. Probatur quod idem corpus potest moveri simul diversis motibus simplicibus secundum speciem. Nam descendat una terra donec tangat centrum terrae; quo facto nondum quiescit illa terra, sed adhuc movebitur, si non fuerit impedita, donec eius medium fiat medium mundi; ideo per illud tempus per quod movebitur postquam primo tetigit centrum, aliqua pars eius recedet a centro, F.V. 1va et alia accedet ad centrum. Et, cum a centro recedere //// sit ascendere et ad centrum accedere sit descendere, sequitur quod terrae sic motae simul una pars ascendit quando alia descendit; et, cum idem sit motus totius et partis per ARISTOTELEM in *littera*, sequitur quod illa terra simul ascendat et descendat.

---

78 et] uno *add. I* 80 igitur] ergo *I* 81 tenet] nota est de se. Et *I* 81 ad] primam *add. V sed del.* 83 invicem] specie *add. I P* scilicet *add. A* 88 illis motibus] *inv. V* (motibus *s.v.*) 91 eundem locum] *inv. I* 92 potest moveri simul] simul potest moveri *I* 95 movebitur] movetur *V* 95 impedita] prohibita *I* 97 recedet] recedit *P V* 98 accedet] accedit *V P* 99 accedere] recedere *V* (accedere *est in A I P*) 00 simul] *om. V* 2 ascendat] ascendit *I* 2 descendat] descendit *I*

82 ARISTOTELES, *De caelo*, I, 2, 269 a 30 - 269 b 2.
1 ARISTOTELES, *De caelo*, I, 3, 270 a 3-5.

Octavo. Probatur quod unus motus simplex potest inesse pluribus corporibus simplicibus distinctis secundum speciem. Hoc patet primo de motu circulari qui inest caelo naturaliter et etiam igni, quae ponuntur corpora distincta secundum speciem. Secundo, nam motum a medio reputat ARISTOTELES unum motum simplicem; tali tamen motu sunt mobilia plura corpora simplicia distincta secundum speciem, scilicet ignis et aer.

Nono. Idem motus simplex secundum spe- | ciem pluribus mixtis differentibus secundum speciem inest; igitur magis pluribus simplicibus distinctis secundum speciem. Antecedens probatur, quia plumbum et aurum et multa talia sunt mixta differentia specie; et tamen omnibus eis inest naturaliter unus motus simplex, puta deorsum. Consequentia tenet per hoc quod mixta moventur ad motum elementorum praedominantium in ipsis, sicut dicit ARISTOTELES in *littera*; in dictis autem mixtis diversa dominantur elementa sive corpora simplicia. F.I. A2^{rb}

Oppositum patet per ARISTOTELEM in *littera*.

In ista quaestione erunt quattuor articuli. Primus erit iuxta materiam primi argumenti, scilicet utrum omne corpus naturale naturaliter sit mobile motu locali. Secundus erit iuxta materiam secundi argumenti, scilicet utrum sit aliquis motus simplex et quid debeamus intelligere per motum simplicem et quot sint secundum speciem. Tertius erit responsalis ad quaestionem propositam, et cum hoc ad illam dubitationem iuxta materiam octavi argumenti principalis, scilicet utrum idem motus simplex possit inesse naturaliter pluribus corporibus simplicibus distinctis secundum speciem.

3 Probatur] Etiam probatur *I* 5 patet primo] *inv. I* 7 reputat Aristoteles] *inv. I* 10 speciem] potest inesse *add. I* 11 incst] *om. I* 11 magis] meis *V* 11 pluribus] *om. V* 12 distinctis] *om. V* 12 probatur] patet *I* 16 praedominantium] dominantium *V (est in I P)* 18 sive] seu *I* 18 simplicia] igitur etc. *add. I* 19 patet] arguitur *A I P* 20 erunt quattuor] *inv. I* 20 articuli] pertractandi *add. V sed del.* 21/22 naturaliter sit] *inv. I* 23 scilicet] *om. V* 23 sit aliquis] *inv. I* 25 erit] *est V* 26 ad illam dubitationem] *om. V* 27 scilicet] *om. P V*

7 ARISTOTELES, *De caelo*, I, 2, 268 b 21-22.
16/17 ARISTOTELES, *De caelo*, I, 2, 269 a 1-2.
19 ARISTOTELES, *De caelo*, I, 2, 269 a 3-4.

Quartus erit de motu mixti postquam dictum est de motu simplici iuxta materiam noni argumenti.

In primo articulo primo ponam descriptiones quorundam terminorum quibus oportet pluries uti in sequentibus cum una distinctione eius quod est moveri localiter; deinde respondebo ad articulum. Termini describendi sunt isti: *natura, corpus naturale, motus localis, motus naturalis, motus violentus*. Unde *natura* sic describitur *II° Physicorum*: natura est principium et causa movendi et quiescendi eius in quo est primum per se et non secundum accidens. Et dividitur in materiam et formam. Et secundum hoc duplex est principium motus: passivum quidem, et hoc est materia, et activum, et hoc est forma. *Corpus* autem *naturale* dicitur corpus compositum ex materia et forma. Iuxta quod dubitatur utrum caelum sit corpus naturale. Ad quod dico quod sic, si caelum capitur pro aggregato ex orbe et intelligentia, quae, licet non faciat cum orbe per inhaerentiam intelligentiae ad orbem, tamen bene facit unum cum ipso per quandam appropriationem et indistantiam et praesentiam eius ad orbem et ad quamlibet eius partem. Si autem caelum caperetur pro orbe solo cum exclusione intelligentiae, tunc non diceretur ens naturale sed natura; et utrum materia vel forma, *postea dicetur*.

Alia descriptio: *motus localis* dicitur quo aliquid mutat locum formaliter vel secundum se vel secundum partem, vel mutaret, si esset in loco, quod addo propter nonam sphaeram quae movetur motu eiusdem speciei cum motu locali, licet non mutet locum nec secundum se nec secundum partes, postquam nec secundum se nec secundum partes sit in loco. Similiter posito quod infra sphaeram lunae esset vacuum, et nihil esset ibi excepto uno lapide, non est

31 primo[2]] *om. V* 33 moveri] movere *V* 35 motus[1] naturalis] *om. V (est in I P)* 37 et quiescendi] *om. V (est in A I P)* 39 est] dicitur esse *I P* 39 motus] scilicet passivum et activum *add. I* 39/40 et hoc est] ut *I* 39 et] *om. I* 40 et hoc est] ut *I* 42/43 quod sic] *om. V (est in A I P)* 43 capitur] capiatur *I* 44 cum orbe] orbem *I* 47 caelum] *om. V* 47 orbe solo] *inv. V* 47 cum exclusione intelligentiae] exclusa intelligentia *V* 51 vel[1]] *om. I* 53 mutet] mutat *V* 54 partes] suas *add. I* 55 sit] est *I P* 55 infra sphaeram] in sphaera *V* 56 esset[2] sibi] *inv. I*

36 ARISTOTELES, *Physica*, II, 1, 192 b 20-23.

dubium quin Deus adhuc posset movere istum lapidem //// de uno polo ad alium polum, et non nisi motu locali vel motu eiusdem speciei cum ipso, non obstante quod ille lapis non mutaret locum, postquam non esset in loco. Sufficit igitur quod isto motu formaliter mutet locum, si esset in loco, ad hoc quod dicatur localiter moveri vel motu eiusdem speciei cum ipso. De hoc tamen magis videbitur in libro *Physicorum*. F.V. 1vb

Alia descriptio: *motus naturalis* dicitur qui fit a principio activo intrinseco vel activo extrinseco, dum tamen principium passivum intrinsecum mobilis ad illum motum habeat inclinationem. Exemplum primi: sicut est motus gravis deorsum. Exemplum secundi: sicut est motus ferri ad magnetem, vel calefactio aquae: unde, licet aqua calefiat ab extrinseco puta igne, tamen, quia materia aquae ad istam calefactionem habet inclinationem propter formam substantialem ignis, quae istam calefactionem consequitur, inde est quod aqua dicitur naturaliter calefieri.

Alia descriptio: *motus violentus* dicitur qui fit a principio extrinseco ad quem motum principium passivum mobilis non habet inclinationem, sicut est motus gravis sursum. Illud patet per descriptionem violenti quam ponit ARISTOTELEM *III° Ethicorum*, ubi dicit violentum esse a principio extrinseco non conferente vim passo, id est ad quod passum non habet inclinationem naturalem.

Dubitatur hic: quare materia aquae habet inclinationem naturalem ad calefactionem et non ad motum sursum. Dico quod ideo quia materia non appetit accidentia nec inclinatur ad ea nisi propter formam substantialem ad quam talia accidentia disponunt, et ideo quia calefactio quantum est de se disponit ad formam substantialem

---

57 adhuc posset] *inv. I* 57 istum] illum *I* 58 polum] *om. I* 59 ipso] tamen *add. V sed del.* 59 ille lapis non] hoc *V* 60 igitur] ergo *I P* 60 isto motu] motu illo *I* 61 mutet] mutaret *I P* 61/62 moveri localiter] moveri motu locali *I* 62 vel] *motum add. V sed del.* 62 tamen] *om. I* 63 videbitur] *om. I*; debet videri *P* 66 intrinsecum] illius *add. I* 66 mobilis] mobile V 66 motum] naturalem *add. I* 68 motus] *add. V* sed del. 68 magnetem] magnetam *V* 69/70 unde, licet... aquae] *om. V* (hom.) 69 puta] scilicet *P (est in IA I)* 70 istam] illam *I* 71 istam] illam *I* 73 fit] est *A I P* 74 mobilis] mobile *V* 75 Illud] Istud *V* 83 se] materiam *add. I*

63 ARISTOTELES, *Physica*, V, 4, 227 b 8-10.
76 ARISTOTELES, *Ethica ad Nicom.*, III, 1, 1110 b 15-16.

novam in ipsam materiam introducendam. Et hoc non facit motus localis, saltem secundum se; ideo materia aquae bene habet inclinationem naturalem ad calefactionem, et dico: *inclinationem naturalem*, sed non ad motum localem alium ab illo ad quem inclinat F.I. A2va forma substantialis actualiter in | ea existens; propter quod concedimus bene aquam naturaliter calefieri, licet non concedamus ipsam naturaliter ascendere.

Cum istis descriptionibus addo istam suppositionem, scilicet quod quodlibet corpus naturale habet aliquem locum sibi naturalem ipsius conservativum. Quod patet, ex eo quia nos videmus in uno loco corpus diutius conservari et durare, in alio autem minus diu, et cum quodlibet ens appetat se permanere, sequitur quod corpus naturale, cum fuerit extra locum suum naturalem, habet inclinationem ad ipsum; et cum fuerit in ipso, habet inclinationem ad manendum in eo propter diutius conservari in suo esse.

Tunc sit distinctio quod aliquid potest moveri localiter multipliciter. Uno modo secundum se totum, sicut grave deorsum; alio modo secundum partes, sicut caelum. Similiter, uno modo motu recto, sicut grave cum movetur deorsum et leve sursum; alio modo motu circulari, sicut movetur caelum et ignis in sua sphaera. Alio modo mere naturaliter sicut grave deorsum; alio modo mere violenter, ut grave sursum. Alio modo naturaliter et voluntarie, ut caelum: talis enim motus est orbi naturalis et fit ab intelligentia voluntarie; alio modo nec naturaliter nec violente, sed praeter naturam, quo modo movetur ignis in sphaera sua. Alio modo mixtim ex voluntario et violento, sicut est motus animalis; alio modo mixtim F.V. 2ra ex recto et circulari, sicut est motus lapidis transversalis vel motus gravis ad medium mundi //// per arcum cuius semidiameter mundi est chorda.

86/87 et dico: inclinationem naturalem] *om. A I P* 87 sed] licet *A I P* 91 scilicet] *om. I* 93 videmus] idem corpus *add. I* 94 corpus] *om. I* 94 conservari et] *om. I* 94 alio] aliis *V* 95 ens] semper *add. V sed del.* 95 se permanere] manere *V* 95 quod] quodlibet *add. I* 97 ipsum] illum *I* 97 ad manendum] manendi *V* 1 partes] partem *V* 1 modo] *om. V* 2 movetur] moveretur *I* 3 sua sphaera] *inv. I* 4 sicut] ut *I* 5 modo] movetur *add. I* 6/7 ab intelligentia voluntarie] *inv. I* 7 violente] violenter *I* 9 mixtim] mixtum *V* 10 et] *om. V*

Istis suppositis pono unam conclusionem responsalem ad articulum: omne corpus naturale est naturaliter mobile motu locali. Probatur: omne quod habet in se principium activum movendi localiter, hoc est naturaliter mobile localiter; sed omne corpus naturale est huiusmodi; igitur etc. Maior patet per definitionem motus naturalis prius positam, quae est communis omni motui naturali sive sit alterationis sive localis sive quicumque alius unacum suppositione posita post descriptiones terminorum dictorum *natura*, *corpus naturale*, etc. Sed minor patet per definitionem corporis naturalis unacum definitione naturae.

Iuxta istam conclusionem dubitatur: quare dicatur corpus naturale? Nonne sufficeret dicere: *corpus*, cum omne corpus sit naturale et e contra? Hic responderi potest dupliciter. Primo, concesso quod omne corpus esset naturale et omne naturale esset corpus, tamen additur li *naturale* propter opinionem PLATONIS, qui credidit aliqua corpora esse mathematicalia et non naturalia. Aliter potest dici negando quod omne corpus sit naturale, nam materia est corpus et similiter forma equi est corpus, cum quodlibet istorum sit longum, latum et profundum; et tamen neutrum istorum est ens naturale, sed natura. Similiter albedo et dulcedo in lacte sunt corpora, cum utrumque istorum sit longum, latum et profundum; et tamen neutrum eorum est ens naturale: quod patet per definitionem corporis naturalis prius positam, licet bene sint entia secundum naturam.

Secundo dubitatur contra conclusionem in se, quia caelum est corpus naturale, cum sit unum de quinque corporibus simplicibus naturalibus per ARISTOTELEM in *littera*; et tamen licet moveatur, non naturaliter sed violente videtur moveri, ex eo quod movetur ab

---

13 unam] unicam *I* 13/14 articulum] scilicet *add. I* 15 in se principium] *inv. V* 15 activum movendi] *inv. V* 16 naturaliter] *om. V (est in I P)* 17 igitur] ergo *I* 19 alius] per *add. s.v. V* 20/21 dictorum natura, corpus naturale, etc.] in (ita *add. sed del.*) notabili positorum *V* 21 per definitionem] ex definitione *V* 23 istam conclusionem] *inv. V* 23 dicatur] dicitur *I* 24 Nonne] Unde *est in I P)* 24 sit] corpus *add. V sed del.* 25 responderi potest] *inv. I* 28 potest] tamen *add. V sed del.* 29 et] *om. I* 30 similiter] consimiliter *I* 31/32 sed natura] *om. V (est in A I P)* 33 istorum] illorum *I* 34 definitionem] entis seu *add. I* 38 tamen] *om. V* 39 non] tunc tamen *add. V* 39 videtur moveri] *inv. V*

27 Cf. PLATO, *Timaeus*, 35 a - 37 b.
38 ARISTOTELES, *De caelo*, I, 2, 268 b 14 - 269 a 9.

intelligentia quae non videtur intrinseca esse ipsi caelo sed extrinseca.

Secundo, nam bene possibile est esse aliquod corpus naturale quod tamen nunquam movetur localiter; et per consequens tale non videtur esse mobile localiter, quia, si esset mobile localiter et nunquam moveretur, potentia eius naturalis ad motum esset frustra; quod videtur esse falsum, cum Deus et natura nihil faciant frustra. Assumptum patet, nam possibile est aliquam terram in aliquo loco generari et in eodem corrumpi, absque hoc quod unquam moveatur localiter.

Ad ista. Ad primum dico quod utique caelum movetur naturaliter. Et ulterius dico quod movetur a principio intrinseco per appropriationem et praesentiam, puta ab intelligentiis, sed non per inhaerentiam. Et hoc sufficit ad motum naturalem. Ad secundum bene concedo quod possibile est aliquod corpus esse naturale quod nunquam movebitur localiter. Et ulterius dico quod non est inconveniens aliquam potentiam frustrari secundum individuum, licet sit impossibile potentiam naturalem frustrari tam secundum individuum quam secundum speciem. Modo dico quod in proposito, licet dicta potentia frustretur secundum individuum, tamen consimilis potentia in aliquo simili reducitur ad actum. Unde, licet aliqui flores nunquam producant fructum et potentia producendi fructum in illis non reducatur ad actum, tamen potentia producendi fructum in aliis eis similibus in specie ad actum reducitur. Et ita Deus et natura nihil faciunt frustra secundum speciem et individuum simul, licet bene secundum unum individuum vel plura solum.

Quantum ad secundum articulum praemitto primo aliquas propositiones tamquam suppositiones; deinde pono aliquas conclusiones responsales ad articulum. Suppositiones erunt iuxta quid nominis motus simplicis.

---

40 ipsi] *om. I* 43 quia] nam *I* 44/45 naturalis ad motum esset frustra] videretur frustra ad motum *V* 45 faciant] agant *I*; faciunt *V* 51 sed] licet *I* 52 secundum] secundam *I* 53 possibile est] *inv. I* 53 corpus esse] *inv. I* 54 movebitur] moveatur *I* 55 aliquam potentiam] *inv. I* 62 reducitur] producitur *V* 63 simul] *om. V (est in A I P)* 64 vel] secundum *add. V* 65 praemitto] praemittam *I* 65 primo] prius *I* 66 deinde] et deinde *I* 66 pono] ponam *I*

Prima suppositio est: motus localis non dicitur simplex | F.I. A3ra per privationem compositionis ex partibus quantitativis. Patet, quia, cum quilibet motus sit compositus ex partibus quantitativis, cum sit de numero continuorum, nullus motus esset simplex; cuius oppositum dicit ARISTOTELES.

Secunda suppositio: nec motus dicitur simplex per privationem compositionis ex partibus, quarum una fit velocior alia tardior, nam tunc motus naturalis terrae deorsum secundum semidiametrum mundi vel partes eius non esset simplex, cum in fine sit velocior quam in principio; cuius oppositum iterum dicit ARISTOTELES.

Tertia suppositio: nec motus dicitur simplex per privationem compositionis ex partibus quibus una pars mobilis movetur velocius et alia tardius, //// F.V. 2rb nam tunc totalis motus caeli coextensus ei non esset motus simplex; quod est falsum et contra ARISTOTELEM. Consequentia patet ex hoc quia partes caeli quae sunt iuxta aequinoctialem moventur velocius quam quae moventur iuxta polos, postquam in eodem tempore plus describunt de spatio vero vel imaginato.

Quarta suppositio: nec motus dicitur simplex propter hoc quod mobile tali motu motum sit figurae simplicis et regularis, quia, non obstante quod terra esset valde irregularis figurae, adhuc motus eius deorsum diceretur valde simplex.

Quinta suppositio: nec motus dicitur simplex propter simplicitatem substantiae motae, nam tunc motus elementorum non esset simplex, cum quodlibet elementorum sit compositum ex materia et forma. Similiter motus gravis mixti deorsum non esset simplex

---

69 Prima] Et sit haec *I* 69 est] quod *I* 71 cum] *om. V* 71 sit] est *V* 72 continuorum] vel successivorum *add. I* 72 nullus] tunc nullus *V* 72 oppositum] negat *add. V sed del.* 73 dicit] concedit *V* 74 nec] est ista quod *I* 75 alia tardior] vel tardior quam alia *I* 78 dicit] concedit *V* 80 quibus] quarum *V* 80 mobilis] *om. V* 81 caeli] ipsi caelo *add. I* 82 ei] *om. I V (est in A P)* 83 Consequentia patet*] inv. V* 84 quam] partes caeli *add. I* 84 moventur] sunt *I* 85 plus describunt] *inv. I* 90 valde] *om. I* 91 nec] *om. V* 91 motus] non *add. V*

73 ARISTOTELES, *De caelo*, I, 2, 268 b 14 - 269 a 9.
78 *Ibidem.*
82/83 *Ibidem.*

propter consimilem rationem, quod ARISTOTELES negat, quia tale naturaliter movetur tali motu simplici ad motum elementi praedominantis in ipso.

Sexta suppositio: nec motus dicitur simplex ex eo quod sit super spatio simplici, nam tunc motus gravis qui fieret secundum lineam rectam transversalem esset simplex; quod est falsum, quia componitur ex recto et circulari. Similiter motus molae fabri esset simplex, quia fit secundum spatium simplex, scilicet lineam circularem; et tamen hoc est falsum, quia motus molae fabri compositus est ex motu pulsus et tractus.

Septima suppositio est: motus dicitur simplex ex eo quod fit per lineam breviorem per quam potest fieri ad medium mundi vel a medio mundi, scilicet secundum diametrum mundi vel partes eius, absque hoc quod participet aliquid de circuitione vel circa medium mundi secundum lineam circularem vel partem eius absque hoc quod participet aliquid de descensu ad medium vel ascensu a medio, ita quod simplicitas motus attendatur in ordine ad medium mundi.

Ex quo sequitur: datis duobus mobilibus aequaliter distantibus a medio mundi utrisque aeque velociter descendentibus ad medium mundi, uno tamen descendente per semidiametrum mundi, altero autem per arcum cuius semidiameter mundi esset chorda; primum moveretur motu simplici, secundum autem non, quia secundum non descenderet per lineam breviorem per quam posset, sed per lineam curvam aliquid participans de circuitione in eius descensu. Et incidentaliter addo quod in eodem casu ista duo mobilia, licet

---

95 negat] negaret *I* 96 tali] mixtum *add. I* 96 simplici] similiter *add. V* 98 ex eo] propter *add. V sed del.* 00 rectam transversalem] *inv. I* 1 Similiter] etiam *add. I* 2 secundum] super *A V* 3/4 compositus est] componitur *I* 5 suppositio] est ista quod *add. I* 7 partes] partem *I* 8 participet aliquid] *inv. I* 8 de] per *add. V sed del.* 8 circuitione] circulatione *V* 8 vel] *om. V* 9 circularem] abs *add. V sed del.* 10 ascensu] eius *add. V* 11 attendatur] attenditur *I* 14 mundi] quorum quilibet aeque cito veniet ad medium mundi *add. V* 17 secundum[1] autem] sed secundum *V* 18 posset] potest *I* 19 circuitione] circulatione *V* 20 addo] addicit *V*; addendo *P (addo A I)* 20 ista] illa *I*

95 ARISTOTELES, *De caelo*, I, 2, 269 a 1-2.

aeque velociter descenderent, non tamen aeque velociter moverentur, quia illud quod descenderet per arcum velocius moveretur, cum in aequali tempore plus pertransiret de spatio, quia pertransiret arcum, quando reliquum pertransiret chordam; arcus autem est maior chorda; tamen aeque velociter descenderet, quia aequaliter centro appropinquaret, ita quod motus velocitas mensuratur penes transitionem spatii maioris vel minoris in tanto vel in tanto tempore; descensus autem velocitas penes approximationem maiorem vel minorem ad medium mundi in tanto vel in tanto tempore.

Iuxta istam suppositionem dubitatur primo quantum ad motum rectum. Nam sequitur aliquod totum motu simplici moveri, cuius tamen quaelibet pars movetur motu composito. Consequentia probatur: nam sit una terra pura uniformis in gravitate secundum partes eius, quae descendat sic ad centrum mundi quod punctus in medio eius imaginatus describat semidiametrum, et in eius descensu ista terra condensetur; in isto casu totalis terra movetur motu //// simplici, et tamen quaelibet medietas videtur esse mota motu composito ex descensu et aliquali circuitione, postquam nulla eius medietas descendit per semidiametrum mundi. F.V. 2va

Aliter potest argui hoc idem ponendo talem casum quod, sit una terra pura quae in eius descensu rarefiat usque ad instans medium temporis mensurantis descensum, semper puncto medio ipsius terrae manente in semidiametro mundi, et post medium instans temporis ista terra e converso condensetur; in isto casu punctus medius totalis terrae describit semidiametrum mundi, quaelibet autem medietas describit quasi arcum cuius semidiameter mundi est chorda; quare quaelibet medietas terrae sic motae videtur esse mota motu composito totalis autem terra mota motu simplici.

---

21 descenderent] descenderunt *V* 21/22 moverentur] moventur *V* 25 tamen] *om. I* 25 velociter] tamen add. *I* 27 transitionem] transitum *I* 28/29 vel] et *V* 29/31 descensus autem... tempore] *om. P V (est in A I)* 30 istam] illam propositionem seu *I* 31 sequitur] sequeretur quod *I* 31 motu simplici moveri] moveretur motu simplici *I* 32 pars] medietas *A I P* 32 movetur] moveretur *I* 32 Consequentia probatur] *inv. I* 34 mundi] ita *add. V* 35 semidiametrum] mundi *add. A I P* 35 ista] illa *I* 36 condensetur] condensatur *V* 36 in] *om. V* 36 casu] posito *add. V* 40 idem] *sic add. I* 40 una] aiqua *I* 41 usque] scilicet *add. I* 42 descensum] super puncto *medio add. V* 44 ista terra] terra illa *I* 44 condensetur] condensatur *V* 48 totalis] totali *A I P*

F.I. A3[rb] Ad illud respondeo concedendo conclusio- | nem, scilicet quod aliquod corpus totale movetur motu simplici, cuius quaelibet medietas movetur motu composito; cum quo tamen bene stat quod medietates illae simul sumptae moventur motu simplici, cum istae medietates simul sumptae non sint aliud quam ipsum totum.

Secundo dubatur iuxta eandem suppositionem quantum ad motum circularem, nam, si ipsa esset vera, sequeretur quod excentricus solis vel alicuius alterius planetae non moveretur motu simplici; sed hoc est falsum, ex eo quod orbis excentricus est simplex corpus; cuilibet autem tali debetur motus simplex per ARISTOTELEM in *littera*. Probatio consequentiae: quia excentricus, licet moveatur circa centrum mundi, tamen aliquid de ascensu et descensu participare videtur, ex eo quod aliquando aliqua eius pars efficitur centro mundi propinquior, aliquando remotior; centro autem mundi appropinquare est descendere et a centro mundi elongare est ascendere; igitur etc.

Propter istam rationem et alias rationes COMMENTATOR negavit excentricos, de quibus *videbitur plus postea*. Sed ad ipsam per aliquos volentes sustinere excentricos respondetur et conceditur quod excentrici moventur motu simplici. Et quando dicitur: *aliqua pars excentrici aliquando efficitur centro propinquior, aliquando remotior*, bene concedunt, sed negant quod propter hoc excentrici non moveantur motu simplici: dicunt enim simplicitatem motus circularis non attendi penes motum circa centrum mundi, sed circa centrum proprium corporis moti; modo excentrici nunquam efficiuntur quantum ad aliquas suas partes aliquando propinquiores centris propriis, aliquando remotiores, sed semper manent aequaliter distantes ab eis. Sed breviter ista solutio, salva gratia sic dicentium,

---

49 concedendo] concedo *V* 51 tamen] *om. I* 52 simul] superte *add. V sed del.* 52 istae] illae *I*; duae *add. V* 53 ipsum] illud *I* 57 sed hoc] quod tamen *I* 57/58 simplex corpus] *inv. I* 61/62 efficitur] aliquando *add. I* 62 aliquando] et aliquando *I* 63 mundi] *om. V* 63 a centro] ad centrum *V* 64 igitur] ergo *I* 65 et] propter quasdam *add. I* 69 aliquando[1] efficitur centro] fit aliquando terrae *V* 71 dicunt enim] quia dicunt *I* 72 mundi] *om. V* 73 moti] *om. I* 76 ista solutio] istud *I*

58/59 ARISTOTELES, *De caelo*, I, 2, 269 a 2-30.
65 AVERROES, *In De caelo*, I, comm. 5, f. 5[v], L.

non videtur mihi valere, quia, si simplicitas motus circularis attenderetur respectu centri proprii corporis moti, tunc mola fabri moveretur motu simplici circulari; quod est falsum. Et credo quod illi met credent hoc esse falsum. Consequentia tenet, ex hoc quod semper partes molae fabri in eius motu circulari manerent aequaliter distantes a centro proprio istius molae. Falsitas consequentis patet primo, quia motus molae fabri componitur ex motu pulsus et tractus; secundo, quia in tali motu molae una pars ascendit, reliqua descendente; quare motus eius non videtur esse simplex.

Aliter igitur dicendum est ad istam rationem sustinendo excentricos quod utique motus eorum est simplex. Et cum dicitur quod per eorum motum aliquae partes aliquando efficiuntur centro propinquiores aliquando remotiores, //// concedo. Et quando F.V. 2vb
ulterius dicitur: ideo aliquando ascendunt et aliquando descendunt, negatur consequentia, propter quod non omne centro mundi appropinquare est descendere nec omne a centro mundi elongari est ascendere, sed solum quod fit infra orbem lunae in sphaera activorum et passivorum.

Adhuc dubitatur de motu epicycli circa centrum proprium utrum sit simplex vel compositus. Ad quod aliqui dicunt quod, si ponamus excentricos, non est necessarium ponere epicyclos; et ideo, si epicycli non ponuntur, non oportet quaerere de motu eorum an sit simplex vel compositus. De hoc tamen, utrum epicycli sint ponendi vel non, videbitur in *II° huius*.

77/78 attenderetur] attenditur *V* 79 motu simplici circulari] circulariter motu circulari *V* 80 credent] credant *I* 80 hoc] *om. V* 80 tenet] nota est de se *I* 80 hoc] eo *I* 82 istius] illius *I* 83 primo] *om. V* 83/84 motu pulsus et tractus] pulsu et tractu *I* 84 molae una pars] una pars molae *I* 85 descendente] descendit *V* 85 esse] *om. V* 86 istam] illam *I* 87 Et cum dicitur] Cum dicis *I* 88 aliquae] eorum *add. I* 88 aliquando efficiuntur] *inv. I* 90 dicitur] dicebatur *I* 90 ideo] igitur *V (ideo in I P)* 90 aliquando1 ascendunt] aliquando descendunt *I; inv. V* 90 aliquando^2] *om. V* 90 descendunt] ascendunt *I* 91 consequentia] quod non *add. V sed del.* 95 motu] impul *add. V sed del.* 95 proprium] om. *V* 96 si] non add. *I* 96 ponamus] ponimus *I* 97 ponere] exper *add. V sed del.* 99 vel] an *V* 99/00 epicycli sint ponendi] sint ponendi epicycli haec *add. V*

00 Cf. *infra*, L. II, Q. 7.

Istis suppositis, sit prima conclusio: aliquis de facto est motus simplex circularis naturalis. Patet de motu caeli, qui est circa medium mundi absque hoc quod participet aliquid de ascensu vel descensu.

Secunda conclusio: aliquis potest esse motus simplex rectus naturalis. Patet, nam terra potest moveri versus medium mundi, et ignis potest moveri a medio, absque hoc quod illa in eorum motibus aliquid participent de circuitione.

Tertia conclusio quod solum sunt duo motus simplices naturales secundum genus, scilicet rectus et circularis. Patet hoc, quia tot sunt magnitudines simplices penes quas sumitur simplicitas motus, scilicet linea recta directe tendens ad medium vel a medio, et linea circularis circa medium secundum omnem eius punctum aequaliter distans a medio.

Quarta conclusio: tres sunt motus simplices naturales secundum speciem subalternam. Patet, quia rectus subdividitur in motum sursum et motum deorsum.

Quinta conclusio: plures quam tres sunt motus simplices naturales secundum speciem specialissimam. Patet hoc, quia plura sunt corpora simplicia quam tria distincta secundum speciem specialissimam et unumquodque corpus simplex secundum speciem determinat sibi motum naturalem distinctum secundum speciem, sicut *postea probabitur*.

Quantum ad tertium articulum primo praemitto aliquas suppositiones. Prima est ista quod aliquid potest imaginari moveri motibus pluribus simplicibus dupliciter: uno modo simul, alio modo successive. Secunda suppositio: aliquid potest imaginari moveri

---

3 participet aliquid] *inv. I* 6 Patet] hoc *add. I* 6 mundi] *om. A V* 8 participent] participet *V* 9 naturales] *om. V (est in A I P)* 11 sumitur] capitur *P*; attenditur *V* 12 tendens] cadens *V* 13 eius] *om. V* 16 Patet] hoc *add. I* 16 subdividitur] *scilicet add. I* 17 motum] *om. V* 18 simplices naturales] *inv. I* 21 speciem] specialissimam *add. I* 22 speciem] specialissimam *add. I* 22 sicut] ut *I* 23 probabitur] Et sic sit dictum de istis duobus articulis, ut occurrit *add. I* 24 primo] *om. V* 25 Prima] quarum prima *I* 27 moveri] simul *add. I*

23 Cf. *infra*, p. 25, et Q. 2.

pluribus motibus simplicibus simul tripliciter: uno modo quod aeque primo et aeque velociter moveatur illis motibus simplicibus; secundo modo quod moveatur pluribus motibus simplicibus non aeque primo, sed moveatur uno motu ex se et alio ad motum alterius coniunctim cum eo; tertio quod moveatur motu mixto ex [F.I. A3va] duobus simplicibus sicut ex motu recto et | circulari.

Tunc sit prima conclusio istius articuli tertii: impossibile est aliquid moveri pluribus motibus simplicibus aeque primo et aeque velociter. Patet hoc ex eo quia secundum hoc oporteret quod unum et idem simul et semel esset in diversis locis, postquam motus simplices sunt ad diversa loca; per illud motus localis differt a motu alterationis, nam illud est bene possibile de motu alterationis quod aliquid simul alteretur diversis alterationibus: unde bene possibile est quod aliquid ita velociter calefiat sicut albefit .

Secunda conclusio: aliquod simplex potest moveri pluribus motibus secundo modo: patet de sphaera solis quae movetur motu proprio et motu circulari diurno, quorum uterque est motus simplex, sed non movetur eis aeque primo, cum non uterque eorum sit naturalis, sed unus eorum inest ei praeter naturam.

Tertia conclusio: idem simplex bene potest moveri pluribus motibus simplicibus tertio modo. Patet hoc, quia aliqua terra pura potest simul descendere et aliqualiter centrum circuire, //// sicut si [F.V. A3ra] aliqua terra descenderet super aliquam tabulam transversaliter positam; sed verum est quod hoc non inest corpori simplici mere naturaliter.

Quarta conclusio: aliquod simplex potest moveri pluribus motibus simplicibus secundo et tertio modo. Patet hoc: si aliqua terra pura descenderet super tabula transversaliter posita, et illa tabula moveretur in tali descensu ad aliam partem, puta ad latus, tunc

---

28 simul] *om. I* 28 tripliciter] *om. V* 28 quod] *om. V* 29 et] quod *add. V* 31 motu] *om. I* 34 istius articuli tertii] *om. I* 35 moveri] simul *add. I* 35 motibus simplicibus] *inv. I* 36/37 unum et] *om. I* 38 per] et per *I* 38 illud] istud *I* 39 illud] istud *I* 39 est bene] *inv. I* 41 aliquid] simul *add. I* 41 calefiat] albefiat *I* 41 albefit] calefit *I* 42 moveri] simul *add. I* 45 eis] illis *I* 45 sit] ei *add. I* 46 ei] sibi *I* 47 moveri] simul *add. I* 48 Patet hoc] *om. I* 51 inest] est *I* 51/52 naturaliter] naturale *A I P* 53 Quarta conclusio] est illa *add. I; inv. V* 53 potest] simul *add. I* 54 hoc] ut *add. I* 55 super] supra aliquam *I* 55 posita] positam *I*

ista terra simul moveretur pluribus motibus simplicibus secundo et tertio modo; sed, sicut dixi, talis motus non esset ei naturalis.

Quinta conclusio: impossibile est idem corpus simplex naturaliter moveri pluribus motibus simul. Probatur, ex eo quod corpus simplex non habet in se nisi unam formam simplicem quae apta nata est inclinare illud ad unum locum solum, et producit in ipso solum motum ad istum locum, cum idem simplex inquantum idem semper aptum natum sit facere idem vel inclinare ad idem. Confirmatur hoc, quia unius corporis simplicis secundum speciem non est naturaliter nisi unus locus secundum speciem; igitur non est nisi unus motus localis specificus secundum naturam. Consequentia tenet de se, quia motus localis dicitur esse talis, quia est ad talem locum vel in tali loco. Antecedens patet *IV° Physicorum*.

Sexta conclusio: impossibile est idem corpus simplex naturaliter moveri pluribus motibus secundum speciem successive. Patet hoc per rationem praecedentis conclusionis.

Sed contra hoc dubitatur, nam aqua movetur naturaliter deorsum, et cum hoc aliquando naturaliter movetur sursum in sequendo aerem tractum sursum in fistula violente. Respondetur quod simplex moveri pluribus motibus distinctis secundum speciem simplicibus intelligitur dupliciter. Uno modo sic quod quilibet istorum motuum sit sibi proprius; alio modo quod unus istorum sit sibi proprius et alter non, sed communis ei et cuilibet corpori alteri.

---

57 ista] illa *I* 58 Sed] *om. I* 58 ei] mere *add. I* 59 simplex] simul *add. I* 59/60 naturaliter moveri] *inv. I* 60 simul] *om. I* 60 Probatur] illa conclusio *add. I* 62 inclinare illud] *inv. I* 62 producit in ipso solum motum] per consequens est productiva in ipso solum unius motus *IP (est om. P)* 63 istum] illum *I* 63 locum] vel in illo loco *I P* 64 sit] est *V* 65 hoc] *om. V* 65 quia] *om. V* 66 est[1]] idem locus *add. V* 66 nisi unus... speciem] *om. V* 66 igitur] etiam add. *I* 67 localis] naturalis *V* 68 tenet] nota est *I* 69 IV°] II° *I* 71 idem] unum *V* 72 motibus] simplicibus *add. I* 72 hoc] *om. I* 74 naturaliter movetur sursum] movetur sursum naturaliter *I* 76 tractum] attractum *I* 76 in fistula violente] violente (violenter *I*) ut in fistula *V* 77/78 distinctis secundum speciem simplicibus] simplicibus secundum speciem distinctis *I* 78/79 istorum] illorum *I* 79 istorum] illorum *I* 80 corpori alteri] *inv. I*

69/70 ARISTOTELES, *Physica*, IV, 5, 212 b 12-30.

Tunc dico quod primo modo impossibile est esse plures motus naturales ipsius corporis simplicis, sed secundo modo bene. Unde quod aqua sic naturaliter ascendat aere ante ipsam moto sursum per violentiam ne fiat vacuum, non solum convenit aquae, sed cuilibet corpori hoc accideret quod consimili modo esset situatum ad aerem sic motum violente.

Istam solutionem alii dicunt sub aliis verbis quod unius corporis simplicis solum est unus motus naturalis secundum speciem conveniens ei secundum naturam propriam; nihilominus nihil prohibet alicuius corporis simplicis secundum speciem esse plures motus distinctos secundum speciem, quorum unus esset ei naturalis secundum naturam propriam, alter autem esset ei naturalis secundum naturam seu inclinationem communem sibi et aliis.

Septima conclusio: unus motus simplex secundum speciem non inest naturaliter nisi uni corpori simplici secundum speciem. Patet hoc, quia, ex quo forma corporis simplicis non inclinat nisi ad unum motum simplicem et formae distinctae secundum speciem inclinant ad distinctos motus secundum speciem, sequitur quod unus motus simplex secundum speciem non inest pluribus corporibus distinctis secundum speciem: aliter enim formae distinctae secundum speciem inclinarent ad idem, quod est falsum.

Ex his sequitur quod motus circularis quo movetur ignis in sphaera sua non est naturalis igni, nam igni inest naturaliter motus sursum qui distinguitur specie a motu circulari, per praecedentem articulum; si igitur cum hoc eidem motus circularis esset naturalis, eidem corpori simplici secundum speciem //// inessent naturaliter F.V. 3rb
plures motus simplices secundum speciem; quod est contra quintam cnclusionem.

Et confirmatur hoc aliter: nam motus circularis inest naturaliter caelo, ut nunc suppono; si igitur etiam inesset naturaliter igni idem

---

81 est] alicuius coropris simplicis *add. I* 82 ipsius corporis simplicis] *om. I* 82 bene] *om. V* 83 sic] *om. V* (est in I P) 83 ascendat] descendat; patet etiam *V* 84 violentiam] aquea ascendit *add. V* 84 fiat] fieret I 84 non] hoc non *V* 86 violente] violenter *I* 87 corporis] *om. V* 90 corporis] *om. V* 91/92 secundum naturam... naturalis] *om. V (hom.)* 95 inest] naturalite *add. I* 98 sequitur quod] et per consequens *V* 2 his] quo *V* 3 motus] sursum moveri seu motu *V* 6 naturaliter *om. V* 7 plures motus] *inv. V* 10 ut nunc] quod modo *I* 10 igitur] *om. V (est in I P)* 10 inesset] inest *I* 10 naturaliter igni] *inv. I*

motus simplex secundum speciem, inesset naturaliter pluribus corporibus simplicibus distinctis secundum speciem; quod est contra septimam conclusionem.

Dico secundo quod motus circularis igni non inest violente. Patet hoc, quia tunc illi motui circulari esset motus sursum qui est naturalis igni contrarius; et, cum eidem motui ignis sursum sit motus ignis deorsum contrarius uni secundum speciem, plura secundum speciem essent contraria; quod est contra ARISTOTELEM in *littera*.

Tertio dico quod aliquis est motus qui non est naturalis nec violentus. Patet hoc de motu circulari ignis in sphaera sua.

Quarto dico quod talis motus dicitur inesse igni praeter naturam, cum sit ei impertinens, nec sequitur ad naturam ignis nec repugnat eidem; tale autem est alicui pertinens et praeter naturam.

Quinto enim dico quod non omnis motus sursum ab omni motu deorsum differt specie. Patet, quia aer existens in loco terrae vel F.I. A3^{vb} aquae naturaliter movetur sursum ad locum proprium; | existens autem in loco ignis naturaliter movetur deorsum ad locum eundem; modo, si isti duo motus differunt specie, tunc eiusdem corporis simplicis essent plures motus naturales; quod est contra sextam conclusionem.

Sexto dico quod ad hoc quod motus sursum et motus deorsum distinguantur specie, oportet quod sint quoad terminos distinctos specie quales sunt motus terrae deorsum et motus ignis sursum.

Septimo dico quod non omnis motus deorsum cum omni motu deorsum est eiusdem speciei. Patet hoc, quia, ex quo tam terra movetur naturaliter deorsum quam aqua, oporteret quod pluribus corporibus simplicibus idem motus secundum speciem esset naturalis; quod est contra septimam conclusionem.

---

14 igni non inest] non inest igni *I* 14 violente] violenter *I* 18 essent] sunt *V* 20 qui non est] *iter. V* 20 nec] non I 21 hoc] *om. V* 21 circulari] quo movetur ignis *V (est in A I P)* 22 Quarto dico] *inv. I* 322/24 quod talis... maturam] *om. V* 36 differt specie] *inv. V* 27 proprium] et omnis *add. V sed del.* 28 locum] *om. V* 29 differunt] differant *I* 33 specie] *om. V* 33 quoad] ad *I* 34 terrae deorsum] *inv. I* 34 ignis sursum] *inv. I* 35 Septimo] Sexto *V* 35 deorsum] cum *add. I* 35 motu] motui *V* 36 deorsum] eius *add. V sed del. et exp.* 36 quia] *om. V* 38 simplicibus] distinctis secundum speciem add. V 38 idem] esset add. V 38 esset] om. V 39 septimam conclusionem] *inv. V*

18/19 ARISTOTELES, *De caelo*, I, 2, 269 a 10.

Octavo dico quod ad hoc quod motus deorsum ab alio motu deorsum differat specie, non sufficit quod illi motus sint ad diversos terminos in specie, nam tunc terra in descendendo de loco ignis ad locum proprium moveretur diversis motibus in specie, quia in tali motu ipsa venit ad diversos terminos in specie, puta ad locum aeris, ad locum aquae et ad locum terrae, quae sunt loca differentia specie; sed consequens est falsum, nam tunc eidem corpori simplici inessent naturaliter plures motus distincti secundum speciem; quod est falsum et contra sextam conclusionem.

Nono dico quod, ad hoc quod motus deorsum ab alio motu deorsum differat specie, oportet quod termini ad quos ultimate mobilia tendunt, differant specie. Et propter hoc quia terra in descendendo non tendit ultimate nisi in unum terminum secundum speciem, ideo est quod totalis descensus est unus in specie; sed quia, terra et aqua simul descendentibus de loco ignis, ipsa terra per suum motum tendit ultimate in terminum distinctum specie a termino ad quem ultimate tendit aqua per suum motum, inde est quod illi descensus differunt ab invicem specie. Consimili modo dicatur de motu sursum sicut iam dictum est de motu deorsum.

Decimo dico quod, si ponimus orbes caelestes distingui ab invicem specie, non omnis motus circularis omni motui circulari est eiusdem speciei, nam aliter idem motus simplex competeret naturaliter pluribus corporibus simplicibus secundum speciem distinctis. Et ideo secundum hoc oportet ponere quod loca naturalia ipsorum orbium distinguuntur specie, et secundum hoc motus circularis orbis ipsius solis est alterius speciei a motu circulari orbis ipsius lunae: propter quod, licet uterque eorum sit circa centrum mundi, tamen unus est in uno loco secundum speciem et alter in alio. Et secundum hoc, licet sint solum duo motus simplices //// secundum F.V. 3va
genus, et solum tres secundum speciem subalternam, tamen sunt

40 quod] *om. I* 41/42 diversos] *s.v. V* 45 ad[1]] et ad *V* 46 est] *om. V* 48 falsum et] iterum *V* 49 Nono] Octavo *V* 49 quod] *om. V* 50 specie] specifice *V* 50 mobilia] *om. A P V* 53 totalis] ille *add. I* 54 descendentibus] descendendo *V* 56 inde] ideo *V* 56 illi] motus vel *add. V* 58 dictum est] *inv. V* 59 Decimo] Nono *V* 59 quod] *om. V* 60 circularis] cum *add. I* 60 motui] moti *I* 62/63 distinctis] *om. I* 64 distinguuntur] distinguantur I 64 specie] secundum speciem V 65 ipsius] om. I 66 propter] hoc *add. I* 68 sint solum] *inv. I* 69 et] *om. I* 69 sunt] *om. V*

valde plures secundum speciem specialissimam secundum quod sunt plura corpora simplicia distincta secundum speciem specialissimam mobilia ad diversa loca in specie vel in diversis locis in specie.

Quantum ad quartum articulum restat videre de motu mixti utrum ipsum moveatur ad motum elementi praedominantis in ipso. Et quia in ista dubitatione praesupponitur quod unum elementum praedominetur, primo dicam qualiter hoc intelligitur; et deinde respondebo ad articulum.

Unde ex libro *De generatione* suppono quod formae substantiales elementorum non manent in mixto. Ex quo statim concludo quod in mixto non est dominium alicuius elementi secundum formam substantialem, nec per consequens secundum naturam eius proprie dictam, quia natura non proprie dicitur nisi de materia et forma substantiali, ut patet *II° Physicorum*; modo de materia nihil est ad propositum, quia in proposito intendimus de dominio elementi in movendo active, materia autem nullius est activitatis, sicut habet videri *I° Physicorum*.

Secundo concludo ex eodem quod, si dicimus aliquod elementum dominari in mixto, illud dominium debet attendi secundum qualitates derelictas ex elementis vel similes qualitatibus naturalibus elementorum. De talibus autem qualitatibus est distinguendum. Nam quaedam sunt qualitates elementorum quae dicuntur qualitates alterativae, sicut sunt caliditas, humiditas, siccitas et frigiditas; de dominio autem elementi in mixto secundum tales qualitates non intendimus in proposito, quia clarum est quod secundum dominium talium qualitatum non movetur mixtum, ex eo quod

---

71 sunt plura] *inv. I* 75 ipsum] mixtum *V* 75 in ipso] *om. V* 76 praesupponitur] supponitur *V* 76 quod] in mixto *add. D* 77 praedominetur] dominetur *V* 77 qualiter] quomodo *I* 77 deinde] postea *V* 80 manent] remanent *I* 83 non] *om. V* 83 proprie dicitur] *inv. I* 84 ut] quod *V* 87 videri] ostendi circa *V* 91 autem] *om. I* 93 siccitas et frigiditas] etc. *add. I*; frigiditas, siccitas *V* 96 talium qualitatum] talis qualitatis *I*

79 Aristoteles, *De gener. et corr.*, I, 10, 327 b 22-26.
84 Aristoteles, *Physica*, II, 1, 193 a 28-31.

in ferro ignito dominatur caliditas ignis vel similia, et tamen illud ferrum non movetur sursum, ut clarum est. Aliae autem sunt qualitates elementorum non alterativae, sed localiter motivae, sicut sunt istae qualitates, scilicet gravitas et levitas. De dominio autem elementi in mixto secundum aliquam illarum qualitatum intendimus in proposito.

Hoc viso, respondeo ad articulum. Et suppono primo quod qualitas motiva alicuius gravis vel levis naturaliter siti non trahit sursum nec deorsum. Patet hoc, ex eo quod, si aliquis esset in fundo maris et haberet centum dolia aquae supra se vel mille, non propter hoc sentiret pondus, et tamen sentire deberet, si oppositum suppositionis esset verum.

Secundo etiam suppono grave vel leve tunc esse naturaliter locatum | quando est sub leviore ipso et super gravius ipso: unde, si F.I. A4ra in sphaera ignis esset vas plenum aqua, adhuc lignum natans super ipsam esset locatum naturaliter. Similiter, si aer esset in una fovea bene profunda in terra, dum tamen non esset super ipsum aliquod gravius ipso, esset naturaliter situs: unde naturalis ordo gravium et levium est graviora esse sub levioribus et leviora esse super graviora.

Tertio suppono quod qualitas motiva gravis vel levis tunc trahit sursum vel deorsum, quando est innaturaliter situm, ut quando grave est super leviore eo vel leve sub graviore ipso.

Deinde suppono quarto ignem esse inter omnia gravia et levia levissimum et aerem esse minus levem, et deinde aquam esse magis gravem, et deinde terram esse gravissimam.

Tunc sit prima conclusio: impossibile est quod in aliquo mixto sit aequaliter de gravitate et levitate. Probatur: nam, quando esset aequalitas in gravitate et levitate, quae dicuntur qualitates motivae,

---

97 similia] consimilis ei *I* 97/98 illud ferrum... est] non propter hoc ferrum ignitum ascendit *A I P* 98 autem] *om. V* 98/99 qualitates] naturales *add. I* 99 elementorum] quae dicuntur *add. I* 00 scilicet] *om. V* 00 et] *om. V* 1 in mixto] *om. V* 3 Et suppono primo] Supponendo *V* 3/4 qualitas] continuitas *add. V sed del. et s.v.* qualitas *add. alia manus recentior* 4 naturaliter] non *add. V sed del.* 5 aliquis esset] *inv. V* 6 non] tamen *add. V* 11 aqua] aquae *V* 13 non] *om. V* 16 Tertio] Tertio *V* 18 leviore] levius *V* 18 eo] *om. V* 18 leve] levius *V* 19 quarto] *om. I* 19 gravia et levia] graviora et leviora *I* 20 et^2] *om. V* 21 et deinde] *om. V* 21 terram esse] *inv. I* 22 Tunc sit] *om. V* 22 prima conclusio] *inv. V* 23 de] *iter. s.v. V*

oporteret quod esset inaequalitas in caliditate et frigiditate quae dicuntur qualitates alterativae; et tunc per actionem caliditatis et frigiditatis ad invicem statim fieret gravius vel levius. Assumptum probatur, nam videmus quod cum magna caliditate stat magna gravitas, sicut in ferro ignito. Ideo, si esset in aliquo tantum de levitate [F.V. 3vb] sicut de gravitate, oporteret in illo //// esse maiorem caliditatem quam in ferro ignito et sufficeret in eodem esse modicum vel nihil de frigiditate. Et, si sic, statim per actionem caliditatis illud fieret levius; et sic non maneret per tempus aequaliter grave et leve, quod intendo per conclusionem.

Secundo, si esset aliquod tale, illi non posset assignari locus naturalis, et tamen omni corpori elementari locus naturalis est assignandus. Assumptum probatur, quia, si aliquis locus naturalis posset illi corpori assignari, ille maxime videretur esse inter duo elementa gravia et levia. Sed probo quod non: nam sit unum tale corpus per adversarium mixtum aequaliter ex gravitate et levitate, et sit figurae quadratae, et una eius medietas sit gravis et alia levis, et sint distinctae illae medietates ab invicem per lineam rectam quae ex una parte derelinquat totam gravitatem illius corporis et ex alia parte totam levitatem; tunc, si illud corpus naturaliter locaretur inter duo elementa gravia et levia, oporteret quod medietas eius tota gravis esset in loco elementi gravis, ut in aqua, et medietas eius tota levis in loco elementi levis, ut in aere. Sed probo quod hoc est impossibile, ex eo quod linea dividens superficiem convexam aquae a superficie concava aeris est circularis, ex eo quod elementa sunt rotundae figurae, ut postea probabitur; modo, si dictum corpus tali modo esset naturaliter locatum, oporteret quod linea recta distinguens eius medietatem gravem a medietate levi omnino illam lineam circularem dividentem elementa proxima ab invicem, puta

---

26 qualitates] activae vel *add. I*   30 esse] om. V   31 sufficeret] esse *add. V sed del.*   32 si] *om. V*   36/37 naturalis est assignandus] est assignandus naturalis *V*   37 probatur] probo *V*   37 naturalis] *om. V*   38 illi] tali *V*   38 esse] in motu *add. V*   39 nam] *om. V*   41 eius medietas] *inv. I*   42 ab invicem per lineam rectam] per lineam rectam ab invicem *V*   44 levitatem] illius corporis *add. V*   44 illud] tale *V*   45 gravia et levia] grave scilicet et leve *I*   46 aqua] verbi gratia *add. I*   46 eius] *om. V*   47 levis] esset *add. I*   47 aere] loco aeris *I*   49 est] et *V*   49 ex] *om. I*   51 tali] dicto *I*   52 distinguens] dividens *V*

aerem et aquam, cooperiret; quod est impossibile, quia oporteret dictam lineam rectam in dicto casu ad dictam lineam circularem vel contingere vel esse chordam eius, sicut patet clare consideranti; et qualitercumque esset, aliquid de gravitate esset in loco levis vel aliquid de levitate esset in loco gravis, et sic illud corpus non esset naturaliter situm.

Secunda conclusio: mixtum non movetur secundum naturam elementi praedominantis in ipso, intelligendo per *naturam* qualitatem motivam, sicut dictum est. Probatur: nam sit unum mixtum in sphaera aeris in quo sint duo gradus de gravitate terrae et duo gradus de gravitate aquae et duo de levitate aeris et tres de levitate ignis. Clarum est quod in hoc mixto dominatur levitas, quia gradus levitatis simul iuncti sunt quinque et gradus gravitatis non sunt nisi quattuor, et tamen non propter hoc dictum mixtum movetur sursum, licet levitatis sit moveri sursum. Patet hoc, ex eo quia in dicto casu solum tres gradus levitatis ignis trahunt sursum, per tertiam suppositionem, postquam ipsi innaturaliter sint situati, sed duo gradus levitatis aeris nec trahunt sursum nec deorsum, per primam suppositionem; modo tres gradus levitatis ignis non possunt super quattuor gradus gravitatis, scilicet duos terrae et duos aquae.

Secundo, nam oleum est unum mixtum in quo dominatur aer, et tamen non movetur nec quiescit sic sicut aer. Patet hoc, nam oleum in aere descendit, sicut patet per experientiam, et tamen aer in aere non descendit, sicut patet per primam suppositionem.

Iuxta illam conclusionem cum adiutorio primae suppositionis infero duo corollaria pro melius intelligendo conclusionem sequentem. Et sit primum illud quod possibile est motum naturalem mixti in fine esse tardiorem quam in principio. Patet hoc: si esset

55 dictam lineam circularem] lineam circularem dictam lineam circularem *V* 56 eius] et sic ut et *add. V sed del. et* sic ut *del.* 56 patet clare] *inv. I* 57 esset[1]] utique *add. I* 57 esset[2]] *om. V* 62 nam] *om. V* 63 sint] *sint V* 63 gradus] *om. I* 65 levitas] levitatem *V* 66 levitatis] *om I* 66 iuncti] coniuncti *I* 66 gradus] *om. V* 66 sunt] *om. V* 68 quia] quod *I* 68 dicto casu] *inv. I* 70 innaturaliter sint] sunt non naturaliter *I* 70 situati] siti *I* 71 nec[1]] non *I* 72/73 quattuor] *om. V* 73 scilicet duos terrae] scilicet duos aquae *I*; duos scilicet terrae *V* 73 aquae] terrae *I* 76 per] ad *V* 77 descendit] descenderet *I* 77 sicut] ut *V* 78 illam] istam *I* 78 primae suppositionis] *inv. I* 80 illud] istud *I*

unum mixtum in quo essent tres gradus gravitatis terrae et tres gradus gravitatis aquae et duo levitatis aeris et duo levitatis ignis, et sit tale mixtum in sphaera ignis, in descensu istius mixti potentia motiva est sicut octo, quia tam aqua quam aer et terra trahit deorsum per tertiam suppositionem, et resistentia est sicut unum, nam F.V. 4ra pono //// quod medium extrinsecum resistat sicut unum; tunc illud movebitur usque ad convexum aeris exclusive a proportione octo ad unum.

Sed diceres: nonne cum illa resistentia extrinseca resistunt etiam F.I. A4^{rb} duo gradus levitatis ignis? | Dico quod non quamdiu illud mixtum est in sphaera ignis, nam in prima suppositione dictum est quod gravitas vel levitas in loco naturali eius cuius est, nec trahit sursum nec deorsum; deinde autem quando dictum mixtum pervenit ad aerem, tunc resistentia efficitur maior, nam tunc illi duo gradus levitatis ignis resistunt, cum sint innaturaliter siti, et potentia motiva efficitur minor, quia amplius duo gradus levitatis aeris non trahunt sed solum tres gravitatis terrae et tres gradus gravitatis aquae, et per consequens illud mixtum tardius movetur in aere quam movebatur in igne, et consimile ratione tardius movebitur in aqua quam moveatur in aere. Sic ergo patet quomodo dictum mixtum motum naturaliter movetur in fine tardius quam movebatur in principio.

Secundum corollarium infero quod possibile est aliquod grave in pleno velocius descendere quam in vacuo. Nam sit unum mixtum ex quattuor gradibus gravitatis terrae et quattuor aquae et quattuor gradibus levitatis aeris et tribus ignis, et sit in sphaera ignis potentia quae resistat extrinsece sicut unum, infra autem sphaera ignis sit vacuum usque ad centrum mundi; isto casu posito, illud corpus

---

84 tale] illud *I* 84 istius] talis *I* 85 aqua quam aer] *inv. I* 85 et] quam *I* 86 tertiam suppositionem] *inv. I* 90 nonne] etiam *add. I* 90 illa*] om. V* 94 nec^{2}] trahit *add. I* 96 sint innaturaliter] non sint naturaliter *I* 96/97 efficitur] *om. V* 97 aeris] *om. V* 97 trahunt] deorsum *add. I (om. A P V)* 98 gradus] *om. I* 00 consimili ratione] propter consimilem rationem *I* 1 ergo] igitur *I* 2 movebatur] *om. I* 3 Secundum corollarium] Secundo *I* 3 infero] *om. V* 3 possibile est] *inv. I* 4 in pleno velocius descendere] velocius descendere in pleno *I* 4 Nam] si *add. I* 6 tribus] levitatis *add. I* 6/7 potentia] plena *I P (potentia in A V)* 7 extrinsece] *om. V (est in A I P)* 7 sicut] ut *I* 8 mundi] *om. V* 8 corpus] mixtum *I P*

descendat in sphaera ignis resistente sicut unum a proportione duodecupla, postquam tam terra quam aqua et aer trahunt deorsum, per tertiam suppositionem, cum sint innaturaliter sita per eandem cum adiutorio quartae, et solum medium extrinsecum resistit sicut unum: gradus enim levitatis ignis non resistunt in sphaera sua. Deinde, quando illud mixtum pertingit ad vacuum ubi deberet esse aer amplius, quattuor gradus qualitatis motivae aeris non trahunt deorsum, sed solum quattuor aquae et quattuor terrae. Et tunc tres gradus qualitatis motivae ignis resistunt, et per consequens tale mixtum in vacuo descenderet a proportione octo ad tria quod prius descendebat in pleno a proportione duodecim ad unum; modo proportio duodecim ad unum maior est proportione octo ad tria; et, cum proportio velocitatum in motibus sequatur proportionem potentiarum moventium ad suas resistentias, quod communiter conceditur, sequitur dictum mixtum moveri velocius in pleno quam in vacuo.

Tertia conclusio: mixtum movetur secundum qualitatem vel qualitates elementi vel elementorum habentem vel habentes dominium in trahendo sursum vel deorsum. Et hoc intendit ARISTOTELES cum dicit mixtum moveri secundum naturam elementi praedominantis in ipso. Ista conclusio patet, ex eo quia, si est unum mixtum habens de qualitate motiva ignis duos gradus, de qualitate motiva aeris tres, de qualitate aquae quattuor, de qualitate motiva terrae quinque, et sic in sphaera ignis, iuxta ea quae dicta sunt, non solum gravitas terrae trahit deorsum cum gravitate aquae, sed unacum eis trahit etiam levitas aeris, et sic non movetur secundum qualitatem motivam unius elementi, sed plurium deorsum trahen-

---

9 descendat] descendet *I* 10 duodecupla] duodecim ad unum *I* 10 postquam] quia *I* 10 terra] aer *I* 10 et aer] quam terra *I* 10 trahunt] trahit *I* 11 per] et per *V* 12 sicut] ut *I* 13 gradus enim levitatis] levitas enim *I* 13 resistunt] resistit *I P* 13 resistunt] ipsius ignis *add. V* 13 sua] ignis *V* 18 descenderet] descendit *I* 20 maior est] *inv. I* 20 proportione] quam proportio *I* 22 quod] quemadmodum *I P* 23 moveri velocius] *inv. I* 24 vacuo] ergo etc. *add. I* 26 habentes] habentium *V* 27 in] *om. V* 28 cum] quando *I* 29 quia] quod *I* 30 qualitate] motiva *add. I* 33 levitas] gravitas *I P* 35 motivam unius] *om. V (est in I P)*

27/28 ARISTOTELES, *De caelo*, I, 2, 269 a 1-2.

tium; sed cum pervenit ad locum aeris, non amplius qualitas motiva aeris trahit sed solum qualitas motiva aquae et terrae. Cum autem ad aquam pervenit, non ulterius descendit, propter hoc quod tot sunt ibi tunc gradus trahentes sursum quot deorsum: unde, cum est in aqua, qualitas motiva aquae non trahit sursum nec deorsum iuxta prius dicta, sed solum quinque gradus gravitatis terrae trahunt deorsum et tot gradus levitatis trahunt sursum, scilicet tres aeris et duo ignis, qui simul iuncti sunt etiam quinque. Et propter hoc est quod oleum descendit in aere sed non descendit in aqua: quia, quando est in aere, qualitas motiva aeris quae est in ipso, non trahit ad unam partem nec ad aliam, sed gravitas aquae et terrae in ipso trahunt deorsum; quando autem pervenit ad aquam, gradus gravi- F.V. 4[rb] tatis aquae //// non amplius trahunt iuxta prius dicta, sed solum gravitas ipsius terrae; sed tunc resistit qualitas motiva aeris quae prius non resistebat quae non permittit quod gravitas terrae trahat oleum ulterius deorsu. Et propter consimilem causam lignum descendit in aere sed non descendit in aqua.

Tunc ad rationes principales. Ad primam: *non cuiuslibet corporis simplicis etc.*, negatur antecedens. Ad probationem: caelum est corpus simplex et tamen non movetur, dico quod immo; et dico ulterius quod, licet secundum se totum categorematice captum maneat in eodem situ, non tamen omnes eius partes secundum quamcumque divisionem imaginariam acceptae. Unde, licet medietas caeli ex una parte aequinoctialis maneat in eodem situ et medietas eiusdem ex alia parte aequinoctialis similiter, tamen, si caelum imaginatur dividi taliter qualiter dividunt ipsum coluri et circulus meridianus, non est aliqua pars caeli secundum istam divisionem quin mutet situm, saltem caeli inferius existentis. In loco quod notanter addo propter ultimam sphaeram quae non est in loco ipsam circumdante.

---

38 ad aquam pervenit] *inv. I* 38 descendit] descendet *V* 41/42 sed solum... deorsum] *om. V (hom.)* 42 tot] quot *V* 43 qui simul... quinque] *om. V* 46 in ipso] *om. V* 50 terrae] *om. V* 53 Tunc ad] *om. V* 53/54 corporis simplicis] *om. I P* 56 quod] *om. V* 56 captum] acceptum *V* 59 situ] insitu *V* 60 eiusdem] eius *V* 61 imaginatur] imaginetur *I* 61 taliter] aliter *V* 62 istam] illam *V* 63 inferius] inferioris *P V*

Ad secundam confirmationem dico quod immo ultima sphaera movetur. Tu dicis: hoc | esset motu locali. Dico quod verum est vel F.I. A4va motu eiusdem speciei cum motu locali; et tale non oportet esse secundum locum, sed sufficit quod esset secundum ipsum mutatio secundum locum, si mobile tali motu motum esset in loco ipsum circumdante.

Ad tertiam confirmationem, quae erat de terra quae est corpus simplex et tamen ei non debetur motus simplex, dico quod immo ei debetur motus simplex. Tu dicis: ipsa semper quiescit in medio mundi. Dico quod hoc non impedit quin debeatur ei motus simplex quo moveretur, si esset extra locum sibi naturalem, et hoc sufficit.

Ad quartam confirmationem nego opinionem istorum qui ponunt aliquod caelum immobile, et hoc iuxta dicta PHILOSOPHI.

Ad secundam principalem quid sit dicendum clarum est ex secundo articulo.

Ad tertiam principalem dico quod, licet orbis planetae moveatur pluribus motibus, non tamen quilibet istorum inest ei secundum naturam, sed unus solum. Et quando dicitur: alter ergo inerit ei violente, nego; sed bene inest ei praeter naturam: unde bene dictum erat in tertio articulo quod non omnis motus est naturalis vel violentus, sed bene aliquis inest mobili praeter suam naturam sicut motus circularis igni in sphaera sua.

Per hoc idem patet ad quartam principalem de motu ignis naturalis sursum et motu circulari ignis in sphaera sua: non enim uterque eorum videtur ei esse naturalis. Unde dico quod motus circularis ignis in sphaera sua non est ei naturalis, nec propter hoc oporteret quod insit ei violente, licet bene insit ei praeter suam naturam; nec est inconveniens tale esse perpetuum et diu durare, cum

---

66 immo] quod *add. V* 68 tale] talem *V* 73 quod] *om. I* 73/74 ei debetur motus simplex] *om. V* 75 debeatur ei] *inv. I* 77 istorum] illorum *I* 79 secundum principalem] secundum principale *I* 81 tertiam principalem] tertium principale *I V* 81 orbis] orbi *V* 82 istorum] illorum *V* 82/83 secundum naturam] naturaliter *I* 83 dicitur] dicebatur *V* 83 ergo] *om. I* 83/84 violente] violenter *I* 84 bene] *om. I* 87 sphaera sua] *inv. I* 98 quartam principalem] quartum principale *I V* 90 videtur ei esse] est ei *I* 92 oporteret] oportet *I* 92 violente] violenter *I* 92 licet] sed *I*

78 ARISTOTELES, *De caelo*, I, 2, 269 a 18-30.

hoc non repugnet naturae alicuius: unde, quia motui circulari nullus alter motus est contrarius, sicut ARISTOTELES dicit in *littera*, etiam motus circularis nulli inest violente.

Ad quintam principalem patet ex nono corollario posito in tertio articulo.

Ad sextam patet ex quinto corollario eiusdem tertii articuli.

Ad septimam concedo quod in dicto casu una pars ascendit quando alia descendit, nec hoc est inconveniens. Et quando dicitur: *ergo eadem terra simul ascendit et descendit*, nego consequentiam. Et quando dicebatur: *idem est motus totius et partis*, hoc intelligitur sic: si est aliquod ens homogeneum, sicut est aqua, tunc motus qui est naturalis toti secundum speciem est etiam naturalis parti.

Ad octavam nego quod idem motus secundum speciem specialissimam insit pluribus corporibus simplicibus distinctis secun-
F.V. 4[va] dum speciem. Et quando dicitur: *motus circularis inest //// naturaliter caelo*, concedo; et: etiam inest naturaliter igni in sphaera sua, hoc nego, sed bene inest ei praeter suam naturam, nec propter hoc inest ei violente, sicut dictum est prius.

Ad confirmationem patet ex nono corollario tertii articuli.

Ad nonam principalem concedo antecedens; sed nego consequentiam. Et quando dicebatur: in mixtis diversis secundum speciem dominantur diversa elementa secundum speciem, bene concedo, et hoc secundum qualitates elementorum alterativas; cum quo tamen bene stat quod in diversis mixtis secundum speciem possunt dominari eadem elementa secundum qualitates motivas de quibus est sermo praesens, sicut dictum est prius.

---

96 violente] violenter *I* 97 quintam principalem] quintum principale *I V* 97 in] *om. V* 99 sextam] sextum *I V* 00 septimam] septimum *I V* 3 dicebatur] dicitur *V* 3 et] est *V* 5 est etiam] *inv. I* 6 octavam] octavum *I V* 11 violente] violenter *I* 12 Ad confirmationem... articuli] *om. V* 13 nonam] nonum *I* 13 principalem] *om. V* 14 dicebatur] dicitur *V* 17 tamen] *om. I* 17/18 possunt] possit *I* 18 eadem elementa] idem elementum *I* 19 dictum est] *inv. V* 19 prius] Et hoc de quaestione *add. I*

95 ARISTOTELES, *De caelo*, I, 2, 269 a 2-18.

Quaestio 2

Utrum in mundo sint quinque corpora simplicia distincta secundum speciem, scilicet quattuor elementa et caelum seu quinta essentia.

Secundum propositorum erat utrum in mundo sint quinque corpora simplicia distincta secundum speciem, scilicet quattuor elementa et caelum seu quinta essentia.

Et arguitur primo quod caelum non est alterius naturae a quattuor elementis; igitur non sunt quinque corpora simplicia. Consequentia tenet. Antecedens probatur. Et primo quod non sit alterius naturae ab eis in substantia, nam secundum astrologos aliquae partes caeli sicut aliqua signa zodiaci dicuntur esse ignea, aliqua aerea, aliqua aquatica, aliqua terrea. Et confirmatur auctoritate PYTHAGORICORUM qui ponunt caelum esse de natura ignis.

Secundo. Probatur quod nec caelum est alterius naturae ab elementis secundum qualitates motivas quae sunt gravitas et levitas. Primo, quia caelum est levissimum corpus: probatur hoc, quia caelum omnibus aliis supereminet; tale autem dicitur levissimum per ARISTOTELEM in *littera*.

Secundo, quia nisi orbis caelestis esset levior alio, non videretur ratio quare unus orbis esset super alium et alius infra alium.

Tertio, nam, sicut sub gravissimo, puta sub terra, nihil est positum, ita super levissimum sicut est ignis nihil videtur esse ponendum; et quia super ignem est caelum, ignis non videtur esse levissimus; et per consequens aliquid videtur esse levius ipso, quod non videtur esse aliud quam caelum.

---

6 distincta secundum speciem] specie distincta *I* 8 quod] non sic *add. I* 13 Et] *om. I* 13 confirmatur] hoc etiam *add. I* 15 est] sit *V* 16 secundum] quantum ad *V* 16 quae] sicut *I* 17 levissimum corpus] *inv. I* 21 unus] *om. V* 25 caelum] ideo *add. I*

14 PYTHAGORICI: Cf. ARISTOTELES, *De caelo*, II, 7, 289 a 16-19.
19 Cf. ARISTOTELES, *De caelo*, I, 2, 269 a 2-30.

Quarto, si ad imaginationem aliqua pars caeli esset in aere, ascenderet, et per consequens esset levis; ergo videtur quod partes caeli sint | (F.I. A4vb) eiusdem naturae cum elementis levioribus. Antecedens probatur, quia, si illa pars caeli non ascenderet, tunc maneret quiescens. Vel naturaliter, et hoc non, quia non esset in loco sibi naturali. Nec violente, quia tunc locus violentus aeri esset eidem parti caeli naturalis, quod est falsum; et ex alio, quia si esset ibi violente, cum nullum esset prohibens, utique videretur ascendere.

Quinto, planetae qui sunt partes caeli, aliquando ascendunt et aliquando descendunt; quod non videtur esse nisi essent naturaliter leves. Antecedens probatur, ex eo quod per eorum motum in suis excentricis et epicyclis aliquando efficiuntur centro mundi propinquiores, aliquando remotiores; sed hoc non videtur esse aliud quam aliquando ascendere et aliquando descendere.

Deinde tertio probatur quod caelum non sit alterius naturae ab elementis quantum ad qualitates primas seu alterativas quae sunt caliditas, frigiditas, etc. Nam secundum astrologos aliquae partes caeli sunt calidae, aliquae frigidae, aliquae humidae, sicut patet de signis zodiaci quae sunt aries, taurus, etc.: patet hoc de planetis similiter quorum aliqui dicuntur excellenter calidi, aliqui excellenter frigidi, aliqui excellenter humidi, aliqui excellenter sicci, aliqui vero medio modo se habentes.

Deinde quarto probatur quod caelum sit eiusdem naturae cum elementis quantum ad qualitates consequentes qualitates primas, sicut sunt raritas, densitas, //// (F.V. 4vb) color, etc. Patet hoc primo quia aliqua pars caeli dicitur esse rarior et aliqua densior: unde *II° huius* dicit ARISTOTELES quod stella est densior pars sui orbis. Patet hoc ex alio, quia stellae apparent diversorum colorum: Mars enim apparet rubicundi coloris, Saturnus vero plumbei; modo secundum ARISTOTELEM raritas et densitas et color sunt qualitates consequentes qualitates primas.

---

29 levioribus] levibus *I* 31 Vel] igitur *add. I* 32 violente] violenter *I* 32 caeli] caelesti *I* 33 violente] violenter *I* 48 habentes] habent *V* (habentes *in A I*) 51 sunt] est *V* 52 et] *om. V* 55 rubicundi coloris] rubeus *I* 55 vero] autem *I* 55 plumbei] coloris *add. I*

52/53 Cf. ARISTOTELES, *De caelo*, II, 7, 289 a 19-35.
56 Cf. ARISTOTELES, *Meteora*, IV, 12, 390 b 6-9.

Oppositum vult ARISTOTELES in *littera*.

Ista quaestio faciliter solvitur suppositis dictis in praecedenti quaestione.

Sit ergo prima conclusio quod praeter caelum sunt duo corpora simplicia distincta secundum genus, scilicet grave et leve, occupantia totalem mundum inferiorem unacum mixtis. Probatur, nam tot sunt motus naturales simplices secundum genus corporum elementarium, scilicet sursum et deorsum; cuilibet autem motui secundum genus correspondet unicum corpus simplex secundum genus. Tota ratio patet ex his quae dicta sunt in praecedenti quaestione.

Secunda conclusio: praeter caelum quattuor sunt corpora simplicia distincta secundum speciem specialissimam, scilicet terra, aqua, aer et ignis, unacum mixtis totalem mundum inferiorem occupantia. De terra quod sit, et similiter de aqua, patet ad sensum; de aere autem quod sit, probatur, quia, nisi esset aer, non possem videre faciem tuam mihi obiectam, nam non esset medium inter me et te, per quod possent multiplicari species faciei tuae ad oculum meum. Unde *IIº De anima* dicit COMMENTATOR: si esset vacuum inter oculum et visibile, ipsum visibile non videretur, quia propter defectum medii non esset subiectum in quo reciperetur species multiplicata ab obiecto ad oculum. De igne autem quod sit superius in concavo orbis lunae, ex hoc patet quod semper ignis hic inferius existens ascendit sursum, si non fuerit prohibitus; quod non esset, nisi superius esset ignis naturaliter situatus.

Secundo, confirmatur per hoc quod in suprema regione aeris est valde magna caliditas intantum quod ibi inflammantur exhalationes grossae et magnae ex quibus generantur cometae, sicut patet ex *Iº Meteorororum*.

---

59 dictis] his quae dicta sunt *A I* 62 distincta] *om. A I* 63 totalem] totum *I* 65/66 motui secundum genus] eorum *A I* 70 distincta] *om. I* 70 specialissimam] distincta *add. I* 70/71 terra, aqua] *inv. I* 71 ignis] p^{r} *add. V* 72 quod sit] *om. V (est in A I P)* 72 similiter de] *om. V* 73 quod] *om. V* 73 probatur] patet *V*

58 ARISTOTELES, *De caelo*, I, 2, 268 b 26 - 269 a 18.
76 AVERROES, *In De anima*, II, p. 243, comm. 74, lin. 32-33.
86 ARISTOTELES, *Meteora*, I, 7, 344 a 16-21.

Secundo, ad conclusionem principalem: tot sunt corpora simplicia in isto mundo inferiore distincta secundum speciem et non plura, quot sunt combinationes qualitatum primarum possibiles, quae sunt caliditas, frigiditas, humiditas et siccitas; sed istarum qualitatum imaginabiles sunt sex combinationes, quarum solum quattuor sunt possibiles. Patet hoc, nam prima est caliditas cum frigiditate, et ista est impossibilis quia contrariorum; secunda humiditas cum siccitate, et illa similiter est impossibilis quia contrariorum; tertia caliditas cum siccitate, et illa est pro igne; quarta caliditas cum humiditate, et illa est pro aere; quinta frigiditas cum humiditate, et illa est pro aqua; sexta frigiditas cum siccitate et illa pro terra. Breviter illa ratio non est propria praesenti proposito, sed magis pertinet ad *II*^{um} *librum De generatione*, propter hoc quia in proposito non intendimus investigare numerum corporum simplicium ex numero qualitatum alterativarum nec ex possibilitate combinationis earum, sed magis ex numero et distinctione motuum localium simplicium.

Propter quod arguatur tertio ad dictam conclusionem sic: solum quattuor sunt motus naturales simplices corporum elementarium distincti secundum speciem specialissimam, scilicet unus simpliciter deorsum, sicut motus simpliciter gravis; secundus est motus deorsum, sed non simpliciter, sicut est motus gravis secundum quid, qualis est motus simpliciter aquae; tertius est motus simpliciter sursum, sicut est motus simpliciter levis; quartus est motus sursum non simpliciter, sicut est motus levis secundum quid, cuiusmodi est motus aeris, sicut potest patere ex praecedenti quaes-
F.V. 5ra tione. Et cum cuilibet motui simplici naturali //// debeat correspondere unum corpus simplex, cui ille insit naturaliter et nulli alteri distincto ab illo secundum speciem, sicut patet ex eadem quaestione, ideo praecise erunt quattuor corpora simplicia elementaria

---

90 et] *om. V* 93 ista] illa *I* 93 quia contrariorum] *om. V (est in A I P)* 96 pro] aqua *add. V sed del.* 96 humiditate] siccitate *I* 97/98 sexta frigiditas... terra] *om. I* 99 II^{um}] *om. V* 1 ex possibilitate] expositione *scr. V sed del. et* ex possibilitate *add. in marg.* 5 quattuor sunt] *inv. I* 5 naturales simplices] *inv. I* 14 unum] *om. V* 15 illo] ipso *I*

99 ARISTOTELES, *De gener. et corr.*, II, 1-11, 328 26 - 338 b 18.

distincta secundum speciem specialissimam, sicut sunt praecise quattuor motus | simplices recti distincti secundum speciem spe- F.I A5ra cialissimam appropriati corporibus simplicibus istum mundum inferiorem occupantibus dicto modo.

Tertia conclusio: praeter praedicta corpora simplicia ponendum est unum corpus aliud simplex, scilicet caelum seu quinta essentia. Probatur, quia ex praecedente quaestione praeter motus simplices rectos sursum et deorsum est unus alter motus simplex, scilicet circularis. Et cum cuilibet motui simplici secundum speciem correspondeat solum unum corpus simplex secundum speciem, sicut saepe ante dictum est, ideo, cum motibus rectis simplicibus correspondeant quattuor elementa simplicia, oportet ut motui circulari correspondeat unum corpus simplex distinctum ab illis, cui ille motus circularis insit naturaliter. Et illud corpus vocamus caelum seu quintam esentiam.

Quarta conclusio: illud quintum corpus simplex nec est grave nec leve. Probatur, nam, si sic, ipsum esset naturaliter mobile motu recto et sic uni corpori simplici inessent naturaliter plures motus simplices, scilicet rectus et circularis; quod est contra dicta in praecedenti quaestione. Consequentia tenet per hoc quod caelo naturaliter inest motus circularis.

Quinta conclusio: illud quintum corpus simplex nobilius est aliis quattuor corporibus simplicibus. Probatur: quia ei inest naturaliter motus nobilior, scilicet motus circularis qui est nobilior motu recto, ex eo quia ipse est secundum lineam nobiliorem, scilicet circularem, quae est perfectior linea recta, ex eo quod lineae circulari non potest fieri additio, et hoc arguit perfectionem; lineae autem rectae potest fieri additio; igitur etc.

Ad rationes principales distinguendum est quod aliquid dicitur esse calidum vel frigidum dupliciter. Uno modo formaliter, in quo

---

17 secundum speciem specialissimam] specie specialissima *I* 22 corpus aliud] *inv. I* 24 simplex] *om. V* 25 circularis] simplex *add. V* 25 cuilibet] omni *I* 28 oportet] oportuit *I* 29 illis] aliis *I* 36/37 naturaliter inest] *inv. I* 38 Quinta conclusio] *om. I* 39 Probatur] hoc *add. I* 39/40 ei inest naturaliter] naturaliter inest ei *I* 40 motus[2]] om. V 41 quia] quod *I* 42 est] nobilior et *add. I* 45 rationes] *om. V* 45 principales] *om. A*; in oppositum *I* 45 distinguendum] dicendum *scr. V sed del. et s.v.* distinguendum *add.* 46 frigidum etc.] humidum,

est caliditas tamquam in subiecto; alio modo virtualiter, in quo non est caliditas tamquam in subiecto, licet ipsum sit caliditatis productivum. Et differunt sic quod calidum formaliter est calefactivum per contactum, sed calidum virtualiter non, sed solum lumine vel influentia. Differunt secundo, quia calidum formaliter in agendo repatitur, vel saltem potest repati et alterari, a suo contrario, calidum vero virtualiter non. Differunt tertio: nam calidum formaliter impeditur per interpositum; sed calidum virtualiter non impeditur in calefactione nisi quantum ad actionem quam habet per lumen et non quam facit per influentiam.

Ex hoc dico ad primam rationem, quando dicebatur: caelum est eiusdem naturae in substantia cum elementis, nego. Et quando dicebatur: aliquae partes caeli sunt igneae, etc., dico quod verum est virtualiter sed non formaliter. Unde, si formaliter esset igneum, tunc haberet contrarium, et sic esset alterabile, et per consequens generabile et corruptibile, quod est falsum: Unde quod aliquae partes caeli sint igneae et aliquae aqueae virtualiter, hoc est ad istum sensum quod tales efficiunt in istis inferioribus qualitates similes qualitatibus ignis. Aliquae autem qualitates similes qualitatibus aquae, et sic de aliis.

Deinde ad auctoritatem PYTHAGORICORUM dico quod PYTHAGORICI erant talis opinionis, sed alterius opinionis erat ARISTOTELES et sui sequaces.

Ad secundam nego quod caelum sit eiusdem naturae cum elementis quantum ad qualitates motivas. Et quando dicebatur quod *caelum est corpus levissimum*, nego. Et quando dicebatur: levissi-
F.V. 5rb mum //// est quod omnibus supereminet aliis et superfertur, illud bene concedo, si aliis superfertur motu recto; modo sic non est de

---

igneum vel aquaeum *I* 48 caliditas] simpliciter *add. I* 48 tamquam in subiecto] *om. A V (est in I)* 48 caliditatis productivum] *inv. I* 50 sed1 calidum] calidum vero *I* 52 vero] autem *I* 53 nam] quia *I* 54/55 calefactione] calefaciendo *A I* 57 hoc] ergo *add. I* 57 dicebatur] dicitur *V* 58 cum] quando *I* 58/59 dicebatur] dicitur *V* 59 quod] hoc *add. I* 61 sic] per consequens *V* 61 esset] *om. V* 61/62 per consequens] sic *V* 63 sint] sunt *I* 64 istum] *om. V* 68 sed] ali'a *add. V sed del.* 68 opinionis^2] *om. V* 71 ad] qualitate *add. V sed del.* 71 dicebatur] dicitur *V* 72 dicebatur] dicitur *V* 73 illud] istud *I* 74 modo] *om. V (est in A I)*

67/69 PYTHAGORICI: Cf. ARISTOTELES, *De caelo*, II, 7, 289 a 16-19.

caelo, nam est solum mobile motu circulari, sicut patet ex praecedentibus. Vel sic: levissimum est quod omnibus aliis supereminet, verum est, si omnibus aliis supereminеret infra sphaeram lunae existens, scilicet infra sphaeram activorum et passivorum.

Ad confirmationem dico quod unus orbis non propter hoc est super alium quod sit levior, sed ideo quia nobilior.

Ad aliam confirmationem dico quod non oportet quod, si sub gravissimo nihil est, quod ergo super levissimum nihil sit, quia, licet nihil possit poni sub centro, tamen bene aliquid potest poni super circumferentiam.

Ad aliam, quando dicebatur de massa caeli exisente in aere, aliqui dicunt quod hoc est impossibile; et, quia ad impossibile sequitur quodlibet, ad hoc sequitur dictam massam ascendere et dictam massam non ascendere. Aliter potest dici quod talis massa caeli non ascenderet propter hoc quod non haberet in se principium motus sursum vel deorsum. Et quando ARISTOTELES dicit quod corpus naturale, si sit extra locum suum, movetur naturaliter ad istum, hoc | debet intelligi de corporibus naturalibus mobilibus (F.I. A5rb) motu recto, et non de caelo, quia nec caelum nec aliqua pars eius potest poni extra locum suum naturaliter, licet bene supernaturaliter. Et quando dicebatur: si talis massa quiesceret, vel naturaliter vel violente, dico quod nullo istorum modorum, sed bene quiescit praeter naturam. Unde imaginandum est quod, sicut motus circularis non inest alicui corpori violente, cum ei non sit alter motus contrarius, sed quibuscumque inest et non naturaliter, inest eis praeter naturam, ita dico quod corporibus naturaliter mobilibus motu circulari non inest aliqua quies violenta, sed, si inest eis aliqua, inest praeter naturam.

76/77 supereminet, verum... aliis] *om. V (hom.)* 78 scilicet] *om. A V* 80 quod] quia *I* 80 ideo quia] *om. V* 81 non oportet quod] *om. V* 83 possit] posset *I* 84 super] supra *I* 85 dicebatur] dicitur *V* 92 istum] illum *I* 92 debet intelligi] intelligitur *V* 92 naturalibus] naturaliter *V* 92 mobilibus] moventibus *V* 94/95 licet bene supernaturaliter] *om. V (est in A I)* 95 dicebatur] dicitur *V* 96 violente] violenter *I* 96 modorum] *om. V (est in A I P)* 98 violente] violenter *I* 99 eis inest] *inv. I* 99 non] est *add. V sed del.*

90 ARISTOTELES, *De caelo*, I, 2, 268 b 14-16.

Ad aliam confirmationem dico quod *partes caeli non ascendunt neque descendunt*, licet aliquae *efficiantur aliquando centro propinquiores, aliquando remotiores*, quia, sicut *dictum est prius in alia quaestione*, non omne centro appropinquare est descendere, nec omne a centro elongari est ascendere, sed solum quod sit infra concavum orbis lunae in sphaera activorum et passivorum.

Ad tertiam rationem principalem solvitur per hoc quod aliquae partes caeli bene sunt calidae vel frigidae virtualiter sed non formaliter.

Ad quartam dico quod, si in caelo reperiantur aliquae qualitates similes qualitatibus secundis, sicut sunt raritas, densitas, etc., illae tamen non sunt eiusdem rationis cum qualitatibus secundis repertis in istis inferioribus, quia tales repertae in caelo non generantur ex actionibus et passionibus qualitatum primarum ad invicem, sicut repertae in istis inferioribus quemadmodum dicit COMMENTATOR in suo tractatu *De substantia orbis*.

---

4 aliquando centro] *om. V (est in A I)* 5 dictum est] *inv. V* 6 centro] mundi *add. I* 7 elongari] elongare *A V* 12 si] *om. I* 12 caelo] licet *add. I* 18 suo tractatu] *om. V*

5/6 Cf. *supra*, L. I, Q. 1, p. 19, lin. 25-26.
17/18 Cf. AVERROES, *De substantia orbis*, I, 4ʳ

Quaestio 3

Utrum praeter quattuor elementa et caelum sit ponendum sextum corpus simplex

Tertium propositorum erat utrum praeter quattuor elementa et caelum sit ponendum sextum corpus simplex.

Et arguitur primo quod sic. Nam, sicut ponitur unum corpus simplex mobile motu simpliciter sursum et unum aliud mobile motu opposito, scilicet simpliciter deorsum, ita videtur esse ponendum unum corpus mobile motu circulari, et hoc est caelum, et unum aliud mobile motu opposito motui circulari. Et sic erunt sex, scilicet quattuor elementa mobilia motibus rectis, et quintum, scilicet caelum, mobile motu circulari, et sextum mobile motu opposito.

Secundo. //// Nam, sicut ponuntur duo corpora simplicia motu recto mobilia, puta grave et leve, ita videntur poni duo corpora simplicia motu circulari mobilia. F.V. 5va

Tertio. Nam potest esse unum corpus simplex septimum, octavum et nonum, licet talia corpora non moveantur aliquo motu.

Oppositum vult ARISTOTELES in *littera*.

In ista quaestione erunt duo articuli. Primus erit iuxta materiam primi argumenti, scilicet utrum motui circulari sit aliquis motus contrarius; secundus erit de quaesito.

De primo sciendum est quod in proposito non intendimus de contrarietate propositionum nec terminorum: hoc enim pertinet ad logicam. Sed curamus de contrarietate rerum vel modorum seu dis-

---

7 motu] motum *V* 7 unum] *om. V* 14 videntur] debent *I* 14/15 simplicia] *om. V* 15 motu circulari mobilia] mobilia motu circulari *V* 16 unum] sextum *I* 17 octavum] et octavum *V* 17 et nonum] etc. *V* 19 erunt duo] duo *erunt scr. V sed duo del.* 22 est] *om. V* 22 intendimus] per *add. V sed del.* 23 hoc] haec *I* 23 pertinet] pertinent *I* 24 logicam] logicum *I* 24 curamus] in proposito intendimus *I*

18 ARISTOTELES, *De caelo*, I, 2, 269 a 2-30.

positionum quomodo caliditas et frigiditas sunt contraria, similiter locus sursum et locus deorsum sunt contrarii, et similiter motus ad sursum et motus ad deorsum.

Item, de contrarietate formarum nihil pro nunc ad propositum, sed de contrarietate locorum et motuum.

Sed, antequam respondeatur ad articulum, ponendae sunt aliquae suppositiones. Quarum prima sit ista quod ad contratrietatem locorum requiratur maxima distantia non simpliciter sed in isto genere, scilicet secundum differentias loci quae sunt sursum et deorsum. Unde magis distant duo extrema totius diametri sphaerae corruptibilium quam centrum et circumferentia, et tamen illa extrema non sunt localiter contraria. Et ideo illa distantia maxima quae facit ad contrarietatem locorum accipienda est non secundum totalem diametrum sphaerae corruptibilium, sed secundum semidiametrum eiusdem.

Secunda suppositio: ad hoc quod loca sint contraria, requiritur quod habeant virtutes contrarias, scilicet potentias conservandi contraria. Unde in loco simpliciter sursum est potentia conservandi levissimum, in loco autem simpliciter deorsum est potentia conservandi gravissimum; levissimum autem et gravissimum sunt contraria.

F.I. A5va Tertia suppositio quod ad contrarietatem motuum localium primo requiritur | quod sint de locis contrariis ad loca contraria; secundo requiritur quod fiant per lineam brevissimam, scilicet rectam; tertio requiritur quod fiant per eandem viam vel aequivalentem; quarto requiritur quod, si unus eorum est naturalis alicui, alter est violentus eidem

Iuxta primum sequitur quod motus ad latus non sunt contrarii proprie, quia possibile est talia loca non esse proprie contraria.

Propter secundum sequitur motum circularem motui recto non esse contrarium, propter hoc quod motus circularis non fit per lineam brevissimam, scilicet rectam, nec etiam aliquem motum fac-

---

26 contrarii] contraria *I* 30 Sed] Et *I* 31 Quarum] Et *I* 32 requiratur] requiritur *I* 32 isto] illo *I* 35 illa] ista *I* 36 localiter] loca *I* 41 virtutes contrarias] *inv. I* 46 primo requiritur] quattuor requiruntur. Primo *I* 48 quod] si unus eorum est naturalis *add. V sed del.* 48 viam vel] lineam *I* 52 est] fit *I* 52 proprie contraria] *inv. I* 54 hoc] *om. V* 54 quod] quia *I* 55 brevissimam] per quam potest fieri *add. I*

tum per lineam curvam contingit esse contrarium motui facto per lineam rectam, ex eo quia tunc uni plura essent contraria, quod est contra ARISTOTELEM in *littera*. Consequentia tenet per hoc quod multis modis potest fieri motus per lineam curvam.

Propter tertium sequitur quod possibile est aliqua duo moveri motibus contrariis; et tamen continue distabunt aequaliter. Sicut, si aliqua terra descenderet de sphaera ignis deorsum ad centrum ex una parte centri et describeret semidiametrum sphaerae corruptibilium, et pro tunc una alia terra moveretur sursum versus circumferentiam per aliam semidiametrum sphaerae corruptibilium //// ex F.V. 5vb
alia parte centri; tunc istae duae terrae moverentur motibus contrariis, et tamen aequaliter distarent in fine et in principio, quia utrobique per semidiametrum mundi.

Propter quartum sequitur quod motus terrae deorsum non est contrarius motui ignis deorsum, ex eo quod uterque secundum speciem est naturalis terrae.

Tunc sit conclusio reponsalis ad articulum: nullus motus est contrarius motui circulari caeli. Probatur primo ex parte locorum: quia ad contrarietatem motuum requiritur contrarietas locorum; modo oriens et occidens a quibus et ad quae est motus caeli non sunt loca contraria, quia sunt aeque sursum et aeque naturalia cuilibet parti caeli, ita quod aeque naturaliter est sol in oriente sicut in occidente.

Secundo, quia motus circularis caeli est de eodem in idem; et ita esset, si fieret e converso; igitur non esset ibi contrarietas.

Tertio motus circularis caeli sufficit ad acquirendum omnes differentias positionis; igitur frustra poneretur alius motus alterius speciei sibi contrarius; sed non est ita de motibus rectis.

Quarto: si motui circulari esset aliquis motus contrarius, ille posset esse in rerum natura; sed hoc est falsum. Consequentia tenet,

---

56 contingit] *om. I* 56 motui] recto *add. V* 57 uni plura essent] plura essent uni *I* 58 per] *om. V* 63 et] *om.* R *V* 77 sicut] etiam *add. I* 80 igitur] ergo *I* 80 esset] est *I* 83 non est ita] sic non est *I* 84 Quarto] Deinde secundo probatur eadem conclusio *I* 85 est] *om. V* 85 tenet] patet ex hoc *I*

58 ARISTOTELES, *De caelo*, I, 2, 269 a 10.

quia, si unum contrariorum est in natura, non repugnat esse reliquum. Falsitas consequentis patet, quia talis motus, si posset esse, oporteret quod fieret per eandem viam, omnino opposito tamen modo vel aequivalenter, per quam fit motus caeli ab oriente in occidentem per meridiem, postquam talis motus esset tali motui caeli contrarius; sed talis motus non potest esse, ex eo quod perpetue caelum movebitur ab oriente in occidentem per meridiem; et ideo nunquam erit aliquis motus ab oriente in occidentem per septentrionem, saltem per eandem viam et super eisdem polis et per eundem axem: primus enim propter sui perpetuitatem secundum nunquam fieri permittit.

Si autem dicatur: si unus orbis, puta superior, movetur ab oriente in occidentem per meridiem, motus alterius orbis sub illo est sibi contrarius, si fiat ab oriente in occidentem per septentrionem. Probo quod non: quia tales motus non fiunt omnino per eandem viam nec aequivalentem, ex eo quod motus orbis superioris fit secundum maiorem circulationem et motus orbis inferioris fit secundum minorem, et ex alio quia unus illorum motuum non impediret alium; quare non essent contrarii.

Propter illam rationem aliqui magistri mei reverendi concedunt quod contrarietas motuum non reperitur in caelo; et hoc bene concedo cum eis. Addunt tamen quod, hoc non obstante, contrarietas bene reperitur in motibus cirularibus in istis inferioribus. Ad quod declarandum ipsi imaginantur motus circulares fieri uno modo omnino ab una parte ad aliam super eisdem polis et secundum eundem axem; secundo modo unum eorum ad unam partem et alium ad aliam super diversis tamen polis et circa diversos axes; et istis duobus modis motus circulares factos dicunt non esse contrarios,
F.V. 6ra quia bene reperiuntur in eodem mobili nec se mutuo impediunt. ////

87 talis motus, si] si talis motus *I*   88 omnino] modo *add. s.v. V*   88/89 omnino opposito tamen modo vel aequivalenter] omnino vel aequivalentem opposito *I*   90 postquam] per quam *V*   91 perpetue] perpetuo *I*   94 per[1]] meridiem *add. V*   94 per[2]] super *I; om. P R V*   94 eundem] eandem *I*   95 propter] per *V*   96 movetur] moveretur *I*   10 omnino] unum *I (est in R); om. P*   10 ab una parte] ad unam partem alium *I*   10 secundum] super *I*   12 diversos] diversas *I V*   12 et] de *add. I*   13 factos] facti *V*

De motibus circularibus primo modo factis clarum est quod non sunt contrarii; de motibus autem circularibus secundo modo factis quod non sunt contrarii declarant de orbe solis qui simul movetur ab oriente in occidentem per me- | ridiem, et cum hoc ab oriente in F.I. A5^{vb} occidentem per septentrionem. Primus tamen motus est super polis aliis, quia super polis mundi; secundus autem super polis zodiaci. Et totum illud bene concedo cum eis.

Sed dicunt ulterius quod tertio modo possunt imaginari duos motus circulares: unum ad unam partem et alterum per eandem viam ad oppositum, super eisdem polis et circa eundem axem; et tales motus circulares ipsi dicunt esse contrarios. Quod ipsi persuadent duobus mediis. Primum est: quia talium motuum unus impedit alium; secundum medium: quia tales motus non possunt eidem simul inesse, sed bene successive.

Contra hoc, salva eorum gratia, pono secundam conclusionem, et est ista quod motus circulares super eosdem polos circa eundem axem per eandem viam non sunt ad invicem contrarii. Pro quo suppono quod illi motus qui possunt ad invicem esse continui non sunt contrarii. Istud patet *V° Physicorum*. Tunc arguitur sic: tales motus circulares, quos ipsi dicunt esse contrarios, possunt ad invicem esse continui; ergo non sunt contrarii. Consequentia tenet per suppositionem. Antecedens probatur ponendo casum quod aliquod corpus orbiculare moveatur ab oriente in occidentem per meridiem super polos *a* et *b*, et interim quod sic movetur vertatur sic quod ubi erat polus *a* fiet polus *b*, et e converso quod, si fiat eadem pars illius orbis quae prius movebatur ab oriente in occidentem per meridiem sine interruptione, movetur ab oriente in occidentem per septentrionem et super eosdem polos omnino; quare tales motus ad invicem

---

15 quod] de se quia *I* 20 polis] polos *V* 23 unum] unus *V* 23 alterum] alter *V* 24 eundem] eandem *V* 25 dicunt] dicernt *I* 25 ipsi] *om. V* 26 mediis] quorum *add. I* 26 quia] quod *V* 26 talium] semper talium *I* 28 simul inesse] *inv. I* 29 secundam] istam *I* 30 ista] secunda in ordine *I* 30 eundem] eandem *V* 31 ad invicem] *om. V* 32 qui] possunt ad invicem esse contrarii *add. V sed del.* 32 esse continui] continuari *I* 33 Istud] Illud *V* 39 polus^2] *om. V* 39 e converso] *om. V* 41 movetur] motus *I* 41 occidentem] movebitur *add. I*

33 Cf. ARISTOTELES, *Physica*, V, 3, 226 b 13-15.

continuantur. Istud clare possimus videre, si sphaeram materialem volvamus fortiter ad sinistrum, et interim ipsam vertamus sic quod polus qui prius erat superior fiat inferior, et e contra ipsa sic versa adhuc ex primo impulsu movebitur. Et clare videmus quod eadem pars quae prius movebatur versus sinistrum, volvitur versus dextrum.

Sed diceres: per eandem rationem possemus probare quod motus sursum et motus deorsum non sunt contrarii. Nam, posito quod musca ascendat super aliquam lanceam et, musca continue ante se mota, lancea vertatur; quo facto, eadem musca quae primo ascendebat, descendit sine interruptione media, et per consequens tales motus, scilicet ascensus muscae et descensus, non essent contrarii, quod tamen omnes negant.

Respondeo quod non est simile, quia in versione sphaerae non fit interruptio per motum alterius speciei a motu circulari ipsius sphaerae; sed in vertendo lanceam fit interruptio per motum circularem alterius speciei a motibus rectis, et hoc impedit quod illi motus recti non continuantur. Unde non possum vertere lanceam nisi ipsam moveam unacum musca motu circulari; et ideo non est simile hic et ibi, quod clarum est consideranti.

Restat ergo respondere ad rationes quibus moventur aliqui de magistris meis reverendis, ad ponendum oppositum conclusionis F.V. 6rb iam positae. Ad primam: talium motuum unus impedit //// alium, igitur sunt contrarii, negatur consequentia, nam plus requiritur ad contrarietatem motuum, sicut in suppositionibus dicebatur: oportet enim cum hoc quod sint a locis contrariis ad loca contraria per lineas brevissimas; sed hoc deficit in proposito. Et etiam aliqui dant instantiam, dicentes quod, si ignis moveretur sursum et terra deorsum obviando igni, unus illorum motuum impediret alium, et tamen ad invicem non essent contrarii: aliter enim essent duo contraria uni, ex eo quod motus terrae sursum etiam contrariatur motui terrae deorsum.

---

43 Istud] Illud *I* 43 clare possimus] possumus clare *I* 46 adhuc] *om. I* 47 movebatur] movetur *I* 48 diceres] *om. V* 48 possemus] possumus *I* 49 motus[2]] *om. V* 49 sunt] veniunt *V* 50 musca] continua *add. V sed del.* 51 primo] prius *V* 58 a] ab illis *I* 59 possum] possunt *R V (possum est I P S)* 60 nisi] quin *V* 63 reverendis] etc. *I* 65 igitur] ergo *I* 67 cum] ad *V* 67 contraria] et *add. V sed del.* 70 illorum] istorum *V*

Ad secundam: tales motus non possunt eidem simul inesse sed successive, igitur sunt contrarii, negatur consequentia, nam plus ad motuum contrarietatem requiritur, prout iam dicebatur.

Deinde dubitatur: videtur quod utique motui circulari sit aliquis motus contrarius, quia motus rectus et motus circularis magis sunt ad invicem contrarii quam duo recti, scilicet motus sursum et motus deorsum; et clarum est quod aliqui motus recti sunt ad invicem contrarii; ergo similiter motus circularis motui recto est contrarius. Assumptum patet ex hoc quod contrarietas attenditur penes maximam distantiam, propter quod illa quae magis distant magis videntur esse contraria; sed motus rectus et motus circularis magis distant quam motus recti ad invicem. Quod patet primo secundum naturam mobilium, quia plus differt natura caeli a naturis gravium et levium quam naturae gravium et levium ad invicem; ergo etiam videtur plus differre ab invicem motus circularis qui inest caelo naturali- | ter a motu recto quam motus recti inter se, qui insunt F.I. A6^{ra}
naturaliter gravibus et levibus.

Et confirmatur hoc: quia motus sursum et deorsum cadunt sub eodem membro divisionis, motus autem rectus et circularis non; ergo motus rectus et circularis magis differunt ab invicem quam motus sursum a motu deorsum. Sed quia motus sursum et motus deorsum sunt contrarii, magis videtur quod motus circularis et rectus sint contrarii, postquam plus differunt. Assumptum patet ex hoc quod motus prima sui divisione dividitur in rectum et circularem, deinde motus rectus in motum sursum et in motum deorsum.

Ad illud respondetur: concedo quod magis differunt ab invicem motus rectus et circularis quam motus sursum a motu deorsum. Et quando dicitur: ergo magis debent esse contrarii, negatur consequentia. Unde maior differentia non sufficit ad contrarietatem:

---

74 inesse] *om. I* 75 successive] inesse *add. I* 75 igitur] ergo *I* 75 contrarii] iterum *add. I*; contraria *V* 77 quod utique] *inv. I* 78 motus] magis *V* 878 motus2] *om. V* 80 et] *om. I* 80 est] autem *add. I* 82 patet ex hoc quod] ex hoc patet quia *I R* 83/84 videntur] dicunt *I* 87 quam] natura gravi *add. V sed del.* 88 ab] ad *V* 93 rectus et circularis] *inv. I* 93 ab] ad *V* 96 plus] magis *I* 97 quod] quia *I* 98 deinde] et deinde *I R* 98 in^2 motum^2] *om. V* 99 illud] istud *I* 99 invicem] *add. I* 00 a motu] et motus *I (est in R V)* 1 quando dicitur] cum arguitur *I*

quod statim patet, quia albedo plus differt a linea quam a nigredine, et tamen albedo non est contraria lineae sed nigredini.

Sic ergo patet per rationes, et per dubitationum solutiones, quod nullus motus est contrarius motui circulari. Ex quo concludo quod motus circularis nulli corpori est violentus, nam, si sic, tunc motus naturalis istius corporis esset illi motui circulari contrarius, et hoc est contra dicta.

Sequitur secundo quod, si motus circularis inest alicui corpori et non inest ei naturaliter, est ei impertinens. Et dicitur ei inesse praeter naturam, postquam non sequitur ad illud corpus, cum non sit ei naturalis, nec repugnat, cum non insit ei violenter; sed tale dicitur alteri impertinens quod nec sequitur ad ipsum nec ei repugnat.

Sequitur tertio quod cum quolibet motu motus circularis potest misceri, postquam nulli motui est contrarius. Unde unus motus circularis cum alio motu //// F.V. 6va circulari potest misceri, sicut patet de motu circulari solis qui mixtus est ex motu circulari eius ab oriente in occidentem per meridiem super polis mundi et ex motu circulari ab occidente in orientem per meridiem super polis zodiaci. Similiter motus circularis potest misceri cum motu deorsum, sicut si aliqua terra descenderet per arcum cuius semidiameter sphaerae corruptibilium esset chorda; similiter potest misceri cum motu sursum, sicut si ignis ascenderet per consimilem arcum. Sic autem non est de motibus rectis, quia motus sursum cum motu deorsum misceri non potest.

Quantum ad secundum articulum pono unicam conclusionem. Et sit ista: praeter quinque corpora simplicia, scilicet quattuor elementa et quintam essentiam seu caelum, non est ponendum sextum corpus simplex distinctum ab eis specie. Probatur: nam, si poneretur, ipsum esset naturaliter mobile, per primum articulum primae quaestionis; et tunc vel esset naturaliter mobile motu recto vel circulari, ut patet ex secundo articulo eiusdem primae quaestionis. Si motu recto, tunc est eiusdem speciei cum corporibus elementaribus, ex eo quod illis motus rectus inest naturaliter; et quia motus rectus

---

3 statim] *om. I* 5 dubitationum] rationum *I* 6 est contrarius motui circulari] motui circulari est contrarius *I* 8 istius] illius *I* 27 articulum] *om. I* 33 ut] illud R *V* 33 articulo] *om. I*

est motus simplex, non potest inesse naturaliter pluribus corporibus distinctis specie a corporibus elementaribus. Totum illud patet ex tertio articulo eiusdem primae quaestionis. Si autem est naturaliter mobile motu circulari, tunc erit eiusdem speciei cum corpore caelesti, ex eo quod illi attribuitur motus circularis simplex; et idem motus simplex secundum speciem non potest inesse naturaliter distinctis corporibus secundum speciem sic, scilicet quod, si sit idem secundum speciem specialissimam, non potest inesse naturaliter pluribus corporibus simplicibus distinctis secundum speciem specialissimam. Si autem sit idem secundum speciem subalternam, non potest inesse naturaliter pluribus corporibus simplicibus distinctis secundum speciem subalternam; nec, si est idem secundum genus, potest inesse pluribus corporibus distinctis secundum genus, nec potest dici quod tale corpus esset mobile motu opposito motui circulari, cum ostensum sit in primo articulo quod nullus motus est contrarius motui circulari.

Secundo persuadetur eadem conclusio sic: non sunt in mundo nisi quinque corpora regularia distincta specie, quod bene videtur esse naturae miraculum; ideo etiam videtur quod non sunt nisi quinque corpora simplicia distincta specie. Antecedens patet XIIIº *Elementorum* EUCLIDIS, et sunt ista: duocedron, hexacedron, icocedron, octacedron et tetracedron. Primum, scilicet duocedron, est ex duodecim basibus pentagonalibus; secundum autem, scilicet hexacedron seu cubus, est ex sex basibus quadratis; tertium vero, scilicet icocedron, est viginti basium triangularium; | quartum F.I. A6^{rb} autem, scilicet octacedron, est octo basium triangularium; quintum autem, scilicet tetracedron sive pyramis, est quattuor basium triangularium. Consequentia tenet testimonio ANTIQUORUM PLATONICORUM in quorum tempore floruit geometria, sicut dicit COMMENTATOR *IIIº huius*, qui posuerunt tantum quinque corpora mundi

---

36 inesse naturaliter] *inv. I* 39/40 corpore caelesti] caelo *V (est in I R)* 41 naturaliter] pluribus *add. I (non est in P R S V)* 45 sit] *om. R V* 52 non sunt in mundo] in mundo non sunt *V* 56/78 duocedron, hexacedron, *etc.*] duocedran, hexacedran, *etc. scr. V* 59 cubus] figura cubica *I*; cubum *R* 62 autem] vero *I*

56 EUCLIDES, *Elementa*, XIII, prop. 14 - 16.
63/65 Cf. AVERROES, *In De caelo*, III, cap. 5, Q. 3.

simplicia. Et haec figuraverunt dictis quinque figuris regularibus: unde caelo dederunt duocedron, quia ipsum est capax aliarum figurarum regularium, sicut patet ex 15° *Elementorum* EUCLIDIS; modo caelum dicitur esse talis figurae quod ipsum commodissime possit alia capere, cum ipsum contineat omnia. Et, quia ignis ascendit in figura pyramidali, dederunt igni figuram pyramidalem seu tetracedron; et, quia aer in levitate et motu assimilatur igni, dederunt ei figuram octacedron inter ceteras magis appropinquantem ad figuram tetracedron; et, quia aqua habet varios motus in partibus suis fluctuosos, dederunt ei figuram icocedron propter F.V. 6vb multitudinem linearum et superficierum //// et angulorum eius; sed, quia terra est corpus fixum et stabile tamquam centrum aliorum, ideo dederunt ei figuram hexacedron seu figuram cubicam quae fixe iacet ubi proiicitur et inepta est ad motum. Sic ergo patent dicti duo articuli

Ad rationes principales. Ad primam dico quod non est simile de motu recto et circulari, quia, sicut dictum est, motui recto bene aliquis motus est contrarius; motui autem circulari non.

Et consimili modo dicatur ad secundam.

Ad tertiam dico quod non possunt esse talia corpora quin ad minus sint mobilia, cum omne corpus naturale sit naturaliter mobile, per primum articulum primae quaestionis. Et ideo, si essent talia, ipsa essent mobilia. Quaero tunc: quo motu? Vel recto vel circulari, sicut arguebatur primo ad conclusionem responsalem ad quaesitum; et, quidquid dicatur, erunt vel de natura elementari vel caelesti. Et sic patet quaestio.

---

69 dicitur] debet *I* 75 fluctuosos] flexuosos *I (est in P R S V)* 77 tamquam] *om. I* 83 aliquis motus est] est aliquis motus *I* 85 esse] aliqua *add. I* 87 per primum articulum] *om. V* 90 et] *om. R V* 90/91 quidquid dicatur... caelesti] *om. V (est in I P R S)* 91 Et sic patet quaestio] *om. V* 91 patet] finitur *I*

68 EUCLIDES, *Elementa*, XIII, prop. 15 - 16.

Quaestio 4

Utrum totalis mundus aggregatus ex quinque dictis corporibus simplicibus sit unum ens continuum

Quartum propositorum erat utrum totalis mundus aggregatus ex dictis quinque corporibus simplicibus sit unum ens continuum.

Et videtur quod sic. Dictorum corporum materiae sunt continuae; ergo dicta corpora videntur esse continua, et per consequens totalis mundus ex eis aggregatus videtur esse unum ens continuum. Antecedens probatur: quia, si ad imaginationem formae substantiales dictorum corporum corrumperentur materiis eorum manentibus, remaneret una massa continua, scilicet materia prima totalis, quae non minus ante videtur fuisse continua. Recte sicut paries, qui, antequam in eo depingantur imagines diversorum animalium, existens continuus non desinit esse continuus propter talem picturam super eo factam, sic, si materia prima totalis esset una massa continua ablatis formis, non videretur discontinuari propter positionem formarum in ipsa.

Sed forte diceret aliquis: ista ratio non probat quod iste mundus inferior sit continuus mundo superiori, propter hoc quod mundus superior, scilicet caelum, non habet materiam; et, si habet materiam, saltem illa non est eiusdem rationis cum materia istorum inferiorum, licet bene videatur probare aliqualiter mundum inferiorem totalem esse unum continuum. Breviter istud videtur non valere, quia caelum habet materiam et cum hoc materiam eiusdem rationis cum materia istorum inferiorum.

Primum probatur primo auctoritate ARISTOTELIS dicentis *I° huius* quod differt dicere *caelum* et *hoc caelum*, nam qui dicit

---

6 dictis quinque] *inv. I* 7 Et] *om. V* 11/12 manentibus] remanentibus *I* 14 animalium] ens *add. V sed del.* 24 videtur non] *inv. I*

27/28 ARISTOTELES, *De caelo*, I, 9, 278 a 13-14.

caelum dicit formam et qui dicit hoc caelum dicit formam materiae mixtam, id est compositum ex materia et forma.

Confirmatur idem secundo auctoritate COMMENTATORIS in principio sui tractatus *De substantia orbis*, ubi dicit «caelum esse ex duabus naturis»; natura autem dividitur in materiam et formam *II° Physicorum*.

Confirmatur idem tertio. Nam caelum est unum numero; igitur caelum habet materiam. Antecedens est notum. Consequentia probatur per ARISTOTELEM *V° Metaphysicae* dicentem: «unum numero sunt quorum materia est una».

F.I. A6va Confirmatur idem quarto. Nam ARISTOTELES | *I° huius* volens probare mundum esse tantum unum dixit hoc esse ideo quia continet materiam totalem pertinentem ad formam mundi, et ita non restat alia materia ex qua posset fieri alter mundus. Ecce quomodo contingit mundum habere materiam; sed non accipit mundum solum pro isto mundo inferiore, sed pro mundo totali, cuius caelum est principalior pars; igitur videtur quod concedat caelum habere materiam.

Confirmatur idem quinto sic. Nam *VII° Metaphysicae* dicitur: F.V. 7ra «non est possibile in non habentibus materiam //// esse plura individua sub una specie»; et tamen in corporibus caelestibus inveniuntur plura individua sub una specie; quare videtur quod caelum non careat materia.

Confirmatur idem sexto. In caelo reperitur rarum et densum; ergo in caelo est materia. Antecedens patet per hoc quod dicit

---

31 secundo] *om. I* 31/32 principio sui tractatus] tractatu suo *I*; nr *add. V sed del.* 32 orbis] in principio *add. I* 33/34 natura autem... Physicorum] sed naturae dicentium II° Physicorum materia et forma *I* 35 igitur] ergo caelum *I* 36 est notum] notum est de se *I* 37 dicentem] quod *add. I* 40 esse tantum] *inv. I* 40 unum] *om. V* 40 dixit] dicit *I* 41 materiam totalem] *om. I* 44 mundo] *om. V* 45 igitur] ideo *I* 47 quinto] sic *add. I* 48 non est possibile in non habentibus materiam] in non habentibus materiam non est possibile *I*

31 AVERROES, *De substantia orbis*, cap. 1, f. 320v.
33/34 ARISTOTELES, *Physica*, II, 1, 193 a 9-30.
37/38 ARISTOTELES, *Metaphysica*, V (D), 6, 1016 b 32-33.
39 ARISTOTELES, *De caelo*, I, 9, 277 b 27 - 278 a 9.
47 ARISTOTELES, *Metaphysica*, XII (L), 8, 1074 a 31-38.

ARISTOTELES *IIº huius:* «stella est densior pars sui orbis». Consequentia tenet per ARISTOTELEM *IIIº huius* definientem rarum et densum per habere materiam. Unde dicit hoc esse densius quod sub aequali vel minore extensione habet plus de materia; hoc autem est rarius quod sub aequali vel maiore extensione habet minus de materia.

Confirmatur hoc idem septimo. Quia aliter caelum non esset divisibile: unde dicit COMMENTATOR in *De substantia orbis*: «si non esset dimensio in materia ante formam substantialem, ipsa esset indivisibilis nec esset extensa». Ita consimili modo videtur esse in proposito: quia, si dimensio non praecedat formam substantialem caeli, ipsa videretur esse indivisibilis; sed non potest eam praecedere nisi caelum habeat materiam, et illa dimensio inhaereat prius naturaliter quam forma caeli.

Deinde probatur secundum, scilicet quod habeat materiam eiusdem rationis cum materia istorum inferiorum: quia omnis materia secundum se est pura potentia; ideo nulla materia secundum se differt ab alia ratione. Consequentia tenet per hoc quod differentia rationis est per formam et per actum. Antecedens patet ex *Iº Physicorum*.

Secundo ad principale.Terra est continua aquae, et aqua aeri, et aer igni, et ignis orbi lunae, et orbis lunae orbi Mercurii, et sic de aliis orbibus; ergo talis mundus ex his aggregatus videtur esse unum ens continuum. Consequentia tenet. Antecedens probatur. Primo, quod illa sunt continua, quorum ultima sunt unum, patet per definitionem continuorum; sed sic est de terra et aqua, quia superficies convexa terrae et concava aquae videntur esse una superficies, propter hoc quod aequaliter distant a centro mundi ex eadem

---

54 Aristoteles] in *I* 54 huius] quod *add. I* 55 Aristotelem] in *add. I* 62 substantialem] caeli *add. V sed del.* 66 inhaereat] inhaeret *V* 70 pura potentia] *inv. I* 70 materia] *om. V* 72 per[2]] *om. I* 72 Antecedens] Et antecedens *I* 72 ex] *om. I* 77 tenet] de se *add. I* 79 aqua] patet hoc *add. I* 81 mundi] omnino *add. I*

54 Cf. ARISTOTELES, *De caelo*, II, 7, 289 a 19-35.
55 ARISTOTELES, *De caelo*, III, 1, 299 b 7-11.
61/63 AVERROES, *De substantia orbis*, cap. 1, f. 320^{v}.
72/73 ARISTOTELES, *Physica*, II, 1, 193 a 9-30.

parte centri, quod patet per hoc quod nullum est medium inter dictas superficies.

Et confirmatur hoc secundo: dictae superficies sunt aequales, quia se habent sicut locus ad locatum; locus autem est aequalis locato; ideo, si dictae superficies essent duae et non una, sequitur quod circa idem centrum possent esse duo circuli aequales, quod est impossibile ex *IIIº Geometriae*. Consequentia tenet, si in dictis superficiebus imaginatur peripheria circulorum.

Tertio ad principale, auctoritate et testimonio PARMENIDIS et MELISSI, quorum opinionem recitat ARISTOTELES *Iº Physicorum*. Et dicit ipsos dixisse omnia esse unum. Et credo ipsos non fuisse ita fatuos quod hoc intellexissent sic quod Socrates et Plato essent unum, et quod caelum et terra essent unum, nam hoc nullam videtur habere probabilitatem; ideo videtur quod ipsi intellexerunt hoc sic quod omnia essent unum continuum modo quo exprimitur in titulo quaestionis, nam hoc quandam videtur habere probabilitatem.

Oppositum arguitur. Partes mundi diversis moventur motibus; ergo non sunt ad invicem continuae. Consequentia tenet, nam in *Vº Metaphysicae* dicitur: «continuum est cuius motus est unus»; ideo, si partes mundi essent continuae, non possent moveri diversis motibus. Antecedens probatur, nam, aqua mota ad unam partem, aer bene movetur ad aliam. Similiter hoc idem patet de orbibus caelestibus qui diversis moventur motibus.

In ista quaestione erunt duo articuli. Primus erit iuxta materiam primi argumenti: utrum caelum habeat materiam, et, si sic, utrum illa sit eiusdem rationis cum materia istorum inferiorum; secundus articulus erit de quaesito principali.

Quantum ad primum sciendum est quod hoc nomen *materia* pluribus accipitur modis. Aliquando enim accipitur pro partibus

82 patet per hoc] *inv. V* 85 ad] et *I* 85 est] *om. V* 88 tenet] patet *I* 89 imaginatur] imaginemur *I* 89 peripheria] peripherias *I* 93 quod] *om. V* 93 intellexissent] intellexisse *V* 94 essent] esset *V* 96 quod] quia *I* 97 quandam videtur] *inv. I* 2 probatur] patet *I* 3 aliam] partem *add. I* 6 utrum] scilicet *add. I* 9 sciendum] primo *add. I* 10 accipitur modis] *inv. E*

88 EUCLIDES, *Elementa*, III, prop. 1.
90/91 PARMENIDES et MELISSUS: cf. ARISTOT., *Physica*, I, 2-3, 184 b 15 - 186 a 32.
00 ARISTOTELES, *Metaphysica*, V (Δ), 6, 1016 a 5.

quantitativis //// alicuius totius, sicut accipitur *VII° Metaphysicae*; F.V. 7rb et sic non est dubium quin caelum habeat materiam. Secundo modo ac- | cipitur *materia* pro substantia subiecta motui modo quo accipi- F.I. $A6^{vb}$ tur *VIII° Metaphysicae*, ubi dicitur quod in omni eo quod movetur necesse est imaginari materiam; et sic accipiendo *materiam* non est dubium quin caelum habeat materiam vel sit met materia. Tertio modo accipitur *materia* pro substantia potentiali ex qua cum forma sibi inhaerente componitur substantia per se subsistens; et sic accipiendo *materiam* dubium est utrum caelum talem habeat materiam. De qua dubitatione, ÆGIDIUS et sanctus THOMAS in suis diversificantur opinionibus.

Unde ÆGIDIUS pro ista dubitatione ponit tres conclusiones. Prima est quod caelum habet materiam; secunda conclusio est quod ista est eiusdem rationis cum materia istorum inferiorum; tertia conclusio: hoc non obstante, caelum non est generabile nec corruptibile. Primam suam conclusionem probat rationibus illis quae positae sunt iuxta primum argumentum principale. Secundam autem conclusionem probat sic. Nam, si materia caeli et materia istorum inferiorum non essent eiusdem rationis, tunc differrent specie; quod est falsum, ex eo quod materia secundum se, cum sit pura potentia, nullam determinat sibi formam per quam posset differre specie ab alia materia vel a quocumque alio. Ista ratio etiam in virtute posita erat iuxta primum argumentum principale. Tertiam conclusionem probat sic: tali materiae caeli non est annexa privatio; ergo, licet sit in caelo, non propter hoc ipsum est corruptibile. Consequentia patet. Antecedens probat per hoc quod forma caeli

---

11 totius] corporis *V (*totius *A I P)* 12 habeat] habet *V* 12 modo] *om. V* 13 modo quo] quomodo *V* 15 et] iterum *add. I* 16 met] ipsummet *I (met est in A P V)* 23 Prima] Quarum prima *I* 23 habet] habeat *V* 24 est] *om. I* 24 ista] illa *I* 25 conclusio] *om. V* 27 primum] articulum *add. V sed del.* 28 conclusionem] *om. V* 31 sibi] *om. V (est in I P)* 32 specie] se *V* 32 alia] ista *V* 32 ratio etiam] *inv. I* 36 tenet] patet *I*

11 ARISTOTELES, *Metaphysica*, VII (Z), 10, 1034 b 35 - 1035 b 2.
14 ARISTOTELES, *Metaphysica*, VIII (H), 1, 1042 a 32 - 1042 b 7.
20 ÆGIDIUS ROMANUS, *De materiali caeli compositione*, ff. 54ra-58ra.
20 THOMAS DE AQUINO, *In De caelo*, I, cap. 3, lect. VI, p. 24.
22/42 ÆGIDIUS ROMANUS, *De materiali caeli compositione*, ff. 54ra-58ra.

omnes alias formas continet virtualiter: quod patet per ARISTOTELEM *IIº De generatione* dicentem: «formae rerum sunt in terminis», hoc intelligitur: in corporibus caelestibus terminantibus mundum; et per consequens materia habens formam caeli non videtur habere aliquam privationem alicuius formae sibi annexam, cum includat eas virtualiter.

Secundo arguit sic: corruptio non est nisi propter generationem alterius formae ad quam materia habet appetitum; modo non est aliqua forma alia a forma caeli ad quam materia caeli habeat appetitum, et hoc propter excellentiam formae caelestis existentis in tali materia.

Tertio arguit sic: habens materiam non est corruptibile nisi quia forma eius habet contrarium secundum se vel secundum suas dispositiones naturales; modo forma caeli non habet contrarium aliquo istorum modorum; ideo, non obstante quod caelum habeat materiam eiusdem rationis cum materia inferiorum, adhuc est incorruptibile et ingenerabile. Ecce opinionem ÆGIDII.

De ista eadem dubitatione sanctus THOMAS habet aliam opinionem concordans bene cum ÆGIDIO in prima sua conclusione, scilicet quod caelum habet materiam, sed discordat ab eo in secunda. Nam dicit: licet caelum habeat materiam, tamen ista non est eiusdem rationis cum materia istorum inferiorum. Et hoc probat: nam aliter caelum esset generabile et corruptibile sicut ista inferiora.

Contra ISTOS AMBOS pono istam conclusionem quod in caelo non est materia tertio modo accipendo materiam. Secunda conclusio, specialiter contra beatum THOMAM: in caelo non est materia differens ratione a materia istorum inferiorum. Tertia conclusio:

---

39 intelligitur] quod *add. V* 40/41 videtur] dicitur *I* 42 includat] includit *V* 50 caeli] *om. V* 52 materia] istorum *add. I* 57 ista] illa *I* 61 Secunda] Secundo *V* 62 specialiter] similiter *V*

37/38 ARISTOTELES, *De gener. et corr.*, II, 8, 335 a 20-22.

43/53 ÆGIDIUS ROMANUS, *De materiali caeli compositione*, f. 58ra, ad sept..

48/53 ÆGIDIUS ROMANUS, *De materiali caeli compositione*, f. 58ra, ad non.

54 THOMAS DE AQUINO, *In De caelo*, I, cap. 3, lect. VI, p. 24.

55 ÆGIDIUS ROMANUS, *De materiali caeli compositione*, f. 58ra, ad non.

60 Cf. *supra*: ÆGIDIUS ROMANUS et THOMAS DE AQUINO.

62 THOMAS DE AQUINO, *In De caelo*, I, cap. 3, lect. VI, pp. 30-31, nº 63.

caelum, circumscripta intelligentia, est una simplex substantia corporea. Quarta conclusio: ista substantia magis debet dici forma quam materia.

Prima conclusio probatur: quia, si in caelo esset talis materia, etiam in caelo esset una forma informans istam materiam praeter intelligentiam, ita quod caelum, circumscripta intelligentia, adhuc esset compositum ex materia et forma alia ab intelligentia, sicut dicti DOCTORES volunt; sed hoc est falsum, quia tunc caelum esset ex se mobile naturaliter, circumscripta intelligentia, quod negaret ARISTOTELES. Consequentia tenet per hoc //// quod haberet in se F.V. 7va principium activum et passivum motus, scilicet formam et materiam, adhuc circumscripta intelligentia.

Secundo: motus localis circularis est simplicior motibus rectis; ergo etiam corpus mobile naturaliter motu circulari debet esse simplicius corporibus mobilibus motibus rectis; sed hoc non esset si caelum ita esset compositum ex materia et forma sicut corpora elementaria mobilia motibus rectis.

Tertio: motor et mobile debent esse proportionabilia; sed motor caeli est multo simplicior motoribus elementorum; igitur | mobile, F.I. B1ra scilicet caelum debet etiam esse simplicius ipsis elementis. Sed hoc non esset, si esset compositum ex materia et forma, intelligentia circumscripta.

Quarto: de extremo in extremum debet procedi per medium; sed secundum ARISTOTELEM Deus et intelligentiae sunt sic omnino simplices quod non est ibi compositio ex materia et forma, nec etiam compositio ex subiecto et accidente; et ista inferiora sunt utroque modo composita; ideo corpora caelestia debent tenere gradum medium, scilicet quod sint composita unico modo,

---

67 talis materia] *inv. V* 68 istam] illam *I* 70 et] una *add. I* 71 dicti doctores] *inv. V* 74/75 formam et materiam] *inv. I* 78 corporibus] naturalibus *add. V* 78 mobilibus] moventibus *scr. V sed del. et mobilibus s.v. add.* 79/80 elementaria] naturaliter *add. I* 82 motoribus] corporibus *scr. V sed del. et* motoribus *s.v. add.* 82 igitur] ergo *I* 86 in] ad *I* 89 subiecto] substantia *V* 89 ista] isto *V* 91 quod] non *add. I* 91 composita] nisi *add. V*

71 Cf. *supra*: ÆGIDIUS ROMANUS et THOMAS DE AQUINO.
73 ARISTOTELES, *Metaphysica*, XII (L), 7, 1072 b 7-8.
87 ARISTOTELES, *Metaphysica*, XII (L), 7, 1072 a 25-26.

videlicet ex substantia et accidente, et non ex materia et forma.

Quinto: si caelum esset compositum ex materia et forma, sequeretur quod ipsum esset naturaliter generabile et corruptibile; cuius oppositum ARISTOTELES probat *I° huius*. Consequentia tenet ex eo quod omne compositum ex materia et forma est corruptibile, ut patet *I° Physicorum*.

Sexto potest argui sic: nihil est ponendum frustra in natura; sed frustra poneretur materia in caelo, si ibi poneretur, cum non appareat necessitas ponendi ipsam nisi propter generationes et corruptiones substantiales, quales non inveniuntur in caelo.

Secunda concusio probatur per primam: quia, si in caelo non est materia, nec est ibi materia eiudem rationis cum materia istorum inferiorum.

Secundo, quia, si in caelo esset materia eiusdem rationis cum materia istorum inferiorum, tunc, sicut materia caeli maxime appetit formam caeli, ita etiam materia istorum inferiorum maxime appeteret eandem; sed ipsam nunquam habere posset; et sic aliquis esset appetitus frustra in materia aeterno tempore, quod est falsum.

Tertia conclusio patet: quia, si caelum, circumscripta intelligentia, non est substantia composita ex materia et forma, sicut dicit prima conclusio; et tamen est substantia corporea, sicut notum est de se; oportet quod sit substantia simplex, saltem per privationem compositionis ex materia et forma, licet non per privationem compositionis ex partibus quantitativis, nec per privationem compositionis ex substantia et accidente.

Quarta conclusio patet ex eo quod materia nullius est activitatis; caelum autem est alicuius activitatis, quia agit in ista inferiora lumine et influentia; ergo caelum magis debet dici forma quam materia. Nec propter hoc oporteret quod sit naturae intellectualis et indivisibilis, sicut arguit sanctus THOMAS, nam dico quod non

---

92 videlicet] ut *V* 95 Aristoteles probat] *inv. I* 95 I°] II° *V* 95 tenet] patet *I* 97 I°] II° *V* 98 Sexto potest argui] Et posset argui sexto *I* 3 eiusdem] alterius *I (eiusdem est in A P V)* 5 Secundo] *om. V (est in A I P)* 5/6 cum materia istorum inferiorum, tunc] etc. *V* 18 est alicuius] *inv. V*

95 ARISTOTELES, *De caelo*, I, 3, 270 a 12-14.
97 ARISTOTELES, *Physica*, I, 7, 190 b 10-11.
21 THOMAS DE AQUINO, *In De caelo*, I, cap. 3, lect. VI, pp. 30-31, n° 63.

oportet omnem actum per se subsistentem esse naturam intellectualem et indivisibilem.

Nec valuit illud quod dixit ÆGIDIUS, scilicet caelum esse compositum ex materia et forma, materia quidem satiata forma caeli quam habet propter eius nobilitatem, quod propter hoc caelum sit incorruptibile, nam tunc multo plus materia hominis esset satiata forma hominis, et per consequens homo esset incorruptibilis, nam forma hominis nobilior est quam ista forma caeli quam ponit ÆGIDIUS esse in caelo praeter intelligentiam. Nec etiam valet illud quod ipse dixit quod ideo caelum non est corruptibile, quia eius forma non habet contrarium nec secundum se nec secundum suas dispositiones naturales. Nam, si sic, tunc subito reciperetur talis forma in materia istorum inferiorum, quia haec materia istorum inferiorum appeteret istam formam, cum secundum ÆGIDIUM esset eiusdem rationis cum materia caeli, quae quidem materia caeli appetit istam formam; nec haec materia istorum inferiorum habet contrarium illi formae; //// ideo statim illam formam reciperet sicut recipit lumen, F.V. 7vb
quod quidem lumen etiam non habet contrarium in materia.

Nec etiam valet illud quod dixit beatus THOMAS quod una materia sit ab alia alterius rationis, quia purae potentiae non habent unde distinguantur secundum rationes substantiales, quia quae distinguuntur secundum rationes substantiales, illa sunt diversorum graduum entitatis; sed duae purae potentiae non sunt diversorum graduum entitatis, quia non habent intrinsece unde una excedat aliam, immo pura potentia est omnino alterius gradus in entitate substan-

---

24 dixit] dicit *I* 24 scilicet] quod quamvis *add. I* 25 forma[1]] tamen quia *add. I* 25 quidem] illa est *I* 26 quod] *om. I* 26 sit] est *I* 27 esset] debet esse *I* 29 ista] illa *I* 31 dixit] dicit *V* 31 est] esset *V* 33 naturales] *om. V* 33 reciperetur talis forma] *inv. I* 33 in] *om. I* 35 istam] illam *I* 35 formam] egid (dub.) *add. V sed del.* 35 esset] sit *I* 36 istam] illam *I* 37 istorum] *om. V* 40 dixit] dicit *I* 40 beatus] sanctus *I* 42 rationes] specificas vel *add. I* 42/43 quia quae... rationes] *om. V (hom.)* 43 rationes] specificas vel *add. I (non est in P)* 43 illa] ista *V* 44 entitatis] in sua entitate *V* 44 sed] modo *I* 45 excedat] excedet *V*

24/29 ÆGIDIUS ROMANUS, *De materiali caeli compositione*, ff. 54ra-58ra.
35 ÆGIDIUS ROMANUS, *De materiali caeli compositione*, f. 54ra, B.
40 THOMAS DE AQUINO, *In De caelo*, I, cap. 3, lect. VI, p. 24.

tiae et impossibile est aliquam substantiam minus esse quam in pura potentia.

Quantum ad secundum articulum suppono primo quod ista sunt continua quorum ultima sunt unum per se, et quod illa non sunt continua quorum ultima non sunt unum per se. Suppono secundo quod ista quae sunt diversarum specierum nec unum est in potentia ad reliquum, non faciunt unum per se, licet bene aggregatione eodem modo quo exercitus dicitur unus. Suppono tertio quod ista sunt contigua quorum ultima sunt simul.

F.I. B1[rb] Sed di- | ceres: si hoc esset verum, sequitur quod, si esset aliqua virga cuius una medietas esset arida et alia viva, non esset ens unum continuum, ex eo quod ultima suarum medietatum non facerent unum per se, postquam erunt diversarum specierum. Respondeo concedendo consequens et consequentiam.

Tunc sit prima conclusio: quattuor elementa non sunt ad invicem continua. Patet, quia eorum ultima non sunt unum; ergo non sunt continua. Consequentia tenet per primam suppositionem. Antecedens probatur, quia quattuor elementa distinguuntur specie, sicut dictum est in secunda quaestione; ergo ultima eorum non sunt unum. Consequentia tenet ex secunda suppositione.

Secunda conclusio: quattuor elementa bene sunt contigua: probatur, quia eorum ultima sunt simul, ergo sunt contigua. Consequentia tenet per tertiam suppositionem. Antecedens probatur, quia inter aquam et terram nulla est distantia, nec inter aerem et aquam, nec inter ignem et aerem.

Tertia conclusio: mundus inferior est contiguus mundo superiori et non continuus. Prima pars antecedentis patet, quia ultima eorum sunt simul. Secunda pars patet, quia ultima eorum non sunt unum, cum distinguantur specie, sicut patet in secunda quaestione.

---

49 ista] illa *I* 52 ista] illa *I* 52 unum] saltem *add. I* 53 aggregatione] per aggregationem *I (est in P V)* 54 eodem] eo *I* 54 Suppono tertio] *inv. V* 54 ista] *om. I* 55 sunt contigua] *inv. I* 57 ens] *om. I (est in V P)* 59 erunt] essent *I* 59 Respondeo] *om. I* 61 prima conclusio] *inv. V* 62 Patet] Probatur *I* 63 primam suppositionem] *inv. V* 65 sunt] faciunt *I* 66 ex secunda suppositione] per primam suppositionem *A I P* 67/68 probatur quia] *om. V* 68 sunt contigua] etc. *V* 69 tertiam suppositionem] *inv. V* 69/70 probatur] patet *V* 71 ignem et aerem] *inv. V* 73 antecedentis] *om. V* 73 ultima eorum] *inv. I* 75 distinguantur] distinguuntur *I*

Quarta conclusio: orbes caelestes non sunt sibi invicem continui sed contigui. Prima pars patet, quia diversis moventur motibus. Patet hoc clare de octava sphaera et de sphaera Saturni et de aliis sphaeris. Similiter, et hoc concedunt omnes astrologi, si autem essent continui, unus moveretur ad motum alterius, ex eo quod continuorum unus est motus ex *VI° Physicorum*. Secunda pars conclusionis patet ex hoc quod ultima orbium supercaelestium sunt simul; ergo sunt contigui. Consequentia tenet per tertiam suppositionem. Antecedens patet ex eo quod nulla est distantia inter ultima orbium supercaelestium, et hoc inter ultima secundum quae sunt immediati.

Ad rationes principales. Ad primam: *omnium corporum mundi materiae sunt continuae, etc.*, nego antecedens. Ad probationem dico quod, licet totalis massa primae materiae esset unum ens continuum omnibus formis substantialibus ablatis, ipsa tamen desinit esse continua propter positionem formarum substantialium in ipsa. Nam propter istas non omnium in mundo immediatorum ultima sunt unum. Nec est simile de pariete de quo arguebatur respectu imaginum depictarum in ipso et materia prima respectu formarum substantialium existentium in ipsa, quia portio materiae primae cum sua forma substantiali facit unum ens quod est per se unum; sic autem non facit portio parietis cum imagine super ea depicta sed unum per accidens.

Et quantum est de obiectione posita iuxta primum argumentum dico quod, licet res mundi inferioris //// essent continue sicut tamen F.V. 8ra
non sunt, adhuc mundus inferior non esset continuus mundo superiori, quia in mundo superiore non est materia. Sed quando probabatur quod sic primo auctoritate ARISTOTELIS *I° huius*: «qui dicit

78 de^{2}] *om. V* 79 et] in *add. V* 79 astrologi] astronomi *A I* (astrologi *est in V P*) 79 si autem] modo si *V* 81 ex VI° Physicorum] *om. I P* 81/82 conclusionis] *om. I* 82 hoc] eo *I* 83 tertiam suppositionem] *inv. V* 84 inter] ultimat *add. V sed del.* 85 supercaelestium] caelestium *I* 86 principales] *om. I P* 88 licet] th *add. V sed del.* 89 ablatis] sublatis *P V* 90 ipsa] *om. V* 91 istas] illas *I* 92 de quo arguebatur*] om. I (quo scr. V)* 92 respectu] ymagina *add. V sed del.* 93 ipso] ipsa *V* 95 sua] *om. I* 96 ea] eam *I* 99 inferioris] inferiores *V* 2 quod sic] *om. I*

81 ARISTOTELES, *Physica* , VI, 1, 231 b 18 - 232 a 17.
2/3 ARISTOTELES, *De caelo*, I, 9, 278 a 13-14.

caelum, dicit formam, etc.», dico quod hic non loquebatur ex intentione propria sed disputative ad partem falsam.

Ad secundam concedo quod COMMENTATOR in *loco allegato* accipit *caelum* pro aggregato ex orbe et intelligentia movente appropriata orbi, et sic caelum est compositum ex duabus naturis, id est ex motore et mobili; cum quo tamen bene stat quod quaelibet naturarum dictarum est substantia simplex.

Ad tertiam: *unum numero sunt, etc.*, dico quod ARISTOTELES accipit ibi *materiam* improprie, scilicet pro re pro qua termini supponunt, ita quod de istis terminis verificatur unum numero, quorum materia est una, id est qui supponunt pro eadem re: sic enim bene concedimus quod Socrates et homo scribens sunt unum et idem numero.

Ad quartam dico quod ARISTOTELES ibi per *materiam mundi* intelligit corpora simplicia, scilicet quattuor elementa et caelum, et non talem materiam ex qua cum forma substantiali sibi inhaerente sit unum per se, et per *formam mundi* intendebat ordinationem istorum corporum simplicium vel ipsam Primam Causam.

Ad quintam dico quod ARISTOTELES hoc intelligit sic quod in substantiis non habentibus materiam, id est non habentibus partes quantitativas, non sunt plura individua sub una specie, ita quod capit ibi *materiam* pro partibus quantitativis, ct non capit *materiam* pro materia tertio modo dicta. – Sed notandum est quod dicta auctoritas sic intellecta non est concedenda secundum fidem nostram, quia Deus posset facere tot angelos quot vellet omnino eiusdem speciei, licet non haberent partes quantitativas.

---

3 hic] hoc *V* 4 propria] *om. I* 4 disputative] arguendo *add. I* 5 Ad secundam] Et ad secundum *I* 5 concedo] dico *I* 5 allegato] praeallegato *I* 7 appropriata orbi] orbi approximata *V* 8 bene] *om. I* 9 naturarum dictarum] *inv. I* 10 tertiam] tertium *I* 11 ibi] *om. I* 11 scilicet] *om. V* 12 istis] illis *I* 12 unum] in *add. I* 13 enim] *om. V* 16 quartam] quartum *I* 16 Aristoteles] *om. V* 17 et1 caelum] *om. V* 19 ordinationem] ordinem *I* 21 quintam] quintum *I* 21 intelligit] intellexit *I* 22 non^{2} habentibus^{2}] *om. I* 25 est] *om. I* 26 nostram] et veritatem *add. I* 27 tot angelos] quod angelus *V*

5 AVERROES, *De substantia orbis*, cap. 1, f. 320^{v}.
10 ARISTOTELES, *Metaphysica*, V (D), 6, 1016 b 32-33.
16 ARISTOTELES, *De caelo*, I, 9, 277 b 27 - 278 a 9.
21 ARISTOTELES, *De caelo*, III, 1, 299 b 7-11.

Ad sextam dico quod in caelo bene est raritas et densitas, non tamen eiusdem rationis cum raritate et densitate istorum inferiorum, quia corpora ista | inferiora dicuntur rara vel densa, ex eo quod F.I. B1va habent plus vel minus de materia prima sub aequali extensione; sed partes caeli dicuntur rarae vel densae, quia sunt plus vel minus de substantia caelesti sub aequali extensione: unde stella habet plus de substantia caelesti quam una alia massa caeli sibi propinqua et aequalis quae non est stella; et propter hoc dicitur densior, pars autem propinquior dicitur rarior.

Ad septimam: si caelum non haberet materiam, non esset divisibile, nego consequentiam, quia ipsum met est substantia divisibilis. Et quando dicit COMMENTATOR in *De substantia orbis*: «si non esset dimensio in materia ante formam substantialem, ipsa esset indivisibilis», dico quod ista auctoritas nihil facit ad propositum, quia *ibidem* loquitur de divisibilitate rerum generabilium et corruptibilium, de quarum numero non est caelum. Et adhuc aliqui quantum ad hoc negant COMMENTATOREM.

Deinde, quando probatur quod caelum habet materiam eiusdem rationis, dico quod hoc bene esset verum, si caelum haberet materiam, propter hoc quod nulla materia secundum se ab alia differt ratione; modo caelum non habet materiam, ut dictum est.

Ad secundam principalem dico quod superficies convexa terrae et concava aquae non sunt quid unum per se, quia sunt diversarum specierum. Et ad probationem: aequaliter distant a centro mundi, ego nego, quia superficies concava aquae plus distat: unde imaginor quod quaelibet dictarum superficierum est divisibilis secundum profunditatem et non indivisibilis, sicut alii imaginantur; sed statim quod imaginabor eas divisibiles secundum profunditatem, clarum

---

29 sextam] sextum *I* 29 bene est] *inv. I* 30 tamen] autem *V* 32 plus vel minus] *inv. I* 32 aequali] intentione *add. V sed del.* 33 sunt] habent *I* (sunt *est in A P V)* 35 sibi] *om. I* 38 septimam] septimum *I* 38/39 non esset divisibile] esset indivisibile *I* 39 met] *om. I* 40 in De substantia orbis] *om. V* 42 ista] illa *I* 43 ibidem] ibi *I* 43 rerum] de (?) *scr. V sed del.* 47 bene esset] *inv. I* 49 ratione] *om. I* 49 ut] sicut *I* 50 secundam principalem] secundum principale *A I P V* 50 terrae] terra *V* 51 quid] nisi *V* 53 ego] *om. I* 55/56 et non... profunditatem] *om. V (hom.)*

40/45 AVERROES, *De substantia orbis*, cap. 1, f. 320v.

est quod non aequaliter distant a centro mundi. Et quando dicebatur: *nullum est medium inter dictas superficies, ergo aequaliter distant a centro mundi*, consequentia non valet. Ad confirmationem: *dictae superficies sunt aequales*, nego. Et quando dicebatur: *locus est aequalis locato*, dico quod, si talis auctoritas est F.V. 8rb vera, oportet ipsam bene glossari. //// Unde sciendum est quod aliquando locus est minor locato et aliquando maior et aliquando aequalis: unde, si capiatur una parva pellicula quae circumdat vitellum ovi, ipsa est locus istius vitelli, et tamen clarum est quod est multo minor quam sit illud vitellum quod locat. Similiter ignis est locus aeris, et tamen est multo maior quam sit aer. Similiter, si capiantur duae cerae aequales in quantitate et in pondere et una earum fiat lata et circumflectatur alteri, tunc ipsa fit locus eius et est sibi aequalis. Sic ergo patet quomodo aliquando locus est minor, aliquando est maior, et aliquando aequalis locato. Et ideo, quando ARISTOTELES dicit locum esse aequalem locato, intelligit quantum ad continentiam, id est quantum est locatum, tantum praecise eius locus continet et capit.

Ad tertiam principalem dico quod PARMENIDES et MELISSUS fuerunt istius opinionis, ideo negentur.

---

59 centro] medio *I* 61 quod] *om. V* 61 talis] illa *I* 62 glossari] glossare *I P* 62 est] *om. I* 63 et1] *om. V* 64 una] *om. V* 65 istius] *om. I* 67 multo] multum *I* 67/68 capiantur] caperentur *I* 69 tunc] *om. V* 70 patet] *om. I* 70 aliquando locus] *inv. I* 70 est] *om. I* 71 et] *om. I* 74 continet et capit] *inv. I* 75 tertiam principalem] tertium principale *A I P V* 76 ideo] et *V* 76 negentur] negantur *V*

72 ARISTOTELES, *Physica*, IV, 3, 211 a 2.

75 PARMENIDES et MELISSUS: cf. ARISTOTELES, *Physica*, I, 2-3, 184 b 15 - 186 a 32.

Quaestio 5

Utrum mundus sit perfectus

Quintum propositorum erat utrum mundus sit perfectus

Et arguitur primo quod non. Illud non est perfectum cui potest fieri additio; sed mundo potest fieri additio; igitur etc. Maior est nota, nam propter hoc ARISTOTELES in *littera* concedit lineam circularem esse perfectam, quia sibi non potest fieri additio, et lineam rectam imperfectam, quia sibi potest fieri additio. Minor patet, quia per potentiam supernaturalem ultra istum mundum posset fieri de novo unus orbis ulterior, et sic per potentiam naturalem potest fieri perfectior, quia potest de novo generari naturaliter aliquis homo ex cuius additione mundus videtur fieri perfectior quam erat ante.

Secundo. Mundus multas includit imperfectiones et defectuositates; ergo mundus non est perfectus. Consequentia tenet. Antecedens probatur, nam in mundo sunt multa monstra et multa fiunt mala quae sunt quidam defectus; sed hoc videtur mundo imperfectionem arguere.

Tertio. Mundus est perfectior una vice quam alia; ergo aliquando est imperfectus. Consequentia tenet, nam tunc deficit sibi aliqua perfectio quam prius habuit vel postea habebit. Antecedens probatur, quia aliquando | sunt plura individua de una perfecta specie F.I. B1^{vb}
quam consueverunt esse, sicut plures homines vel plures equi, et etiam aliquando est perfectior constellatio et aliquando imperfectior, propter quod mundus videtur aliquando esse perfectior, aliquando minus perfectus.

---

4 primo] *om. V* 4 Illud] Quia illud *I* 5 igitur] ergo *I* 5 est] *om. V* 6 propter hoc Aristoteles in littera] Aristoteles in littera propter hoc *I* 8 rectam] esse *add. I* 9 supernaturalem] naturalem *scr. V sed* super *s.v. add. (*insit *add. sed del.)* 10 sic] *om. I* 15 Antecedens probatur] *om. I* 19 Consequentia tenet] Patet consequentia *I* 19 sibi] *om. V* 20 prius] alias *I* 20 vel postea habebit] *om. I* 20/21 probatur] patet *I* 24 aliquando esse] *inv. I*

6 ARISTOTELES, *De caelo*, I, 2, 269 a 20-21.

Quarto. Mundus non est ens; igitur non est quid perfectum. Consequentia tenet. Antecedens probatur, quia vel esset substantia vel accidens. Non substantia, quia mundus est quoddam aggregatum ex omnibus substantiis et omnibus accidentibus; tale autem non est substantia solum, etiam tale non est accidens solum.

Oppositum vult ARISTOTELES.

In ista quaestione primo ponam quasdam distinctiones; secundo conclusiones; tertio aliqua dubia.

Prima distinctio: *mundus* accipitur quattuor modis. Uno modo pro aggregato ex Deo et intelligentiis et omnibus aliis rebus, et sic mundus dicitur universitas entium. Secundo modo accipitur *mundus* pro aggregato ex omnibus rebus excepto Deo. Tertio modo accipitur *mundus* pro aggregato ex omnibus rebus exceptis intelligentiis et Deo, et sic accipitur in tractatu *De sphaera*, ubi mundus dividitur in mundum superiorem et inferiorem. Quarto modo accipitur *mundus* pro aggregato ex omnibus rebus infra concavum orbis lunae, et sic accipitur *I° Meteororum*, ubi dicitur: necesse est mundum istum inferiorem esse continuum, id est contiguum, «superioribus lationibus, ut eius tota virtus gubernetur inde». Et accipiendo *mundum* primo modo est perfectior mundo accepto
F.V. 8va secundo modo; //// et *mundus* acceptus secundo mundo est perfectior mundo accepto tertio modo, et sic consequenter.

Secunda distinctio est quod perfectum dupliciter dicitur, scilicet simpliciter et secundum quid. Perfectum simpliciter dicitur de quo hoc nomen *perfectum* est verificabile affirmative sine additamento, ut dicendo: *hoc est perfectum*. Perfectum vero secundum quid dicitur de quo est verificabile hoc nomen *perfectum* cum additione, ut

---

26 igitur] ergo *I* 31 vult] videtur esse *V* 31 Aristoteles] Aristotelis *V* 36 dicitur] esse *add. I* 38 rebus] *om. I* 39 ubi] cum *V* 41 rebus] *om. I* 44 superioribus lationibus] *inv. I* 44 tota] *om. V* 44 gubernetur inde] *inv. V* 47 accepto] *om. V* 48 est quod] *om. I* 48 dupliciter dicitur] *inv. I* 50 verificabile affirmative] *inv. I* 51 ut] *om. V* 52 ut] sicut I

31 ARISTOTELES, *De caelo*, I, 3, 270 b 1-26.
39 IOANNES DE SACROBOSCO, *De sphaera*, pp. 81-83.
42 ARISTOTELES, *Meteora*, I, 2, 339 a 20-22.

dicendo: *Socrates est perfectus homo, Brunellus est perfectus asinus.* Ista distinctio patet *V° Metaphysicae*, ubi dicitur quod quoddam est perfectum in genere, et quoddam est perfectum extra genus; et per *perfectum in genere* intelligit perfectum secundum quid, et per *perfectum extra genus* intelligit perfectum simpliciter. Et est sciendum quod, ad hoc quod aliquid dicatur perfectum simpliciter, requiritur quod sibi nihil deficiat nec ei possit fieri additio, nec aliquid sit perfectius eo nec possit esse. Ecce quattuor conditiones requisitas ad perfectionem simpliciter.

Tertia distinctio: perfectum secundum quid seu in genere dicitur dupliciter quoddam est substantiale et quoddam accidentale. Substantiale est de quo est verificabile hoc nomen *perfectum* cum addimento de praedicamento substantiae, sicut dicendo: *Socrates est perfectus homo*; sed perfectum accidentale dicitur de quo est verificabile hoc nomen *perfectum* cum additamento de praedicamento accidentis, ut dicendo: *Socrates est perfectus scriptor, mundus est perfecta magnitudo*. Et istud potest subdividi secundum genera praedicamentorum accidentium.

Quarta distinctio quod corpus potest dici unum vel simpliciter vel aggregative.

Quantum ad secundum sit prima conclusio: accipiendo *mundum* primo modo, mundus est perfectus simpliciter. Probatur ex quid nominis perfecti simpliciter. Confirmatur: quia sic accipiendo mundum includit deum qui est ens perfectum simpliciter; modo totum non est minoris perfectionis quam sit sua pars.

Secunda conclusio: accipiendo mundum in aliis tribus acceptionibus ultimis, ipse non est perfectus simpliciter. Probatur: quia, sic accipiendo, aliquid est eo perfectius, puta Deus; modo, si esset perfectus simpliciter sic accipiendo *mundum*, nihil deberet esse eo perfectius, sicut patet ex quid nominis perfecti simpliciter.

---

53 Socrates] hic *I* 58 quod²] *om. I* 59 sibi nihil] *inv. I* 61 requisitas] requisitae *I* 63 dupliciter] scilicet *add. I* 63 est] *om. I* 64 est1] *om. I* 68 dicendo] *om. V* 68 scriptor] lector *I* 69 potest] posset *I* 72 aggregative] aggregatione *I* 76 perfectum simpliciter] *inv. V* 77 sit] *om. I* 80 sic accipiendo] *om. V* 80 aliquid est eo] eo aliquid est *V* 80 modo] sed *I*

54 ARISTOTELES, *Metaphysica*, V (D), 2, 1021 b 12 - 1022 a 3.

Tertia conclusio: accipiendo *mundum* secundo, tertio et quarto modis, mundus est perfectus secundum quid, id est mundus est perfectus mundus. Probatur, quia nihil deficit ei de pertinentibus ad perfectionem universi. Hoc probatur quantum est ex parte corporum simplicium distinctorum specie, quia non sunt nisi quinque corpora simplicia distincta specie, sicut probabatur in tertia quaestione; modo nullum istorum deficit mundo. Istam conclusionem ARISTOTELES principaliter intendit in tractatu primo *huius*.

Quarta conclusio: mundus est perfecta magnitudo. Probatur: quia est divisibilis secundum omnem dimensionem, scilicet tam secundum longitudinem quam latitudinem et profunditatem; et non [F.I. B2ra] | sunt plures dimensiones secundum speciem sicut patet per ARISTOTELEM in *littera*.

Quinta conclusio: mundus est corpus unum loquendo de unitate aggregationis, et non de unitate dicta simpliciter. Probatur: illud quod est magnitudo perfecta, hoc est corpus, et unum primo vel secundo modo dictum; sed mundus est magnitudo perfecta, per praecedentem conclusionem; igitur etc. Maior patet, ex eo quod inter omnes magnitudines quae sunt linea, superficies, corpus, solum corpus est magnitudo perfecta, nam aliae duae magnitudines [F.V. 8vb] non sunt secundum omnem dimensionem divisibiles. //// Unde linea solum est divisibilis secundum unam dimensionem, scilicet longitudinem; superficies solum secundum duas, scilicet secundum longitudinem et latitudinem; corpus vero secundum omnes, scilicet tam secundum longitudinem quam latitudinem quam profunditatem. Et notanter dico in maiore: omnis magnitudo perfecta est corpus unum primo et secundo modo dictum, ad denotandum quod sufficit unitas aggregationis. Unde mundus non est corpus unum simpliciter, sicut est Socrates vel Plato, sicut probavit quarta ratio;

---

83 mundum] scilicet *add. I* 84 modis] modo *I* 86 universi] mundi *I* 88 distincta specie] *inv. I* 88 probabatur] probatur *I* 90 tractatu primo] *inv. I* 93 quam] et *V* 93 et] quam *I* 96 loquendo de] *om. V* 97 de] *om. V* 98 magnitudo perfecta] *inv. I* 98 et] hoc *add. I* 00 igitur] ergo *I* 4 dimensionem] *om. V* 5 duas, scilicet] *om. I* 6 secundum] *om. I* 7 longitudinem quam latitudinem] *inv. I* 8 notanter dico] *inv. V* 8 omnis] *om. V* 9 et] vel *I*

90 ARISTOTELES, *De caelo*, I, 1, 268 a 29 - 268 b 5.
94/95 ARISTOTELES, *De caelo*, I, 1, 268 a 6-30.

sed bene est corpus unum aggregatione multarum rerum ad invicem.

Quantum ad tertium dubitatur utrum accipiendo *mundum* primo modo sit perfectior Deo. Probatur quod sic: quia mundus primo modo acceptus continet perfectionem Dei et cum hoc perfectiones multarum aliarum rerum.

Secundo dubitatur: videtur quod mundus non sit divisibilis secundum omnem dimensionem, quia non est divisibilis secundum dimensionem istius ligni vel istius lapidis.

Tertio dubitatur: ex quo mundus est divisibilis secundum omnem dimensionem, penes quam igitur diametrum mundi, cum sit sphaericus, debet capi eius latitudo, et penes quam longitudo, et penes quam profunditas. Et illud non solum dubium est de mundo verum, etiam de quocumque alio corpore sphaerico.

Ad primum dico quod accipiendo *mundum* primo modo, non est perfectior Deo. Et ulterius dico quod *mundus* primo modo acceptus non includit ampliorem perfectionem quam Deus, ex eo quod cuiuslibet entis perfectionem includit Deus.

Ad secundum dico: bene verum est quod mundus non est divisibilis secundum omnem dimensionem secundum numerum, tamen bene est divisibilis secundum omnem dimensionem secundum speciem quae non sunt nisi tres, scilicet longitudo, latitudo et profunditas, ex eo quod non possunt esse plures lineae intersecantes se in aliquo corpore ad angulos rectos, et penes unam istarum linearum sic se intersecantium capitur longitudo, et penes aliam latitudo, et penes aliam profunditas.

Ad tertium dico quod diameter in corpore sphaerico mensurans longitudinem potest accipi ad placitum mensurantis, ex quo omnes diametri corporis sphaerici sunt aequales; sed sic non est in corpore non sphaerico; et ideo ibi diameter mensurans longitudinem non accipitur ad placitum mensurantis.

---

12 est] *om. V* 16 perfectiones] perfectionem *I* 18 dubitatur] *om. V* 20 istius[1]] illius *I* 20 istius[2]] illius *I* 22 igitur] ergo *I* 23 sphaericus] sphaericum *I* 23 latitudo] longitudo *I* 23 longitudo] latitudo *I* 27 acceptus] *om. V* 30 bene verum est] concedendo *I* 32 bene est] *inv. I* 33 et] *om. V* 35 unam] *om. V* 35 istarum] illarum *I* 36 sic se intersecantium capitur longitudo] capitur longitudo se intersecantium *V*

Ad rationes principales. Ad primam: *mundo posset fieri additio*, dico quod non pertinens ad perfectionem mundi essentialem. Et quando dicebatur: Deus posset apponere unum orbem, dicendum est quod non, et hoc propter immutabilitatem voluntatis divinae. Ita diceret ARISTOTELES. Sed tamen secundum fidem et rei veritatem concedendum est quod Deus valde bene posset facere mundum perfectiorem, immo posset facere unum alium mundum vel duos vel tres vel quotquot vellet. Et quando dicebatur: videtur quod *per potentiam naturalem posset fieri perfectior*, sicut si aliquis homo de novo generetur, dico quod non propter hoc fieret perfectior perfectione essentiali, licet bene accidentali.

Ad secundam dico quod ex hoc quod in mundo sunt monstra et defectuositates, per talia non arguitur mundi imperfectio, sed magis perfectio. Unde, si omnia in mundo essent aeque perfecta, non esset tanta pulchritudo mundi sicut modo est aliquibus existentibus perfectis, aliquibus defectuosis: unde maior pulchritudo et decor domus est parietes diversis coloribus et imaginibus esse depictos, F.V. 9ra scilicet quod hic sit depicta figura leonis, hic caprae, //// hic porci, quam si omnes parietes consimili colore essent colorati et consimilibus imaginibus depicti.

Ad tertiam dico quod est bene perfectior una vice perfectione accidentali.

Quarta ratio bene probat mundum nihil esse quod sit per se unum; cum quo tamen stat mundum esse aliquid aggregatione, nec oportet illud aliquid esse substantiam vel accidens, sed bene aggregatum ex substantiis et accidentibus. Et sic sit finis huius primae F.I. $B2^{rb}$ partis. |

---

44 ad] perfectum *add. V sed del.* 48 concedendum est] *om. V* 49 immo] uno modo *V* 49 posset] potest *I* 51 aliquis] generetur *add. V* 51 generetur] *om. V* 55 per] *om. V* 60 scilicet] ut *I* 60 hic^{3} porci] *om. V* 63 vice] quam alia *add. I* 64 accidentali] et non essentiali *add. I* 68 sit] est *V* 68 huius primae partis] *om. I*

47 ARISTOTELES, *Metaphysica*, XII (Λ), 9, 1074 b 15 - 1075 a 10.

Quaestio 6

Utrum possit esse aliquod corpus infinitum immobile

Loquendum est modo de finitate et infinitate mundi postquam locutum est de perfectione mundi, gratia cuius volo tractare istas quaestiones. Primo utrum possit esse aliquod corpus infinitum immobile; secunda quaestio: utrum possit esse aliquod corpus infinitum mobile motu circulari; tertia: utrum possit esse aliquod corpus infinitum mobile motu recto; quarta: utrum aliqua magnitudo, sive corporea sive incorporea, possit esse vel sit infinita; quinta: utrum, si infinitum esset unum eorum, posset esse maius alio, si essent plura; sexta: utrum mundus sit magnitudo finita vel infinita.

De prima arguitur quod sic. Si unum oppositorum est in natura, et reliquum; sed corpus finitum mobile est in natura et ei opponitur corpus infinitum immobile; ergo etc.

Secundo. Quia extra caelum de facto est spatium infinitum immobile, quia aliter non posset imaginari quid sit extra caelum; et illud spatium videtur esse corpus, cum sit longum, latum et profundum.

Tertio. Infinitum dicitur quod totum occupat; sed tale corpus de facto est, scilicet mundus; et cum hoc ipse est immobilis, quia non videtur ad quam differentiam positionis possit moveri ex quo totum occupat.

Oppositum arguitur. Omne corpus est naturaliter mobile, sicut prius probabatur; ideo non est aliquod corpus immobile, et per consequens nec infinitum immobile.

Secundo. Nam tale corpus esset frustra, cum nullam haberet operationem neque motum.

---

5 quaestiones] scilicet *add. I* 9 possit esse vel sit] sit vel possit esse *V* 10 utrum] *om. V* 10 posset] possit *V* 13 finitum mobile] *inv. I* 14 immobile] mobile A *I* 16 posset] potest *I* 16 caelum] mundum A *I* 21 possit] posset *I*

Hic primo volo praemittere aliqua generalia valentia nobis ad quaestiones propositas de infinitate; deinde volo respondere ad quaestionem primam.

Quantum ad primum sciendum est quod infinitum potest imaginari pluribus modis. Uno modo secundum quantitatem continuam, alio modo secundum quantitatem discretam. Infinitum secundum qualitatem discretam potest imaginari vel actualiter separatorum ab invicem vel non actualiter separatorum ab invicem, sed separabilium. Infinitum autem secundum quantitatem continuam potest imaginari vel extensione solum vel extensione et intensione simul. Deinde infinitum secundum extensionem possumus imaginari vel successive vel permanenter. Deinde infinitum imaginatum secundum extensionem permanentem possumus imaginari vel per unam dimensionem, sicut si nos imaginaremur lineam infinitam, vel secundum duas, sicut si imaginaremur superficiem infinitam, vel secundum tres, sicut si imaginaremur corpus infinitum. Deinde infinitum, sive sit imaginatum secundum unam dimensionem sive secundum duas sive secundum tres, possumus imaginari vel infinitum secundum quamlibet eius partem vel infinitum ad unam eius partem et infinitum ad aliam. Exemplum primi, sicut si imaginaremur unam lineam infinitam tam versus oriens quam versus occi-
F.V. 9[rb] dens vel aliquod corpus infinitum //// versus omnes differentias positionis. Exemplum secundi, sicut si imaginaremur infinitam lineam versus orientem finitam; tamen versus occidentem primum infinitum vocatur infinitum simpliciter, secundm autem infinitum secundum quid. Adhuc possumus imaginari infinitum dupliciter: uno modo sine aliqua concavitate, alio modo cum concavitate, ut si imaginaremur unum infinitum circa nos, puta caelum, ulterius protensum in infinitum. Adhuc ulterius possumus imaginari de infinito secundum longum, licet sit finitum secundum latum et profundum, vel quod sit uniformiter latum vel quod sit difformiter latum,

---

29 propositas] ponendas *V* 33 Infinitum] Inter *V* 37 extensione[1]] extensive *I* 37 extensione[2]] extensive *I*; inextensione *V* 37 intensione] intensive *I* 40 per] secundum *I* 41 nos] *om. V* 42 sicut si imaginaremur] ut *V* 45 duas] secundum s *add. V sed del.* 47 infinitum] finitum *V* 48 unam] aliquam *I* 49 versus] secundum *V* 49 omnes differentias] omnem differentiam *I* 50 si] nos *add. I* 50 imaginaremur] imaginamur *V* 53 dupliciter] *om. V* 55 imaginaremur] imaginatur *V* 58 sit] *om. V*

ita quod una eius portio sit pedaliter lata, sit bipedalis latitudinis, et alia sit quadrupedalis, et sic ulterius.

Secundo sciendum quod *infinitum* potest capi dupliciter. Uno modo categorematice, alio modo syncategorematice. Cum accipitur categorematice, aequivalet huic orationi: *res non habens finem*; et iuxta talem acceptionem, haec esset neganda: *continuum est divisibile in infinitum*, quia sensus est quod continuum est divisibile in rem non habentem finem; modo hoc est falsum, quia quaelibet partium in quas continuum est divisibile habet finem: unde sic accipiendo *infinitum* dicitur ab *in*, quod est non, et *finitum*, et infinitum quasi non finitum. Et, sicut exponitur *infinitum* categorema- | tice F.I. B2^{ra} acceptum in continuis, proportionaliter exponitur in numeris. Ita quod ille numerus diceretur infinitus qui non haberet ultimum neque finem; infiniti sic accepti sunt quaedam proprietates quae sibi convenirent, si esset aliquod tale. Prima <proprietas esset> quod non posset consumi per ablationem finiti, quantumcumque multoties factam, nec ex quantocumque numero finitorum resultare. Secunda proprietas eius esset quod non posset determinari quantum ipsum esset, quia, si quaereretur quantum ipsum est, non posset aliter responderi nisi quod ipsum est infinitum; et haec non est responsio propria, propter hoc quod illa responsio non mutaretur, posito quod ab eo auferretur tantum quantum est totus mundus. Unde, tanto ablato, adhuc residuum maneret infinitum, ex eo quod infinitum per ablationem finiti non desinit esse infinitum: aliter enim per finiti additionem ad finitum fieret infinitum, quod est falsum.

Sed *infinitum* syncategorematice aliter exponitur in continuis et aliter in discretis. Unde aliqui in continuis exponunt sic infinitum corpus, id est *non tantum corpus quin maius*, ita quod in continuis

---

59 sit bipedalis] autem subduplae *I*; longitudinis *add. V sed del.* 59 sit quadrupedalis] subquadruplae *I* 61 quod] li *add. I* 61 potest capi] capitur *V* 63 huic orationi] *inv. I* 64 esset] est *I* 65 sensus est] *inv. I* 66 non habentem] quae non habet *I*; non habens *V* 68 et] inde *I* 70 proportionaliter] accipitur *add. V sed del.* 71 ille numerus] *inv. I* 71 haberet] habet *V* 72 neque] nec *I* 72 quaedam] aliquae *I* 72 Prima] Primo *V* 73 proprietas esset] *suppl. (om. I V)* 74 finiti] quantum *add. V sed del.* 76 resultare] posset *add. I* 79 quod] *om. V* 81 maneret] in *add. I* 83 finiti additionem] *inv. I* 83 finitum] infinitum *V* 83 infinitum] *om. V*

exponunt *infinitum* syncategorematice acceptum per illam orationem: *non tantum quin maius*; sed in discretis exponunt per illam orationem *non tot quin plura*. Sed illud non videtur valere, nam secundum illam expositionem oporteret concedere quod infinita pars esset in illo corpore pedali; quod non communiter conceditur, licet bene concedatur quod infinitae partes sunt in illo corpore pedali. Consequentia probatur, quia non tanta pars est in illo corpore F.V. 9va pedali quin maior pars //// sit in eodem.

Secundo iuxta eandem expositionem haec esset concedenda: infinitum pondus Socrates potest portare, nam ex quo potentia Socratis non determinatur ad maximum pondus quod Socrates potest portare, quamvis bene ad minimum quod non potest, sequitur quod, quocumque pondere dato quod Socrates possit portare, adhuc magis potest portare; et sic, si li *infinitum* in continuis dicto modo esset exponendum, haec esset concedenda: infinitum pondus Socrates potest portare.

Nec etiam bene exponunt *infinitum* syncategorematice acceptum in discretis, ex eo quod expositio debet esse convertibilis cum exposito; sic non est in proposito, quia non sequitur: *non tot quin plura sunt, ergo infinita sunt*: aliter enim ex negativa sequeretur affirmativa, quod est falsum, ex eo quod negativa, quantum est ex forma eius nihil ponit, affirmativa autem aliquid ponit.

Alii autem exponunt sic in discretis: verbi gratia, infiniti homines currunt, id est duo homines currunt, et tres homines currunt, et quattuor, et non tot quin plures; sed in continuis sic: infinitum corpus est, id est corpus pedale est, et corpus bipedale est, et tripedale, et sic in infinitum. Sed illud iterum non sufficit, nam,

---

88 exponunt] exponitur *V* 88 acceptum] tentum *I* 89 exponunt] sic infinitum *add. V* 90 quin] qui *I* 92 esset] est *I* 92 illo] isto *I* 93 concedatur] conceditur *V* 93 illo] isto *I* 94 illo] isto *I* 97 potest[1]] possit *I* 99 quamvis bene... portare] *om. V (hom.)* 1 magis] maius *I* 1/2 in continuis dicto modo] dicto modo in continuis *V* 4 infinitum] potest *add. V sed del.* 9 ponit] affirmativa autem aliquid ponit, affirmativa autem aliquid ponit, affirmativa autem aliquid ponit, affirmativa non ponit *add. V [sic] sed del.* 10 sic] et hoc *add. I* 10 verbi gratia] *om. V* 11 id est] *om. I (est in P V)* 11/12 homines[2] currunt[3]] *om. V* 12 et quattuor] *om. I* 12 plures] currunt *add. V* 13 id est[2]] *om. I (est in P V)* 13 bipedale] tripedale *I* 14 tripedale] corpus quadrupedale *I*

posito quod viginti homines traherent unam navem et triginta unam aliam et quadraginta unam aliam et quinquaginta unam aliam, et sic in infinitum, et quod non essent pauciores quam decem trahentes navem, haec esset concedenda: *infiniti homines trahunt navem*, et tamen haec esset falsa: *duo homines trahunt navem*, et similiter haec esset falsa: *tres homines trahunt navem*, et sic ulterius usque ad decem. Similiter, posito quod infinita essent corpora, quorum unum non esset pars alterius, inter quae esset minimum decem pedum et aliud quadraginta pedum, et sic in infinitum, ascendendo secundum proportionem duplam, haec esset concedenda: *infinitum corpus est*, non tamen haec esset concedenda: *pedale corpus est*, et: *bipedale corpus est*, et sic ascendendo usque ad decem.

Possumus igitur aliter exponere infinitum tentum syncategorematice in continuis per hanc orationem *aliquantum* et *quantumlibet maius*, in discretis autem per hanc orationem *aliquot* et *quantumlibet plura*.

Iuxta istam expositionem *infiniti in continuis* haec est falsa: *infinitum pondus Socrates potest portare*, nam ad eam sequitur quod aliquantum pondus Socrates portare, et quantumlibet maius illo potest portare; modo hoc est falsum. Iuxta eandem expositionem haec esset etiam falsa: *infinita pars est in isto corpore pedali*, quia ad eam sequitur quod aliquanta pars est in isto corpore pedali et quantumlibet maior ea est in isto corpore pedali; modo hoc est falsum. Iuxta autem expositionem infiniti syncategorematice in discretis accepti haec est concedenda: *infinitae partes sunt in continuo*, quia aliquae partes sunt in continuo, et quantumlibet plures sunt in eodem.

---

15 unam navem] *inv. I* 15/16 unam aliam] aliam tertiam *I* 16 unam aliam²] quartam *I* 17 decem] viginti *I* 20 esset falsa] *om. I* 21 decem] viginti *I* 22 esset² minimum] *inv. I*; esset unum (unum *s.v.*) *V* 22 inter quae] quorum *I (est in A P V)* 23 quadraginta pedum] viginti pedum et aliud quadraginta *I* 24 esset] est *I* 25 esset concedenda] *om. I* 25 est²] *om. V* 26 bipedale] pedale *V* 27 igitur] ergo *I* 28 continuis] quidem *add. I* 31 infiniti] *om. V* 31 haec est falsa] hoc est falsum *I* 32 nam ad eam] *om. V* 33 et] etiam *I* 34 Iuxta] etiam *add. I* 35 esset etiam] est *I* 36 quod] *om. V* 37/38 modo hoc est falsum] *om. V* 40 continuo¹] continue *V* 40 aliquae] aliquot *I* 40 quantumlibet] quodlibet *V*

Ulterius est sciendum quod propositiones, in quarum una li *infinitum* tenetur syncategorematice et in alia categorematice, sunt sibi invicem impertinentes, ita quod una earum non sequitur ad F.I. B2^{vb} aliam nec repugnat ei. Unde non sequitur: | *infinitum corpus est, ergo aliquod corpus est infinitum*, nam in prima li *corpus* stat confuse tantum, in secunda autem determinate, et in prima li *infinitum* accipitur syncategorematice et in secunda categorematice.

Ulterius est sciendum quod a propositionibus de futuro vel de F.V. 9vb praeterito, in quibus ponitur li *infinitum* syncategorematice, //// ad propositionem de praesenti in qua li *infinitum* consimili modo tenetur cum li *verum*, non valet consequentia. Unde non sequitur: *infinitum corpus fuit, ergo haec aliquando fuit vera: infinitum corpus est*, nec sequitur: *infinitum corpus erit, ergo haec aliquando erit vera: infinitum corpus est*. Patet hoc in simili, nam, licet haec sit vera: *infiniti dies fuerunt*, nunquam tamen haec fuit vera de praesenti: *infiniti dies sunt*, et, licet infiniti dies erunt, nunquam tamen haec erit vera de praesenti: *infiniti dies sunt*. Ista sic in generali dicta de infinito valebunt nobis ad sequentia.

Tunc sit prima conclusio: nullum est corpus simplex infinitum immobile. Probatur, quia ista non sunt nisi quinque secundum speciem ex praecedentibus, scilicet quattuor elementa et caelum; modo quodlibet istorum est mobile, elementa quidem motibus rectis, caelum autem motu circulari. Tota ratio patet ex prima parte huius.

Secundo, nam sequitur, si aliquod corpus naturale simplex esset infinitum, quod eius locus naturalis esset infinitus, cum locus debeat esse aequalis locato; sed hoc est impossibile. Primo, quia periret sursum et deorsum, cum in infinito non sit medium nec extremum; et cum sursum et deorsum sint extrema et medium.

Confirmatur secundo, nam non essent amplius diversi motus

---

42 est] *om. I* 47 tantum] *om. I* 48 secunda] alia *I* 49 de^2] *om. V* 50 ponitur] *om. V* 50 infinitum] est *add. I* 50 syncategorematice] sumptum *add. I* 53 ergo haec] *inv. I* 55 hoc] *om. I* 58 de praesenti] *om. I* 60 est] *om. I* 60 simplex infinitum] infinitum simplex cest *I* 61 ista] illa *I* 63 istorum] eorum *I* 66 nam] *om. V* 67 quod] etiam *add. I* 67 eius locus] *inv. I* 69 cum] nam *I* 69 sit] est *I V* 70 cum] tamen *I* 70 sint] sunt *I V* 71 Confirmatur] Et confirmatur *I*

naturales diversorum simplicium, ex eo quod motus simplicium, saltem elementorum, sunt naturaliter sursum et deorsum; modo tales motus non essent, si non essent sursum et deorsum.

Confirmatur tertio: quia sequeretur quod lapis vel gleba terrae, si esset in isto loco infinito, vel ubique moveretur vel ubique quiesceret, quod non apparet verum. Consequentia tenet, quia totus locus corporis naturalis debet esse consimilis; ideo dicitur *IV° Physicorum* quod idem est locus totius et partis. Si autem locus infinitus esset totus consimilis naturae, non esset ratio quare aliquod corpus positum in eo moveretur magis vel quiesceret magis in una parte quam in alia; ideo vel ubique moveretur vel ubique quiesceret, quod erat probandum.

Tertio, arguitur ad conclusionem sic. Nam sequeretur quod tale corpus infinitum simplex immobile nec haberet locum naturalem nec violentum. Consequens est falsum, ex eo quod omne corpus simplex, postquam est mobile naturaliter, sicut prius probatum est, habet aliquem locum naturalem ad quem vel in quo est naturaliter mobile. Consequentia patet, quia locus est extrinsece continens locatum; modo impossibile est quod unum infinitum contineatur ab alio; ergo impossibile esset tale corpus simplex infinitum contineri ab aliquo loco naturali vel violento.

Quarto. Illud corpus simplex infinitum immobile vel nec esset grave nec leve, vel esset grave vel leve. Si dicatur primum, tunc esset caelum et per consequens non immobile: unde videmus caelum moveri ab oriente in occidentem; et ex alio, nam tunc illud corpus totum occuparet, et sic nullum esset grave neque leve, quod est falsum. Si dicatur autem quod illud corpus esset grave, sic nullum esset leve, quod iterum est falsum; si autem esset leve, tunc nullum esset grave, quod iterum est falsum. Consequentia tenet per hoc quod illud corpus totum spatium occuparet, et sic non permit-

---

76 isto] illo *I* 76 vel] ubique *add. V sed del.* 77 tenet] patet *I* 80 totus] corpus *V* 81 magis] maius *V* 84 sic] *om. V* 84 sequeretur] sequitur *V* 88 naturalem] *om. V* 91 ergo] per *add. I* 92 violento] etc. *add. V* 96 tunc] vel *add. I* 96 et] etiam *V* 97 neque] nec *I* 98 dicatur autem] *inv. I* 00 Consequentia tenet] Consequentia patent *I*

78/79 Cf. ARISTOTELES, *Physica*, IV, 4, 212 a 2-29.

teret aliquod aliud corpus secum. Si autem diceretur quod una eius pars esset gravis et alia levis, et alia nec gravis nec levis, hoc non valet, nam tunc illud corpus esset compositum et non simplex. Nec etiam posset dici quomodo illud corpus deberet patiri et quam proportionem haberet pars gravis ad partem levem vel ad partem quae F.V. 10[ra] nec est gravis nec levis. ////

Secunda conclusio: nullum esset corpus infinitum compositum ex simplicibus immobile. Probatur, nam omne corpus compositum seu mixtum ex simplicibus est mobile motu elementi vel elementorum, cuius vel quorum qualitates motivae dominantur in ipso, sicut ostensum est in prima parte *huius*; ergo nullum tale est immobile. Nec etiam aliquod tale est infinitum, quia vel esset compositumn ex corporibus simplicibus infinitis secundum multitudinem vel finitis. Si infinitis, tunc alicuius rei naturalis essent principia infinita; quod improbatum est *I° Physicorum* per ARISTOTELEM contra ANAXAGORAM.

Et confirmatur, quia, sicut ista simplicia essent diversarum naturarum, sic eorum loca naturalia etiam essent infinita; modo non est F.I. B3[ra] possibile lo- | ca sic esse infinita, cum motus naturales simplices sint finiti, quia tres, ut dicebatur in prima parte *huius*. Etiam, si essent loca infinita, non esset inter ea locus medius, nec etiam tunc esset locus extremus, et sic non esset sursum nec deorsum, sicut prius arguebatur. Nec potest dici quod illud corpus infinitum sit compositum ex corporibus simplicibus finitis secundum multitudinem, quia hoc non posset esse nisi unum illorum corporum simplicium esset infinitum; modo hoc est falsum secundum quod dixit conclusio prima. Consequentia tenet, quia nunquam ex infinitis secundum magnitudinem et secundum multitudinem resultat infinitum, et, si sunt finita secundum multitudinem et debent constituere infinitum, oportet ad minus quod unum eorum sit infinitum secun-

---

2 aliquod aliud corpus secum] secum aliquod aliud corpus *I* 2 aliud] *om. V* 3 et alia nec gravis nec levis] *om. I (est in P V)* 13 etiam] *om. V* 13 est] *om. V* 18 essent] div *add. V sed del.* 20 sint] sunt *V* 27/28 conclusio prima] *inv. I* 28 tenet] patet per hoc *I* 30 debent] debeant *I*

13 Cf. *supra*, L. I, Q. 1, pp. 33-34, lin. 25-52.
17/18 ARISTOTELES, *Physica*, I, 4, 187 a 26 - 188 a 18.
22 Cf. *supra*, L. I, Q. 1, p. 22, lin. 15-17.

dum magnitudinem. Probatur etiam aliter quod non potest dici quod unum eorum sit infinitum et alia finita, ex eo quod tunc illud unum totum occuparet, et sic non compateretur secum alia et etiam alia corrumperet.

Tertia conclusio: nullum est corpus infinitum immobile. Probatur: omne corpus vel est simplex vel compositum ex simplicibus. Si est simplex, sic est mobile, per conclusionem primam. Si est compositum ex simplicibus, adhuc est mobile per conclusionem secundam; secundo, sicut nullum est incorporeum quin ipsum sit motivum, ita videtur proportionaliter nullum esse corporeum quin ipsum sit mobile.

Quarta conclusio responsalis ad quaestionem: nullum potest esse corpus infinitum immobile. Probatur, quia tale, si produceretur in esse, oporteret quod esset simplex vel compositum, quodcumque diceretur ipsum esset mobile. – Sed diceres tu: nonne Deus posset facere corpus tale? Dico quod non, nam, posito quod faceret unum corpus quantumlibet magnum, adhuc ipso facto non esset immobile, quia Deus, sicut ipsum fecit, sic posset ipsum movere.

Ad rationes principales. Ad primam: *si unum oppositorum etc.*, dico quod non oportet de oppositis ad invicem privative qualiter opponitur ad invicem finitum mobile et infinitum immobile.

Ad secundam: *extra caelum de facto est spatium infinitum*, nego; sed de hoc *videbitur postea diffusius*.

Ad tertiam: *infinitum dicitur quod totum occupat*, concedo sic: occupat totum, et verum et imaginatum; modo hoc non est de mundo, nam, licet mundus occupet totum spatium verum, non tamen totum imaginatum vel imaginabile, nam, licet extra mundum non sit aliquod spatium verum, tamen bene possumus imaginari ibi aliquod esse.

---

38 conclusionem primam] *inv. I* 38 conclusionem] *om. I* 40 secundo] *om. V* 44 tale, si] *inv. I* 46 Sed] *om. V* 46 tu] *om. V* 46 posset] potest *I* 47 facere] unum *add. I* 47 corpus tale] *inv. I* 49 posset] potest *I* 49 ipsum] *om. V* 50 principales] *om. I P* 50 primam] etc. *add. I* 52 ad invicem] *om. V (est in A I P)* 53 est spatium infinitum] etc. *V* 56 imaginatum] mundo *add. V sed del.* 56 modo] *om. V sed s.v. add.* 56 non est] nego *I* 57 mundus] *om. I* 60 esse] Et haec de quaestione *add. I*

Quaestio 7

Utrum possit esse aliquod corpus infinitum mobile circulariter

Secundum propsitorum erat utrum possit esse aliquod corpus infinitum mobile circulariter.

Et videtur quod sic. Movens infinitum debet habere mobile infinitum; sed primum movens est infinitum, ut patet *VIII°* *Physicorum*; ideo primum mobile sibi correspondens debet esse infinitum; sed primum mobile est mobile motu circulari in eodem *VIII° Physicorum*, quia *ibidem* dicit primum motum esse circularem et istum esse primi mobilis; ideo non solum videtur esse possibile, immo de facto videtur esse corpus infinitum mobile circulariter. Assumptum probatur, quia, si motor esset infinitus et mobile finitum, virtus moventis excederet sine proportione virtutem mobilis, et per consequens moveret ipsum in non tempore sive in instanti, quod est impossibile.

Secundo. In infinitum parvum corpus est mobile circulariter; ideo videtur quod etiam in infinitum magnum corpus sit mobile circulariter, et per consequens infinitum. Consequentia videtur tenere
F.V. 10rb a simili. //// Antecedens probatur, quia medietas caeli est mobilis circulariter et medietas medietatis eiusdem, et sic in infinitum descendendo.

Tertio. Si impossibile esset esse corpus infinitum mobile circulariter, hoc videretur esse ideo quod infinita velocitas non posset esse in tempore finito, ut dicit ARISTOTELES; sed hoc est falsum.

---

5 circulariter] motu circulari *V*   7 ut] *om. I*   9 in] *om. V*   11 istum] illum *I*   12 corpus] *om. V*   13 Assumptum] Maior *I P*   17 Secundo] Infinitum *add. V sed del.*   24 posset] potest *I*   25 dicit] arguit *I*

7/8 ARISTOTELES, *Physica*, VIII, 10, 267 b 18-27.
10 ARISTOTELES, *Physica*, VIII, 9, 265 a 13 - 265 b 16.
25 Cf. ARISTOTELES, *De caelo*, I, 5, 272 a 28-31.

Probatur sic: infinita tarditas potest esse in tempore finito, immo de facto est; ergo similiter infinita velocitas potest esse in tempore finito. Consequentia videtur tenere a simili, nam simile videtur esse quantum ad hoc de tarditate et velocitate. Antecedens probatur, nam partes circumferentiales molae fabri moventur aliqua tarditate et aliqua versus centrum in duplo tardius, et aliae adhuc versus centrum in quadruplo tar- | dius, et sic in infinitum; ideo de facto in F.I. B3rb
infinitum tarde movetur aliqua pars, et hoc in tempore finito.

Oppositum dicit Aristoteles.

In ista quaestione primo praemittenda sunt duo; secundo ponendae sunt conclusiones.

De primo sciendum est quod dupliciter dicitur impossibile, scilicet simpliciter et secundum quid. Impossibile simpliciter dicitur quod nec est nec potest esse per aliquam potentiam, sive naturalem sive supernaturalem, verbi gratia, sicut est plures deos esse, similiter, sicut est oppositum primi principii complexi. Impossibile autem secundum quid dicitur quod non potest esse per aliquam potentiam naturalem, licet bene supernaturalem, verbi gratia, sicut caelum quiescere vel aliquod tale

Secundo sciendum quod infinitum corpus esse mobile circulariter potest tripliciter imaginari. Uno modo quod sit unus orbis qui moveatur aliqua velocitate, et supra istum sit unus alius duplus ad primum qui moveatur in duplo tardius primo, et deinde sit unus alius, puta tertius, duplus ad secundum, qui moveatur in duplo tardius secundo, et sic in infinitum ascendendo continue secundum proportionem duplam in quantitate orbium et tarditate motus eorundem. Secundo modo quod sit unus orbis qui moveatur velocitate finita, et super istum sit duplus ad secundum dupla velocitate motus, et super istum sit duplus ad secundum dupla velocitate

---

31 centrum] magis *add. V* 32 et] *om. I* 37/38 scilicet] *om. V* 40 verbi gratia] *om. V* 43 sicut] quod *add. I* 44 quiescere] quiescat A I P 45 esse] sit *V* 45 mobile] scilicet *add. V sed del. et exp.* 46 tripliciter] *om. I* 47 istum] illum *V* 48/49 unus alius, puta] *om. V* 50 ascendendo] et *add. V* 53 istum] illum *I* 54 istum] illum *I*

34 Aristoteles, *De caelo*, I, 7, 275 b 13-15.

motus ad velocitatem secundi, et sic ascendendo secundum proportionem duplam in quantitate orbium et in velocitate motuum eorundem. Tertio <modo> quod sit unum corpus circulare et in infinitum protensum undique mobile motu circulari, recte sicut si imaginaremur ultimum caelum esse in infinitum protensum et cum hoc moveri circulariter.

Quantum ad secundum sit prima conclusio: infinitum corpus mobile circulariter primo vel secundo modo nec est nec potest esse naturaliter. Probatur, quia non est aliqua potentia naturalis quae sic possit facere infinitos orbes unum super alium, nec etiam infiniti tales sint, cum probatum sit in *II*^{o} *Metaphysicae* quod in essentialiter ordinatis non proceditur in infinitum, quales essent tales orbes sic ordinati.

Secunda conclusio: infinitum corpus mobile circulariter primo vel secundo modo potest esse supernaturaliter. Probatur: nam aliquantum corpus mobile motu circulari potest esse per potentiam divinam, immo de facto est; et duplum ad illud mobile circulariter potest esse, et quadruplum ad illud potest esse, etiam per potentiam divinam, et sic ulterius sine statu; ideo infinitum corpus circulariter mobile per potentiam divinam potest esse. Antecedens quilibet catholicus habet concedere. Consequentia patet per expositionem *infiniti* tenti syncategorematice in quantitatibus continuis *positam in praecedenti quaestione*.

Tertia conclusio est quod infinitum corpus circulariter mobile sic primo vel secundo modo est impossibile, qualitercumque accipiatur *impossibile*. Nam, si hoc esset possibile quod infiniti tales orbes de facto essent, ipsi possent ad invicem continuari, et sic fieret ex eis unum infinitum circulariter mobile tertio modo; sed esse tale est impossibile simpliciter, sicut statim probatur. Nec ista

---

57 modo] suppl. *(om. A I V)* 59 in] *om. V* 64 possit] posset *I* 65 sint] sunt *I* 69 vel] et *I* 70/71 per potentiam divinam] *om. I* 71 et] *om. I* 72 et quadruplum ad illud potest esse etiam] *om. V* 75 expositionem] huius termini *add. I* 78 est] *om. V* 79 sic] *om. I* 79 modo] esse *add. I* 80 hoc] *om. I* 82 infinitum] continuum *V* 83 probatur] probabitur *I*; probabatur *P*

65 Aristoteles, *Metaphysica*, II (α), 2, 994 a 3-4.
76/77 Cf. *supra*, L. I, Q. 6, pp.77-78, lin. 85-3.

conclusio repugnat conclusioni secundae, quia secunda quae erat de possibili erat vera in sensu in quo ponebatur, scilicet in sensu diviso; haec autem tertia quae est de impossibili est etiam vera in sensu //// in quo ponitur, scilicet in sensu composito; tales autem sensus F.V. 10va sunt sibi invicem impertinentes, sic quod nec unus sequitur ad alium nec repugnat ei. Istius etiam conclusionis tertiae probatio latior videbitur in pertractione quarti propositorum.

Quarta conclusio: si esset corpus infinitum circulariter motum tertio modo, ipsum haberet centrum. Ista conclusio probatur per definitionem motus circularis positam in prima parte huius. Dicebatur enim quod circulariter moveri est moveri circa centrum, et hoc absque participatione ascensus vel descensus, si talis motus circularis est simplex.

Quinta conclusio: si esset corpus infinitum circulariter motum tertio modo, ipsum non haberet centrum. Probatur, quia centrum corporis est medium illius corporis secundum aequidistantiam ad extremitates; modo in tali infinito non essent extremitates, ideo non esset tale medium: unde, si esset spatium infinitum, undiquaque qua ratione hic Parisius esset centrum vel medium istius, eadem ratione in Roma, vel ubicumque placeret signare, esset centrum eiusdem.

Sed | iuxta hoc dubitatur, quia dicit ARISTOTELES in *II°* F.I. B3va *Metaphysicae* quod infiniti, si esset quaelibet eius pars, esset media, et hic in *I°* dicit quod non. Ista duo dicta possunt concordari distinguendo de medio. Quod medium in aliquo continuo dicitur uno modo negative, quia non est extremum, immo aliquid est ultra et aliquid citra; et sic quaelibet pars infiniti, si esset, esset media. Alio modo aliquid dicitur medium positive per aequidistantiam ab extremis; et sic non esset medium corporis infiniti.

---

84 conclusio] tertia *add. I* 85 quo] qua *V* 88 impertinentes] pertinentes *V* 91 circulariter] *om. V* 93 definitionem motus... huius] *om. V (videtur scribi et erasi)* 99 est] dicitur *I* 99/00 ad extremitates] ab extremis *V (est in I P)* 2 istius] illius *I* 6 eius] *om. I* 7 I°] huius *add. I* 9 aliquid] aliquod *V* 10 esset[2]] *om. V* 11 aliquid] *om. I P* 11 dicitur] nunc *add. V sed del.*

5/6 Cf. ARISTOTELES, *Metaphysica*, II (α), 2, 994 a 2-18.

Nec istae duae conclusiones, scilicet quarta et quinta contradicunt, sicut nec istae: *si tantum pater est, nullus pater est*, et: *si tantum pater est, aliquis pater est*. Sunt enim duae conditionales verae. Sed bene concluditur quod antecedens est possibile, quoniam omnis propositio est impossibilis ad quam sequuntur propositiones contradictoriae.

Et ideo ex dictis bene concluditur quod impossibile est esse corpus infinitum circulariter motum. Et ista sit sexta conclusio quam ARISTOTELES multipliciter probat in *littera*. Primo sic: quia, si esset possibile esse corpus infinitum circulariter motum, tunc esset possibile in tempore finito pertransiri spatium infinitum; cuius oppositum ARISTOTELES ostendit *VI° Physicorum*. Consequentia probatur. Nam imaginentur duae lineae exeuntes a centro istius corporis, circa quod moventur versus circumferentiam eiusdem corporis causantes angulum in centro a quo egrediuntur; tunc inter istas duas lineas sic imaginatas cadit spatium infinitum imaginatum; tunc illud spatium infinitum sic imaginatum pertranseatur ab una istarum linearum in tempore infinito, postquam totale corpus facit unam circuitionem in tempore finito.

Iuxta istam rationem dubitatur. Nam videtur primo quod spatium interceptum inter istas duas lineas sit finitum. Probatur, quia esset terminatum illis duabus lineis.

Et confirmatur hoc. Nam, posito quod, quando illae lineae incipiunt egredi a centro, constituant triangulum cum linea tertia quae unacum illis recedat a centro, quae tertia in recedendo sic crescat quod continue maneat super illis duabus lineis cum quibus constituit triangulum; tunc, quando illae lineae per infinitum recesserunt a centro inter eas, cadit spatium; sed probo quod finitum, quia figuratum figura triangulari.

---

14 nullus] aliquis *I* 14 et] *om. V* 15 aliquis] nullus *I* 16 concluditur] conceditur *V* 23 pertransiri] pertransire *V* 24 Aristoteles ostendit] *inv. I* 25 istius] illius *I* 26 moventur] movetur *V* 27 corporis] causatae *add. V sed del.* 27 tunc] *om. I* 28 istas] illas *I* 28/29 imaginatum] *om. V (est in I P)* 29 infinitum] *om. V* 29 pertranseatur] pertransitur *I P* 30 istarum] illarum *I* 33 istas] illas *I* 33 sit] esset *I* 33 Probatur] Quod probatur *I* 36 constituant] constituunt *om. V (est in I P)* 38 lineis] maneat *V*

21 ARISTOTELES, *De caelo*, I, 5, 271 b 6 26 - 273 a 6; 6, 273 a 21-22; .
24 ARISTOTELES, *Physica*, VI, 7, 238 b 17-20.

Secundo, videtur quia, si esset tale corpus infinitum, non propter hoc pertransiretur spatium infinitum, recte sicut, si mundus totalis moveretur; non propter hoc pertransiretur aliquod spatium, saltem aliud a mundo, quia mundus non occupat aliquod spatium distinctum a se, nisi tunc velimus ponere locum esse unam dimensionem separatam, quod improbatum est ab ARISTOTELE *IV° Physicorum*. Similiter Deus posset destruere omnem locum huius lapidis et adhuc movere hunc lapidem, et sic ille lapis moveretur sine loco et spatio. Sic videtur in proposito quod, si esset corpus infinitum circulare, ipsum posset moveri circulariter absque hoc quod pertransiretur aliquod spatium, et sic in tempore finito non oporteret pertransiri spatium infinitum nec finitum ////. F.V. 10vb

Tertio, videtur quod eadem ratio posset sic impediri, quia diceret adversarius quod illud corpus infinitum circulariter mobile non faceret aliquam circuitionem perfectam in tempore finito, sed bene in tempore infinito; et sic non oporteret unam de dictis lineis imaginatam in tempore finito pertransire spatium infinitum.

Ad ista. Ad primum bene concedo quod, si esset tale corpus infinitum circulariter motum et in eo essent imaginatae tales duae lineae infinitae egredientes a centro, quod inter eas interciperetur spatium finitum, sed etiam cum hoc inter eas interciperetur spatium infinitum. Ex quo illae lineae continuae vadunt elongando et sunt infinitae, et quia inter istas lineas spatium totale interceptum esse finitum et idem spatium esse infinitum repugnant ad invicem, et sequuntur ambo ad esse corpus infinitum circulariter motum, concludo quod esse tale corpus infinitum est impossibile, postquam ad ipsum sequuntur contradictoria. Et consimiliter respondeatur ad confirmationem.

Ad secundum respondeo quod ARISTOTELES in dicta ratione supponit non quod tale spatium sit, sed quod non repugnat imagi-

---

42/43 propter hoc pertransiretur] *inv. I* 46 se] seipso *I* 53 nec] etiam *add. I* 54 eadem] dicta *I* 54 posset sic] *inv. I* 58 petransire] pertransiretur *V* 63 continuae] *om. V* 64 istas] illas *I* 64 totale interceptum] *inv. V* 64 esse] est *V* 65 spatium] *om. I* 66 corpus infinitum] *inv. V* 67 impossibile] quod *add. V sed del.* 71 supponit non] *inv. I* 71 non] *om. V*

47/48 ARISTOTELES, *Physica*, IV, 1, 209 a 6-7.
70 ARISTOTELES, *De caelo*, I, 5, 271 b 6 26 - 273 a 6.

nationi. Et ex hoc tunc, cum hoc quod est corpus infinitum circulariter motum, infert unum quod repugnat imaginationi, scilicet quod spatium infinitum pertransiretur in tempore finito. Et ex hoc concluditur quod esse corpus infinitum circulariter motum est F.I. B3vb impossibile et imaginationi repugnans, | nam, quandocumque ex duobus quorum unum non repugnat imaginationi infertur unum repugnans imaginationi, tunc alterum istorum duorum etiam imaginationi repugnat.

Ad tertium dico quod ista obiectio non valet, quia talis linea infinita imaginata vel in tempore finito describit aliquem angulum circa centrum vel non. Si non, tunc non movetur, et sic nec illud corpus infinitum movetur. Si autem describit aliquem angulum, tunc, sicut deductum est, sequitur dictam lineam in tempore finito pertransire spatium infinitum imaginatum, et sic tale inconveniens sequitur ad dictam conclusionem, sive illud corpus infinitum circulariter mobile ponatur complere unam circuitionem in tempore finito sive in tempore infinito.

Secundo, si esset possibile esse tale corpus infinitum circulariter motum, sequeretur quod spatium pedale pertransiretur in non tempore sive in instanti; quod est falsum. Probatio consequentiae. Nam ponatur quod a centro talis corporis protrahatur in infinitum linca *a b*, quae cum isto corpore moto circumvolvatur, et extra centrum imaginetur una linea infinita quiescens, quae sit *c d*, et sit aequidistans sive parallela lineae *a b*, et spatium inter istas pedale in latitudine, et moveatur linea *a b* versus lineam *c d*; tunc sequitur impossibile, scilicet quod spatium pedale pertransitur in non tempore sive in instanti. Probatur: quia in principio motus verum est dicere quod linea *a b* secundum se totam et secundum quamlibet sui partes distat pedaliter a linea *c d*, et immediate post hoc non distabit, sed concurret cum ea, et intersecabit eam. Cum nunc sit aequidistans ei et immediate post hoc non erit aequidistans ei, et cum necesse sit li-

75 infinitum] *om. V* 78 istorum] *om. I* 80 dico] respondeo *I* 80 ista] illa *I* 86 illud] *om. V* 87 circuitionem] circulationem *V* 89 tale] esse tale *add. V sed del.* 91 in] *om. V* 92 centro] a *add. V* 93 isto] illo *I* 93 moto] circulariter *add. V* 93 circumvolvatur] circumvolvitur *I* 94 imaginetur] imaginatur *I* 95 lineae] linea *V* 95 istas] eas *I* 99 partes] partem *V* 00 c d] b c *V*

neas non aequidistantes sive non parallelas concurrere, si in infinitum protractae sint, et sic nunc dictae lineae distant pedaliter et immediate post hoc concurrunt, ideo sine tempore medio et divisibili //// pertransitum est spatium pedale et per motum continuum; quod est impossibile. F.V. 11ra

Iuxta dictam imaginationem sequitur quod ita cito linea *a b* concurret cum linea *e f* multum ab ea distante, sicut cum linea *c d* solum distante ab ea pedaliter, et sic ita cito pertransiret spatium magnum vel sicut parvam partem eius. Probatio consequentiae: quia cum dictis duabus lineis *a b* et *c d* imaginetur tertia linea, scilicet *e f*, etiam aequidistans lineae *a b*, multo plus tamen distans ab ea quam *c d*, tunc in instanti in quo *a b* incipit moveri versus *c d* et versus *e f*, verum est dicere quod *a b* est aequidistans lineae *c d*, et etiam lineae *e f*, et immediate post non erit alicui earum aequidistans. Et, cum omnes tres dictae lineae sint infinitae, sequitur per definitionem linearum inaequidistantium, sive non aequidistantium, quod immediate post instans datum linea *a b* concurret cum linea *c d*, et etiam concurret cum linea *e f*, cum immediate post instans datum erit inaequidistans utrique, et sic dicta linea *a b* ita cito pertransibit spatium magnum interceptum inter ipsam et lineam *e f*, sicut spatium parvum interceptum inter ipsam et lineam *c d*.

Iuxta idem sequitur quod linea *a b* ita cito intersecaret lineam *c d* sicut eam tangeret; quod est inconveniens. Probatio consequentiae: quia ita cito sicut concurrit cum linea *c d*, concurrit cum linea *e f*, sicut iam dicebatur; sed non potest concurrere cum linea *e f* nisi intersecet lineam *c d*. Ideo ita cito sicut concurrit cum linea *c d*, intersecat eam. Et ex hoc tunc ulterius sequitur quod linea *a b* immediate post instans in quo incipit moveri pertransivit spatium infinitum; quod iterum est inconveniens et imaginationi repugnans. Probatio consequentiae: quia immediate post illud instans intersecabit lineam *c d*, sicut iam dicebatur; sed non potest ipsam intersecare nisi de ea pertransiverit spatium infinitum imaginatum versus circumferentiam dicti corporis.

---

4 protractae sint] protrahantur *I* 4 sic] cum *add. I* 5 hoc] *om. I P* 17 dictae lineae] *inv. V* 19/21 linea a b... datum] *om. V (hom.)* 26 sicut] *om. I*; quod *V* 26 c d] sicut *add. I* 27 dicebatur] ostendebatur *I* 30 pertransivit] pertransibit *I* 33 dicebatur] ostendebatur *I* 34 de ea] *om. I*

Tertio arguitur ad dictam conclusionem: omnis linea circa centrum circumvoluta descri- | bit circulum, scilicet maior maiorem et minor minorem. Ideo infinita linea circa centrum mota describeret circulum infinitum; sed hoc est impossibile, cum de ratione circuli et cuiuslibet figurae sit terminatum esse. Quod patet per definitionem figurae positam in principio *Geometriae*: figura est quae termino vel terminis clauditur. Unde non posset dici cuius figurae esset infinitum. Ex quo concluditur quod impossibile est et imaginationi repugnans esse corpus infinitum.

F.I. B4ra

Tunc ad rationes principales. Ad primam potest dici quod virtus infinita libera potest bene movere mobile finitum finita velocitate, quia non movet quantumcumque potest, sed quantum vult; et ideo non oportet, quod, si sit potentia motiva infinita, quod ergo sit mobile sibi correspondens infinitum.

Ad secundam concedo antecedens; sed nego consequentiam. Ratio negationis consequentiae est: quia dimitutio continui bene vadit in infinitum, sed non augmentatio.

Consimiliter respondeatur ad tertiam: quia tarditas est diminutio motus, velocitas autem augmentatio; et ideo licet tarditas posset ire in infintum, non tamen velocitas.

36 arguitur] arguit *I* 36 conclusionem] sic *add. I* 37 maior maiorem] *inv. I* 38 minor minorem] *inv. I* 38 mota] *om. V* 39 sed] et *I* 40 terminatum esse] *inv. I* 45 principales] *om. I* 48 quod1] *om. I* 53 Consimiliter] Consimili modo *I* 54 posset] possit *I*

41 EUCLIDES, *Elementa*, I, definitiones, 4-5, p. 31.

Quaestio 8

Utrum possit esse aliquod corpus infinitum mobile motu recto

Tertium propositorum erat utrum possit esse aliquod corpus infinitum mobile motu recto.

Et probatur quod sic, quia ignis a sua natura mobilis est motu recto, et, si esset infinitus, non minus esset mobilis motu recto, quia adhuc haberet naturam ignis; sed potest esse infinitus; ergo potest esse mobile infinitum motu recto. Assumpum probatur per ARISTOTELEM in *II° De anima* dicentem ignem esse augmentabilem in infinitum, si apponatur combustibile.

Et confirmatur hoc: quia Deus posset facere ignem pedalem et ignem centum pedum, et sic sine statu; igitur posset facere ignem infinitum.

Et confirmatur: quia non tantum ignem finitum //// Deus posset facere quin posset facere maiorem; et hoc sequitur cum dicitur quod infinitum ignem Deus potest facere: patet ex eo quod infinitum exponitur per aliquantum et non tantum quin maius. F.V. 11[rb]

Secundo. Nam, si non posset esse tale corpus infinitum mobile motu recto, hoc esset propter hoc quod illud corpus haberet gravitatem vel levitatem infinitam; quod ARISTOTELES reputat impossibile. Probo quod hoc non oporteret, quia posset esse tale corpus et habere adhuc gravitatem vel levitatem finitam. Quod ostendo sic: nam capiatur una certa latitudo gravitatis finitae, et illius una pars

---

6 a] de *I* 8 esse] ignis *add. I* 9/10 per Aristotelem] auctoritate Aristotelis *I* 10 in] *om. I* 12 Et] Etiam *I* 12 posset] potest *I* 12/13 et ignem] decem pedum *I* 13 igitur] ergo *I* 15 Et] Etiam *I* 15 Deus posset] *inv. I* 16 quin] Deus *add. I* 16 facere maiorem] *inv. I* 17 quod] quia *I* 17/18 infinitum] sic *add. I* 19 Nam] *om. V* 19 posset] potest *I* 21/22 impossibile] pro impossibili *V* 23 habere] gp[a] *add. V sed del.* 24 finitae] finita *I P*; infinitae *V* 24 pars] prima *add. I*

9/10 ARISTOTELES, *De anima*, II, 4, 416 a 15-16.
21 ARISTOTELES, *De caelo*, I, 6, 273 a 22-27; 273 b 16-18.

proportionalis sit in una parte pedali illius corporis infiniti, et secunda pars proportionalis eiusdem gravitatis sit in alia parte pedali illius corporis infiniti, et sic ultra; tunc illud corpus infinitum erit grave, quia habet gravitatem, et tamen finitam, ex eo quod gravitas unius librae solum est extensa per illud totale corpus infinitum.

Tertio. Nam licet non contingat imaginari corpus infinitum mobile motu circulari, *sicut dictum est in alia quaestione*, quia non contingit imaginari lineam circularem infinitam, non tamen sic videtur esse de corpore infinito recto, quia bene contingit imaginari lineam rectam infinitam, et ideo videtur quod etiam bene contingat imaginari mobile infinitum motu recto per illam lineam rectam infinitam imaginatam.

Oppositum vult ARISTOTELES in *littera*, et ad hoc ponit plures rationes.

Breviter ad istam quaestionem pono unicam conclusionem quod non potest esse corpus infinitum mobile motu recto.

Illam conclusionem ARISTOTELES probat in *littera* multipliciter. Primo sic, ex parte locorum: quia, si esset tale mobile infinitum, oporteret ipsum habere locum infinitum; sed hoc est impossibile, quia nullus locus est infinitus: quod patet per definitionem loci qua dicitur: locus est terminus corporis continentis. Probatur consequentia: quia omne corpus mobile localiter debet habere locum, saltem verum vel imaginabilem. Et notanter dico: *imaginabile*, quia Deus posset movere totalem mundum motu recto, *sicut dicit articulus parisiensis*; et, si Deus ipsum taliter moveret, non moveret

---

25 pedali] a *add. V* 26 gravitatis] *om. I* 29 solum] sola *I* 30 imaginari] esse *I* 31 dictum est] *inv. I* 32 circularem infinitam] *inv. I* 35 rectam] *om. V* 38 ad hoc] ad huc *V* 38 ponit plures] *inv. I* 40 Breviter] *om. I* 40 istam] *om. V* 40 Breviter] *om. I* 42 Illam] Istam *I* 44 ipsum] *om. I* 48 Et notanter dico: imaginabile*] om. I*

38 Cf. ARISTOTELES, *De caelo*, I, 6, 273 a 7 - 273 b 18.
42 ARISTOTELES, *De caelo*, I, 6, 273 a 7-21.
49/50 Cf. R. HISSETTE, *Enquête sur les 219 articles condamnés à Paris le 7 mars 1277*, pp. 118-120.

ipsum in spatio vero, sed imaginabili vel | imaginato; et, cum locus alicuius corporis non posset esse minor locato, cum debeat continere ipsum, oporteret, si esset corpus infinitum mobile motu recto, quod haberet locum infinitum. F.I. B4rb

Secundo. Si esset corpus infinitum mobile motu recto, oporteret dare duo loca extra invicem, quorum quilibet esset infinitus; et hoc est impossibile, quia unus locus infinitus occuparet omne spatium imaginabile, et per consequens non permitteret extra se alium locum. Consequentia probatur: quia mobile motu recto moveretur de uno loco a quo exit ad alium locum in quem intrat; ideo, si corpus infinitum moveretur motu recto, ipsum primitus esset in uno loco infinito et exeundo intraret alium locum extra illum primum.

Tertio. Tale corpus infinitum, si esset, vel esset in loco sibi naturali vel violento. Si dicatur primum, tunc non posset ab illo loco removeri nisi per //// motorem qui esset maioris potentiae quam illud infinitum esset resistentiae, ex eo quod potentia moventis debet excedere resistentiam moti. Sed ista resistentia, cum esset infinita, nulla potentia motiva posset esse maior; et sic illud corpus per nullam potentiam posset removeri a suo loco naturali, et per consequens non esset mobile motu recto. Si autem dicatur secundum, scilicet quod illud corpus sit in loco sibi violento, hoc est impossibile, ex eo quod nulla esset potentia quae per violentiam posset tenere illud corpus in illo loco sibi violento, cum nulla potentia esset maior quam esset potentia illius corporis infiniti, postquam potentia illius corporis infiniti esset infinita; infinito autem nihil est maius neque finitum, sicut notum est de se, nec infinitum, sicut postea videbitur. F.V. 11va

Quarto. Arguitur ad eandem conclusionem ex parte gravitatis

---

52 posset] possit *I* 52 locato] illo copore *I*; ipso corpore *P* 53 oporteret] oportet *I*; oporteat *P* 57 spatium] *iter. V sed primum* spatium *del.* 60 ideo] iam *V* 61 esset] esse *V* 63 esset[2]] *om. V* 64 vel] in loco sibi *add. V* 64 tunc non posset] iter. *V* 65 nisi] per maiorem potentiam *add. V; et deinde add. V*: per maiorem potentiam nisi per maiorem potentiam potentiam nisi per maiorem potentiam nisi per maiorem potentiam *[sic] sed del.* 65 motorem] vel motorem *V* 67 ista] illa *I* 68 potentia motiva] *om. V (est in A I P)* 71 sibi] innaturali vel *add. A I* 73 tenere illud corpus] illud corpus obtineret *I*; infinitum *add. V* 73/74 potentia1 esset] *inv. I*

aut levitatis: quia, si esset corpus infinitum, et hoc esset grave, sequeretur quod esset gravitas infinita; consequens est impossibile, igitur et antecedens. Consequentia probatur: quia in maiore corpore est maior virtus; ideo in corpore infinito esset virtus infinita; ideo, si esset aliquod corpus infinitum, et esset grave, haberet gravitatem infinitam. Falsitas consequentis probatur: quia, si haberet gravitatem infinitam, tunc moveretur in non tempore; sed hoc est impossibile. Consequentia tenet, ex hoc quod aliquanta gravitas movet in aliquo tempore, et, ceteris paribus, maior gravitas movet in minore tempore; igitur, si esset gravitas infinita, moveret in non tempore. Sed diceres quod, si esset talis infinita gravitas, ista non moveret, sed instantanee mutaret; modo, licet impossibile sit motum esse instantaneum, tamen possibile est mutationem esse instantaneam.

Breviter illud magis videtur nostrum propositum confirmare quam destruere, quia iuxta illud conceditur quod, si esset infinitum et haberet gravitatem infinitam, non esset mobile, sed bene mutabile; et hoc sufficit nobis pro conclusione nostra qua dicebatur quod non est possibile esse infinitum mobile motu recto: unde dicimus mobile et non mutabile.

Adhuc iuxta ultimam rationem aliquis obiiceret negando consequentiam qua arguebatur: si esset corpus grave infinitum, haberet gravitatem infinitam, nam, sicut arguebatur secundo ad quaestionem, si illud corpus esset difforme in gravitate secundum suas partes, non oporteret in eo esse gravitatem infinitam, licet hoc bene oporteret, si esset uniformiter grave per totum.

Breviter istud non valet, quia tale corpus infinitum mobile motu recto, si esset, oporteret quod esset simplex vel mixtum, et, sive esset simplex sive mixtum, non esset in eo tanta difformitas in gravitate quin totalis eius gravitas esset infinita.

---

79 aut] vel *I* 81 igitur] ergo *I* 81 et antecedens] etc, *V* 86 tenet] patet *I* 87 paribus] et *add. V* 87 movet] moveret *V* 87 minore] breviore *I* 88 tempore] *om. V* 88 igitur] ergo *I* 89 ista] illa *I* 91 possibile est] non esset impossibile *I* 93 illud] istud *I* 94 esset] gravitas infinita vel *add. I* 95 et] *om. I* 95 dicebatur] dicitur *I* 96 infinitum] finitum *I (est in P V)* 96 unde] bene *I* 98 aliquis] dubitaret vel *add. I* 00 gravitatem infinitam] *inv. I* 1 esset] est *I* 6 sive] vel *V*

Ad rationes principales. Quando dicitur: ignis est augmentabilis in infinitum, dico quod non. Et quando ARISTOTELES dicit hoc, dico quod dicit hoc conditionaliter, et ista conditio est impossibilis, quia dicit: si apponeretur sibi infinitum combustibile; modo hoc est impossibile, quia, ex quo non est infinitum combustibile, non est possibile hoc igni ministrare.

Ad confirmationes sequentes *videbitur in sequenti quaestione* in qua pertractabitur utrum possibile sit aliquam magnitudinem esse infinitam, sive hoc sit naturaliter sive per potentiam divinam; et *ibidem etiam* | *videbitur* de hoc de quo tangitur in tertia ratione, scili- F.I. B4va
cet utrum repugnet imaginationi esse magnitudinem rectam infinitam.

Ad secundam soluta est in solvendo obiectionem secundo factam iuxta quartam rationem.

---

8 principales] *om. I* 10 ista] illa *V* 11 sibi] *om. V* 13 ministrare] ministrari *I* 14 sequentes] 2. *add. V* 17 ratione] *om. I* 17/18 scilicet] *om. I* 21 rationem] Et sic est finis quaestionis *add. I*

9 ARISTOTELES, *De anima*, II, 4, 416 a 15-16.
14 Cf. *infra*, Q. 9, pp. 98 sqq.
16/17 *Ibidem*.

Quaestio 9

Utrum aliqua magnitudo, sive corporea sive linearis sive superficialis, sit vel possit esse infinita

Quartum propositorum erat utrum aliqua magnitudo, sive corporea sive linearis sive superficialis, sit vel possit esse infinita.

Et videtur //// primo quod sic. Nam possibile est quod in pima F.V. 11vb parte proportionali alicuius horae Deus creet unum lapidem pedalem, et similiter possibile est quod in secunda creet unum lapidem pedalem ad primum, et similiter quod in tertia, et sic ultra de aliis partibus proportionalibus horae. Ponatur ergo quod in qualibet parte proportionali alicuius horae Deus sic faciat; et in fine horae; aggregatum ex omnibus illis lapidibus erit infinitum; ideo possibile est quod aliqua magnitudo corporea sit infinita.

Secundo. Nam possibile est quod secunda pars proportionalis alicuius corporis pedalis rarefiat et extendatur ad aequalitatem primae, et ita de tertia et quarta, et sic de aliis, et saltem hoc est possibile per potentiam divinam; et, si sic fieret, in fine istius horae illud esset infinitum.

Tertio. Probatur quod de facto corpus bipedale est infinitum, quia illud est infinitum quod est compositum ex infinitis partibus, quarum quaelibet est tanta sicut aliqua certa data; sed sic est de corpore bipedali, quia in ipso sunt infinita puncta a quorum quolibet ad aliud est corpus pedale.

Quarto. Magnitudo est augmentabilis in infinitum; ergo videtur quod sit possibile esse magnitudinem infinitam: cum enim aucta est

---

5 utrum] *om. V* 7 Et] *om. I* 8 creet] crearet *I* 9 creet] creat *V* 10 quod] *om. V* 12 et] *om. I* 13 omnibus illis lapidibus] illis lapidibus omnibus *V* 16 pedalis] *om. V* 18 istius] illius *I* 23 ipso] ipsa *V* 24 pedale] *textum linearum 66-73* (Deinde probatur... infinitum) *add. V, quod iter. in pagina sequente ms.* 25 Quarto] Deinde quarto probatur quod aliqua magnitudo linearum sit infinita *V* 25 augmentabilis] angulus *scr. V sed del. et augmentabilis s.v. add.* 26 aucta est] *inv. I*

in infinitum, videtur esse infinita. Antecedens probatur: quia sint *a* et *b* duae magnitudines corporeae, et illud quod dividitur ab *a*, addatur ad *b*; tunc, si *a* est divisibile in infinitum, ergo *b* est augmentabile in infinitum. Consequentia videtur tenere ex eo quod per idem per cuius ablationem diminuitur *a*, augetur *b*, et, quia *a* per eius divisionem diminuitur ad subduplum et ad subtriplum, et sic in infinitum, videtur quod *b* augeatur ad duplum et ad triplum, et sic in infinitum.

Quinto. Aliquid de facto est corpus tantum quantum esset corpus ex infinitis corporibus non communicantibus compositum, quorum quodlibet esset tantum sicut aliquid certum datum; ergo de facto est aliquod corpus infinitum. Consequentia tenet ex eo quia tale corpus ex talibus infinitis compositum esset infinitum. Assumptum probatur: nam, posito quod essent infinita corpora, quorum quodlibet esset sicut unum ovum, tunc probo quod ex omnibus illis, omni rarefactione et condensatione amota, posset fieri unum corpus finitum tantae formae sicut est caput meum vel aliquod tale. Nam sint talia corpora flexibilia, et sit ad imaginationem quod in prima parte proportionali alicuius horae unum eorum fiat latum et circumflectatur uni de illis; et tunc clarum est quod illud circumflexum est finite spissum. Capiatur in secunda parte proportionali eiusdem horae unum aliud et circumflectatur aggregato ex primo et secundo; tunc corpus secundo circumflexum est minus spissum quam corpus primo circumflexum, propter hoc quod circumflectitur maiori. Deinde in tertia parte proportionali //// F.V. 12ra
eiusdem horae capiatur iterum unum aliud de illis corporibus et circumflectatur aggregato ex prioribus; tunc iterum corpus tertio circumflexum est minus spissum quam corpus secundo circumflexum. Et continuetur hoc ulterius per singulas partes proportionales

28 illud] id *I* 28 ab a] a b *I* 29 ad] *om. V* 29 b^1] a *I* 29 si] sic *V* 29 a] b *I* 29 b^2] a *I* 31 diminuitur a] *inv. I* 31 a1] b *I* 31 augetur b] a augmentatur *I* 31 a^2] b *I* 33 videtur] ita *add. I* 33 b] a *I* 35 tantum] *om. V* 37 esset] est *I* 40 essent] esset *V* 42 posset] potest *I* 43 finitum] infinitum *V* 43 tantae formae] tantum forte *V* 43 sicut] nunc *add. V* 43 caput meum] unum caput *V* 44 sint] sit *V* 44 et] quod sic *I* 46 tunc] et tunc *I*; quod tunc *scr. V sed quod del.* 48 aliud] alium *V* 51 maiori] latione] *add. V* 52 aliud] *om. I P* 55 continuetur] contineatur *V*

alicuius horae; in fine horae sunt infinita corpora sic circumflexa quod primo circumflexum est spissius secundo, et secundo circumflexum est spissius tertio, et sic ulterius. Ergo videtur quod totalis spissitudo ex his aggregata sit finita, postquam spississimum inter omnia corpora sic circumflexa est finite spissum, recte sicut aliquod corpus est finitum, cuius prima pars proportionalis est maior secunda, et secunda tertia, et sic ulterius, propter hoc quod inter tales infinitas partes maxima est finita. Sic igitur videtur esse probatum quod ex infinitis corporibus aequalibus non communicantibus sine rarefactione et condensatione factum sit unum corpus finitum.

F.I. B4vb Et deinde probatur quod aliqua magnitudo super- | ficialis est infinita. Probatur: quia angulus rectus est magnitudo superficialis; et est infinitus; igitur etc. Assumptum probatur: quia angulus rectus componitur ex infinitis angulis acutis rectilineis non communicantibus, quorum quilibet est maior angulo contingentiae certo dato: quod patet ex *III° Geometriae*; illud autem quod componitur ex infinitis non communicantibus maioribus aliquo certo dato videtur esse infinitum.

Deinde probatur quod aliqua magnitudo linearis sit infinita: patet hoc de linea gyrativa composita ex infinitis gyris, quorum quaelibet gyrat unam partem proportionalem corporis columnaris spissitudinis unius pedis.

Oppositum dicit ARISTOTELES.

In ista quaestione duo erunt articuli. Primus erit utrum de facto sit aliqua magnitudo infinita; secundus, utrum posset esse aliqua magnitudo infinita

---

57 et secundo[2]] *om. V* 58 est] et *V* 58 ulterius] ultra *V* 59 finita] infinita *V* 60 sicut] prius ostensum est igitur et *add. V* 61 aliquod] aliud *V* 62 tertia] maior *add. I* 63 igitur] ergo *I* 66 finitum] infinitum *V* 69 igitur] ergo *I* 70 acutis] infinitis *add. V* 76 composita] quae componitur *I* 79 dicit] vult *I* 80 erit] *om. V* 81 secundus] erit *add. I* 81 posset] possit *I* 81 aliqua] *om. I*

72 CF. EUCLIDES, *Elementa*, III, prop. 33.
79 ARISTOTELES, *De caelo*, I, 6, 273 a 7- 274 a 18.

Quantum ad primum sit prima conclusio: non est aliqua magnitudo corporea infinita. Probatur, quia ista esset mobilis vel immobilis. Non potest dici quod est immobilis, sicut arguebatur. Nec potest dici quod mobilis, quia vel circulariter vel motu recto; nullum istorum, *sicut prius ostensum est.* Igitur etc.

Secunda conclusio est: infinita magnitudo est: patet tam de linea gyrativa quam de superficie gyrativa quam de corpore gyrativo corporis columnaris. Nam aliqua linea gyrativa est, et quantumlibet maior linea gyrativa est: unde gyra composita ex gyra primae et secundae partis proportionalis columnae, cuius diameter spissitudinis est pedalis, dupla est ad gyram primae partis proportionalis, et gyra composita ex prima, secunda et tertia gyris tripla est ad eandem, et sic ulterius. Simili modo est de superficie gyrativa quantum ad longitudinem contenta inter duas lineas gyrativas. Consimili modo est de corpore gyrativo, et hoc quantum ad longitudinem, intercepto inter quattuor superficies gyrativas.

Tertia conclusio: nulla magnitudo est infinita. Probatur: quia, si aliqua magnitudo esset infinita, maxime videretur esse linea vel superficies gyrativa vel corpus gyrativum; sed hoc non, nam, si aliqua linea gyrativa esset infinita, vel ista gyraret omnes partes proportionales corporis columnaris, vel terminaretur citra terminum columnae. Non potest dici primum, ex eo quod nullae partes sunt omnes partes proportionales columnae, et per consequens nulla est gyra gyrans omnes, et per consequens nulla gyra gyrans omnes est infinita. Nec potest dici secundum, ex eo quod quaelibet talis est finita.

Quantum ad secundum articulum sit prima conclusio: non est possibile aliquam magnitudinem circularem esse infinitam, immo

---

83 Quantum ad primum] De primo *I* 83 prima conclusio] *inv. I* 84 corporea] *om. I P* 84 ista] illa *I* 84 vel] *om. I* 85 est] *om. I* 85 arguebatur] probatum est *I* 86/87 nullum istorum] *om. I (est in P V)* 87 Igitur] rgo *I* 89 superficie gyrativa[2] quam de corpore gyrativo] *inv. V* 91 linea gyrativa] *inv. I* 92 partis] *om. V* 94 gyris] gyra *V* 97 hoc] *om. V* 99 Tertia conclusio] *inv. V* 00 videretur] videtur *I* 2 vel ista] illa *I* 6 gyra[2]] est *scr. V sed del.* 8 finita] infinita *V* 9 Quantum ad secundum articulum] De secundo *I P*

87 Cf. *supra*, L. I, Q. 8, pp. 94-96, lin. 42-7.

hoc implicat contradictionem. Probatur: nam, data aliqua magnitudine circulari infinita, ipsa est figurata, quia circularis; et ultra ipsa est figurata; ergo est termino vel terminis clausa. Patet hoc, quia figura est quae termino vel terminis clauditur ex *principio Geometriae*; et ultra ipsa est termino vel terminis clausa; ergo est finita, non ergo infinita.

Secundo. Nam, dato opposito conclusionis, sit aliquis circulus infinitus in cuius circumferentia signentur duo puncta distantia ab invicem per lineam pedalem, et sint ista duo puncta *a b*, a quibus trahantur duae lineae, scilicet *a c* et *b c*, concurrentes et facientes angulum in centro *c* illius circuli; quo posito, sequitur aliquem angulum rectilineum esse acutissimum; sed hoc est falsum. Consequentia probatur: //// quia, si ab *a* et *b* punctis traherentur
F.V. 12rb duae lineae quae concurrerent non remote a punctis *a* et *b*, illae lineae causarent angulum aliqualiter acutum, et, si concurrerent remotius ab *a* et *b*, causarent angulum acutiorem; ergo, si remotissime, causarent angulum acutissimum; sed, cum concurrunt in puncto *c*, concurrunt remotissime a punctis *a* et *b*; et, ex quo intercipitur spatium infinitum inter *c* ex una parte et *a* et *b* ex alia parte, sequitur angulum *c* rectilineum esse acutissimum; quod erat probandum. Falsitas consequentis probatur: quia vel latera istius anguli distarent vel non. Si distarent et non distantia indivisibili, sequitur quod ista latera esse possent propinquiora; sed tunc causarent angulum acutiorem, et per consequens angulus datus non erat acutissimus. Si autem latera non distarent, tunc unum iaceret supra aliud, et tunc non faceret angulum, et per consequens non angulum acutissimum.

Tertio ad idem. Nam, si possibile esset aliquam magnitudinem circularem esse infinitam, sequeretur quod esset possibile duas li-

---

12 ipsa] *om. I* 13 est] *om. I* 13 termino vel terminis] *inv. V* 15 est[2]] *om. I* 17 Secundo] *om. V* 18/19 distantia ab... puncta] *om. I (hom.) (est in P V)* 20 trahantur] linee *add. V sed del.* 20 b c] *inv. V* 20 et[2]] vel *V* 22 angulum] triangulum *V* 23 Consequentia probatur] *inv. V* 24 non] parum *I* 25 causarent] causaret *V* 25 si] sic *V* 31 istius] illius *I* 34 angulus] acutus *add. V* 36 supra aliud] super alio *I*

14/15 EUCLIDES, *Elementa*, I, déf. 14.

neas non aequidistantes versus eandem partem trahi per spatium infinitum, antequam concurrerent; hoc est falsum et contra definitionem linearum non aequidistantium. Et probatur consequentia: quia, si traherentur ab *a* et *b* punctis signatis in circumferentia circuli infiniti duae lineae rectae in centro *c* istius circuli, illae lineae essent non aequidistantes, et traherentur per aliquantum spatium antequam | concurrerent, et per quadruplum spatium ad illud antequam concurrerent et per quantumlibet maius spatium; ergo traherentur per spatium infinitum antequam concurrerent. Consequentia nota est de se. Antecedens patet, ex eo quod inter *c* ex una parte et *a b* punctis ex alia intercipitur spatium infinitum. F.I. $B5^{ra}$

Quarto. Si esset aliqua magnitudo circularis infinita, sequeretur quod eiusdem circuli essent plura centra; quod est contra *III*^{um} *Geometriae*. Probatur consequentia: quia in tali circulo plura possent assignari puncta a quibus lineae ductae ad circumferentiam non essent inaequales: omnes enim essent infinitae; sed unum infinitum non est alteri inaequale; modo ille punctus est centrum circuli a quo omnes lineae ductae ad circumferentiam non sunt inaequales; igitur talis circulus infinitus, si esset, sic se haberet quod, ubique esset eius centrum et circumferentia eius, nusquam unde non magis centrum eius assignaretur Parisius quam in Roma, *sicut dicetur post*.

Quinto ad idem. Nam sit aliquis circulus infinitus per adversarium, et signentur sicut prius duo puncta in eius circumferentia, scilicet *a* et *b*, et trahatur linea recta ab *a* ad *b* per modum chordae; tunc quaeritur utrum chorda distat ab arcu vel non. Si dicatur quod non, hoc est falsum, ex eo quod tunc chorda et arcus essent una linea. Si autem dicatur quod distent et non distantia indivisibili,

---

40/41 spatium infinitum] *inv. I* 42 Et] *om. I* 44 istius] illius *I* 46 illud] idem *I* 47 spatium] ad illud *add. V* 49 est de se] *om. V* 49 patet] probatur *I* 50 a] et *add. I* 50 punctis] puncta *I* 54 lineae ductae] *inv. I* 55 enim] *om. I* 56 alteri inaequale] *inv. I* 57 ductae ad circumferentiam] *inv. I* 57 sunt] essent *I* 58 igitur] et *I* 58 si esset] *om. V* 59 quod] *om. V* 60 Roma] Ungaria *V* 61 dicetur post] prius dicebatur *I P* 62/63 infinitus per adversarium] *inv. V* 66 ex eo quod] quia *I*

52/53 EUCLIDES, *Elementa*, III, prop. 1.
61 Cf. *infra*, L. II, Q. 7.

cum nulla talis sit, ergo distantia divisibili; et, cum possit dari circulus finitus in quo inter tantum arcum et tantam chordam cadit aequalis distantia, sequitur circulum infinitum esse aequalem circulo finito; quod est falsum.

Sexto ad idem. Si possibile esset aliquem circulum esse infinitum, sequitur quod eius diameter esset finita; hoc est falsum. Consequentia tenet. Falsitas consequentis probatur. Nam sit ista diameter inter *a* et *b* puncta sibi invicem opposita in circumferentia
F.V. 12va istius circuli, et incipiat //// Socrates moveri ab *a* puncto versus *b*, sic quod in prima parte proportionali alicuius horae pertranseat pedale, et in secunda tantum, et sic ultra, et Plato incipiat moveri a *b* versus *a* super eadem diametro aequali velocitate sicut Socrates movetur; tunc clarum est quod Socrates et Plato sibi obviabunt super ista diametro et non in instanti terminante exclusive istam horam, nam tunc quilibet eorum esset super unum terminum istius diametri ad quem movebantur, puta Socrates super *b* et Plato super *a*; ergo obviabunt sibi in aliquo instanti intrinseco istius horae; sed in quolibet intrinseco instanti istius horae *a* quolibet eorum pertransitum est solum finitum; et, cum duo finita non constituant infinitum, sequitur quod ista duo spatia ab eis pertransita non constituunt diametrum infinitam; et, cum ista duo spatia sint duae semidiametri illius circuli infiniti, sequitur totalem diametrum illius circuli esse finitam, quod erat probandum.

Per istam rationem universaliter potest probari quod non est possibile esse aliquam magnitudinem rectam infinitam clausam inter duos terminos.

Secunda conclusio: non est possibile esse aliquam magnitudinem quadratam infinitam. Probatur per primam rationem et ultimam prioris conclusionis.

Tertia conclusio: non est possibile esse aliquod corpus infinitum. Probatur per primam rationem primae conclusionis.

---

74 tenet] nota est de se *I* 74 ista] illa *I* 76 istius] illius *I* 77 pertranseat] pertransit *V* 81 ista diametro] illam diametrum *I* 81 istam] illam *I* 82 esset] est *V* 82 istius] *om. I* 84 istius] illius *I* 85 intrinseco instanti] *inv. I* 85 istius] illius *I* 87 ista] illa *I* 87/88 constituunt] constituant *V* 88 ista] illa *I* 90 finitam] infinitam (finitam *est in P V*) 92 esse] *om. I* 92 rectam] esse *add. I* 97 Tertia conclusio] *inv. V* 97 corpus] figuratum esse *add. V*

Quarta conclusio: non est possibile quod aliqua magnitudo sit infinita sive naturaliter sive supernaturaliter. Probatur: nam, si sic, hoc maxime videretur esse per potentiam divinam, isto modo sicut aliqui credunt demonstrare possibilitatem infiniti, quod Deus in qualibet parte proportionali alicuius horae creet aliquem lapidem pedalem et quod in fine horae illi simul coniuncti constituant infinitum. Sed probatur quod illud est impossibile. Pro quo suppono quod non est possibile esse ultimam partem proportionalem alicuius continui. Tunc arguo sic. Nam, si est possibile quod in qualibet parte proportionali alicuius horae Deus faciat unum lapidem pedalem, faciat ergo in prima parte proportionali alicuius horae lapidem pedalem tangentem *a* punctum manentem fixum; deinde in secunda parte proportionali eiusdem horae removeat illum lapidem ab *a* puncto per spatium pedale, et faciat inter ipsum et *a* punctum secundum lapidem pedalem; deinde in tertia parte eiusdem horae removeat aggregatum ex illis duobus lapidibus pedalibus iterum ab *a* puncto manente fixo per spatium pedale, et creet tertium lapidem pedalem inter illud aggregatum et *a* punctum; deinde in quarta parte proportionali removeat iterum aggregatum ex illis tribus lapidibus pedalibus ab *a* puncto manente fixo per spatium pedale in quo creet | quartum lapidem pedalem, et hoc continuet per alias F.I. B5^{rb} partes proportionales illius horae usque ad finem eiusdem, si est possibile; tunc clarum est quod in fine horae aliquis lapis pedalis tanget *a* punctum manentem fixum; ergo iste lapis erat ultimus in creatione infinitorum lapidum creatorum secundum infinitas partes proportionales horae. Sed, cum per casum cuiuslibet lapidis creationi correspondeat una pars proportionalis horae, sequitur quod lapidi ultimo creato, scilicet tangenti *a* punctum in fine horae correspondet una pars propotionalis horae quae est ultima inter omnes sicut ille lapis est ultimus inter //// omnes lapides creatos; et, cum F.V. 12vb tempus sit de numero continuorum, sequitur esse ultimam partem proportionalem alicuius continui; quod est contra suppositionem.

---

00 sic] *om. V* 1 esse] *om. V* 5 illud] hooc *I* 6 non] *om. V* 8 alicuius horae] *om. I* 8 pedalem] *om. V* 13 tertia] propter *add. V sed del.* 17 proportionali] eiusdem horae *add. I* 18 pedalibus] *om. V* 18 manente fixo] *om. I* 20 partes proportionales] *inv. V* 20 illius] *om. V* 22 iste] ille *I* 24 lapidis] lapidum *I*

Iuxta istam rationem pono aliquas propositiones. Quarum prima est ista quod non est possibile quod in qualibet parte proportionali alicuius horae Deus faciat unum lapidem pedalem, sicut iam probatum est, licet bene sit possibile quod in qualibet parte proportionali alicuius horae Deus faciat lapidem, nam bene est possibile quod Deus in una hora successive continue faciat unum lapidem, ita quod in fine horae lapis factus a Deo totalis sit pedalis; tunc, cum quaelibet pars lapidis sit lapis, sequitur quod in qualibet parte proportionali horae istius Deus fecit lapidem, quia fecit partem lapidis.

Secunda propositio: quamvis non sit possibile quod in qualibet parte proportionali alicuius horae Deus faciat unum lapidem pedalem, tamen in qualibet parte proportionali Deus potet facere unum lapidem pedalem. Patet hoc: quia in prima potest facere unum lapidem pedalem, et in secunda potest facere unum lapidem pedalem, nec est dare instantiam de aliqua; ergo in qualibet potest facere unum lapidem pedalem.

Et, si arguitur: *in qualibet potest facere unum lapidem pedalem, ergo possibile est quod in qualibet faciat unum lapidem pedalem*, neganda est consequentia, ex eo quod arguitur a sensu diviso vero ad sensum compositum falsum: unde non sequitur: *quamlibet partem illius ponderis Socrates potest portare, ergo possibile est quod quamlibet partem illius ponderis Socrates portet.* Unde sit *a* unum pondus aequale in gravitate cum potentia Socratis; tunc clarum est quod quamlibet partem *a* ponderis Socrates potest portare, et tamen non potest quamlibet partem *a* ponderis portare, quia tunc *a* pondus posset portare; quod est falsum, quia fieret actio a proportione aequalitatis.

Tertia propositio iuxta dictam rationem: aliqua propositio universalis est impossibilis cuius quaelibet singularis est possibilis et quaelibet cuilibet earum compossibilis. Patet hoc: nam haec est impossibilis: *in qualibet parte proportionali alicuius horae Deus faciet unum lapidem pedalem*, et tamen quaelibet eius singularis est

---

34 licet] tamen *add. I* 35/36 bene est possibile] est possibile *I* 37 lapis] fs *add. V sed del.* 39 istius] illius *I* 41 parte] *om. I* 42 proportionali] alicuius horae *add. I* 47 arguitur] arguatur *I;* contra *add. V* 51 illius] istius *I* 52 illius] istius *I* 62 faciet] facit *V* 62 eius singularis] *inv. I*

possibilis, quia non est reperire aliquam quin sit possibilis; et quaelibet earum cuilibet alteri earum est compossibilis, quia non est reperire aliquas quin sint compossibiles: unde secunda est compossibilis primo et tertia illis duabus et quarta et quinta, et sic ulterius.

Sed diceres: ex quo omnium singularium alicuius universalis possibilitas et compossibilitas non sufficiunt ad possibilitatem universalis, quid ergo sufficit ad possibilitatem eius. Dico quod requiritur et sufficit quod omnes singulares simul esse veras sit possibile, id est quod haec sit possibilis: *omnes eius singulares simul sunt verae*; et conformiter dicatur de possibilitate propositionis copulativae.

Sed diceres: probo ergo quod haec sit possibilis: *in qualibet parte proportionali alicuius horae Deus faciet unum lapidem pedalem*, cuius tamen oppositum dictum est. Probatur: nam primam eius singularem esse veram est possibile, et secundam eius singularem esse veram est possibile et tertiam eius singularem esse veram, est possibile; et non est aliqua eius singularis quin ipsam esse veram sit possibile; ergo omnes eius singulares esse veras est possibile, et, si sic, ipsa est possibilis.

Respondeo: concedo totum antecedens, et nego consequentiam: unde consequens est omnino impertinens antecedenti. Unde, si consequentia valeret secundum quam creditur argui inductive, consequens deberet esse una propositio universalis; sed hoc non, ex quo est una propositio composita de possibili: unde ista: *omnes eius singulares esse veras est possibile*, est ita modi- | cum universalis sicut F.I. B5va
ista: *omnem hominem esse animal est possibile*; modo, sicut scitis, talis non est universalis, sed indefinita, sicut diffuse declaravi in logica.

Secundo arguitur ad quartam conclusionem: si esset possibile quod esset aliqua magnitudo infinita, tunc esset possibile quod aliquod corpus opacum obiiceret alicui corpori luminoso, et tamen non faceret umbram; quod videtur esse impossibile. Consequentia

---

63 quin] quae non *V* 63 et] etiam *I* 64 alteri] *om. V* 68 sufficiunt] sufficit *I V* 70 simul] *om. V* 72 dicatur] dicitur *I* 74 faciet] facit *V* 77/78 et tertiam... possibile] *om. V* 79 veram] *om. V* 82 est omnino] *inv. I* 87 scitis] scitur *V* 88 diffusive declaravi in] nota est ex *V (est in A I P)* 92 obiiceret] obiiceretur *V* 92 alicui] alteri *V* 93 impossibile] falsum *I* 93/94 Consequentia probatur] *inv. I*

F.V. 13ra probatur: //// nam sit per adversarium unum corpus luminosum infinitum, et obiiciatur sibi unum corpus quadratum pedale opacum. Probo quod non facit umbram. Pro quo suppono quod quilibet iste punctus medii illuminatur qui est retro opacum corpus, ad quod pertingit aliquis radius recedens ab aliquo puncto corporis luminosi; deinde suppono quod illud corpus luminosum sic se habeat quod proportionaliter secundum quod puncta eius plus distant a corpore opaco habeant plus de luce intantum quod quilibet punctus istius corporis luminosi possit radiare usque ad corpus opacum; tunc arguo sic: quilibet punctus medii retro corpus opacum illuminatur; igitur illud corpus opacum non facit umbram. Consequentia tenet. Antecedens probatur: nam, quocumque puncto medii dato retro corpus opacum, iste distat a corpore opaco; igitur ad quemlibet talem punctum potest provenire radius rectus ab aliquo puncto corporis luminosi absque hoc quod impediatur per corpus opacum, et per consequens per unam suppositionem quilibet punctus medii retro corpus opacum illuminatur; quod erat probandum.

Tertio arguitur sic: si esset possibile aliquam magnitudinem esse infinitam, tunc esset possibile quod *a* per unam totam horam esset finitum et in instanti terminante istam horam exclusive esset infinitum, et tamen in illo instanti nihil sibi adderetur; quod videtur esse inconveniens. Probatur consequentia. Nam sit *a* unum pedale quod in prima parte proportionali alicuius horae crescat ad duplum, et in secunda ad quadruplum, et sic ultra quo modo aliqui volunt probare possibilitatem infiniti, tunc in qualibet parte proportionali istius horae est finitum; sed in instanti terminante exclusive istam horam est infinitum, ex quo tunc est compositum ex infinitis quantis non communicantibus, quorum quodlibet est tantum sicut aliquod certum datum; et tamen pro illo instanti nihil sibi additur, propter hoc quod positum est quod augeatur usque ad illum instans exclusive. Sic simili modo sequitur quod esset possibile quod aliquid per

---

96 opacum] *om. I P* 97 iste] ille *I* 97 opacum corpus] *inv. I* 98 quod] quem *V* 98 recedens] vel rectus *add. I* 2 istius] illius *I* 3 arguo] arguitur *I* 4 igitur] ergo *I* 6 iste] ille *I* 6 igitur] ergo *I* 14 istam] illam *I* 18 aliqui] *om. I* 19 istius] illius *I* 20 istam] illam *I* 22 quorum] ex quo quod *V* 23 hoc] *om. V*

unam totam horam esset infinitum, et in instanti terminante exclusive istam horam esset finitum, et tamen in illo instanti nihil ab eo removeretur; hoc iterum videtur esse inconveniens. Consequentia patet, si *a* quod factum est finitum e converso minuatur per partes proportionales alicuius horae, sicut augebatur usque ad illud instans terminans exclusive istam horam.

Quarto ad idem. Nam, dato opposito conclusionis, sequitur quod esset possibile quod *a* et *b* per unam totam horam essent aequalia et in instanti terminante exclusive istam horam non essent aequalia, et tamen in illo istanti a nullo eorum aliquid removeretur, nec alicui eorum aliquid adderetur; hoc iterum videtur esse inconveniens. Consequentia probatur. Nam sint *a* et *b* duo quanta pedalia, et augeantur in aliqua hora simul sic quod in prima parte proportionali illius horae quodlibet eorum augeatur ad duplum, et in secunda ad quadruplum, et sic semper usque ad finem horae; tunc per totam horam *a* et *b* manent aequalia, ex quo per totam horam sunt finita et in principio fuerunt aequalia et aequaliter augentur, et tamen in instanti terminante exclusive istam horam non sunt aequalia, ex quo quodlibet eorum in fine horae est infinitum; sed inter infinita non est aequalitas nec inaequalitas, ut patet per COMMENTATOREM *III° Physicorum*; ergo etc.

Quinto ad idem. Dato opposito conclusionis, sequitur quod per totam horam *a* esset maius *b* et in fine horae non, et tamen in fine horae nec *a* nec *b* aliquid adderetur nec aliquid ab eis removeretur; hoc iterum videtur esse inconveniens. Probatur consequentia: nam posito quod *a* sit duplum ad *b*, et augeatur in hora sic quod *a* continue maneat duplum ad *b* et quod in prima parte proportionali horae *b* augeatur ad duplum, et in secunda ad quadruplum, et sic

---

26/27 exclusive] *om. V* 27 istam] illam *I* 27 horam] exclusive *add. V* 29 si] sic *V* 29 factum est] *inv. I* 29 finitum] infinitum *P V* 29 e converso] ex quo *V* 29 minuatur] diminuatur *V* 30 illud] *om. I* 31 istam] illam *I* 32 sequitur] sequeretur *I* 34 istam] illam *I* 36 esse] *om. V* 37 Consequentia probatur] *inv. I* 38 simul] *om. I* 39 eorum] *om. V* 41 totam] *om. I* 42 fuerunt] erant *I* 42 aequaliter] aequalia *V* 43 istam] illam *I* 45 ut patet] *om. I* 46 ergo etc.] *om. V* 47 sequitur] sequeretur *I* 52 ad] ab *V* 52 quod] *om. V* 53 augeatur] augetur *V*

45/46 Cf. AVERROES, *In Physicam*, III, comm. 49 sqq.

ultra; in fine horae nihil additur ipsi *a*, nec removetur ab eo, et sic similiter est de *b*, et tamen in fine horae *a* non est maius *b*, postquam tam *a* quam *b* est infinitum: unum enim infinitum non est maius alio, sicut postea probabitur.

F.V. 13rb F.I. B5^{vb} Sexto ad idem. Dato opposito //// conclusionis, sequitur quod Socrates et Plato moveren- | tur per horam sic quod in qualibet parte proportionali istius horae Socrates pertransiret duplum ad illud quod pertransiret Plato; et tamen in fine horae pertransitum a Socrate non esset maius pertransito a Platone. Probatur consequentia: nam, posito quod Socrates in prima parte proportionali alicuius horae pertranseat spatium bipedale et Plato pedale, et in secunda Plato bipedale, Socrates vero quadrupedale, et sic ultra eundo secundum proportionem duplam; tunc clarum est quod in qualibet parte proportionali illius horae Socrates pertransivit duplum ad illud quod pertransit Plato, et tamen in fine horae pertransitum ab uno non est maius nec minus quam pertransitum ab alio, propter hoc quod in fine horae ab utroque est pertransitum infinitum; modo unum infinitum nec est maius nec minus alio pertransito.

Septimo. Dato opposito conclusionis, sequitur quod *a* linea brevior *b* linea posset fieri longior ea per solum motum localem omni condensatione et rarefactione amota; quod videtur esse inconveniens. Probatur consequentia: nam sint *a* et *b* duae lineae aeque distantes protensae in infinitum versus oriens, finitae tamen versus occidens, et sic se habeant quod *b* versus occidens terminetur ad centrum alicuius circuli, *a* autem citra; tunc patet quod *b* versus occidens est protensa ultra *a*, et per consequens *a* videtur esse brevior. Tunc ulterius imaginetur quod illae duae lineae circumvolvantur, fixae tamen manentes circa puncta ad quae terminantur in circulo; circumvolutione autem facta, *a* protenditur ultra *b*, sicut

---

54 ipsi] *om. V* 56 enim] autem *I V* 57 sicut postea probabitur] *om. V (est in I P)* 58 ad idem] *om. V* 58 sequitur] sequeretur *V* 60 istius] illius *I* 63 nam] *om. I* 64/65 et^{2} in... vero] in secunda *V* 67 pertransivit] pertransit *I* 69 quam pertransitum] pertransito *I* 69 ab] li (?) *add. V sed del.* 70 est pertransitum] *inv. I* 70 infinitum^{2}] *om. V* 71 nec^{1}] non *I* 74 condensatione et rarefactione] *inv. I* 74 esse] *om. V* 77 occidens^{1}] et verteretur *add. V* 78 circuli] a *add. V* 80 imaginetur] imaginemur *I* 80/81 circumvolvantur] circumvolventur *I* 82 circumvolutione autem facta] circumvoluto tunc *V*

prius *b* protendebatur ultra *a*, sicut patet volenti intueri; igitur videtur quod per solam talem circumvolutionem *a* quam prius erat brevius *b*, factum sit longius *b*. Inter omnes istas rationes ad quartam conclusionem positas primam magis pondero.

Dubitatur: nos possumus imaginari magnitudinem infinitam, igitur magnitudo infinita saltem potest esse. Consequentia probatur: quia non possumus aliquid imaginari nisi imaginatio nostra ab aliquo moveatur; igitur, si imaginemur aliquam magnitudinem infinitam, videtur quod ad extra sit aliqua magnitudo infinita movens ad huiusmodi imaginationem.

Respondetur quod de infinito non habemus nec possumus habere aliquem conceptum simplicem plus quam de chimera, licet bene de infinito habeamus aliquem conceptum complexum; sed illi nihil correspondet in re, propter hoc quod non est aptus natus pro aliquo supponere, sed bene partibus eius. Unde ego bene concipio corpus et concipio ipsum esse finitum, deinde removendo hoc ab illo concipio corpus sine termino; et talis conceptus complexus non habet correspondentiam in re, quamvis partes eius habeantur, et talis conceptus complexus est conceptus infiniti. Imaginando igitur corpus infinitum, non movemur ab aliquo extra quod sit infinitum, sed movemur ab aliis rebus per quarum species dividendo eas ab invicem formamus in nobis conceptum de infinito, qui tamen, sicut dixi, secundum se totum non habet correspondentiam in re, sed secundum partes eius recte sicut est de conceptu chimerae.

Ad rationes principales. Ad primam nego antecedens. Et ratio negationis patet ex prima ratione adducta ad quartam conclusionem.

---

83 igitur] ergo *I* 86 positas] factas *V* 88 igitur] ergo *I* 89 quia] nos *add. I* 89 nisi imaginatio] *om. V* 90 igitur] ergo *I* 91 infinitam] finitam *V* 91 quod] *om. V* 92 ad] *om. V* 93/94 habemus nec possumus habere] *inv. I* 94 de] *om. V* 95 de infinito habeamus aliquem conceptum complexum] aliquem conceptum complexum de infinito habeamus *I* 95 sed] et *I* 98 removendo hoc] formando divisionem eius *I* 99 non] nam *V* 00 habeantur] habeant *V* 1 est] et *V* 1 igitur] ergo *I* 3 dividendo eas] iter. sed primam locutionem del. *V* 7 principales] *om. V*

F.V. 13va Similiter respondeatur ad secundam. ////

Ad tertiam nego antecedens. Pro probatione dico quod aliquid esse compositum ex infinitis partibus aequalibus non sufficit ad hoc quod sit infinitum; sed requiritur cum hoc quod istae partes non sint communicantes, sed quod omnino una sit extra alteram; sed sic non est in proposito.

Ad quartam quae stabat in hoc quod, sicut magnitudo potest diminui in infinitum per divisionem ad subduplum et ad quadruplum, etc., ita per appositionem istarum partium ad aliam magnitudinem illa alia videtur crescere in infinitum ad duplum et ad quadruplum, hoc nego, quia, cum aliqua magnitudo per ablationem suae medietatis diminuatur ad duplum, tunc alia sibi aequalis per additionem istius ad eam solum augetur ad sesquialterum; et sic non tantum augetur una magnitudo per additionem istius quod resecatur ab una alia quantum diminuitur illa a qua fit resecatio.

Ad quintam dico quod non est possibile quod ex infinitis corporibus aequalibus non communicantibus fiat aliquod corpus finitum, deducta rarefactione et condensatione. Et cum dicebatur quod infinitae essent ibi spissitudines circumflexae inter quas maxima esset finita, admittatur. Et cum ulterius arguebatur: igitur spissitudo ex his omnibus aggregata esset finita, bene concederetur, sed aliter F.I. B6ra non, si istae spissitudines haberent se | ad invicem in continua proportione; modo non est sic: unde non eodem modo se habet prima ad secundam sicut secunda ad tertiam, et in hoc est dissimilitudo inter istas spissitudines et partes proportionales continui. Nam partes proportionales in continuo se habent in continua proportione ita quod, qualis est proportio primi ad secundum, talis est proportio secundi ad tertium, et sic ultra. Sic autem non est de illis spissitudinibus.

---

11 tertiam] dicitur *add. V* 11 nego] negatur *V* 12 esse] *est scr. V sed del. et s.v. esse add.* 13 hoc] *om. V* 13 istae] illae *I* 18 istarum] illarum *I* 19 illa] *om. V* 19 infinitum] scilicet *add. I* 20 quadruplum] etc. *add. I* 21 diminuatur ad duplum] *inv. I*; dicitur ad subduplum *V* 22 istius] illius *I* 22 solum augetur ad sesquialterum] ad sesquialterum solum augetur *I* 23 istius] alicuius *I* 26/27 finitum] *infinitum I (est in P V)* 29 igitur] ergo *I* 30 his omnibus] *inv. I* 30 concederetur] conceditur *I* 31 istae] illae *I* 32 se habet] *inv. I* 33 et] *om. V* 34 istas] illas *I*

Ad sextam, cum arguitur de superficie, nego quod aliqua superficies sit infinita. Et cum arguebatur de angulo recto, dico quod non est infinitus, licet sit compositus ex infinitis angulis non communicantibus, quorum quilibet aliquo angulo dato est maior, scilicet angulo contingentiae. Unde hoc non sufficit ad infinitatem anguli, sed requiritur, si debeat esse infinitus, quod sit compositus ex infinitis angulis non communicantibus, quorum quilibet angulo dato eiusdem speciei sit maior; modo sic non est de angulo acuto rectilineo et angulo contingentiae, quia sunt anguli diversarum specierum.

Ad septimam, cum arguebatur de magnitudine lineali, dico quod illa bene probant istam conclusionem quod infinita est magnitudo linearis; non tamen probant aliquam magnitudinem linearem esse infinitam. Et primum est concedendum, secundum vero negandum secundum quod patet ex dictis in quaestione.

39/40 superficies sit] *inv. I* 42 angulo] *om. I* 44 debeat] debet *V* 47 contingentiae] ratio *add. I* 47 sunt] enim *add. I* 50 est] s.v. *V* 53 secundum] *om. V*

Quaestio 10

Utrum infinitum possit esse maius vel minus alio infinito, si essent plura infinita, seu utrum sit unum comparabile alteri

Quintum propositorum erat utrum infinitum possit esse maius vel minus alio infinito, si essent plura infinita, seu utrum sit unum comparabile alteri.

Et arguitur primo quod sic. Quia, si essent plura, quodlibet eorum esset quantum; proprium autem est quantitati secundum eam aequale vel inaequale dici, sicut dicit ARISTOTELES in *Praedicamentis*; ergo infinitum potest esse infinito aequale vel inaequale, et per consequens comparabile secundum maius et minus.

F.V. 13vb Secundo. Omne comparatum alteri aut excedit ipsum //// aut exceditur ab ipso aut est ei aequale; ergo sic videtur esse de infinito respectu infiniti, si essent plura.

Tertio. Infinitum est comparabile finito, quia maius est in infinitum; igitur fortiori ratione est comparabile infinito, quia comparatio fit inter res eiusdem rationis; modo magis conveniunt duo infinita quam finitum et infinitum.

Quarto. *A* et *b* infinita, si essent, vel essent aequalia vel inaequalia. Si aequalia, tunc sunt comparabilia; si inaequalia, tunc unum est maius et alterum minus, quia *V° Metaphysicae* dicitur quod inaequale idem est quod maius aut minus.

Quinto. Duo infinita sibi invicem superposita sic se possunt habere quod neutrum excederet aliud nec excederetur ab eo; ergo

---

6 infinito] *om. V* 15 ipso] ei *I* 15 aequale] *inv. I* 17 maius] magis *I* 17 in] *om. I (est in P V)* 18 igitur] ergo *I* 18 fortiori ratione] a fortiori *I* 22 tunc] sic *I* 23 maius] magis *V* 25 superposita] supposita *I*; supra posita *V* (superposita *in P*)

10/11 ARISTOTELES, *Categoriae*, 6, 6 a 26-27.
23 ARISTOTELES, *Metaphysica*, V (Δ), 15, 1021 a 12.

essent aequalia. Consequentia tenet per unum principium *Geometriae*. Antecedens patet, quia, si essent duo ligna versus oriens infinita et versus occidens, unum eorum non esset extensum ultra aliud et utrumque eorum esset pedaliter latum.

Sexto. Omne totum est maius sua parte in aliqua proportione; modo unum infinitum potest signari tamquam portio alterius, sicut una columna infinita esset portio infiniti undiquaque, et multitudo partium medietatis est portio multitudinis partium totius.

Septimo. Omne contentum est minus corpore continente vel aggregato ex continente et contento; modo columna infinita esset contenta in infinito undique, si esset; igitur etc.

Octavo. Illud quod totum occupat est maius illo quod non totum occupat, quia, si non, tunc pari ratione unum occuparet totum sicut alterum; modo sic est de duobus infinitis quorum unum est infinitum undique et aliud non.

Nono. Omne corpus est in loco sibi aequali *IVº Physicorum*, saltem accipiendo locum pro spatio imaginato; igitur infinitum et locus eius infinitus sunt aequales, etiam capiendo locum pro superficie continente infinitum; et sic saltem superficies continentis et superficies contenti, quae sunt infinitae, sunt aequales.

Decimo sic. Sit *a* unum infinitum secundum longum, pedaliter latum et pedaliter profundum, et *b* conformiter longum, et minus latum et profundum; tunc sequitur: *a* excedit *b* secundum unam dimensionem et secundum quid, et non excedit secundum aliam; igitur est maius *b*. Ista consequentia tenet: nam sic est in omnibus corporibus finitis; igitur videtur sic esse in | infinitis, si essent. Sed F.I. B6^{rb}
diceres quod, licet in corporibus finitis sic sit, tamen non sic est in corporibus infinitis, si essent, hoc videtur esse dictum quoddam voluntarium et sine ratione.

---

28 quia] *om. I* 29 extensum] protensum *I* 30 eorum] *om. V* 33 una] *om. I* 36 modo] sed *I* 37 igitur] ergo *I* 40 sic] non *add. V* 43 accipiendo] capiendo *I* 43 igitur] ergo *I* 48 conformiter] conformis *V* 49 sequitur] sic *V* 51 maius] magis *V* 51 b] *om. I P* 52 igitur] ergo *I* 52/53 Sed diceres] Et si diceretur *I*; Sed diceretur *P* 53 tamen non] *inv. I* 53 sic est in corporibus infinitis] in corporibus infinitis sic esset *V* 54 hoc] *om. I* 54 dictum quoddam] quoddam *I*; *inv. V*

28 Cf. EUCLIDES, *Elementa*, I, déf. 15.
42 ARISTOTELES, *Physica*, IV, 4, 211 a 1-2.

Undecimo. Omne figuratum alio figurato est aequale vel maius vel minus. Patet statim, quia aequalitas et inaequalitas maxime probantur de figuris in *Geometria*; modo, si essent duae columnae infinitae, ipsae essent figuratae adhuc figuris eiusdem rationis; igitur videtur quod, si essent plura infinita, ipsa essent ad invicem comparabilia.

Duodecimo. Sit *a* finitum duplum ad *b*, tunc continue per partes proportionales alicuius horae dupletur utrumque; tunc patet statim quod nihil deperditur continue per horam de illa inaequalitate aut proportione, quia continue *a* est duplum ad *b*; igitur in fine adhuc est duplum, quia non deperditur subito in ultimo instanti, cum additio sit successiva, et tamen in fine sunt duo infinita, ut statim sequitur ex casu et per idem posset argui quod unum infinitum ad aliud fit duplum, triplum, quadruplum, et sic de aliis.

Tertio decimo. Sit *a* mobile quod in qualibet parte proportionali horae pertranseat unum spatium pedale, et *b* similiter; tunc in fine *a* et *b* fuerunt aequaliter mota; igitur pertransiverunt spatia
F.V. 14ra aequalia; //// sed ex casu sequitur quod illa spatia sunt infinita; igitur per imaginationem sequitur quod duo infinita sunt aequalia, et per consequens comparabilia.

Quarto decimo, arguitur sic. Moveatur *a* per bipedale et *b* per pedale, sicut prius in qualibet parte proportionali horae; tunc *a* movetur in duplo velocius continue; igitur ex definitione velocioris posita *VI° Physicorum* *a* in duplo velocius movetur; igitur in fine horae duplum spatium pertransibit; sed quodlibet eorum infinitum

---

56 maius] magis *V* 59/60 igitur] ergo *I* 60 quod] *om. V* 62 Sit] Sic sit *V* 62 finitum] infinitum *A V (est in I P S)* 63 alicuius] *om. I* 63 patet statim] *inv. I* 64 illa] ista *I* 65 igitur] ergo *I* 66 subito] sub isto *V* 66 ultimo] in instans *add. V sed del.* 68 posset] potest *I* 69 quadruplum] *om. V* 69 et sic de aliis] etc. *V* 71 spatium] *om. I* 72 igitur] ergo *I* 76 per] bipedale *add. V sed del.* 78 movetur] moveatur *V* 78 igitur] ergo *I* 79 VI°] VI^{a} *V* 79 igitur] ergo *I* 80 horae] *om. I* 80 duplum spatium pertransibit] pertransivit in duplo maius spatium *I P* 80 eorum] s *add. V sed del.* 80/81 infinitum pertransivit] pertransivit infinitum *I*

58 EUCLIDES, *Elementa*, I.
79 ARISTOTELES, *Physica*, VI, 2, 232 b 25-27.

pertransivit; igitur unum infinitum alteri est duplum, et ita posset argui quod infinitum posset duplari, triplari, et sic de aliis.

Quinto decimo arguitur sic. Infinitum potest augeri; igitur infinitum infinito potest esse maius. Consequentia tenet. Antecedens probatur, quia ad infinitum quod non est undique infinitum, potest fieri additio; igitur ex descriptione augmentationis fiet augmentatio, quia augmentatio est prioris quantitatis additamentum. Sic igitur argutum sit de infinito secundum extensionem.

Deinde arguitur de infinito secundum virtutem vel intensionem. Nam, sit *a* una columna infinita et *b* una alia sibi superposita, et sit *a* calidum uniformiter in quolibet puncto duobus gradibus intensive et *b* infinitum uniformiter frigidum in quolibet suo puncto uno gradu frigiditatis; tunc patet quod quodlibet pedale ipsius *a* aget in partes *b* cui supponitur, igitur totum *a* aget in totum *b*; sed tam caliditas quam frigiditas sunt infinitae; igitur unum infinitum aget in aliud, et, quia agens excedit passum et est maius eo, statim sequitur quod unum infinitum sit maius alio.

Eodem modo esset, si imaginaremur unum grave esse *a* ita quod quodlibet pedale eius esset duarum librarum et *b* unum leve ita quod quodlibet pedale eius esset sicut una libra in gravitate; quo posito, *a* moveret *b* et faceret ipsum descendere tali velocitate sicut bipedale moveret pedale, et hoc esset a proportione dupla; igitur unum infinitum esset alteri duplum, et per consequens maius. Etiam, quia *a* est calidius *b* vel gravius, sequitur quod habet maiorem caliditatem quam sit frigiditas ipsius *b*, et tamen utrumque eorum esset infinitum.

Secundo sic. Sit *a* infinitum calidum intensive et extensive, et *b* infinitum habens caliditatem infinitam extensive solum; tunc, cum

---

81 igitur] ergo *I* 81 posset] potest *I* 82 posset] potest *I* 82 triplari, et sic de aliis] et quadruplari et sic ulterius *I* 83 arguitur sic] *om. V* 83 igitur] ergo *I* 86 igitur] ergo *I* 86 fiet augmentatio] *om. V* 87 prioris] praeexistentis *V* 87/88 igitur] ergo *I* 88 argutum sit] argumentum est *I (est in P V)* 90 a] *s.v. V* 90 sibi] *om. I* 94 partes] partem *I (est in P V)* 94 igitur] ergo *I* 95 sunt] est *I (est in P V)* 95 infinitae] infinita *I* 95 igitur] ergo *I* 97 sit] est *I* 98 unum grave esse a] a esse unum grave *I* 99/00 ita quod] et *V* 00 gravitate] levitate *V* 1 ipsum] b *I* 1 tali] scilicet *add. V* 1 sicut] pedale *add. V sed del.* 2 igitur] ergo *I* 3 esset] est *V* 5 frigiditas] vel levitas *add. I (om. P V)* 6 eorum] illorum *V* 7 calidum] infinite *add. I* 7 intensive et extensive] *inv. I*

a sit calidius *b* in infinitum, sequitur quod caliditas eius sit maior in infinitum quam sit caliditas *b* quae etiam est infinita, quia in uno pedali ipsius *a* est caliditas infinita, et tamen est maior in toto *a*.

Deinde arguitur de proportione infinita. Quia dicitur *V°* EUCLIDIS: si aliqua fuerunt continue proportionalia, proportio primi ad tertium est dupla ad proportionem primi ad secundum; modo qualis est proportio corporis ad superficiem, talis est superficiei ad lineam; igitur proportio infinita corporis ad lineam est in duplo maior quam sit proportio corporis ad superficiem.

Secundo. In eodem *V°* EUCLIDIS dicitur quod, si duae quantitates comparentur ad tertiam, illa tertia habebit ad minorem maiorem proportionem, sicut quattuor maiorem proportionem habent ad unum quam ad duo; igitur angulus rectus maiorem habebit proportionem ad angulum contigentiae minorem quam ad maiorem, et ad utrumque habet infinitam proportionem, ut patet *III°* EUCLIDIS; igitur una proportio infinita est maior alia.

Deinde arguitur de tempore. Quia, si mundus fuit ab aeterno, F.I. B6va sicut fuit secundum ARISTOTELEM, tunc | luna fuit infinities eclipsata; igitur totum tempus quo luna fuit eclipsata fuit infinitum; ideo videtur quod totum tempus aeternum non sit maius illo tempore in quo luna fuit eclipsata, nisi tunc ponatur unum infinitum esse maius alio.

Secundo. Non esset eligibilius nunc incipere habere bonum in perpetuum quam expectare adhuc per decem millia annorum, quia utroque modo haberetur bonum infinitum in duratione; et una duratio infinita non est maior alia; igitur etc.

---

13 proportionalia] proportionabilia *V* 14 tertium] tertiam *V* 16 igitur] ergo *I* 18 si] 2° *add. V sed del.* 18/19 quantitates] inaequales *add. V* 19 comparentur] componerentur *V*; comparantur *I* 20/21 proportionem habent] *inv. I* 21 igitur] ergo *I* 21/22 maiorem habebit] *inv. I* 23 proportionem] *om. I* 24 igitur] ergo *I* 24 maior alia] altera maior *I* 28 aeternum] quod fuit ... *(ill.)* aeterno *V* 28 sit] at *add. V sed del.* 29 fuit] *om. V* 31 per] *om. I* 31 decem millia] 100000 *I* 33 igitur] ergo *I*

11/12 EUCLIDES, *Elementa*, V, prop. 12 - 18.
18 EUCLIDES, *Elementa*, V, prop. 14.
24 EUCLIDES, *Elementa*, III, prop. 33
26 ARISTOTELES, *De caelo*, II, 1, 283 b 26 - 284 b 5.

Tertio. Sequeretur quod non esset fugibilius habere malum perpetuum aliquantum intensum quam in duplo vel in quadruplo magis intensum; quod videtur esse falsum. Consequentia tenet, quia utrobique esset malum similiter infinitum; et, si alterum non esset maius, tunc non esset fugibilius.

Deinde arguitur de Deo. Sequeretur quod Deus non posset movere unum infinitum, posito quod fecisset unum infinitum. Consequentia tenet, //// quia Deus non esset potentior ex quo unum F.V. 14rb infinitum non esset maius alio.

Secundo. Si faceret qualitatem infinitam quae esset virtus infinita, tunc Deus non esset maioris virtutis; quod videtur esse inconveniens.

Tertio. Cum ipse Deus sit omnipotens, tollatur ab eo per imaginationem virtus calefaciendi, et dimittatur quoad alia, tunc est minus potens; igitur potentia infinita est diminuata, et tamen est adhuc infinita, quia potest producere infinitam frigiditatem.

Oppositum arguitur. Nam infinitum, si esset, occuparet locum sibi aequalem vel spatium imaginatum quod esset infinitum; et sic esset infinitum infinito aequale; quod ARISTOTELES et COMMENTATOR reputant impossibile *III° Physicorum*. Modo, si impossibile est infinitum esse infinito aequale, pari ratione videtur quod impossibile sit infinitum esse maius vel minus alio infinito, et per consequens videtur quod impossibile sit infinitum infinito esse comparabile.

In ista quaestione primo ponam duas breves distinctiones; deinde conclusiones.

Prima distinctio est quod aequale dicitur dupliciter. Uno modo aliqua dicuntur aequalia sine additione ut totum toti est aequale in

---

35 magis] *om. V* 36 Consequentia tenet] *om. V* 37 similiter infinitum] *inv. V* 39 posset] potest *I* 40 unum] *om. I* 44 videtur esse] est *I* 45 Deus] *om. I* 47 igitur] *om. I* 47/48 est adhuc] *inv. I* 50 sibi aequalem] *inv. V* 51 infinito] infinita *V* 53 esse infinito] *inv. I* 53 videtur] *om. V* 55 impossibile sit infinitum] infinitum impossibile sit *I* 54 infinitum] infinito *add. I* 54 alio infinito] *om. I* 55 infinitum infinito] *inv. I* 55 esse] *om. I* 56 ponam] pono *V* 58 modo] quando *I* 59 ut] et *I P*

51 ARISTOTELES, *Physica*, III, 5, 205 b 24 - 206 a 8.
51/52 AVERROES, *In Physicam*, III, ff. 100vb-101va, comm. 35.

summa: et isto modo nihil simul est eidem aequale et inaequale. Alio modo aliquid dicitur aequale alteri secundum quid, scilicet secundum latum aut secundum longum aut a dextris aut a sinistris, etc.: et sic aliqua simul sunt aequalia et inaequalia secundum quid, quia aliqua aequalia secundum profundum sunt inaequalia secundum longum et etiam secundum latum.

Secunda distinctio est quod aliquid dicitur esse maius alio dupliciter. Uno modo proprie, quia ad aliquod certum habet maiorem proportionem, sicut tripedale ad pedale habet maiorem proportionem quam bipedale; igitur est maius eo proprie, sicut patet ex *V°* EUCLIDIS. Secundo modo aliquid dicitur esse maius alio improprie, quia continet aliquod totum et adhuc plus, licet non habeat ad illud maiorem proportionem, sicut, si a esset aggregatum per imaginationem ex uno corpore et una superficie, et *b* esset corpus aequale *a* accepto sine illa superficie; tunc *a* esset bene maius *b* improprie, quia indivisibile additum indivisibili non reddit ipsum maius.

Quantum ad secundum pro prima conclusione ponendae sunt tres suppositiones. Prima est quod nihil potest maius fieri quam fit solum ex alia ordinatione et situatione partium, nec potest fieri minus sine substractione vel condensatione. Similiter nulla multitudo potest fieri maior multitudo sine additione unitatis, nec minor sine substractione.

Secunda suppositio quod quaecumque sibi invicem superposita vel per imaginationem applicata sunt, si unum non excedit aliud, nec exceditur unum istorum nec est maius nec minus alio; et similiter est de multitudinibus quae sic se habent quod cuilibet unitati in una correspondet unitas in alia: earum una non est maior

---

62 aut] vel *I* 63 aliqua simul sunt aequalia et inaequalia] aequalia sunt similiter inaequalia *V* 64 secundum profundum] *om. P V* 65 et] *om. V* 66 est] *om. I* 66 esse] *om. I* 69 igitur] ergo *I* 70 esse] *om. I* 74 accepto] excepta *V* 74 sine] *om. V* 74 bene] *om. I* 75 indivisibili] divisibili *V* 77 maius fieri] *inv. I* 79 solum] *om. V* 79 partium] solum *add. V* 80/81 nulla multitudo] nec aliqua magnitudo *V* 81 nec] neque *V* 83 superposita] supposita *I* 85 istorum] eorum *I* 85 nec[3]] est *add. I*

70 EUCLIDES, *Elementa*, V, prop. 1.

altera nec minor, et hoc videtur esse per se manifestum, postquam unum non excedit alterum

Tertia suppositio quod infiniti ad finitum nulla est proportio finita, sicut dupla, tripla, quadrupla, etc., quia tunc sequeretur quod finitum esset medietas infiniti vel pars aliquota, ita quod finities sumpta faceret infinitum, quod implicat... Et hoc intelligo de infinitis quae essent eiusdem rationis.

Tunc sit prima conclusio: nullum infinitum alteri infinito est maius vel minus, scilicet corpus corpore, superficies superficie, multitudo multitudine, tempus tempore, virtus virtute. Probatur: nam impossibile est infinitum esse, sicut prius dictum est; igitur etc.

Aliter arguitur | sic. Nam per imaginationem, si est //// possibile, F.I. B6^{vb}
sit *a* unum corpus infinitum undique et sit *b* aliud infinitum peda- F.V. 14va
liter latum et pedaliter profundum et in infinitum longum solum versus occidentem; tunc, per imaginationem, dimisso *a*, sumatur primum pedale de *b* et fiat sphaericum, deinde secundum addatur primo et fiat totum sphaericum, deinde tertium, deinde quartum, et sic ultra, et non fiat rarefactio nec aliunde additio, et continuetur hoc secundum partes proportionales horae, quod adversarius non reputaret impossibile; tunc in fine horae totum hoc erit undiquaque infinitum, quia infinitae factae sunt additiones aequales. Ponatur igitur per imaginationem quod applicetur ipsi *a* ac si duo corpora essent simul; tunc non excedit *a* nec exceditur, quia quodlibet undique est extensum; igitur, per secundam suppositionem, non erit maius nec minus, sed ipsi *b* nihil est additum nec ipsum est rarefactum; igitur, per primam suppositionem, non est augmentatum; igitur in principio quando erat infinitum solum secundum longum et ab una parte non erat maius quam *a* neque minus, sed tamen, si aliquod infinitum deberet vel posset esse maius alio, *a* deberet esse maius *b*.

---

88 nec] neque *I* 88 esse] *om. I* 90 finitum] infinitum *I est in P V)* 91 dupla] vel *add. I* 94 hoc intelligo] *inv. I* 96 vel] aut *I* 98 prius dictum est] dictum est prius *I* 98 igitur] ergo *I* 00 sit b] b sit unum *I* 1 in] *om. V* 7/8 undiquaque infinitum] infinitum undique *I* 8 factae sunt] *inv. I* 9 igitur] ergo *I* 9 duo] iter. *V* 11 igitur] ergo *I* 12 nec] neque *I* 13 igitur] ergo *I* 14 igitur] ergo *I* 14 solum] *om. V* 14 longum] quid scilicet secundum longitudinem *V* 16 deberet^{1} vel posset] est vel potest *I*

Et si dicatur quod non, immo forte sunt vel possent esse duo alia infinita, quorum unum esset maius alio. Hoc non valet, quia de quibuscumque aliis infinitis potest eodem modo argui, ut fiat ratio in generali arguendo sic: omne infinitum potest taliter aptari sine diminutione vel augmentatione quod alterum infinitum non excedet ipsum nec excedetur ab ipso; ergo nullum altero est maius vel minus alio. Antecedens patet ex casu posito. Consequentia tenet ex suppositionibus.

Iuxta eandem imaginationem sequitur quod ex *b* posset fieri infinitum undiquaque, et tamen *b* adhuc non esset diminutum, ut si capiatur secundum pedale et deinde quartum et deinde sextum et deinde octavum, et sic ulterius secundum partes alternatas, et ponatur in globo, sicut prius, et alia pedalia remanentia coniungantur. Tunc patet propositum. Nec solum hoc sequitur sed etiam quod ex ipso *b* non diminuto potest fieri adhuc unum aliud infinitum per eandem viam, immo infinities infinita. Ex hac imaginatione sequitur quod impossibile est infinitum esse, sicut dicebatur in quaestione praecedenti.

Secundo arguitur ad conclusionem sic. Aut infinitum excederet infinitum excessu finito aut infinito. Non finito, quia tunc esset certa proportio in infinitum parva: quod patet, quia, si esset proportio sicut dupla, tunc finitum esset medietas infiniti vel pars aliquota, quod est contra tertiam suppositionem. Et, si est in infinitum modica, tunc unum non est maius alio proprie, sicut patet ex secunda distinctione. Nec potest dici quod unum infinitum excedat aliud excessu infinito, quia aut hoc esset finite, scilicet in certa proportione sicut dupla vel tripla, etc., aut infinite ultra omnem proportionem finitam. Non potest dici primum, nam tunc unum infinitum esset medietas alterius infiniti, cuius oppositum ostenditur *III° Physicorum*, nam, sicut prius dicebatur, non posset assignari ubi

---

18 possent] possunt *I* 18/19 alia infinita] *inv. V* 20 aliis infinitis] *inv. V* 22 excedet] excedat *V* 23 ipso] eo *I* 24 alio] *om. I* 26 posset] potest *I* 27 ut] unde *V* 28 secundum] unum *I* 29 alternatas] subalternatas *I* 31 quod] *om. V* 34 impossibile est infinitum] infinitum impossibile est *V* 35 quaestione praecedenti] *inv. I* 37 aut] vel *V* 37 finito] infinito *V* 38 certa] *om. I*

46/47 Cf. ARISTOTELES, *Physica*, III, 7, 207 b 18-21.

esset medium, sicut patet de tempore aeterno. Nec potest dici secundum, nam tunc non esset proprie maius, sicut dicebatur in secunda distinctione, sicut nec corpus est proprie maius superficie nec superficies linea. //// F.V. 14vb

Tertio. Nam sit *a* una linea sicut octo et *b* sicut unum, tunc secundum partes proportionales horae cuilibet addatur unum, quod est possibile secundum adversarium; tunc in fine quaelibet illarum linearum erit infinita, et etiam secundum adversarium *a* in fine horae excedat *b* excessu finito per septem; sed hoc est falsum, quia inaequalitas est diminuta in infinitum: unde semper fit minor proportio in infinitum *a* ad *b* in tali additione, et sic videtur quod in fine horae talis proportio *a* ad *b* fit diminuta usque ad non gradum, et per consequens in fine horae *a* non erit maius *b* nec inaequale.

Quarto arguitur de multitudine. Nam sit unum pedale divisum, per imaginationem, secundum partes proportionales, tunc super primam partem sit aliquod album, super secundam sit aliquod nigrum, et super tertiam iterum aliquod album, et super quartam iterum aliquod nigrum, et sic alternatim de aliis partibus proportionalibus; tunc auferatur primum nigrum et transferatur secundum album super secundam partem, deinde auferatur tertium nigrum transferendo ut prius, et consequenter amoveantur omnia nigra (istum casum concederent adversarii); tunc clarum est quod super quamlibet partem erit aliquod album; igitur, per primam suppositionem, multitudo alborum non est maior nec minor multitudine partium proportionalium, et per idem patet ex principio casus quod tota multitudo alborum et nigro- | rum non est maior nec minor multitudine partium proportionalium; igitur sequitur quod alba et nigra simul sumpta non sunt plura nec pauciora quam alba solum. F.I. C1ra

Eodem modo, si super primam ponatur unum album, deinde transferendo ponatur secundum album super millesimam, deinde

49 tunc] *om. V* 54 est possibile secundum adversarium] secundum adversarium est possibile *I* 55 adversarium] adversarios *I* 56 excedat] excederet *I* 57 in] *om. V* 58 in] *om. V* 61/62 divisum, per imaginationem] *inv. I* 62 secundum] per *I* 63 partem] *om. I* 64 tertiam] a apparet *scr. V sed del. et s.v.* tertiam *add.* 68 ut] sicut *I* 70 erit] erat *V* 70 igitur] ergo *I* 72 proportionalium] proportionabilium *V* 74 igitur] ergo *I* 77 transferendo] transcendendo *P* 77 ponatur] *om. V* 77 album] ponatur *add. V sed del.* 77/78 deinde super millesimam] *om. V (hom.)*

super millesimam ab illa, et sic consequenter, probabitur, ut prius, quod partes proportionales non sint plures quam illa alba. Consimile argumentum solet fieri de coronis.

Quinto arguitur de virtute. Sint *a* et *b* duae virtutes infinitae secundum adversarium respectu effectuum eiusdem rationis; tunc arguitur: quantumcumque potest *a*, tantum potest *b*; igitur neutra excedit reliquam. Consequentia nota est. Et antecedens patet, quia, si *a* potest plus quam *b*, tunc *b* non est virtus infinita, quia non posset tantum quin una alia posset plus.

Et confirmatur: quia ex effectibus arguitur maioritas virtutum; igitur, si virtus est infinita, ipsa potest in effectum infinitum; et iam probatum est quod infinitum infinito non est maius; igitur una talis virtus non potest esse maior quam alia.

Pro secunda conclusione sit prima suppositio quod portio alicuius non est aequalis illi cuius est portio. Et, cum quo est eiusdem rationis, hoc videtur per se notum, quia, si negaretur, eodem modo posset dici quod pars et illud cuius est pars, essent idem vel aequalia.

Secunda suppositio: si illud quod, si superexcedit et transcendit aliud et non aliqua parte exceditur ab illo, illa non sunt aequalia; quod videtur esse per se manifestum ex quid nominis aequalium.

Tertia suppositio: si ab aequalibus aequalia demas, quae remanent sunt aequalia, sive dempta habeant proportionem ad residua sive non, sicut, si a duobus angulis rectis removeantur duo anguli contingentiae aequales, restant aequalia. Et iterum, si aequalibus iungantur inaequalia, tota fiunt inaequalia, sive habeant propotionem sive non, sicut prius, et non est ratio quare illa sint magis vera de finitis quam de infinitis, si essent.

Tunc sit secunda conclusio: aliqua duo infinita non sunt aequalia. Probatur: nam sit *a* corpus infinitum undiquaque per

---

79 sint] sunt *I* 80 Consimile] Et simile *I* 80 coronis] vel columnis *add. I* 81 virtute] et *add. I* 82 adversarium] adversarios *I* 83 igitur] ergo *I* 84 est] *om. I* 87 virtutum] virtutis *I* 88 igitur] ergo *I* 88 ipsa] *om. I* 89 quod] *om. I* 89 est] esse *I* 89 igitur] ergo *I* 91 suppositio] propositio *V* 97 non] ab *add. I P* 97 non² sunt] *inv. V* 00 sunt] erunt *I* 1 angulis rectis] *inv. V* 1 removeantur] demant *V* 4 illa] ista *I* 4 magis] *om. V*

adversarium; tunc in eo potest signari portio quae est pedaliter lata et profunda et in infinitum longa solum versus occidentem quae sit *b*; tunc arguitur sic: *a* et *b* non sunt aequalia; ergo aliqua duo infinita non sunt aequalia. Antecedens patet: quia *b* est portio *a*; igitur, per primam suppositionem, *b* et *a* non sunt aequalia. Sed consequentia probatur: nam ipsum *a* est simpliciter infinitum ex casu et *b* non, licet possit ex ipso *b* fieri simpliciter infinitum sine additione et sine rarefactione, secundum quod patet ex probatione praecedentis conclusionis; igitur, si *a* et *b* non sunt aequalia, aliqua duo infinita non sunt aequalia.

Confirmatur antecedens istius rationis: *a* transit ultra *b* in aliqua parte et non exceditur a *b* in aliqua; igitur non sunt //// aequalia. F.V. 15ra
Antecedens patet ex casu. Consequentia tenet per secundam suppositionem.

Secundo. Sit *a* pedaliter latum et profundum et in infinitum longum versus occidentem solum et *b* consimili modo, et superponantur ita quod unum non transcendat alterum; tunc *a* et *b* videntur esse aequalia, si aliqua infinita sint aequalia; deinde iungatur ipsi *a* corpus quattuor pedum, et sit *c*, et ipsi *b* iungatur *d* corpus unius pedis. Tunc arguitur: si *a* et *b* non sint aequalia, habetur intentum; si sint aequalia, igitur, per tertiam suppositionem, adiunctis *c* et *d* inaequalibus, tota fiunt non aequalia; igitur duo infinita, scilicet *a c* ex una parte et *b d* ex alia, sunt non aequalia, quod est propositum.

Confirmatur: sint *a* et *b* corpora, ut prius, et trahatur *a* ad *b* ad orientem usquequo *a* transeat extremitatem *b*; tunc *a* superpositum *b* transcendit ipsum, et non e converso; igitur *a* et *b* non sunt aequalia.

Tertio. Sint *a* et *b* duo infinita qualitercumque, non tamen undequaque; tunc adiungatur *c* quadrupedale ipsi *a* et *d* unius pedis ipsi *b*. Tunc vel duo infinita *a c* et *b d* non sunt aequalia, et habetur propositum; vel sunt aequalia, et tunc demptis aequalibus, scilicet

---

11 igitur] ergo *I* 14 b non, licet possit] *om. V* 16 igitur] ergo *I* 18 istius] huius *I* 19 igitur] ergo *I* 23 consimili] simili *I* 24 transcendat] transcendit *I* 25 sint] sunt *I* 27 sint] sunt *I* 28 si] aut *add. V* 29 igitur] ergo *I* 29 non aequalia] inaequalia *I* 29 igitur] ergo *I* 31 et] *om. I* 31 trahatur a] trahantur *V* 31 b^{2} ad^{2}] *om. I* 32 a^{2}] in *scr. V sed del.* 33 igitur] ergo *I* 36 et] iter. *V*

a et *b*, remanent, per tertiam suppositionem, *c* et *d* aequalia, quod est contra positum. Si dicatur quod *a* et *b* non sunt aequalia, hoc est quod peto, et sic semper sequitur propositum.

Confirmatur: sint *a* et *b* ut prius, quae, si non sint aequalia, habetur intentum; si sint aequalia, adiungatur ipsi *a* secundum latum unum infinitum omnino simile, quod sit *c*, et ipsi *b* unum pedale, quod sit *d*; tunc vel *a c* et *b d* sunt aequalia vel non. Si non aequalia, habetur propositum; si sint aequalia, tunc, per tertiam suppositionem, demptis *a* et *b* aequalibus remanebit *c* infinitum aequale *d* finito, quod est impossibile.

Quarto. Potest argui de multitudinibus. Et sit *a* multitudo partium proportio- F.I. C1rb | nalium unius ordinis quanti pedalis, et *b* multitudo infinita partium proportionalium alterius ordinis, ut verbi gratia *a* sit multitudo medietatum proportionalium, et *b* tertiarum; tunc ipsi *a* addatur unitas, quae sit *c*, et ipsi *b* addatur una alia multitudo infinita, quae sit *d*. Tunc, si *a* et *b* non sunt aequalia, habetur intentum; si sint aequalia, aut igitur *a c* et *b d* non sunt aequalia, et hoc est propositum; si sint aequalia, tunc, demptis aequalibus, scilicet *a* et *b*, residua remanent aequalia, scilicet *c* unitas et *b* multitudo infinita; sed hoc est impossibile. Consequentia tenet per tertiam suppositionem.

Aliter potest argui: quia quaedam multitudo infinita est portio alterius multitudinis infinitae; igitur quaedam cuidam non est aequalis. Consequentia tenet per primam suppositionem. Antecedens probatur: quia, si sit multitudo infinita alborum et nigrorum simul, multitudo infinita alborum solum est portio multitudinis infinitae alborum et nigrorum occupantium partes proportionales alicuius continui, iuxta imaginationem quartae rationis ad primam conclusionem.

---

41 peto] petit *V* 45 non[1]] aequalia *add. I* 45 non[2]] aequalia *add. V* 46 propositum] intentum *I* 46 si sint aequalia] *om. V* 47 aequalibus] e qualibet *I* 52 multitudo] perum *add. V sed del.* 53 sit] b *add. V* 54 et] non *add. V sed del.* 54 aequalia] aequales *V* 55 sint] sunt *V* 55 aequalia] aequales *V* 55 igitur] ergo *I* 55 aequalia[2]] aequales *V* 56 aequalia] aequales *V* 61 alterius] magnitudinis *add. V sed del.* 61 igitur] ergo *I* 63 Antecedens probatur] *inv. I* 63 Antecedens] *scr. V sed del.* 63 si sit] *om. V* 63 multitudo infinita] multitudinis infinitae *V* 64/65 multitudinis infinitae] *om. V* 65 alborum] quid *add. V*

Consimili modo potest argui de virtutibus: quia non dicuntur infinite, nisi quia possunt producere infinitum effectum; et ideo ex non aequalitate effectuum arguetur non aequalitas causarum. Concludatur igitur quod in quolibet genere in quo possunt imaginari infinita aliquod alteri est non aequale, et hoc concludatur iuxta dicta et concessa adversariorum.

Tertia conclusio: nulla infinita sunt ad invicem comparabilia. Probatur: nullum infinitum est maius alio nec minus, per primam conclusionem, igitur vel omnia sunt aequalia vel non sunt ad invicem comparabilia; sed non omnia sunt aequalia, per secundam conclusionem; igitur omnia non sunt ad invicem comparabilia, et hoc dicit conclusio.

Quarta conclusio: infinita, si essent, non essent ad invicem comparabilia, per conclusionem praecedentem, etiam essent ad invicem comparabilia. Probatur: quia ad impossibile sequitur quodlibet; modo impossibile est esse infinitum, et per consequens impossibile est esse infinita, sicut dictum est in praecedenti quaestione.

Iuxta dictas conclusiones infero corollaria. Primum: infinitum non potest augeri nec addendo finitum nec addendo infinitum. Patet hoc: quia augeri est fieri maius; modo infinitum non potest fieri maius: aliter enim aliquid esset maius infinito, quod est contra primam conclusionem.

Secundum corollarium quod nec potest minui nisi tollendo infinitum, et cum hoc quod remanet solum finitum: unde existente infinito non potest minorari.

Tertio. Sequitur quod nec potest duplari nec triplari, quia hoc est augeri, nec etiam subduplari vel subtriplari, quia tunc diminueretur ipso remanente infinito; modo nunquam finitum est subduplum ad (F.V. 15rb) infinitum: alter enim ex duobus finitis posset constitui //// infinitum, quod est falsum.

Quarto. Sequitur quod infiniti non est pars proprie dicta, nec aliquota sicut duo sunt pars ipsorum sex, nec etiam non aliquota

---

70 causarum] vel virtutum *add. I* 71 igitur] ergo *I* 72 aliquod] aliquid *I* 72 hoc] dico *add. I* 75 nullum] nullius *V* 76 igitur] ergo *I* 76 omnia] non *I* 78 igitur] ergo *I* 80/81 comparabilia] patet *I* 81/82 per conclusionem... comparabilia*] om. V (hom.)* 84 quaestione] ergo etc. *add. I* 91 remanet] remaneat *I* 93 nec] non *I* 94 nec] *om. I*

sicut tria sunt pars ipsorum quinque. Patet, nam talis pars infiniti non est aliquid finitum, quia infiniti ad finitum non est aliqua proportio nisi sicut lineae ad punctum. Nec est aliquid infinitum, quia tunc infinitum ad infinitum haberet certam proportionem quae est inter maius et minus. Etiam omnis pars est minor suo toto et sibi comparabilis; sed infinitum infinito non est comparabile neque minus neque maius.

Quinto. Sequitur quod infinitum non est totum nisi valde improprie. Patet: quia totum dicitur relative ad partem; et iam ostensum est quod non habet partem; igitur etc.

Sexto. Sequitur quod ipsius infiniti est portio valde improprie, sicut forte diceretur punctum esse portionem lineae, sicut dicitur *I° Posteriorum* quod substantia lineae est ex punctis; et sic linea diceretur portio infiniti et infinitum portio infiniti, sed magis improprie, quia infinitum non habet proprie portionem, neque finitam neque infinitam.

Septimo. Sequitur quod infinitum posset demi ab infinito; sed esset absque diminuitione infiniti, immo infinities infinita, sicut potest patere ex quarta ratione facta ad primam conclusionem.

Octavo. Sequitur quod per continuam augmentationem finitum fieret subito infinitum, si possibile esset fieri infinitum. Ita quod in instanti sit finitum et immediate post infinitum, vel e converso, scilicet in instanti est infinitum et immediate ante erat finitum, sicut patet in exemplo in transpositione partium proportionalium: unde est unum instans in quo fit transpositio subito de multitudine finita ad multitudinem infinitam, recte sicut est dare primum instans in quo quaelibet pars proportionalis alicuius continui est pertransita et immediate ante illud instans non.

Nonum corollarium quod per subtractionem finiti ab infinito infinitum fieret subito finitum. Ita quod in tali subtractione deveniretur ad aliquod instans in quo primo erit verum dare: nunc

1/2 proportio] portio *V* 3 haberet] aliquam *add. I* 9 igitur] ergo *I* 13 sed] *om. V* 13/14 magis improprie] non proprie *V* 14 portionem] proportionem *V* 18 ex] prima et *add. V* 20 si possibile esset fieri infinitum] *om. V (hom.)* 25 multitudinem] *om. I*

11/12 ARISTOTELES, *Anal. poster.*, I, 4, 73 b 28-29.

illud per subtractionem factum est finitum et immedia- | te ante hoc non. F.I. C1[va]

Decimo. Sequitur quod infinitum non potest movere infinitum, nec successive nec subito. Et hoc dicit ARISTOTELES *I° huius*. Non successive, quia talis velocitas sequitur proportionem moventis ad motum; modo infiniti ad infinitum nulla est proportio. Nec subito, quia tunc infinitum esset maius infinito in infinitum, quod est falsum.

Ad rationes. Ad primam, quando dicebatur: *infinitum, si esset, essset quantum*, verum est: etiam si esset, ipsum non esset quantum, cum ad impossibile sequantur contradictoria; et sic infinitum, si esset, vel si essent plura, unum esset maius alio et esset sibi comparabile, et non esset maius alio nec esset sibi comparabile; et ergo quidquid tibi placet, sequitur ad infinitum esse.

Ad secundam: *omne comparabile, etc.*, concedo totum; sed nego quod sit sic de infinito, quia infinitum non est alicui comparabile.

Ad tertiam: *infinitum esset comparabile finito, etc.*, concedo; etiam dico quod non esset comparabile finito, cum, sicut iam dicebatur, ad infinitum esse sequantur contradictoria, postquam infinitum esse sit impossibile, sicut probatum est in praecedenti quaestione.

Et conformiter etiam potest responderi ad omnes alias rationes iuxta idem fundamentum.

---

36 nulla] non *I* 36 est] pro *add. V sed del.* 37 in infinitum²] *om. V* 40 ipsum] *om. I* 40 esset¹] ipsum *add. I* 40 esset²] est *V* 43 et] unum *add. V* 43 ergo] ideo *I* 51 sit] est *I* 51/52 sicut probatum... quaestione] *om. V* 53 etiam] *om. V*

34 ARISTOTELES, *De caelo*, I, 7, 275 a 24 - 275 b 4.

Quaestio 11

Utrum mundus totalis sit magnitudo finita vel infinita

Sextum propositorum erat utrum mundus totalis sit magnitudo finita vel infinita.

Videtur quod sit magnitudo infinita, quia totum occupat; tale autem est in infinitum.

Secundo. Nisi mundus esset magnitudo infinita extra mundum, videretur esse spatium infinitum, et sic adhuc sequitur quod esset dare actu infinitum; cuius oppositum prius dictum est.

F.V. 15[va] Et confirmatur: quia, si mundus esset magnitudo //// finita, aliquis existens in extremo mundi utique posset extendere brachium suum, cum nullum videatur esse ipsum impediens; et per consequens ibi videtur esse spatium et non finitum, quia non videretur ratio ad quantum illud spatium esset extensum praecise.

Et confirmatur: quia nisi extra mundum esset spatium vel locus, supposita finitate eius, sequeretur quod ultimum caelum non moveretur localiter; hoc est falsum. Falsitas consequentis patet: quia movetur et non alio motu specie a motu locali; igitur etc. Consequentia probatur: nam tunc ultimum caelum non esset in loco, et per consequens non mutaret locum; et, cum latio seu motus localis sit loci mutatio, sequitur illud quod dictum est, scilicet quod ultimum caelum non movetur localiter.

Oppositum vult ARISTOTELES in *littera*, qui probat hoc tamquam unam conclusionem principalem quod mundus sit magnitudo finita.

---

3 Sextum propositorum erat] *om. V* 3 totalis] *om. I (est in A P V)* 8 quod esset] iter. *V* 9 actu] actum *V* 11 utique] *om. V* 12 ipsum impediens] *inv. I* 14 videretur] videtur *I* 14 ratio] usque *add. I* 15 quia] *om. V* 15 mundum] *om. V* 16 supposita finitate eius] *om. I (est in P V)* 18 igitur] ergo *I* 18 etc.] *om. I*

23 ARISTOTELES, *De caelo*, I, 7, 274 a 24-25.

Hic erunt duo articuli. Primus erit de principali quaesito; secundus erit, postquam mundus est magnitudo finita, utrum extra ipsum sit aliquid, puta spatium infinitum vel aliquid aliud, de quo iam tangebatur in arguendo.

De primo sit ista conclusio quod mundus est magnitudo finita. Probatur: mundus est magnitudo secundum prius dicta; vel igitur est magnitudo finita vel infinita. Si finita, habetur propositum; si infinita, tunc sequitur quod aliquid esset actu infinitum, cuius oppositum *concessum est in praecedentibus.*

De secundo videtur quod extra mundum sit locus, quia aliter non posset salvari quod ultimum caelum moveretur localiter. Deinde videtur quod utique extra mundum sit spatium, quia extra mundum Deus adhuc posset creare unum lapidem; sed talis non esset in indivisibili, immo aliquod spatium divisibile videretur occupare.

Secundo. Quia Deus extra mundum talem lapidem creatum posset movere motu recto, et facere eum distare plus ab ultimo caelo quam prius; sed non posset talia facere nisi per spatium.

Tertio. Deus extra mundum posset creare duos lapides quorum unus esset extra alterum; igitur videtur quod de facto extra mundum sit extra; sed extra est differentia loci vel spatii; igitur videtur quod extra mundum sit spatium.

Confirmatur: quia, si tales lapides non essent sibi invicem immediati, sicut Deus posset eos creare, tunc unus videretur distare ab alio, et per consequens extra caelum videretur esse distantia per quam tales lapides creati distarent. | F.I. C1^{vb}

Quarto. Nam ponatur quod Deus extra hunc mundum formet duos alios mundos, et illi tres mundi contingerent se sicut sphaerae imaginantur se contingere; videtur quod inter illos tres mundos et puncta in quibus contingerent se, esset spatium medium et distan-

---

27 mundus est] *om. V* 31 secundum] iuxta *I* 31 igitur] vel ergo *I* 34 concessum] ostensum *I* 37 utique extra mundum] extra mundum utique *I* 38 adhuc posset] *inv. I* 41 extra mundum talem lapidem] talem lapidem extra mundum *I* 41/42 posset] potest *I* 43 posset] potest *I* 45 igitur] ergo *I* 46 igitur] ergo *I* 52 hunc mundum] *inv. V*

34 Cf. *supra*, L. I, Q. 9, pp. 101-105, lin. 83-30; Q. 10, pp. 121-124, lin. 95-90

tia media: aliter enim tangerent se secundum superficies et non secundum puncta; quod est falsum.

Quinto. Non minus concedendum est spatium extra caelum quam inter orbem lunae esset concedendum, si omnia corpora infra concavum orbis lunae existentia essent annihilata; sed, tali annihilatione facta, adhuc inter latera caeli esset spatium. Probatur: quia adhuc latera orbis lunae distarent sicut nunc, posito quod orbis lunae remanet in sua quantitate et figura: unde non oporteret propter talem annihilationem latera caeli sibi invicem esse proxima, quemadmodum bene accidit de lateribus bursae consumpta pecunia vel lateribus vesicae expulso aere.

Et confirmatur: tali annihilatione facta, Deus de novo posset creare unum lapidem infra latera caeli qui plus distaret ab uno polo
F.V. 15vb quam ab alio: immo posset illum //// lapidem movere ab uno polo ad alium; ista autem non possunt salvari, nisi inter latera caeli remaneret distantia.

Sexto. Ubi non est corpus, sed potest esse, ibi est vacuum; sed extra mundum non est corpus, cum mundus sit universitas entium; sed potest ibi esse, quia Deus posset dici ibi creare de novo corpus; igitur videtur quod extra mundum sit vacuum infinitum, cum non appareat ad quantum illud praecise deberet terminari.

Septimo. Videtur quod utique extra mundum sit aliquid, quia dicit ARISTOTELES in *littera* extra mundum esse entia inalterabilia
F.V. 16ra optimam vitam ducentia. ////

De isto articulo sit prima conclusio quod extra mundum non est corpus. Probatur sic: omne corpus est mundus vel pars mundi, immo omne ens, et non solum corpus, cum mundus sit universitas entium; sed nec mundus nec pars mundi est extra mundum; igitur etc.

---

60 existentia] *om. V* 65/66 bursae consumpta... lateribus] *om. I (hom.)* 67 posset] potest *I* 69 posset] potest *I* 74 de novo corpus] *inv. I* 75 igitur] ergo *I* 76 terminari] terminare *V* 79 ducentia] sequitur *add. V* 80 conclusio] *sequitur vacuum 3/4 columnae; deinde in principio primae columnae folii sequentis* De isto articulo sit prima conclusio *iter. V* 80 sit] *om. V in prima locutione* 80 quod] *om. I* 81 est] vel *I* 81 vel] est *I* 83 igitur] ergo *I*

78 ARISTOTELES, *De caelo*, I, 9, 279 a 11-12 et 20-22.

Secundo. Si extra mundum esset corpus, vel hoc esset simplex vel mixtum, cum omne corpus sit tale. Si dicatur quod sit simplex, cum non sint nisi quinque corpora simplicia secundum speciem, oporteret quod illud corpus esset alicuius spciei de istis quinque, et sic oporteret quod vel esset naturae caelestis vel naturae elementorum. Si naturae caelestis, esset pars mundi, et sic non esset extra mundum; si naturae elementalis, adhuc esset pars mundi, et sic non esset extra mundum. Si autem esset mixtum, adhuc esset pars mundi, et sic non esset extra mundum: unde omne corpus sive sit simplex sive mixtum est pars mundi.

Tertio. Si extra mundum esset corpus, vel hoc esset ibi naturaliter vel violente. Si esset ibi naturaliter, hoc non potest dici, quia omne corpus, sive simplex sive mixtum, habet alibi quam extra mundum locum suum naturalem; et cum unius corporis secundum speciem non sint plura loca naturalia secundum speciem, sequitur quod tale corpus non esset ibi naturaliter. Nec potest dici quod violente, quia tunc iste locus esset alicui alteri corpori naturalis; quod est impossibile, quia neque est naturalis simplici neque mixto.

Secunda conclusio: extra mundum non potest esse aliquod corpus naturaliter. Probatur: quia nec potest ibi esse naturaliter corpus simplex nec corpus mixtum, quia tale nec potest ibi esse naturaliter nec violente, sicut iam probabatur.

Tertia conclusio: extra mundum nec est nec potest esse naturaliter aliquis locus. Probatur: nam, si sic, talis locus esset alicui corpori naturalis et alicui alteri violentus; quod est falsum, sicut patet ex iam probatis.

Quarta conclusio: extra mundum nec est nec potest esse vacuum. Probatur: nam vacuum dicitur ubi non est corpus, sed potest esse; modo, licet extra caelum non sit corpus, cum hoc etiam non potest ibi esse corpus, et per consequens non est ibi vacuum nec potest esse. Unde hic terminus *vacuum*, cum sit terminus priva-

---

85 Secundo] sic *add.* *V* 85 hoc esset] *om.* *V* 87 cum] et cum *V* 92 mundum] ipsum *V* 92/93 Si autem... mundum] *om.* *V* *(hom.)* 93 sit] *om.* *V* 99 sint] sunt *V* 1 iste] ille *I* 2 neque] nec *V* 2 est] esset *I* 3/4 aliquod corpus naturaliter] naturaliter aliquod corpus *I* 5 mixtum] naturale *V* 6 probabatur] probatur *I* 8 aliquis] *om.* *V* 14 potest] ibi *add.* *V*

tivus, non significat solum carentiam alicuius corporis, sed cum hoc connotat aptitudinem essendi corpus ibidem.

Quinta conclusio: nec extra mundum naturaliter potest esse motus. Probatur: ubi non potest naturaliter esse corpus nec potest esse locus, ibi non potest esse motus; sed extra mundum non possunt esse hoc; ergo etc. Maior est nota ex hoc quod ad omnem motum requiritur corpus. Minor patet ex dictis.

Sexta conclusio: extra mundum non potest esse tempus. Probatur: ubi non potest esse motus, ibi non potest esse tempus; sed extra mundum non potest esse motus, per praecedentem conclusionem; igitur nec tempus. Maior tenet ex hoc quia tempus est idem cum motu ut patet *IV° Physicorum.*

Septima conclusio: Deus et intelligentiae nec sunt extra mundum nec in mundo circumscriptive. Patet hoc quia huiusmodi carent situ et magnitudine.

Octava conclusio: Deus et intelligentiae sunt extra mundum privative, | F.I. C2ra id est non habent situm in mundo. Patet hoc per praecedentem conclusionem; cum quo bene stat quod Deus et intelligentiae sunt partes mundi, licet non habeant situm in mundo.

Ex omnibus his concluditur hoc quod ARISTOTELES dicit in *I° huius* quod extra mundum nec est corpus, nec est locus, nec est vacuum, nec est motus, nec est tempus; sed extra mundum sunt entia inalterabilia optimam vitam ducentia, exponendo li *extra* privative secundum intellectum praecedentis conclusionis.

Nona conclusio: ad salvandum quod Deus supernaturaliter extra mundum posset creare unum lapidem vel duos vel unum alium mundum vel plures, non oportet ponere quod de facto extra mundum sit spatium vel vacuum vel distantia vel aliquod tale.

---

16 alicuius corporis] corporis alicubi *V* 18 naturaliter potest] *inv. I* 18 naturaliter] *om. V* 20 mundum] caelum *I* 21 hoc] haec *I* 21 est] *om. V* 22 dictis] 6 *add. V sed del.* 26 nec] motus *add. V sed del.et exp.* 27 patet] tenet *I* 26 quia] quod *I* 27 ut patet] *om. I* 28 nec] sunt *add. I* 29 circumscriptive] *om. V (est in I P)* 29 hoc] ex eo *I* 32 hoc] om. *I* 33 bene] *om. V* 34 partes] pars *I P* 35 Aristoteles dicit] *inv. V* 35 in] *om. V* 36/38 nec^{3} est^{3}... ducentia] etc. *V* 39 secundum intellectum praecedentis conclusionis] *om. V* 40 Nona conclusio] *inv. V*

27 ARISTOTELES, *Physica*, IV, 11, 218 b 33; 219 a 3-8.
35/36 ARISTOTELES, *De caelo*, I, 9, 278 b 23-24.

Probatur: nam, si extra mundum de facto esset aliquod corpus tale, Deus posset illud annihilare, et non minus, isto annihilato, posset creare extra mundum ista quae vellet sicut modo; igitur modo extra mundum ponere tale spatium vel talem distantiam propter creationem alicuius extra mundum possibilem supernaturaliter videtur esse frustra omnino, quia consimiles fierent difficultates tali spatio annihilato quales fiunt modo.

Et verisimile est quod Deus non velit facere aliquid extra istum mundum, nec etiam alium mundum extra istum, quia, si plures creaturas mundanas voluisset fecisse, potuisset istum mundum in duplo vel in triplo maiorem fecisse, et sic propter creationem aliquorum de novo non oportuisset ipsum dimisisse extra istum mundum aliquod spatium.

Decima conclusio est: si omnia infra orbem lunae essent annihilata, caelo remanente in sua figura et quantitate, nihil esset inter latera caeli. Patet de se: //// nam, si aliquid esset inter latera caeli, non omnia essent annihilata inter latera caeli; quod est contra hypothesim. F.V. 16rb

Undecima conclusio: tunc omnes istae essent negandae: *vacuum est inter latera caeli*, *distantia est inter latera caeli*, et consimiles, quia essent affirmativae quarum subiecta pro nullo supponerent.

Duodecima conclusio: unus polus adhuc distaret ab alio distantia curva. Patet, quia talis distantia curva, puta medietas caeli, esset inter eos.

Tertia decima conclusio: tali casu posito, poli mundi et similiter latera caeli non distarent distantia recta. Probatur: nam tunc, si secundum lineam rectam inter ea esset distantia, non omnia essent annihilata inter orbem lunae; quod est contra hypothesim.

Sed diceres: si in dicto casu non distarent distantia recta, igitur tangerent se. Negatur consequentia, nam plus requiritur ad tactum,

---

44 corpus] *om. I* 45 isto] illo *I* 46 ista] illa *I* 46/47 extra mundum ponere] *inv. I* 47 talem distantiam] *inv. I* 50 quales] quae *I* 51 Et] Etiam bene *I* 51 est] apparet *I* 51/52 istum mundum] *inv. V* 543 mundanas] humanas *V* 53 fecisse] extra istum *add. V sed del.* 57 Decima conclusio] *inv. V* 57 est] *om. V* 63 distantia est... consimiles] *om. V* 64 quia] patet quia *I* 64 pro] per *I* 65 unus polus adhuc] adhuc unus polus *I* 66 medietas] aliorum *V* 69 si] *om. V* 70 non] et sic non *V* 72 igitur] ergo *I* 73 requiritur ad tactum] *inv. I P*

scilicet quod unum sit protensum usque ad aliud; sed hoc deficeret in dicto casu. Adhuc diceres: si non distarent, saltem essent immediata, propter hoc quod aliqua dicuntur immediata propter privationem medii inter ea; modo in dicto casu inter ea non esset medium.

Respondetur quod, si li *immediate* exponitur improprie, scilicet negative solum, sic quod ista dicuntur immediata inter quae non est medium et quod hoc sufficiat, bene concederem quod essent immediata, nec propter hoc oporteret quod essent proxima. Sed, si li *immediate* exponatur proprie et affirmative, scilicet sic quod talia sint coniuncta secundum superficies eorum extremas et inter ea non interciperetur medium, tunc nego quod in dicto casu latera caeli essent immediata, quia, licet inter ea non interciperetur medium, non tamen propter hoc essent coniuncta et proxima secundum eorum superficies extremas, nec unum eorum esset protensum usque ad aliud, nec tangerent se; quod tamen requiritur ad aliqua esse proxima et coniuncta et esse immediata dicto modo.

Iuxta illam imaginationem dico quod, si Deus inter latera caeli crearet unam fabam, omnibus aliis prius sic annihilatis, inter latera caeli posset ista faba moveri absque hoc quod fieret propinquior vel remotior a lateribus caeli.

Sed diceres: quo motu vel locali vel alterationis vel augmentationis, etc.? Dico quod uno motu qui non esset localis nec alterationis nec augmentationis, licet bene esset eiusdem speciei cum motu locali, et sic si per *motum localem* intelligimus motum quo aliquid mutat locum verum, et non solum imaginatum vel imaginabilem. Unde dico quod talis motus fabae non esset localis, sic accipendo *motum localem*; et tamen esset eiusdem speciei cum eo, recte sicut Socrates, licet non haberet albedinem, adhuc tamen bene esset eiusdem speciei cum Platone albo, ita quod, sicut album est

---

77 esset] essent *V* 79 ista] illa *I* 79 dicuntur] dicantur *I* 82 quod] *om. V* 83 sint] sunt *V* 84 interciperetur] intercipitur *V* 84 dicto] isto *I* 85 non] re *add. V sed del.* 86 essent] sunt *I* 87 eorum superficies] *inv. I* 88 tangerent] contingerent *I (est in P V)* 90 illam] istam *I* 90/91 inter latera caeli crearet] crearet inter latera caeli *I* 92 posset] potest *I* 92 ista] illa *I*; istam *V* 92 faba moveri] fabam movere *V* 94/95 vel augmentationis] *om. V* 95 localis nec] *om. I* 96 augmentationis] nec localis *add. I* 96 bene] *om. I* 97 sic] hoc *I* 1 adhuc tamen bene] tamen bene adhuc *I*

quoddam praedicatum non perti- | nens ad substantiam Socratis vel [F.I. C2rb] Platonis. Sic dico quod li *localem* est quodddam non pertinens ad substantiam motus qui dicitur localis vel motus eiusdem speciei cum motu locali. Hoc non obstante, dico quod adhuc non sunt nisi tria genera motuum, scilicet augmentationis et diminutionis, computando ambos pro uno, et motus alterationis, et motus qui dicitur localis denominatione accidentali et extrinseca, si secundum ipsum mobile mutat locum verum; sed non diceretur localis, si mobile secundum ipsum non mutaret locum.

Iuxta idem dico quod ultima sphaera nunquam movetur motu locali, nisi tunc largius velimus capere *motum localem*, scilicet quo aliquid mutat locum verum vel imaginatum vel imaginabilem; sed ultima sphaera movetur motu eiusdem speciei cum //// motu locali. [F.V. 16va]

Iuxta dictam imaginationem ulterius possumus imaginari quod, sicut Deus omnia posset infra latera caeli annihilare, absque hoc quod latera caeli se tangerent, sic in aliquo parvo loco, ut in grano milii, ipse potest ponere unum corpus ita magnum sicut totalis mundus absque aliqua condensatione vel rarefactione. Unde ita imaginandum est de corpore Christi in hostia parva, nam in ista parva hostia corpus Christi est ita magnum sine condensatione et penetratione quacumque, sicut erat pro nobis peccatoribus suspensum in crucis patibulo.

Iuxta idem possumus imaginari quod in tali parvo grano milii posset creari unum spatium centum vel mille leucarum, vel quotquot volumus. Et consequenter imaginandum est quod aliquis homo in uno grano milii posset ambulare per mille leucas de uno extremo antequam perveniret ad aliud; et plura alia similia iuxta hoc essent imaginanda.

Ad rationes principales. Ad primam: *mundus occupat totum*, etc. potest hic dici quod mundus non occupat aliud spatium a se; et

---

12 unuquam] non *I* 13 velimus] vellemus *I* 14 sed] licet *V* 15 sphaera] bene *add. V* 15 movetur] moveatur *V* 17 omnia posset] *inv. V* 17 annihilare] *s.v. V* 19 potest] *om. V* 19 sicut] ut *I* 20 rarefactione] vel corporum penetratione *add. I P* 21 ista] illa *I* 23 peccatoribus] *om. V* 24 crucis patibulo] cruce *I P* 26 creari] creare *V* 30 imaginanda] concedenda *I P* 31 principales] *om. I* 31 etc.] *om. I* 32 aliud spatium] spatium imaginatum aliquod *V* 32 aliud] aliquod *V*

ideo, sicut non occupat seipsum, ita non occupat aliud spatium. Sed aliter potest dici sicut prius dictum est. Quando dicitur: *infinitum est quod occupat totum*, verum est quod totum occupat spatium verum et imaginatum et imaginabile; sed hoc nego de mundo.

Ad secundam: *nisi mundus esset magnitudo infinita, extra mundum esset spatium infinitum*, nego consequentiam, quia nec propter hoc extra mundum esset spatium infinitum nec finitum. Ulterius gratia materiae argumenti dico quod Deus extra mundum bene posset creare spatium finitum tantum quantum sibi placeret, absque hoc quod illud spatium esset infinitum.

Ad confirmationem: *si mundus esset magnitudo finita, tunc aliquis existens in fine ultimi caeli posset extendere brachium suum*, etc. nego. Et cum dicebatur: *nullum esset impedimentum resistens extra mundum*, placet mihi; sed ulterius dico quod, hoc non obstante, non posset propter defectum receptaculi, sicut loci vel spatii, in quo brachium tale reciperetur.

Ad aliam confirmationem: *si extra mundum non esset locus vel spatium, ultima sphaera non moveretur localiter*, concedo; cum quo tamen bene stat quod movetur motu eiusdem speciei cum motu locali, et de hoc dicebatur sufficienter in corpore quaestionis.

Deinde erant ibi factae aliae rationes iuxta secundum articulum quaestionis, quibus etiam probabatur quod extra mundum esset spatium, quae etiam restant solvendae.

Ad primam: *extra mundum Deus posset creare unum lapidem*, placet mihi; sed ulterius dico quod talis lapis non esset in aliquo spatio, neque divisibili neque indvisibili, quia non esset in aliquo

---

33 Sed] Vel *I* 34 potest dici] dicatur *I* 34 dictum est] dicebatur *I* 35 occupat[1] totum[1]] *inv. I* 36 et imaginatum] *om. I (est in P V)* 36 sed] et *V* 37/38 extra mundum esset spatium infinitum] etc. *V* 39 extra mundum esset] *inv. I* 39 infinitum nec finitum] *inv. I* 40 materiae] *om. V* 40 Deus extra mundum] *inv. I* 41 bene posset creare] posset creare bene *I* 42 infinitum] si mundus esset magnitudo finita *add. V* 43 confirmationem] tertiam *I* 43 si mundus esset magnitudo finita, tunc] *om. V* 44 fine] superficie *I P* 45 etc.] *om. I* 45 dicebatur] dicitur *V* 46 extra] ultra *I* 48 tale] talis *V*; *om. I* 48 reciperetur] brachium suum extendere *add. I* 49 aliam] *om. I* 49 mundum] caelum *I* 51 motu1] *om. V* 52 et] *om. I* 52 sufficienter] *om. V* 58/59 aliquo loco] *inv. V*

loco sicut nec totalis mundus; bene tamen concedo quod, quando crearetur lapis extra mundum, crearetur spatium extra mundum, et illud spatium non esset aliud quam ille lapis creatus.

Ad secundam: *Deus posset istum lapidem creatum extra mundum movere elongando ipsum a caelo*, dico quod hoc verum est; sed non posset esse nisi etiam crearet spatium in quo moveretur, et per quod haberet certum situm ad caelum et ad partes caeli; sed postquam Deus absolveret istum lapidem a determinato situ ad caelum, ipse nec esset prope caelum nec longe a caelo. Et de hoc dicebatur in corpore quaestionis.

Ad tertiam: *Deus posset extra mundum creare duos lapides, quorum unus esset extra alium*, | concedo accipiendo li *extra* nega- F.I. C2va
tive ad istum sensum quod unus non esset in alio, sicut nec una intelligentia est in alia. Sed ulterius dico quod non posset facere unum eorum extra alium positive, nisi faceret eis spatium vel distantiam //// per quod vel quam unus eorum esset extra alium; et F.V. 16vb
ulterius dico quod sic li *extra* negative acceptum non est differentia loci vel spatii, sed bene *extra* positive et affirmative acceptum

Ad quartam ex eodem fundamento dicatur.

Ad quintam dico quod solvitur ex his quae dicebantur in secundo articulo.

Ad sextam: *ubi non est corpus sed potest esse, ibi est vacuum, etc.*, breviter dico quod illud potest negari, quia vacuum non potest imaginari tamquam dimensio separata, sed tamquam corpus non locans quod aptum natum est locare; et, quia extra mundum non est tale corpus, sequitur quod nec est ibi vacuum.

Iuxta illud dico quod, si omnia infra orbem lunae essent annihilata, non propter hoc inter latera caeli esset vacuum, licet bene concederem quod orbis lunae esset vacuus; et iuxta hoc esset conce-

---

60 mundum] etiam *add. I* 62 posset] potest *I* 62 istum] illum *I* 63 hoc] *om. I* 64 sed] hoc *add. I* 64 posset] potest *I* 65 ad1] centrum vel *add. I* 66 istum] illum *I* 67 Et] *om. V* 67 hoc] etiam *add. V* 69 posset] potest *I* 69 creare duos lapides] *inv. I* 72 posset] potest *I* 73 faceret] concrearet *I* 73 eis] *om. V* 74 quam] spatium vel distantiam *add. V* 74 et] *om. V* 75 sic li] *om. I* 76 extra] bene *add. V sed del.* 76 et affirmative acceptum] acceptum et affirmative *I* 81 etc.] *om. I* 81 dico quod] *om. I* 81 potest] debet *I* 85 illud] istud *I* 86 inter] in caelo *V* 86/87 concederem] concederetur *V* 87 esset] est *I*

dendum quod vacuum esset una sola res puta caelum.

Sed diceres: communiter dicitur quod vacuum nihil sit. Concedo, quia nullum est corpus quod aptum natum est locare quin de facto locet, et ita hoc debet intelligi et non aliter. Et illud concordat cum dictis ARISTOTELIS in *IV° Physicorum*, quia ipse vocat *locum* non dimensionem separatam non occupatam corpore, sed corpus locans secundum ultimam eius superficiem. Sic etiam secundum hoc non debemus vocare *vacuum* dimensionem separatam vel imaginatam nullo corpore occupatam, sed debemus vocare *vacuum* corpus quod non locat, sed aptum natum est locare; et ideo dicit ARISTOTELES *IV° Physicorum* describens vacuum quod sit locus non repletus corpore.

Ad septimam: *extra mundum sunt entia inalterabilia, etc.*, quid sit dicendum ad hoc patet ex quibusdam conclusionibus positis iuxta secundum articulum. Et sic est finis quaestionum huius partis.

88 una] sola res et iuxta hoc esset concedendum quod vacuum esset una *add. V* 88 sola] bona *I P* 89 sit] est *I* 90 Concedo] *om. V* 90 est] sit *I* 91 hoc] *om. V* 91 illud] istud *I* 92 cum] *om. I* 93 non] *om. V* 94 corpus locans] *inv. V* 95 vocare] ponere *V* 96 corpore] imaginatam *add. V* 00 quid] quidquid *V* 1 hoc] etiam *add. V* 2 Et sic est finis quaestionum huius partis] Et hoc de quaestione sufficiat *I*

92 ARISTOTELES, *Physica*, IV, 7, 213 b 31-34.
98 ARISTOTELES, *Physica*, IV, 4, 212 a 20.

Quaestio 12

Utrum, supposito quod essent plures mundi, terra unius mundi moveretur ad medium alterius mundi

Bonum est iuxta ordinem quem servat ARISTOTELES procedere et inquirere modo iuxta illam materiam principalem quam pertractat ARISTOTELES in *I° huius*, scilicet iuxta finitatem mundi in multitudine. Circa quod duo sunt inquirenda. Primum est utrum, supposito quod essent plures mundi, terra unius mundi moveretur ad medium alterius mundi. Secundum est: utrum sint vel possint esse plures mundi.

De primo arguitur quod non. Nam, si Deus ad istum mundum faceret unum alium, non propter hoc terra unius mundi haberet aliam inclinationem quam iam habet; sed iam non inclinatur moveri alibi quam ad medium huius mundi; ergo neque tunc. Assumptum patet ex eo quia, ex quo terra est unum corpus simplex habens unicam inclinationem, scilicet ad unicum locum et non ad diversa secundum speciem.

Secundo. Si sic, vel hoc esset naturaliter vel violente. Non naturaliter, nam terra istius mundi non posset moveri ad medium alterius mundi, nisi ascenderet in isto mundo, sicut patet intuenti; modo ascendere non covenit naturaliter ipsi terrae secundum naturam eius propriam, sed violente. Si autem dicitur quod terra huius mundi moveretur violente ad medium alterius mundi, tunc non

---

5 quem servat] *om. I* 5 Aristoteles] Aristotelis *I* 5 inquirere] quaerere *I* 6 iuxta] circa *I* 6 illam] tertiam *I* 7 fnitatem] simplicitatem *V* 8 qua] quam *I* 10 possint] possent *V* 13 unum] *om. V* 14 aliam inclinationem] *inv. V* 14 iam] *om. I* 14 iam] non moveretur vel *add. I* 15 alibi quam] alicubi nisi *I* 16 quia] quo *I* 17 scilicet] inclinationem *add. V* 18 diversa] scilicetai19 violente] violenter *I* 22 convenit] competit *I* 23 violente] violenter *I* 23 dicitur] dicatur *V* 24 violente] violenter *I*

5/7 ARISTOTELES, *De caelo*, I, 5-6, 271 b 1 - 274 a 18.

oporteret nec esset necessarium, si plures essent mundi, quod terra unius moveretur ad medium alterius mundi, postquam hoc esset violentum. Et habetur propositum. Et etiam quia hoc est contra ARISTOTELEM in *littera*, qui dicit quod naturaliter terra unius mundi moveretur ad terram alterius mundi. Et ex alio, quia, si terra F.V. 17ra istius mundi moveretur ad medium //// alterius mundi, quando veniret ad alium mundum, descenderet ad medium alterius mundi; modo descendere convenit terrae naturaliter et non violente.

Tertio. Si esset alius mundus, ignis unius mundi non moveretur ad ignem alterius mundi; ergo nec terra ad terram. Consequentia F.I. C2vb tenet a simili. Antecedens | probatur: nam hoc non posset esse nisi ignis unius mundi fieret centro alterius mundi propinquior; et sic ille ignis descenderet; quod non convenit naturaliter igni. Consequentia tenet ex hoc quod centro fieri propinquius est descendere; sed quod ignis non naturaliter descendat, patet, quia, ex quo naturaliter ascendit, eidem simplici convenirent plures motus simplices distincti secundum speciem, et hoc na turaliter; cuius oppositum prius probatum est.

Quarto. Si essent plures mundi, illi essent eiusdem rationis; igitur, sicut terra in isto mundo quiescit in medio huius mundi naturaliter, ita terra alterius mundi quiesceret in medio alterius mundi naturaliter, et sic una non tenderet ad aliam, sed ad medium sui mundi, si essent extra ipsum, quia tenderet ad medium sibi propinquius. Sed, si contingeret quod aequaliter distaret ab utroque, quiesceret inter ambo, sicut ferrum inter duos adamantes aequaliter trahentes.

Quinto. Nam terra unius mundi non posset moveri ad terram alterius mundi nisi divideretur caelum huius mundi et etiam caelum alterius mundi; modo hoc est impossibile, postquam caelum est indissolubile.

---

26 unius] huis mundi *I* 27 hoc] *om. I* 27 etiam] quia *add. V* 28 quia] *om. I* 32 violente] violenter *I* 34 ergo] igitur *I* 35 probatur] patet *I* 35 posset] potest *V* 39 quia] *om. V* 41 simplices distincti] *om. I P* 42 prius probatum est] est prius probatum *I* 48 distaret ab utroque] *inv. I*

28 ARISTOTELES, *De caelo*, I, 8, 276 a 27-30.

Sexto. Adhuc, supposito quod divideretur caelum, non posset moveri usque ibi nisi transiret vacuum interceptum inter istos duos mundos qui postquam non possent se tangere secundum superficiem, postquam essent sphaerici, inter eos interciperetur vacuum; modo corpus simplex quale est terra non potest moveri in vacuo, sicut patet *IV° Physicorum*; igitur etc.

Oppositum determinat ARISTOTELES in *littera*.

In ista quaestione primo ponendae sunt quattuor conclusiones praeambulae; secundo respondendum est ad quaestionem.

Prima conclusio est: omnia gravia naturaliter moventur ad suum locum naturalem, scilicet deorsum, et levia ad suum, scilicet sursum, si non fuerit impedimentum. Probatur ex hoc quod, quanto aliquid est gravius, tanto ceteris paribus descendit velocius quam minus grave; ergo non violente, sed naturaliter. Antecedens patet per experientiam. Consequentia tenet, quia, si hoc non esset naturaliter sed violente, tunc gravitas resisteret et maior gravitas magis resisteret, et per consequens tardius moveretur.

Ex ista conclusione patet falsitas duarum opinionum de motu terrae ad medium. Una est quae dicit quod terra in principio mundi fuit prope caelum, et quando caelum incepit moveri, violente tali modo pulsa erat deorsum ad medium. Et sic adhuc fieret quando aliquod grave esset positum sursum sicut terra vel aliquod tale, violente motu caeli pelleretur ad medium, recte sicut, quando ponitur aliqua faba vel aliquod tale in aliquam scutellam et velociter circum volvitur illa scutella, faba propter motum scutellae pellitur ad medium.

---

55 divideretur] divideret *V* 56 moveri] transire *V* 56 istos] illos *V* 57 possent] possunt *V* 59 potest] posset *I* 60 igitur etc.] *om. V* 61 in littera] *om. I V (est in P)* 63 quaestionem] quaesitum *I* 64 conclusio] *om. I* 65 naturalem] *om. V* 65 suum] locum *add. V* 66 impedimentum] impedita *V* 67 quam minus grave] *om. I* 67 ergo] igitur *I* 68 violente] violenter *I* 68 per] ad *I* 69 non] *s.v. V* 69 violente] violenter *I* 73 est quae] *om. I* 74 violente] violenter *I* 75 deorsum] *om. I* 76 violente] violenter *I* 78 circumvolvitur] circumvolvatur *V* 79 pellitur] expellitur *V* 79/80 ad medium] *om. V*

60 ARISTOTELES, *Physica*, IV, 8, 216 a 33-34.
61 ARISTOTELES, *De caelo*, I, 8, 276 a - 277 b 26.

Secunda erat opinio quod terra moveretur ad medium quando ipsa esset extra ipsum motu tractus. Imaginabatur enim quod centrum mundi traheret sibi terram et similiter alia gravia.

Et sic ambae illae opiniones imaginantur gravia moveri motibus violentis ad medium: una quidem dixit quod hoc fieret motu pulsus, alia motu dixit quod tractus. Isti autem motus sunt motus violenti.

Et contra illas opiniones est conclusio iam probata. Contra cuius tamen probationem dubitatur. Nam, si valeret, argueretur consimili forma: graviora moverentur velocius sursum quam leviora, ergo motus gravium sursum est naturalis. Antecedens patet de plumbo quod velocius movetur sursum vel proiicitur quam pluma: unde, si instantia ad conclusionem valeret, et ita ista valere videretur. – Respondetur quod ista instantia non valet, nam dicebatur in ratione facta ad conclusionem universaliter: quanto aliquid est gravius, tanto velocius descendit; modo gravis gravius velocius moveatur sursum vel proiiciatur; tamen falsum est quod, quanto aliquid est gravius, tanto velocius proiiciatur sursum, immo posset esse aliquid ita grave quod non posset proiici sursum; sed nihil potest esse ita grave quin aptum natum sit descendere, immo quanto gravius tanto velocius. Hoc incidentaliter possumus notare causam quare plumbum remotius proiicitur quam pluma, et hoc a proiiciente sibi commensurato. Cuius causa est: nam illud quod est gravius est receptivum pluris virtutis a proiiciente, et est diutius retentivum istius virtutis propter pluralitatem materiae quam unum leve, sicut pluma vel aliquod tale, et ita mediante illa virtute recepta et retenta velocius et remotius proiicitur.

---

81 Secunda erat] *inv. I* 81 ipsa] *om. I* 82 Imaginabatur] Imaginatur *V* 84 illae] istae *I* 84/85 motibus violentis ad medium] ad medium motibus violentis *I* 86 dixit quod] *om. I* 86 motus^2] *om. I* 87 Et contra] Contra *I* 87 illas] istas *I* 87 iam probata] nostra *I* 87/88 cuius tamen] *inv. I* 89 moverentur] moventur *I* 89 ergo] igitur *I* 91 quod] *om. I* 91 movetur sursum vel proiicitur] proiicitur sursum *I* 92 instantia] consequentia *i P V* 92 conclusionem] facta *add. I* 92 ita] *om. I* 92 videretur] videtur *I* 93 instantia] consequentia *V (est in I P)* 95/96 moveatur sursum vel proiiciatur] proiiciatur sursum *I P* 96 proiiciatur] moveatur *I* 97 posset esse aliquid] aliquid posset esse *I* 1 proiicitur] proiiciatur *I* 2 Cuius causa est] *om. V* 3 pluris virtutis] maioris virtutis *P*; plurium virtutum *V* 4 istius] illius *I*; istarum *V* 4 virtutis] virtutum *V* 5 mediante] *om. V* 6 remotius] proiicitur *add. V sed del.*

Secundo arguitur ad conclusionem sic: gravia in //// descendendo moventur velocius in fine quam in | principio, et similiter levia in ascendendo; ergo tales motus talibus corporibus sunt naturales et non violenti. Antecedens patet ad experientiam. Consequentia probatur, quia proprium est motibus naturalibus, saltem in mediis uniformibus, in fine intendi, et motibus violentis in fine remitti, nam in motibus violentis virtus motiva fatigatur et debilitatur continue, et sic in fine movetur tardius, qualiter non est in motibus naturalibus. F.V. 17rb F.I. C3^{ra}

Tertio arguitur ad conclusionem: si gravia non moverentur naturaliter deorsum, sed violente, sequeretur quod moverentur naturaliter sursum; modo hoc est falsum. Consequentia patet quia, cui aliquis motus est violentus, ei oppositus est naturalis, et hoc si sunt motus simplices.

Sed diceret aliquis contra: nam sequeretur quod, si terra moveretur violente ad sinistrum, moveretur naturaliter ad dextrum, postquam motus ad sinistrum et motus ad dextrum sunt contrarii. Respondetur quod non est simile, quia motus sursum et motus deorsum sunt motus contrarii simplices, motus autem ad dextrum et motus ad sinistrum sunt motus contrarii mixti; modo illud quod dicebatur, intelligebatur de motibus contrariis simplicibus et non mixtis.

Secunda conclusio: si esset alter mundus, terra istius mundi esset eiusdem speciei specialissimae cum terra alterius mundi, et sic de aliis corporibus simplicibus ex quibus uterque componeretur. Patet hoc primo: quia aliter hoc nomen *mundus* diceretur aequivoce de isto mundo et de illo; modo hoc videtur esse falsum. Secundo, quia operationes talium corporum essent consimiles sicut calefacere, exsiccare, et huiusmodi. Tertio, quia eis deberentur iidem motus in specie corporum simplicium qui non sunt nisi tres, sicut prius dicebatur. Quarto, quia vel isti duo mundi dependerent ab eodem primo principio vel diversis consimilibus, tamen eiusdem

---

9 ergo] ideo *I* 14 movetur] movet *I* 17 violente] violenter *I* 18 quia] ex hoc quod *I* 19 ei oppositus est] est ei oppositus *I* 21 aliquis] *om. I* 21 sequeretur] sequitur *I* 22 violente] violenter *I* 22 sinistrum] quod *add. I* 23 motus^{2}] *om. V* 23 sunt] motus *add. I* 26 motus^{1}] *om. V* 27 intelligebatur] intelligitur *I* 33 illo] alio mundo *V (est in I P)* 37 duo] *om. V* 38 tamen] et *add. I*

speciei, vel a diversis diversarum specierum: illud patet per sufficientem divisionem. Si dicatur primum, tunc isti mundi debent esse omnino consimiles, propter hoc quod causa eadem et nullo modo diversificata non debet causare dissimiles effectus. Consimili modo est dicendum, si illi duo mundi sint a duobus principiis eiusdem speciei: quia causae consimiles debent causare consimiles effectus; si vero isti mundi sint a principiis diversarum rationum seu specierum, tunc unum istorum principiorum est altero melius et perfectius, et sic naturaliter prius; ergo alterum principium ab ipso dependeret, et etiam mundus suus, quia omnino essent ad invicem ordinata et ad unum principium.

Tertia conclusio: corpus naturaliter inclinatum ad aliquem locum inclinatur ad istum ad quamcumque distantiam. Patet hoc: quia in quacumque distantia, ipso manente, obtinet suam formam quae est causa talis inclinationis naturalis; modo, posita causa, ponitur et effectus. Hoc idem patet ex alio: quia terra posita magis sursum ita bene inclinatur ad locum suum naturalem sicut terra posita minus sursum.

Sed contra diceret aliquis: quia terra in loco suo non est gravis; ergo in loco suo non habet talem inclinationem. Dico quod immo, quia in loco suo habet inclinationem ad manendum ibi, et extra locum suum habet inclinationem ad movendum se ad locum suum naturalem, et ita proportionaliter dicatur de aliis elementis. Etiam falsum est quod terra in loco suo non sit gravis: unde, si extra locum suum est gravis, et, cum venit ad locum suum, non perdit istam gravitatem, sequitur quod in loco suo est sic gravis sicut extra. Verum est tamen quod illa gravitas extra locum naturalem habet unum officium, et in loco naturali aliud: cum enim terra extra locum suum fuerit posita, sua gravitas inclinat ipsam ad movendum ad locum suum, et, cum est in loco suo, eadem gravitas inclinat

---

39 diversis] tamen *add. s.v. V* 39 illud] istud *I* 40 debent] deberent *I* 47 ipso] isto *I* 50 corpus] quod *add. I* 50 inclinatum] inclinatur *I* 51 istum] illum *I* 51 hoc] *om. V* 54 et] *om. I* 54 Hoc] *om. I* 57 quia] *om. I* 58 habet] videtur habere *I* 58 talem] *om. V* 61 proportionaliter] proportionabiliter *I* 61 dicatur] dico *I* 64 istam] illam *I* 64 sic] *om. V* 65 naturalem] *om. V* 66 naturali] terrae *add. V* 68 locum suum] motum *I*

ipsam ad quietem; et ideo in loco suo naturali //// non ponderat, et ad istum intellectum AUCTORES *De ponderibus* concedunt corpora in suis locis naturalibus non esse gravia. F.V. 17[va]

Secundo dubitatur: nam adhuc videtur quod distantia aliquid faciat, ut, si unus ignis esset in medio mundi, una pars moveretur versus unam partem, puta versus septentrionem, et alia versus meridiem versus caelum ad locum ignis; et tamen, si ille idem ignis esset ex una parte centri mundi, tunc totalis ille ignis moveretur vel versus unam partem solum vel versus aliam.

Respondetur quod distantia bene facit quod aliquid inclinatur moveri secundum diversas eius partes per diversas vias ad suum locum naturalem; nunquam tamen distantia faceret quin aliquid inclina- | retur ad suum locum naturalem. F.I. C3[rb]

Quarta conclusio: quaecumque gravia eiusdem speciei et quaecumque levia eiusdem speciei tendunt vel inclinantur ad eundem locum in numero, si sint simplicia. Probatur: quia, si duae terrae dimitterentur cadere ad deorsum, videremus quod inclinantur ad eundem locum, puta deorsum, et eodem modo, et per eandem viam, si ponantur cadere de eodem loco successive.

Sed contra diceret aliquis: diversa in specie tendunt ad diversa loca in specie; ergo diversa in numero tendunt ad diversa loca in numero.

Secundo: nulla inclinatio naturalis est ad impossibile; sed impossibile est plura in numero esse in eodem loco in numero naturaliter; ergo naturaliter non inclinantur corpora distincta in numero ad eundem locum in numero.

Tertio: nam videmus quod unus ignis ascendit ad locum suum versus septentrionem, alter versus meridiem; modo ista sunt diversa loca in numero.

Ad ista respondetur. Ad primum negatur similitudo. Et ratio est: quia quaecumque simplicia eiusdem speciei nata sunt facere unum

---

75 idem] *om. V* 77 partem] solam *add. V sed del.* 80 nunquam tamen] sed nunquam *I* 84 in] *om. I* 85 dimitterentur] dimittantur *I* 85 ad] *om. I* 85 videremus] videmus *I* 96 alter] alius *I* 98 respondetur] *om. I* 99 simplicia] vel similia *add. I*

70 THÂBIT IBN QURRA, *De ponderibus*, I; PSEUDO-ARCHIMEDES, *De insidentibus in humidum*, post. 1, p. 43.

per continuitatem, quod quidem unum habet unum locum in numero naturalem sui et cuiuslibet partis; ergo et quaelibet pars inclinatur ad eundem locum in numero.

Per hoc ad secundum dico quod non est impossibile plura partialia esse in eodem loco sui totius, et hoc in eodem loco naturali.

Per hoc idem ad tertium dico quod ambo illi ignes moventur ad eundem locum in numero totalem, qui est concavitas orbis lunae; cum quo bene stat quod partes totius habent distincta loca in numero partialia.

Quantum ad secundum pono unicam conclusionem responsalem ad quaestionem, scilicet quod, si esset alter mundus non concentricus huic mundo, terra istius mundi haberet inclinationem movendi ad medium alterius mundi, et e converso, licet forte haberet impedimentum veniendi ibi, propter hoc quod caelum non est dissolubile, secundum quod arguebatur in principio quaestionis. Probatur: omnia simplicia eiusdem speciei naturaliter inclinantur ad eundem locum in numero, per quartam conclusionem, ita quod nulla distantia talem inclinationem posset impedire, per tertiam conclusionem; sed terra istius mundi et terra illius essent eiusdem speciei, per secundam conclusionem, et terra huius mundi naturaliter movetur ad medium huius mundi, per primam conclusionem; ergo terra illius mundi naturaliter moveretur ad medium huius mundi. Sed, quia hoc est impossibile, quia pari ratione fieret e converso secundum ARISTOTELEM, ergo concluditur quod impossibile est esse plures mundos non concentricos naturaliter; cum quo tamen bene stat quod Deus posset facere plures per suam omnipotentiam. Sed de hoc in sequenti quaestione diffusius tractabitur.

Ad rationes principales. Ad primam dico quod, si miraculose
F.V. 17vb fierent plures mundi, unus //// extra alium, excentrici, non mirum

---

00 continuitatem] continuationem *I* 1 cuiuslibet] suae *add. I* 4 naturali] totali *AIP* 9 unicam] unam *V* 13 ibi] *om. V* 18 istius] huius *I* 18 illius] alterius *I* 19 secundam conclusionem] *inv. I* 20 primam] *om. V* 20 ergo] igitur *I* 21 illius] alterius *V* 21 naturaliter moveretur] *inv. I* 21 mundi] *om. I* 23 ergo] *om. I* 24 tamen] *om. I* 26 diffusius] latius *I* 27 principales] *om. I*

23 ARISTOTELES, *De caelo*, I, 9, 277 b 27 - 278 b 21.

quod tunc terra huius mundi inciperet habere aliam inclinationem quam ante habuit. Etiam dico quod Deus bene posset facere quod obtineret unicam inclinationem videlicet movendi solum ad medium sui mundi; sed ARISTOTELES breviter diceret quod hoc non posset fieri.

Ad secundam et ad omnes sequentes dico concedendo omnia consequentia illata ex quaestione, si miraculose plures fierent mundi excentrici; sed secundum ARISTOTELEM concedendae essent consequentiae. Et, quia secundum ipsum consequentia essent impossibilia, antecedens secundum ipsum reputaretur impossibile, scilicet esse plures mundos, ad quod secundum ipsum concederetur sequi quodlibet, iuxta istam regulam: ad impossibile potest sequi quodlibet.

---

30 bene posset] *inv.* *V* 33 posset] potest *I* 35 consequentia] sequentia *I* 35 quaestione] concessione *I* 35 plures fierent] *inv.* *I* 37 secundum ipsum consequentia] consequentia secundum ipsum *I* 38 reputaretur] reputatur *I* 40 istam] illam *I* 41 quodlibet] Et sic est finis quaestionis *add.* *I*

32 ARISTOTELES, *De caelo*, I, 8, 276 a 18-22.
36 ARISTOTELES, *De caelo*, I, 8, 276 a 18-22.

Quaestio 13

Utrum sint vel possint esse plures mundi

Secundum propositorum erat utrum sint vel possint esse plures mundi.

Probatur quod sic. Quia hic terminus *mundus* est terminus communis; igitur vel actu vel potentia habet plura supposita, et per consequens vel actu sunt vel potentia possunt esse plures mundi. F.I. C3va Antecedens | patet per omnes. Consequentia probatur per hoc quod terminus communis dicitur qui de pluribus praedicabilis est.

Secundo. Melius est bonum et perfectum multiplicari quam non multiplicari; sed mundus est quoddam bonum et perfectum, sicut prius dicebatur; igitur melius est esse plures mundos quam unum. Et quia hoc est possibile apud Deum, et cum Deus faciat de possibilibus quod melius est, sequitur quod sunt plures mundi.

Tertio. Mundus potest generare alium mundum sibi similem; ergo possunt esse plures mundi. Consequentia tenet. Antecedens probatur, quia mundus est quoddam perfectum et non orbatum; tale autem *II° De anima* potest generare sibi simile, cum generare arguat perfectionem.

Quarto. Videtur quod saltem possunt esse plures successive, quia iam sunt alia mixta in numero, et similiter alia elementa quam erant ante mille annos; et illa sunt partes mundi, quibus non manentibus eisdem videtur etiam quod mundus non maneat idem; et sic videtur quod saltem possint esse plures mundi successive.

---

6 vel] *om. V* 9 de pluribus est praedicabilis] praedicabilis est de pluribus *I* 12 igitur] ergo *I* 22 ante mille annos] sunt centum anni *I*

18 ARISTOTELES, *De anima*, II, 4, 415 a 26-28.

Oppositum vult ARISTOTELES.

In ista quaestione primo ponam distinctiones; secundo conclusiones.

Prima distinctio est quod plures esse mundos possumus imaginari vel simul vel successive, sicut dicimus quod possunt esse plures phoenices, quarum una succedit ad aliam.

Secunda distinctio: plures esse mundos simul possumus imaginari, vel quod essent concentrici, vel quod essent excentrici. Concentrici quidem, sicut si super ultimum caelum nostri mundi imaginaremur unum orbem terreum, et ultra istum unum orbem aqueum, et ultra istum unum orbem aereum, et ultra istum unum orbem igneum, et ultra ilstum orbes caelestes consimiles orbibus caelestibus nostri mundi. Vel si imaginaremur nostram terram esse unum orbem infra quem esset unum aggregatum ex orbibus caelestibus contiguum concavitati orbis terrae nostrae, infra quod aggregatum ex orbibus supercaelestibus imaginemur quattuor elementa sicut in nostro mundo, et sic possumus imaginari infinitos mundos concentricos ascendendo et descendendo.

Similiter possumus imaginari plures mundos excentricos, vel quod unus totaliter sit extra alium, et hoc quod contingant se quemadmodum plures globi positi in uno sacco, vel quod non contingant se sed sint separati ab invicem, vel sic quod unus non sit extra alium sed quod in aliqua parte nostri mundi sit alter mundus, sicut si in luna imaginaremur unum alium mundum vel in sole, et sic de aliis stellis.

Tunc sit prima conclusio: si essent plures mundi concentrici, non oporteret quod terra unius mundi moveretur ad terram alterius mundi. Probatur, quia cuiuslibet mundi terra quiesceret naturaliter, propter hoc quod omnium istarum terrarum unum esset centrum

---

28 plures esse] *inv. I* 29 vel] dupliciter, scilicet *I* 34 imaginaremur] imaginatur *I* 34 istum] illum *I* 35 istum[1]] illum *I* 35 istum[2]] illum *I* 36 istum] illum *I* 37 imaginaremur] imaginamur *V* 37 esse] *om. I* 38 unum]n *om. V* 40 imaginemur] imaginamur *V* 41 nostro mundo] *inv. I* 43 mundos] *om. V* 44 hoc quod] *om. V* 49 sic] *om. V* 53 istarum] illarum *I*

25 ARISTOTELES, *De caelo*, I, 6, 289 a 8-10.

seu medium: unde imaginandum est quod, si terra esset concava et in medio concavitatis esset medium mundi, ita quiesceret naturaliter sicut modo.

Ex quo concluditur quod contra pluralitatem mundorum concentricorum non valet ratio ARISTOTELIS qua arguit quod nec sunt nec possunt esse plures mundi, propter hoc quod terra unius moveretur naturaliter ad medium alterius, licet illa ratio bene probet istam conclusionem quae potest esse secunda conclusio huius quaestionis: impossibile est esse plures mundos excentricos, et hoc naturaliter.

F.V. 18ra Tertia conclusio: impossibile est naturaliter quod sint plures mundi successive unus //// post alium. Probatur: nam, si sic, tunc iste mundus esset corruptibilis secundum se totum, et tunc etiam caelum esset corruptibile; cuius oppositum postea ostendetur. Verumtamen ANTIQUI bene dixerunt mundum non corrumpi totaliter, sed aliquando deordinationem entium fieri et reverti omnia in quoddam chaos confusum. Et quando iterum entia ordinarentur debite dicebant iterum esse alium mundum, et istam deordinationem et reordinationem dicebant fieri per litem et amicitiam. Sed illud non valet, quia per talem deordinationem mundus non corrumperetur, ex eo quod deordinatio est unum praedicatum accidentale, et ideo potest verificari affirmative et negative successive de aliquibus sine hoc quod illa entia corrumpantur.

Et, si dicatur: quando entia sunt deordinata, tunc non dicuntur mundus, sed quando sunt ordinata, tunc dicuntur mundus, breviter hoc non valet, nam tunc hoc nomen *mundus* esset nomen connota-
F.I. C3^{vb} | tivum.

Quarta conclusio: impossibile est aliquo modo esse plures mundos. Probatur: impossibile est esse plures Primos Motores; igitur

---

60 licet illa ratio bene probet] *om. V* 65 Probatur] *om. V* 68 antiqui] aliqui *V* 68 bene] *om. V* 68/69 totaliter] *(*sed *add. V sed del.)* secundum se totum vel totaliter *add. V* 69 deordinationem entium fieri] fieri deordinationem entium *I* 72 reordinationem] ordinationem *I* 73 illud] istud *I* 73/74 corrumperetur] corrumpitur *I* 74 unum] *om. V* 76 entia] *om. V* 78 tunc] *om. V* 82 Primos Motores] *inv. I* 82 igitur] ergo *I*

58 ARISTOTELES, *De caelo*, I, 9, 277 b 27 - 278 b 21.
68 Cf. ARISTOTELES, *De caelo*, I, 10, 279 b 13 - 280 a 11.

impossibile est esse plures mundos naturaliter sive concentricos sive excentricos. Consequentia tenet, quia, si essent plures mundi, in quolibet esset unum primum caelum, et etiam unus Primus Motor. Antecedens concludit ARISTOTELES *XII° Metaphysicae* in fine, ubi dicit: «mala autem est pluralitas principum; unus ergo princeps».

Sed aliquis diceret quod non oporteret propter hoc esse plures principes omnium istorum mundorum, quia in quolibet esset unus motor movens propter istum primum tamquam propter finem. Hoc removet COMMENTATOR, dicens quod hoc non valet eo quod Primus Motor movet propter se. Et hoc probatur sufficienter in *XII° Metaphysicae*, et ideo non valeret dicere tales Primos Motores movere propter unum alium motorem.

Secundo arguitur ad idem ratione ARISTOTELIS: quia iste mundus constat ex omni materia pertinente ad formam mundi; igitur non esset materia ex qua posset esse vel fieri alter mundus. Consequentia tenet. Antecedens probatur: quia iste mundus continet omnia corpora simplicia quae non sunt nisi quinque secundum speciem, sicut prius dicebatur, quae quidem corpora simplicia cum aliis corporibus hic in isto mundo existentibus dicuntur materia mundi.

Ultima conclusio, stans cum praecedentibus, quod possibile est supernaturaliter esse plures mundos tam simul quam successive, tam concentricos quam excentricos, sicut Deo placeret.

Ad rationes principales. Ad primam dico quod non solum iste terminus *mundus*, immo iste terminus *Deus* et iste terminus *sol* sunt termini communes, non quia de facto supponant pro pluribus, nec

---

83/84 concentricos sive excentricos] *inv. I* 87 autem] *om. V* 89 aliquis diceret] *inv. V* 90 istorum] illorum *V* 91 istum] illum *I* 92 dicens] et dicit *V* 92 eo] *om. V* 93 movet] moveret *V* 94 dicere tales Primos Motores] tales Primos Motores dicere *V* 97/98 igitur] ergo *I* 4 stans] quae stat *I* 4 est] *om. I* 6 concentricos quam excentricos] *om. V* 7 principales] *om. I* 8 immo] etiam *add. I* 8 iste²] ille *I*

86/88 ARISTOTELES, *Metaphysica*, XII (Λ), 10, 1076 a 3-4.
92 AVERROES, *In Metaphysicam*, XII, f. 328ʳ, comm. 44.
93 ARISTOTELES, *Metaphysica*, XII (L), 8, 1073 a 25-28.
96 Cf. ARISTOTELES, *Physica*, I, 9, 192 a 13-34.

quia possint esse plures res pro quibus supponunt, sed quia non repugnat talibus terminis ex forma et modo suarum impositionum supponere pro pluribus talibus, licet ex parte rerum significatarum repugnet.

Ad secundam, quando dicebatur: *melius est esse plures mundos, etc.* dico quod non. Sed diceres: semper maior multitudo bonorum est melior, illud est falsum, quia tunc melius esset esse plures Deos quam unum, quod tamen est falsum, quia hoc est impossibile; ergo hoc non est melius. Unde, quando per multitudinem bonorum tolleretur, ordo universi non esset melius esse plura bona quam unum, qualiter fieret in proposito.

Ad tertiam nego antecedens. Et quando dicebatur: *generare sibi simile arguit perfectionem*, verum est inter corruptibilia quae non possunt permanere secundum indviduum, sed inter incorruptibilia hoc arguit imperfectionem.

Ad quartam dico quod ista bene probat quod plures possunt esse mundi successive diversi ab invicem partialiter, et hoc bene conceditur; cum hoc tamen bene stat quod non possunt esse plures mundi successive diversi ab invicem totaliter.

---

10 quia] *om. V* 10 possint] possunt *V* 10 supponunt] supponant *I* 11 suarum] suorum *I* 12 talibus] *om. I P* 15 etc.] *om. I* 17 tamen] *om. V* 18 hoc] *om. I* 18 per] a *scr. V sed del.* 21 dicebatur] dicitur *I* 24 arguit] argueret *I* 25 ista] illa *I* 27 bene] *om. V*

Quaestio 14

Utrum quaelibet potentia activa terminetur per maximum in quod potest agere

Nunc expedit iuxta ordinem ARISTOTELIS tractare utrum mundus sit generabilis et corruptibilis vel ingenerabilis et incorruptibilis, postquam ostensum est quod mundus est magnitudo perfecta et magnitudo finita, et quod non sunt plures mundi. Sed, quia generabile et corruptibile includunt potentiam, ideo iuxta istam materiam primo quaerenda sunt aliqua circa terminationem potentiarum. Unde primo quaerendum est utrum quaelibet potentia activa terminetur per maximum in quod potest agere; secundo, utrum quaelibet potentia passiva terminetur per minimum a quo potest pati; tertio, utrum quodlibet ens habeat //// potentiam respectu suae F.V. 18[rb] durationis per maximum tempus per quod potest durare; quarto, utrum omne corruptibile necessario corrumpatur; quinto, utrum aliquid de novo genitum possit perpetuari; sexto, utrum generabile et corruptibile convertantur ad invicem; septimo, concludetur mundum esse incorruptibilem et perpetuum.

De primo arguitur primo quod sic per ARISTOTELEM in *littera*. Secundo. Si potentia activa non terminaretur maximo in quod posset, tunc non esset dare pondus maxi- | mum quod Sortes posset F.I. C4[ra] portare; sed hoc est falsum, nam, si non, tunc quocumque pondere dato quod posset portare adhuc maius posset portare, et sic in infinitum pondus Socrates posset portare; quod est falsum.

---

4 Nunc] *om. A P V* 4 ordinem] materiam *V* 4 Aristotelis] nunc *add. V* 7 Sed] Et *V* 12 ternminetur] *om. V* 15 corrumpatur] corrumpetur *I* 18 concludetur] concluditur *I* 19 arguitur] videtur *I* 19 primo[2]] *om. V* 21 terminaretur] determinaretur *I* 21 posset] potest esse *V* 21 tunc] *om. V* 21 pondus maximum] *inv. V* 23 posset] potest *I* 23 in] *om. V* 24 Socrates] *om. I* 24 posset] potest *I*

4 ARISTOTELES, *De caelo*, I, 5-6, 271 b 1 - 274 a 18.
19/20 ARISTOTELES, *De caelo*, I, 11, 281 a 7-27.

Tertio. Ponatur unus lapis sicut octo in gravitate super caput Socratis, potentiae sicut octo praecise et conservetur in tali potentia per tempus et lapis similiter; tunc vel Socrates sustinebit lapidem vel lapis deprimet Socratem. Si dicatur primum, sequitur quod potentia Socratis est terminata ad maximum quod potest sustinere, quia ita gravem lapidem et non graviorem; et habetur propositum. Unde, quantumcumque iste lapis esset gravior, excederet potentiam Socratis, et, cum quilibet excessus sufficiat ad motum, statim ille lapis deprimeret Socratem. Si autem dicatur quod Socrates non potest sustinere istum lapidem, sequitur quod iste lapis deprimet Socratem, et sic a proportione aequalitatis fieret actio, et etiam sequitur quod potentia depressiva lapidis terminatur ad maximum quod potest deprimere, quia ad potentiam Socratis ut octo, quae, si esset maior, sustineret lapidem, cum quilibet excessus sufficiat ad actionem.

Quarto. Sit unum medium uniformiter difforme superius terminatum ad non gradum resistentiae, inferius autem ad gradum resistentiae aequalis potentiae motivae alicuius gravis descendentis per ipsum, et sit illud medium *b*, et mobile quod debet descendere per ipsum, *a*; tunc *b* est maximum spatium quod *a* potentia motiva potest pertransire; ergo potentia activa terminata est in maximum per quod potest. Consequentia tenet. Antecedens probatur, nam tantum potest et non plus, postquam extremum ipsius *b* est aequale in resistendo cum potentia ipsius *a* in movendo.

Quinto. Elongetur unum visibile per aliquam distantiam a me usque quod primo ipsum non videam nec possim videre propter elongationem; tunc distantia inter oculum meum et illud visibile terminata ad ipsum exclusive est maxima distantia per quam illud visibile potuit agere in visum meum. Ex quo sequitur quod est dare maximam distantiam per quam aliqua potentia activa, puta obiectum, potest agere in suam potentiam passivam, puta oculum.

---

26 sicut] ut *I* 26 et] qui *I* 28 deprimet] deprimit *V* 30 quia] ita quod *V (est in I P)* 30 et] *om. V* 32 sufficiat] sufficit *I P V* 33 dicatur] dicitur *V* 34 istum] illum *I* 34 iste] ille *I* 34 sequitur] sequeretur *I* 38 sufficiat] sufficit *I* 42 aequalis] aequalem *I* 45/46 in maximum per] maximo in *I* 46 potest] vel in quod *add. V* 47 postquam] ex quo *I* 48 in] movendo *add. V sed del.* 50 quod] quo *I* (quod *P V)* 50 possim] possum *V* 53 meum] visionem *add. I P* 53 quo] qua *V*

Sexto. Non est dare minimam distantiam per quam non; igitur est dare maximam distantiam per quam visibile potest agere in visum. Consequentia communiter conceditur ab omnibus de hac materia loquentibus. Antecedens probatur: quia, si esset dare minimam distantiam per quam non, tunc per illam non et per quamlibet minorem visibile posset agere in visum; sed hoc non. Nam sit ista, verbi gratia pedalis; tunc arguo sic: visibile, si poneretur bene prope oculum, contingeret quod propter parvitatem distantiae non posset videri; ergo distantia pedalis non erat minima per quam illud visibile non potuit agere in visum. Antecedens patet iuxta illud: «sensibile positum supra sensum non facit sensationem».

Septimo. Est dare maximam velocitatem qua potentia activa potest movere; ergo terminata est per maximum. Consequentia tenet. Antecedens patet primo de potentia supernaturali: quia datur maxima velocitas qua movet ultimam sphaeram: unde propter immutabilitatem suam et suae voluntatis et propter inalterabilitatem ultimae sphaerae non posset ultimam sphaeram tardius neque velocius movere. Hoc idem patet de potentia naturali: quia est dare maximam velocitatem qua *a* mobile descendit per *b* medium ex eo quod potentia //// naturalis in sua actione agit secundum ultimum F.V. 18va
sui posse et conatus.

Oppositum arguitur. Quia, si potentia activa terminaretur maximo in quod posset agere, vel excederet illud vel non excederet. Si non excederet, non posset agere in ipsum, ex eo quod a proportione aequalitatis non provenit actio, nec a proportione minoris inaequalitatis; si autem excederet, vel excessu divisibili vel indivisibili. Non indivisibili, sicut communiter conceditur, cum non sit dare excessum indivisibilem: unde hoc non esset excedere; si indivisibili, ergo per medietatem istius excessus in maius posset, cum quilibet exces-

---

61 posset] potest *V* 61 ista] illa *I* 63 parvitatem] *scr. V sed del. et* propinquationem *add.* 64 videri] videre *V* 67 activa] motiva *V* 68 maximum] maximam *V* 72 posset] potest *I* 72 ultimam sphaeram] sphaeram ultimam neque *I* 74 eo] ex *scr. V sed s.v. corr.* 76 posse et conatus] conatus et potentiae *I P* 79 posset] potest *I* 80 actio] motus *V* 84 istius] illius *V*

65/66 Cf. ARISTOTELES, *De anima*, II, 7, 419 a 12-13.

sus sufficiat ad motum, et per consequens illud non erat maximum in quod ista potentia activa potuit, quod fuit intentum.

Et sciendum est hic quod potentia activa potest comparari vel ad resistentiam vel ad distantiam, vel ad effectum vel ad tempus, vel ad velocitatem vel ad spatium in motu locali, igitur etc.

In ista quaestione erunt sex articuli. In primo enim ponam quasdam distinctiones et terminorum expositiones; secundo, dicam de comparatione potentiae activae ad resistentiam; tertio, de comparatione potentiae activae ad distantiam; quarto, de comparatione potentiae activae ad effectum; quinto, de comparatione potentiae F.I. C4^{rb} acti- | vae ad velocitatem; sexto, de comparatione activae ad spatium. De comparatione autem potentiae activae ad tempus videbitur seorsum in tertia quaestione proposita.

Quantum ad primum sit prima distinctio quod potentiarum quaedam dicitur activa et quaedam passiva.

Secunda distinctio: potentiarum passivarum quaedam dicitur receptiva solum, et de illa nihil ad propositum, quaedam dicitur receptiva et cum hoc resistitiva, et de illa ad propositum.

Tertia distinctio: potentiarum activarum quaedam est finita, sicut potentia naturalis, quaedam infinita, sicut potentia Dei.

Quarta distinctio: potentiarum activarum quaedam est motiva, quaedam portativa, quaedam levativa, quaedam productiva.

Quinta distinctio: potentiarum productivarum quaedam est productiva substantiae, quaedam productiva qualitatis.

Sexta distinctio: potentiarum productivarum qualitatum quaedam est productiva qualitatis sibi similis, sicut caliditas est productiva caliditatis, quaedam autem productiva qualitatis dissimilis, sicut lux est productiva luminis et color est productivus speciei visibilis.

---

85 sufficiat] sufficit *V* 86 ista] illa *I* 86 quod fuit] et hoc est *I* 87 Et sciendum] Notandum *I* 89 ad^2] *om. V* 89 igitur] ergo *I* 89 etc.] *om. V* 90 In] *om. I* 96 potentiae] ad *add. V sed del.* 97 videbitur] videtur *V* 98 distinctio] ista *add. I* 1 dicitur] est *I* 3 est] *om. I* 4 sicut] est *add. V* 4 sicut] est *add. V* 8 quaedam] est *add. V* 10 est] *om. I* 11 quaedam] autem *add. I*

Septima distinctio: adhuc potentiarum quaedam est productiva alicuius effectus, qui, postquam productus est, iuvat potentiam ad ulterius producendum, quaedam autem non. Exemplum primi, sicut ignis qui, postquam produxit ignem prope se, iuvat ipsum ad producendum ignem a se magis remote. Exemplum secundi, sicut est lumen: hoc enim, postquam productum est a luce, non iuvat ad ulterius lumen producendum; ita filius, postquam productus est a patre, non iuvat patrem ad unum alium filium producendum.

Octava distinctio: potentiam finitam terminari contingit quadrupliciter imaginari vel maximo vel minimo, vel maximo in quod non vel a quo non, vel per quod non, etc. vel minimo in quod non, vel minimo per quod non, etc. *Maximum* vocatur in quod potest vel a quo potest aliqua potentia agere vel pati et a nullo maiore sed a quolibet minore, sed *minimum* vocatur in quod vel a quo aliqua potentia potest agere vel pati et in nullum minus vel a nullo minore. Sed *maximum quod non* vocatur quod non vel a quo non vel per quod non sed cuilibet maiori illo datur maius quod sic. Sed *minimum quod non* vocatur illud quod non vel per quod non vel in quod non sed cuilibet minori illo datur maius in quod vel per quod sic. //// Ecce quattuor descriptiones quattuor terminorum. F.V. 18vb

In istis quattuor descriptionibus quantum ad primas duas descriptiones istorum duorum terminorum *maximum* et *minimum* concordo cum communiter loquentibus in ista materia; sed quantum ad duas alias descriptiones discordo ab eisdem: et apparet mihi quod melius sit describere aliter istos duos terminos *maximum quod non* et *minimum quod non.* Unde ipsi vocant *maximum a quo non* illud a quo non nec ab aliquo minore sed a quolibet maiore, et *minimum in quod non* illud in quod non nec in aliquod maius sed in quodlibet minus. In hoc apparet mihi quod non bene dicant nisi plus

---

14 distinctio] est *add. V* 16 autem] est qui *add. V* 17 produxit] producit *V* 20 lumen producendum] *inv. I* 20 ita] nec *add. V* 24 etc.] *om. V* 25 minimo] *om. V* 26 et] in nullum maius sed in quodlibet minus vel *add. I (non est in A P V)* 28 minore] sed in quodlibet maius vel a quolibet minore *add. I (non est in V P)* 30 cuilibet] quolibet *I* 32 cuilibet] quolibet *I* 34 quattuor descriptionibus] *inv. I* 35 et] *om. V* 38 quod] quantum ad hoc *add. I* 38 aliter] alio modo *I* 38 istos] illos *V* 39 non²] quam ipsi describant *add. I* 41 illud] e *scr. V sed del.*

addant, nam secundum hoc non posset salvari quod esset dare minimam distantiam ultra quam aliquod visibile non posset videri; quod tamen est falsum. Immo opositum ipsi met dicunt, nam secundum eorum expositionem sic esset minima distantia ultra quam non aliquod visibile posset videri. Sit ergo illa pedalis, tunc ultra istam distantiam illud visibile non posset videri, sed ultra quamlibet minorem; et tamen hoc est falsum, quia aliqua posset esse distantia ita parva prope oculum quod visibile, si esset ultra istam et non remotius ab oculo, non videretur, sicut arguebatur etiam ante oppositum.

Tunc sit prima conclusio: potentia infinita non terminatur maxima resistentia nec minima nec maxima in quam non, nec minima in quam non potest agere. Probatur: quia talis potentia non est terminata; igitur nec sic nec sic, postquam esset infinita.

Secundo, ad hoc quod aliqua potentia aliquo dictorum modorum terminetur, requiritur quod in aliquam resistentiam possit et in aliquam non; modo sic non est de potentia infinita, ex eo quod in qualibet potest.

Deinde, antequam ponam conclusiones de potentia finita et naturali, pono primo unam conclusionem praeambulam quam oportet supponere in probationibus sequentium. Et sit ista: si quilibet excessus sufficit ad continuandum motum inceptum, tunc quilibet ex- | cessus sufficit ad motum incipiendum et inchoandum istius conditionalis. Antecedens omnes communiter concedunt, licet non communiter omnes concedant consequens. Sed ego probo dictam conditionalem esse veram; et ideo, si conceditur antecedens oportet concedere et consequens. Unde arguo sic: si non quilibet excessus sufficeret ad inchoandum motum, et tamen sufficeret ad continuandum motum, hoc videretur esse ex eo quod inchoare motum esset difficilius quam continuare motum. Tunc vel ergo inchoare motum

F.I. C4va

---

46 non] *om. I* 46 sic] *om. I* 47 istam] illam *V* 48 posset] *I* 48 sed] *s.v. V* 50 quod] tunc *V* 50 visibile, si] *inv. V* 50 istam] illam *I* 51 oculo] isto quod *V* 53 conclusio] quod *add. I* 56 igitur] ergo *I* 56 esset] est *I* 63 sit] est *I* 66 omnes communiter] *inv. I* 67 communiter] *om. I* 67 concedant] concedunt *I* 67 ego] *om. V* 67 communiter] *om. I* 67 concedant] concedunt *I* 67 ego] *om. V* 68 et] *om. V* 69 et] *om. I* 72 motum[1]] *om. V* 72 Tunc] sic *add. I*

est finite difficilius vel infinite quam continuare motum. Non potest dici quod infinite, quia tunc oporteret esse excessum infinitum, nec aliquis excessus finitus sufficeret ad inchoandum motum; cuius oppositum patet ad experientiam. Si autem dicatur quod inchoare motum est finite difficilius quam continueare motum, sit igitur verbi gratia quod solum in duplo et sit excessus *a*, qui per adversarium non sufficit ad inchoandum, sed bene ad continuandum; tunc sic: quilibet excessus per adversarium sufficit ad continuandum, ergo medietas *a* sufficit ad continuandum; et, cum inchoare sit solum difficilius in duplo, sequitur quod *a* duplum ad suam medietatem sufficit ad inchoandum; quod est intentum. Consimili modo argueretur si diceretur quod inchoare motum esset in decuplo difficilius quam continuare, et sic de quacumque alia proportione finita. Nam, si dicas quod in decuplo difficilius est inchoare //// quam continuare, tunc sit *a* excessus qui per adversarium non sufficit ad inchoandum, tunc sic quilibet excessus sufficit, per adversarium, ad continuandum, sequitur quod decima pars ipsius *a* sufficit ad continuandum; et, cum solum difficilius sit inchoare in decuplo quam F.V. 19[ra]
continuare, sequitur quod decuplum ad decimam partem ipsius *a* sufficit ad inchoandum; et, cum hoc sit *a*, sequitur quod *a* sufficit ad inchoandum, et sic, si quilibet excessus sufficit ad continuandum motum, et, cum solum finite sit difficilius inchoare quam continuare, sequitur quod quilibet excessus sufficit ad inchoandum.

Secundo ad idem. Et suppono primo, sicut communiter conceditur, quod proportio velocitatum in motibus sequatur proportionem proportionum potentiarum moventium ad suas resistentias. Hoc supposito, sit *a* unus motor qui excedat *b* mobile excessu non sufficiente ad motum inchoandum secundum adversarium; tunc sit unus alius motor *c*, qui excedat *d* mobile excessu sufficiente ad

---

76 dicatur] dicitur *I* 77 finite] *om. I* 77 igitur] ergo *I* 78 verbi] *om. V* 81 ergo] igitur medietas *add. V sed del.* 82 difficilius in duplo] *inv. I* 85 sic] *om. V* 86 si dicas] sit a *V* 86 in] *om. I* 87 tunc] *om. I* 87 qui per adversarium] *inv. V* 88 tunc sic] et si *I (est in P V)* 88 per adversarium] *om. V (est in I P)* 89 sequitur] igitur *V* 90 difficilius sit inchoare in decuplo] in decuplo difficilius sit inchoare *V* 91 sequitur quod] igitur *V* 91 decimam] decuplam *V* 94 sit difficilius] *inv. I* 96 idem] idam *I* 97 sequatur] sequitur *I* 98 proportionum] *om. V* 2 excedat] excedit *I*

motum inchoandum et ad movendum certa velocitate, et sit ille motus *e*; tunc clarum est quod proportio *c* ad *d* habet certam proportionem ad proportionem *a* ad *b*, cum nulla earum sit in infinitum magna nec in infinitum parva. Sit ergo, verbi gratia, quod sit dupla ad eam; tunc cum ad motum *e* sit dare motum subduplae velocitatis, sicut patet *IV°* et *VI° Physicorum*, sequitur per suppositionem quod iste producetur et inchoabitur secundum proportionem alicuius motoris ad mobile subduplam ad proportionem *c* ad *d*. Sit ergo ista proportio ipsius *f* motoris ad *g* mobile; ex quo sequitur proportionem *f* ad *g* esse aequalem proportioni ipsius *a* ad *b*, cum utraque earum sit subdupla ad eandem proportionem, puta ad proportionem ipsius *c* ad *d*; tunc ultra proportio *f* ad *g* est aequalis proportionis *a* ad *b*; sed a proportione *f* ad *g* provenit motus, quia subduplus ad motum *e*, ideo etiam a proportione *a* ad *b* provenit motus; quare excessus *a* ad *b* sufficit ad motum non solum continuando sed etiam inchoando, quod erat probandum.

Ista conclusione praeambula supposita ponam conclusiones de potentiis naturalibus.

Quantum ad secundum articulum sit prima conclusio ista: non est dare maximam resistentiam in quam aliqua potentia activa potest. Probatur: nam sit *a* potentia activa et resistentiva *b*; tunc arguitur sic: *a* vel excedit *b* vel non excedit *b*. Si dicatur quod non excedit *b*, sequitur quod non potest in *b*, cum omnis potentia activa debeat excedere quantum ad posse agere ipsam potentiam resistentivam quantum ad posse resistere, quod supponitur tamquam unum principium in naturali scientia. Si autem dicatur quod *a* excedit *b*, vel ergo excessu divisibili vel excessu indivisibili. Si dicatur quod excessu indivisibili, hoc non valet, quia nullus talis est. Si autem
F.I. C4^{vb} dicatur quod excessu divisibili, sint ergo | partes istius excessus *c d*;

---

5 verbi gratia] *om. V* 8 iste] ille *I* 9 ista] illa *I* 16 etiam] *om. I*; tamen *add. V sed del.* 17 inchoando] inchandum *V* 20 conclusio] *om. V* 22 nam] si sic *add. I;* quia *V* 22 a potentia activa] potentia activa a *V* 25/26 resistentivam] resistitivam *I* 28 excessu^2] *om. I* 28/29 Si dicatur... valet] Non excessu indivisibili *V* 30 dicatur] dicitur *V* 30 istius] illius *I* 30 c] e et *add. V*

7 ARISTOTELES, *Physica*, IV, 11, 219 a 13-14.

7 ARISTOTELES, *Physica*, VI, 2, 233 b 15-31.

tunc, si ipsum *b* augeretur intantum quod adhuc ipsum a moveret ipsum excedens solum in *d* medietate excessus prioris, adhuc *a* ageret in *b*, cum quilibet excessus sufficiat ad inchoandum et ad continuandum motum, sicut dixit conclusio praeambula; et, cum *b* tunc esset maius quam ante erat, sequitur quod *b* non erat maximum in quod potuit *a*, et ita argueretur de quolibet alio quod adversarius diceret esse maximum in quod potentia activa posset.

Secundo. Sequeretur quod per augmentationem ipsius *b* esset dare ultimum instans esse actionis *a* in *b*; quod est falsum, cum impossibile sit dare ultimum instans esse motus. Consequentia tenet per hoc quod *b* erat maximum in quod *a* potuit; ideo statim, aucto *b*, *a* in ipsum non potest.

Secunda conclusio: non est dare minimam resistentiam in quam potentia activa potest. Probatur: nam sit ista *b*, tunc arguitur sic: *a* potentia activa potest in *b* resistentiam, ergo potest in suam medietatem, quia quidquid potest in maius potest in minus; sed, si *a* potest in medietatem ipsius *b*, et, cum ista sit minor *b*, sequitur quod *b* non erat minimum in quod *a* potentia activa potuit.

Secundo. Nam tunc sequeretur quod esset dare ultimum instans esse motus; sed hoc est falsum. Consequentia tenet, //// nam, si *b* F.V. 19rb diminueretur, ultimum instans non esse diminutionis eius esset ultimum instans esse actionis *a* in *b*, postquam *b* erat minimum in quod *a* potuit.

Tertia conclusio: non est dare maximam resistentiam in quam potentia activa non potest. Nam sit ista *b*; tunc sic *a* non potest in *b*; ergo *a* non potest in maius *b*, saltem in resistendo, quia quidquid non potest in minus non potest in maius; sed, si *a* non potest in maius *b*, sequitur quod *b* non erat maximum in quod *a* non potuit, cum etiam in maius non possit.

---

31 moveret] maneret *V* 33 sufficiat] sufficit et *V* 37 potentia] p *add. V sed del.* 38 Sequeretur] sequitur *V* 39 esse] *om. V* 42 potest] posset *V* 43 conclusio] autem ipsum non posset *add. V sed del.* 44 Probatur] *om. V* 44 ista] illa *I* 46 quidquid] quod *I* 47 ipsius] *om. I* 47 ista] illa *I* 48 minimum] minima *V* 49 tunc sequeretur quod] sequeretur quod tunc *V* 51 ultimum instans... eius] *om. V (hom.)* 52 minimum] minima *V* 56 saltem] maius *add. I* (non *est in P V)* 56 quidquid] quod *I*

Quarta conclusio: est dare minimam resistentiam in quam potentia activa finita non potest. Probatur: omnis potentia finita in aliquam resistentiam potest et in aliquam non potest; ergo per sufficientem divisionem vel datur maxima resistentia in quam potest, vel minima in quam potest, vel maxima in quam non potest, vel minima in quam non potest. Non potest dici primum, neque secundum, neque tertium, per primam, secundam et tertiam conclusiones; ergo relinquitur quartum, et haec est conclusio.

Secundo. Data aliqua potentia activa, puta *a*, est dare aliquam resistentiam sibi aequalem, sit ista b; sed talis est minima in quam *a* non potest, ex eo quod in istam non potest, ex quo non excedit ipsam, sed cuilibet minori ista datur maior in quam potest, ex eo quod cuilibet minori ista datur maior quam *a* potentia excedit. Et, cum quilibet excessus sufficiat ad motum, sequitur quod cuilibet minori ista, scilicet *b*, datur maior in quam *a* potentia activa potest; et, cum in *b* non possit, sequitur per expositionem minimi quod non prius positam quod *b* sit minimum in quod *a* non potest.

Circa istam conclusionem dubitatur: nam secundum ipsam esset concedendum quod esset dare minimum pondus quod Socrates non posset portare vel levare vel movere vel aliquid huiusmodi; sed hoc est falsum. Consequentia tenet de se. Falsitas consequentis probatur: quia sit illud pondus *b*; tunc arguitur sic: virtus et potentia Socratis potest augeri; igitur potest portare maius pondus quam sit *b*, et per consequens *b* non est minimum quod Socrates non potest portare, ex quo ipsum potest et maius ipso potest per augmentationem virtutis.

Secundo. Nam sit illud pondus *b* pedale et unius librae, et sit *c* unum pondus duplum in quantitate et subduplum in gravitate ad ipsum *b*; tunc arguitur sic: Socrates potest portare pondus in duplo maius *b*; igitur *b* non est minimum quod Socrates non potest

---

61 finita] *om. V* 66 per] secundum *I* 66 primam] et *add. I* 69 ista] illa *I* 70 ex] ea *add. V sed del.* 70 istam] illam *I* 71 cuilibet] qualibet *I* 71 ista] illa *I* 72 cuilibet] qualibet *I* 72 ista] illa *I* 72 a] *om. V* 73 sufficiat] sufficit *P V* 73 cuilibet] qualibet *I* 74 ista] illa *I* 75 quod non] *om. V* 77 Circa] Contra *V* 79 posset] potest *I* 80 tenet] nota est *I* 80 Falsitas] Sed falsitas *V* 81 illud] *om. V* 82 igitur] ergo *I* 84 portare] *om. V* 86 sit c] *inv. V* 89 igitur] ergo *I*

portare. Consequentia tenet. Antecedens probatur: quia potest portare *c*, cum potentia Socratis sit maior quam resistentia *c*; et *c* est in duplo maius *b* per casum; ergo potentia Socratis potest in duplum ad *b*, et hoc erat probandum.

Tertio. Si lapis in infinitum distaret a centro, adhuc descenderet, non obstante quod infinitus aer sibi resisteret; ergo videtur quod nulla resistentia sit minima in quam ille lapis non posset, ex quo in resistentiam vel distantiam infinitam posset. | F.I. C5ra

Ad ista. Ad primum iSTa bene probat quod non est dare minimum pondus quod Socrates non potest portare secundum potentiam eius remotam secundum qualem potentiam puerum diceremus habere potentiam pugillandi vel currendi; nihilominus cum hoc bene stat quod est dare minimam resistentiam in quam potentia activa non potest secundum potentiam eius propinquam.

Ad secundum illa bene probat quod non est dare minimam resistentiam, et hoc secundum quantitatem in quam potentia activa non potest; cum quo bene stat quod est dare minimam resistentiam secundum gravitatem vel secundum aliquam aliam qualitatem in quam data potentia activa non potest. //// F.V. 19va

Ad tertium dico quod in tali casu non esset infinita resistentia intensiva, de qua solum intendimus in proposito; sed bene infinita extensive.

Quinta conclusio: potentia activa terminatur per minimum in quod non potest, ad istum sensum quod nos scimus et cognoscimus quanta est potentia activa secundum fortitudinem, sciendo minimum in quod non potest. Probatur: per illud scimus quanta est potentia activa secundum fortitudinem per quod scimus eam secundum fortitudinem distinguere a potentia fortiore et a potentia debiliore; sed hoc est per minimum in quod non potest; igitur etc. Maior est nota. Minor probatur: quia scire minimum in quod non potest includit tria, scilicet scire quod non tantum potest et quod non in

---

90 portare] *om. V* 95 sibi resisteret] *inv. I* 96 resistentia sit] *inv. I* 97 vel distantiam] *om. V* 98 ista] illa *I* 00 puerum diceremus] *inv. I* 2 quam] activa non *add. V sed del.* 9 tertium] tertiam *V* 14 sciendo] sciendi *V* 15 quod] quam *V* 17 potentia²] *om. V* 18 igitur] ergo *I* 19 est] *om. V* 19 nota] de se *add. I* 19 Minor probatur] *inv. I* 20 tantum] intantum *I* (tantum *est in P V*)

plus potest; et per ista duo distinguimus ipsam a potentia maiore, et cuilibet minori illo datur maius in quod potest, per hoc distinguimus ipsam a potentia minore.

Sexta conclusio: cum dictis conclusionibus bene stat quod est dare maximam resistentiam in quam aliqua potentia activa potest cum aliquibus certis circumstantiis, sicut cum tanta velocitate vel cum tanta tarditate in tali vel in tali medio. Patet hoc: quia, licet non sit dare maximum pondus quod Socrates potest portare, et hoc simpliciter, tamen bene est dare maximum pondus quod Socrates potest portare tanta velocitate in tali medio quod, si pondus esset maius et medium grossius et minus dispositum, Socrates non posset portare illud pondus tanta velocitate. Ita proportionaliter dicatur de minimo.

Sed diceres: sicut arguebatur in principio quaestionis, ARISTOTELES dicit in *littera* quod potentia activa terminatur per maximum. Dico quod verum est, sed non per maximum in quod potest nec per maximum in quod non potest, sed per maximum infra quod potest; et illud idem est minimum in quod non potest, et sic cum dictis stat sententia ARISTOTELIS.

Quantum ad tertium articulum videndum est de comparatione potentiae activae ad distantiam ubi praemittendum est quod iuxta terminationem potentiae activae motivae localiter distantia non proprie habet locum, quia semper in tali actione potentia activa motiva est simul cum moto et distantia, sicut patet ex *VII° Physicorum*; et maxime hoc est verum de movente immediato, et hoc semper est sic, nisi motus talis localis fieret per alterationem modo quo magnes alterando ferrum movet ipsum trahendo per ali-

---

21 potentia maiore] fortiori *V* 22 cuilibet] quolibet *I* 22 quod] *om. I* 22 potest] et *add. I P* 25 aliqua] *om. V* 27 tanta] in *add. V* 27 hoc] *om. V* 32 proportionaliter] proportionabiliter *V* 34 Sed diceres] Diceres tu *I* 34 quaestionis] tamen *add. V* 36 maximum] maximam *V* 41 est] *om. V* 43 activa] *om. V* 44 ex] *om. V* 45 est verum] *inv. V* 46 est] esse *V* 47 trahendo] ad trahendum *V*

34/35 ARISTOTELES, *De caelo*, I, 11, 281 a 7-27.
39 ARISTOTELES, *De caelo*, I, 11, 281 a 25-26.
44/45 ARISTOTELES, *Physica*, VII, 2, 243 a 3-6.

quam distantiam, licet hoc non faceret per omnem. Et ideo quantum ad propositum videndum est de comparatione potentiae activae alterativae ad distantiam quomodo talis sit terminata distantia et quomodo non.

Secundo est praemittendum quod differentia est inter distantiam per quam fit vel non fit actio seu in qua fit vel non fit actio ex una parte et distantiam ultra quam fit vel non fit actio ex altera parte. Unde per istam distantiam vel in illa distantia dicitur fieri actio quae sic se habet quod, quamdiu passum est in aliquo puncto intrinseco istius distantiae, tamdiu agens agit in ipsum; sed illa distantia dicitur esse distantia ultra quam fit actio quae sic se habet quod, passo existente non in aliquo puncto intrinseco eius sed extrinseco, agens agit in ipsum. Proportionaliter dicatur de distantia per quam non fit actio et de distantia ultra quam non fit actio.

Tunc sit prima conclusio: non est dare maximam distantiam ultra quam aliqua potentia activa potest agere neque simpliciter neque cum certa resistentia. Probatur quantum ad primum: nam sit illa distantia *a* et sit resistentia *b*; tunc ex quo potentia activa ultra *a* agit in *b*, //// sequitur quod eadem potentia in subduplo ad *b* ageret F.V. 19vb ad maiorem distantiam; et sic *a* distantia non erat maxima ultra quam dicta potentia poterat agere.

Et confirmatur: nam sit *b* pro instanti praesenti ultra maximam | F.I. C5rb distantiam ultra quam potentia activa potest agere, et in hoc instanti incipiat elongari ab *a*; sequitur quod in praesenti instanti *a* agit in *b* et immediate post hoc instans *a* non agit in *b*, et sic praesens instans esset ultimum instans esse actionis, et sic daretur ultimum instans esse motus; quod est impossibile.

Deinde probatur eadem conclusio quantum ad secundum: quia, si agens agit in *b* passum cum certa resistentia *c* gradu velocitatis, idem agens potest agere in idem passum remotius remissiore gradu velocitatis; et ideo dicta distantia non erat maxima simpliciter nec maxima cum certa resistentia ultra quam dictum agens poterat

52 est] *om. V* 55 istam] illam *I* 55 in illa] minima *V* 55 quae sic se habet] *om. P V* 56 quod] *om. V (est in I P)* 57 istius] illius *I* 57 illa] *I* ista 63 neque] nec *I* 69 sit] secundum *add. V sed del.* 73 esse] *om. V* 75 eadem] *om. V* 76 cum] *om. V*

agere in *b* passum; cum quo bene stat quod dicta distantia erat maxima ultra quam dictum agens poterat agere in *b* passum cum certa resistentia et certo gradu velocitatis.

Secunda conclusio: nec est dare minimam distantiam ultra quam agens potest agere in passum. Probatur: quia tunc ultra istam posset et non ultra minorem, et sic, si passum inciperet approximari agenti, esset dare ultimum instans esse actionis; quod est inconveniens.

Tertia conclusio: nec est dare maximam distantiam ultra quam non agens potest agere in passum, quia tunc ultra illam non et cuilibet maiori illa daretur minor ultra quam sic, quae tamen minor est maior illa ultra quam non; modo hoc est falsum iuxta illud quod non potest ultra minus non potest ultra maius, saltem propter remotionem; quod addo notanter propter visibile quod ad aliquam parvam distantiam non potest agere in visum; sed hoc est propter propinquitatem, sed ultra maiorem potest.

Quarta conclusio: est dare minimam distantiam ultra quam agens non potest agere in passum. Probatur a sufficienti divisione: ultra aliquam distantiam agens potest agere in passum, et ultra aliquam non. Vel ergo est dare maximam ultra quam potest, vel minimam ultra quam potest, vel maximam ultra quam non potest, vel minimam ulta quam non potest. Non potest dici primum, per primam conclusionem, nec secundum, per secundam, nec tertium, per tertiam; ergo relinquitur quartum. Et haec est quarta conclusio.

Quinta conclusio: est dare maximam distantiam per quam agens potest agere in passum. Probatur: eadem est distantia maxima per quam potest agere, et minima ultra quam non; sed est dare minimam distantiam ultra quam non, per praecedentem conclusionem; ergo etc. Antecedens probatur: nam, data minima distantia ultra quam ignis non potest agere in passum, tunc, quamdiu passum est in aliquo puncto intrinseco illius distantiae vel aequivalentis ignis,

---

83 Secunda conclusio] *inv. I* 84 istam] illam *I* 89/90 cuilibet] qualibet *I* 91 est] esset *I* 93 addo notanter] *inv. I* 94 visum] passum *scr. V sed videtur del. et s.v.* visum *add.* 97 agens non] *inv. I* 3 haec] hoc *V* 5 maxima] *s.v. V* 8 ergo] igitur *I* 8 distantia] distantiam *V* 9 in passum] *om. V* 10 illius] istius *I* 10 vel aequivalentis] *om. V*

potest agere in ipsum, et quamcito est in aliquo puncto extrinseco illius distantiae vel aequivalentis ignis, non potest agere in ipsum. Et illud patet: si aliquod passum elongaretur ab igne, tamdiu quod primo esset verum dicere: nunc propter distantiam ignis non potest agere in illud passum et immediate ante hoc potuit, unde tunc tota distantia ab igne usque ad passum esset minima distantia ultra quam ignis non potest agere in passum et esset maxima in qua ignis posset agere in passum, sicut potest patere ex expositione eius quod est distantia minima per quam vel in qua sic.

Pro istis conclusionibus est sciendum quod duplex est agens. Quoddam est quod sic se habet quod, si potest agere ultra aliquam distantiam, tunc potest agere ultra quamcumque minorem, sicut est ignis vel calor vel aliquod tale. Alia est potentia quae, si potest agere ultra aliquam distantiam, non tamen ultra quamcumque minorem, sicut est visibile: nam, licet visibile ultra aliquam distantiam possit agere, non tamen ultra quamcumque minorem, quia posset esse ita prope oculum quod non posset agere in ipsum. Similiter, si esset aliquod luminosum et //// essent duo foramina F.V. 20ra recta, et luminosum esset minus quam spatium inter illa duo foramina, non posset ultra quamcumque distantiam parvam lucere per ista duo foramina. Unde posset esse ita prope quod non posset; etiam posset esse ita remote quod non posset; et ideo potest impediri in sua actione vel propter nimis parvam distantiam vel propter nimis magnam. Sed sic non est de agentibus primo modo dictis, quia, licet possent impediri in suis actionibus in passa propter nimis magnam distantiam, non tamen propter nimis parvam. Modo vos debetis scire quod quin- | que conclusiones iam F.I. C5va positae principaliter positae sunt de agentibus primo modo dictis; sed tamen propter maiorem explanationem ponendae sunt conclusiones de agentibus secundo modo dictis.

Et sit prima ista: recedendo ab oculo pro inceptione visionis non est dare minimam distantiam ultra quam *a* visibile non potest agere

---

13 elongaretur] elongetur *V* 17 qua] vel per quam *add. I* 18 posset] potest *I* 18 ex] *s.v. V* 21 est] *om. I* 25 nam] f *add. V sed del.* 27 posset[1]] potest *I* 27 posset[2]] *om. I* 29 illa] ista *add. V sed del.* 30 posset] potest *I* 31 ista] illa *I* 31 posset] potest *I* 32 etiam] ergo *V* 39 tamen] *om. I* 41 Et] Quarum *V* 41 sit prima] prima est *V*

visionem in visum propter distantiae parvitatem, nec minimam ultra quam potest. Primum patet, ex eo quod quacumque distantia data ultra quam non potest propter parvitatem est dare minorem ultra quam non potest propter parvitatem: quidquid enim non potest ultra maius propter eius parvitatem, etiam non potest etiam ultra minus. Secunda pars patet: quia sit *a* distantia minima ultra quam potest, quae, si esset minor, ultra ipsam non posset; tunc sequeretur quod in approximatione visibilis ad visum esset dare ultimum instans esse visionis; quod est falsum. Consequentia patet intuenti.

Secunda conclusio: recedendo ab oculo pro inceptione visionis est dare maximam distantiam ultra quam *a* non potest videri propter distantiae parvitatem. Probatur: quia inter omnes distantias ultra quas non potest propter parvitatem est dare unam maximam ultra quam non potest; sed cuilibet maiori illa datur minor ultra quam potest, ex eo quod, si visibile esset praecise ultra istam distantiam et in praesenti instanti inciperet elongari a visu, illud visibile nunc non sed immediate post hoc instans ageret visionem in visum.

Tertia conclusio: visibili accidente ad oculum pro corruptione visionis propter nimis parvam distantiam visibilis ab oculo est dare primum instans non esse visionis, ad istum intellectum quod aliquando primo erit verum dicere: nunc non est visio *a* visibilis et immediate ante hoc fuit. Et huius ratio est: quia, ex quo visio desinit esse propter talem appropinquationem visibilis ad visum et non datur ultimum instans esse visionis, oportet quod detur primum instans non esse.

Quod autem non detur ultimum instans esse visionis, sicut saepe suppositum est, potest sic probari: nam quaero utrum visio pro illo instanti sit alicuius intensionis vel non. Si dicatur quod non, hoc non potest esse, quia tunc esset indivisibilis; si dicatur quod sic, oportet quod successive et gradualiter deperdatur. Et sic post

---

46 quidquid] quod *I* 47 etiam non potest] non potest etiam *I* 47 ultra] in *V* 48 a] ista *V* 49 posset] a *add. V* 49 tunc] *om. I* 51 esse] *om. V* 51 patet] nota est *I* 53 a] *om. V* 53 videri] *om. V* 56 cuilibet] qualibet *I* 57 istam] illam *I* 63 a visibilis] *om. V* 65 propter] per *I* 68 esse visionis] *inv. V* 69 suppositum] sumptum *I (est in P V)* 71 si] et si *I* 72/73 post instans... sit] *om. I (hom.) (est in P V)*

instans praesens aliquid eius erit, et sic instans datum non erat ultimum instans esse visionis.

Quarta conclusio: distantia, quae est inter visibile quando desinit videri propter nimiam propinquitatem eius ad oculum et visibile quando desinit videri popter nimiam remotionem eius ab oculo, est maxima distantia in qua seu per quam illud visibile potest agere visionem in istum visum. Probatur: quia, quamdiu illud visibile est in aliquo puncto istius distantiae, ipsum agit in visum visionem sic quod nec est defectus propter parvitatem distantiae nec propter magnitudinem eiusdem.

Quinta conclusio: eadem distantia est minima ultra quam illud visibile non potest agere visionem in istum visum, et hoc propter illius distantiae magnitudinem. Probatur: quia inter omnes istas distantias ultra quas non potest propter distantiarum magnitudinem, haec est minima; igitur etc.

Quantum ad quartum articulum sit prima conclusio: loquendo de potentia productiva effectus quae iuvatur a suo effectu producto ad ulterius producendum, sicut est ignis vel calor, non terminatur per maximum neque per minimum effectum, et hoc nec affirmative nec negative quantum est ex se. Patet: quia, dato aliquo tali agente sicut est iste ignis, ipse potest producere unum alium ignem, et cum isto iterum unum alium, et sic quantumlibet quantum est de se, si non esset impedimentum ex defectu materiae quae non est infinita. Et hoc est quod dicit ARISTOTELES in *II° De anima* quod ignis est augmentabilis in infinitum, si combustibile apponeretur in infinitum; nihilominus cum hoc stat quod terminatur maximo effectu, puta maximo igne quem potest producere in ista materia et in isto tempore.

---

76 et] inter *add. I V* 79 istum visum] visum illum *I* 80 istius] illius *I* 84 istum] illum *I* 85 illius] istius *I* 85 omnes] illas *add. I* 87 igitur etc.] *om. I* 91 per²] *om. V* 93 iste] *om. I* 93 ipse] iste *I* 94 isto] illo *I* 97 in] *om. I* 96 est] esset *I* 98 nihilominus] tamen *add. V* 98 terminatur] determinatur *I* 99 ista materia] istam materiam *I*

96 ARISTOTELES, *De anima*, II, 4, 416 a 15-16.

Secunda conclusio: loquendo de potentia productiva alicuius F.V. 20rb effectus quae non iuvatur ab isto //// effectu producto ad ulterius consimilem producendum vel priorem intendendum, sicut est corpus lucidum, talis potentia terminatur minimo effectu quem non potest producere. Probatur: quia lumen ita intensum sicut est lux corporis lucidi illud corpus lucidum non potest producere; sed cuilibet remissiori illo dato datur lumen intensius quod potest producere, vel in proposito possumus dicere et quodlibet remissius illo illud corpus lucidum | potest producere. Verum est tamen quod F.I. C5vb idem corpus lucidum non semper in quodlibet medium in quod agit producit aequalem gradum luminis, scilicet in unum sicut in aliud; sed secundum quod medium est melius vel peius dispositum ad recipiendum lumen, secundum hoc corpus lucidum intensius vel remissius lumen producit in ipsum, cum fuerit ei applicatum.

Hic sunt aliqua dubia iuxta istam materiam. Primo enim dubitatur utrum possibile sit aliquod lucidum producere in aliquod medium quemlibet gradum circa gradum summum lucis existentis in lucido.

Ad hoc apparet mihi esse dicendum quod non. Et ad hoc addo talem rationem: nam, si hoc esset possibile, ponatur igitur quod *a* corpus lucidum producat in aliquod medium quemlibet gradum luminis citra summum gradum lucis existentis in *a* lucido, et sit illud lumen *b*, et lux ipsius *a* sit *c*; tunc quaeritur utrum *c* excedat *b* vel non. Si non, tunc non est productus quilibet citra summum, sed cum hoc summus; quod est contra hypothesim. Si dicitur quod *c* excedat *b*, vel ergo excessu divisibili vel indivisibili. Si dicitur quod excessu divisibili, sequeretur quod potuisset fuisse productum citra summum gradum lumen intensius quam sit productum; et sic non quilibet gradus citra summum esset productus; quod est contra hypothesim. Si dicatur quod excedat excessu indivisibili, hoc est

2 isto] illo *I* 6 cuilibet] quolibet *I* 7 dato datur lumen] lumen dato datur *V* 15 iuxta istam materiam] primo circa conclusionem *V* 15 Primo enim] *om. V* 17 gradum[1]] *add. V sed del.* 17 gradum[2]] bn *add. V sed del.* 19 mihi] pro nunc *add. IP* 19 addo] adduco *IP* 20 igitur] ergo *I* 21 producat] producit *V* 24 Si] dicatur quod *add. I* 24 non] tantum *add. I* 25 dicitur] dicatur *I* 26 dicitur] dicatur *I* 27 sequeretur] sequitur *I* 28 summum gradum] *inv. I*

falsum, quia nullus talis est; etiam hoc non esset excedere; et sic excederet et non excederet; quod implicat contradictionem.

Sed diceret aliquis expers logicae: *a* lucidum quemlibet gradum citra summum potest producere in aliquod medium, ergo possibile est *a* lucidum quemlibet gradum citra gradum summum producere in aliquod medium. – Respondetur negando consequentiam, ex eo quod ibi arguitur a sensu diviso vero ad sensum compositum falsum, qui sunt sibi invicem impertinentes. Unde in alio simili non sequitur: dato aliquo pondere aequali in resistentia potentiae portativae Socratis, non sequitur quamlibet partem istius ponderis Socrates potest portare; igitur possibile est quod quamlibet partem istius ponderis Socrates portet, nam haec tunc esset possibilis: *quamlibet partem illius ponderis Socrates portat*; quod est falsum, saltem stante potentia Socratis et aliis requisitis. Similiter non sequitur: *quodlibet creabile Deus potest creare, ergo possibile est quod quodlibet creabile Deus creet*, nam, hoc posito in esse, sequitur impossibile, scilicet potentiam Dei esse exhaustam.

Secundo dubitatur utrum corpus lucidum illuminet medium cum resistentia medii vel sine resistentia medii. Videtur quod sic, quia, licet in medio diaphano illuminabili a lucido diaphaneitas non resistat, tamen opacitas resistere videtur intantum quod magis opacum non ita intense illuminatur ab eodem lucido, nec ad tantam distantiam sicut minus opacum et magis diaphanum.

Ad oppositum arguitur: quia, si opacitas resisteret lucido, tunc //// per longiorem moram lucidi fieret illuminatio intensior, recte F.V. 20va
sicut sit de calefactione; et tamen hoc est falsum, quia, statim lucido applicato medio, illuminat medium ad tantam distantiam, et ita intense sicut facit postea cum fuerit praesens medio per horam vel per diem.

---

31 esset non] *inv. V* 35 gradum] *om. I P* 37 ibi] *om. I* 37 vero] *om. V* 37/38 falsum] *om. V* 38 qui] sensus *add. I* 38 sibi] ab *I* 38 simili] *om. V* 39 resistentia] cum *add. I* 39/40 potentiae portativae] potentia portativa *I* 40 istius] *om. I* 41 igitur] ergo *I* 42 istius] illius *V* 42 haec tunc] tunc haec *I* 46 creet] creat *V* 49 medii^2] *om. I* 49 sic] cum resistentia *I* 50 diaphano] diaphani *V* 51 magis] maius *P*; *om. V* 52 non] in *add. V sed del.* 55 moram] horam *V* 55 recte] ratione *scr. V sed del. et s.v.* recte *add.* 56 sit] est *I*

Ad ista respondetur quod nulla est resistentia medii illuminabilis ad lucidum illuminans, propter hoc quod resistentia est per contrarium vel per inclinationem ad contrarium; sed in medio illuminabili nec est contrarium lumini nec inclinatio ad contrarium ipsius luminis, cum lumen non habeat contrarium: unde, licet isti termini *lumen* et *tenebra* opponantur privative, non tamen propter hoc lumini est aliquid contrarium.

Tunc ad rationem factam ad oppositum dico quod causa quare minus diaphanum et magis opacum minus intense illuminantur ad minorem distantiam, est minor passibilitas respectu luminis: ex eo enim corpus est passibile et receptivum luminis quia est diaphanum, ita quod, quanto est diaphanius, tanto est passibilius et magis receptivum intensioris luminis ab eodem lucido.

Tertio dubitatur si calidum in summo agat inquantum potest et producat calorem in summo in aliquod passum, et superveniat aliquod calidum simile, tunc illud calidum non potest in illud passum agere calorem in ipso intendendo; et tamen, si aliquod luminosum producat lumen in aliquod medium tantum quantum potest producere in illud medium cum talibus circumstantiis, et superveniat luminosum simile, intendet illud lumen, quae sit causa huius diversitatis.

Pro cuius responsione supponitur quod nihil agit ultra gradum suum proprium. Ex hoc ad dubitationem dico quod, quia calidum in
F.I. C6ra summo potest sibi | assimilare passum, scilicet combustibile in quod agit, si aliud calidum sibi simile superveniret, non intenderet istum effectum: aliter enim oporteret quod ageret ultra gradum suum proprium, postquam illud passum iam est sibi assimilatum per actionem prioris calidi in summo. Sed, quia luminosum seu corpus lucidum non assimilat sibi passum, ideo alio luminoso superveniente potest lumen illud intendere absque hoc quod propter hoc agat ultra gradum suum proprium.

---

60 ista] illud *I* 61 quod] quia *I* 61 resistentia est] *inv. V* 65 opponantur] opponuntur *I* 67 ad] ante *I* 68 illuminatur ad minorem distantiam] et ad minorem distantiam illuminatur *I*; illuminantur *add. V* 72 magis] *om. I P* 73 dubitatur] quae causa *add. V* 73 inquantum] quantum *I* 81 agit] agat *I* 82 quod] *om. V* 83 scilicet] puta *I* 85 istum] illum *I* 88 assimilat] assimilet *I* 88 luminoso] lumen sic *V* 90 gradum] medium *add. V*

Tertia conclusio: non semper est consimilis proportio effectuum in intensione qualis est proportio agentium etiam in ntensione, et hoc maxime verum est de potentiis quae non iuvantur a suis effectibus in earum actione. Patet conclusio: quia sint *a* et *b* duo corpora lucida, *a* duplum ad *b* in intensione, et agant in duo media, puta *c* et *d* uniformia, et incipiant ista duo media *c* et *d* uniformiter intendi et aequaliter in opacitate; tunc, priusquam *a* desinat agere lumen in medio, *c b* desinat agere lumen in medio *d* propter huiusmodi intensionem opacitaum istorum mediorum; modo, si continue per horam talis intensionis opacitatis mediorum lumen ipsius *a* fuisset duplum ad lumen ipsius *b*, sicut *a* erat duplum ad *b*, tunc ita cito per huiusmodi intensionem opacitatis et remissionem luminis *a* desineret agere sicut *b*; quod tamen est falsum. Consequentia tenet de se: nam, si essent duo quanta, unum duplum ad aliud, et inciperent decrescere versus non quantum in prima parte proportionali quodlibet ad subduplum, et in secunda similiter, et sic ultra, aeque cito inciperent esse non quanta; sic similiter, si lumen actum ab *a* continue per horam remissionis luminum fuisset duplum ad lumen actum a *b*, ita cito *a* desinisset agere sicut *b*.

Quarta conclusio: nec quantum ad extensionem oportet esse consimilem proportionem effectuum sicut est proportio causarum agentium. Probatur: quia, si aliqua superficies circularis potest videri ab aliqua distantia, oportet quod ista quae videtur a in duplo maiore distantia sub aequali angulo, habeat in duplo maiorem diametrum; et, si sic, sequitur quod ipsa est quadrupla //// in extensione ad primam, et per consequens non est eadem proportio effectuum in extensione sicut est proportio causarum agentium, ex quo proportio effectuum est dupla in extensione et proportio causarum est quadrupla. Quod autem oporteat talem superficiem circularem esse quadruplam ad aliam, cuius diameter est in duplo maior, patet per unam propositionem *XII*^{i} *Geometriae*, quae sic dicit quod, quae F.V. 20vb

93 maxime verum est] est maxime verum *I* 98/99 huiusmodi] *om. I* 4 tenet] nota est *I* 6 ultra] f. *add. V sed del.* 7 sic] *om. I* 13 ista] illa *I* 13 a] ad *I (est in P V)* 13 in] *om. V* 14 maiore] maiorem *I (est in P V)* 14 distantia] distantiam *I (est in P V)* 14 maiorem] maiore *I (est in P V)* 20 propositionem] proportionem *V* 28 XII^{i}] XII° *I*

20 EUCLIDES, *Elementa*, XII, prop. 2.

est proportio diametrorum, talis est proportio circulorum duplicata; et ideo, si proportio diametrorum aliquorum circulorum est dupla, tunc proportio talium circulorum est quadrupla, ex eo quod quadrupla est dupla duplae. Et attendendum est quod, cum dico effectuum esse duplum in extensione ad aliud, intelligo lineam mensurantem extemsionem illius effectus, sicut est diameter totius effectus acti per unum agens esse duplam ad lineam mensurantem extensionem alterius effectus acti per aliud agens.

Quinta conclusio: possibile est quod *a* et *b* sint duo agentia, et *a* sit duplum ad *b* in intensione, et quod *a* agat ad duplam distantiam ad quam agit *b*. Patet: nam sit *a* unum corpus luminosum sphaericum, cuius diameter sit pedalis quantitatis, et sit duplum intensive ad *b* corpus, et non curo cuius quantitatis sit *b*; tunc clarum est quod *b* tantum potest diminui in extensione, non tamen in qualitate, quod *a* agat in duplo remotius quam agat *b*: *b* enim posset tantum diminui quod vix ageret ad tantam distantiam quanta est distantia unius grani milii; et, si sic, etiam possibile est quod potest tantum diminui in extensione et non in intensione seu in luce, ipso *a* non diminuto, nec in extensione nec in intensione, quod ipsum *a* agat per duplam distantiam ad illam per quam agat *b*, *a* existente duplo ad *b*. Et hoc erat intentum.

Sexta conclusio quod, si *a* agit ad duplam distantiam ad quam agit *b*, tunc effectus *a* est octuplus ad effectum *b*. Patet: quia tunc *a* agit unum effectum sphaericum, cuius diameter est dupla ad diametrum effectus acti a *b*; igitur effectus ipsius *a* est octuplus ad effectum ipsius *b*. Consequentia tenet ex eo quod, qualis est proportio diametrorum, talis est roportio sphaerarum istarum diametrorum triplicata; cum igitur proportio octupla sit tripla duplae, ex eo quod componitur praecise ex duplis tribus, sequitur F.I. C6rb proportionem talium effectuum sphaericorum esse octuplam, | postquam proportio diametrorum talium effectuum est dupla. Ex

---

24/28 Et attendendum... agens] *om. V (est in I P)* 24 attendendum] ad advertendum *P* 25 aliud] alium *P* 28 per] prope *P* 30 ad] in *V* 32 duplum] duplus *V* 40 ad illam] *om. V* 40 agat] agit *I* 42 distantiam] ad distantiam *add. V* 45 igitur] ergo *I* 46 quod] quam *add. V sed del.* 47 istarum] illarum *I* 48 igitur] ergo *I* 49 duplis tribus] *inv. I*

his conclusionibus sequitur quod possibile est quod *a* agens sit duplum intensive ad *b* agens et effectus *a* agentis sit octuplus in extensione ad effectum *b* agentis.

Sed diceres: tu bene concluderes, si effectus talium agentium essent sphaerici; sed, si sunt orbiculares, tu non concludis aliquid. Placet mihi; sed modo possibile est quod effectus talium agentium sint sphaerici et non solum orbiculares. Declaro hoc sic: nam capiatur unum corpus transparens, sicut est cristallus; tale non solum agit orbem, immo sphaeram. Patet ex hoc quia, si tale corpus ponatur inter te et me, ego video partes quae sunt versus te sicut istas quae sunt versus me; et tu similiter vides partes quae sunt propinquiores mihi sicut ego video partes quae sunt propinquiores tibi. Ex quo sequitur partes istius corporis non solum multiplicare species suas circa illud corpus, sed etiam in isto corpore, et per illud corpus; quare, si ad imaginationem totalis effectus sicut totalis species acta ab isto corpore conservaretur, corpore isto destructo, esset una sphaera, et non solum orbis, ex eo quod ita ubi fuerit illud corpus, esset species sicut alibi, et qua ratione iste effectus esset sphaericus et non orbicularis isto agente corrupto eadem ratione sic erat isto agente existente; et per consequens aliqua sunt agentia effectus sphaerales, et de talibus esset verum quod dictum est. //// F.V. 21ra

Quantum ad quintum articulum de comparatione potentiae ad velocitatem sit prima conclusio: quantum est de se nulla potentia naturalis terminatur per maximam velocitatem quam potest facere nec affirmative nec negative nec etiam per minimam. Probatur: quia velocitas consequitur proportionem potentiae ad resistentiam per COMMENTATOREM *II° huius*; sed huiusmodi proportio in infinitum potest diminui; igitur tarditas in infinitum potest augeri.

---

55 Sed] Tu *I* 58 sic] *om. V* 60 agit] oportet esse *scr. V sed del. et s.v.* sphaeram *add. sed del. et finaliter* orbem *scr.* 60 quia] quod *I* 62 istas] illas *I* 62 quae sunt] *om. V* 64 sequitur] quod *add. I* 65 isto] illo *I* 66 quare] possumus habere *V* 67 isto^1] illo *I* 67 isto^2] illo *I*; *om. V* 68 ubi] ibi ubi *I* 69 iste effectus] ille effectus *I*; *inv. V* 70 isto] illo *I* 71 isto] illo *I* 71 agentia] effectus *add. V sed del. et* agentia *add.* 77 quia] *om. V* 79 igitur] ergo *I* 79 tarditas in infinitum] *inv. I*

78 Cf. AVERROES, *In De caelo*, II, comm., 58, f. 137vb, G.

Similiter huiusmodi proportio in infinitum potest augeri per diminutionem resistentiae secundum ARISTOTELEM *IV° Physicorum*; ergo in infinitum velocitas potest augeri.

Secunda conclusio: respectu certae resistentiae datae potentia naturalis naturaliter agens terminatur per maximam et per minimam velocitatem quam potest producere, rebus sic stantibus. Patet ex eo quia lapide in aere dato secundum totum sui conatum movetur deorsum nec potest maiore velocitate moveri quam movetur nec minore; igitur etc.

Tertia conclusio: potentia determinatur per suam velocitatem, nec cognoscitur, quia, ex hoc quod videmus talem potentiam producere tantam velocitatem, non cognoscimus quantitatem potentiae, ex eo quod, si cum tali resistentia producit tantam velocitatem cum alia, puta maiore, non produceret tantam; et ideo ad cognoscendum quantitatem potentiae motivae non sufficit solum cognoscere velocitatem.

Hic dubitatur utrum de facto sit aliqua maxima velocitas. Videtur quod sic, nam de facto ultima sphaera movetur velocissime. Probatur quod non, quia quacumque parte data in ultima sphaera una alia movetur alia velocius.

Respondetur quod non est dare de facto maximam velocitatem. Probatur: nam, si sic, hoc maxime videretur de velocitate ultimi caeli. Sed probo quod non, quia, si ultima sphaera moveretur velocissime, utique aliqua eius pars moveretur velocissime; sed probo quod non, quia hoc maxime esset pars caeli circa aequinoctialem. Sed probo quod non, quia vel illa est divisibilis in latitudine vel non. Si dicatur quod non, hoc est falsum, quia nec in caelo nec in aliquo continuo est aliqua pars quantitativa sine latitudine. Si autem dicatur quod ista pars habeat latitudinem, tunc aliquid eius est propinquius polo et reliquum remotius ab isto; sed illud quod est propinquius polis movetur tardius, et quod remotius movetur

81 secundum] per *V* 86/87 movetur deorsum] descendet *I* 87 maiore velocitate moveri] moveri maiore velocitate *I* 87/88 quam movetur nec minore] nec minore quam movetur *I* 88 igitur etc.] *om. I* 90 nec] id est non *I* 90/91 producere] *om. V* 97/98 movetur velocissime] *inv. I* 99 alia] ea *V* 2 probo] probatur *I* 2 moveretur] movetur *I* 2 moveretur] movetur *I* 4 quia] si vel *add. V sed del.* 5 vel illa] *inv. V* 7 ista] illa *I* 8 isto] illo *I* 10 polis] polo *I*

81 Cf. ARISTOTELES, *De caelo*, IV, 3, 311 a 10-13.

velocius; et sic illius partis aliqua pars movetur velocius et aliqua tardius, et sic illa pars non est velocissime mota in ultimo caelo. Et ita potest argui de quacumque parte capta in caelo.

Consimili modo probatur quod non est aliqua pars in caelo tardissime mota, ex eo quod ista esset versus alterum polorum; et, cum nulla pars sit immediata polo secundum se et quodlibet sui propter divisibilitatem istius partis, sequitur quod etiam istius partis una pars movetur tardius, puta quae est versus polum, et alia velocius quae magis distat a polo. | F.I. C6va

Et confirmatur: in ultimo caelo non est dare partem remotissimam a polis, nec est dare partem propinquissimam alicui polorum; igitur in ultimo caelo non est dare partem velocissime motam nec partem tardissime motam. Consequentia tenet ex eo quod partes ultimi caeli quae sunt remotiores a polis, moventur velocius, et secundum quod sunt propinquiores, ipsae moventur tardius. Antecedens patet: quia quacumque parte in ultimo caelo data quae est remota a polis propter divisibilitatem illius partis est dare unam quae est magis remota, et ita similiter est quantum ad partes propinquas alteri polorum. Concluditur ergo quod nec ultima sphaera movetur velocissime nec tardissime.

Verumtamen secundum imaginationem mathematicorum imaginando lineas indivisibiles et puncta indivisibilia est bene dare in ultimo caelo aliquid velocissime motum, et hoc est punctus existens in linea circumferentiali maxime distante ab utroque polorum mundi, quae quidem linea imaginatur in convexo ultimi caeli, et non in concavo //// nec in medio inter concavum et convexum. Et F.V. 21rb
tunc, si dicamus velocitatem alicuius mobilis attendi penes spatium lineale verum vel imaginatum descriptum ab eius puncto velocissime moto, esset concedendum quod ultimum caelum moveretur velocissime. Si autem velocitatem mobilis cuius aliquae partes moverentur velocius et aliquae tardius, dicamus attendi penes spatium lineale descriptum a puncto medio inter punctum velocis-

---

13 capta] facta *I (est in P V)* 15 ista] illa *I* 17 istius[1]] illius *I* 17 istius[2]] illius *I* 22 igitur] ergo *I* 23 quod] ex hoc quod *add. I* 24 quae] *om. I* 24 polis] ipsae *add. I* 31/32 imaginando] habens *add. V sed del.* 33 punctus] erit *add. V sed del.* 39 moveretur] movetur *I* 41 moverentur] moventur *I V (est in P)* 41 et] *om. I*

sime motum et punctum tardissime motum vel non motum, dicendum est ultimam sphaeram seu ultimum caelum moveri ita velociter sicut movetur punctus medius inter lineam aequinoctialem et alterum polorum. Si dicamus primo modo, tunc secundum imaginationem mathematicam concedendum esset de facto ultimum caelum velocissime moveri; si dicamus secundo modo, dicendum esset ultimum caelum non velocissime moveri, sed praecise ita velociter sicut movetur punctus eius medius inter aequinoctialem et alterum polorum. De hoc, utrum debeat dici sic vel sic, videndum ad *VI^{um} Physicorum*.

Quantum ad sextum articulum, scilicet de comparatione potentiae activae ad spatium, sit prima conclusio: potentia activa naturalis, sicut est potentia activa gravis deorsum vel levis sursum non terminatur maximo spatio neque minimo simpliciter, nec affirmative nec negative. Patet, quia quocumque spatio dato per diminutionem resistentiae talis potentia posset pertransire et per augmentationem resistentiae ad aequalem gradum potentiae motivae non posset pertransire: unde a quacumque distantia grave descenderet ad centrum, si non esset impedimentum

Secunda conclusio: cum certis circumstantiis terminatur ad maximum spatium quod potest pertransire, quae circumstantiae sunt velocitas, tempus, duratio: unde est dare maximum spatium per quod talis lapis potest moveri in tanto tempore cum tali resistentia vel tali velocitate, et sic de aliis.

Ad rationes principales. Ad primam auctoritate ARISTOTELIS, quae dicit *potentiam activam determinari maximo*, dico quod hoc non est contra dicta; immo haec est quinta conclusio secundi arti-

---

47/48 ultimum caelum] *inv. I* 55 activa] motiva *I* 55 vel] sicut *add. I* 57 Patet] *om. V* 57 quocumque spatio] *inv. V* 58 posset] potest *I (est in P V)* 60 posset] potest *I* 62 conclusio] quod *add. I P* 62 certis] *om. V (est in I P)* 65 per] quod *add. V sed del.* 65 talis] *om. V* 68 quae] cum *I*; qua *scr. P sed corr. pro* quae; qua *V*

67/68 ARISTOTELES, *De caelo*, I, 11, 281 a 7-27.

culi. Determinatur enim maximo, id est cognoscitur quanta est potentia secundum fortitudinem per maximum infra quod potest, et hoc idem est minimum in quod non potest. Aliter etiam potest dici quod ARISTOTELES intellexit sic quod potentia activa terminatur maximo numero sine fractione: unde centum potest esse maximus numerus librarum quas Socrates potest portare, quia, quamvis posset modicum plus, non tamen posset plus in una libra.

Ad secundam concedo quod non est dare maximum pondus quod Socrates potest portare. Et quando dicebatur: *igitur quocumque pondere dato quod potest portare, adhuc magis potest portare*, concedo. Et quando dicebatur: *ergo infinitum pondus potest portare*, nego consequentiam, quia fit status ad minimum pondus quod non potest portare.

Ad tertiam de lapide posito super caput Socratis, dico quod tam Socrate quam gravitate lapidis conservatis in suis potentiis, Socrates sustineret lapidem; nec propter hoc actio fieret a proportione aequalitatis, quia nec propter hoc Socrates ageret in lapidem, sed resisteret sibi ne lapis caderet deorsum, et similiter lapis resisteret Socrati ne aliquo modo posset movere se sursum. | F.I C6vb
Consimile esset si duo corpora sibi obiuvarent in aliquo medio, quorum unum esset in ascendendo et reliquum in descendendo, et unum haberet praecise tot gradus gravitatis quot reliquum levitatis.

Ad quartam dico quod, si in perpetuum tale mobile moveretur, nunquam pertransiret illud medium uniformiter difforme inferius terminatum ad gradum resistentiae aequalem potentiae motivae istius mobilis, sic quod aliquando illud totale medium ab illo mobili esset pertransitum: //// et hoc satis posset convinci ex ista ratione; F.V. 21va
et ideo illud medium non est maximum quod a tali potentia potest

---

72 idem] *om. V* 73 intellexit] intelligit *V* 74 numero] numerato *I P* 75 quas] qua *V* 75 quia] *om. V* 76 posset] possit *I*; potest *V* 76 in] *om. V* 78 igitur] ergo *I* 79 magis] maius *I* 81 nego consequentiam] negatur consequentia *I* 84 conservatis] conservantis *P* 87 ne] neque *V* 88 posset movere] moveret *I* 91 praecise] quod *add. V sed del.* 91 reliquum] gradus *add. I* 95 istius] illius *I* 95 ab illo mobili] *om. V* 96 posset] potest *I* 96 ista] illa *I*

73 Cf. ARISTOTELES, *De caelo*, I, 11, 281 a 7-27.

esse pertransitum, ex eo quod nullo modo a tali potentia potest esse pertransitum, tali resistentia manente.

Ad quintam: *elongetur unum visibile, etc.*, admitto. Et ulterius dico quod, quando visibile primo non videtur, distantia inter ipsum et oculum est bene maxima in qua illud visibile poterat videri, et hoc non est contra dicta; cum hoc tamen stat quod non est maxima ultra quam, sed est bene minima ultra quam non. Et hoc dicebatur in quaestione.

Sed contra hic fuit sexta ratio: *nam, si illa esset minima distantia ultra quam non, tunc ultra istam non, et ultra quamlibet minorem*, negatur consequentia, nam non sic exponendum est minimum ultra quod non, sicut dicebatur in primo articulo huius quaestionis; sed bene sequitur: *talis distantia est minima ultra quam non, igitur ultra istam non, et cuilibet minori illa datur maior ultra quam sic*, hoc est verum; cum quo adhuc stat quod visibile potest esse ita prope oculum quod propter parvitatem distantiae non potest videri.

Aliter potest dici quod dicta distantia est minima ultra quam non propter magnitudinem, et ideo non est aliqua minor infra ipsam quae impediat propter magnitudinem, licet bene sit aliqua infra ipsam quae impediat propter parvitatem.

Ad septimam nego quod sit dare maximam velocitatem qua potentia activa supernaturalis potest movere, immo nec de facto est maxima velocitas qua movet, quia haec maxime esset velocitas ultimae sphaerae; modo, sicut dicebatur in quinto articulo, ultima sphaera nec movetur velocissime nec tardissime, nisi loquendo secundum imaginationem mathematicam. Et ulterius dico quod quacumque velocitate data potentia supernaturalis posset movere velocitate maiore, licet forte ARISTOTELES hoc negavisset. Et, si diceretur contra: tunc velocitas potentiae supernaturalis esset mutabilis, respondetur negando consequentiam. Unde, si post hoc

---

00/1 ulterius dico] *inv. V* 5 quaestione] conclusione *I (est in P V)* 7 istam] illam *I* 8 negatur] negaretur *I* 9 quod] quam *V* 11 igitur] ergo *I* 11 istam] illam *I* 11 cuilibet] qualibet *I* 12 sic] et *add. V* 20 activa] *om. V* 21 haec] hoc *V* 27 velocitas] voluntas *I* 27 potentiae] *om. V*

26 Cf. ARISTOTELES, *De caelo*, I, 5-6, 271 b 1 - 274 a 18.

moveretur velocius quam modo moveret, non propter hoc esset mutatio facta in ipsa, licet bene in re extra. Hoc perfecte discutere magis pertinet ad *VIII*^{um} *Physicorum*.

Ad ultimam qua arguebatur de potentia naturali, ista bene probat quod est dare maximam velocitatem qua aliqua potentia motiva movet in tali medio, cum tali resistentia et cum aliis circumstantiis; sed non est dare maximam velocitatem simpliciter qua potentia motiva potest movere. Et hoc totum dictum est in corpore quaestionis. Et sic est finis.

---

29 moveret] movet *I* 32 arguebatur] arguitur *I* 32 ista] illa *I* 33 motiva] *om. V* 34 cum^{1}] et cum *I* 37 Et sic est finis] *om. I P*

Quaestio 15

Utrum quaelibet potentia passiva terminetur per minimum a quo potest pati

Secundum propositorum erat utrum quaelibet potentia passiva terminetur per minimum a quo potest pati.

Videtur primo quod sic per ARISTOTELEM et COMMENTATOREM qui hoc videntur dicere.

Secundo. Nam dicit ARISTOTELES in *De sensu et sensato* quod est dare minimum visibile quod visus potest videre; visus autem est potentia passiva; igitur etc.

Tertio. Sit una rota adamantina infra cuius circumferentiam sit unum ferrum; tunc arguitur sic: est dare minimum arcum illius rotae a quo illud ferrum potest retineri; igitur est dare minimum a quo potentia passiva potest pati. Consequentia tenet. Antecedens probatur, nam illud ferrum posset ita modicum arcum istius rotae super se derelinquere quod non retineretur, immo descenderet. Descendat ergo tamdiu quod habeat super se arcum sufficientem ipsum retinere; et, cum in tali descensu ferri deveniatur ad primum instans non esse sui motus, sequitur arcum quem tunc super se F.I. D1[ra] habet esse minimum a quo illud ferrum retinetur | et a quo potest retineri, quia, si a minore potuisset fuisse retentum, prius quievisset; et sic instans datum non fuissset primum instans non esse motus seu descensus ferri, sed unum aliud ante ipsum. Et quodcumque dares aliud, aequaliter concluderem arcum pro tunc super ferro existentem esse minimum potentem illud ferrum retinere.

---

10 igitur] ergo *I* 13 igitur] ergo *I* 15 posset] potest *I* 15 istius] illius *I* 18 ipsum retinere] *inv. I* 19 tunc] *om. I* 25 ferro] ferrum *I*

6 ARISTOTELES, *De caelo*, I, 11, 281 a 25-26.

6 AVERROES, *In De caelo*, I, f. 82[r], comm. 117.

8 ARISTOTELES, *De sensu et sensato*, 3, 439 a 12 - 439 b 17.

Et confirmatur: //// aliquis arcus istius rotae sufficit illud ferrum retinere et aliquis non. Vel ergo est dare maximum qui sufficit, vel minimum qui sufficit, vel maximum qui non sufficit, vel minimum qui non sufficit. Non potest dici primum, quia, quocumque arcu dato qui sufficit, maior isto etiam sufficit: ad quod enim sufficit minus, ad hoc sufficit isto maius. Si dicatur secundum, habetur intentum. Sed, si dicitur tertium, scilicet quod sit dare maximum qui non sufficit, sit ille *a*, tunc sic *a* non sufficit, sed quilibet maior *a*; sic sit ergo quod in instanti praesenti illud ferrum habeat super se arcum *a*, et, cum ille non sufficiat retinere illud ferrum, sequitur quod pro hoc instanti illud ferrum non quiescit, sed immediate post hoc descendit tamdiu quod habeat super se arcum sufficientem ipsum retinere, potquam *a* arcus non sufficit. Sed, si immediate post hoc instans movebitur, tunc immediate post hoc instans habebit maiorem arcum supra se quam sit arcus *a*, et per consequens immediate post hoc habebit arcum supra se sufficientem ipsum retinere, postquam *a* arcus erat maximus qui non potuit; et sic dictum ferrum immediate post hoc quiescet, et, cum idem ferrum immediate post hoc instans movebitur, sequitur quod idem ferrum immediate post hoc instans movebitur et idem ferrum immediate post hoc instans quiescet; quod est falsum. Et ulterius sequitur quod sit dare ultimum instans esse motus, quia, si dictum ferrum continue ante datum instans descendisset usque ad hoc instans, tunc hoc instans videretur esse ultimum instans esse istius motus, postquam immediate post hoc instans dictum ferrum quiescet, sicut iam deducebatur. Nec potest dici quartum, scilicet quod sit dare minimum arcum qui non potest nec sufficit dictum ferrum retinere, quia sic ille arcus non sufficeret, sed minor eo sufficeret; et sic ad aliquem effectum producendum sufficeret minus ad quod non sufficeret maius; quod est inconveniens. F.V. 21[vb]

---

26 istius] illius *I* 26 sufficit] sufficiens *V* 30 isto] illo *I* 31 minus] *iter. V sed primum verbum del.* 31 hoc] idem *add. I* 31 habetur] habeo *I* 32 intentum] propositum *I* 32 dicitur] dicatur *I* 32 maximum] arcum *add. I* 34 sic] *om. I* 34 instanti praesenti] *inv. I* 35 sufficiat] sfficit *I* 37 descendit] descendat *I* 40 supra] super *I* 41 supra] super *I* 44 hoc] illud *I* 45 idem[1]] illud *I* 45 idem] illud *I* 46 quod est falsum] *om. I* 47 instans] *om. V* 49 istius] illius *I* 51 iam] dicebatur vel *add. I*

Oppositum arguitur. Potentia activa terminatur minima resistentia in quam non potest; igitur potentia passiva terminatur maxima potentia activa a qua non potest. Antecedens patet ex praecedenti quaestione. Consequentia probatur. Nam detur aliqua potentia activa, et sit *a*, et minima potentia passiva seu resistentia passiva in quam non potest, et sit *b*; tunc in *b a* non potest, sed in *b* quodlibet maius *a* potest; igitur *a* est maxima potentia activa a qua *b* non potest pati. Consequentia tenet per significationem eius quod est maximum a quo non. Prima pars antecedentis patet ex eo quod *b* est minimum in quod *a* non potest; et, si sic, tunc in *b a* non potest. Secunda pars antecedentis patet: quia quodlibet maius *a* excedit *b*; et, cum quilibet excessus sufficiat ad motum inchoandum et ad continuandum, sicut probabatur in praecedenti quaestione, sequitur quod quodlibet maius *a* potest in *b*; tunc ultra potentia passiva terminatur maxima potentia activa a qua non potest pati; igitur non terminatur minima a qua potest pati.

Secundo. Potentia activa non terminatur maximo in quod potest agere; igitur nec potentia passiva terminatur minimo a quo potest pati. Antecedens patet ex praecedenti quaestione. Consequentia probatur, quia oppositum consequentis interimit antecedens: da enim oppositum consequentis, scilicet potentia passiva terminatur minimo a quo potest pati. Ex hoc sequitur quod ista potentia passiva est maximum in quod ista potentia activa potest agere, et hoc repugnat antecedenti.

In ista quaestione primo ponendae sunt quaedam distinctiones de potentia passiva; secundo conclusiones.

Quantum ad primum sit prima distinctio, et ista etiam ponebatur in alia quaestione: potentiarum passivarum quaedam dicitur receptiva solum, quaedam autem dicitur receptiva, et cum hoc resistiti-

---

56 minima] p *add. V sed del.* 57 non] *s.v. V* 57 igitur] ergo *I* 59 detur] data *V* 60 passiva] *om. I* 62 igitur] ergo *I* 63 tenet] patet *I* 66 pars] eiudem *add. I* 67 sufficiat] sufficit *V* 67 ad] *om. I* 68 praecedenti quaestione] *inv. V* 70 igitur] ergo *I* 73 igitur] ergo *I* 73 potentia] *om. I* 75 quia] ex eo quod *I* 77 ista] illa *I* 78 ista] illa *I* 78 hoc] *om. V* 79 repugnat] repugnaret *I* 80 primo] *om. V* 80 quaedam] aliquae *I*

va. Exemplum primi, sicut est materia prima; exemplum secundi, sicut est aqua respectu ignis.

Secunda distinctio: potentiarum passivarum quaedam est passiva tantum, et quaedam cum hoc activa. Exemplum primi, sicut est unum parvum frigidum quod patitur ab uno magno calido a tam magna distantia quod, licet illud calidum posset | agere in illud frigidum, tamen illud frigidum propter nimiam distantiam non potest reagere in //// illud calidum. Exemplum secundi, sicut est frigidum quod patitur a calido, et cum hoc reagit in ipsum. F.I. D1rb F.V. 22ra

Tertia distinctio: potentiarum passivarum quae cum hoc sunt activae, quaedam dicitur cognitiva, sicut est potentia visiva, quaedam non cognitiva, sicut frigidum quod patiendo a calido reagit in ipsum.

Quarta distinctio: potentiarum passivarum non cognitivarum quae cum hoc sunt activae, quaedam reagunt in agens, ut calidum in frigidum, quaedam autem agunt in aliud ab agente, ut medium illuminatum passum a lucido agit, quia calefacit, non tamen agens in ipsum, puta solem, sed in aliud ab ipso.

Quinta distinctio: potentiarum passivarum quaedam patiuntur per abiectionem contrarii, sicut calidum cum patitur a frigido, vel e converso, quaedam autem sine abiectione contrarii, sicut medium cum illuminatur: in huiusmodi enim illuminatione non abiicitur aliquid quod sit contrarium lumini generato, ex eo quod lumini nihil est contrarium.

Quantum ad secundum articulum sciendum est quod potentia passiva potest comparari vel ad potentiam activam a qua potest pati, vel ad distantiam in qua vel ultra quam potest pati, vel ad effectum quem potest recipere et pati, vel ad tempus per quod potest pati, vel ad velocitatem qua potest alterari vel moveri, vel ad spatium super quo potest moveri motu locali. Et praeterea adhuc est aliqua potentia specialis, sicut visiva quae potest comparari ad angulum sub quo potest pati vel videri.

---

88 et] *om. V* 88 hoc] est etiam *add. I* 89 ab] a *V* 89 uno magno] *om. V* 96 quaedam] dicitur *add. I* 98 non] *om. V* 99/00 calidum in frigidum] frigidum in calidum *V* 2 in^2] *om. I* 2 ipso] illo *I* 5 converso] contra *I* 6 enim] *om. I* 15/16 ad angulum] *om. I* 16 videri] videre *I*

Tunc discurrendo per omnia ista, sicut factum est in alia quaestione, sit prima conclusio ista: potentia passiva resistitiva non terminatur per minimam potentiam activam a qua potest pati. Probatur: nam sit ista potentia activa *a* et passiva *b*; tunc, si *b* debet pati ab *a*, oportet quod *a* excedat *b*, ex eo quod aliter a proportione aequalitatis vel minoris inaequalitatis fieret motus vel actio, quod est falsum, et etiam quia in omni actione agens debet esse praestantius passo. Sed, si *a* excedit *b*, non potest ipsum excedere excessu indivisibili, cum nullus talis sit excessus; relinquitur igitur quod excessu divisibili. Cum igitur quilibet excessus sufficiat ad motum, sequitur quod, si *a* per solam medietatem excessus istius excederet *b*, adhuc *b* posset pati ab *a*; sed tunc *a* esset minus quam ante erat; igitur *a* non erat minimum a quo *b* poterat pati.

Secunda conclusio: nec potentia talis passiva terminatur maxima potentia activa a qua potest pati. Probatur, ex eo quia quidquid potest pati a magno, potest pati a maiore isto; et, si sic, nullum est maximum, saltem finitae potentiae, a quo talis potentia passiva posset pati.

Tertia conclusio: nulla talis potentia passiva terminatur minima potentia activa a qua non potest pati, quia tunc a tali non posset pati, sed a minore ista posset pati; sed hoc est falsum, ex eo quod illud quod non potest pati a maiore, non potest pati a minore.

Quarta conclusio: talis potentia passiva terminatur maxima potentia activa a qua non potest pati. Probatur per sufficientem divisionem, nam talis potentia passiva ab aliqua potentia activa potest pati et ab aliqua non. Vel igitur datur minima a qua potest pati, vel maxima a qua potest pati, vel minima a qua non, vel maxima a qua non. Non primum, per primam conclusionem; nec secundum, per secundam; nec tertium, per tertiam; relinquitur igitur

---

18 ista] *om. V* 19 per] *om. I* 19 minimam potentiam activam] minima potentia activa *I* 20 ista] illa *I* 22 vel minoris inaequalitatis] *om. V* 22 motus vel] *om. I* 23 falsum] vel minoris inaequalitatis *add. V* 24 ipsum excedere] *inv. I* 27 excessus istius] illius excessus *I* 28 posset] potest *I* 29 igitur] ergo *I* 30 talis passiva] *inv. I* 31 quia] quod *I* 32 isto] illo *I* 32 si] *om. V* 33 passiva] *om. V* 33/34 posset] possit *I*; potest *V* 35 nulla] nec *I* 37 ista] illa *I* 42 igitur] ergo *I* 43 a quo potest pati] *om. I* 44 primam conclusionem] *inv. I* 45 igitur] ergo *I*

quartum, et haec est conclusio. Unde hoc potest declarari exemplo. Unde ponatur quod potentia levativa Socratis et resitentia unius librae sint aequales, ita quod praecise tantum possit Socrates in levando quantum potest libra in resistendo; tunc statim sequitur quod virtus Socratis est maxima inter omnes potentias levativas quae non possunt levare libram, quia nulla minor potest levare libram et quaelibet maior potest, ita quod omnium non potentium libram levare Socrates est fortissimus, exponendo li *fortissimus* negative, et tamen ipse est debilior inter omnes potentes levare libram. Et sic potentia activa aequalis resistentiae est maxima a qua ista potentia resistitiva non potest pati, et eadem resistitiva est potentia minima in quam ista potentia activa non potest agere.

Sed contra istud diceres: videtur quod potentia activa aequalis resistentiae non sit maxima a qua potentia resistitiva non potest pati, nam tunc ab ista non et a qualibet maiore potest pati; sed hoc videtur esse falsum, quia potentia activa posset | augeri insensibiliter, F.I. D1^{va} et tamen propter hoc //// non posset in illam resistentiam. F.V. 22rb Verbi gratia, si potentia levativa Socratis esset aequalis resistentiae unius librae et augeretur insensibiliter, non propter hoc levaret libram. – Respondetur quod, sicut potentia activa esset aucta insensibiliter, ita posset levare per spatium insensibile; et sic forte Socrates potest levare sic quod non perciperet se illud posse levare, nec hoc est aliquod inconveniens.

Adhuc diceres: sed ista instantia magis pertinet ad aliam quaestionem: si potentia activa terminaretur minima potentia passiva in quam non posset, scilicet sibi aequali, tunc, cum visibile habeat se sicut potentia activa respectu visus, sicut patet *II° De anima*, etiam

---

47 Unde] *om. I* 47 resistentia] resistitiva *V* 49 levando] elevando *V* 49 resistendo] deprimendo *V* 51 potest] posset *V* 52 libram] *om. I* 53 libram levare] *inv. I* 54 ipse] *om. V* 55 Et sic] *iter. V sed primam locutionem del.* 56 ista] illa *I* 56 eadem] potentia *add. I* 57 potentia[1]] *om. I* 57 ista] illa *I* 58 contra istud diceres] diceres contra *V* 60 ista] illa *I* 60 potest] posset *V* 61 esse] *om. V* 61/62 insensibiliter] *om. V* 62 propter hoc non] non propter hoc *I* 63 esset] *om. I* 64 et] *om. I* 66 posset] potest *I* 67 levare[2]] *om. I* 71 posset] potest *I* 71 scilicet] *om. V*

72 ARISTOTELES, *De anima*, II, 5, 417 a 2-5 et 7, 418 a 31.

visibile terminaretur minima potentia visiva in quam non posset, et sic in istam non posset, sed in minorem et debiliorem ista posset; sed hoc est falsum, quia, si aliquod visibile non potest agere in aliquam potentiam visivam, multo minus potest agere in potentiam visivam minorem et debiliorem, illa saltem ceteris paribus, sicut patet de se. – Ad hoc respondetur quod illud, quando dictum de terminatione potentiae activae respectu passivae, intelligitur de potentia activa agente in potentiam passivam non coagentem nec concurrentem ad effectum, nec ad actionem istius potentiae activae. Sed sic non est in proposito de visibili et potentia visiva, quia visibile non solum causat visionem in oculo, nec potentia visiva concurrit mere passive ad visionem, sed visibile per suam speciem unacum virtute visiva active concurrente producunt visionem in oculo et in potentia visiva.

Sed diceres: tunc idem esset patiens et agens respectu eiusdem; quod videtur falsum. Probatio consequentiae: quia respectu visionis potentia visiva esset tam agens quam patiens. – Respondetur quod non est inconveniens idem esse partiale agens et totale recipiens respectu eiusdem, licet bene esset inconveniens idem esse totale agens et totale recipiens respectu eiusdem. Modo dico quod in proposito totale agens non est potentia visiva, licet bene partiale; sed totale agens est aggregatum ex visibili et specie sensibili et potentia visiva et aliis concurrentibus ad visionem per eorum actionem, sed potentia visiva est totale recipiens.

Quinta conclusio: omnis potentia passiva mere receptiva, sicut est materia prima, potest pati, saltem quantum est de se a quocumque magno vel parvo agente sine termino. Patet haec conclusio statim, quia quodlibet agens talem potentiam passivam excedit; igitur conclusio vera.

Deinde comparando potentiam passivam quantum ad distantiam

72 posset] potest *I* 73 istam] illam *I* 73 posset] potest *I* 74 ista] illa *I* 79 respectu] potentiae *add. I* 80 potentiam] *om. V* 80/81 coagentem nec concurrentem] coagente nec concurrente *I* 81 ad] *iter. I sed primum verbum del.* 81 istius] illius *I* 83/84 concurrit] concurrat *I* 87 patiens et agens] *inv. I* 88 quod] sed hoc *I* 88 falsum] inconveniens *I* 91 bene esset] *inv. I* 94 sensibili] visibili *V* 97 omnis] *om. V* 98 de] ex *I* 99/00 haec conclusio] *om. I* 1 igitur conclusio vera] *om. I*

sit prima conclusio quod potentia passiva non cognitiva quantum est de se potest pati a qualibet distantia quantamcumque magna vel parva. Probatur: quia, a quacumque distantia quantumcumque magna vel parva agens potest agere, a tali distantia potentia passiva potest pati; et ideo, si talis potentia passiva potest pati ab aliqua distantia parva, tunc potentia dupla vel quadrupla potest pati a dupla vel a quadrupla distantia, et sic ulterius; et sic talis potentia passiva non est terminata distantia quantum ad magnitudinem. Sed etiam probo quod non quantum ad parvitatem, quia talis potentia passiva non cognitiva non desinit pati propter parvitatem distantiae, sicut bene desinit pati potentia passiva cognitiva: unde frigidum non desinit pati a calido propter nimiam propinquitatem calidi ad ipsum, immo quanto calidum est propinquius frigido, intantum frigidum plus patitur a calido.

Secunda conclusio: talis potentia passiva respectu datae potentiae activae terminatur minima distantia ultra quam non potest pati, et hoc a tali agente. Probatur: nam datum agens terminatur minima distantia ultra quam non potest agere respectu datae potentiae passivae; ergo etiam e contra potentia passiva data terminatur minima distantia ultra quam non potest pati ab agente dato.

Tertia conclusio: potentia passiva cognitiva, sicut est potentia visiva, et etiam alia potentia passiva //// requirens moderatam dis- F.V. 22va
tantiam, terminatur ab utraque parte. Ita quod prope visum est una maxima distantia omnium illarum in quibus non potest pati propter parvitatem distantiae et de longe est una minima distantia in qua non potest pati propter magnitudinem. Et ista possunt probari ex his quae dicta erant quantum ad hoc de poentia activa in alia quaestione.

Quarta conclusio: conformiter posset poni de angulo sub quo posset pati quod omnium parvorum an- | gulorum qui non sufficiunt F.I. $D1^{vb}$
ad visum unus est minimus, et iste est angulus rectus.

---

4 est] *om. V* 4 de] ex *I* 4 a] *om. I* 4 quantumcumque magna vel parva] *om. I* 6 agere] ad tale *add. V sed del.* 8 tunc] ab alia *add. I* 15 quanto] quantum *V* 21 contra] converso *V* 23 Tertia conclusio] *inv. V* 25 una] *om. V* 28 ista possunt] illud potest *I* 31 posset] potest *I* 32 posset] potest *I* 33 iste] ille *I* 33 angulus] *om. I*

Deinde comparando potentiam passivam ad effectum sit conclusio ista quod potentia passiva receptiva potest recipere quemcumque effectum quem potentia activa potest facere. Et ideo quantum est de se materia prima est infinitae receptibilitatis, nec repugnat sibi recipere caliditatem infinitam, si esset potentia quae causaret eam, et ita de aliis, nisi tamen aliquid aliud impediat, scilicet ut cum hoc quod potentia est passiva sit etiam activa, sicut est potentia visiva.

De comparatione autem potentiae passivae ad velocitatem et ad spatium dicatur omnino sicut dictum est de potentia activa in praecedenti quaestione.

De comparatione eius autem ad tempus videbitur in sequente quaestione unacum potentia activa.

Ad rationes principales. Ad primam dico quod, quando ARISTOTELES dicit potentiam passivam terminari minimo, intelligitur minimo numerabili sine fractione modo quo dicebatur in alia quaestione de maximo.

Consimili modo ad secundam dicendum est.

Ad tertiam dico quod retinere non est proprie agere, sed bene est motum talis ferri impedire, recte sicut, si duo homines aeque fortes traherent se unus ad unam partem et alter ad aliam, unus proprie nihil ageret in alterum, sed unus bene impediret alterum; et tale impedimentum potest bene fiei a proportione aequalitatis modo quo etiam dicebatur in alia quaestione de lapide, ut octo in gravitate posito super caput Socratis ut octo in potentia. Sic dico in proposito quod in talis ferri descensu devenitur ad aliquod primum instans in quo quiescit; et tunc relinquit super se minimum arcum qui ipsum retinet et impedit quod non potest descendere, nec propter hoc potentia passiva terminatur minima potentia activa a qua potest pati, ex eo quod illud impedire non est proprie agere. Ulterius dico

---

38 potentia] *om. I* 38 quae] qui *I* 39 eam] *om. I* 39/40 scilicet ut] ut scilicet quod *V* 40 passiva] sicut *add. V sed del.* 40 sit] *s.v. V* 45 eius autem] *inv. V* 47 principales] *om. I* 51 dicendum est] *om. I* 53 recte] *om. I* 54/55 proprie nihil ageret] nihil ageret proprie *I* 60 relinquit] derelinquit *V*

47/48 ARISTOTELES, *De caelo*, I, 11, 281 a 25-26.

quod ille idem minimus arcus qui sufficit ferrum retinere est maximus qui non sufficit ferrum attrahere, quod quidem attrahere est proprie agere. Ecce igitur tunc maximam potentiam activam a qua non potest pati ista potentia passiva.

64 minimus arcus] arcus qui est minimus *V* 66 igitur] ergo *I* 67 ista] illa *I*

Quaestio 16

Utrum omne ens habeat potentiam respectu suae durationis per maximum tempus per quod potest durare

Tertium propositorum erat utrum omne ens habeat potentiam respectu suae durationis per maximum tempus per quod potest durare.

Et arguitur primo quod non. Nam tunc sequeretur quod durare per duplum tempus esset duplae potentiae, et durare per quadruplum tempus esset quadruplae potentiae, et durare per infinitum tempus esset infinitae potentiae; sed hoc est falsum. Primo, quia tunc caelum, ex quo potest durare per tempus infinitum, esset infinitae potentiae, et sic esset tantae potentiae quantae primum ens; quod est falsum.

Secundo, nam tunc terra prope centrum etiam esset infinitae potentiae, quia talis nunquam corrumpetur, sed durabit per tempus infinitum, ex eo quod nunquam corrumpetur nisi a contrario sibi applicato; sed, terra existente in centro, nunquam applicabitur contrarium sibi.

Consimiliter posset argui de igne existente in loco sibi naturali, scilicet in concavo orbis lunae.

Secundo ad principale. Si aliquod mixtum, sicut homo, haberet potentiam durandi per maximum tempus, tunc vita talis hominis non posset prolongari ultra illud tempus; quod videtur esse contra
F.V. 22[vb] medicos. //// Consequentia videtur tenere ex hoc quod ultra maximum non est maius; et etiam, si vita eius ultra illud tempus prolongaretur,

---

8 tunc] *om. V* 11 esset infinitae potentiae] *om. V* 12 quo] eo quod *I* 12 caelum] esset infinitae potentiae *add. I* 13/14 esset infinitae... falsum] *om. I* 15 Secundo] *om. V* 15 etiam] *om. V* 17 nisi] *om. V* 18 terra] terrae *V* 18 applicabitur] applicatur *V* 19 sibi] *om. V* 20 posset] potest *V* 21 scilicet] *om. V* 23 tunc] *om. I* 23/24 non posset prolongari ultra illud tempus] ultra illud tempus non posset prolongari *I*

tunc illud tempus non fuisset maximum per quod iste homo poterat durare.

Tertio. Si entia sic essent determinata maximis temporibus quibus possent esse et vivere, utique ista mixta essent maioris potentiae durativae in quibus contraria essent magis adaequata; consequens est falsum. Consequentia probatur: quia, postquam corruptio fit a contrario, tunc ista in quibus contraria sunt magis adaequata, minus cito deberent corrumpi, et per consequens diutius durare. Falsitas consequentis probatur, ex eo quod homo non diutius, immo minus, durat quam lapis, in quo quidem lapide contraria | sunt minus adaequata quam in homine. F.I. D2ra

Quarto. Si aliquod ens per tempus durat, semper durabit; igitur quaestio falsa. Consequentia tenet. Antecedens probatur: quia, si aliquod ens per tempus durat, tunc per illud tempus potentia durativa resistens corrumpentibus est maior quam potentia corruptiva; sed, quamdiu ipsa est maior, tamdiu nunquam remittitur; ergo in fine istius temporis potentia durativa adhuc est tanta quanta erat in principio; ergo in fine istius temporis adhuc verum est dicere quod talis potentia durativa adhuc per tantum tempus durare potest sine eius remissione et in fine istius adhuc per tantum, et sic semper; et sic, si aliqua res totaliter potest durare per unum tempus sine aliqua corruptione sui, videtur quod semper possit durare; videtur igitur quod entia nullam habeant potentiam ad durandum: aliter enim videretur sequi quod dictum est; quod est falsum

Oppositum videtur velle ARISTOTELES in *littera*, et etiam in *II°* *De generatione*.

In ista quaestione primo ponendae sunt quaedam distinctiones et causae corruptionis in generali; secundo videndum est de causis

---

27 illud tempus] *inv. V* 27 iste] ille *I* 30 ista] illa *I* 32 est] *om. V* 33 ista] illa *I* 35 probatur] patet *I* 35 homo] *om. I* 36/37 sunt minus] *inv. I* 38 igitur] ergo *I* 41 corrumpentibus] corruptionibus *V* 42 tamdiu] *om. I* 42 istius] illius *I* 44 istius] illius *I* 45 durare potest] *inv. I* 46 istius] illius *I* 48 igitur] ergo *I* 50 sequi] illud *add. I* 50 quod] tamen *add. I* 53 ponendae sunt] *inv. I* 53 quaedam] *om. V*

51 ARISTOTELES, *De caelo*, I, 12, 283 a 7.
51/52 ARISTOTELES, *De gener. et corr.*, II, 10, 336 b 12-15.

durationis; tertio videndum est de quaesito.

Quantum ad primum sit prima distinctio: duplices sunt substantiae, scilicet simplices et mixtae.

Secunda distinctio: substantiarum simplicium quaedam sunt corporeae, quaedam incorporeae. Corporeae, sicut caelum et elementa; incorporeae sicut Deus et intelligentiae.

Tertia distinctio: substantiarum simplicium corporearum quaedam non habent materiam neque contrarium, materiam quidem quae sit subiectum generationis et corruptionis, sicut sunt orbes caelestes; quaedam autem habent talem materiam et contraria, sicut sunt elementa.

Quarta distinctio: substantiarum mixtarum quaedam dicuntur homogeneae, quaedam heterogeneae. Homogeneae dicuntur quarum partes quantitativae totius suscipiunt praedicationem nominis totius, sicut est lapis vel lignum: unde quaelibet pars lapidis dicitur lapis, quaelibet pars ligni dicitur lignum; heterogeneae dicuntur quorum non quaelibet pars quantitativa totius suscipit praedicationem nominis totius, sicut est homo vel leo: unde non quaelibet pars quantitativa hominis est homo.

Adhuc potest poni quinta distinctio quod substantiarum simplicium materialium quaedam dicuntur simplices tam substantialiter quam qualitative, sicut aqua frigida; quaedam autem dicuntur simplices substantialiter, sed mixtae qualitative, sicut esset aqua calefacta.

Tunc sit prima conclusio, et haec de causis corruptionis in generali: omnis substantia determinans sibi contrarium est corruptibilis. Probatur: quia omnis talis substantia est alterabilis, ex eo quod causa alterationis est contrarietas; et, quia talis substantia determinat sibi aliquam qualitatem habentem contrarium, sequitur quod per applicationem qualitatis contrariae qualitati quam determinat sibi, illa substantia est alterabilis; sed, si est alterabilis, tunc est corruptibilis, quia determinatum est *I^o^ De generatione*: si

61 simplicium] et *add. I* 68 totius] *om. I* 70 dicitur] est *I* 71 totius] *om. I* 74 Adhuc potest poni] *om. V* 85 tunc] *om. I*

86 ARISTOTELES, *De gener. et corr.*, I, 1, 314 a 9-10.

alteratio est possibilis, tunc generatio et corruptio sunt possibiles, ex eo quod alteratio est propter generationem et corruptionem; et, si non esset generatio et corruptio, non esset alteratio; ergo omnis qualitas alterabilis et remissibilis est corruptibilis, et per consequens substantia determinans sibi istam qualitatem est corruptibilis, nam, corrupta ista qualitate, corrumpitur substantia quae sibi istam qualitatem determinat: unde sine tali qualitate substantia esse non potest (si enim sit, tunc ipsa sibi eam non determinaret; quod est contra hypothesim).

Secundo ad idem: omne habens materiam est corruptibile. Patet hoc *I° Physicorum*, et patet hoc ratione: quia aliter //// [F.V. 23ra] potentia materiae quae esset ad aliquam aliam formam frustraretur; sed omnis substantia determinans sibi qualitatem habentem contrarium habet materiam; ergo omnis talis substantia est corruptibilis.

Secunda conclusio: nulla corruptio substantiae est ab intrinseco primo. Et voco *corruptionem substantiae ab intrinseco primo* cuius quaelibet pars in quamlibet partem esset activa; et voco istam *ab intrinseco non primo* cuius una pars bene est activa in aliam et alterativa alterius, non tamen quaelibet in quamlibet. Probatur conclusio: omnis substantia corruptibilis vel est mixta vel simplex. Si est simplex, et est corruptibilis, ipsa est materialis, et per consequens elementaris; sed elementa non habent in se principia suae corruptionis, ex eo quod non habent in se quali- | [F.I. D2rb] tates contrarias. Si autem dicitur quod sit substantia mixta, adhuc non habet in se principium suae corruptionis primo, ex eo quod tunc quaelibet pars eius in quamlibet partem eius esset activa, et sic eadem pars esset in seipsam activa; quod est falsum, ex eo quod eadem ipsi non est contraria, et etiam quia quodlibet ens diligit seipsum permanere, et per consequens non est sui ipsius alterativa nec dispositiva ad sui corruptionem.

---

86 si] sed *scr. V sed corr.* 87 generatio et corruptio] *inv. V* 89 generatio et corruptio] *inv. V* 91 istam] illam *I* 92 ista] illa *I* 92 istam] illam *I* 93 qualitate] talis *add. V sed del.* 94 eam] ipsam *I* 98 aliquam] *om. I* 2 Et] d *add. V sed del.* 2 substantiae] *om. I* 3 istam] illam *I* 10 dicitur] dicatur *I* 12 esset in seipsam] in seipsam esset *I* 13 ipsi] sibi *I* 15 alterativa] alterativum *I* 15 dispositiva] dispositivum *I*

97 Cf. ARISTOTELES, *Physica*, I, 9, 191 b 35 - 192 b 4.

Tertia conclusio: substantia mixta heterogenea bene in se habet principium suae alterationis et corruptionis non prim. Patet de homine cuius una pars determinat sibi maiorem caliditatem, alia minorem, quae quidem partes bene mutuo se alterant et se ducunt extra suas dispositiones naturales et aliquando intantum quod sequitur mors et corruptio.

Quarta conclusio: substantiae mixtae homogeneae, si corrumpuntur ab intrinseco, non tamen ita cito sicut heterogeneae. Patet, ex eo quod non est tanta diversitas inter partes homogeneorum quanta est inter partes heterogeneorum, et hoc in qualitatibus alterativis: unde in lapide partes non differunt tantum secundum caliditatem et frigiditatem sicut in homine differunt cor et cerebrum.

Quinta conclusio: substantia corporalis simplex et substantialiter et qualitative nullo modo habet in se principium suae alterationis nec corruptionis, neque primo neque non primo. Probatur, nam aliter non esset simplex substantialiter et qualitative.

Sexta conclusio: substantia simplex substantialiter et mixta qualitative bene habet in se principium suae alterationis qua potest se trahere a sua dispositione innaturali ad naturalem. Patet de aqua calefacta quae seipsam alterat et trahit se ad frigiditatem priorem: nec valet dicere quod hoc faciat medium circumstans, nam aqua talis aliquando trahit se ultra frigiditatem maiorem quam fit frigiditas medii circumstantis; et, cum nihil agat ultra gradum proprium, concluditur quod medium circumstans non est illud quod trahit aquam calefactam ad frigiditatem priorem.

Ex his conclusionibus sequitur primo quod elementum simplex corrumpitur unico modo, scilicet ab extrinseco: ab intrinseco enim corrumpi non potest, ex eo quod non habet in se principium suae corruptionis. Secundo sequitur quod mixtum duplici modo potest corrumpi, scilicet ab intrinseco et ab extrinseco. Ex quibus sequitur

---

17 in se habet] *inv. I* 18 non] nam *(*non *est in P V)* 20 ducunt] ducant *V* 26 inter partes] diversitas *V* 26 hoc] est *add. I* 32 neque[1]] nec *I* 32 neque[2]] nec *I* 37 se] *om. V* 38 nam] *iter. V sed primum verbum del.* 39 ultra] ad *V* *(est in I P)* 39 frigiditatem maiorem] *inv. I* 46 corruptionis] alterationis a dispositione sibi *(*subsantiae *A)* naturali *A I P* 46 Secundo sequitur] *inv. V*

tertio quod simplex debet magis durare quam mixtum, nam, ubicumque ponitur mixtum, habet circa se vel intra se principium suae corruptionis; sed simplex, cum ponitur in loco sibi naturali, licet habeat prope se principium suae corruptionis, non tamen intensum; et cum hoc, ubicumque ponitur, caret principio suae corruptionis intrinseco. Hoc de primo articulo.

Quantum ad secundum articulum videndum est de causis durationis, quae sunt plures. Quarum una est homogeneitas: quod statim patet, ex eo quod heterogeneum corrumpi potest ab intrinseco et extrinseco: quanto plus declinat ab heterogeneitate ad homogeneitatem, tanto debilius efficitur principium suae corruptionis intrinsecum; et ideo nullum vivens tam diu potest durare sicut terra vel lapis, cum sit magis heterogeneum, et hoc ceteris paribus.

Secunda causa est similitudo in qualitatibus loci continentis et rei contentae; et ideo locata magis durant in uno loco quam in alio, puta in isto ubi habent minorem contrarietatem ad qualitates loci.

Tertia causa est durities et resistentia passi in dividendo. Et ideo forte duratio dicta est a duritie, quia magis dura magis durant: //// F.V. 23rb unde divisio alicuius facit ad citiorem corruptionem divisi, et ideo quae sunt dura et difficilius divisibilia magis durant.

Quarta causa est bona et fortis commixtio humidi cum sicco, sicut patet *IV° Meteororum*.

Quinta causa est latitudo complexionis: unde aliqua sunt quae statim propter modicam variationem proportionis in primis qualitatibus corrumpuntur, sicut homo, et alia quae non sunt, sicut ferrum quod potest fieri valde calidum sine corruptione propter maiorem latitudinem suae complexionis.

Sexta causa est temperamentum in qualitatibus: unde homo temperatus in illis est longioris vitae. Plures possent assignari causae durationis, sed istae ad praesens sufficiunt.

---

49 intra] inter *V* 50 cum] quando *I* 53 Hoc] Haec *I* 53 articulo] *om. I* 54 articulum] *om. I* 57 quanto] ego *add. I* 58 tanto] tanta *V* 59 tam] ita *I* 60 et hoc ceteris paribus] *om. V* 63 isto] illo *I* 63 habent minorem] *inv. I* 63 habent] habet *V* 72 alia quae] aliquando *V* 72 sunt] *om. V* 75 causa] *om. V* 77 sufficiunt] sufficiant *I*

69 ARISTOTELES, *Meteora*, IV, 4, 381 23 - 382 a 7.

Tunc sit prima conclusio: secundum combinationem et concurrentiam istarum causarum et aliarum, si sint plures, accipitur differen- | [F.I. D2va] tia in duratione rerum secundum magis et minus. Patet ex eo quod magnitudo et parvitas effectus efficiuntur secundum magnitudinem et parvitatem causarum. Ita quod vos debetis scire quod non oportet, si ad durationem unius effectus concurrunt tres de dictis causis et ad durationem alterius aliae tres, quod igitur illi effectus aequaliter durent, quia forte una de istis tantum facit quantum omnes aliae tres; et ideo oportet advertere concurrentiam causarum non secundum quantitatem distinctam sed secundum vigorem et fortitudinem maiorem vel minorem causarum.

Ex quo sequitur quod non oportet quod, si in tali mixto miscibilia seu contraria sunt magis adaequata, igitur illud mixtum diutius duret, quia forte unum aliud mixtum sicut lapis vel ferrum, licet non habeat istam causam suae durationis, tamen habet aliam fortiorem vel fortiores illas propter quas diutius durat: in lapide enim, sicut arguebatur ad quaestionem, contraria nullo modo sunt ita adaequata sicut in homine, et tamen ipse diutius durat, quia latitudo suae complexionis est maior, quia est magis durus et magis potens ad resistendum qualitatibus contrariis suis qualitatibus quas sibi determinat.

Secunda conclusio: quod non est corruptibile, non habet contrarium, nec contrarium sibi determinat. Patet: nam, cum contrarietas sit causa corruptionis, si haberet contrarium, utique esset corruptibile; cuius oppositum supponitur in conclusione.

Tertia conclusio: quod non est corruptibile, non habet potentiam resistendi. Conclusio patet quia, cum non habeat contrarium, per praecedentem conclusionem, frustra haberet talem potentiam.

Quarta conclusio: quod non est corruptibile, non habet aliquam potentiam ad durandum. Probatur: nam potentia durandi non est aliud nisi potentia resistendi contrario, ut suppono; sed quod non

---

78 combinationem] vel obviationem *add. I* 81 effectus] effective *V* 85 igitur] ergo *I* 86 tantum facit quantum] facit plus quam *I* 87 non] *om. V* 87 sed] et *V* 87 distinctam] discretam *I (est in P V)* 90 quod igitur] ergo *I* 91 duret] durat *V* 92 istam] illam *I* 92 suae durationis] *inv. V* 93 illas] illa *V* 94 sunt] et sic *add. V sed del.* 99 conclusio] est *add. I* 1 esset] 9 *add. V sed del.* 4 Conclusio] Contrario *V* 4 non] *om. V*

est corruptibile non habet potentiam resistendi contrario, per praecedentem conclusionem; igitur quod non est corruptibile, non habet potentiam ad durandum. Et hoc dicit hic conclusio. Ex quo sequitur quod in caelo, cum sit incorruptibile, non est aliqua potentia ad durandum. Ex quo ulterius sequitur quod non valet haec consequentia: *caelum durabit per tempus infinitum, igitur caelum habet potentiam durandi per tempus infinitum*, nam consequens est falsum, per praecedens corollarium, et antecedens est verum. Et per hoc solvitur una ratio facta ad quaestionem.

Quantum ad tertium articulum sit prima conclusio quod omne elementum simplex quandoque corrumpetur. Probatur primo ex parte agentis: quia ignis in sphaera sua quandoque descendit ad locum suae corruptionis propter aliquam constellationem ipsum regentem.

Secundo patet hoc idem ex parte materiae: quia cuiuslibet elementi materia est in potentia ad aliam formam; sed talis potentia non //// perpetue frustratur; igitur aliquando habebit aliam formam, F.V. 23va
et tunc corrumpetur illud elementum.

Tertio probatur idem ex parte finis: quia elementa principaliter sunt propter mixta, et ideo illud elementum esset frustra quod non aliquando veniret ad locum mixtionis; sed, ipso veniente ad locum mixtionis, corrumpitur; igitur etc.

Secunda conclusio: omne mixtum aliquando corrumpetur. Patet: quia est corruptibile ab intrinseco et ab extrinseco, et sic habet plures causas suae corruptionis quam simplex elementum et aeque fortes; et ideo, quia elementum simplex quandoque corrumpetur, per praecedentem conclusionem, multo magis mixtum.

Tertia conclusio: de quolibet ente naturali verum est dicere quod est simplex vel mixtum quod per aliquod tempus potest durare et per aliquod non. Patet per praecedentes duas conclusiones.

---

10 igitur] ergo *I* 13 ulterius sequitur] *inv. I* 14 igitur] ergo *I* 17 facta] *om. V* 18 articulum] *om. V* 18 quod] *om. V* 19 quandoque] aliquando *I* 20 quandoque] aliquando *I* 21 aliquam] *om. V* 25 non] *iter. V* 25 perpetue] perpetuo *I* 25 igitur] ergo *I* 30 mixtionis] corruptionis *V* 30 igitur] ergo *I* 32 corruptibile] et *add. I* 33 corruptionis] durationis *V* 34 quandoque] aliquando *I* 37 simplex] elementum *add. I*

Quarta conclusio quod cuiuslibet entis naturalis corruptibilis potentia durandi est terminata vel maximo tempore vel minimo per quod potest durare, vel maximo vel minimo per quod non. Probatur: nam, ex quo per aliquod tempus potest durare et per aliquod non, per praecedentem conclusionem, oportet dare maximum tempus vel minimum per quod potest durare, vel maximum vel minimum per quod non.

Quinta conclusio: non est dare minimum tempus per quod res corruptibilis potest durare. Probatur: nam, quocumque tempore dato per quod data res corruptibilis potest durare, eadem per minus tempus potest durare. Unde, si aliqua res potest durare per annum, eadem res potest per medietatem anni durare et per medietatem medietatis, etc., et per consequens potentia durandi talis rei non est F.I. D2[vb] terminata mini- | mo tempore per quod potest durare.

Sexta conclusio: non est dare maximum tempus ultra quod aliqua res corruptibilis potest durare. Probatur: nam, si sic, sequeretur quod esset dare ultimum instans esse talis rei; sed hoc est falsum. Consequentia probatur: nam sit illud tempus *a*, et *b* sit instans terminans exclusive ipsum; tunc, si *a* est tempus maximum ultra quod Socrates, verbi gratia, potest durare, tunc usque ad *b* instans inclusive quod terminat *a* tempus exclusive, Socrates potest durare, et non ultra, quia, si ultra *a*, tunc non esset maximum tempus ultra quod Socrates posset durare, quia ultra magis posset durare; sed, si Socrates durat usque ad *b* instans inclusive et non ultra, tunc in *b* instanti verum est dicere: *Socrates modo est, et immediate post hoc non erit*; et sic *b* instans erit ultimum instans esse Socratis. Sed falsitatem istius probo sic: quia in *b* instanti potentia Socratis non est indivisibilis, et per consequens non subito corrumpitur, et per consequens tempus erit antequam corrumpatur, et per consequens *b* instans non est ultimum instans esse Socratis. Et ita arguerem de quacumque alia re corruptibili et de quocumque alio instanti, quod

---

42 Probatur] Patet *I* 42 nam] *om. V* 42/43 et per aliquod non] *om. V* 43 conclusionem] et per aliquod non *add. I* 43 oportet] quod sit *add. V* 50 per medietatem[1] anni durare] durare per medietatem anni *I* 51 potentia] tempore *scr. I sed del. et* potentia *s.v. add.* 52 potest] illa res *add. I* 61 posset[1]] potest *I* 61 magis] maius *I* 61 posset[2]] potest *I* 64/68 Sed falsitatem... Socratis] *om. V*

adversarius diceret esse ultimum instans esse talis rei corruptibilis.

Septima conclusio: non est dare maximum tempus per quod res corruptibilis non potest durare. Probatur: nam, quocumque tempore dato per quod res corruptibilis non potest durare, est dare maius per quod non potest durare: si enim non potest durare per minus, etiam non potest durare per maius; et ideo inter tempora per quae res corruptibilis non potest durare nullum datur maximum. Et hoc vult conclusio.

Octava conclusio: bene datur minimum tempus ultra quod res corruptibilis non potest durare. Probatur: nam, per quartam conclusionem, quaelibet res naturalis corruptibilis terminatur maximo tempore vel minimo ultra quod potest durare vel maximo vel minimo ultra quod non; sed non terminatur minimo ultra quod potest, per quintam conclusionem, nec maximo, per sextam conclusionem, nec maximo ultra quod non, per septimam conclusionem; igitur minimo ultra quod non. Et hoc dicit conclusio. Et hoc est illud tempus quod est terminatum exclusive ad primum instans non esse talis rei et inclusive a parte ante primo instanti esse eiusdem rei, quod quidem tempus est mensurativum istius rei quantum ad durationem suam naturalem.

Nona conclusio: rei naturalis corruptibilis datur maximum tempus in quo potest //// durare. Patet: idem tempus quod est minimum F.V. 23vb
ultra quod non potest durare est maximum in quo potest durare, quia, quamdiu est aliquod instans intrinsecum talis temporis, illa res potest durare, et nullo instanti extrinseco illa res potest durare, propter quod illud tempus dictum est esse minimum ultra quod ista res non potest durare, et propter hoc dicto tempore non datur maius tempus in quo ista res possit durare et in quolibet instanti illius temporis ista res potest durare; igitur illud tempus est maximum tempus in quo illa res potest durare. Et ista conclusio posita sit pro intentione ARISTOTELIS.

---

76 vult] est *V* 78 Octava conclusio] *inv. V* 84 igitur] ergo *I* 85 Et] *om. V* 85 illud] idem *V* 88 istius] illius *I* 91 quo] quod *scr. V s.v.* 93 est] *om. V* 94 et] propter hoc *add. V sed del.* 94 nullo] illo *V* 95 quod] *om. V* 95 ista] illa *I* 98 ista] illa *I* 99 illa] ista *I*

00 ARISTOTELES, *De caelo*, I, 12, 283 a 7.

Decima conclusio responsalis: non omne ens habet potentiam suae durationis per maximum tempus per quod potest durare. Patet de rebus incorruptibilibus, quarum duratio non est terminata nec terminabilis.

<Ad rationes>. Et ex hoc soluta est prima ratio unacum uno corollario posito iuxta quartam conclusionem secundi articuli.

Ad secundam confirmationem nego quod terra prope centrum sit incorruptibilis; immo dico quod aliquando corrumpetur, nam propter fluxum multarum partium terrae unacum fluviis fluentibus ad mare aliam partem terrae cooperiens pars terrae quae est modo ultra terram centralem fit gravior, et pars terrae quae est citra fit levior per ablationem talium partium terrestrium ab ipsa; et sic tandem partes terrae quae modo sunt in centro aliquando erunt hic in superficie, et tunc per applicationem suorum contrariorum corrumpentur secundum se totas, vel saltem secundum suas partes.

De igne autem modo existente in concavo orbis lunae, quomodo aliquando corrumpetur, dictum est in corpore quaestionis.

Ad secundam principalem de prolongatione vitae dico quod bene potest prolongari, sed non quantumlibet: unde vita hominis non potest prolongari ultra certam periodum vel durationem determinatam pro specie humana, licet bene possit quantum est ex parte F.I. D3ra individui: | et ad hoc valet medicina.

Ad tertiam nego consequentiam, et causa negationis dicta est in corpore quaestionis.

Ad quartam: *si aliquod ens per tempus durat, semper durabit,* ego nego. Et quando dicebatur: si durat per aliquod tempus in cuius fine est tantae potentiae sicut erat in principio, adhuc potest durare per tantum, concedo; sed ulterius dico quod hoc non potest continuari quantumlibet propter motum caeli et constellationes alias et alias quae sunt causae corruptionis et generationis inferiorum, sicut probat ARISTOTELES in *II° De generatione.*

---

1 responsalis] *om. I* 5 Ad rationes] *suppl. (om. A I P V)* 11 terram] partem *V (est in A I P)* 11 citra] ex ista *V* 14/15 corrumpentur] corrumpuntur *I* 15 totas] suorum contrariorum *add. V* 18 principalem] *om. V* 26 ego] *om. I* 28 tantum] bene *add. I* 30 generationis] istorum *add. A I*

31 ARISTOTELES, *De gener. et corr.*, II, 10, 336 b 12-15

Quaestio 17

Utrum omne corruptibile necessario corrumpetur

Quartum propositorum erat utrum omne corruptibile necessario corrumpetur.

Arguitur primo quod non de partibus centralibus terrae quae sunt corruptibiles, quia compositae ex materia et forma; et tamen non necessario corrumpentur, quia non apparet quomodo possit sibi applicari corrumpens, sicut est ignis aut aer quae sunt sibi contraria.

Similiter sic posset argui de igne contiguo concavo orbis lunae. Et confirmatur: quia talia simplicia non senescunt; ergo non corrumpuntur. Consequentia videtur tenere ex eo quod corruptio videtur praesupponere senectutem. Antecedens patet, nam dicitur *IV° Meteororum* quod ignis non putrescit; et, cum senectus sit quaedam putrefactio, sequitur quod ignis non senescit.

Secundo arguitur de auro quod est corruptibile. Quia habet materiam; et tamen nunquam corrumpetur, prout alchimistae dicunt se esse expertos qui habent artem corrumpendi omnia alia metalla et non habent artem corrumpendi aurum.

Tertio. Arguitur de qualitate symbola, quae manet eadem in genito quae fuit in corrupto, sicut est caliditas quae manet eadem in igne quae fuit in aere, quando ex aere generatur ignis. Si igitur ex aere fiat ignis, et ex igne fiat aer, absque hoc quod ista materia aliquando subiiciatur formae aquae vel formis terrae, nunquam ista caliditas corrumpetur; et tamen est corruptibilis; igitur etc.

Quarto. Lumen lunae ad quod non attingit umbra terrae est corruptibile; et tamen nunquam corrumpetur; igitur non omne corrup-

---

7 apparet] videtur *I* 7 possit sibi] sibi posset *I* 8 sunt sibi] *inv. I* 9 posset] potest *I* 10 Et] *om. V* 10/11 corrumpuntur] corrumpentur *I* 20 quae¹ fuit in] et *V* 21 igitur] ergo *I* 22 fiat] *om. I* 22 aer] multoties *add. V* 22 ista] illa *I* 23 ista] illa *I* 24 igitur] ergo *I* 26 igitur] ergo *I*

12/13 ARISTOTELES, *Meteora*, IV, 1, 379 a 14.

tibile necessario corrumpetur. Consequentia tenet. Antecedens pro prima parte probatur: nam lumen lunae ad quod potest attingere umbra terrae et lumen lunae ad quod non potest attingere umbra terrae sunt eiusdem speciei; sed primum est corruptibile, nam aliquando corrumpetur, sicut in eclipsi lunae quando terra diametraliter interponitur inter solem et lunam; igitur secundum etiam est corruptibile, et tamen nunquam corrumpetur, ex eo quod nunquam
F.V. 24ra applicabitur sibi corrumpens. ////

Quinto. Aliquod corruptibile contingenter corrumpetur; ergo non omne corruptibile necessario corrumpetur. Consequentia tenet. Antecedens probatur de Socrate, qui forte cras a casu occidetur; modo quod a casu corrumpetur contingenter corrumpetur.

Oppositum videntur velle ARISTOTELES et COMMENTATOR.

In ista quaestione primo ponam aliquas distinctiones; secundo conclusiones.

Prima distinctio est ista quod refert dicere: omne corruptibile necessario corrumpetur, et dicere: omne corruptibile corrumpi est necessarium. Prima enim est divisa et secunda est composita, sicut scitur ex logica.

Secunda distinctio de corruptibili quod corruptibile uno modo dicitur de omni illo quod potest corrumpi, sive sit sive non sit, et secundum istam acceptionem dicimus Antichristum esse corruptibilem: et ita large non accipitur corruptibile in proposito. Alio modo sumitur corruptibile pro omni illo quod est et potest corrumpi: et sic accipitur corruptibile in proposito, et dicitur ita de substantia corruptibili, et similiter de accidente corruptibili.

27/28 Antecedens pro prima parte] Prima pars antecedentis *I* 28/29 attingere] pertingere *V* 32 igitur] ergo *I* 32 secundum etiam] *iter. V sed primam locutionem del.* 37 probatur] patet *I* 37 casu] et *add. V sed del.* 38 casu] contingenter *add. V sed del.* 44 enim] *om. V* 48 dicimus] diceremus *I* 49/51 Alio modo... proposito] *om. V (hom.)* 51 ita] *om. I* 52 de] *om. V*

39 ARISTOTELES, *De caelo*, I, 12,282 a 25-29.
39 ARISTOTELES, *In De caelo*, I, f. 93r, comm. 137, B-F.

Tertia distinctio quod duplex est potentia, scilicet naturalis et supernaturalis.

Tunc sit prima conclusio: secundum potentiam supernaturalem non oportet quod omne corruptibile aliquando corrumpatur. Probatur: nam talis potentia posset aliquam rem corruptibilem ex se perpetuare et conservare in perpetuum.

Sed diceres: si talis res perpetua- | bitur, tunc est perpetua, et, si F.I. D3rb est perpetua, tunc non est corruptibilis. – Respondetur concedendo quod, si talis res perpetuabitur, tunc est perpetua. Ulterius tamen concedo quod eadem res quae potest perpetuari, potest corrumpi et e converso: unde concedo quod corruptibile potest esse perpetuum, et perpetuum potest corrumpi. Nego tamen istam: *possibile est corruptibile esse perpetuum et possibile est perpetuum esse corruptibile*. Praedictam tamen conclusionem non concederet ARISTOTELES, licet nos secundum fidem nostram ipsam concedere debeamus.

Secunda conclusio, secundum PHILOSOPHUM: omnis substantia corruptibilis corrumpetur. Probatur primo ex parte materiae: quia omnis substantia corruptibilis habet materiam quae semper est in potentia ad essendum sub alia et alia forma; et, cum talis potentia non sit perpetue frustra, sequitur quod aliquando reducetur ad actum, et tunc recipiet unam aliam formam a forma quam iam habet. Et tunc oportet formam praecedentem corrumpi, cum non sit possibile secundum potentiam naturalem tales duas formas stare simul in eadem materia; cum autem talis forma praecedens corrumpitur, etiam substantia composita cuius ista est pars, essentialis, corrumpitur.

Secundo: omnis substantia corruptibilis vel est simplex vel mxta. Si simplex, ipsa aliquando corrumpetur, sicut patet de elementis, quia materia eorum semper appetit esse sub alia et alia forma. Si autem mixta, iterum aliquando corrumpetur, quia, si est

---

53 scilicet 61 tunc] quod tunc *V* 67 ipsam] *om. V* 68 Secunda conclusio] Tunc sit alia conclusio *I* 70 omnis] *s.v. V* 72 perpetue] perpetuo *I* 73 a forma] *om. V* 77 ista] illa *I* 77 pars] scilicet *add. I*

66/67 ARISTOTELES, *De caelo*, I, 12, 281 b 20 - 283 a 10.
68 Cf. ARISTOTELES, *De caelo*, I, 11, 282 a 25-29.

mixta, et cum miscibilia ex quibus est mixta sint contraria et continue agant et patiantur ad invicem, sequitur quod aliquando corrumpetur.

Tertio, ratione ARISTOTELIS: si aliquod corruptibile posset semper durare, sequeretur quod idem potest non esse et non posset non esse. Probatur consequentia: quia, si est corruptibile, igitur habet aliquam potentiam resistendi contrariis; et tunc, si potest resistere per infinitum tempus, habet potentiam infinitam intensive; ergo a nullo contrario potest remitti vel corrumpi ista potentia, quia infinitum non potest pati a finito nec ab infinito, et sic illud est incorruptibile quod poneretur corruptibile; et ultra: igitur non potest non esse, et, quia est corruptibile, potest non esse, et sic potest non esse et non potest non esse, quod erat probandum.

Quarto: omnis substantia corruptibilis habet finitam potentiam suae durationis, ut dicebatur in *quaestione praecedenti*; igitur aliquando finietur talis potentia, et per consequens tunc talis substantia corrumpetur.

Tertia conclusio: nulla substantia corruptibilis necessario corrumpetur. Probatur: omnis substantia corruptibilis contingenter corrumpetur; ergo non necessario. Consequentia tenet. Antecedens probatur: nam omnis substantia corruptibilis vel corrumpitur ab intrinseco vel ab extrinseco. Si ab extrinseco, hoc est per applicationem contrarii; talis autem applicatio per liberum arbitrium potest impediri, et sic contingenter corrumpetur ab extrinseco. Si autem corrumpetur ab intrinseco, hoc est ex eo quod unum elementum dominatur super alia, et est fortius super alia; modo actio elementi fortioris etiam potest impediri, puta per aliquam medicinam et huiusmodi.

Quarta conclusio, de intentione ARISTOTELIS: haec est neces-

---

83 ex quibus] *iter. V sed primam locutionem del.* 86 posset] potest *I* 88 si] sequitur *I* 88 igitur] ergo *I* 91 ista] illa *I* 93 poneretur] ponebatur *I* 93 igitur] ergo *I* 95 erat] est *I* 96 corruptibilis] contingenter corrumpetur ergo tunc (non *s.v. add.*) necessariis *add. V sed del.* 97 quaestione praecedenti] *inv. I* 98 igitur] ergo *I* 3 corrumpitur] corrumpetur *I* 10 et] vel *I*

86 ARISTOTELES, *De caelo*, I, 12, 282 a 4-14.
97 Cf. *supra*, L. I, Q. 16, pp. 196-197, lin. 7-53.
11 ARISTOTELES, *De caelo*, I, 12, 281 b 20 - 283 a 10.

saria: *omnis substantia corruptibilis corrumpetur*. Probatur, quia necesse est ita esse sicut ipsa significat: patet, quia, si non, tunc eius oppositum stabit, scilicet aliqua substantia corruptibilis non corrumpetur; modo hoc est falsum et contra secundam conclusionem.

Sed diceres tu: iam dixisti de substantia corruptibili quod aliquando corrumpetur: quid diceres tu de accidentibus corruptibilibus? Utrum aliquod tale corruptibile nunquam corrumpetur? Distinguo de accidentibus: quaedam sunt accidentia quae corruptibilia sunt per se, sicut caliditas, vel ex consequenti, sicut albedo; //// F.V. 24rb alia sunt accidentia corruptibilia non a suis contrariis per se vel ex consequenti, sed propter absentiam conservantis, sicut est lumen vel species in medio. De accidentibus primo modo dictis dicendum est sicut dictum est de substantiis corruptibilibus.

De accidentibus autem secundo modo dictis sit quinta conclusio quod quodlibet tale est corruptibile; et tamen possibile est quod nunquam corrumpatur, sicut prius arguebatur de lumine. Unde lumini de natura sua non repugnat quod corrumpatur, et tamen aliunde sicut per praesentiam conservantis potest perpetue conservari. Et ratio est: quia tale accidens non habet contrarium positivum, et ideo nullius est virtutis ad resistendum contrario; et propter hoc non oportet, si nunquam corrumpetur, sed duraret in perpetuum, | quod F.I. D3va igitur haberet virtutem resistendi infinitam.

Sed diceres contra: nam, si talia accidentia sint corruptibilia et possibile sit quod nunquam corrumpantur, sequeretur quod potentia eorum ad corruptionem esset frustra. – Respondetur distinguendo de potentia quod quaedam est potentia ad contrarium positivum, sicut frigidum est in potentia ad calidum; et si materia nunc frigida quae potest esse calida, nunquam haberet caliditatem, potentia talis materiae ad caliditatem diceretur esse frustra; et talem potentiam frustrari perpetue non concederet ARISTOTELES. Alia est potentia

---

17 diceres] dices *I* 28 quod] quin *I* (quod *est in P V*) 29 perpetue] perpetuo *I* 33 igitur] ergo *I* 34 sint] sunt *I* 35 sit] est *I V* 35 corrumpantur] quia *add. V sed del.* 35 sequeretur] sequitur *I* 36 esset] est *I* 37 quod] *om. V* 38 ad] *om. V* 40 esse] *om. V* 41 perpetue] perpetuo *I* 41 Aristoteles] Philosophus *I*

41 Cf. ARISTOTELES, *De caelo*, I, 9, 192 a 25-34.

ad privationem eo modo quo nunc existens medium illuminatum potest fieri umbrosum; et talem potentiam frustrari non est inconveniens, nec talis est potentia nisi conditionaliter. Ex hoc potest solvi instantia

Ad rationes principales. Ad primam, scilicet de partibus centralibus terrae et de igne in concavo orbis lunae, dico quod dictum est in quaestione quomodo aliquando corrumpentur.

Ad confirmationem, quando dicebatur: simplex non est sensibile, dico quod immo, quia omnis senectus fit per alterationem; et mixta continue alterantur; ideo continue senescunt per processum temporis. Sed, quia simplicia sicut ignis in sphaera sua et partes centrales in centro per multos annos non alterantur, etiam per multos annos non proprie senescunt, licet appropinquent corruptioni; sed statim cum alterantur, senescunt, non tamen per putrefactionem quemadmodum mixta, sed per dispositionem eorum ad corruptionem factam per eorum contraria.

Ad secundam de auro dico quod immo aliquando corrumpetur. Et quando dicitur: alchimistae non possunt ipsum corrumpere per artem suam, igitur non corrumpetur, neganda est consequentia, quia natura multa potest quae non potest ars. Unde, quamvis ars bene disponat ad corruptionem, tamen non potest eam complere; hoc tamen potest natura; et ideo natura vigorosior est ad corrumpendum quam ars.

Ulterius dico quod aurum bene propter diuturnitatem suam et brevitatem vitae hominum videtur quod nunquam corrumpatur, licet hoc non sit.

Ad tertiam de qualitate symbola dico quod necesse est aliquando in aliqua revolutione caeli quod ista materia quae est sub forma aeris vel ignis aliquando fiat sub forma terrae vel aquae, nec est possibile quod ita perpetue ex aere fiat ignis et e converso; modo,

---

42 medium] *om. V* 46 principales] *om. I* 50 immo] sed tamen *add. V* 52 in] a *I* 54 appropinquent] appropinquant *I* 59 dicitur] arguitur *I* 60 artem] actionem *V* 60 igitur] ergo *I* 60 corrumpetur] corrumpuntur *I* 61 ars] *om. V* 65 aurum bene] *inv. I* 66 quod] aurum *add. I* 67 hoc] ita *I* 69 caeli] *om. I* 69 ista] illa *I* 69 quae] materia *add. V* 69 forma] *om. V* 70 aeris vel ignis] aere vel igne *V* 71 perpetue] perpetuo *I*

quando materia aeris vel ignis erit sub forma terrae vel aquae, tunc talis caliditas de qua arguebatur, corrumpetur. Et ita dico de qualibet alia materia quod talis est cursus naturae quod quaelibet portio materiae sub qualibet specie fuit infinities et erit, licet forte non eodem ordine, et hoc supposita aeternitate mundi quam credidit ARISTOTELES.

Ad quartam de lumine: lumen ad quod non //// attingit umbra F.V. 24va terrae potest dici secundum quod dictum est in quinta conclusione. Aliter potest dici quod non est aliquod lumen lunae quin corrumpatur, licet aliquod aliquando corrumpatur per umbram terrae, aliquod etiam corrumpatur aliunde. Unde propter motum solis potest dici quod in luna continue est aliud et aliud lumen propter diversum aspectum quem sol habet ad lunam: unde in medio illuminato a sole in quolibet instanti est aliud et aliud lumen, propter hoc quod in quolibet instanti sol habet alium et alium aspectum super illud medium.

Ad quintam concedo totum argumentum, quia nihil de necessitate corrumpetur, sicut dixit tertia conclusio; cum hoc tamen bene stat quod Socratem et similiter Platonem et quamcumque aliam substantiam corruptibilem corrumpi est necessarium; igitur etc.

---

73 arguebatur] arguitur *I* 73 corrumpetur] corrumpitur *I* 76 eodem ordine] *inv. I* 76 supposita] etiam *add. V sed del.* 76 aeternitate] *scr. V sed del.* 76 mundi] *om. I* 84 lunam] lumen *I* 85 instanti] mixto *V* 86 instanti] mixto *V* 89 hoc] *om. V* 91 igitur etc.] Et sic est finis quaestionis *I*

77 ARISTOTELES, *De caelo*, I, 12, 281 a 28 - 283 b 22; II, 1, 283 b 26 - 284 b 5.

Quaestio 18

Utrum aliquid de novo genitum possit perpetuari, et aliquod aeternum possit corrumpi

Quintum propositorum erat utrum aliquid de novo genitum possit perpetuari, et aliquod aeternum possit corrumpi, id est utrum aliquod perpetuum a parte ante possit perpetuari a parte post, et aliquod perpetuum a parte ante possit non esse perpetuum a parte post.

De primo arguitur primo quod sic de anima intellectiva quae F.I. D3vb non | est perpetua a parte ante, cum cuiuslibet hominis anima intellectiva de novo incipiat esse, illo homine incipiente esse; et tamen est perpetua a parte post.

Secundo, nam aliquis ignis potest de novo generari ad concavum orbis lunae ubi est locus naturalis ignis poni; et ibi perpetuari, sicut arguebatur prius.

Deinde arguitur de secundo. Nam possibile est quod aliquis mons fiat noviter in terra ratione cuius in aliqua parte caeli causetur umbra et corrumpatur lumen quod perpetue ante fuit; et sic perpetuum a parte ante non perpetuabitur a parte post.

Secundo, nam potentia materiae ad formam Socratis fuit perpetua a parte ante, quae modo est corrupta in adventu formae Socratis.

Deinde arguitur simul ad utramque partem quaestionis. Nam non videtur esse impossibile quod aliquid sit finitum ab una parte et infinitum ab alia; igitur nec videtur esse impossibilis prima pars quaestionis neque secunda. Antecedens probatur de linea gyrativa per omnes partes proportionales alicuius columnae, quae est finita ex una parte et infinita ex alia: unde est finita versus partes propor-

---

9 primo[2]] *om. V* 10 non est] *inv. I* 13 ad] et in *I* 13/14 concavum] concavo *I* 15 prius] *om. I* 18 perpetue] perpetuo *I* 24 esse] *om. V* 25 igitur] ergo *I* 25 neque] nec *I* 25 gyrativa] transeunte *add. I* 27 infinita ex alia] *inv. V*

tionales maiores, et infinita eundo versus partes proportionales minores. Hoc idem videtur de tempore praeterito quod a parte ante dicitur perpetuum, et a parte post non perpetuum; tempus autem futurum a parte ante dicitur non perpetuum, a parte autem post dicitur perpetuum.

Oppositum videtur velle ARISTOTELES et COMMENTATOR. Unde potest argui sic: semper ens et semper non ens sunt contraria, ita quod semper ens est necessarium, et semper non ens est impossibile; igitur medium inter ea videtur esse contingens, sicut est illud quod est aliquando ens et aliquando non ens; igitur quidquid est et aliquando non fuit est contingens, et per consequens potest non esse. Et, cum potentia non sit ad praeteritum sed ad futurum, sequitur quod tale quantum ad futurum potest non esse; et, cum talis potentia non frustrabitur perpetue, sequitur quod hoc aliquando non erit, et sic non erit perpetuum a parte post.

Per istam rationem videtur posse probari quod non perpetuum a parte ante non est perpetuum a parte post. Et sic, si anima intellectiva incepisset esse de novo, non perpetuaretur a parte post; et sic esset improbata prima pars quaestionis.

Secundo, contra eandem partem arguitur sic. Si aliquod esset non perpetuum a parte ante et perpetuum a parte post, sicut solemus dicere de anima intellectiva, tunc esset dandum unum tempus infinitum per quod illud perpetue non fuisset a parte ante; et tunc non esset ratio quare talis res magis inciperet esse in uno instanti quam in alio, ex eo quod in tempore infinito unum instans non habet magis rationem medii vel termini quam reliquum; et sic, si talis res per tempus infinitum non fuisset, nunquam esse inciperet; et sic non esset perpetua a parte post.

Deinde arguitur contra ambas partes quaestionis simul. Nam, //// F.V. 24vb

---

35 quod- a *add. V* 35 est necessarium] *inv. I* 35 est] *om. V* 36 igitur] ergo *I* 36 sicut] sed *I* 37 igitur] ergo *I* 41 perpetue] perpetuo tempore *I* 48 Secundo, contra eandem partem arguitur] *om. V* 50 perpetue] perpetuo *I* 55perpetua] perpetuum *V*

33 ARISTOTELES, *De caelo*, I, 12, 282 b 3 sqq.
33 AVERROES, *In De caelo*, I, f. 87ra-88rb, comm. 128.

si ambae partes quaestioneis essent verae, sequeretur quod essent concedenda plura infinita; cuius oppositum videtur velle COMMENTATOR. Probatur consequentia: nam pro re non perpetua a parte ante et perpetua a parte post oporteret concedere unum tempus infinitum per quod ista res perpetue duraret a parte post; et pro re perpetua a parte ante et non perpetua a parte post oporteret concedere aliud tempus infinitum per quod ista res perpetua durasset a parte ante; et sic oporteret concedere duo tempora infinita, unum a parte ante, aliud a parte post.

Pro respondendo ad istam quaestionem distinguendum est de impossibili. Uno modo accipitur *impossibile* solum pro isto quod implicat contradictionem, et *possibile* pro omni illo quod non implicat contradictionem; alio modo accipitur *impossibile* prout extendit se ad illud quod non potest fieri secundum cursum naturae, licet possit fieri per potentiam supernaturalem, et *possibile* solum pro isto quod potest fieri secundum cursum naturae.

Tunc sit prima conclusio: capiendo *impossibile* secundo modo, impossibile est quod aliquid proprie genitum, sicut est mixtum vel elementum vel habens contrarium, perpetuetur. Probatur, nam hoc esset extra cursum naturae, cum tale habeat in se contraria quae sunt principia suae corruptionis, vel aliquando applicabitur suo contrario ipsum corrumpenti.

Secundo. Quodlibet tale est substantia corruptibilis vel accidens corruptibile a suo contrario ex se vel ex consequenti; sed omne tale aliquando corrumpetur, per praecedentem quaestionem: aliter enim, sicut dicebatur in praecedente quaestione, haberet infinitam potentiam resistendi suis contrariis. Sciendum tamen quod cum ista conclusione bene stat quod aliquod tale bene posset perpetuari per potentiam supernaturalem.

---

58 videtur velle] vult *I* 58 velle] *om. V* 59 pro re] probatur *scr. V sed del. et exp. sed in marg. dext.* probatur *add.* 61 ista] illa *I* 61 perpetue] perpetuo *I* 63 ista] illa *I* 67 isto] illo *I* 71 isto] illo *I* 74 aliquid] aliquod *I* 77 applicabitur] applicabutur *V* 80 suo] contraria *add. V sed del.* 80 ex[1]] per *I* 81 quaestionem] conclusionem *I* 83 ista] illa *I*

58/59 AVERROES, *In De caelo*, II, f. 93^{v}, comm. 135.

Secunda conclusio: universaliter de omni de novo ge- | nito determinante sibi contrarium impossibile est, loquendo iterum de *impossibili* secundo modo, ipsum perpetuari. Probatur sicut praecedens. F.I. D4^{ra}

Ex ista conclusione sequitur quod, si anima intellectiva est forma inhaerens materiae determinans sibi quantum ad suum esse qualitates habentes contraria secundum cursum naturae, non est perpetua a parte post si non est perpetua a parte ante. Si autem vellemus dicere quod anima intellectiva quantum ad esse in corpore et quantum ad exercere operationes corporales indigeret qualitatibus habentibus contraria, sed non indigeret talibus quantum ad esse suum simpliciter, diceretur quod non esset inconveniens ipsam extra corpus manere perpetue. Sed forte hoc PHILOSOPHUS non concederet, licet nos secundum nostram fidem et veritatem concedere debeamus.

Tertia conclusio: si aliquid est de novo genitum utendo generatione pro inceptione, et non habet contrarium nec determinat sibi contrarium sicut est lumen, possibile est, qualitercumque accipiatur *possibile*, illud perpetuari quantum est ex se, id est non repugnat naturae suae. Probatur: quia, ex quo tale non habet contrarium nec determinat sibi contrarium, non habet potentiam resistendi contrario; et ideo, non obstante quod perpetuaretur, non propter hoc oportet ipsum habere potentiam infinitam durationis, prout potentia durationis est idem quod potentia resistendi corrumpentibus. Ita quod breviter entia talia non determinantia sibi contraria sic se habent quod possunt corrumpi, accipiendo *corruptionem* prout extendit se ad quamcumque definitionem, et possunt perpetuari, et hoc aliunde perpetuari quidem secundum perpetuam conservationem conservantis, si aliquod esset tale, et corrumpi per absentiam conservantis. Et illud intelligitur de talibus quae conservantur a conservantibus quibus non repugnat quod possunt mutari et non mutari.

---

86 de[2]] *om. I* 87 conclusio] *om. I* 95 exercere] et *(dub.) add. V sed del.* 96 indigeret] indiget *I* 96 quantum] *om. V* 98 perpetue] perpetuo *I* 1 aliquid] aliquod *I* 2 et] *s.v. V* 3 accipiatur] impossibile *add. V sed del.* 4 id est non] nec *V* 5 naturae suae] sui naturae *I* 13 perpetuari] *s.v. V* 16 et] nec *I*

98 Cf. ARISTOTELES, *De anima*, III, 5, 430 a 24-25.

Quarta conclusio: impossibile est materiam perpetuam a parte ante non esse perpetuam a parte post. Probatur: quia, si ipsa desineret esse, vel per corruptionem vel per annihilationem; utrumque est impossibile. Non per corruptionem, quia corruptio proprie dicta relinquit post se materiam quae fuit pars corrupti; modo, si materia sic corrumperetur, materiae esset materia; quod est falsum, nam tunc materia non esset simplex, et esset processus in infinitum in materiebus. Nec potest dici quod materiam esse non F.V. 25[ra] //// perpetuam a parte post sit possibile per annihilationem, quia talem annihilationem oporteret fieri per Primam Causam quae est immutabilis; sed, si perpetue materiam conservasset in esse et nunc eam annihilaret, Prima Causa videretur esse mutabilis: ita argueret COMMENTATOR.

Quinta conclusio: caelum perpetuum a parte ante esse non perpetuum a parte post est impossibile. Probatur: quia caelum conservatur in esse immediate a Causa immutabili; ideo, si talis perpetue ipsum conservasset et modo non, talis Causa videretur esse mutabilis.

Sexta conclusio: aliquam intelligentiam circa primam perpetuam a parte ante esse non perpetuam a parte post est impossibile. Probatur sicut praecedens.

Istae conclusiones de substantia debent intelligi de impossibili secundum cursum naturae.

Septima conclusio: Primam Causam esse non perpetuam a parte post est impossibile. Probatur, quia, si desineret esse, hoc esset vel a se vel ab alio. Non a se, quia tunc aliquid esset destructivum suiipsius; nec ab alio, quia tunc aliquid esset potentius Prima Causa, et sic Prima Causa non esset Prima Causa, quod implicat... Secundo, dato opposito conclusionis, Prima Causa esset mutabilis; quod est impossibile.

Octava conclusio: aliquam substantiam esse perpetuam a parte ante et non perpetuam a parte post est impossibile. Probatur: omnis

---

17 Quarta conclusio] *inv. I* 19 per[2]] *om. I* 21 dicta] *om. I* 22 sic] *om. I* 23 processus] procedendum *V* 25 post] *iter. V* 27 perpetue] perpetuo *I* 27 conservasset] conservavisset *I* 33 perpetue] perpetuo *I* 42 tunc aliquid] nihil *V*

29 Cf. AVERROES, *In De caelo*, I, comm. 20, f. 14[v], I.

substantia perpetua a parte ante vel est materia prima vel caelum vel intelligentia citra primam vel ipsamet Prima Causa; sed de qualibet istarum est verum dicere quod ipsam non esse perpetuam a parte post est impossibile, sicut dixerunt conclusiones praecedentes; igitur etc. Et est differentia quantum ad hoc de substantiis perpetuis a parte ante et de accidentibus, quia, si aliqua sunt talia accidentia, ista non dependent immediate a causa non mutabili, sed mediate, et immediate a causa mutabili; et ideo non mirum si talia accidentia perpetua a parte ante, si aliqua sint talia, possint esse non perpetua a parte post, licet hoc non sit possibile de substantiis.

Ad rationes principales. Ad primam: ARISTOTELES et COMMENTATOR dixissent animam intellectivam non incepisse de novo, sed esse | perpetuam tam a parte ante quam a parte post et esse unam F.I. D4^{rb}
numero in omnibus hominibus, cuius determinatio magis pertinet ad *III^{um} De anima.*

Ad secundam de igne dictum est prius in quaestione praecedenti quaestionem istam.

Ad aliam diceretur quod illa iret pro tertia conclusione. Vel aliter posset dici supposita aeternitate mundi quam credidit ARISTOTELES quod terra non posset augeri in aliqua parte quin aliquando fuisset ibi aucta isto modo ante multa secula; et sic nullum esset lumen nec fuisset lumen in caelo perpetuum a parte ante quod nunc corrumperetur vel aliquando alias corrumpetur.

Ad aliam de potentia materiae respectu formae Socratis nunc genitae dicendum est quod talis potentia in adventu formae Socratis non corrumpetur, cum talis potentia non sit aliud a materia;

---

50 Prima Causa] *inv. I* 55 ista] illa *I* 56 non] *s.v. V* 59 principales] *om. I* 61 a^1] *om. V* 65 quaestionem] praecedentem *add. V* 66 illa] *om. V* 66 aliter] *om. I* 67 posset] potest *I* 67 credidit] vel determinat *add. I* 70/71 corrumperetur] corrumpitur *I* 73 est] *om. I* 74 corrumpetur] corrumpitur *V* 74 cum] quia *I* 74 sit] est *I* 74 aliud a materia] ad aliam *V*

59 ARISTOTELES, *De anima*, III, 4, 429 a 24-25; 5, 430 a 23-24.
59/60 AVERROES, *In De anima*, III, p. 380, comm. 1, lin. 40-41; p. 389, comm. 5, lin. 60-62
63 ARISTOTELES, *De anima*, III, 4, 429 a 24-27; 429 b 5; 430 a 23.
67 ARISTOTELES, *De caelo*, III, 6, 289 a 8-10.

nihilominus materia desinit esse in potentia ad talem formam, ad istum intellectum quod talis propositio desinit esse vera: *materia est in potentia ad talem formam.*

Ad ultimam: *non est inconveniens quod aliquid sit infinitum ab una parte et finitum ab alia,* dico quod immo. Et quando dicebatur de linea gyrativa, dico, sicut prius dicebatur, quod nulla linea gyrativa est infinita nec ad unam partem solum nec quomodolibet aliter, quia nec ista quae gyrat duas partes columnae, nec quae gyrat tres, etc., nec quae gyrat omnes partes proportionales columnae, quia nullae sunt omnes, quia nec duae sunt omnes, nec tres sunt omnes, et sic de aliis.

Ad confirmationem dico etiam quod nullum est nec fuit tempus praeteritum infinitum, quia nec dies nec septimana nec mensis nec annus nec duo anni nec tres, et sic de aliis; nihilominus bene concedo quod infinitum fuit tempus praeteritum, quia, quantolibet tempore praeterito dato, maius fuit tempus praeteritum, nec hoc est contra praedicta; proportionaliter est dicendum de tempore futuro.

Deinde ad rationes post oppositum quae videntur probare universaliter quod nullum ens, sive substantia sive accidens, de novo genitum possit perpetuari, et nullum perpetuum a parte ante possit corrumpi, quod videtur esse contra tertiam conclusionem.

Ad primam, quando dicebatur: *semper ens et semper non ens sunt contraria,* placet mihi; sed *semper ens est necessarium,* hoc potest negari, quia aliquid potest esse semper ens quod tamen non F.V. 25rb necessario semper est ens, sed //// contingenter. Iterum, semper non ens non est impossibile, quia Antichristus potest semper esse non ens absque hoc quod impossibile sit ipsum esse ens, et sic negaretur fundamentum istius rationis. Et ulterius, quando dicebatur: si aliquid non esset semper ens nec semper non ens, tunc esset contingens, placet mihi; ergo potest non esse, adhuc placet mihi; igitur non perpetuabitur, negatur consequentia. Et quando dicebatur: tunc

---

81 nec] qo *add. V sed del.* 82 ista] illa *I* 83 columnae] *om. I* 84 omnes[1]] illae *V* 84 sunt[2]] illae *add. I* 88 tres] anni *add. I* 89 quantolibet] quantumlibet *I* 91 proportionaliter] proportionabiliter *I* 94 possit[1]] posset *I* 94 possit[2]] posset *I* 96 dicebatur] dicitur *I* 98 aliquid] aliquod *V* 99 sed] *iter. V* 1 esse non ens] non esse *I* 3 aliquid] *om. V* 4 igitur] ergo *I* 5 dicebatur] dicitur *I*

talis potentia ad non esse frustraretur, respondetur, sicut dicebatur in praecedenti quaestione, non esse inconveniens potentiam frustrari quae non est ad aliquod positivum. Ex hoc ad argumentum patet quid sic dicendum.

Ad secundam: *sequeretur quod esset dare unum tempus infinitum per quod illud perpetue non fuisset*, nego; sed sufficit quod infinitum fuerit tempus, hoc est quantolibet tempore maius fuerit tempus in quo non fuit; et sic etiam ista ratio non procedit qua arguebatur quod non esset ratio quare magis inciperet esse in uno instanti quam in alio.

---

10 sequeretur] sequitur *I* 11 perpetue] perpetuo *I* 11 nego] quod *add. V sed del.* 13 quo] quorum quolibet *V* 13 ista] illa *I*

Quaestio 19

Utrum generabile et corruptibile convertantur ad invicem, et similiter ingenerabile et incorruptibile

Sextum propositorum erat utrum generabile et corruptibile convertantur ad invicem, et similiter ingenerabile et incorruptibile.

Et arguitur primo quod non. Omne corruptibile aliquando corrumpetur, per praedictam in praecedenti quaestione; sed non omne generabile corrumpetur; ergo non omne generabile est corruptibile. Discursus est bonus, quia in baroco. Et maior patet, sicut dictum est. Minor probatur: non omne generabile generabitur; ergo non omne generabile corrumpetur. Consequentia tenet, nam, si aliquod generabile debet corrumpi, oportet quod prius generetur. Antecedens probatur primo: quia ex hoc vino est generabile acetum; et tamen forte nunquam generabitur, quia prius vinum potabitur.

F.I. D4va Secundo: ista mulier, quae est perfecta et apta | ad generationem, potest maritari et longo tempore vivere, et sic possibile est quod ex ea generentur pueri; et tamen possibile est quod illi nunquam generabuntur, quia possibile est quod ipsa cras casualiter interficiatur.

Tertio: si est necessarium quod omne generabile generabitur, tunc omnia quae evenirent necessario evenirent sic quod non est possibile ea non evenire; sed hoc est falsum et contra ARISTOTELEM in fine *I*^{i} *Perihermenias*, et contra fidem.

Secundo, arguitur ad principale. Si generabile et corruptibile ad invicem converterentur, et, cum generabile habeat potentiam ad esse et corruptibile ad non esse, sequeretur quod idem simul

---

9 sicut dictum est] *om. I* 10 ergo] igitur *I* 13 hoc] secundum *add. V sed del.* 15 Secundo] probatur antecedens *add. V* 15 et apta] *om. V* 17 pueri] filii *I* 21 evenirent] eveniunt *I* 22 ea] eam *V* 26 sequeretur] sequitur *I*

22/23 ARISTOTELES, *De interpretatione*, 9, 19 a 25-35.

haberet potentiam ad esse et non esse, ex quo idem esset generabile et corruptibile, postquam generabile et corruptibile ad invicem convertuntur.

Tertio. Socrates, qui iam est genitus est corruptibilis; et tamen non est generabilis; igitur non omne corruptibile est generabile. Prima pars antecedentis patet. Secunda pars probatur, quia quod semel generatum est, amplius generari non potest. Quod probatur sic: nam, si semel genitum amplius generari posset, vel generatione qua prius generabatur vel alia generatione. Non potest dici primum, ex eo quod potentia non est ad praeterita: unde annus praeteritus non potest iterato esse. Nec potest dici secundum, quia, antequam generaretur ista generatione alia a priori, oporteret quod prius corrumperetur; et sic idem in numero post sui corruptionem posset redire; quod est falsum et improbatum per ARISTOTELEM *IIº De generatione*.

Quarto. Sicut se habet generabile ad generatum, ita corruptibile ad corruptum; ideo a transmutata proportione sicut se habet generabile ad corruptibile, ita generatum ad corruptum et e converso; sed non omne generatum est corruptum sicut notum est de se; igitur non omne generabile est corruptibile. Sic igitur improbata est prima pars quaestionis, ad cuius improbationem sequitur improbatio secundae.

Oppositum videtur velle ARISTOTELES, //// et arguitur sic. F.V. 25va
Quaecumque convertuntur cum aliquo tertio, convertuntur inter se; sed ingenerabile convertitur cum semper ente, et incorruptibile convertitur cum eodem; igitur ingenerabile et incorruptibile convertuntur inter se. Similiter generabile convertitur cum aliquando ente et aliquando non ente, et corruptibile cum eodem; igitur generabile et corruptibile convertuntur inter se.

---

30 iam est] *inv. I* 33 generatum] genitum *I* 33 sic] *om. V* 35 ex eo] *om. I* 38 ista] illa *I* 39 in] *om. I* 43 ideo] ergo *I* 44 generatum] genitum *I* 45 generatum] genitum *I* 45 igitur] ergo *I* 46 Sic] Modo sic *V* 46 igitur] ergo *I* 46 improbata est] *inv. I* 47 sequitur] etiam *add. I* 49 arguitur] arguit *V* 50 ista] *om. I* 50 se] g *add. V sed del.* 52 igitur] ergo *I* 54 igitur] ergo *I*

40/41 ARISTOTELES, *De gener. et corr.*, II, 11, 338 b 16-19.
49 ARISTOTELES, *De caelo*, I, 12, 281 a 28 - 283 b 22.

In ista quaestione primo videndum est de quo tangitur in primo argumento: utrum haec sit concedenda: *omne generabile generabitur*; secundo respondendum est ad quaesitum.

Quantum ad primum sit prima distinctio. Generabile dicitur dupliciter: vel quod potest generari subiective, vel quod potest generari terminative. Generabile subiective dicitur non quod capit esse postquam non fuit, sed quod potest esse subiectum generationis eius quod capit esse postquam non fuit. Generabile autem terminative dicitur quod potest esse terminus generationis per quam aliquid capit esse postquam non fuit: isto modo forma vel compositum dicitur esse generabile. Istam distinctionem ponit COMMENTATOR *I° Physicorum*, et ARISTOTELES videtur eam similiter innuere in *littera*.

Secunda distinctio: de ista quaestione possumus loqui aut supernaturaliter aut naturaliter, ac si opinio ARISTOTELIS esset vera qua opinabatur mundum esse aeternum tam a parte ante quam a parte post.

Tunc sit prima conclusio: si loquamur inquantum possibile est per potentiam supernaturalem, concedere debemus quod aliquid est generabile substantialiter vel supernaturaliter, sive terminative sive subiective, quod forte nunquam generabitur. Patet: quia materia huius hominis est generabilis subiective, quia potest ex ea alia generari forma, quando forma hominis ab ea separatur; et tamen Deus posset facere quod nunquam ex ea aliquid aliud generaretur, quia posset eam annihilare vel ipsam cum anima in caelum assumere, ita quod nunquam ex ea alia forma generaretur. Sed hoc non concessissent ARISTOTELES et COMMENTATOR credentes se

---

59 sit prima distinctio] *om. V* 67/68 videtur eam similiter] similiter eam videtur *I* 69 aut] *om. I* 73 inquantum] quantum *I* 75 vel supernaturaliter] *om. V* 75 terminative sive subiective] *inv. I* 75 terminative] sit *add. V sed del.* 76 Patet] Quod patet *V* 77 huius] *om. V* 78 forma¹] hominis *add. V* 78 separatur] et *add. V sed del.* 79 posset] potest *I* 80 posset] potest *I* 81 ita] *om. V* 82 concessissent] concessisset *I V*

66 AVERROES, *In Physicam*, I, f. 47^{ra-vb}, comm. 83.
67/68 ARISTOTELES, *De caelo*, I, 11, 280 b 31-33.
70 ARISTOTELES, *De caelo*, II, 6, 289 a 8-10.
82 ARISTOTELES, *Physica*, VIII, 6, 258 b 10-16.
82 AVERROES, *In Physicam*, VIII, ff. 432rb sqq, comm. 84 sqq.

demonstrare ex hoc quod Deus est immutabilis, sicut pluries prius arguebatur. Patet hoc etiam de anima Antichristi quae potest generari terminative, et Deus posset facere quod nunquam generaretur, immo adhuc hoc posset fieri naturaliter.

Deinde ponam conclusiones de ista dubitatione quas ARISTOTELES posuisset. Et prima sit ista quod omne generabile subiective generatione substantiali generabitur. Quia omne tale generabile est prima materia, quae aliquando generabitur subiective, quia ipsa est sub forma corruptibili quae aliquando corrumpetur, et non corrumpetur nisi alia generetur, cum materia non possit esse nuda naturaliter sine forma; igitur ista materia tunc generabitur subiective.

Secunda conclusio: in substantiis omne generabile terminative generabitur, si ponamus quod ista di- | ctio *omne* distribuat solum F.I. D4vb usque ad species, non usque ad individua. Probatur: nam, si lapis est generabilis, hoc est ex aliqua materia et ab agente quod potest illi materiae applicari; et, si potest applicari, applicabitur etiam infinities propter aeternitatem motus caeli; sed talibus applicationibus ipsius agentis ad ipsam materiam factis pro generatione lapidis lapis generabitur. Et non oportet quod iste, sed sufficit quod iste vel ille; et, sicut argutum est de lapide, ita argui posset de asino et de quacumque alia specie. Et credo quod expediat, immo necessarium sit, quantum ad istam supponere commensurabilitatem motuum supercaelestium, quia forte, si essent incommensurabiles, aliter esset et fieret.

Tertia concusio: non omne generabile terminative generabitur, faciendo distributionem ad individua. Et hoc probabant istae tres rationes sufficienter positae in principio quaestionis.

Sed contra istam conclusionem dubitatur probando quod omne generabile generabitur, prout li *omne* distribuit usque ad individua.

---

87 quas] quam *V* 90 quae] quar *scr. V sed del. et s.v.* quae *add.* 90 generabitur] generatur *I* 92 possit] posset *V* 92 nuda] *om. I* 93 igitur] ergo *I* 98 illi materiae] *inv. I* 2 ille] iste *V* 2 argui posset] potest argui *I* 3/4 necessarium sit] *inv. I* 4 istam] *s.v.* supponere commensurabile *add. V* 8 hoc] *om. V* 8 istae] illae *I* 8/9 istae tres rationes sufficienter] sufficienter istae rationes tres positae *V*

87/88 Cf. ARISTOTELES, *De caelo*, I, 11, 280 b 1281 a 27.

Quia, si non, sit *a* generabile quod non generabitur; tunc arguitur sic: *a* non generabitur et idem *a* generabitur; ergo quod generabitur F.V. 25vb non generabitur. Discursus est bonus, et conclusio est //// impossibilis; ergo aliqua praemissarum. Non minor, igitur maior. Quod minor non sit impossibilis, probatur, quia, ex quo *a* est generabile per positum, non est impossibile quod *a* generabitur.

Secundo, si non, tunc adversarius haberet concedere istam copulativam: *a est generabile et tamen a non generabitur*; sed hoc est falsum, quoniam ad unam eius partem sequitur oppositum alterius: ad istam enim partem: *a non generabitur*, videtur sequi ista: *a non est generabile*, quae repugnat primae parti dictae copulativae.

Tertio. Si *a* non generabitur, tunc haec est falsa: *a est generabile.* Probatur: quia tunc haec: *a est generabile*, est affirmativa, cuius subiectum pro nullo supponit, quia nec pro isto quod est nec fuit nec erit; sed omnis affirmativa est falsa cuius subiectum pro nullo supponit.

Ad ista respondetur. Ad primum, quando dicitur: *a generabitur, etc.*, concedo quod discursus est bonus et quod conclusio est impossibilis; et ulterius dico quod non propter hoc oportet aliquam praemissarum esse impossibilem, sed sufficit totale antecedens esse impossibile, scilicet copulativam compositam ex maiore et minore, quae non est impossibilis propter alicuius suae partis impossibilitatem, sed propter suarum partium incompossibilitatem. Quod patet in simili sic arguendo: omne currens est homo, omnis equus est currens, igitur omnis equus est homo. Discursus est optimus, quia in primo modo primae figurae; et conclusio est impossibilis, non tamen propter hoc aliqua praemissarum est impossibilis, sicut videtur, sed bene praemissae sunt incompossibiles. Et hoc sufficit. Et ideo, quando dicitur: *discursus est bonus et conclusio est impossi-*

---

12 a] *om. V* 12 generabitur] sit a *add. V* 15 igitur] ergo *I* 19 tamen] *om. V* 20 alterius] sequitur enim *add. I* 21 enim] *om. I* 21 videtur sequi] *om. I* 25 isto] illo *I* 25 est nec fuit] fuit nec est *V* 28 respondetur] *om. I* 28 dicitur] arguebatur sic *I* 31 totale antecedens] tale antecedens totale *I* 34 sed propter... incompossibilitatem] *om. V* 35 omnis] *om. I* 36 igitur] ergo *I* 36 omnis] *om. I* 36 primo] tertio *I* 38/39 videtur] vos videtis *I* 40 dicitur] arguitur *I*

bilis, igitur aliqua praemissarum, non debet concedi consequentia nisi cum ista additione: vel copulativa ex ambabus composita est impossibilis.

Ad secundam: *tunc adversarius, etc.*, concedo. Et quando dicitur: *ista est una copulativa cuius una pars infert oppositum alterius*, hoc nego. Et quando dicitur: *a non generabitur, ergo a non est generabile*, neganda est consequentia, quia cum ista: *a non generabitur*, bene stat ista: *a est generabile*, quia *a* potest generari.

Sed diceres: si *a* non generabitur, tunc, si aliquis homo protulisset heri istam propositionem: *a non generabitur*, ipse dixisset verum, ex quo *a* non generabitur; igitur, si illa propositio fuisset vera, sequitur quod impossibile est ipsam non fuisse veram, quia quod fuit impossibile est non fuisse; ergo etiam impossibile est illud ad quod sequitur ipsam non fuisse veram. Sed ad istam propositionem: *a generabitur*, sequitur istam non fuisse veram quae dicebat: *a non generabitur*; ergo sequitur quod haec est impossibilis: *a generabitur*, ad quod ultra sequitur quod *a* non potest generari; ideo concluditur quod *a* non est generabile, et sic a primo ad ultimum sequitur: *a non generabitur, ergo a non est generabile*.

Ad illud, quando dicitur: *a non generabitur*, sequitur quod haec propositio: *a non generabitur*, heri prolata fuit vera, concedo. Et quando dicebatur: *igitur impossibile est ipsam non fuisse veram*, nego consequentiam; | immo dico quod adhuc est possibile ipsam F.I. D5ra
non fuisse veram, sed falsam, quia, sicut habetur *I° Peri Hermenias*, nondum est determinatum quod fuit vera aut quod fuit falsa haec propositio de futuro, quoniam talis determinatio dependet ex aliquo futuro ad quod adhuc non est facta determinatio. Et quando dice-

41 igitur] ergo *I* 42 composita] quae *add. I* 44 quando] cum *I* 44 dicitur] dicebatur *I* 45 ista] illa *I* 46 hoc] *om. I* 46 dicitur] dicebatur *I* 48 ista] quod *add. V* 48 a est generabile] *om. I* 48 quia] *om. I* 48 generari] et per consequens ista: a est generabile *add. I* 50 heri] *om. V* 51 igitur] et *I* 51 illa] ista *I* 52 sequitur] sequeretur *V* 55 istam] illam *I* 60 illud] istud *I* 60 dicitur] quod ad hanc *add. I* 61 prolata] proposita *V* 62 igitur] ergo *I* 63 nego consequentiam] consequentia negatur *I* 66 aliquo] actu *I* 67 futuro] adhuc non est *add. V sed del.* 67 quod] quem *I*

64 ARISTOTELES, *De interpretatione*, 9, 19 a 25-35.

batur: *omne quod fuit impossibile est non fuisse*, concedo; et ideo bene concedo quod impossibile est istam propositionem non fuisse; ulterius dico quod haec est falsa: *omne quod fuit verum impossibile est non fuisse verum*. Nec valet consequentia: *omne quod fuit impossibile est non fuisse, ergo omne quod fuit verum impossibile est non fuisse verum*, quia committitur ibi fallacia figurae dictionis mutando quid in quale quid vel in ad aliquid. Unde verum potest dici ad aliquid ex eo quod propositio dicitur vera, quia taliter est in re.

Ad tertiam: *si* a *non generabitur, tunc in ista:* a *est generabile, li* a *pro nullo supponit*, nego, quia, licet non supponat pro praesenti neque pro praeterito neque pro futuro, tamen supponit pro possibili, et hoc sufficit.

Quantum ad secundum dicit ARISTOTELES quod generabile et corruptibile dicuntur secundum potentias: *generabile* quidem quod potest generari, et *corruptibile* quod potest corrumpi: istae enim sunt propriae significationes dictorum terminorum. Et ultra dicit ARISTOTELES quod non est potentia ad praeteritum: non enim est nunc possibile quod sit annus praeteritus. Et secundum ista dicta videtur sequi quod iste asinus qui iam est genitus non sit genera-
F.V. 26ra bilis, sicut prius arguebatur; tamen ipse bene //// est corruptibilis; ergo non omne corruptibile est generabile. Et sic dicti termini secundum eorum propriam acceptionem non convertuntur, immo *corruptibile* est in plus quam generabile, quia omne generabile est corruptibile, sed non omne corruptibile est generabile. Et sic etiam isti termini *generatum* et *corruptum* non convertuntur, immo *generatum* est in plus, quia omne corruptum est genitum, sed non omne genitum est corruptum, sicut etiam prius arguebatur. Ita etiam *ingenerabile* et *incorruptibile* non convertuntur, immo *ingenerabile*

---

69 istam] illam *I* 70 ulterius] tamen *add. I* 72/73 ergo omne... verum] *om. V (hom.)* 73 fallacia] falsa *V* 76 tertiam] tertium *I* 79 et hoc sufficit] *om. V* 81 quidem] *om. V* 85 nunc] *om. I* 86 iste] ista *I* 87 bene] vere *V* 87 est] *iter. V* 89 eorum propriam] *inv. I* 90 plus] quam *add. V sed del.* 90/93 quam generabile... plus] *om. V (hom.)* 93 genitum] generatum *I* 94 genitum] generatum *I*

80 ARISTOTELES, *De caelo*, I, 11, 280 b 14-25.
84 Cf. ARISTOTELES, *De caelo*, I, 12, 283 b12-14.

est in plus, quia omne incorruptibile est ingenerabile, sed non omne ingenerabile est incorruptibile. Ulterius ARISTOTELES dicit quod tam generabile quam corruptibile convertuntur cum aliquando ente et aliquando non ente, ita quod omne generabile et etiam omne corruptibile est aliquando ens et aliquando non ens. Sed illud de proprietate sermonis non est verum, nam dictum est in praecedenti articulo quod aliqua sunt generabilia quae nunquam generabuntur; et sic istae nec sunt nec unquam fuerunt nec erunt. De talibus igitur non est verum dicere quod ipsa aliquando sunt et aliquando non sunt; et tamen verum est quod ipsa sunt generabilia; igitur iste terminus *generabile* est in plus quam iste terminus copulatus: *aliquando ens et aliquando non ens.*

Ex omnibus his finaliter dico quod, si volumus tenere conclusiones ARISTOTELIS, oportet dare aliquos sensus qui forte non sunt secundam propriam impositionem terminorum. Cum enim dicimus quod isti termini *generabile* et *corruptibile* convertuntur ad invicem et cum isto termino copulato *aliquando ens et aliquando non ens*, oportet accipere tam generabile quam corruptibile pro eo quod aliquando potest vel potuit vel poterit esse, et etiam potest, potuit vel poterit non esse. Et etiam oportet istum terminum copulatum *aliquando ens et aliquando non ens* accipere non secundum actualem existentiam vel non existentiam, sed pro isto quod potest esse et potest non esse; et cum hoc oportet uti isto termino *potest*, sive ad esse sive ad non esse, non prout *potest* connotat carentiam alicuius actus sed pro non repugnantia actus essendi vel non essendi.

Et iuxta ista solvi possunt rationes factae hic inde.

---

96 est] incorruptibile *add. V sed del.* 00 illud] istud *I* 3 istae] illa *I* 3 igitur] ergo *I* 5 ipsa] *om. I* 5 igitur] ergo *I* 5 iste] ille *I* 6 iste] ille *I* 11 et] *om. I* 12 isto] illo *I* 14 potuit vel poterit] *inv. V* 15 terminum] copulatum pro *add. V sed del.* 17 isto] illo *V* 18 potest] potentia *scr. V* 19 potest] potentia *V* 19 alicuius] *om. I* 20 actus[2]] *om. V* 21 iuxta ista] maxime tunc *V*

97 Cf. ARISTOTELES, *De caelo*, I, 12, 282 a 14 - 283 a 4. Cf. IOANNES BURIDANUS, *Expositio in De Caelo*, L. I, tract. IV, cap. 3, p. 83, lin. 83-87.
19 ARISTOTELES, *De caelo*, I, 12, 282 a 14-25.

Qaestio 20

Utrum mundus sit perpetuus

Septimum propositorum erat utrum mundus sit perpetuus.

Arguitur primo quod non. Mundus est generabilis et corruptibilis; igitur non est perpetuus. Consequentia tenet. Antecedens probatur, quia, ex quo ad corruptionem partis totius non manet idem totum quod erat ante, sequitur quod ad corruptionem alicuius particulae mundi non manet idem mundus | (F.I. D5rb) qui erat ante; et per consequens, cum corrumpitur aliqua pars mundi, puta equus vel asinus, videtur quod corrumpatur mundus; et sic etiam videtur quantum ad generationem.

Secundo. Quaelibet pars mundi est corruptibilis; ergo totalis mundus est corruptibilis, et per consequens non perpetuus. Antecedens probatur, nam totalis mundus sufficienter dividitur, saltem exclusis Deo et intelligentiis, in mundum inferiorem et superiorem; modo clarum est quod quaelibet pars mundi inferioris potest corrumpi, sive sit elementum sive mixtum. De mundo etiam superiore sicut est caelum, probatur quod sit corruptibilis: quia quod est alterabile est corruptibile; caelum est alterabile; igitur etc. Maior patet *I° De generatione*, ubi dicitur: si impossibile est aliquid corrumpi, impossibile est ipsum alterari. Minor patet, ex eo quod nunc aliqua pars caeli est illuminata, quae ante non erat illuminata; illuminari autem est alterari.

Et confirmatur hoc secundo: agens remotum ab alterabili non alterat ipsum nisi prius alterando medium sibi propinquum; modo constat quod sol et stellae alterant ista inferiora; igitur videtur quod

---

4 primo] *om. V* 5 igitur] ergo *I* 7 erat ante] *inv. I* 8 erat ante] *inv. I* 9 cum] tunc *I* 10 asinus] homo *I* 15 saltem] *om. V* 18 corruptibilis] corruptibile *V* 19 igitur] ergo *I* 20 patet] nota *V* 20 dicitur] quod *add. V* 26 igitur] ergo *I*

20 ARISTOTELES, *De gener. et corr.*, I, 1, 314 a 9-10.

alterant sphaeras caelestes intermedias, et per consequens caelum videtur esse alterabile.

Et confirmatur hoc tertio: nam corpora caelestia sicut planetae maiores habent virtutes in aliquibus signis caeli et minores in aliis; igitur videtur quod talia sint alterabilia.

Tertio ad principale. Mundus dependet a Deo in conservari, qui est voluntatis omnino liberae; ideo potest velle non amplius conservare ipsum, et ita mundus corrumpetur, cum non possit manere sine conservatione a Deo.

Quarto. Quod est augmentabile et diminuibile est corruptibile et non perpetuum; mundus est huiusmodi; igitur etc. Probatio minoris: quia sol et luna et aliae stellae, quae sunt partes mundi, de quibus minus videtur, sunt augmentabiles et diminuibiles. Quod probatur sic: //// quia in ortu eorum et occasu apparent maiora, in F.V. 26rb medio autem caeli minora.

Oppositum vult ARISTOTELES. Et probatur ratione: mundus est perpetuus a parte ante, sicut credidit ARISTOTELES se demonstrasse in *VIII° Physicorum*; ergo etiam est perpetuus a parte post. Probatur consequentia ex hoc quod probabatur prius in una quaestione quod nullum perpetuum a parte ante potest esse non perpetuum a parte post.

In ista quaestione primo ponam aliquas distinctiones; secundo conclusiones.

Quantum ad primum sciendum est quod duplex est alteratio: quaedam est cum abiectione contrarii disponens ad corruptionem vel generationem, sicut est calefactio vel frigefactio vel aliqua talis.

---

29 Et] *om. I* 29 tertio] *om. I* 30 igitur] ergo *I* 33 voluntatis omnino liberae] liberae voluntatis omnino *V* 34 corrumpetur] corrumperetur *I* 36 Quod] Illud quod *I* 37 igitur] ergo *I* 37 minoris] maioris *V* 39 videtur] esse *add. V* 39 augmentabiles] augmentabilia *I* 39 diminuibiles] diminuibilia *I* 40 sic] *om. I* 40 et] in *add. I* 40 apparent] apparet *V* 44 est] *om. V* 48 secundo] deinde *V* 50 est] *om. V* 51/52 corruptionem vel generationem] *inv. I* 52 vel[1]] *om. V*

42 ARISTOTELES, *De caelo*, I, 6, 289 a 8-10.
43/44 ARISTOTELES, *Physica*, VIII, 6, 259 a 8 - 259 b 3.

Alia est alteratio quae non fit cum abiectione contrarii, sicut est illuminatio, quae secundum se non est dispositiva ad generationem vel corruptionem, licet bene per accidens. Et hoc adhuc non est nisi iuxta subiecta alterabilia alteratione primo dicta

Secunda distinctio quod, sicut differunt generabile et creabile, ita etiam differunt corruptibile et annihilabile. Unde *generabile* dicitur quod ad sui esse inceptionem praesupponit materiam ex qua ipsum fit vel in qua ipsum fit; sed *creabile* dicitur quod ad sui esse inceptionem non praesupponit materiam ex qua ipsum fiat nec in qua ipsum fiat. Ita *corruptibile* dicitur quod post sui desinitionem derelinquit materiam quae manet; *annihilabile* autem, quod post sui desinitionem nihil derelinquit quod fuerit eius pars.

Tertia distinctio est quod aliquid potest dici perpetuum cuius quaelibet pars est perpetua, alio modo cuius principalior pars est perpetua; et cum hoc ipsum obtinet consimilem figuram et dispositionem, et propter hoc, licet hominis principalior pars sit perpetua, puta anima intellectiva, tamen, quia ipse homo non obtinet perpetue consimilem dispositionem et figuram, ideo non dicitur perpetuus.

Quantum ad secundum sit prima conclusio: secundum fidem nostram Deus posset caelum, quod est principalior pars mundi, annihilare, sed non posset corrumpere. Primam partem fide tenemus. Secundam partem probo ex quid nominis corruptibilis: quia corruptibile dicitur quod post sui desinitionem derelinquit materiam quae fuit eius pars; sed caelum non habet materiam, sicut prius probabatur, et hoc accipiendo *caelum* pro orbe caelesti, excluso motore. Ita proportionaliter probaretur adhuc secundum fidem nostram quod Deus non posset generare intelligentiam, sed bene creare, accipiendo *generare* dicto modo.

55 vel] nec *add. I* 56 est] vel *add. I*; *om. V* 60 ipsum^2] *om. V* 64 fuerit] fit *I* 64 eius pars] *inv. I* 65 est] *om. V* 67 hoc] *om. V* 69 obtinet perpetue] perpetuo obtinet *I* 70 ideo] *om. V* 73/74 tenemus] credimus *I* 74 Secundam partem probo] Secunda pars probatur *I* 74 corruptibilis] corrumpi *I* 74 quia] *om. I* 75 desinitionem] desitionem *I* 77 probabatur] probatur *I* 77 hoc] haec *I* 77 probaretur] probatur *I*

Sed secundum principia ARISTOTELIS sit prima conclusio: caelum nec est generabile nec corruptibile. Et ratio est: quia non habet materiam.

Secundo, quia non habet aliquod contrarium, nec secundum suam substantiam nec secundum suas naturales dispositiones.

Tertio: nam communiter omnes attribuunt Deo et intelligentiis istum locum, scilicet caelum, quos deos ponunt esse perpetues; sed perpetu- | is non debent attribui loca corruptibilia. F.I. D5va

Quarto: quia per omnem memoriam sive per scripturam sive per aliam quam possunus habere ab antiquissimis, non apparet quod caelum usque nunc sit corruptum vel peioratum; et tamen verisimile est quod corruptibile in tanto tempore esset peioratum, vel in toto vel in parte.

Secunda conclusio: caelum non est alterabile alteratione corruptiva. Probatur: quia talis fit cum corruptione qualitatis contrariae et cum resistentia; talis autem non est in caelo. Secundo: nam tales alterationes ordinantur ad generationes et corruptiones; ideo non inveniuntur in caelo, cum caelum non sit generabile nec corruptibile, per praecedentem conclusionem.

Tertia conclusio: caelum bene est alterabile alteratione secundo modo dicta, quae fit sine abiectione contrarii et sine resistentia. Patet, quia bene aliqua pars caeli illuminatur quae ante non illuminabatur. Patet de luna; similiter patet de sphaeris inferioribus //// F.V. 26va quae recipiunt influentias solis et astrorum superiorum: aliter enim non possent istae influentiae multiplicari ad ista inferiora.

Quarta conclusio: caelum non est augmentabile per rarefactionem nec diminuibile per condensationem. Patet hoc: quia talem augmentationem oportet fieri cum alteratione praecedente, quae quidem alteratio fieret per qualitates primas contrarias, puta per

---

81 principia] quae credidit *add. I* 82 Et] *om. I* 82 est] *om. I* 87 quos] quia *I* 89 per[2]] *om. I* 89 sive per aliam] quantumque *V* 90 apparet] oportet *scr. V sed del. et s.v.* apparet *add.* 95 fit] cum abiectione contrarii *add. V* 97 et] vel *I* 98 caelum] *om. V* 5 istae] illae *I* 7 diminuibile per condensationem] per condensationem diminuibile *I* 8 oportet] oporteret *I*

81 ARISTOTELES, *De caelo*, I, 1, 284 a 35 - 284 b 5.

caliditatem et frigiditatem; sed talis alteratio non invenitur in caelo, per secundam conclusionem.

Quinta conclusio: caelum non est augmentabile per appositionem aliquarum partium quae essent de natura caelesti, nec etiam diminuibile per amotionem talium. Quia non apparet ubi istae essent, nec unde venirent, nec quomodo venirent ad ipsum caelum, quia, si essent distantes a caelo, non possent pervenire ad caelum nec a caelo recedere, nisi per motus aliqualiter rectos; modo dictum est prius quod caelum et partes quae sunt de natura caelesti non sic natae sunt moveri.

Sexta conclusio: etiam caelum non est augmentabile per nutritionem. Quia nutritio requirit quandam generationem substantialem, scilicet conversionem nutrimenti in substantiam nutriti; sed caelo non convenit generatio substantialis, nec alteratio requisita ad talem generationem, sicut patet ex praecedentibus conclusionibus, scilicet prima et secunda; igitur etc. Proportionabiliter probatur quod caelum non est diminuibile diminutione opposita tali augmentationi, nam tunc in caelo esset aliqua corruptio substantialis. Ex his conclusionibus infertur quod caelum est perpetuum.

Septima conclusio: mundus non est perpetuus primo modo. Patet, quia multae eius partes sunt corruptibiles.

Octava conclusio: mundus est perpetuus secundo modo. Probatur, quia principalior eius pars est perpetua, scilicet caelum, sicut patet per conclusiones praecedentes. Ex hoc sequitur opinionem illorum esse falsam qui dixerunt mundum incepisse sed nunquam corrumpi. Unde, si mundus nec est generabilis nec corruptibilis, secundum quod sequitur ex iam dictis, sequitur istam opinionem esse falsam.

Et potest argui contra istam opinionem sic. Quia in philosophia debemus solum ponere ea quae in omnibus vel in pluribus apparent esse vera; sed quaecumque apparent nobis esse facta, ista videmus

---

10 talis alteratio] *inv. I* 12 conclusio] nec *add. I* 12 non] *om. I* 18 quae sunt] *om. V* 25 igitur] ergo *I* 25 Proportionabiliter] Proportionaliter *I* 32 scilicet] sicut *V* 33 conclusiones praecedentes] *inv. I* 36 istam] illam *I* 38 istam] illam *I* 40 apparent] apparet *I* 40 ista] illa *I*

esse corruptibilia; igitur non est ponendum in philosophia quod aliquid sit genitum et non sit corruptibile.

Ad idem. Nam ARISTOTELES credidit omne quod fit fieri ex materia praesupposita; ideo, si mundus fuit factus, oportuit praeexistere principium materiale ex quo fiebat, et illud erat tunc sine forma mundi et post sub forma mundi. Et, si illud principium secundum suam naturam est possibile esse sine forma mundi et esse sub forma mundi, cum mundus sit factus, adhuc manet principium materiale quod est naturae potentialis ad non esse mundi. Sed omne constitutum ex tali principio, vel corrumpetur et aliquando non erit, vel saltem potest non esse sicut aliquando non fuit; modo possibile non esse non est incorruptibile; igitur concludatur quod mundus, si fuerit factus, est corruptibilis, quod est contra istam opinionem.

Secundo infertur ex dictis opinionem istorum esse falsam qui dixerunt mundum infinities generari et corrumpi, tali modo quod aliquando per amicitiam omnia corpora congregarentur sine appositione alicuius distinctionis entium. Et hoc sic: opinantes volebant mundum corrumpi, postea per litem disgregando et apparebit entium distinctio; et hoc vocabant mundum generari. Falsitas huius patet ex dictis, postquam mundus est perpetuus.

Sed hoc dicere est concedere quod secundum veritatem et secundum substantiam mundus semper manet, licet sub alia et alia dispositione, quia sic manerent substantiae | elementorum et alio- F.I. D5vb
rum corporum simul, licet in confuso.

Ex dictis etiam patet falsitas //// tertiae opinionis antiquorum F.V. 26vb

41 igitur] ideo *I* 42 sit] est *I* 43 credidit] dicit *V* 53 istam] illam *I* 55 Secundo infertur] *inv. I* 55 istorum] illorum *I* 57 congregarentur] congregabantur *I* 57/58 appositione] vel apparentia *add. I* 58 volebant] vocabant *V* 59/60 per litem disgregando] redeunte lite disgregabantur *I* 59 apparebit] apparebat *I* 60 entium distinctio] *inv. I* 60 et hoc vocabant mundum generari] *om. V* 61 postquam mundus est perpetuus] et istam disgregationem vocabant generationem mundi *add. V* 62 Sed hoc] Prima sic *I* 62 secundum] *om. I* 65 simul, licet] *inv. V* 66 patet] apparet *I*

43 ARISTOTELES, *De caelo*, I, 12, 281 a 28 - 283 b 22; II, 1, 283 b 26 - 284 b 5.

dicentium mundum semel fuisse factum et quod semel corrumpetur et quod nunquam post poterat reverti.

Contra quam potest argui: quia, si mundus fuisset factus, non fuisset factus ex nihilo, sed ex aliquo; et, si sic, tunc ante mundi factionem illud praefuisset infinito tempore sine forma mundi, et post corruptionem mundi maneret per infinitum tempus et sine forma mundi. Sed hoc non videtur esse verum, quia nulla videtur esse ratio, si aliquando ex tali poterat fieri mundus quin post corruptionem mundi adhuc ex illo posset fieri mundus. Sic igitur patet falsitas trium opinionum antiquorum ex conclusionibus positis, quas ARISTOTELES etiam ponit in *littera* et improbat eas secundum quod nunc sunt improbatae. Et prima fuit opinio PLATONIS et suorum sequentium; secunda erat opinio EMPEDOCLIS, tertia ANAXAGORAE.

Ad rationes principales. Ad primam dico quod bene probat mundum non esse perpetuum, primo modo accipiendo *perpetuum*; cum quo tamen stat mundum esse perpetuum secundo modo.

Ad secundam negatur antecedens. Et quando dicebatur: *caelum est corruptibile*, nego; et quando ulterius dicebatur: *ipsum est alterabile*, concedo alteratione non corruptiva, nec oportet, si est sic alterabile quod sit corruptibile. Et quando probavit ARISTOTELES *I° De generatione*: si generatio est impossibilis, alteratio est impossibilis, intelligitur de alteratione corruptiva quae fit cum abiectione contrarii et resistentia disponente ad generationem vel corruptionem, et non de alteratione improprie dicta.

---

67 corrumpetur] corrumperetur *I* 73 videretur] videtur *I* 74 aliquando ex tali] *inv. I* 74 poterat] aliquando poterat *V* 75 illo] isto *I* 75 igitur] ergo *I* 77 improbat eas] in probationes opinionum antiquorum *I* 78 sunt improbatae] *inv. I* 79 sequentium] sequacium *I* 79 tertia] erat *add. I* 81 principales] *om. I* 83 tamen] bene *I* 85 et quando ulterius] ulterius quando *I* 90 vel] ad *add. I*

77 ARISTOTELES, *De caelo*, I, 10, 279 b 12-17 et 280 a 27-34.
78 PLATO: cf ARISTOTELES, *De caelo*, I, 10, 280 a 27-34.
79 EMPEDOCLES: cf ARISTOTELES, *De caelo*, I, 10, 279 b 12-17.
80 ANAXAGORAS: Cf. ARISTOTELES, *De caelo*, I, 10, 280 a 23-26.
87/89 Cf. ARISTOTELES, *De gener. et corr.*, I, 1, 314 a 9 - 10.

Ad tertiam: *Deus potest velle non conservare caelum*, concedatur; et ideo bene concedo quod supernaturaliter caelum est annihilabile. Sed hoc ARISTOTELES negasset, propter hoc quod Deus est immutabilis voluntatis; nec illud est contra libertatem suae voluntatis, quia ARISTOTELES reputat liberum simpliciter, non quia potest in opposita, sed quia est suiipsius gratia tamquam finis aliorum.

Ad quartam nego antecedens. Et quod stellae apparent maiores in ortu et occasu quam in medio caeli, huius causa est: quia tunc videntur per fumos grossos elevatos a terra, qui sunt causa refractionis radiorum, quae quidem rarefactio vel refractio ulterius est causa eius quod visibile apparet maius: quod patet de denario in fundo aquae, qui apparet maior quam quando est extra aquam. Cum autem sol et luna et aliae stellae sunt in medio caeli, non videntur per fumos ita grossos, et adhuc, posito quod sic, non tamen viderentur per tantam refractionem radiorum sicut quando sunt in ortu vel occasu, ex eo quod in medio caeli sunt propinquiores zenith nostro, sicut apparet ex *Perspectiva*. Si visibile esset in zenith, videretur per radium perpendicularem qui transiret per media diversarum rationum in diaphaneitate et raritate sive fractione; ideo, quanto visibile est propinquius zenith, tanto ceteris paribus iudicium visus quantum ad veram quantitatem et locum visibilis est magis verax. Et sic cum gratia Dei quaestionibus super *I^{um} Caeli* finem imponamus.

Expliciunt quaestiones *I^{i} libri De caelo et mundo*, finitae per manus Wilhelmi Zach, anno domini 1366, feria sexta et sexto decimo pulsu campanae prope domum Lazari in Praga. //// F.V. 27ra

93 concedo] conceditur *I* 94 hoc Aristoteles] *inv. I* 94 negasset] negavisset *I* 98 nego] negatur *I* 99 huius] *om. I* 00 causa] rarefactionis vel *add. I* 1 quidem] rarefactio vel *add. I* 4 et] vel *I* 5 ita] *om. V* 6 tantam] rarefactionem vel *add. I* 8 visibile] apparent infim *add. V sed del.* 13 super] caeli *add. V sed del.* 14 imponamus] quaeritur circa secundum de caelum in quo Aristoteles *add. V* 15 I^{i} libri... Praga] supra librum I^{um} De caelo et mundo *I*

94/96 ARISTOTELES, *Metaphysica*, XII (Λ), 9, 1074 b 15 - 1075 b 10.
12 ALHAZEN, *Opticae livri septem*, II, 7.
12 WITELO, *Opticae libri decem*, VIII.
17/18 ARISTOTELES, *De caelo*, I, 12, 283 b 22.

LIBER II

Nunc restat quaerere circa *II*^{um} *Caeli* in quo ARISTOTELES, postquam in *I*^{o} determinavit de totali mundo materiali, vult determinare de principaliore et nobiliore eius parte, scilicet de caelo. Et pertractat principaliter tria in isto *II*^{o} *Caeli*. Primo enim ista quae concernunt caelum secundum se totum; secundo, ista quae concernunt partes caeli minores, sicut sunt astra; tertio, illae quae concernunt terram, prout ipsa est tamquam centrum caelestis corporis. Et F.I. D6^{ra} secundum hoc iste *II*^{us} *Caeli* solet dividi in tres tractatus.|

Circa istas tres principales materias intendo formare quaestiones circa *istum librum*. Et primo circa ista quae concernunt caelum secundum se totum vel partes eius maiores quam sunt astra, sicut sunt orbes. Et quantum ad hoc primo illa quae pertinent ad differentias positionis in caelo; secundo, ista quae pertinent ad figuram caeli; tertio, ista quae pertinent ad partes maiores totalis caeli, sicut sunt orbes; quarto ista quae pertinent ad motum caeli. Quantum ad primum volo quaerere quattuor. Primo, utrum in caelo sint sursum et deorsum, ante et retro, dextrum et sinistrum; secundo, utrum sursum et deorsum in caelo capienda sint secundum polos, scilicet arcticum et antarcticum; tertio, utrum polus arcticus, scilicet polus noster, sit deorsum et polus antarcticus ei oppositus sit sursum; quarto, utrum huiusmodi differentiae in caelo, scilicet sursum, deorsum, etc. sint distinctae ex natura rei vel secundum solam habitudinem ad nos.

---

2 restat quaerere] vertur *V* 2 Caeli] De caelo *V* 4 et nobiliore] *om. V* 6 ista] illa *I* 7 ista] illa *I* 10 istas] illas *I* 10 principales materias] *inv. I* 11 ista] illa *I* 12 sunt] sint *I* 13 illa] *om. V* 14 ista] illa *I* 15 ista] illa *I* 16 ista] illa *I* 20 arcticum et antarcticum] *inv. I* 20 tertio] *om. V* 22 et] *om. V* 23 secundum solam] solum secundum *I*

2/9 ARISTOTELES, *De caelo*, II, 1-14, 283 b 26 -298 a 20.
3 ARISTOTELES, *De caelo*, I-IV, 1-12, 268 a 1 - 313 b 23.

Quaestio 1

Utrum in caelo sint sursum et deorsum, ante et retro, dextrum et sinistrum

Quantum ad primum propositorum quaeritur utrum in caelo sint sursum et deorsum, ante et retro, dextrum et sinistru. Arguitur primo quod non. Nam ignis in sphaera sua dicitur simpliciter sursum; ideo in caelo super ipsum non debet esse deorsum: aliter deorsum esset super sursum, quod est falsum.

Secundo. Caelum est sphaericum et similium partium; sed in quibus inveniuntur huiusmodi differentiae sunt dissimilium partium, sicut sunt homines, boves et alia pecora campi.

Tertio. Sursum et deorsum habent assignari secundum longitudinem, quia distantia alicuius rei inter sursum et deorsum dicitur longitudo istius rei; et dextrum et sinistrum habent assignari secundum latitudinem rei; modo in caelo non est longitudo alia a latitudine, ex quo caelum ponitur esse sphaericum.

Quarto. A dextra parte debet incipi motus; sed in caelo nulla est pars a qua incipiat motus ipsius caeli, postquam caelum perpetue movetur.

Quinto. Sursum est principium motus secundum augmentum; ante est principium motus secundum sensum: ad ante enim sunt sensationes, et maxime visiones, quae fiunt per lineas rectas non reflexas; sed augmentatio et sensatio non inveniuntur in caelo secundum quod dicebatur in *ultima quaestione huius I*[i]; igitur in caelo non inveniuntur sursum et ante, et per consequens nec differentiae positionis his oppositae.

Sexto. Secundum diversos motus dictae differentiae assignantur

---

4 propositorum quaeritur] scilicet *I* 11 homines] et *add. I* 11 campi] etc. *add. I* 13 deorsum] illius rei *add. I* 14 istius] illius *I* 18 esse] *om. I* 18/19 perpetue] perpetuo *I* 19 movetur] movebatur *I* 24 huius I[i]] *inv. I* 24 ig24 igitur] ergo *I* 27 dictae differentiae assignantur] assignantur dictae differentiae in *I*

24 Cf. *supra*, L. I, Q. 20.

corporibus; sed in caelo non sunt diversi motus, cum caelum sit corpus simplex; corporis autem simplicis solum est unus motus ex *I^{o} huius*; igitur etc.

Oppositum vult ARISTOTELES. Et ad hoc ipse arguit sic in *littera*: in corporibus imperfectis sicut in inanimatis non inveniuntur dictae differentiae positionis propter eorum imperfectionem. Unde in lapide non dicimus unam partem esse dextram, et aliam sinistram, et aliam ante, et aliam retro, nisi in ordine ad nos; in plantis autem, quae sunt perfectiores ipsis inanimatis, iam inveniuntur sursum et deorsum, sed non aliae differentiae; sed in animalibus perfectis inveniuntur omnes dictae differentiae. Cum igitur caelum sit corpus maxime perfectum, sicut *probatum est I^{o} huius*, videtur quod in eo debent reperiri omnes dictae differentiae.

Secundo arguit ARISTOTELES ad idem. Quia aliter non potest assignari ratio quare caelum magis moveretur ad unam partem F.V. 27rb quam ad aliam, //// nisi ibi assignaretur dextrum et ante; et, cum de hoc debeat assignari ratio, cum hoc non sit a casu, sequitur etc.

In ista quaestione primo aliqua sunt supponenda; deinde ponendae sunt aliquae conclusiones.

Quantum ad primum supponendum est primo quod istae duae differentiae sursum et deorsum aliquibus corporibus attribuuntur simpliciter secundum diversas partes diversarum potentiarum existentes in illis corporibus, sicut hominibus et animalibus perfectis: sursum enim est principium augmentationis et nutritionis. Et sic caput est sursum et os per quod capit nutrimentum, et secundum hoc radices per quas plantae capiunt suum alimentum debent dici F.I. D6rb sursum: hoc | vult ARISTOTELES in *II° De anima*; cum hoc tamen

---

29 solum est] *inv. I* 30 igitur] ergo *I* 37 differentiae] *om. I* 38 dictae] *om. V* 38 igitur] ergo *I* 43 de] *s.v. V* 45 primo] prima *V* 52 caput est] *inv. I* 53 capiunt] sumunt *I* 53 debent] debet *I* 54 in] *om. I*

30 ARISTOTELES, *De caelo*, I, 2, 269 a 3-4.
31/32 ARISTOTELES, *De caelo*, II, 2, 284 b 6 - 285 b 8.
39 Cf. *supra*, L. I, Q. 5.
41 ARISTOTELES, *De caelo*, II, 2, 285 a 31 - 285 b 8.
54 ARISTOTELES, *De anima*, III, 9, 432 a 15 - 433 b 30.

bene stat quod in respectu ad loca elementorum radices sunt deorsum. Et ita non est inconveniens quod secundum aliam et aliam acceptionem eius quod est sursum et eius quod est deorsum idem dicatur sursum et deorsum.

Aliquibus autem corporibus dictae duae differentiae non attribuuntur simpliciter, sed solum respective, sicut in corporibus inanimatis: unde in talibus sursum et deorsum dicuntur solum respective ad loca elementorum. Unde in lapide ista pars dicitur sursum quae versa est versus locum levium, et ista deorsum, quae versa est versus locum gravium; et si ille lapis vertitur, tunc pars quae ante dicebatur sursum, postea dicitur deorsum, et e converso.

Ex quo patet quod dictae duae differentiae solum reperiuntur ibi respective; sed sic non est de homine: qualitercumque enim homo vertatur, semper caput et os dicuntur sursum in homine, et pedes deorsum in eodem. Et sic patet quod istae duae differentiae sursum et deorsum in aliquibus corporibus reperiuntur simpliciter, in aliquibus autem non nisi respective. Et hoc erat suppositio.

Secunda suppositio quod similiter dextrum et sinistrum reperiuntur in aliquibus simpliciter, in aliquibus autem respective solum. Patet haec: nam in homine ista pars dicitur dextra a qua incipit motus, et pars ei opposita dicitur sinistra; in lapidibus autem et in plantis, quae non sunt mobilia nisi tali motu quo moventur gravia et levia, dictae differentiae positionis, scilicet dextrum et sinistrum, non reperiuntur simpliciter sicut in hominibus, sed respective ad nos. Unde per motum lapidis eadem pars efficitur sinistra quae prius erat dextra; sed sic non est de homine: unde, qualitercumque homo moveatur, ista pars quae fuit dextra manet dextra et ista quae fuit sinistra manet sinistra.

Tertia suppositio quod similiter istae duae differentiae ante et retro in aliquibus corporibus reperiuntur simpliciter, in aliquibus autem respective solum. Patet, quia in animali ista pars dicitur ante

---

57 est[1]] *om. V* 57 est[2]] *om. V* 59 duae] *om. V* 60 sicut] in *add. I* 61 dicuntur] *iter. V sed primum verbum del.* 63 ista] illa *I* 64 ista] illa *I* 68 vertatur] tunc *add. V* 68 dicuntur] dicitur *I* 69 duae] *om. I* 71 erat] vult *I* 72/73 reperiuntur in aliquibus] *inv. I* 74 Patet haec] *om. I* 74 ista] illa *I* 76 in] *om. V* 78 hominibus] homine *I* 80 de] *om. V* 81 ista] illa *I* 82 ista] illa *I* 85 ista] illa *I*

in qua magis vigent virtutes sensitivae, et pars ei opposita dicitur retro. Sed in corpore minus perfecto dictae differentiae dicuntur respective: quod patet, quia per talium corporum motum potest fieri quod eadem pars quae prius dicebatur ante, postea dicitur retro; sed, qualitercumque moveatur animal, semper ista pars dicitur ante in qua magis vigent virtutes sensitivae, nec eadem pars fit retro quae prius fuit ante per motum localem, et hoc in ipsis animalibus.

Quarta suppositio quod corpora in quibus dictae differentiae positionis reperiuntur simpliciter habent partes diversarum virtutum et potentiarum, quarum una dicitur ante et alia retro, una sursum et alia F.V. 27va //// deorsum, una dextra et alia sinistra. Sed corpora in quibus dictae differentiae reperiuntur respective solum, non oportet habere partes diversarum virtutum et potentiarum distinctas secundum distinctionem dictarum differentiarum positionis. Et ideo quia in plantis sursum et deorsum reperiuntur simpliciter, ideo plantae habent illas partes diversarum operationum et virtutum; sed, quia in eisdem ante et retro, dextrum et sinistrum non reperiuntur nisi respective, ideo non habent illas partes diversarum operationum.

Ex his suppositionibus potest trahi quinta, scilicet quod sursum et deorsum deserviunt ad motum augmentationis et nutritionis, dextrum autem et sinistrum quantum ad motum localem, sed ante et retro solum quantum ad sensationem, et hoc in corporibus in quibus dictae differentiae positionis reperiuntur simpliciter et non respective solum.

Istae quinque suppositiones valebunt nobis ad istam materiam de differentiis positionis in caelo.

Quantum ad secundum sit prima conclusio: istae duae differentiae positionis, scilicet sursum et deorsum, sunt naturaliter omnibus aliis priores. Patet, quia communiores: ubicumque enim reperiuntur aliae, ibi reperiuntur istae, sed non e converso. Patet hoc de plantis, quia in plantis reperiuntur naturaliter sursum et deorsum, sed aliae differentiae non nisi respective.

---

88 quod] *om. V* 88 talium] per *add. V sed del.* 90 ista] illa *I* 4 his] istis *I* 7 solum] *om. I* 12 istae] *om. V* 15 sed] et *I*

Secundo. Probatur hoc idem ex ordine dimensionum: quia inter dimensiones longitudo est prior, quia simplicior; sed sursum et deorsum capiuntur secundum longitudinem, scilicet de capite ad pedes, dextrum autem et sinistrum secundum latitudinem, | sed ante F.I. D6[va] et retro secundum profunditatem; et ideo etiam sursum et deorsum sunt differentiae priores et simpliciores aliis differentiis.

Tertio. Probatur hoc idem ex parte motuum, quibus dictae differentiae deserviunt: unde, sicut dicebat quinta suppositio, sursum et deorsum deserviunt motui nutritionis et motui augmentationis, et dextrum et sinistrum motui locali, ante et retro motui sensationis; sed modo nutritio et augmentatio in animalibus praecedunt alios motus: prius enim oportet quod animalia nutriantur et augmententur antequam moveant se progressive et antequam perfecte sentiant. Et adhuc, si comparemus omnes dictas differentias ad motum augmentationis, adhuc corpora prius augentur secundum longitudinem secundum quam accipitur sursum et deorsum, deinde secundum latitudinem secundum quam accipitur dextrum et sinistrum, deinde secundum profunditatem secundum quam accipitur ante et retro.

Quarto sic. Natura magis fuit sollicita circa partes, quarum unam dicimus sursum et aliam deorsum, ipsas distinguendo ab invicem, quam circa alias partes. Et hoc videtur arguere prioritatem et principalitatem istarum partium super alias. Assumptum patet, quia in homine et similiter in aliis animalibus et plantis natura distinxit sursum et deorsum secundum figuras; quod non fecit de dextro et sinistro: quod patet de capite et pedibus et de aliis, quorum unum est dextrum, et aliud sinistrum, et similiter de lateribus.

Secunda conclusio: si in caelo sunt aliquae dictarum differentiarum positionis, tunc in ipso sunt istae sursum et deorsum. Probatur: quia istae duae differentiae sunt ceteris differentiis communiores, per praecedentem conclusionem; //// igitur, ubicumque F.V. 27[vb] reperiuntur aliquae differentiae positionis, utique ibi reperiuntur istae duae, cum aliae sint eis posteriores.

Tertia conclusio: in caelo sunt istae duae differentiae dextrum et

---

23 priores et simpliciores] *inv. I* 27 et[1]] sed *V* 28 praecedunt] praecedit *I* 31 dictas] *om. V* 33 et deorsum] *om. I* 36 sic] *om. I* 39 istarum] illarum *I* 42 de aliis] brachiis *I* 43 et[1]] *om. I* 44 et[2]] *om. V* 45 istae] illae *om. I* 47 igitur] ergo *I* 50 Tertia conclusio] *inv. V* 50 conclusio] quod *add. I*

sinistrum. Probatur: quia, ubi determinate invenitur principium motus ab una parte ad aliam, ibi debet poni dextrum et sinistrum, cum de ratione dextri sit quod ab eo incipit motus naturaliter; sed caelum determinate movetur ab una parte versus aliam, scilicet ab oriente versus occidentem per meridiem, et non e converso; igitur in eo debet assignari dextrum, scilicet in oriente, et sinistrum in opposito, scilicet in occidente.

Quarta conclusio: in caelo sunt omnes dictae differentiae. Probatur: in caelo reperiuntur dextrum et sinistrum, per praecedentem conclusionem, quae sunt aliis differentiis posteriores; si autem in caelo reperiuntur posteriores differentiae, rationabile est quod in ipso etiam reperiantur priores, scilicet ante, retro, sursum et deorsum.

Secundo potest persuaderi ex hoc quod dictae differentiae quodammodo inveniuntur in magnete, qui quidem magnes multum habet de influentia caelesti, intantum quod dicitur in *quodam tractatu* de magnete quod qui faceret unam sphaeram de magnete et eam disponeret secundum suos polos ad polos mundi moveretur motu diurno sicut caelum. Et ex hoc bene posset fieri certissimum horologium.

Ad rationes principales. Ad primam dico quod ista bene probat quod secundum respectum ad loca elementorum in caelo non est sursum nec deorsum; cum quo bene stat quod secundum proprietates motus localis caeli bene sunt ibi dictae differentiae secundum quod postea magis declarabitur.

Ad secundam ista bene probat quod caelum non habet distinctas partes secundum figuras; cum quo tamen bene stat quod habet distinctas partes secundum potentias et proprietates pertinentes ad motum localem caeli: unde poli habent aliam proprietatem in motu caeli, cum sint immobiles, quam partes in aequinoctiali circulo, quae velocissime moventur.

---

51 Probatur] ubi *add. V sed del.* 55 versus] in *V* 55 igitur] ergo *I* 60 autem] *om. I* 69 caelum] et intelligentiae *add. P*; et in veritate *add. V* 71 principales] *om. I* 71 ista] illa *I* 73 nec] neque *I* 74 localis] scilicet *add. I* 76 ista] illa *I* 77 tamen] *om. I*

66/69 PETRUS PEREGRINUS DE MARIAE CURTE, *Epistola de magnete*, *passim*.

Ad tertiam dico quod, ubi est diversa figura longitudinis ad latitudinem, ibi secundum illas figuras differt sinistrum a dextro, et sic de aliis differentiis; sed in corpore sphaerico sufficit quod differant secundum proprietates pertinentes ad motum localem illius sphaerici; et ideo nego quod semper sursum et deorsum debeant capi secundum longitudinem et dextrum et sinistrum secundum latitudinem.

Ad quartam dico quod, licet in oriente non incipiat motus caeli, tamen ibi inciperet vel incepisset, si aliquando incepisset et non perpetue durasset. Et hoc sufficit.

Ad quintam dico quod, ubi est augmentatio et sensatio, ibi dictae differentiae bene deserviunt ad augmentationem et sensationem; sed, ubi reperitur solum motus localis, dictae differentiae possunt deservire solum ad istum, ita quod illa pars dicatur dextra a qua incepit vel | incepisset motus, et ista ante per quam, et illa si- F.I. D6^{vb}
nistra ad quam, et pars opposita ante dicatur retro; et tunc puncta terminantia lineam circa quam fit ille motus dicantur unus sursum et alter deorsum.

Per hoc idem respondeatur ad rationem sextam.

---

82 est] esset *I* 82 figura] latitudinis *add. V sed del.* 83 sinistrum] vel sursum *add. I* 89 non] *om. V* 89 caeli] *om. V* 90 et] 1 *add. V sed del.* 91 perpetue] perpetuo *I* 91 durasset] duravisset *I* 95 istum] illum *I* 96 ista] illa *I* 97 ante] *om. V* 98 unus] unum *I* 99 alter] alterum *I* 00 rationem] *om. I* 00 sextam] et sic est finis quaestionis *add. I*

Quaestio 2

Utrum in caelo debeant sumi sursum et deorsum secundum polos, ita quod unus polorum sit sursum et alter deorsum

Secundum propositorum erat utrum in caelo debeant sumi sursum et deorsum secundum polos, ita quod unus polorum sit sursum et alter deorsum.

Arguitur primo quod non. Quia sursum et deorsum debent sumi in corpore secundum terminos longitudinis; sed nunc est ita quod non est magis longitudo capienda inter duos polos quam inter orientem et occidentem, ex eo quod utrobique lineae essent sibi invicem aequales; igitur non magis debent assignari sursum et deorsum secundum polos quam secundum orientem et occidentem.

Secundo. Distantia de polo ad polum est latitudo; ergo quantum ad polos non debent accipi sursum et deorsum, sed magis dextrum F.V. 28ra et sinistrum, postquam dextrum et //// sinistrum sunt termini latitudinis. Antecedens probatur, quia ASTROLOGI et ARISTOTELES in *II° Meteororum* vocant longitudines climatum secundum processum de oriente in occidentem, sed vocant latitudines climatum secundum processum de polo ad polum.

Tertio. Secundum COMMENTATOREM sursum est ibi ubi est magis principium motus; sed hoc non est in aliquo polorum, sed magis circa aequinoctialem circulum. Quod patet, nam ARISTOTELES *VIII° Physicorum* quaerit ubi in sphaera magis debeat poni

---

12 igitur] ergo *I* 13 secundum] *om. I* 15 debent] debet *V* 18 secundum processum] *om. V* 21 est ibi] *om. V* 22 hoc] *om. V* 24 magis debeat poni] debeat poni magis *I*

17/18 ARISTOTELES, *Meteora*, II, 5, 362 b 15-33.
21 AVERROES, *In De caelo*, II, comm. 12, f. 101^{v}, G.
23/24 ARISTOTELES, *Physica*, VIII, 10, 267 b 6-9.

motor; ipse respondet quod in circumferentia, quia illa magis et velocius movetur. Igitur similiter in partibus circuli aequinoctialis, qui maxime movetur velociter, debet magis poni sursum quam in polis qui minime moventur.

Quarto. In nobis sursum est nobilior pars: quod patet de capite; ideo proportionaliter sursum in caelo debet poni pars nobilior; sed ista non est polus, immo pars nobilior caeli est per quam moventur planetae et in qua ponuntur imagines signorum, sicut est zodiacus, quem ARISTOTELES *II° De generatione* vocat *obliquum circulum*, cum secundum illa signa et planetas maxime fiant astrologiae iudicia.

Oppositum vult ARISTOTELES in *littera*.

In ista quaestione primo praemittendae sunt suppositiones; deinde ponendae sunt conclusiones.

Prima suppositio sit ista quod in caelo debent imaginari tres dimensiones: una de uno polo ad alium, secunda ab oriente in occidentem, tertia a puncto meridiei ad punctum sibi oppositum.

Secunda suppositio quod istorum sex punctorum tales tres dimensiones terminantium unus vocatur punctus orientis, alter punctus occidentis, et alius punctus medii caeli, et alius punctus seu angulus terrae; et aliorum duorum punctorum unus vocatur arcticus et alter antarcticus seu terminus motus vel axis circa quem caelum revolvitur.

Tertia suppositio quod partes caeli circa dicta puncta existentes aliam et aliam habent virtutem et potentiam: unde sol et ceteri planetae aliam et aliam habent potentiam in oriente et aliam in occidente, et aliam in medio caeli, et aliam in angulo terrae; sic similiter

---

25 ipse] ubi *V* 26 Igitur] Ergo *I* 27 qui] quae *I* 27 movetur velociter] *inv. I* 27 movetur] moventur *I* 27 debet] debent *V* 31 ista] illa *I* 40 uno] *om. I* 43/44 alter punctus occidentis] *om. V* 44 caeli] *iter. V sed primum verbum del.* 45 terrae] et alius punctus occidentis *add. V* 46 terminus] termini *V* 46 motus vel] *om. V* 48 existentes] existentia *V*

33 Cf. ARISTOTELES, *De gener. et corr.*, II, 11, 338 a 15 - 338 b 10.
36 ARISTOTELES, *De caelo*, II, 2, 285 b 8-15.

aliam habent virtutem stellae existentes circa unum polum et aliam existentes circa alium. Quod patet primo de sole, qui aliam habet virtutem in oriente quam in medio caeli, ex eo quod racemi siti versus orientem sunt dulciores quod racemi siti versus meridiem; patet hoc etiam de luna quae habet suam fortitudinem maiorem super motum et tumescentiam aquarum, ipsa existente in puncto medii caeli vel in puncto quem vocamus angulum terrae.

Quantum ad secundum sit prima conclusio: sursum et deorsum, ante et retro, dextrum et sinistrum in caelo debent sumi secundum dicta sex puncta imaginata in caelo tamquam termini dictarum trium dimensionum imaginatarum ibidem. Probatur: | F.I. E1^{ra} differentiae positionis sumuntur secundum diversas potentias et virtutes in corpore et secundum proprietates diversarum partium in isto corpore: quod patet de differentiis positionis in homine, quarum una accipitur secundum caput, alia secundum pedes, et sic de aliis, quae sunt partes diversarum potentiarum et virtutum in homine, et ita similiter in aliis animalibus; sed dicta sex puncta imaginata in caelo diversas habent potentias et virtutes, secundum quod dixit suppositio immediate praecedens; ergo etc.

Secunda conclusio: oriens debet poni dextrum in caelo. Probatur, quia a dextro debet incipi motus, sicut dictum est in libro *De motibus animalium*; modo ab oriente incipiunt astra et partes caeli moveri super nostrum hemisphaerium; igitur etc.

Tertia conclusio: occidens seu punctus sive angulus occidentis quod totum idem est in caelo debet dici sinistrum. Probatur: quia punctus occidentis opponitur puncto orientis, et quia semper dextrum opponitur sinistro, et cum dextrum in caelo dicatur oriens, per //// F.V. 28rb praecedentem conclusionem, sequitur quod sinistrum dicitur in caelo occidens.

---

54 eo] igitur *add. I* 57 tumescentiam] tumesmescentiam *scr. V sed corr.* 59 et] *om. I* 60 et^1] *om. I* 61 dicta sex] *inv. V* 63 sumuntur] in corpore *add. I* 63 potentias] differentias *V* 63/64 in corpore] *om. I* 64 secundum] *om. I* 64 isto] illo *I* 68 aliis animalibus] *inv. I* 70 ergo etc.] *om. V* 72 a] *om. V* 72 incipi] incipere *I* 74 igitur] ergo *I* 79 dicitur] *om. V* 79/80 in caelo] dicatur *add. I*

73 ARISTOTELES, *De motibus animalium*, 4, 705 b 18-21.

Quarta conclusio: punctus sive angulus meridiei debet poni ante in caelo. Probatur: quia motus incipiens a dextro tendit per ante; ideo, quia astra moventur ab oriente in occidentem per meridiem, sequitur quod punctus meridiei debet dici ante.

Quinta conclusio: punctus oppositus puncto meridiei, sicut est angulus noctis, debet dici retro in caelo: patet ex eo quod opponitur ante; modo ante et retro debent ad invicem opponi.

Sexta conclusio responsalis ad quaestionem quod polorum unus est sursum et alter deorsum. Probatur: nam secundum dicta sex puncta de quorum numero sunt duo poli debent accipi differentiae positionis in caelo, per primam conclusionem; et, quia istae quattuor differentiae positionis dextrum et sinistrum, ante et retro accipiuntur secundum quattuor puncta de illis sex punctis, per praecedentes conclusiones, sequitur quod sursum et deorsum debent sumi secundum alia duo puncta, et haec sunt poli; igitur etc.

Secundo, arguitur ad idem rationibus ARISTOTELIS: in nobis secundum partes magis distinctas capiuntur sursum et deorsum, sicut patet de se; igitur etiam in caelo dictae duae differentiae debent capi secundum partes in caelo magis distinctas; sed hae videntur esse duo poli: quod probatur ex hoc quia secundum distinctionem istarum ad invicem accipitur distinctio haemisphaeriorum, ex eo quod ipsi sunt solum illae partes caeli quae non mutant situm ad nos.

Tertio, inter sursum et deorsum sunt partes quae vocantur partes laterales; modo partes caeli quae sunt inter duos polos vocamus partes laterales, ex quo tamquam a signo concluditur polorum unum esse sursum et alterum deorsum.

Quarto, ARISTOTELES in libro *De animalibus* dicit quod, si nos imaginamur quod animal, puta homo super pedem sinistrum fixum, moveretur circulariter, incipiente motu a pede dextro donec per

---

83 in] ad *I* 87 ante[1]] *om. V* 91 istae] ista *V* 92 et[2]] *om. V* 95 haec] hoc *V* 98 igitur] ergo *I* 99 haec] hoc *V* 99 hae] hoc *V* 00 quia] quod *I* 1 istarum] illarum *I* 2 solum] *om. I* 4/5 partes laterales] latera animalis *V* 9 imaginamur] imaginemur *I* 10 incipiente motu] incipiendo motum *I*

96 ARISTOTELES, *De caelo*, II, 2, 284 b 12-31.
8 ARISTOTELES, *De motibus animalium*, 1, 698 a 15 - 698 b 7.

pedem dextrum compleret unam circulationem, tunc axis in isto motu imaginaretur a sursum ad deorsum; et ideo etiam in caelo debent esse sursum et deorsum istae partes secundum quas axis imaginatur, et illae sunt poli mundi.

Ad rationes principales. Ad primam bene concedo quod ex nulla distantia in caelo debet poni longitudo caeli propter lineam esse longiorem; sed secundum proportionem ad animal distantia de polo ad polum potest dici longitudo, quia proportionatur distantiae quae est in animali de sursum ad deorsum quae est longitudo animalis; et est ista proportio quae iam assignabatur, scilicet quod in motu circulari hominis imaginatur axis de sursum ad deorsum; et ideo, quia in caelo unus polorum dicitur sursum et alter deorsum, ideo distantia inter eos potest vocari longitudo.

Ad secundam dico quod quaedam est longitudo motus caeli, quaedam est longitudo quantitatis caeli; sic simili modo dico de latitudine. Tunc ad propositum dico quod secundum processum de polo ad polum bene attenditur longitudo quantitatis caeli; cum quo stat quod penes eundem processum attenditur latitudo motus caeli, sed secundum processum ab oriente in occidentem attenditur lati-
F.V. 28va tudo quantitatis caeli; cum quo stat quod penes //// eundem processum attenditur longitudo motus caeli. Ex quo patet quomodo possunt concordari modi loquendi, scilicet ARISTOTELIS et ASTROLOGORUM.

Ad tertiam dico quod, licet secundum apparentiam in animali sursum magis sit principium motus sensationis, quod patet de ani-
F.I. E1rb mali quia in capite quod dicitur sursum apparent maxime | organa sensuum exteriorum requisitorum ad motum, tamen secundum veritatem principium principale motus et sensus in animali non est sursum neque deorsum, sed in intermedio sicut in corde, sicut dicit

---

11 isto] illo *I* 13 istae] illae *I* 15 principales] *om. I* 15 nulla] distinctio *add. V sed del.* 19 ista] illa *I* 20 assignabatur] quod *add. V sed del.* 20 scilicet] *om. I* 22 ideo] distincta *add. V sed del.* 27 attenditur] concluditur *V* 35 apparent] apparet *V* 38 principium principale] *inv. I*

33/34 ARISTOTELES, *Meteora*, II, 5, 362 b 15-33.

ARISTOTELES in *De morte et vita*; tamen illud nihil facit ad propositum de caelo, ex hoc quod caelum non movetur per sensum.

Ad ultimam potest negari antecedens, immo cor quod est principium motus in homine videtur esse pars nobilior, et ideo etiam in caelo dextrum vel ante videtur esse pars nobilior, dextrum quidem quia ab ipso incipit motus. Aliter potest dici negando consequentiam, dicendo quod non est simile quantum ad hoc de homine et de caelo, quia differentiae positionis in homine accipiuntur secundum quod deserviunt motui nutritionis, augmentationis et sensationis, secundum quos non accipiuntur dictae differentiae in caelo, ex eo quod tales motus non reperiuntur in eo.

---

40 in] libro *add. I* 47 accipiuntur] capiuntur *I* 50 eo] sequitur alia quaestio *add. I*

40 ARISTOTELES, *De morte et vita*, 3, 469 a 4-19.

Quaestio 3

Utrum polus arcticus, scilicet polus nobis apparens, sit deorsum, et alter, scilicet antarcticus, sit sursum

Tertium propositorum erat utrum polus arcticus, scilicet polus nobis apparens, sit deorsum, et alter, scilicet antarcticus, sit sursum.

Et arguitur primo quod neuter eorum debeat magis dici sursum vel deorsum quam alter. Nam, si sic, hoc videretur esse propter quasdam virtutes et proprietates caeli repertas in uno et non in alio, et e converso; modo hoc est falsum. Consequentia videtur tenere per hoc quia sic accipiuntur sursum et deorsum in nobis. Falsitas consequentis tenet per hoc quod nulla videtur esse differentia quantum ad polos, nisi quod unus terminat axem ex una parte, et alter ab alia circa quem volvitur caelum; igitur etc.

Secundo. Polus noster, scilicet arcticus, est nobilior quam alter polus; igitur polus noster debet dici sursum et alter deorsum. Consequentia videtur tenere ex hoc quod semper sursum est nobilius quam deorsum. Antecedens probatur primo: quia terra habitabilis est magis sita versus polum arcticum quam versus polum antarcticum, quod non videtur esse nisi propter maiorem nobilitatem et virtutem ipsius.

Secundo confirmatur hoc idem sic: quia, si non esset differentia ex parte caeli vel terrae, sed solum ad nos, cuius oppositum nondum est probatum per praecedentia, nos deberemus dicere polum arcticum esse sursum, quia est elevatus super nostrum hemisphaerium, et alterum deorsum, quia est depressus sub nostro hemisphaerio.

---

6 sit^{2}] *om. I*   9 non] *om. V*   10 et e converso] *om. I*   10 modo] sed *I*   16 igitur] ergo *I*   18 primo] *om. V*   19 magis] scita *add. V sed del.*   22 idem sic] *om. I*   22 quia] ex hoc quia *V*   25 esse] *om. I*

Oppositum vult ARISTOTELES in *littera*. Et ad hoc determinandum et concedendum COMMENTATOR ponit talem imaginationem de homine vocato Atlas: unde imaginatur de eo quod est ita magnus homo quod est mirabile, habens caput in polo antarctico et pedes in polo nostro, scilicet arctico, et habens faciem suam versam versus partem caeli nobis meridionalem et culum versus partem oppositam parti meridionali, habens dextram manum in oriente et sinistram in occidente, ac si continue cum manu dextra volveret caelum circa se per ante versus //// sinistrum; modo, sicut in illo homine caput dici- F.V. 28vb tur sursum et pedes deorsum, ita in caelo alter polus, scilicet antarcticus, dicitur sursum et polus noster dicitur deorsum. Et ita proportionaliter dicatur de aliis differentiis positionis in caelo.

De ista quaestione sit prima conclusio: non apparet ex parte motus caeli quare unus polorum magis dicatur sursum et alter deorsum. Probatur primo: quia non apparet quomodo illi poli differenter faciant vel deserviant ad motum caeli, nam, sicut unus est terminus axis circa quem fit motus caeli, ita et alter. Secundo, nam non magis motus caeli est ad unum illorum quam ad alium. Tertio, nec intelligentia movens simplex et indivisibilis existens est magis in uno polo quam in alio.

Secunda conclusio: propter motum sensus vel nutritionis non debet dici unus polus magis sursum quam alter. Patet ex eo quod tales motus non inveniuntur in caelo: unde caelum nec nutritur nec sentit; | verum est tamen quod, si consideremus ad motum nutritio- F.I. $E1^{va}$ nis, bene differunt sursum et deorsum in animalibus et plantis, quia illa pars in illis dicitur sursum per quam sumitur alimentum, et pars illi opposita dicitur deorsum per quam eiicitur alimentum, sicut

27 in littera] *om. V* 29 est] sit *I* 30 et] habens *add. V* 31 et] *om. I* 31 suam] *om. V* 33 nobis] *om. V* 37 scilicet] polus *add. I* 41 unus polorum magis] magis unus polorum *I* 41 dicatur] debeat dici *I* 44 caeli] *om. I* 44 et] *om. I* 44 secundo] *s.v. V* 45 illorum] eorum *I* 51 sentit] sentitur *V* 52 bene] unde *V* 52 differunt] differant *I* 53 in illis dicitur sursum] dicitur sursum in illis *I* 54 illi] ista *I* 54 eiicitur] elicitur *scr. V sed del. et s.v.* eiicitur *add.*

28 ARISTOTELES, *De caelo*, II, 2, 285 b 15 - 286 a 2.
29 AVERROES, *In De caelo*, II, comm. 13, f. 102va, H - I.

dicit ARISTOTELES in *De morte et vita*; sed caelum, sicut clarum est, non indiget talibus partibus. Si etiam consideremus quantum ad motum sensationis, bene sursum et deorsum distinguuntur in illis animalibus in ordine ad istum motum, sed non in caelo: unde in animali dicimus istam partem esse sursum ubi est maior congregatio organorum requisitorum ad sensationem, sed istam dicimus deorsum ubi minor; tales autem partes non sunt in caelo, nec caelum talibus indiget, ex eo quod, sicut dictum est prius, ipsum non sentit.

Tertia conclusio est ista: propter nobilitatem partium caeli unus polus debet dici sursum et alter deorsum, et hoc, si dictae sex differentiae positionis distinguantur in caelo naturaliter. Probatur: nam in quocumque corpore dictae sex differentiae distinguuntur naturaliter, et non solum respective, sursum dicitur nobilior pars et deorsum minus nobilis, sicut patet in homine.

Quarta conclusio: polus nobis occultus, sicut est polus antarcticus, debet dici sursum, et polus arcticus, deorsum. Probatur: nam inter partes, quarum una dicitur sursum et alia deorsum, et hoc naturaliter et non respective, solum nobilior pars debet dici sursum, per praecedentem conclusionem; sed circa polum nobis occultum est nobilior pars caeli quam circa polum nobis manifestum: dicitur enim ab aliquibus ASTROLOGIS quod ibi sunt nobiliores stellae quam hic circa polum nobis apparentem et maiores in magnitudine et influentia, et illud intelligendum est de polis primi mobilis.

Ad rationes principales. Ad primam nego quod non sit alia differentia inter polos quam quod unus terminat axem mundi ab una parte et alter ab alia, immo est alia secundum quod iam dicebatur.

Ad secundam: terra habitabilis magis declinat ad polum arcticum, admitto. Et quando dicebatur: sed terra habitabilis debet esse versa versus nobiliorem partem caeli, breviter dico quod in

---

56 consideremus] consideramus *I* 57 bene] unde *V* 57/58 distinguuntur] distinguantur *V* 58 illis] *om. I* 58 istum] illum *I* 59 istam] illam *I* 60 istam] illam *I* 62 sentit] sentitur *V* 66 sex differentiae] *inv. V* 68 patet] *om. V* 69 est polus] *om. V*

55 ARISTOTELES, *De morte et vita,* 1, 468 a 2-4.
75 *Loci non inventi.*

caelo totali duo sunt consideranda, scilicet orbes planetarum et primum mobile. Ulterius dico quod aliter est sursum et deorsum assignandum quantum ad orbes planetarum et aliter quantum ad primum mobile, secundum quod diffusius declarabo in sequenti quaestione; modo dico quod non oportet terram habitabilem esse versam versus nobiliorem partem primi mobilis, sed sufficit ipsam esse versam versus nobiliorem partem orbium planetarum.

Ad tertiam dico quod bene verum est secundum vulgares loquendo et ad nos considerando quod polus arcticus diceretur sursum et antarcticus deorsum; nihilominus considerando dictas differentias quantum ad nobilitatem partium caeli dicendum est e contrario. Et sic est finis. //// F.V. 29[ra]

---

84 et] *om. V* 86 orbes] plura *add. V sed del.* 88 esse] versus *add. V sed del.* 92 quod] *om. V* 94 caeli] *om. I* 95 est finis] *om. V*

Quaestio 4

Utrum dictae differentiae positionis reperiantur in caelo ex natura rei, vel solum in habitudine ad nos, scilicet sursum et deorsum, ante et retro, dextrum et sinistrum

Quartum propositorum erat utrum dictae differentiae positionis reperiantur in caelo ex natura rei, vel solum in habitudine ad nos, scilicet sursum et deorsum, ante et retro, dextrum et sinistrum.

Et arguitur primo quod non. Quia caelum est sphaericum; ideo ex natura caeli una pars non debet dici magis sursum quam alia, nec magis dextra quam alia.

Secundo. Quia sursum et deorsum differunt specie, similiter dextrum et sinistrum, et sic de aliis; ergo, si dictae differentiae in caelo reperirentur ex natura rei, tales partes caeli differrent ab invicem specie, quarum una esset sursum et alia deorsum, vel quarum una est dextra et alia sinistra; quod est contra COMMENTATOREM in *isto II*^{o}.

Tertio. Nam, si sic, cum oriens dicatur dextrum et occidens sinistrum, ubique in caelo esset dextrum et similiter sinistrum, quia ubique est oriens respectu aliquorum et similiter ubique est occidens respectu aliquorum: ubi enim nobis est oriens, ibi aliis est occidens (quando enim sol nobis oritur, aliquibus aliis sol occidit);
F.I. E1^{vb} et sic adhuc videretur quod | in ordine ad nos dictae differentiae in caelo reperirentur.

Quarto. Quia caelum continue movetur; igitur, si illa pars quae est in oriente nunc est dextra, quia ipsa postea erit in occidente, ipsa erit sinistra, et ita potest argui de ante et retro.

---

9 Quia] *om. V* 19 sinistrum] ubique ubi *add. V sed del.* 23 adhuc] *om. I* 24 reperirentur] reperiantur *I* 25 igitur] ergo *I* 26 est^{1}] *om. I* 26 postea] post *I*

16/17 AVERROES, *In De caelo*, II, 138^{r}, comm. 59.

Quinto. Primum oriens terrae habitabilis et ultimum occidens eiusdem non opponuntur diametraliter, immo sunt loca valde propinqua, ut dicit COMMENTATOR in fine *huius II*[i]; igitur non sunt extrema latitudinis caeli; quod tamen deberet esse, si una esset dextra et alia sinistra, ex eo quod in corpore, puta in homine, ubi ex natura istius corporis inveniuntur dextrum et sinistrum, ipsa sunt extrema latitudinis istius corporis.

Oppositum arguitur. Quia, nisi in caelo dictae differentiae distinguerentur ex natura rei, non esset ratio quare caelum magis moveretur ad unam partem quam ad aliam: de hoc enim non debet dari ratio ex parte terrae vel ex parte nostra, quia caelum non ordinatur nec regitur per ista inferiora, sed magis e converso. Nec apparet quod aliunde de hoc possit reddi ratio, nisi per distinctionem dextri et sinistri: unde per hoc et non per aliud reddit ARISTOTELES rationem de hoc. Nec valet dicere quod ratio non sit de hoc quaerendan nam hoc non est a casu nec a fortuna quod caelum sic movetur, cum perpetue sic moveatur, sed ex natura rei; sed de talibus quae per naturam sunt determinata, debet inquiri et reddi ratio, nisi tunc ista sint principia per se nota, sicut dicit ARISTOTELES; igitur videtur quod istae differentiae debent poni in caelo distinctae ex natura caeli.

Secundo. In animatis non sunt distinctae huiusmodi differentiae ex natura rei, propter hoc quod ex se non moventur plus ex una parte quam ex alia: unde quod lapis moveatur vertendo unam partem sursum et aliam deorsum, non inest sibi ex natura sua sed accidentaliter; igitur per oppositum dictae differentiae videntur esse in caelo distinctae ex natura caeli, quia caelum movetur, et non ex omni parte similiter, immo ad unam partem et non ad aliam.

---

29 loca valde] *inv. V* 30 igitur] ergo *I* 32 in homine] humano *I* 33 istius] illius *I* 34 istius] illius *I* 39 magis] *om. I* 40 apparet] oportet *I* 40 possit] poni vel *add. I* 42 rationem de hoc] *inv. I* 42 ratio] non *I* 42 non] *om. V* 43 quaerenda] ratio *add. I* 43 nam hoc] hoc enim *I*; est *add. V sed del.* 43 non] nec *V* 44 perpetue] perpetuo *I* 44 moveatur] movebatur *V* 46 ista] illa *I* 47 igitur] ergo *I* 47 istae] illae *I* 51 moveatur] movetur *I* 53 igitur] ergo *I*

30 AVERROES, *In De caelo*, II, f. 171[vb], comm. III, K, 10-13.
42/47 ARISTOTELES, *De caelo*, II, 2, 285 a 27 - 285 b 27.

Tertio. In minime mobilibus, scilicet in inanimatis, non distinguuntur dictae differentiae aliquo modo quantum est ex parte naturarum talium rerum; in plantis autem, quae sunt nobiliores rebus inanimatis et minus nobiles animalibus, aliquae de dictis differentiis, scilicet sursum et deorsum, distinguuntur ex natura rei, sed non omnes; in animalibus autem perfectis, sicut in hominibus, omnes dictae differentiae distinguuntur ex natura rei. Cum igitur caelum inter cetera corpora sit corpus perfectissimum, videtur quod utique in ipso omnes dictae differentiae ex natura sua debeant distingui, et non solum in ordine ad nos.

Quarto. ARISTOTELES dictas differentias concludit ex eo in caelo quod caelum est animatum; sed quod caelum est animatum non est relative ad nos sed ex natura caeli.

Quinto. In magnete sunt naturaliter dictae differentiae positionis; et apparet in eo dictarum differentiarum distinctio in ordine ad caelum, ita quod una pars correspondet //// [F.V. 29rb] uni polo et altera alteri; et tamen constat quod magnes non habet talem distinctionem nisi a caelo; igitur principalius sunt distinctae dictae differentiae in caelo quam in magnete, et per consequens naturaliter.

In ista quaestione primo volo recitare tres opiniones de quaesito; secundo volo tertiam istarum opinionum declarare, quia ipsam ceteris credo esse veriorem.

Quantum ad primum est una opinio quae dicit dictas differentias positionis in caelo non distingui nisi in ordine ad nos, et non ex natura caeli. Et ista habet pro se aliquas rationes de rationibus positis ante oppositum. Huius opinionis improbatio, et rationum suarum solutio, patebit in declaratione tertiae opinionis et in solvendo rationes principales.

Secunda opinio dicit quod dictae differentiae distinguuntur in caelo ex natura caeli; non tamen ex natura caeli moti, sed ex natu-

---

57 est] *om. I* 62 igitur] ergo *I* 65 nos] res *I (est in P V)* 66 ex eo in caelo] in caelo ex eo *I* 68 relative] respective *I (est in P V)* 68 caeli] rei *V* 69 sunt] realiter vel *add. I (non est in P V)* 70 eo] ea *I (est in P V)* 73 igitur] ergo *I* 73 dictae] *om. I* 76 istarum] illarum *I* 79 positionis in caelo] in caelo positionis *V* 80 caeli] rei *V* 80 ista] illa *I*

66 ARISTOTELES, *De caelo*, II, 2, 285 a 27-30.

ra unius caeli seu orbis caelestis quiescentis. Et imaginatur ista opinio quod ultra omnes caelos sit unum caelum quiescens, et quod in isto caelo sint partes diversarum naturarum et diversarum influentiarum, quarum partium una dicitur sursum et alia deorsum. Sursum quidem dicitur illa sub qua est polus nobis occultus, deorsum autem ista sub qua est polus noster; dextra autem dicitur esse illa pars sub qua sunt partes caeli moti, quando oriuntur | F.I. E2ra habitantibus directe sub aequinoctiali, ubi dicitur secundum ALIQUOS ASTROLOGOS esse sita una civitas quae vocatur Arym, pars autem illi opposita diceretur occidens; pars autem illa dicitur ante quae directe est super horizontem habitantium in dicta civitate Arym, pars autem ei opposita dicitur retro. Et sic vos videtis tales distinguere dictas differentias in caelo non ex natura caeli moti, sed quiescentis. De hoc autem postea loco suo faciam unam quaestionem, scilicet utrum sit ponendum aliquod caelum quiescens; et ibi ponam et solvam pro posse rationes sic opinantium, et dicam quod non est ponendum aliquod tale caelum quiescens; ex cuius probatione patebit istam opinionem iam recitatam esse falsam.

Tertia opinio distinguit dictas differentias in caelo ex diversa influentia intelligentiae moventis in unam partem et non in aliam.

Quantum ad secundum pro declaratione huius tertiae opinionis sciendum est quod differentia est inter verum oriens et non verum. Unde oriens non verum diversificatur secundum diversitatem horizontium, et ita occidens similiter; sed oriens verum dicitur oriens quantum ad horizontem habitantium sub aequinoctiali in civitate Arym, et occidens pars ei opposita: et in isto oriente Atlas imaginatur habere manum dextram et in occidente manum sinistram, cum imaginatur habere caput versus polum antarcticum et pedes versus polum arcticum, et faciem versus hemisphaerium quod est super horizontem dictae civitatis Arym.

88 isto] illo *I* 91 ista] illa *I* 97 ei] illi *I* 99 unam] *om. V* 2 ex] q *add. V sed del.* 5 non] *om. I P* 11 et] hoc *add. V sed del.* 11 in] *om. V* 11 isto] illo *I* 13 polum antarcticum] *inv. V*

93/94 *Locus non inventus.*

Et sciendum est quod, posito quod non esset ibi ista civitas nec aliqua habitatio nec talis homo, Atlas imaginaretur sic se habere sicut dictum est: adhuc non minus ista pars caeli dicta diceretur oriens verum et dextra pars caeli; et pars ei opposita diceretur occidens et sinistra pars caeli, propter hoc quod ex ista parte intelligentia maiorem causat influentiam. Unde imaginandum est quantum ad hoc de intelligentia ad caelum sicut imaginatur de anima intellectiva ad corpus: unde, licet anima intellectiva sit tota in toto et tota in qualibet parte corporis, tamen maiorem causat influentiam in una F.V. 29va parte corporis quam in alia. Sic proportionaliter imaginandum //// est de intelligentia ad caelum, ita quod pars caeli in quam intelligentia causat maiorem influentiam dicitur pars dextra; et ideo, quia maiorem causat influentiam in partem illam a qua caelum incipit moveri vel incepisset, sicut est pars orientalis, talis pars dicitur dextra et ei opposita sinistra.

Secundo sciendum est quod orbes planetarum moventur contra motum primi mobilis, sicut dicunt astrologi, et verum est. Et ideo in orbibus planetarum aliter oportet assignare dextrum et sinistrum, et similiter alias differentias positionis quam in primo mobili: unde in orbibus planetarum debet assignari dextrum versus occidens et sinistrum primi mobilis, et occidens orbium planetarum seu sinistra pars eorum debet assignari versus dextram partem et orientalem primi mobilis. Et proportionaliter dicatur de aliis differentiis positionis in ipsis, recte ac si essent duo tales Atlantes seu homines, quorum unus haberet caput versus unum polum mundi, et alter versus partem bene prope, puta versus polum zodiaci, haberet pedes, et versus quam partem unus haberet manum dextram, versus istam alter haberet manum sinistram. Ita quod, sicut motor primi mobilis influit aliter in partem dextram primi mobilis et aliter in sinistram, ita etiam motor orbis planetae influit aliter in partem dextram sui orbis et alter in sinistram.

Ex his respondeatur ad quaestionem iuxta tertiam opinionem

---

16 ibi] *om. V* 16 ista] illa *I* 18 ista] illa *I* 20 ex] *om. V* 20 ista] illa *I* 25 corporis quam in alia] quod in alia corporis *V* 31 est] *om. V* 34 et similiter] *inv. I* 37 orientalem] orientem *(est in I P)* 43 istam] illam *V* 44 primi mobilis] sui orbis *I*

qod in caelo distinguuntur ex natura rei dictae differentiae positionis, et non solum in habitudine ad nos: et pro ista conclusione adducantur rationes quibus arguebatur post oppositum.

Et respondeatur ad rationes principales probantes oppositum. Ad primam: *caelum est sphaericum, ideo quantum est ex natura caeli, etc.*, nego consequentiam, nam, posito quod homo fieret figurae sphaericae, adhuc una pars hominis diceretur dextra et alia sinistra, alia sursum et alia deorsum, alia ante et alia retro, propter diversas virtutes et potentias adhuc existentes in diversis partibus hominis, licet non propter diversas figuras.

Ad secundam dico quod, licet isti termini *sursum* et *deorsum* differant specie, cum hoc tamen bene potest stare quod res pro quibus | supponunt sint eiusdem speciei substantialiter: unde, licet album et nigrum differant specie, tamen res pro quibus supponunt, sicut Socrates et Plato, possunt esse eiusdem speciei. F.I. E2rb

Ad tertiam negatur consequentia. Ad probationem dico quod non quodcumque oriens dicitur dextra pars caeli, nec quodcumque occidens dicitur sinistra pars caeli. Sed oriens verum dumtaxat dextra pars caeli dicitur, quod accipiendum est ad civitatem Arym: et haec est ista pars caeli in qua nobis oritur sol existens in aliquo puncto aequinoctiali, puta in principio Arietis, vel in principio Librae; et pars ei opposita dicitur occidens.

Ad quartam illa bene probat quod pars caeli quae modo est dextra aliquando erit sinistra, et ideo non eadem pars caeli secundum numerum manet dextra vel sinistra, sed bene secundum aequivalentiam.

Ad quintam ista bene probat quod oriens et occidens non verum non sunt dextra et sinistra pars caeli; cum hoc tamen stat quod bene oriens et occidens verum accepta ad civitatem Arym sunt dextra et sinistra pars caeli, et hoc quantum est ex parte diversae influentiae

49 ista conclusione] hoc *I* 51 rationes principales] alias rationes *I* 53 nego] negatur *I* 53 consequentiam] consequentia *I* 53 figurae sphaericae] *inv. I* 55 et[1]] *om. I* 55 et[2]] *om. I* 58 secundam] secundum *V* 58 isti termini sursum et deorsum] sursum et deorsum isti termini *V* 59 potest stare] *inv. I* 60 sint] sunt *I* 74 ista] illa *I* 75 dextra] pars *add. I*

Primi Motoris in istas partes. Sic igitur expedita sit ista materia de F.V. 29vb differentiis positionis in caelo. ////

78 istas] illas *I* 78 igitur] ergo *I* 78/79 expedita sit... caelo] *om.* *V* 78 ista] illa *P*

Quaestio 5

Utrum caelum sit sphaericae figurae

Nunc sequitur tractare de figura caeli, de qua formetur una quaestio, scilicet utrum caelum sit sphaericae figurae.

Arguitur primo quod non. Quia caelum est orbiculare; igitur non est sphaericum. Consequentia tenet, nam differunt orbiculare et sphaericum: orbiculare enim dicitur corpus concavum, sphaericum autem dicitur corpus solidum. Antecedens patet de se.

Secundo. Figura sphaerica est omnium figurarum isoperimetrarum minima; igitur caelum non est sphaericae figurae. Consequentia tenet pro tanto quia, caelum cum sit maximae capacitatis, sibi non competit figura minima: quod autem sit maximae capacitatis, patet, quia omnia corpora totius universi praeter ipsum includit. Antecedens patet per ARCHIMEDEM in libro *De isoperimetris*.

Tertio. Aliquae partes caeli non sunt sphaericae figurae; igitur nec caelum. Consequentia tenet, nam, cum caelum sit homogeneum, consimilis debet esse figura caeli et suarum partium, sicut patet de aqua et gutta aquae. Antecedens patet de orbibus excentricis qui claudunt intra se orbem deferentem planetam: tales enim in una parte sunt spissiores et in alia parte sunt tenuiores.

Oppositum vult ARISTOTELES in *littera*, quod pluribus rationibus probat, quae videbuntur ponendo conclusiones.

---

3 una] unica *I* 5 Quia] *om. V* 5 igitur] ergo *I* 10 igitur] ergo *I* 11 tenet] patet *I* 14 Archimedem] Archimenidem *I P* 16 igitur] ergo *I* 21 sunt tenuiores] magis tenues *I* 22/23 pluribus rationibus probat] probat pluribus rationibus *I*

14/15 ARCHIMEDES, *De isoperimetris, passim.*
22 ARISTOTELES, *De caelo*, II, 14, 297 a 8 - 298 a 20.

Pro quaestione primo notandum est quod quaestio potest intelligi de figura caeli ultimi quoad superficiem eius convexam, vel de figura totali caeli quantum ad superficiem eius concavam, vel de figuris orbium intermediorum inter orbem supremum et infinitum quantum ad eorum superficies concavas et convexas.

Tunc sit prima conclusio: non est demonstrabile caelum ultimum quantum ad eius superficiem convexam esse figurae sphaericae. Patet, nam, posito quod quantum ad dictam superficiem esset figurae ovalis et columnaris, non propter hoc sequeretur aliquid contra principia naturalia.

Secunda conclusio: bene est demonstrabile caelum ultimum non esse figurae angularis, posito quod moveatur. Patet, nam, si sic, tunc tali angulo moto extra spatium imaginatum quod occuparet, relinqueretur vacuum; quod est contra principia naturalia.

Tertia conclusio: non est demonstrabile caelum quantum ad eius superficiem concavam infimam non esse angularis figurae. Patet hoc: quia ad motum talis anguli aliud corpus sicut ignis succederet et repleret locum, quem prius replevit ille angulus; et sic non oporteret ponere vacuum.

Quarta conclusio: necessarium est secundum principia naturalia orbes intermedios inter supremum et infimum esse sphaericos tam
F.I. E2va quantum ad superficies concavas quam quantum ad super- | ficies convexas. Hoc probatur primo supponendo quod orbes intermedii moveantur super aliis polis motu proprio quam primum mobile, sicut super polis zodiaci. Secundo, supponitur quod caelum non est frangibile nec condensabile nec rarefactibile. Tertio, supponitur quod dimensionum penetratio non est possibilis.

Istis suppositis patet conclusio. Nam, si orbes intermedii essent alterius figurae quoad eorum superficies concavas vel convexas, tunc, ex quo moventur super aliis polis quam primum mobile, sicut

---

24 notandum] est *add. V sed del.* 25 eius convexam] *inv. V* 26 eius] *om. V* 30 figurae sphaericae] *inv. I* 32 hoc] sequitur *add. V sed del.* 36 tunc] aliquod *scr. V sed del. et s.v.* aliquo *add.* 36 occuparet] occurreret *I (est in P V)* 38 non] nec *I* 40 talis] angli *add. V sed del.* 41 non] er *add. V sed del., deinde* oportet *add. sed del.* 44 infimum] a *add. V sed del.* 44 sphaericos] infinitum et *add. V sed del.* 46 primo supponendo] *inv. I*; primo *add. V*

dicit prima suppositio, oporteret vel quod caelum esset frangibile vel condensabile vel rarefactibile, cuius oppositum dicit secunda suppositio; vel oporteret fieri dimensionum penetrationem, cuius oppositum dicit tertia suppositio, vel oporteret esse vacuum inter orbes interedios, quod etiam suppono esse falsum.

Quinta conclusio: rationabilius est ponere caelum quoad omnem eius superficiem tam concavam quam convexam esse sphaericae figurae quam alicuius alterius. Probatur primo: quia pulchriori et perfectiori corpori debet attribui figura pulchrior et perfectior; sed ista est figura sphaerica; //// igitur etc. F.V. 30ra

Secundo: caelum est corpus simplicissimum, sicut patet ex prius dictis; ergo sibi debetur sphaerica quae est figurarum simplicissima. Quod patet, ex eo quod ipsa est unica linea contenta, aliae autem pluribus lineis continentur, sicut sunt figurae triangulares et quadrangulares, etc.

Tertio: caelum, cum sit corpus perfectissimum, rationabile est quod sibi tribuatur figura perfectissima; sed talis est figura sphaerica. Quod patet, ex eo quod lineae superficiali continenti circulum, non potest fieri additio, nec superficiei circumferentiali continenti sphaeram vel orbem, lineis vel superficiebus aliis bene potest fieri additio; perfectum autem dicitur cui non potest fieri additio; igitur etc.

Quarto: caelo debetur talis figura, quae est aptissima ad motum, cum motus caeli sit velocissimus; talis autem est figura sphaerica: unde aptior est unus globus sphaericus ad hoc quod volvatur super terram quam sit unum corpus cubicum.

Quinto: caelum continet omnia; ergo rationabile est quod habeat figuram capacissimam; talis autem est figura sphaerica: unde demonstratum est ab ARCHIMEDE in libro *De isoperimetris* figuram sphaericam omnium figurarum sibi isoperimetrarum esse capacis-

---

54 dicit] dixit *I* 56 dimensionum penetrationem] *inv. I* 58 orbes] in *add. I* 60 superficiem] supensionem scilicet *V* 62 debet] debetur *(dub.) V* 62 perfectior] nobilior *I* 63 igitur] ergo *I* 65 figurarum] figura *I* 66 unica] una *I* 70 figura[2]] *om. V* 71 lineae] circumferentiali vel *add. I* 73 continenti] circumferente *V* 73 lineis] autem *add. V* 74 igitur] ergo *I* 81 figura] *om. V* 82 est] *om. V* 82 Archimede] Archimenide *I P* 83 sibi] *om. V*

82 ARCHIMEDES, *De isoperimetris, passim.*

simam. Unde figurae isoperimetrae superficiales dicuntur quarum lineae unius quibus continentur simul iunctae lineis alterius coniunctis quibus alia continetur sunt aequales. Verbi gratia, sicut si essent tres figurae, scilicet circulus, triangulus, quadratus, sic se habentes quod circumferentia circuli in rectum protensa esset aequalis lineis trianguli simul iunctis et positis una ante aliam, et similiter lineis quadrati; tunc dictae tres superficies dicerentur figurae isoperimetrae. Proportionabiliter dicatur de figuris isoperimetris insolidis.

Sexto: corpori elongatissimo a corruptione vel laesione debetur figura, quae est salvativissima figurati; sed haec est figura sphaerica, quia in tali figura partes ad invicem magis vicinantur; vicinitas autem partium in caelo est propter mutuas influentias earum.

Deinde probatur specialiter quod caelum quantum ad superficiem eius concavam est sphaericum, nam omnia instrumenta quibus certificantur caelestia sunt sphaerica vel ad naturam sphaerae reducta; quod videtur esse signum caelum esse sphaericae figurae quantum ad dictam superficiem.

Secundo: quia, si non, tunc non omnes partes caeli quantum ad concavum orbis lunae aequaliter distarent a loco deorsum; sed hoc est falsum. Consequentia tenet de se. Sed falsitas consequentis probatur, nam caelum, cum sit unius naturae et in omnibus partibus aequalis, oporteret quod aequaliter distet a terra et a loco deorsum, quia distantia in natura est causa distantiae in situ in corporibus mundi.

Tertio probatur quod caelum quantum ad eius concavum non est planae figurae ad modum quadranguli vel trianguli. Nam, si sic, tunc stellae, quando essent in oriente et in occidente, magis longe distarent a nobis quam quando essent in meridie, quia tunc essent

---

87 quadratus] quadrangulus *V* 88 protensa] *om. V* 89 trianguli] et *add. I* 90 similiter] sic *V* 90 tunc dictae] *om. V (foramen)* 93 vel] et *I P* 94 salvativissima] magis salvativa *I P* 94 haec] hoc *V* 96 caelo] toto *(est in P V)* 96 propter] ma *add. V sed del.* 97 caelum] est sphaericum *add. I* 98 est sphaericum] *om. I* 4 tenet] patet *I* 5/6 in omnibus partibus aequalis] aequalis in omnibus partibus *I* 6 oporteret] oportet *I* 10 modum] quadrati vel *add. I* 12 longe] *om. V* 12 nobis] longe *add. V*

super capita nostra; sed hoc est falsum, quia tunc apparerent minores in oriente vel in occidente quam in medio caeli: hoc tamen est falsum, quia sol apparet maior in oriente quam in medio caeli.

Sed tunc diceret aliquis: ergo videtur quod, quando sol est in meridie, sit a nobis remotior quam quando est in oriente vel | in F.I. E2^{vb} occidente; et tamen hoc est falsum, supposito quod terra sit in medio caeli, et ulterius supposito quod caelum sit sphaericum. – Respondetur quod causa eius quod sol apparet nobis maior in oriente vel in occidente, non est solis maior propinquitas ad nos, sed hoc est propter aliam causam, scilicet: quando sol est in //// oriente, F.V. 30rb tunc inter nos et solem sunt positi quidam vapores per quos videtur sol per rarefactionem radiorum, propter quam tunc apparet maior, recte sicut denarius proiectus in fundo aquae maior apparet quam extra, propter defectum autem talis refractionis radiorum sole existente iam meridie non apparet nobis ipse sol tantae quantitatis.

Quarto: nam, si caelum esset planae figurae quantum ad superficiem concavam, tunc sol et etiam luna ex eius elongatione a nobis non occultaretur nobis in oriente per partem post partem, sed simul secundum se totum, Falsitas consequentis patet ad experientiam.

Ad rationes principales. Ad primam: *caelum est orbicularis figurae*, etc., negatur consequentia, quia solemus uti istis terminis *sphaera*, *orbis* pro invicem, sed hoc est large accipiendo dictos terminos; nihilominus accipiendo ipsos secundum significationes eorum proprias habent diversas descriptiones exprimentes quid nominis, et ideo, quando sic accipiuntur, esset dicendum quod caelum non esset sphaericum sed orbiculare.

---

13 super] supra *I* 13 est] videtur *I* 14 in^2] *om. I* 16 diceret aliquis] *inv. I* 16 videtur] *om. V* 17 a] *om. V* 17 quando] *om. V* 17 est] *om. V* 17 oriente] q *add. V sed del.* 17 in^2] *om. V* 21 solis maior propinquitas] maior propinquitas solis *I* 22 aliam] illam *I* 22 scilicet] quia *add. I* 24 sol] propter *add. V sed vid. eras.* 25 proiectus in fundo aquae] in aquae positus *I P* 25 maior apparet] *inv. I* 28/29 superficiem] 9ct *add. V sed del.* 29 eius elongationem] *inv. I* 30 oriente] occidente *V* 31 totum] et tamen *add. I* 31 consequentis] huius *I* 32 principales] *om. I* 34 invicem] eodem *I (est in P V)* 36 eorum proprias] proprias ipsorum *I* 37 dicendum quod] intendendum *V* 38 esset] esse *V*

Ad secundam dico quod figura sphaerica inter omnes figuras sibi isoperimetras est minima quantum ad loci occupationem; cum hoc tamen stat quod inter easdem est maxima quantum ad interiorem capacitatem, et ideo expedientius et commodius est caelum esse sphaericae figurae quam alicuius alterius.

Ad tertiam dico quod, licet sint aliqui orbes in una parte spissiores et in alia magis tenues, tamen illi adhuc sunt sphaerici, licet non sit idem centrum superficiei concavae et superficiei convexae. Sic igitur dictum sit de caeli figura.

---

39 omnes figuras] *inv. I* 40 sibi] *om. V* 40 est] necessaria *add. V sed del.* 42 expedientius] expernensius *(sic) V* 44 sint] *om. I* 44 parte] sint *add. I* 45 licet] s *add. V sed del.* 46 convexae] etc. *add. V* 47 igitur] ergo *I* 47 sit] est *V*

Quaestio 6

Utrum sphaerae caelestes seu orbes sint octo vel novem vel plures vel pauciores

Ulterius quaerendum est circa partes maiores ipsius caeli, sicut sunt sphaerae seu orbes caelestes. Et quantum ad hoc volo duo quaerere. Primo de numero sphaerarum: utrum sint octo vel novem vel plures vel pauciores; secundo: utrum ad salvandum illa quae apparent ex motibus planetarum oporteat ponere excentricos et epicyclos.

Quantum ad primum arguitur primo quod non sint plures orbes caelestes seu sphaerae. Nam, si sic, vel illae essent continuae vel contiguae. Non potest dici quod continuae, nam tunc omnes moverentur uno motu simplici; quod tamen est falsum, nam communiter ponitur quod orbes planetarum moventur super polis zodiaci contra motum primi mobilis qui sit super polis mundi. Et patet hoc, nam intantum quod orbis solis facit unam revolutionem contra motum firmamenti, orbis lunae facit multo plures; quod non posset esse, si totum caelum esset una massa continua, ex eo quod continuorum ad invicem unus est motus. Nec potest dici quod ad invicem sint contigui. Quod probatur sic: quorum ultima sunt unum, non sunt ad invicem contigua, sed continua; sed sic est de orbibus supercaelestibus sibi invicem immediatis. Quod probatur: nam capiatur orbis lunae et orbis Mercurii, qui ponuntur ad invicem immediati, et arguatur sic: superficies convexa orbis //// lunae et concava orbis F.V. 30va
Mercurii sunt una superficies; ergo illi duo orbes sunt ad invicem continui et non contigui. Antecedens probatur primo, quia ambae dictae superficies aequaliter distant a centro mundi.

5/6 duo quaerere] *inv. I* 8 ponere] orbes caelestes *add. V* 8 et] sive *V* 11 sic] *iter. V sed del.* 11 illae] illi *I* 11 continuae] continui *I* 11/12 contiguae] contigui *I* 12 continuae] continui *I* 15 polis] polos *I* 16 intantum] *om. V* 16 quod] inter *(dub.) add. V* 17 posset] potest *I* 18/19 continuorum] adinv *add. V sed del.* 19 ad] sunt *I* 20 sunt] *om. I* 21 sed continua] *om. V (hom.)* 26/27 ambae dictae] *inv. I*

Secundo. Quia dictae superficies sunt sibi invicem aequales; ergo sunt una superficies. Antecedens probatur: quia ipsae se habent sicut locatum et locus; sed ista sibi invicem sunt aequalia *IV*^{o} *Physicorum*. Consequentia probatur: quia, si dictae superficies sunt sibi invicem aequales, et sunt duae, tunc sequeretur quod sit possibile circa idem centrum esse duos circulos vel duos orbes sibi F.I. E3^{ra} invicem aequales; quod est contra *III*^{um} *Geometriae*. Propor- | tionaliter potest argui de quibuscumque aliis orbibus sibi invicem immediatis.

Secundo ad principale. Non sunt plures sphaerae ignis, nec etiam sunt plures sphaerae aeris, etc.; ergo non videntur esse plures sphaerae caelestes. Consequentia videtur tenere a simili. Et probatur antecedens ratione: nam, si essent plures sphaerae caelestes, et cum omnium sit unus motus, scilicet motus circularis, sequeretur quod unus motus simplex naturalis esset plurium corporum simplicium; cuius oppositum dictum est *I*^{o} *huius*.

Tertio probatur quod saltem non sit ponenda nona sphaera seu nonus orbis caelestis primo auctoritate COMMENTATORIS, qui non posuit nisi octo. Et probatur hoc ratione: nam videtur quod frustra poneretur nona sphaera, propter hoc quod, si poneretur, non influeret aliquid in istis inferioribus, propter hoc quod orbis omnem influentiam quam habet, habet ratione stellae vel stellarum in ipso existentium; modo in nona sphaera non ponitur aliqua stella, nam omnes stellae fixae ponuntur in octava sphaera, aliae autem quae dicuntur stellae erraticae seu planetae ponuntur in aliis septem

---

29 ipsae] *om. I* 30 ista] illa *I* 30 sibi invicem sunt] *inv. I* 31 sunt] sint *I* 32 tunc] *om. I* 32 sequeretur] sequitur *I* 32 sit] est *I* 34 contra] *om. V* 38 non] nec *I* 38 videntur] videtur *V* 39 sphaerae] sphaeras *V* 39 a simili] per simile *V* 40 antecedens] consequens *I* 41 motus^{1}] simplex naturalis *add. V sed del.* 41 motus^{2}] *om. I* 45 auctoritate Commentatoris] *inv. I* 45 posuit] ponit *I* 46/47 hoc ratione... propter] *om. V (hom.)* 49 habet^{1}] h *add. V sed del.* 49/50 in ipso existentium] *inv. I*

31 ARISTOTELES, *Physica,* IV, 4, 210 b 32 - 211 a 5.
34 EUCLIDES, *Elementa,* III, 1.
43 ARISTOTELES, *De caelo*, I, 2, 269 a 8-9.
45 AVERROES, *In De caelo*, II, ff. 129ra sqq, comm. 46 sqq.

sphaeris, ita quod quaelibet illarum habet unum orbem specialem, ita quod secundum septem planetas ponuntur septem orbes.

Quarto probatur quod sint plures quam novem: nam clarum est quod plures sunt stellae quam novem; modo quaelibet stella est una sphaera caelestis, quia est corpus caeleste rotundum solidum in cuius medio est punctus a quo omnes lineae ducibiles ad circumferentiam sunt aequales.

Confirmatur hoc, scilicet quod plures sunt orbes caelestes quam novem. Nam pro solo motu solis assignantur tres orbes: unus quidem, scilicet inferior, concentricus mundo quoad concavum et excentricus quoad convexum; secundus, qui vocatur *deferens*, excentricus mundo tam quoad concavum quam quoad convexum; tertius autem, qui est excentricus mundo quoad concavum et concentricus quoad convexum. Et ita pro quolibet alio planetarum oportet assignare plures orbes, propter quod videntur esse plures quam novem orbes seu sphaerae caelestes.

Quinto ad principale. Videtur quod sint infinitae sphaerae seu orbes caelestes, quia, si non ultra quamcumque sphaeram esset alia in infinitum, non videretur quid esset ultra ultima sphaeram: utrum vacuum vel quid.

In oppositum sunt omnes philosophi et astronomi, qui ponunt plures orbes caelestes, licet in numero orbium sint diversificati: nam QUIDAM ponunt solum octo, QUIDAM novem, QUIDAM decem.

In ista quaestione primo videndum est propter quid philosophi movebantur ad ponendum plures orbes caelestes; //// secundo F.V. 30vb
videndum est de numero orbium caelestium.

---

53 qualibet] quilibet *I* 53 illarum] horum *scr. V sed del. et* istorum *add.* 53 habet] habeat *I* 60 hoc scilicet] *om. I* 60 sunt] sint *I* 61 orbes] orbis *V* 62 inferior] q *add. V sed del.* 62 et] conc *add. V sed del.* 63 excentricus] et centrico et centrico *V* 65 est] et *add. V sed exp.* 65 excentricus] ecentrico *V* 66 ita] qui *add. V sed del.* 66 planetarum] p *add. V* 67 plures] orbes *add. V* 68 sphaerae] sphaeras *V* 69 Quinto] Tunc arguitur ulterius quo *V* 73 astronomi] astrologi *I* 74 orbes caelestes] *inv. I* 75 nam] l *add. V sed del.*

75 Erant plures opiniones circa sphaerarum numerum, secundum quod considerabatur fixarum stellarum sphaera (8^{a} sphaera), cristallina sphaera (9^{a}) vel primi mobilis sphaera (10^{a}).

Quantum ad primum sciendum est quod philosophi viderunt plures stellas moveri ab oriente in occidentem; et cum hoc semper viderunt istas stellas manere in aequali propinquitate et distantia ab invicem, propter quod movebantur ad ponendam unicam sphaeram pro omnibus illis stellis; in qua quidem sphaera illae stellae sunt fixae sicut clavis in navi, vel pars in toto, quam quidem sphaeram vocabant sphaeram octavam seu caelum stellatum. Deinde, cum experiebantur de septem planetis quod aliquando plus appropinquarent ad invicem et aliquando plus recederent ab invicem, et etiam aliquando aliquibus stellis fixis essent propinquiores, aliquando vero aliquibus stellis fixis remotiores, moti erant ad ponendum septem orbes planetarum pro quolibet planeta unum orbem, accipiendo *orbem* pro aggregato ex omnibus orbibus sufficientibus ad motum unius planetae.

De ordine autem talium orbium septem planetarum, QUIDAM posuerunt primo sphaeram Saturni, deinde sphaeram Iovis, deinde sphaeram Martis, deinde sphaeram Veneris, deinde sphaeram Mercurii, deinde sphaeram solis, et ultimam sphaeram lunae, ita quid ILLI posuerunt Venerem et Mercurium super solem; alii autem posuerunt Venerem super solem et Mercurium infra; alii autem e converso. Sed quidquid de hoc sit, rationabilius videtur esse quod tres planetae sint super solem et tres infra, et sol in medio tamquam rex in regni medio, ad finem quod supra et infra possit aequaliter illuminare et influere.

Sed aliquis diceret: si infra solem sunt Venus, Mecrurius et luna, et luna aliquando eclipset solem per interpositionem eius inter F.I. E3rb visum nostrum et solem, quae | causa est quod sic non facit Venus

80 stellas] movere *add. V sed del.* 80 moveri] movere *V* 80/81 semper viderunt] *inv. I* 81 istas] illas *I* 81 manere] vel moveri *add. I* 82 ponendam] ponendum *I P* 86 experiebatur] expediebantur *V* 86 septem] *iter. V sed primum verbum del.* 89 aliquibus] ab illis *I* 89 fixis] essent *add. I* 90 ponendum] ponendam *I* 91 ex] et *I* 93 orbium] *om. V* 94 primo] primam *V* 96 sphaeram[2]] *iter. V sed primum verbum del.* 98 infra] solem *add. V* 99 videtur esse] *inv. I* 00 infra] solem *add. V* 1 regni] regno *V* 1 finem] nec *add. V sed del.* 2 illuminare et influere] *inv. V* 3 Sed] contra hoc *add. I P* 3 sunt] un *add. V sed del.* 4 et] cum *add. I* 4/5 interpositionem] inpositionem *V* 5 causa est]*inv. I*

93/97 Secundum quosdam antiquorum, Venus et Mercurius sunt aliquando super solem, aliquando infra. Cf. P. DUHEM, *Le système du monde*, 1958, tome III, pp. 48, 49 et 52.

et Mercurius, cum tamen etiam bene contingat ipsos situari inter visum et solem.

Et potest dici quod hoc est propter magnam diaphaneitatem Veneris et Mercurii, et propter minorem diaphaneitatem ipsius lunae. Aliter potest dici quod hoc est propter maiorem propinquitatem lunae ad nos. Unde vos videtis, si aliquod opacum ponitur inter oculum et visibile, quanto illud opacum est propinquius oculo, tanto maiorem partem visibilis occultat, et quanto est remotius ab oculo et propinquius visibili, tanto minorem partem visibilis occultat. Sic in proposito luna propinquior visui posita inter visum et solem sensibilem partem solis potest occultare, Venus autem et Mercurius remotiores a visu et propinquiores soli, minorem partem solis occultant, et ita parvam quod non propter hoc sol apparet eclipsari.

Ulterius sciendum est quod, quia aliqui philosophi non perceperunt octavam sphaeram moveri pluribus motibus, sed unico, scilicet ab oriente in occidentem, et dixerunt sphaeram octavam esse ultimam et nullam esse ultra; et etiam propter hoc quod, quia habet plures stellas, ipsa est nobilior aliis, et per consequens debet esse suprema et ultima.

Alii autem percipientes octavam sphaeram pluribus motibus moveri, uno quidem ab oriente in occidentem super polis mundi faciendo in die naturali unam revolutionem circa terram, alio autem motu moveri ab occidente in orientem super polis zodiaci //// cen- F.V. 31ra
tum annis gradu uno, moti erant ad ponendum ultra octavum orbem nonum, quem vocant *primum mobile*, quod dicunt unico et simplicissimo motu moveri ab oriente in occidentem. Quod quidem primum mobile producit motum octavae sphaerae diurnum rapiendo ipsam secum ab oriente in occidentem, et etiam consimiles motus in orbibus planetarum, sed quod octava sphaera movetur ab occi-

---

6 bene] aliquando *I* 8 Hic] *om. I*; ad hoc *P* 13 tanto] l *add. V sed del.* 17 propinquiores] visibili, scilicet *add. I P* 18 solis] oculi *add. V sed del.* 18 quod] noster *add. V sed del.* 18 non] *scr. v sed del.* 22 et] *om. I* 23 quod] *om. V* 23 quia] ipsa *add. V* 28 alio] aliom *V* 28 autem] movens *add. V sed del.* 28 motu] *om. I P* 31 dicunt] moveri *add. I* 32 movere] *om. I* 32 quidem] *om. V* 34 occidentem] et *add. V sed del. et exp.* 35 moveatur] movetur *I*

dente in orientem uno gradu centum annis, hoc est per motorem sibi appropriatum, et ita similiter est de consimili motu orbium planetarum. Sic igitur patet propter quid philosophi moti erant ad ponendum plures orbes.

Quantum ad secundum primo praemittenda est una distinctio. Et sit ista quod sphaera vel orbis dicitur unus tripliciter. Uno modo quia est quaedam pars caeli sphaerica non separata a toto nec suppositaliter existens: isto modo stella bene dicitur una sphaera, et sic secundum talem intellectum loquendo valde multae sunt sphaerae caelestes.

Secundo modo sphaera vel orbis dicitur unus, quia est unus orbis suppositaliter existens, sive sit concentricus mundo sive sit excentricus; et sic accipitur, cum dicitur quod solis sunt tres orbes, scilicet excentricus deferens solem et duo alii orbes illum includentes, quorum inferior est concentricus mundo quantum ad concavum et excentricus quantum ad convexum, superior autem excentricus quantum ad concavum, et concentricus autem quantum ad convexum, sicut dictum est prius.

Tertio modo capitur pro orbe concentrico mundo vel pro aggregato ex omnibus orbibus qui requiruntur et sufficiunt ad salvandum motus unius planetae, quod quidem aggregatum est concentricum mundo tam quantum ad concavuum quam quantum ad convexum.

Primis duobus modis nolo accipere orbem in proposito, sed ultimo modo, nam non est dubium quod, accipiendo orbem primo vel secundo modo, multo plures sunt orbes caelestes quam novem vel decem; sed, accipiendo orbem ultimo modo, diversae sunt opiniones de numero orbium. Nam una est opinio quae ponit novem orbes caelestes, scilicet septem orbes planetarum et octavum orbem stellatum, et super istum orbem nonum, quem vocant *primum mobile*. Et pro probatione istius ista opinio supponit quod octavus orbis seu

36 uno gradu centum annis] centum annis uno gradu *I*; q *add. V sed del.* 37 est] res *V* 38 igitur] ergo *I* 40 est] *iter. V sed primum verbum del.* 43 isto] illo *I* 46 quia] qui *I* 47 suppositialiter] proportionaliter *V* 47 sit²] *om. V* 48 excentricus] mundo *add. I* 50 est] *iter. V sed del.* 51 autem] et *add. V sed del.* 52 et] *om. I* 52 concentricus] autem *add. I* 54 pro²] *om. V* 62 opinio] *iter. bis V sed del.* 65 Et] *om. I* 65 istius] illius *I*

octava sphaera movetur pluribus motibus: uno enim movetur ab oriente in occidentem super polis mundi; alio autem motu movetur ab occidente in orientem super polis zodiaci in centum annis uno gradu. Secundo supponit quod unus orbis non movetur pluribus motibus ab eadem intelligentia nec idem orbis movetur a pluribus intelligentiis sibi aeque primo appropriatis, sicut satis ostendit ARISTOTELES *XII° Metaphysicae*. Tertio supponit quod sphaera in- | ferior non movet secum sphaeram superiorem, sed bene superior F.I. E3ra secum inferiorem.

Ex istis tribus suppositionibus concluditur esse nonam sphaeram. Nam, postquam octava sphaera movetur pluribus motibus, sicut dicit suppositio prima, et non ab eodem motore, nec a pluribus motoribus sibi aeque primo appropriatis, sicut dicit secunda suppositio, nec a sphaera inferiore, sicut dicit tertia suppositio, relinquitur quod oportet esse nonam quae appropriate movetur ab oriente in occidentem. Et illo motu movet secum octavam sphaeram ab oriente in occidentem, et sic tunc octava sphaera movetur motu proprio per intelligentiam sibi appropriatam ab occidente in orientem super polos zodiaci, cum hoc quod movetur ab //// oriente in occidentem F.V. 31rb ad motum nonae sphaerae super polis mundi.

Secundo: aliquis est Primus Motor; igitur aliquid est primum mobile. Antecedens patet per ARISTOTELEM *XII° Metaphysicae*. Et consequentia patet similiter. Et ultra: aliquid est primum mobile; igitur illud debet moveri motu unico et simplici; sed illud non est octava sphaera, cum ipsa moveatur pluribus motibus; igitur praeter octavam sphaeram oportet ponere nonam, quae moveatur unico motu simplici, scilicet ab oriente in occidentem, quam astrologi multi vocant *primum mobile*.

---

67 occidente] et hoc *add. I* 67 polis] polos *I* 68 polis] polos *I* 68 uno] unico *I* 71 sicut] illud *I* 73 secum] *om. V (est in I P)* 74 superior] movet *add. I* 75 secum] *om. V* 75 Ex] De *V* 75 istis] his *I* 75 nonam sphaeram] nona sphaera *V* 77 suppositio prima] *inv. I* 81 movet] moveat *V*; et *add. V sed del.* 86 igitur] ergo *I* 88 patet] *om. V* 88 aliquid] aliquod *I* 89 igitur] ergo *I* 90 igitur] ergo *I*

72 ARISTOTELES, *Metaphysica*, XII (Λ), 8, 1073 a 33 - 1073 b 1.
87 ARISTOTELES, *Metaphysica*, XII (Λ), 9, 1074 b 15 - 1075 a 10.

Alia est opinio quae non ponit nisi octo; et ista habet diversos defensores diversimode ipsam defendentes. Unde primi erant antiqui philosophi qui non perceperunt octavam sphaeram moveri alio motu quam ab oriente in occidentem, nec quoad veritatem nec quoad apparentiam. Et sic, quia crediderunt octavam sphaeram moveri solum unico motu, dixerunt quod non essent nisi octo sphaerae, nam frustra poneretur nona: postquam stellae essent fixae in octava, et etiam quia ista nona non esset necessaria ad producendum aliquem motum in octava sphaera, cum ipsa non moveatur nisi simplici motu ab intelligentia sibi appropriata, sicut ipsi crediderunt.

Sed breviter isti sunt decepti, nam ex pluribus experientiis habemus octavam sphaeram pluribus moveri motibus, scilicet ab oriente in occidentem super polis mundi et ab occidente in orientem in centum annis gradu uno super polis zodiaci.

Alii autem sunt qui dictam opinionem volunt defendere, et cum hoc concedere octavam sphaeram moveri pluribus motibus; sed ipsi dicunt quod hoc est a pluribus intelligentiis eidem orbi appropriatis, quarum una movet octavam sphaeram ab oriente in occidentem, et alia ab occidente in orientem modo quo dictum est. – Sed breviter illud non valet, nam uni orbi non sunt plures intelligentiae appropriatae: aliter enim unum corpus simplex moveretur naturaliter et aeque primo pluribus motibus simplicibus, cuius oppositum *ostensum est in I° huius*; etiam hoc est contra ARISTOTELEM *XII° Metaphysicae*, scilicet quod eidem orbi sunt appropriatae plures intelligentiae.

Aliter posset dicta opinio sustineri sustinendo quod non essent nisi octo orbes, scilicet illi qui dicti sunt, et quod octava sphaera non moveretur pluribus motibus, sed quod ipsa apparet moveri

97 ab] *om. V* 00 essent fixae] *inv. I* 1 ista] illa *I* 2 sphaera] *om. I* 3 sibi appropriata] *om. V* 5 pluribus experientiis] experientiis plurium *I* 9 volunt defendere] *inv. I* 10 hoc] *om. V* 13 quo] quod *scr. V sed del. et s.v.* quo *add.* 13 est] *om. V* 15 et] *om. V* 17 in] *om. V* 18 scilicet] *om. I* 19 posset] potest *I*

16/17 Cf. *supra*, L. I, Q. 1.
17/18 ARISTOTELES, *Metaphysica*, XII (Λ), 8, 1073 a 33 - 1073 b 1.

pluribus motibus: hoc provenit isto modo quod, quando octava sphaera movetur ab oriente in occidentem super polis mundi, ipsa terra movetur interim ab occidente in orientem circa lineam imaginatam, quam terminant poli zodiaci intantum quod in centum annis uno gradu ipsa terra est tali motu mota.

Et, si diceretur, quomodo igitur salvabis motum accessus et recessus octavae sphaerae, quem est imaginatus THEBIT? Dico quod ille etiam potest salvari per unum alium motum terrae consimiliter imaginatum qualiter THEBIT imaginatur fieri motum octavae sphaerae. Et sic diceretur propter talem duplicem motum terrae apparere octavam sphaeram moveri duobus motibus ultra motum diurnum ab oriente in occidentem, scilicet motu quo apparet moveri in centum annis uno gradu ab occidente versus orientem, et motu alio //// quem THEBIT vocat *motum accessus et recessus*, licet F.V. 31va tamen octava sphaera non moveatur nisi unico motu simplici, scilicet ab oriente in occidentem. – Sed illud non videtur esse omnino tutum, quia non apparet prima facie quid | terram sic moveret; nihi- F.I. E3vb lominus forte qui niteretur in defensione huius opinionis posset excogitare faciliter modum hoc evadendi et plura alia dictam opinionem multum colorantia.

Aliter adhuc opinionem non ponentem nisi octo sphaeras posset quis sic defendere adhuc sustinendo octavam sphaeram moveri pluribus motibus, et posset dicere quod octava sphaera movetur ab intelligentia sibi appropriata ab occidente in orientem sub polis zodiaci, scilicet quod movetur ab oriente in occidentem cum aliis orbibus planetarum: hoc non provenit ab intelligentia sibi appropriata, sed hoc provenit a Primo Motore appropriato toti aggregato ex omnibus orbibus caelestibus. Et tunc iuxta hoc diceretur quod

---

27 igitur] ergo *I* 29 potest] posset *I* 29 salvari] salvare *V* 33 apparet] debet *I* 34 annis] or° *add. V sed del.* 34 uno gradu] *inv. I* 37 illud] istud *I* 38 prima] facere *add. V sed del.* 38 sic] *iter. V sed del.* 39 niteretur] remitteretur *scr. V sed del. et in marg. sin* niteretur *add.* 39 in defensione] defensioni *I* 42 non ponentem] ponendo *I* 42 posset] potest *I* 43 sustinendo] ipsam *add. I* 44 posset] *om. I* 46 movetur] moveatur *I* 47 non provenit] *inv. I*

30/37 THÂBIT IBN QURRA, *De ponderibus*: cf. L. THORNDIKE, *History of Magic and Experimental Science*, I.

per primum mobile non debet intelligi una sphaera partialis sed totum aggregatum ex omnibus sphaeris, et quod illud aggregatum ex omnibus sphaeris movetur unico motu et simplici et regulari ab oriente in occidentem a Primo Motore. – Ista opinio non habet aliquid contra se nisi solum hoc quod non potest bene salvare motum accessus et recessus octavae sphaerae quem invenit THEBIT et fecit de hoc unum specialem tractatum.

Alia est opinio quam inter ceteras magis approbo quod decem sunt orbes et non plures. Probatur, quia per tot possunt salvari ista quae apparent quantum ad motum caeli: unde imaginandum est quod primus, scilicet orbis decimus movetur unico motu et simplici ab oriente in occidentem; et vocatur *primum mobile* quo motu omnes inferiores orbes movet secum; secundus autem movetur motu proprio tali motu qualem dicimus esse motum accessus et recessus, et consimilem producit in octava sphaera. Et octava sphaera movetur motu proprio ab occidente in orientem per meridiem super polis zodiaci in centum annis gradu uno, et consimilem producit in orbibus planetarum. Deinde quilibet planetarum movetur motu proprio ab occidente in orientem per meridiem, licet non omnes super eisdem polis, et etiam non omnes aequali velocitate. Et quod non omnes moveantur super eisdem polis quantum ad motum eis proprium, patet ex eo quod sol nunquam exit eclipticam et propter hoc non dicitur habere motum latitudinis. Alii autem planetae exeunt eclipticam intantum quod vestigia quae imaginantur describi ab aliis planetis in eorum motu intersecant vestigium quod imaginatur describi a sole; quod non esset, si omnium planetarum orbes moverentur super eisdem polis ab occidente in orientem.

---

50 debet] deberet *I* 52 ex omnibus sphaeris] *om. V* 54 solum hoc] *om. V (est in I P)* 54 potest bene] *inv. I* 58 possunt salvari] possumus salvare *I* 58 ista] illa *I* 60 primus, scilicet orbis] *om. I (est in P V*: orbis *om. P)* 62 inferiores orbes] *inv. I* 63 et] *iter. V sed del.* 69 etiam] sed *(dub.) V* 70 Et] *om. I* 71 eis] eius *V* 73 planetae] exi *add. V sed del.* 74 motu] *om. V*

57 THÂBIT IBN QURRA, *De ponderibus*: cf. L. THORNDIKE, *History of Magic and Experimental Science*, I.

Ad rationes principales. Ad primam: *vel essent continui, etc.*, solutio huius argumenti videbatur in ista quaestione *I^{i} huius*, qua quaerebatur utrum totalis mundus esset unum continuum.

Ad secundam: *non sunt plures sphaerae ignis, etc.*, negatur consequentia, nec est simile de uno et de alio. Et quando dicebatur: *unus motus simplex, etc.*, negatur consequentia, quia motus //// F.V. 31vb primus circularis inest primo mobili naturaliter, aliis autem ratione primi mobilis.

Ad tertiam dico quod COMMENTATOR fuit istius opinionis, et ideo transeat cum aliis. Et quando dicebatur quod frustra ponitur nona sphaera, negatur: et causa propter quam ponitur dicta est in quaestione.

Ad quartam ista bene probat quod plures sunt sphaerae caelestes quam novem vel decem, accipiendo *sphaeram* primo vel secundo modo; sed non probat quod sint plures, accipiendo sphaeram ultimo modo. Illae autem acceptiones sphaerae positae sunt in quaestione.

Ad confirmationem respondeatur consimili modo.

Ad quintam dico quod extra ultimam sphaeram nihil est, secundum quod *dictum est I^{o} huius*. | F.I. E4^{ra}

78 principales] *om. I (est in P V)* 79 videbatur] videatur *I* 81 secundam] rationem *add. V* 82 est] sim *add. V sed del.* 83 simplex] secundum speciem *add. I* 86 istius] illius *I* 87 Et] Sed *I* 90 ista] illa *I* 91 novem] q *add. V sed del.* 92 non] prout *add. V sed del.* 96 ultimam sphaeram] ultimum *I P* 97 huius] et sic est finis quaestionis *add. I*

87 AVERROES, *In De caelo*, II, ff. 129ra sqq, comm. 46 sqq.
98 Cf. *supra*, L. I, Q. 4.

Quaestio 7

Utrum ad salvandum illa quae apparent ex motibus planetarum oporteat ponere orbes excentricos et epicyclos

Secundum propositorum erat utrum ad salvandum ista quae apparent ex motibus planetarum oporteat ponere orbes excentricos et epicyclos.

Et arguitur quod non, arguendo primo contra excentricos. Nam, si sic, sequeretur quod nullum grave simplex posset moveri naturaliter; consequens est falsum et contra ea quae dicta sunt in *I° huius*. Consequentia tenet, quia, si ponerentur excentrici, essent plura centra vel media ad quae gravia moverentur; et sic, cum non possint moveri ut quiescant in utroque medio naturaliter, ad neutrum movebuntur naturaliter, quia finis motus naturalis est quies in termino ad quem.

Secundo. Si sic, sequeretur quod terra non esset in medio mundi; consequens est falsum. Probatur consequentia: quia terra non est in medio sphaerae solis ex quo orbis solis esset excentricus mundo; et eadem ratione non esset in medio orbium planetarum aliorum, cum etiam ponantur excentrici mundo; et per consequens terra non erit in medio totius ex his aggregati.

Tertio. Si sic, tunc in caelo oporteret ponere condensationem vel rarefactionem vel vacuum; quodlibet istorum est falsum. Probatur consequentia: quia, si ponantur excentrici ad quorum motum

---

6 oporteat] oportet *I P V* 7 epicyclos] opery *add. V sed del.* 8 arguendo] *om. I* 9 quod] non *add. V sed del.* 10 est] *om. V* 11 tenet] patet *I* 12 sic] n *add. V sed del.* 13 possint] possent *V* 13 ut] quod *V* 13 quiescant] quiescat *V* 14 movebuntur] movebitur *P V* 14 naturalis] est qui e *add. V sed del. et s.v.* est qui *add.* 14/15 est quies in termino ad] es in (ad *scr. sed exp. et s.v.* in *add.)* cuv' in *V* 17 est] *om. V* 19 planetarum aliorum] *inv. I* 20 ponantur] ponuntur *V* 22 vel] et *I* 23 istorum] illorum *I* 24 motum] *om. V*

10 Aristoteles, *De caelo*, I, 2, 269 a 26-27.

moventur corpora planetarum, oportet, dum aux venit ad locum ubi prius erat oppositum augis, relinqui vacuum in loco ubi prius fuit aux vel fieri rarefactionem sphaerae superioris pro replendo illud vacuum; et ex alia parte, quando aux venit in locum ubi prius erat oppositum augis, oportet fieri condensationem ipsius augis vel alterius orbis superioris, vel fieri penetrationem; quorum quodlibet est inconveniens.

Quarto. Si ponerentur excentrici, sequeretur quod motus planetarum non essent motus simplices; quod est falsum. Consequentia probatur: quia, quando planetae moverentur versus augem, recederent a centro mundi, et, quando moverentur ad oppositum augis, accederent ad centrum mundi; et sic motus eorum videretur esse compositus ex circuitione et motu recto, cum a centro mundi elongari sit ascendere et centro mundi appropinquare sit descendere, ascensus autem et descensus sunt motus recti.

Quinto, arguitur contra epicyclos. Luna non habet epicyclum; igitur nec alii planetae. Consequentia tenet, nam, tantum vel magis luna indiget epicyclo ad salvandum apparentia in suis motibus, quantum aliquis aliorum planetarum. Antecedens probatur: quia, si luna haberet epicyclum et moveretur ad motum epicycli, //// F.V. 32ra
sequeretur quod ista imago seu iste vir habens pondus spinarum in dorso deberet aliquando apparere eversus sic quod aliquando pedes deberent apparere sursum et caput deorsum; sed hoc est falsum.

Ad istam rationem quidam dicunt negando consequentiam. Nam dicunt quod corpus lunae non solum movetur ad motum deferentis et epicycli; sed ipsa movetur in epicyclo secundum se contra motum epicycli sic proportionaliter quod, quando epicyclus fecit unam circuitionem ad oppositum circa centrum suum proprium, tunc luna etiam fecit unam circuitionem ad oppositum circa cen-

---

25 dum] *iter. V sed primum verbum del.* 26 relinqui] relinquere *I P* 29 ipsius] eius *V* 30 orbis] aln *add. V sed del.* 33 Consequentia probatur] *inv. I* 35 recederent] ad conty in *add. V sed del.* 37 circuitione] circulatione *V (est in I P)* 37 cum] ad centrum *add. V sed del.* 39 elongari] elongare *V* 38 sit] ass l *add. V sed del.* 41 igitur] ergo *I* 45 ista] illa *I* 45 iste] ille *I* 47 deberent apparere] esse *I* 47 sed hoc est falsum] *om. V* 48 Nam] *om. V* 52 circuitionem] circulationem *P V* 52 ad oppositum] *om. V* 53 circuitionem] circulationem *V*

trum suum proprium; et per hoc potest salvari quod ista imago semper apparet consimili modo, et nunquam eversa. Hoc non valet: quia aliae stellae non moventur motibus propriis circa sua centra propria; igitur nec luna. Consequentia tenet, nam consimilis videtur esse ratio hic et ibi. Antecedens probatur, nam talis motus stellarum videretur esse frustra, cum propter talem motum non diversimode influerent in ista inferiora, et cum motus superior non fiat nisi propter diversam influentiam in ista inferiora. Unde, cum stella sit eiusdem naturae per totum, consimiliter influit in ista inferiora secundum unam suam partem sicut secundum aliam.

Ultimo arguitur simul contra excentricos et epicyclos auctoritate COMMENTATORIS, qui super *isto II° Caeli* dicit in pluribus commentis quod opinio mathematicorum de excentricis et de epicyclis est impossibilis.

Oppositum dicunt communiter omnes MODERNI ASTROLOGI et inter ceteros maxime PTOLEMAEUS in pluribus dictionibus libri *Almagesti*.

In ista quaestione primo exponendi sunt termini quidam; secun-
F.I. E4^{rb} do respondendum est ad quaestionem. |

Quantum ad primum sciendum est quod orbis excentricus seu egressae cuspidis seu egredientis centri, quod idem est, dicitur orbis habens centrum suum aliud a centro mundi, sub cuius tamen utraque superficie tam concava quam convexa est centrum mundi, licet non directe in medio eius. Et quidam talium orbium quantum ad utramque eorum superficiem tam concavam quam convexam sunt excentrici mundo; quidam autem quantum ad superficiem eorum concavam sunt concentrici mundo, sed sunt excentrici quan-

54 ista] illa *I* 56 sua centra] *inv. I* 57 igitur] ergo *I* 60/61 et cum... inferiora] *om. V (hom.)* 64 simul] *om. I* 64 epicyclos] simul *add. I* 65 Commentatoris] et *add. V sed exp.* 65 isto II°] istum II^{um} *I* 71 In] De *I* 73 est] *om. V* 74 egressae] egressio *P V* 76 tam] gn *add. V sed del.* 80 eorum] eius *V* 80 sunt] *om. V*

65 AVERROES, *In De caelo*, I, comm. 5, f. 5^{v}, L.
68 Cf. ALPETRAGIUS (AL BITRÛJÎ), *De motibus caelorum*, V.
69/70 PTOLEMAEUS, *Almagesti opus*, IV, 5; V, 4-5.

tum ad superficiem convexam eorum; quidam autem sunt excentrici mundo quantum ad superficiem concavam, concentrici autem quantum ad superficiem convexam. Similiter quidam eorum sunt uniformis spissitudinis, sicut sunt illi qui sunt excentrici mundo quantum ad ambas eorum superficies; quidam autem sunt difformis spissitudinis, sicut sunt illi qui sunt excentrici mundo quantum ad unam eorum superficiem et concentrici quantum ad aliam. Sed epicyclus dicitur una parva sphaera existens in superficie excentrici, sub cuius superficie convexa non est centrum mundi. Istud posset declarari depingendo de hoc figuram in pariete. Sed orbis concentricus mundo dicitur ille cuius centrum est idem cum centro mundi.

Secundo est notandum quod tam in epicyclo quam in excentrico assignantur duo puncta distincta, quorum unum dicitur aux, sicut est punctus qui magis elevatus est a centro mundi, punctus autem sibi oppositus dicitur oppositum augis. Sed puncta intermedia inter illa dicuntur longitudines mediae.

Quantum ad secundum sit prima conclusio: ad salvandum apparentia ex motu solis non oportet ponere solem moveri in excentrico, nec oportet ponere moveri in epicyclo cum concentrico, nec oportet ponere ipsum moveri in epicyclo moto in excentrico. Probatur: nam per quodlibet istorum sine reliquo contingit salvare apparentia in motu solis; igitur nullum istorum necesse est ponere ad salvanda ea. Consequentia nota est. Antecedens patet per PTOLEMAEUM, dictione 3ª *Almagesti* minoris, ubi demonstrat quod quodlibet istorum modorum possibile est salvare apparentia ex //// F.V. 32ʳᵇ motu solis.

Secunda conclusio: ad salvandum apparentia ex motu solis necesse est ponere solem habere excentricum sine epicyclo vel concentricum cum epicyclo vel excentricum cum epicyclo. Probatur:

---

81 convexam eorum] *inv. I* 82 concavam] et sunt *add. V* 82 autem] mundo *add. V* 86 qui sunt] exc *scr. V sed del. et* qui sunt *om.* 90 posset] potest *I* 93 est] *om. V* 94 duo] *om. I* 95 est] ille *I* 97 ista] illa *I* 98/99 apparentia] y *add. V sed del.* 3 igitur] ergo *I* 4 est] *om. I* 6 possibile est] *inv. I*

5 PTOLEMAEUS, *Almagesti opus*, IV, 3.

quia, nisi altero istorum trium modorum ponamus solem moveri, non videtur posse salvari diversitas distantiae solis a terra, secundum quod sol est sub diversis gradibus zodiaci: unde istis temporibus, quando sol est in fine Geminorum, est magis remotus a terra quam quando est in principio Capricorni, cum iam aux solis dicatur esse prope finem Geminorum et eius oppositum prope principium Capricorni.

Secundo, probatur hoc idem ex inaequalitate motus solis in orbe signorum, quae certis deprehensa est instrumentis: cum enim in suo deferente aequaliter moveatur sicut ex naturalibus principiis supponendum est, non potest moveri inaequaliter in orbe signorum nisi detur quod habeat excentricum vel epicyclum vel utrumque.

Tertio, hoc idem cognoscitur ex eclipsi: nam, cum aliquando contingat terram inter solem et lunam diametraliter interponi, luna nullam vel parvam habente latitudinem, et tamen luna non patiatur eclipsim; et, aliquando facta interpositione et manente latitudine eadem, patiatur. Alia causa dari non potest nisi quod umbra terrae aliquando ita brevis est quod eius conus non potest attingere corpus lunae et aliquando est umbra longior intantum quod tunc eius conus obtenebrat corpus lunae; abbreviatio autem et elongatio umbrae esse non potest nisi ex appropinquatione et elongatione solis a terra: quanto enim aliquod corpus lucidum maius corpore umbroso propinquius est umbroso, tanto umbra brevior existit, eo quod radii propinquius uniuntur, quanto vero remotius, tanto umbra fit longior.

F.I. E4[va] Hoc idem similiter habetur ex diversa longitudine solis | ad terram, quae secundum viam geometricam invenitur, sicut patet in quinta dictione *Almagesti*, capitulo 15°.

---

11 altero] alterum *P V* 14 Geminorum] sol *add. V sed del.* 16 esse] *om. V* 16 Geminorum] esse *add. V* 21 inaequaliter in orbe signorum] in orbe signorum inaequaliter *I* 23 contingat] *om. I* 24 lunam] diameter inter p *add. V sed del.* 24 interponi] interponitur *I* 28 conus] corpus *I (est in P V)* 29 umbra] luna *V* 30 conus] corpus *V (est in P V)* 30 obtenebrat] attingit *V* 31/32 ex appropinquatione et elongatione] per appropinquationem et elongationem *I (est in P V)* 32 maius] magis *scr. V sed s.v. corr.* 36 diversa longitudine] diversitate longitudinis *P*; diversa latitudine *V* 36/37 ad terram] a terra *I (est in P V)* 38 dictione] distinctione *V*

38 PTOLEMAEUS, *Almagesti opus*, X, 1.

Tertia conclusio: ad salvantum apparentia ex motibus aliorum sex planetarum ponendum est ipsos habere epicyclos cum excentricis. Probatur: nam aliter non appareret modus quomodo possemus salvare quod illi planetae aliquando sunt magis distantes a terra, aliquando minus; et aliquando sunt retrogradi, aliquando stationarii; aliquando directi et aliquando processivi, excepta luna quae non dicitur stationaria nec retrograda, licet bene dicatur cursu velox vel tarda.

Ad rationes principales. Ad primam negatur consequentia. Et ad probationem dico quod, quamvis sint plures orbes caelestes diversa habentes centra, non tamen propter hoc sunt plures termini motuum gravium simpliciter, quia non cuiuslibet orbis caelestis medium est terminus motuum naturalium gravium simpliciter et locus ipsorum naturalis, sed solum unum medium, scilicet centrum totius aggregati ex orbibus supercaelestibus, quod dicitur medium mundi vel universi, et ad illud tendunt simpliciter gravia.

Ad secundam negatur consequentia. Ad probationem dico quod terra est in medio totalis sphaerae cuiuslibet planetae, saltem quantum ad centrum suae gravitatis, nec obstat quod terra non //// est in medio excentricorum, quia excentrici includuntur in orbibus totalibus planetarum. F.V. 32va

Ad tertiam negatur consequentia. Ad probationem dico quod ratio imaginatur unum falsum: imaginatur enim quod motus excentricorum fiat circa centrum mundi sic quod quilibet punctus excentrici deferentis continue maneat in eadem remotione ad terram; et illud est falsum nec ponitur ab astrologis, immo ponunt excentricos moveri circa centra propria circa quae etiam quaelibet puncta excentricorum continue servant eandem distantiam, et ad talem motum salvandum deserviunt nobis excentrici difformis spissitudinis infra se includentes excentrici spissitudinis uniformis.

---

39 apparentia] apparentiam *I (est in P V)* 44 et] *om. V* 46 vel] et *V* 47 Ad] Tunc ad *I* 47 principales] *om. I P* 49 tamen] *om. V* 49 sunt] ... *add. s.v. V*; *et* tamen *add. V* 51 et] locum ipsorum *add. V sed del.* 55 dico quod] *om. V* 57 est] *om. V* 58 medio] mediis *I* 58/59 totalibus] totalium *V* 66 servant eandem] *inv. I* 68 spissitudinis] *iter. V sed primum verbum del.*

Ad quartam negatur consequentia. Ad probationem dico quod non omne elongari a centro mundi est ascendere, nec omne appropinquare ad centrum mundi est descendere, sed solum elongari a centro infra concavum orbis lunae vel appropinquari ad centrum infra concavum orbis lunae est ascendere vel descendere; modo sic non est de planetis quod infra concavum orbis lunae fiant centro propinquiores vel remotiores.

Finaliter, istam rationem iam solutam taliter qualiter, quae non solum vadit contra excentricos, immo etiam et magis contra epicyclos, suppositis principiis naturalibus ceteris, reputo fortiorem sicut ego bene vellem deducere, prout mihi apparet.

Ad quintam: *luna non habet epicyclum*, negatur antecedens. Et quando dicitur: *tunc ista imago, etc.*, breviter nescio quid sit de ista imagine: pluries enim inspexi lunam et bene vidi ibi quandam maculam nigram, nullo modo tamen poteram ibi apprehendere imaginem talem quam quidam dicunt ibi apparere, scilicet imaginem viri habentis pondus spinarum in dorso; nihilominus, quidquid de hoc sit, pro salvando illud quod talis imago non appareat eversa, potest dici quod hoc accidit propter motum lunae specialem quem habet circa centrum proprium contra motum epicycli, sicut dictum erat in arguendo.

Et quando dicebatur: *aliae stellae non habent motus proprios circa earum centra propria, ergo nec luna*, negatur consequentia, nam luna non omnino est eiusdem naturae in suis partibus sicut sunt aliae stellae; et ideo ipsa secundum unam eius partem potest aliter influere et secundum aliam aliter, quod non possunt facere aliae stellae; et ideo non mirum si ipsa luna ponatur moveri circa centrum proprium, et aliae stellae non.

---

70 elongari] elongare *V* 70 a centro] ad centrum *I* 71 est] *om. V* 71/72 a centro] ad centrum *V* 72 appropinquari] appropinquare *I (est in P V)* 73 modo] et modo *V* 74 fiant] centrum *add. V sed del.* 79 ego] ergo *I*; ergo *scr. V sed del. et* ego *s.v. add.* 79 bene vellem] *inv. V* 79 mihi] vera *P* 81 ista] illa *I* 82 ista] illa *I* 82 imagine] imaginatione *V* 82 enim] perspexi vel *add. V* 83 modo tamen] *inv. I* 84 quam] qualiter *V* 84 dicunt] *iter. V sed primum verbum del.* 85 quidquid] quod *I* 93 sunt] *om. I (est in P V)* 94 secundum aliam aliter] *inv. I*

Ad ultimam, scilicet ad auctoritatem COMMENTATORIS, dico quo IPSE negandus est in hoc et non mirum, quia ipse met dicit super *XII° Metaphysicae* quod in iuventute sua speravit pertingere ad aliam astronomiam quam PTOLEMAEI ponentis epicyclos et excentricos, sed in senectute desperavit, et ideo inutilis debet eius positio et probatio hic reputari. Alii autem negantes epicyclos et excentricos non fuerunt, nec sunt, si adhuc sunt tales, nisi sophistae verbosi, sicut heu sunt multi qui ad pauca respicientes de facili enuntiant et superfluas falsas imagina- | tiones evomere praesumunt. F.I. E4vb

00 astronomiam] astrologiam *V (est in I P)* 1 inutilis] *iter. V sed primum verbum del.* 1 debet eius positio] positio eius debet *V* 3 sunt tales] *inv. I* 3/4 sophistae *iter. V sed primum verbum del.* 4 de facili] facile *V* 5 et] *om. P V* 5/6 praesumunt] Et sic est finis huius praesentis quaestionis *add. I*

97 AVERROES, *In De caelo*, I, comm. 5, f. 5v, L.

99 AVERROES, *In Metaphysicam*, XII.

00 PTOLEMAEUS, *Almagesti opus*, IV, 5; V, 4-5.

Quaestio 8

Utrum omne caelum sit mobile, vel sit ponendum aliquod caelum quiescens, accipiendo caelum pro orbe caelesti

F.V. 32vb //// Sequitur nunc tractare ista quae concernunt motum caeli et suarum partium tam maiorum, sicut sunt orbes, quam minorum, sicut sunt astra. Et quantum ad hoc volo quaerere tredecim quaestiones. Prima est utrum omne caelum sit mobile, vel sit ponendum aliquod caelum quiescens, accipiendo *caelum* pro orbe caelesti; secunda: utrum caelum moveatur cum fatigatione et poena; tertia: utrum ista consequentia sit bona: si caelum movetur, necesse est terram quiescere in medio; quarta: utrum ista consequentia sit bona: caelum semper movetur, igitur necesse est ipsum moveri pluribus motibus; quinta: utrum ista consequentia sit bona: si necesse est esse generationes et corruptiones hic inferius, necesse est esse plures motus caelestes; sexta: utrum motus caeli ab oriente in occidentem sit regularis; septima, incidentaliter: utrum omnis motus naturalis in fine debeat esse velocior quam in principio; octava: utrum sphaerae caelestes diversis moveantur motibus; nona: utrum corpora caelestia suis motibus causant sonum; decima: utrum sphaerae inferiores planetarum debeant moveri velocius motibus propriis quam sphaerae superiores; undecima: utrum sol et luna debeant moveri paucioribus motibus quam alii planetae; duodecima: utrum sphaera solis per suum motum magis calefaciat ista inferiora quam aliae sphaerae; tertia decima: utrum stellae moveantur per se vel solum ad motum sui orbis.

---

5 nunc] consequenter *I* 5 tractare] pertractare *I* 5 ista] illa *I* 5 quae concernent] *om. V (lacuna)* 10/25 secundo..., tertio..., quarto..., quinto..., sexto..., septimo..., octavo..., nono..., decimo..., undecimo..., duodecimo..., tredecimo...] secunda..., tertia..., quarta... etc. *I* 12 in medio] *om. I* 13 igitur] ergo *I* 14 ista consequentia sit] sit ista consequentia *I* 15 esse generationes et corruptiones] generationes et corruptiones esse *V* 20 nona] *om. V* 20 causent] solu *add. V sed del.* 23 paucioribus motibus] *inv. I*

Quantum ad primum arguitur primo quod sic. Quia, sicut dicit ARISTOTELES in *littera*, caelum movetur circulariter; sed tale potest moveri ad unam partem vel ad aliam indifferenter, ut de *a* in *c* per *b* vel de *a* in *c* per *d*; modo videmus quod caelum determinate movetur ad unam partem, ita quod non ad aliam et non a casu nec a fortuna, cum semper sic moveatur. Ideo quaerenda est ratio et causa quare sic magis moveatur ad unam partem quam ad aliam. Et non potest istius reddi ratio ex parte istorum inferiorum, quia nullo modo debemus dicere quod determinatio caeli sit per ista inferiora, immo e converso totus ille mundus inferior per corpora supercaelestia regitur et gubernatur. Nec istius potest reddi ratio ex parte corporum caelestium, nisi per dextrum et sinistrum, ante et retro, sicut videtur velle ARISTOTELES, quia per hoc et non per aliud ipse nititur praedicti accidentis reddere rationem, scilicet quia motus debet incipere a dextro et tendere ad ante et non ad retro. Sed ista ratio non videtur sufficere, nisi recurramus ad aliquod caelum quiescens, eo quod nunquam posset una pars caeli ad aliam partem eiusdem caeli moti pervenire. Igitur videtur quod oporteat ponere caelum quiescens, quia per illud poterit valde bene reddi ratio de praedictis: istud enim caelum quiescens haberet in diversis suis partibus diversas proprietates et virtutes secundum quas duo essent poli mundi et una alia esset nobilissima quae vocaretur *ante*, et opposita *retro*, et quaedam alia post istam nobilissimam esset inter ceteras nobilior quae vocaretur *dextrum* et opposita *sinistrum*. Et tunc diceretur quod omnis pars caeli moti quae esset sub isto dextro caeli quiescentis appeteret et inclinaretur naturaliter ad hoc quod fieret sub ista parte nobilissima caeli quiescentis quae vocatur

---

27 primo] arguitur *I* 29 moveri] vel *add. I* 29 indifferenter] *om. V* 29 c] b *P*; d *V* 29 per¹] in *P* 29 de a in c] *om. P V* 29 d] c *P V* 34 Et] | *add. V sed del.* 35 istius] illius *I* 36 ille] iste *I* 37 super caelestia] caelestia *I* 37 regitur] reditur *scr. V sed del. et* regitur *add.* 37 istius] illius *I* 37 potest] *iter. V sed primum verbum del.* 38 ante] et ante *V* 39 ipse] *om. P V* 43 posset] potest *V* 44 Igitur] Ergo *I* 45 quia] et *V* 47 diversas] influentias *add. I* 47 secundum] per *I* 48 vocaretur] vocaret *I* 49 istam] illam *I* 50 quae] et *V* 52 isto] illo *I* 53 ista] illa *I*

28 ARISTOTELES, *De caelo*, II, 5, 287 b 22-28.
39 *Ibidem.*

ante, et ita naturaliter quaelibet pars caeli incipiens motum suum a F.V. 33ra dextro sive etiam suam circulationem movetur ad ante, //// quia naturaliter intendit ad honorabilius.

Secundo. Omne quod per se movetur localiter, debet habere locum per se; et, cum ultima sphaera mota moveatur per se localiter, patet quod movetur per se et non alio motu quam locali; igitur ipsa ultima sphaera mota debet habere locum per se; sed hoc non haberet, nisi super eam esset alia sphaera non mota continens ipsam, quia definitio loci est quod locus est terminus corporis continentis; et, quia locus debet esse immobilis *IV° Physicorum*, videtur quod super omnes sphaeras motas sit una sphaera immobilis.

Nec valet solutio quam aliqui ad hoc adducunt, scilicet quod F.I. E5ra ultima sphaera habet locum secundum ordinem eius ad | centrum suum quod est terra, quia terrae in ordine ad ultimam sphaeram nullo modo conveniunt proprietates loci: nec enim sibi convenit continere locatum, nec esse aequale locato, et sic de aliis, et quia etiam per ipsum locum et naturam loci debet ordinari motus localis naturalis; sed motus caeli non ordinatur aliqualiter per ipsam terram; igitur etc.

Tertio. Nullum per se mobile est per se fixum, immo indiget fixione per aliquod quiescens, ut patet in libro *De motibus animalium*; sed corpora caelestia non habent fixionem ex ipsa terra, sed magis e converso; ergo in caelestibus oportet ponere caelum quiescens et per se fixum per quod omnia alia habent fixionem.

Et confirmatur: quia polos mundi oportet esse fixos et immobiles; modo in sphaeris planetarum nulli poli sunt fixi propter duplicem motum istarum sphaerarum, nec etiam in octava sphaera, quia adhuc ista secundum astrologos movetur pluribus motibus et universaliter nullius caeli moti sunt immobiles poli; ergo, ut videtur, praeter omnes caelos motos oporteret ponere caelum immobile in quo assignentur poli immobiles.

55/56 naturaliter] natura *I (est in P V)* 60 igitur] ergo *I* 62 est] *om. V* 69 locatum] locum *V* 72 igitur] ergo *I* 80 istarum] illarum *I* 81 ista] illa *I* 82 sunt immobiles poli] poli sunt immobiles *I* 84 assignentur] assignantur *I P*

63 Aristoteles, *Physica*, IV, 5, 212 b 18-20.
74/75 Aristoteles, *De motibus animalium*, 2, 698 b - 699 a 11.

Quarto. Nam videmus magnam diversitatem in fructibus in moribus hominum in aliis pluribus inter orientem et occidentem, quibus polus adhuc est aequaliter elevatus; sed ista diversitas non potest salvari per sphaeras mobiles et stellas quae sunt in eis, cum omni die eaedem oriantur stellae istis et illis; sed illis qui sunt versus orientem citius illae stellae oriuntur, et tardius illis qui sunt versus occidentem; ergo videtur quod ad salvandum dictam diversitatem, oporteat ponere praeter sphaeras mobiles unam immobilem quae, secundum diversas eius partes quas habet fixas super illis patriis, sit causa talis diversificata talium patriarum.

Quinto. Nam consimili ratione non videtur esse causa quare una pars terrae esset magis habitabilis quam alia, nam istius causa non potest reddi ex caelo moto, quia eaedem partes caeli volvuntur circa unam partem terrae quae est habitabilis et circa unam aliam quae est inhabitabilis; ergo oportet de hoc reddere causam ex caelo quiescente, cuius una pars quae est super nos habet influentiam et dominium super salutem animalium et planetarum, et alia magis habet dominium super congregationem aquarum.

Sexto. Nam dicunt astrologi quod planetae maiorem habent virtutem in oriente quam quando sunt aliqualiter elevati super horizontem; sed hoc non potest esse ex parte caeli moti, propter hoc quod sphaerae motae eadem pars quae primo erat in oriente postea est elevata cum planeta; igitur oportet, ut videtur quod hoc sit propter naturam caeli quiescentis, quod in oriente aliam habet influentiam et in occidente aliam.

In oppositum videntur esse illa quae dicebantur *I° huius*. Nam, si poneretur tale caelum quiescens, utique ipsum esset corpus natu-

---

85 Nam] *om. V* 86 et sic de] in *I* 86 aliis pluribus] *inv. I* 87 adhuc est] *inv. I* 87 ista] illa *I* 89 oriantur] orientur *V* 89 istis] illis *I* 89/91 sed illis... occidentem] *om. V* 93 quae] est *add. V* 93 quas] quam *V* 93/94 super illis patriis] *om. V (est in I P)* 94 patriarum] planetarum *V (est in I P)* 96 terrae] caeli *V* 96 magis habitabilis] *inv. I* 96 istius] illius *I* 97 quia] eadem pars caeli vel *add. V* 99 ergo] *scr. V sed del.* 99 causam] rationem *V* 1 alia] aliam *V* 2 congregationem] congregationes *V* 3 Sexto] Secundo *V* 5 sed] *om. V* 7 igitur] ergo *I* 9 et] *om. I* 10 In] *om. V* 10 videntur] videtur *scr. V sed del. et s.v.* videntur *add.* 11 esset] esse *V*

10 ARISTOTELES, *De caelo*, I, 2, 268 b 27 - 269 a 2.

F.V. 33rb rale sicut alii caeli; //// et, cum cuilibet corpori naturali debeatur aliquis motus naturalis, tale caelum non esset semper quiescens sed mobile.

Secundo. Illud caelum, si esset, deberet esse nobilius caelis motis, postquam esset super eis et continens eos et dans eis virtutem secundum prius arguta. – Sed probo quod non: quia motus est prior et nobilior quiete, sicut habitus privatione; ergo videtur quod corpora mota sint naturaliter nobiliora quiescentibus: unde terra ponitur quiescere, quae est ignobilissima. Et sic ad positionem istius caeli immobilis videtur sequi quod ipsum esset nobilius aliis caelis et non esset nobilius aliis caelis; quod implicat...

Tertio. Licet illud caelum esset quiescens, tamen esset mobile. Probatur: quia Deus posset ipsum movere; modo videtur inconveniens quod potentia ad actum et perfectionem cuiusmodi est motus, fuisset frustra toto aeterno tempore; ideo videtur esse inconveniens esse tale caelum quod nunquam fuisset motum. Breviter propter istas tres rationes ARISTOTELES concessisset omne caelum esse mobile, et nullum esse immobile.

Et ad rationes principales primo factas secundum sua principia sic respondetur. Ad primam diceretur: quod caelum magis moveretur ad unam partem quam ad aliam, non est ex parte caeli quiescentis, sed ex parte intelligentiae quae aliter influit ad unam partem quam ad aliam, sicut prius declarabatur in consimili de anima intellectiva in ordine ad corpus; et propter hoc una pars caeli dicitur
F.I. E5rb dextrum et alia sinistrum, et alia ante et alia retro. | Et quia motus est a dextro per ante ad sinistrum, ex hoc est quod caelum taliter movetur qualiter movetur. Posset etiam dici quod hoc esset ex libera voluntate intelligentiae moventis.

---

12 debeatur] esse *add. V* 13 semper] *om. V* 16 eis] eos *I* 20 ad positionem] appositionem *I* 21 istius] illius *I* 26 aeterno tempore] *inv. I* 27 esse] *om. V* 27 propter] per *V* 28 tres rationes] rationes res *V* 28 Aristoteles] concess *add. V sed del.* 30 principales] *om. I* 33 ad] in *I* 34 quam] et aliter *I* 36 dextrum] extra *V* 36 sinistrum] sinistra *V*

28 ARISTOTELES, *De caelo*, I, 2, 268 b 27 - 269 a 2.

Ad secundam dico quod ultima sphaera non movetur motu locali, sed bene movetur motu eiusdem speciei cum motu locali: de hoc prius fuit dictum in *I^o huius*.

Ad tertiam dico quod caelum non habet fixionem oppositam circulari motui, sed bene habet fixionem oppositam motui recto, et ista sufficit; et habet istam a sua natura et a Deo. Et quando dicitur in *De motibus animalium* omnem motum indigere aliquo fixo, intelligitur de motibus animalium.

Ad quartam et ad quintam dicendum est simul quod ab aeterno sic ordinatum fuit a Deo. Sed quomodo naturaliter maneat vel varietur talis ordinatio, *dicam postea, cum tractabo quaestiones de centro caeli* sicut est terra.

Ad ultimam dico quod non est ad propositum: quia, si esset caelum quiescens, tunc alibi et alibi habitantes haberent in suis orientibus aliam et aliam plagam caeli quiescentis, et ita etiam in suis occidentibus et in suis meridiebus et in angulis terrae et in angulis noctis; et tamen omnes astrolonomi iudicantes aspicerent ad ascendentia in suis orientibus, et ita non faceret ad propositum virtus talis vel talis plagae ipsius caeli quiescentis et immoti. Causa autem //// quare planeta in una parte caeli est vigorosior quam in F.V. 33va
alia, est alius et alius modus proiiciendi suos radios super ista inferiora quando est in oriente et quando est alia in parte caeli.

---

41 motu[1]] *om. V* 42 hoc] *s.v. V* 42 prius] d *add. V sed del.* 42 in] *om. V* 43 circulari] *om. A I P* 44 bene habet] *inv. I* 44 oppositam motui recto] motui recto oppositam *I* 44 ista] illa *I* 45 istam] illam *I* 45 Et quando] Quando autem *I* 46 in] *om. V* 48 dicendum est simul] simul dicendum est *I* 49 vel] sunt *add. V sed del.* 50 varietur] vergetur *V* 54 plagam] *iter. s.v. V* 55 suis[2]] *om. V* 55 et in angulis terrae] *om. V* 56 astronomi] astrologicae *I*; astrologistae *P* 56 astronomi] iudicante *add. V sed del.* 56 iudicantes] videntes *V* 57 ascendentia] astra *V* 58 vel talis[2]] *om. V* 58 et] in *add. V sed del.* 58 immoti] remoti *V* 59 una] pl *add. V sed del.* 59 vigorosior] figorosior *V* 59 in[2]] *om. V* 60 modus] mo^9 *add. V sed del. et* motus *add.* 60 proiiciendi] proiiciendo *V* 61 caeli] Et sic est finis quaestionis *add. I*

42 Cf. *supra*, I.
46 ARISTOTELES, *De motibus animalium*, 2, 698 b - 699 a 11.
50/51 Cf. *infra*, L. II, Q. 25 et 26.

Quaestio 9

Utrum caelum moveatur cum poena et fatigatione

Secundum propositorum erat utrum caelum moveatur cum poena et fatigatione.

Arguitur primo quod sic. Caelum movetur cum resistentia; ergo caelum movetur cum fatigatione et poena. Consequentia tenet, quia resistentia est causa fatigationis et remissionis potentiae motivae. Antecedens probatur: quia caelum movetur certa velocitate; et, cum certa velocitas sequatur certam proportionem potentiae moventis ad resistentiam, sicut patet *VII° Physicorum*, igitur videtur quod caelum movetur cum resistentia.

Et confirmatur hoc secundo. Quia, nisi caelum moveretur cum resistentia, sequeretur quod moveretur velocitate infinita; hoc est falsum. Consequentia probatur, ex eo quod potentia naturalis movens sine resistentia moveret velocitate infinita, sicut solet dici de motu gravis simplicis in vacuo.

Et confirmatur hoc tertio. Si circa idem mobile sint diversae virtutes diversos motus intendentes, illae sibi invicem resistunt et quandam violentiam inferunt per quam causatur fatigatio; sed sic est in caelo, nam motor diurnus quamlibet sphaeram planetarum movet et inclinat ad unum motum, scilicet diurnum, et alter motus, scilicet proprius, movet et inclinat eandem sphaeram ad alium motum, scilicet in obliquo circulo contra diurnum; ergo illi motus et illi motores sibi invicem resistunt. Et est simile sicut videmus in animali: anima enim inclinat ad motum naturalem de isto loco ad istum locum et gravitas corporis inclinat ad alium motum, scilicet

---

6 caelum movetur cum fatigatione et poena] etc. *V* 8 cum] *om. V* 9 sequatur] sequitur *V* 10 igitur] ergo *I* 11 movetur] moveatur *I* 13 est] *om. V* 20 motor] motor *scr. V sed* or *del. et* us *s.v. add.; deeinde s.v.* motor *add. V* 21 motus] motor *V* 26 istum] illum *I* 26 locum] *om. V* 26/27 scilicet] *om. V*

10 Cf. ARISTOTELES, *Physica*, VII, 5, 249 26 - 250 a 19.

deorsum, et haec inclinatio resistit motui quem anima intendit, et propter hoc animali accidit fatigatio et labor.

Et confirmatur hoc quarto. Quia ARISTOTELES dicit *II° huius* in dando causam quare superiores planetae longius tempus apponunt in perficiendo suas circuitiones quam planetae inferiores quantum ad suos motus proprios: hoc enim dicit esse quia ultima sphaera motu diurno movetur velocissime, et eam quantum ad istum motum assequuntur sphaerae planetarum. Et sic, quia iste motus velox videtur resistere motibus propriis et magis videtur posse resistere sphaeris propinquioribus illius ultimae sphaerae, ideo illae tardius moventur motibus suis propriis: unde Saturnus triginta apponit annos ad perficiendum unam circulationem, luna autem, quae est infima, unum mensem solum. Ergo videtur quod ARISTOTELES in motu caeli imaginetur resistentiam et violentiam. | F.I. E5va

Et confirmatur hoc quinto. Unum corpus simplex non habet nisi unum motum simplicem naturalem, sicut dictum est *I° huius*; ergo, cum sphaera lunae sit corpus simplex et moveatur pluribus motibus, oportet unum istorum motuum esse praeter naturam et habentem quasi modum violentiae; et hoc concordat dictis ASTROLOGORUM dicentium quod ultima sphaera rapit alias inferiores motu diurno; raptus autem videtur sonare quandam violentiam.

Confirmatur hoc sexto. Quia caelum trahit secum ignem et aerem in superiore regione, sicut dicitur *I° Meteororum*; et, cum sic trahantur praeter proprias et naturales inclinationes eorum, videtur quod resistant trahenti; ergo, saltem ex igne et aere, motus caeli videtur habere resistentiam.

---

27 inclinatio] *om. V* 28 accidit] infertur *V* 29 Et] *om. V* 29 hoc] *om. V* 29 Quia] *om. V* 31 in perficiendo] interficiendo *V* 31 circuitiones] circulationes *V* 32 ad] fu *add. V sed del.* 33 istum] illum *I* 34 iste] ille *I* 35 propriis] planetarum *add. I* 35/37 et magis... propriis] *om. V (hom.)* 44 istorum] illorum *I* 45 modum] motum *V* 45 hoc] igitur *(dub.) add. V sed del.* 52 videtur habere resistentiam] resistentiam habere videtur *I*

29 ARISTOTELES, *De caelo*, II, 10, 291 a 29 - 291 b 10.
41 *Ibidem.*
42 ARISTOTELES, *De caelo*, I, 2, 267 b 27 - 268 a 2.
45/46 *Locus non inventus.*
49 ARISTOTELES, *Meteora*, I, 3, 341 a 2-4.

Secundo ad principale. Ista quae quandoque moventur tardius quandoque velocius videntur moveri cum fatigatione; sic est de quibuscumque planetis; igitur etc. Maior est nota, quia retardatio motus videtur esse signum fatigationis. Minor patet de planetis qui quandoque dicuntur stationarii quandoque directi quandoque retrogradi.

F.V. 33vb Tertio. Nisi virtus motiva caeli //// esset fatigabilis, sequeretur quod ipsa esset infinita intensive; hoc est falsum. Consequentia tenet, ex eo quod de facto haberet potentiam movendi per tempus infinitum sine fatigatione: unde, si esset aliquod animal quod posset vigilare per tempus infinitum sine fatigatione, videretur esse potentiae infinitae.

Quarto. Nam dicit ARISTOTELES in *De somno et vigilia* quod omnis virtus naturalis est fatigabilis; modo motus caeli, cum sit naturalis, est a virtute naturali; ergo videtur esse a virtute fatigabili, quod est intentum.

Oppositum volunt ARISTOTELES et COMMENTATOR. Dicit enim ARISTOTELES quod caelum movetur sine labore et sine aliqua violentia et difficultate; et COMMENTATOR dicit quod sine fatigatione, quia ibi non est aliqua contrarietas quae videtur esse causa fatigationis.

In ista quaestione erunt duo articuli. Primo enim videbitur quid sit fatigatio et quae sit causa eius et in quibus reperiatur; secundo respondebitur ad quaesitum.

---

53 Ista] Illa *I* 53/54 tardius quandoque velocius] velocius quandoque tardius *I* 54 sic] sicut *V* 55 quibuscumque] pluribus *V* 55 igitur] ergo *I* 55 est] *om. V* 59 sequeretur] sequitur *I* 60 ipsa] *om. V* 60 est] *om. V* 60 tenet] patet *I* 61 ex] verum *(dub.) add. V sed del.* 63 videretur] videtur *I* 67/68 a virtute fatigabili] fatigabilis *I* 69 volunt] vult *V (est in I P)* 72 ibi non est] non est ibi *I* 72 videtur] dicitur *I (P V)* 75 eius] fatigationis *I* 75 et in quibus reperiatur] *om. V (est in I P)*

65 ARISTOTELES, *De somno et vigilia*, 1, 454 a 24-14 .
69/70 ARISTOTELES, *De caelo*, II, 1, 283 b 26 - 284 b 5.
69/71 AVERROES, *In De caelo*, II, comm. 3, f. 96v, L-M.

Quantum ad primum sciendum est quod fatigatio proprie loquendo est diminutio virtutis activae cognoscitivae propter longam eius actionem, quae quidem virtus diminuta per requiem potest recuperari. Et dicitur notanter: *virtus activae*, ad denotandum quod potentia pure passiva non est fatigabilis; et additur: *cognoscitivae*, ad denotandum quod potentiae activae non cognoscitivae non sunt fatigabiles: unde lapidem in descendendo non dicimus fatigari, nec ignem in comburendo, et sic de aliis. Et ulterius additur: *propter longam eius actionem*, ad denotandum quod homo non proprie fatigatur, si sit factus impotens ex senectute vel aegritudine vel ex defectu membri. Sed, si fiat impotens vel minus potens quia nimis ambulavit vel nimis vigilavit, dicimus ipsum esse fatigatum, quae quidem impotentia vel minor potentia fit propter exhalationem spirituum quos natura mittebat ad membra laborantia, quae, cum expiraverint, membra fiunt impotentia, donec tales spiritus per requiem fuerunt recuperati; et non solum spiritus, immo etiam humores emittuntur ad membra laborantia, et fit quaedam inordinatio in corpore propter quam fit corpus minus potens donec per requiem fuerint spiritus recuperati et humores ordinati.

Tunc sit prima conclusio: nulla fit fatigatio sine actione disponente ad corruptionem. Probatur: nulla fit diminutio virtutis sine tali actione; ergo nulla fit fatigatio sine tali actione. Consequentia tenet, quia omnis diminutio virtutis est fatigatio, per definitionem fatigationis. Antecedens probatur, quia, si debet esse virtutis diminutio, oportet quod sit alteratio, et per consequens actio corruptiva.

Secunda conclusio quod causa fatigationis est contrarietas. Patet hoc: quia contrarietas est causa actionis corruptivae et actio corruptiva est causa fatigationis; ergo similiter contrarietas est causa fatigationis. Consequentia patet per illam maximam: quidquid est

---

77 est] *om. P V* 79 quam quidem] *iter. V sed primum verbum del.* 80 potest] restaurari vel *add. I* 80 recuperari] restaurari *P* 85 actionem] etiam *add. I (non est in P V)* 89 dicimus] in *add. V* 92 solum] etiam *add. I* 93 emittuntur] mittuntur *I P* 93/94 ad membra laborantia] *om. V* 94 inordinatio] ordinatio *V* 94 fit corpus] *inv. I* 97 Tunc sit prima conclusio] Conclusio prima *V* 00 diminutio virtutitis est fatigatio] fatigatio est diminutio virtutis *I* 6 per illam maximam] quia *V* 6 quidquid] quid *V*

causa causae est causa causati. Antecedens patet quantum ad primam eius partem *Iº De generatione*; secunda autem pars antecedentis erat conclusio praecedens.

Tertia conclusio: nulla virtus agens sine resistentia est fatigabilis. Patet, quia ibi deficit causa fatigationis, puta resistentia et contrarietas.

Sed diceres contra: sensus agit sine resistentia et contrarietate, et tamen fatigatur. Respondetur quod ad cognitionem sensitivam concurrunt plures actiones: una est | actio obiecti in sensum, alia est ipsa met cognitio; deinde aliae sunt ibi actiones concurrentes alterativae et dispositivae ad corruptionem organi et potentiae. Modo, licet primae duae actiones fiant sine resistentia et contrarietate, tamen ultimae actiones non. Et ideo bene conceditur quod ex primis duabus actionibus potentia sensitiva non fatigatur; nihilominus ex actionibus ultimo modo dictis bene accidit fatigatio, immo aliquando totalis corruptio.

F.I. E5vb

Quarta conclusio: licet contrarietas sit causa fatigationis, non tamen omnis potentia agens cum contrarietate est fatigabilis. Patet hoc de igne: quia, licet agat cum contrarietate, tamen non solemus dicere ignem fatigari: et hoc est ex eo quia, licet contrarietas sit causa fatigationis, non tamen est causa fatigationis sufficiens; sed cum hoc requiritur //// quod potentia agens cum contrarietate vel ad cuius actionem concurrit actio contrariorum sit cognoscitiva.

F.V. 34ra

Quinta conclusio: omnis potentia cognoscitiva agens cum contrarietate vel ad cuius actionem requiritur actio contrariorum est fatigabilis. Et hoc patet, quia iuxta actionem illius potentiae possunt esse sufficientes causae istius fatigationis.

Quantum ad secundum articulum sit ista conclusio quod quilibet motus caeli sit sine fatigatione. Probatur primo ex parte mobilis: illud non fatigatur quod nullo modo contrariatur motori nec per se

---

14 Respondetur] ad *add. V sed del.* 15 actio obiecti] *inv. V* 16 et] *om. V* 21 modo] *om. I (est in P V)* 21/22 immo aliquando totalis corruptio] *om. V* 24 hoc] *om. I P* 25 quia] qui *I P* 27 non tamen... sufficiens] *om. V (hom.)* 27 sed] tamen *V* 32 Et hoc] *om. I* 32 illius] cuius *V* 33 istius] *om. I* 34 ista] *om. V* 35 fatigatione] Ista conclusio *add. I* 35 Probatur] sic *add. I* 36 non fatigatur] movetur infatigabiliter *I P*

9 ARISTOTELES, *De gener. et corr.*, I, 4, 319 b 31 - 320 a 1.

nec per accidens; sed sic est de caelo respectu intelligentiae; igitur etc. Maior est nota ex praecedenti articulo, nam causa fatigationis est contrarietas et resistentia per se vel per accidens reperta in actione moventis vel in aliqua alia praesupposita ab actione moventis vel ipsam concomitante. Minor patet, quia caelum omnino absolutum est a gravitate, levitate, caliditate, etc., et universaliter ab omni tali qualitate cui aliquid est contrarium.

Secundo. Caelum non resistit motori; igitur motor movet ipsum infatigabiliter. Consequentia tenet ex praecedenti articulo. Antecedens probatur: nam, si resisteret motori, tunc inclinaretur ad quietem vel ad motum contrarium, et, si ita esset, tunc iam moveretur violente; sed hoc est falsum, ex eo quod tunc nullo modo fuisset tamdiu sic motum, propter hoc quod nullum violentum diu durat.

Tertio arguitur ad idem, et hoc ex parte virtutis moventis: nam, si intelligentia fatigaretur in suo motu quem facit in movendo, caelum non posset movere perpetue; cuius tamen oppositum probat ARISTOTELES *VIII° Physicorum*, nisi ipsa esset infinita intensive; modo hoc est falsum, nam tunc quaelibet intelligentia movens esset Deus, quod nullus concederet sanae mentis. Consequentia tenet per hoc quia, si continue fatigaretur, continue remitteretur; sed non posset continue remitti et cum hoc perpetue movere, nisi esset infinita intensive; igitur concluditur quod vel intelligentia non perpetue moveret caelum, vel movet ipsum sine fatigatione, vel de facto esset infinita intensive; sed primum et tertium sunt impossibilia; igitur secundum est sustinendum.

Quarto. Virtus movens caelum est indivisibilis; igitur infatigabilis. Antecedens patet *XII° Metaphysicae*. Consequentia probatur: quia, cum fatigatio sit diminutio virtutis, vel saltem dispositiva ad

38 est] *om. V* 42 levitate] a *add. V* 43 omni] tali *add. V* 44 igitur] ergo *I* 45 infatigabiliter] sine fatigatione *I (est in P V)* 48 violente] violenter *I* 51 virtutis] *om. V* 52 fatigaretur] fatigatur *V* 53 perpetue] perpetuum *V* 53 tamen] *om. V* 54 Aristoteles] *om. V* 57/58 posset] potest *I* 58 perpetue] perpetuo *I* 59 igitur] ergo *I* 59 perpetue] perpetuo *I* 61 esset] est *I* 62 igitur] ergo *I* 63 igitur] ergo *I* 65 quia] *om. V* 65 dispositiva] *iter. V sed primum verbum del.*

54 ARISTOTELES, *Physica*, VIII, 6, 259 b 14-16.
64 ARISTOTELES, *Metaphysica*, XII (Λ), 8, 1073 a 26-27.

talem diminutionem, et cum indivisibile non possit diminui, sequitur quod indivisibile non potest fatigari.

Quinto. Intelligentia movens caelum est invariabilis et intransmutabilis; ideo dicit ARISTOTELES *I*^{o} *huius* talia entia sicut intelligentias non mensurari tempore; igitur intelligentia non potest velle movere una vice velocius quam alia, vel tardius; igitur, si fatigaretur et moveret tardius quam vellet, esset coacta, et sic non esset libera; quod est contra ARISTOTELEM *XII*^{o} *Metaphysicae*.

Ad rationes principales. Ad primam: *caelum movetur cum resistentia*, negatur. Et quando dicitur: *velocitas sequitur proportionem, etc.*, dico quod hoc intelligitur de moventibus mere naturaliter, non de agentibus voluntariis, qualis est intelligentia movens.

Ad secundam confirmationem negatur consequentia, ex eo quod caelum movetur ab agente voluntario: unde quis dubitat quin poten-
F.I. E6^{ra} tia mo- | tiva voluntaria posset movere aliquod grave in vacuo successive, non obstante quod moveret sine resistentia. Nec etiam est simile de gravi moto in vacuo a potentia naturali et de caelo moto sine resistentia, quia de natura gravis est esse et permanere deorsum, sed non sic est de natura caeli in aliquo loco permanere: non enim est de natura solis magis esse in oriente quam in occidente, et ita, quamvis non sit resistentia vel violentia, non tamen oportet quod subito fiat in oriente et in occidente.

Ad tertiam confirmationem dico quod motus diversi diversorum orbium non sibi invicem resistunt, nec sunt sibi invicem contrarii, quia dictum est prius quod motui circulari nihil est contrarium; et etiam ex eo quia motus diversi ipsorum orbium caelestium quorum
F.V. 34rb unus est //// versus unam partem et alter versus aliam sunt super diversis polis, et ideo non se mutuo impediunt.

---

66 possit] posset *V* 70 igitur] ergo *I* 71 vel terdius] *om. V* 71 igitur] ergo *I* 74 caelum] re *add. V sed del.* 75 Et quando dicitur] Ad probationem *I P* 76 moventibus] motibus *V (est in I P)* 76 de] *iter. V sed primum verbum del.* 78 secundam] *om. V* 80 motiva] movens *I* 80 posset] potest *I* 83 est esse et] debet esse et est semper *V* 84 permanere] manere *V* 87 in^{2}] *om. V* 91 quia] quod *I* 92 est] esset *V*

69 Cf. ARISTOTELES, *De caelo*, I, 9, 279 a 18-35.
73 ARISTOTELES, *Metaphysica*, XII (Λ), 8, 1073 a 26-27.

Ad quartam confirmationem dico quod hoc non est propter hoc quod superiores orbes plus violententur, sed hoc est propter influentiam superioris orbis quae maior est in orbibus superioribus planetarum quam inferioribus. De hoc *postea dicetur diffusius*.

Ad quintam confirmationem concedo quod unum corpus simplex non habet secundum naturam sibi appropriatam nisi unum motum simplicem naturalem; sed cum hoc potest stare quod habet istum et unum alium, qui tamen non est sibi naturalis nec violentus, sed inest ei praeter naturam, et est ei impertinens, quia nec ad ipsum sequitur secundum naturam istius orbis nec ei repugnat. Et quando dicebatur quod in motibus orbium planetarum sit quidam raptus, dico quod hoc non est bene dictum, licet ad bonum intellectum possit capi, scilicet quod in orbibus planetarum recipiatur influentia ab orbe supremo regulariter moto ab oriente in occidentem, quae quidem influentia movet tales orbes motu diurno cum hoc quod dicti orbes moventur motibus propriis; sed talis motus diurnus, sicut dictum est, non est dictis orbibus naturalis, nec violentus, sed praeter naturam, de quo quidem motu praeter naturam quid sit, et qualis, *latius dicebatur I^o^ huius*.

Consimiliter dicatur ad confirmationem ultimam.

Ad secundam principalem dico quod ibi aliquando est retrogradatio, et non est propter fatigationem potentiae moventis, nec propter planetam motum cum resistentia, sed hoc accidit propter aggregationem plurium motuum in eodem mobili.

Ad tertiam principalem negatur consequentia, propter hoc quod intelligentia non movet caelum cum resistentia; verumtamen, si moveret cum resistentia et cum hoc non esset fatigabilis, tunc bene

---

94 confirmationem] *om. V* 94 dico] *s.v. V* 96/97 superioribus planetarum] *inv. I* 98 confirmationem] *om. V* 00 sed] *om. V* 1 istum] illum *I* 3 istius] illius *I* 4 in] de *I* 5 hoc] *om. V* 6 recipiatur] recipitur *I* 11 qualis] sit *add. V* 13 dicatur] dicitur *I* 13 confirmationem] *om. I* 14 secundam principalem] secundum principale *I P V* 15 propter] lassitudinem vel *add. V* 16 propter] *om. V* 17 eodem] uno *I* 18 tertiam] tertium *I P V* 18 principalem] principale *V*; dico quod ibi aliquando *add. V sed del.* 20/21 bene concederem] sequeretur *I (est in P V)*

98 Cf. *infra*, L. II, Q. 17.
14 Cf. *supra*, L. I, Q. 1.

concederem ipsam esse potentiae infinitae; sed, quia non movet cum resistentia, non oportet, si est infatigabilis, quod propter hoc sit infinita intensive

Ad quartam principalem dico quod ARISTOTELES hoc intellexit non simpliciter de omni virtute naturali, sed de omni virtute cognoscitiva, quae per longam eius actionem diminuitur.

---

21 potentiae infinitae] infinitam intensive *I (est in P V)* 24 quartam principalem] quartum principale *I P V* 26 diminuitur] Et sic est finis quaestionis *add. I*

26 ARISTOTELES, *De somno et vigilia*, 1, 454 a 24-14 .

Quaestio 10

Utrum illa consequentia sit bona: «caelum movetur, igitur necesse est terram quiescere»

Tertium propositorum erat utrum ista consequentia sit bona: *caelum movetur, igitur necesse est terram quiescere.*

Probatur quod non. Consequens est falsum et antecedens verum; igitur consequentia non valet. Consequentia tenet. Antecedens probatur, quia nullam terram necesse est quiescere, eo quod nullam terram necesse est esse; et per consequens nullam terram necesse est esse quiescentem, et per consequens nullam terram necesse est quiescere. Alia autem pars antecedentis communiter conceditur ab omnibus.

Secundo confirmatur hoc: quia possibile est terram moveri; igitur necesse est ipsam quiescere. Consequentia tenet. Antecedens probatur, quia possibile est quod plus generetur de gravitate ex una parte quam ex alia; et, si sic fieret, ipsa moveretur.

Confirmatur tertio quod de facto semper movetur: quia semper gravitas ab aliqua parte plus diminuitur quam ab alia, scilicet a parte quam respicit sol quae continue est alia et alia secundum quod sol movetur circulariter super terram; igitur ad hoc quod medium gravitatis terrae maneat medium mundi, videtur quod oporteat terram semper moveri, si continue sit alia et alia pars terrae levior.

Secundo ad principale. Oppositum consequentis non interimit antecedens; igitur consequentia non est bona. Consequentia tenet ex regulis consequentiarum. Antecedens probatur: quia non

---

5 propositorum erat] *inv. V* 5 utrum] *iter. V* 5 ista] illa *I* 6 igitur] ergo *I* 8 igitur] ergo *I* 12 quiescere] consequentia tenet *add. V* 14 igitur] ergo *I* 15 Consequentia tenet] *om. V* 17 si] *s.v. V* 18 Confirmatur] Probatur *I* 18 tertio] et probatur *add. V* 21 igitur] ergo *I* 23 sit] *om. I* 23 terrae] efficitur *add. I* 25 igitur] ergo *I*

F.I. E6rb sequitur: *terra non quiescit, igitur* | *caelum non movetur*, ex eo quod motus caeli prior est naturaliter quiete terrae; et ideo ad positionem vel remotionem quietis terrae non sequitur positio nec remotio motus caeli.

Tertio. Si tota terra esset in loco ignis, ipsa moveretur descendendo, sicut vult ARISTOTELES in *littera*; et tamen non propter hoc caelum desineret moveri.

Quarto. Si dicta consequentia valeret, hoc videretur esse pro F.V. 34va tanto quod, si terra moveretur et non quiesceret, tunc //// caelum non haberet se aliter et aliter ad terram. Sed probo quod non, propter hoc quia, licet hoc ita esset, si terra moveretur cum caelo ab oriente in occidentem, tamen hoc non sic esset, si terra moveretur contra caelum.

Quinto. Deus potest movere totam terram cum ipso caelo, nec propter hoc caelum quiesceret.

Oppositum vult ARISTOTELES in *littera*.

Pro ista quaestione sciendum est quod, cum dicitur: *caelum movetur, igitur necesse est terram quiescere*, li *necesse* potest esse determinatio consequentiae, vel potest esse pars consequentis. Primo modo esset sensus: haec consequentia est necessaria: *caelum movetur, igitur terra quiescit*; secundo modo esset sensus: ad istam: *caelum movetur*, sequitur ista: *necesse est terram quiescere*; modo in proposito li *necesse* debet accipi quod sit tota consequentiae et non pars consequentis.

Secundo notandum est quod aliquam consequentiam esse bonam intelligitur dupliciter: vel esse bonam gratia formae vel gratia materiae; modo clarum est dictam consequentiam non valere gratia formae, quia non tenet in omnibus terminis; et ideo in

---

27 igitur] ergo *I* 28 prior est] *inv. I* 28 ad positionem vel remotionem] expositione vel remotione *I* 29 non] nec *V* 29 motus] *om. V* 35 quiesceret] quod *add. I* 37 ita] et *add. V sed del.* 40 ipso] *om. V* 44 igitur] ergo *I* 47 igitur] ergo *I* 48 necesse] necessarium *V* 51 est] *om. V* 52 vel] esse bonam *add. I* 54 quia non] non enim *I*

32 ARISTOTELES, *De caelo*, II, 13, 293 a 17 - 293 b 15.
42 ARISTOTELES, *De caelo*, II, 3, 286 a 20.

proposito intenditur utrum sit bona gratia materiae.

Quantum ad hoc sciendum est quod plures sunt modi quibus diversi volunt ostendere dictam consequentiam valere gratia materiae. Primo supponunt quod haec est necessaria: *terra quiescit*; secundo supponunt quod necessarium sequitur ad quodlibet, sicut ex impossibili sequitur quodlibet. Tunc, secundum primum modum defendendi dictam consequentiam, diceretur consequentiam valere gratia materiae virtute istarum dictarum suppositionum. Sed hoc non valet, quia terram quiescere non est necessarium simpliciter, seu non est tale necessarium quod sequitur ad quodlibet. Unde, sicut non ex omni impossibili sequitur quodlibet, sed solum ex impossibili implicante contradictionem, seu ex illo quod est impossibile de forma, sicut esset copulativa ex partibus sibi invicem contradicentibus composita, sic etiam non quodlibet necessarium sequitur ad quodlibet.

Secundo hoc non valet, quia hoc non intendit ARISTOTELES, nam ut non magis sequitur terram quiescere ad caelum moveri quam ad Socratem moveri.

Secundus modus defendendi dictam consequentiam est iste: supponit enim quod omne quod movetur indiget quiescente fixo, ut dicit ARISTOTELES in libro *De motibus animalium*; et ideo, si caelum movetur, oportet quod sit talis motus circa aliquod quiescens fixum, quod non videtur esse aliud quam terra quiescens.

Sed illud adhuc non sufficit, quia ARISTOTELES in *De motibus animalium* solum loquitur de motu progressivo, ita quod semper animal in suo motu indiget aliquo apodiamento fixo; nec adhuc oportet quod illud quiescat simpliciter, sed quod quiescat vel moveatur aliter quam ipsum animal quod movetur, sicut patet de

---

56 Quantum] Et quantum *I* 56 est] *om. V* 58 Primo supponunt] Primus supponit *I* 59 secundo supponunt] secundus *I* 61 dictam] praedictam *I* 62 istarum] duarum *I* 62 suppositionum] suppositionem *V* 70 Secundo] *om. V* 70 hoc non valet] *om. I* 70 nam ut] quia *I* 73 dictam consequentiam] consequentiam istam *I* 74/75 ut dicit] testante *V* 75 in libro De motibus animalium] de motibus in libro animalium *V* 77 esse] *om. I*

70 ARISTOTELES, *De caelo*, II, 3, 286 a 20.

75/79 ARISTOTELES, *De motibus animalium*, 2, 698 b - 699 a 11.

homine qui potest moveri in navi mota; sed, quia caelum non movetur motu progressivo, ipsum non indiget aliquo tali apodiamento fixo super quo moveatur.

Tertius modus defendendi dictam consequentiam est supponens quod moveri est aliter se habere quam prius respectu alicuius quiescentis; igitur, si nullum esset quiescens, videretur quod caelum non moveretur. Modo nullum est quiescens, nec ignis, nec aer, nec aqua, respectu cuius motus caeli se habeat uniformiter aliter et aliter, nisi terra quae est in centro: unde, si esset alibi quam in centro, caelum non describeret aequales angulos super eam in aequalibus temporibus; igitur necesse est quod illud quiescens respectu cuius caelum movetur sit in centro; sed illud non est aliud quam terra, nec potest esse aliud; igitur necesse est ipsam quiescere in centro.

Sed iste modus adhuc non videtur sufficere, nam ad hoc quod aliquid moveatur, non oportet quod habeat se aliter quam prius ad aliquod extrinsecum, sed sufficit quod habeat se aliter quam prius
F.I. E6^{va} intrinsece. Unde, si Deus moveret totalem mundum | motu recto,
F.V. 34vb sicut est possibile, *prout //// dicit articulus parisiensis* quod totus mundus non habeat se aliter et aliter ad aliquid extrinsecum, licet bene haberet se continue aliter et aliter intrinsece secundum quod in ipso, continue esset alia et alia pars motus.

Secundo: nam secundum ASTROLOGI dicunt epicyclum moveri circa centrum proprium, in quo quidem centro non est aliquid quiescens; sed caelum movetur; igitur non oportet omnem motum esse circa aliquod quiescens.

Tertio: nam, si terra moveretur contra motum caeli, caelum pos-

---

88 igitur] ergo *I* 88 esset] q^{in} *add. V sed del.* 92 super] circa *V* 92 in] *om. V* 92/93 aequalibus temporibus] *inv. I* 93 igitur] ergo *I* 95 igitur] ergo *I* 97 ad hoc] adhuc *I* 99 aliter] et aliter *add. I* 1 quod] *om. V* 2 totus] totalis *I* 2 haberet] habeat *I* 2 et] *om. V* 2 aliter^2] quam *scr. V sed corr.* 2 aliquid] *om. V* 3 et] aliquis *(dub.) add. V sed del.* 4 Secundo] *om. V* 4 Astrologi dicunt epicyclum moveri] secundum astrologos epicyclus movetur *I* 6 aliquid] aliud *V* 6 caelum] totum *A I (est in P V)*

00 Cf. ROLAND HISSETTE, *Enquête sur les 219 articles condamnés à Paris le 7 mars 1277*, pp. 118-120
4 Albumasar?

set se habere aliter et aliter ad terram, et tamen tunc terra non quiesceret sed moveretur; sed ipsum caelum non haberet se aliter ad terram, cum terra moveretur cum caelo ab oriente in occidentem circulatione aeque veloci.

Quartus modus defendendi dictam consequentiam est magis probabilis, et illum approbo. Pro quo supponitur primo quod motus caeli secundaria intentione tamquam propter finem est propter generationem et corruptionem istorum inferiorum, prout dicit COMMENTATOR. Supponitur secundo quod, si generatio et corruptio fiunt, necesse est elementa et alia esse, eo modo quo debent ordinari respectu generationis et corruptionis et pro salute generabilium et corruptibilium. Tunc arguitur sic: caelum movetur; igitur generationes et ccorruptiones istorum inferiorum sunt. Consequentia tenet per locum ab effectu causae finalis ad causam finalem, per primam suppositionem; tunc ultra generationes et corruptiones istorum inferiorum sunt; igitur elementa et alia sunt, scilicet requisita ad generationem et corruptionem et ad salutem generabilium et corruptibilium; sed hoc est terram quiescere in medio super cuius una parte aquis discooperta generabilia et corruptibilia, sicut sunt homines, plantae et alia animalia, salventur; igitur terra quiescit. Consequentia tenet per secundam suppositionem; igitur a primo ad ultimum, si caelum movetur, terra quiescit.

Sed notandum est quod illud non intelligitur de quiete terrae simpliciter, sed de quiete terrae a motu circulari unacum caelo circulando aeque velociter.

Et sic patet quomodo dicta consequentia est necessaria, non simpliciter sed supposita generatione et corruptione naturali et ordine consueto.

Ad rationes principales. Ad primam potest dici quod semper est

---

9 se] al *add. V sed del.* 9 tamen] *om. V* 9 tunc terra non] non tunc terra *V* 10 sed] licet *V* 10 non] f *add. V sed del.* 10 haberet] habere *V* 17 Supponitur secundo] *inv. V* 18 fiunt] sunt *I* 18 eo] et eo *I* 20 igitur] ergo *I* 23 generationes] et gen *add. V sed del.* 24 igitur] ergo *I* 24 elementa] sunt *add. V* 25 ad salutem] saltem *scr. V sed del. et* salutem *add.* 28 igitur] ergo *I* 29 igitur] ergo *I* 29 a] de *I* 32 terrae] *om. V* 34 est] sit *I* 37 rationes] *om. V* 37 principales] *om. I*

16/17 AVERROES, *In De caelo*, II, f. 108v, comm. 21.

eadem terra, saltem unitate continuationis, eo modo quo dicimus Secanam esse modo eundem qui fuit sunt centum anni, licet non sit eadem terra semper identitate simpliciter dicta, quo modo dicimus caelum esse modo idem quod fuit sunt centum anni. Vel potest dici quod terra non semper quiescit, licet semper quiescat terra.

Ad confirmationem secundam bene concedo quod non est necessarium simpliciter terram quiescere, licet bene sit necessarium ex conditione, sicut dictum est in quaestione. Vel potest dici quod semper terra quiescit, saltem taliter quod non potest naturaliter multum amoveri de suo loco: licet quandoque moveatur tota, semper tamen adhuc manet in eodem loco vel prope.

Et per idem respondeatur ad tertiam confirmationem. Et aliter potest responderi ad tertiam confirmationem dicendo quod non quaecumque levificatio ab una parte facit eam moveri, et hoc propter aerem resistentem ex alia parte.

Ad secundum principale dico quod ista ratio bene probat quod motus caeli non est causa quietis terrae nec e contra, licet caelum et influentiae sint causae quietis per influentiam generalem.

Ad tertiam ista bene probat dictam consequentiam non esse necessariam simpliciter, sicut dictum est.

Ad quartam patet ex quarto modo defendendi dictam consequentiam valere.

Ad quintam dico quod bene probat dictam consequentiam non esse bonam simpliciter nec gratia formae, et hoc conceditur sicut dictum est in quaestione.

---

38 eo] non eo *V* 39/41 Secanam esse... anni] caelum esse unum et sic patet quod non simpliciter identitate dicta super sic eadem terra *V* 43 Ad] illam *add. V* 43 secundam] *om. V* 43 bene] *om. V* 44 bene sit] est bene *V* 44 necessarium] et *add. V sed del.* 47 amoveri] removeri *V* 48 tamen adhuc] *inv. I* 49 tertiam confirmationem] *inv. I* 53 ista] illa *I* 55 influentiae] influentia *V* 56 ista] illa *I* 60 quod] etiam *add. V* 61 nec] seu *I (est in P V)* 61 formae] materiae *V (est in I P)* 61 conceditur] concluditur *V* 62 in quaestione] *om. I (est in P V); Et sic est finis quaestionis add. I*

Qaestio 11

Utrum ista consequentia sit bona: «caelum semper movetur, igitur necesse est ipsum moveri pluribus motibus»

Quartum propositorum erat utrum ista consequentia sit bona: *caelum semper movetur, igitur necesse est ipsum moveri pluribus motibus.*

Et arguitur quod non. Antecedens est verum et consequens falsum; sed ex vero non sequitur falsum; //// igitur di- | cta consequentia non valet. F.V. 35ra F.I. E6vb Quod consequens sit falsum, patet ex eo quod ipsius caeli non sunt plures motus, nam caelum est unum corpus naturale; unius autem corporis naturalis non est nisi unus motus naturalis, sicut dicebatur *I^o^ huius.*

Et confirmatur haec: nam alia simplicia, sicut sunt ignis, aer, aqua, terra, non sunt mobilia nisi uno motu naturali; igitur nec caelum est mobile pluribus motibus.

Secundo. Supremum caelum semper movetur, et tamen non movetur pluribus motibus; igitur consequentia proposita non valet.

Oppositum vult ARISTOTELES in *littera.*

Pro ista quaestione sciendum est quod ad hoc quod dicta consequentia valeat, non sufficit dicere quod consequentia valeat, quia consequens est necessarium, et propter hoc sequitur ad quodlibet;

---

5 Quartum propositorum erat] Quaeritur utrum ista consequentia sit bona *V* 6 igitur] ergo *I* 9 igitur] ergo *I* 9/10 consequentia] *iter. V sed primum verbum del.* 11 motus] patet ex eo *add. I* 14 sunt] *om. V* 15 aqua, terra] etc. *V* 18 igitur] ergo *I* 20 quaestione] q *add. V sed del.*

13 ARISTOTELES, *De caelo*, I, 2, 269 a 8-9.
19 ARISTOTELES, *De caelo*, II, 2, 286 a 3-5.

sed oportet assignare aliam causam secundum processum ARISTOTELIS, sicut *dicebatur in priore quaestione*

Et ideo sciendum est pro responsione ad quaestionem quod caelum moveri pluribus motibus non intelligitur de toto caelo categorematice sumpto, sed intelligitur quod una pars caeli moveatur uno motu et alia alio. Deinde sciendum est quod ARISTOTELES in *littera* quinque facit consequentias principales. Prima est de aqua: *dicebatur in quaestione praecedenti*: caelum semper movetur, igitur necesse est terram semper quiescere. Secunda est: necesse est, si terra est, ignem esse. Tertia est: si duo elementa extrema sunt, necesse est intermedia esse, scilicet aerem et aquam. Quarta est: si quattuor elementa sunt, necesse est generationem et corruptionem esse. Quinta est: si generatio et corruptio sunt, necesse est caelum moveri pluribus motibus. Ex quibus sequitur sexta principalis arguendo a primo ad ultimum, scilicet si caelum semper movetur, necesse est ipsum moveri pluribus motibus.

Tunc de bonitate istarum consequentiarum videamus per ordinem. De prima *visum est in praecedenti quaestione*. Secunda consequentia probatur: si unum oppositorum est in natura, et reliquum; modo ignis et terra sunt contraria secundum suas qualitates; ergo, si terra est, ignis est. Secundo: si unum extremum est, aliud est, ita quod, si deorsum est, sursum est; et impossibile est quod locus sursum sit vacuus et illud quod ibi est naturaliter est leve sicut ignis; igitur, si terra est deorsum, ignis est sursum.

---

23 sed] propter hoc *add. V* 25 est] *om. V* 26 non] modo *V* 28 alia] ab *add. V* 28 est] uno motu et alia ab alio *add. V sed del.* 30 dicebatur] nr nr nr *(dub.) add. V sed del.* 30 quaestione praecedenti] *inv. I* 31 igitur] ergo *I* 31 semper] *om. V* 31 est[1]] *om. I* 32 est] *om. V* 32 si] do *add. V sed del.* 34 quattuor] ista *V* 36 moveri] mvr *add. V sed del.* 36 sequitur] *om. V* 40 consequentia] autem *I* 43 est[2]] *om. I* 43 est[3]] et *add. I* 44 et] *scr. V sed del.* 44 quod] locum *add. V sed del.* 45 illud] *om. V* 46 igitur] ergo *I*

23/24 ARISTOTELES, *Anal. priora*, I, 1, 24 b 17-27.
24 Cf. *supra*, L. II, Q. 10.
28/29 ARISTOTELES, *De caelo*, II, 3, 286 a 22 - 286 b 9.
30 Cf. *supra*, L. II, Q. 10.
40 Cf. *supra*, L. II, Q. 10.

Sed diceret aliquis: videtur quod non oportet quod, si unum contrariorum sit in natura quod reliquum sit vel possit esse, nam plenum et vacuum sunt contraria, et tamen non oportet, si plenum sit, quod igitur vacuum sit vel possit esse. Similiter finitum et infinitum sunt contraria, et tamen non oportet, si finitum sit, quod igitur infinitum sit vel possit esse. Secundo diceret aliquis: videtur quod ignis et terra non sunt contraria, nam igni contrariatur aqua; ergo, si cum hoc sibi contrariaretur terra, tunc uni plura essent contraria; modo hoc est falsum, nam tantum unum uni opponitur per ARISTOTELEM *X*^{o} *Metaphysicae*.

Ad ista. Ad primum dico quod plenum et vacuum non sunt contraria, sed sunt privative opposita, et ita similiter finitum et infinitum. Ad secundum dico quod non est inconveniens uni plura esse contraria secundum diversas qualitates qualiter est in proposito.

Tertia consequentia probatur, scilicet, si terra et ignis sunt, alia elementa intermedia sunt. Primo: si unum contrariorum est in natura, et reliquum; modo ignis principaliter contrariatur aquae, et terra aeri, ut patet *II*^{o} *De generatione*; igitur etc. Secundo potest probari: hoc autem est per combinationem primarum qualitatum, sicut arguit ARISTOTELES *II*^{o} *De generatione*. Nam, sicut arguitur ibi, istae qualitates primae, scilicet caliditas, frigiditas, humiditas et siccitas, sex modis possunt combinari, quorum duo sunt impossibiles et quattuor sunt possibiles, secundum quos accipitur numerus quattuor elementorum quae sunt terra, ignis, aer et aqua, scilicet duo extrema et duo intermedia. Tertio posset adduci per hoc ratio PLATONICORUM qui imaginantur //// quod duo elementa extrema, scili- F.V. 35b

---

47 non] videtur *add. V sed del.* 50 igitur] ergo *I* 50 possit] posset *V* 51 igitur] ergo *I* 52 aliquis] nam *add. I* 53 nam] *s.v. V* 53 igitur] ergo *I* 54 contrarietatem] contrariatur *V* 58 et] *om. V* 58 similiter] nec *add. I* 58 et] nec *I* 62 elementa] *om. I* 63 et reliquum] reliquum est in natura *I* 64 igitur etc.] *om. I* 64/66 Secundo potest... generatione] *om. I P (est in V)* 66 ibi] *om. V* 66 istae] *om. I* 67 et] *om. V* 68 duo] alii *add. I* 69/70 quattuor elementorum] *inv. V* 71 Tertio] Secundo *I* 71 posset] potest *I* 71 per hoc] *om. V*

55/56 ARISTOTELES, *Metaphysica*, X (I), 5, 1055 b 30.
65 ARISTOTELES, *De gener. et corr.*, II, 8, 335 a 5-6.
67 ARISTOTELES, *De gener. et corr.*, II, 8, 335 a 22-23.
71/72 *Locus non inventus.*

cet terra et ignis, sint sicut duo numeri cubici; modo necessario inter quoscumque tales duos numeros sunt duo numeri medii proportionales qui videntur esse correspondentes duobus elementis mediis.

Quarta consequentia probatur: quia, si quattuor elementa sunt, generatio et corruptio sunt, quia sunt contraria secundum suas qualitates, igitur alterabilia et communicantia in materia; igitur generabilia et corruptibilia, cum alteratio sit propter generationem, sicut patet *I°* *De generatione*.

Quinta consequentia probatur, scilicet, si generatio et corruptio sunt, necesse est caelum moveri pluribus motibus, supponendo quod isti motus inferiores dependent a caelo moto, licet non a motu F.I F1ra caeli, sicut patet *I° Meteororum* et *II°* | *De generatione* et per experientiam; sed ad causandum generationes et corruptiones specierum non sufficit unus motus caeli, immo necessario requiritur cum motu diurno motus solis et planetarum in obliquo circulo: aliter non fierent hiemes, aestas et mutationes temporum, et per consequens nec generationes et corruptiones, eo modo quo fiunt; ergo, si generationes et corruptiones istorum inferiorum sunt et debent fieri modo consueto, oportet quod caelum moveatur pluibus motibus.

Tunc probatur sexta consequentia, arguendo a primo ad ultimum sic: si caelum semper movetur, necesse est terram semper quiescere, et per consequens semper esse; sed, si terra est, ignis est, et, si terra et ignis sunt, elementa intermedia sunt, scilicet aer et aqua; sed, si quattuor elementa sunt, generationes et corruptiones diversae sunt et fiunt in istis inferioribus; sed, si generationes et corruptiones diversae fiant in istis inferioribus, necesse est caelum moveri

---

73 terra et ignis] *inv. I* 73 modo] sed *I* 74 tales] et *add. V sed del.* 74 medii] *om. V* 79 igitur[1]] ergo *I* 79 igitur[2]] ergo *I* 83 pluribus motibus] *inv. I* 87 sufficit] sufficeret *I* 88/89 fierent] fieret *I* 89 aestas] et aestas *V* 89 et] nec *I* 89 nec] *om. I* 94 semper] *om. V* 94/95 quiescere] et semper *add. V* 96 elementa intermedia] intermedia elementa *V* 96 sunt] *om. I* 96 aqua] sunt *add. I* 99 diversae] sint et *add. I*

82 Cf. ARISTOTELES, *De gener. et corr.*, I, 4, 319 b 6 - 320 a 7.
86 Cf. ARISTOTELES, *Meteora.*, I, 2, 339 a 10- 32.
86 Cf. ARISTOTELES, *De gener. et corr.*, II, 10, 336 a 24-25.

pluribus motibus; igitur a primo ad ultimum, si caelum semper movetur, necesse est ipsum moveri pluribus motibus per istam regulam consequentiarum: *quando ad aliquid antecedens sequitur consequens, quidquid sequitur ad consequens sequitur ad antecedens.*

Sed diceres: quia dictae consequentiae non sunt formales nec similes, sed tenent et probantur per diversa media, ergo in talibus non valet arguere de primo ad ultimum, sicut potest exemplificari sic arguendo: si nullum tempus est, dies non est, et, si dies non est, nox est, et, si nox est, aliquod tempus est; non tamen sequitur a primo ad ultimum: si nullum tempus est, igitur aliquod tempus est.

Respondetur quod omnis consequentia de primo ad ultimum est bona, si intermediae sunt bonae, quantumcumque vario modo probentur: quod patet per istam communem regulam consequentiarum: *si aliquid sequitur ad consequens, sequitur ad antecedens.* Advertendum tamen quod ista consequentia a primo ad ultimum nunquam est melior vel formalior quam sit debilior istarum intermediarum, ita quod, si aliqua istarum sit ut nunc vel materialis, tunc ista de primo ad ultimum erit ut nunc vel materialis. Et causa est: quia tenet in virtute istius intermediae vel intermediorum, si plures sint.

Tunc ad illud exemplum quod adducebatur: *si nullum tempus est, etc.*, dico quod primum antecedens vel est possibile vel impossibile, scilicet *nullum tempus est.* Si est possibile, tunc ista consequentia intermedia non valet: *dies non est, igitur nox est*; et ideo non mirum si etiam illa a primo ad ultimum non valeat: *nullum tempus est, igitur aliquod tempus est.* Si autem primum antecedens est

---

00 igitur] ergo *I* 00 a] de *I* 1 pluribus] no *add. V sed del.* 1 istam] illam *I* 2 consequentiarum] *om. I* 2/3 quando ad... consequens] *om. V (hom.)* 3/4 ad antecedens] etc. *V* 5 dictae consequentiae] consequentiae praedictae *I* 8 et] *om. I* 9 aliquod tempus est] *om. V* 9 non tamen] in tali non *V* 10 si] *om. I (est in P V)* 10 igitur] ergo *I* 12 sunt] sint *I* 12 quantumcumque] quocumque *V* 13 probentur] probantur *I* 13 istam] illam *I* 13 communem regulam] *inv. V* 14 si aliquid] quidquid *V* 14 sequitur ad antecedens] etc. *V* 15 ista] illa *I* 15 a] de *I* 16 istarum] illarum *I*; inter *add. V sed del.* 17 istarum] illarum *I* 18 ista] illa *I* 19 istius] illius *I* 22 est] *om. I* 23 ista] illa *I* 24 dies] nos *add. V sed del.* 24 igitur] ergo *I* 26 igitur] ergo *I*

simpliciter impossibile, scilicet *nullum tempus est*, tunc consequentiae intermediae sunt bonae, et etiam a primo ad ultimum, scilicet *nullum tempus est, igitur aliquod tempus est*, cum ad impossibile simpliciter sequatur quodlibet, sicut in logica demonstrative adduxi.

Ad rationes. Ad primam dico quod utique ipsius caeli sunt plures motus, non secundum diversas eius partes, nec huic obstat quin unius corporis simplicis sit unus motus naturalis simplex; immo, quod plus est, aliquod caelum omnino idem in numero, scilicet aliquis orbis, potest moveri simul pluribus motibus; verum est tamen quod non ambo sibi insunt naturaliter, sed unus est sibi natu-
F.V. 35va ralis, //// et alter est sibi impertinens. Et quando dicebatur: alia simplicia sicut elementa non moventur pluribus motibus, dico quod non est simile de motu istorum et de motu caeli, propter hoc quod plures moti recti non possunt ad invicem commisceri in eodem mobili, et hoc propter eorum repugnantiam et contrarietatem, licet bene plures motus circulares ad invicem in eodem mobili misceantur.

Ad secundam ista bene probat quod consequentia proposita non est formalis; cum quo tamen bene stat quod est bona gratia materiae.

---

29 igitur] ergo *I* 30 simpliciter] *iter. V* 30 sequatur] sequitur *I* 31 adduxi] deduxit *V* 33 non] tamen *V* 33 secundum] eius *add. V sed del.* 40 istorum] illorum *I* 42 licet] sed *I* 43 plures p *add. V sed del.* 43/44 misceantur] miscentur *I* 45 ista] illa *I* 46 bene] *om. V*

Quaestio 12

Utrum illa consequentia sit bona: «si necesse est generationes et corruptiones esse hic inferius, necesse est esse plures motus caelestes»

Quintum propositorum erat utrum ista consequentia sit bona: *si necesse est generationes et corruptiones esse hic inferius, necesse est esse plures motus caelestes.*

Et arguitur primo quod | non. Si caelum quiesceret, adhuc hic F.I. F1rb inferius essent generationes et corruptiones; igitur, ad hoc quod plures sint generationes et corruptiones hic inferius, non oportet esse plures motus caelestes, et per consequens proposita consequentia non valet. Consequentia tenet. Antecedens probatur: nam, quamvis caelum quiesceret, adhuc contraria sicut ista inferiora, puta elementa, essent ad invicem applicata, et per consequens agerent inter se, et illud quod esset fortius corrumperet illud quod esset debilius. Talis enim est contrariorum natura quod sint ad invicem activa et passiva, si fuerint ad invicem applicata, nec apparet quid prohiberet quin combureretur et corrumperetur stuppa, si ei applicaretur ignis non obstante quod caelum quiesceret.

Secundo. Supposito quod caelum nunc inciperet quiescere, non propter hoc animalia et plantae quae modo sunt semper manerent; sed, si non semper manerent, aliquando corrumperentur; sed, quando corrumperentur, ex eis alia generarentur, cum corruptio unius sit generatio alterius *I° De generatione*, propter hoc quod materia non potest esse sine forma; ideo non obstante quiete caeli, adhuc fierent generationes et corruptiones in istis inferioribus.

Tertio. Caelum non agit in ista inferiora solum per motum, immo etiam per lumen et influentiam; ideo, licet motus a caelo

---

5 Quintum propositorum] Quaeritur *V* 5 ista] illa *I* 8 Et] *om. V* 8 primo] *om. I* 9 igitur] ergo *I* 11 proposita consequentia] *inv. I* 26 in istis] hic in *V*

24 ARISTOTELES, *De gener. et corr.*, I, 3, 318 a 23-25.

auferretur, tamen adhuc ipsum ageret in ista inferiora per suum lumen et influentiam; et ita per istam actionem possent hic inferius aliqua generari et aliqua corrumpi.

Quarto. Posito quod caelum unico motu moveatur, adhuc per istum unicum motum applicarentur nobis successive planetae frigidi et calidi, et sic successive generaretur apud nos modo caliditas modo frigiditas, sicut videmus per motum solis diurnum: in die est nobis calor et in nocte est nobis frigus.

Oppositum vult ARISTOTELES hic, et etiam in *II° De generatione*. Et arguit sic ratione: in essentialiter ordinatis remoto priore removentur posteriora, sicut patet *II° Metaphysicae*; sed intelligentiae primo, et consequenter corpora caelestia, secundario, et deinde ista inferiora sunt agentia subordinata; igitur, remoto motu et actione supercaelestium vario, removerentur varii motus et actiones in istis inferioribus quae apparent modo fieri, et per consequens, si in istis inferioribus debent fieri variae generationes et corruptiones generabilium et corruptibilium, videtur quod oporteat esse varios et diversos motus caeli.

Secundo. Eorundem generationes et corruptiones sunt contrariae; igitur oportet quod a causis contrariis proveniant; et sic, cum ista inferiora regantur per superiora, puta per corpora caelestia, sicut ostensum est *I^{o} Meteororum*, oportet generationes istas et corruptiones esse a contrariis agentibus caelestibus contrariis, saltem virtualiter, licet non formaliter, et oportet successive illa nobis
F.V. 35vb applicari, ita quod unum post //// alterum sic, videlicet quod illud quod per unum contrariorum est generatum per alterum corrumpatur. Et ista successiva applicatio non potest esse nisi per

30 istam] illam *I* 33 istum] illum *I* 34 generaretur] aliqua *(dub.) add. V* 37 hic] *om. V* 38 sic00 *om. V* 41 igitur] ergo *I* 42 supercaelestium] caelestium *I (est in P V)* 48 igitur] ergo *I* 50 istas] illas *I* 50 et] g *add. V sed del.*

37 ARISTOTELES, *De caelo*, II, 3, 286 b 2-3.
37/38 ARISTOTELES, *De gener. et corr.*, II, 9-10, 335 a 24 - 337 a 33.
39 ARISTOTELES, *Metaphysica*, II (α), 2, 994 b 19-20.
50 ARISTOTELES, *Meteora*, I, 2, 339 a 20-23.

motum caeli; igitur sine motu caeli non essent hic generationes et corruptiones, nec sufficeret unus motus, quia tunc omnes dies naturales essent ad invicem consimiles, et corpora caelestia similiter se haberent ad nos, licet horae diei bene essent ad invicem dissimiles: esset enim dissimilitudo quando sol esset in meridie et quando esset in angulo noctis. Et sic ex unico motu caeli non viderentur provenire generationes et corruptiones tales tam vario modo quales nunc apparent fieri, si caelum non moveretur pluribus motibus.

Tertio. Si non esset motus caeli, non esset tempus, quia tempus est motus caeli vel passio eius, scilicet motus primus, ut patet *IV*^{o} *Physicorum*; sed, si tempus non esset, nullus motus vel mutatio esset, quia necesse est omnem motum et mutationem esse in tempore, sicut patet *IV*^{o} et *VI*^{o} *Physicorum*; sed, si nullus esset motus neque mutatio, nulla esset generatio et corruptio, cum generationes et corruptiones sint mutationes *V*^{o} *Physicorum*.

Pro ista quaestione praemittenda est primo una suppositio; deinde sunt ponendae conclusiones.

Suppositio sit ista quod caelum agit in ista inferiora triplici instrumento, scilicet motu, lumine et influentia. Motu quidem, nam trahit ignem secum unacum aere existente ultra montes altissimos, sicut patet *I*^{o} *Meteororum*. Lumine etiam, sicut patet ad experientiam, nam suo lumine calefacit ista inferiora. Influentia etiam, quia in profundo terrae, ubi non attingit motus caeli, nec lumen, generantur quaedam metalla, et hoc est mediante influ- | entia caeli, F.I. F1^{va} quae est quaedam qualitas spiritualis in medio, sicut species albedinis vel nigredinis, quae quidem qualitas non est per se sensibilis.

56 igitur] ergo *I* 56 hic] *om. V* 57 omnes dies] *inv. I* 65 motus[1]] mensura *V* 65 et] vel *I* 65 motus] *om. V* 65 primus] *sequitur una lacuna (1 cm)* 69 nec] neque *I* 70 corruptiones] meridies *sc. V sed del. et s.v.* generationes *add.* 70 sint] sunt *V* 70 V°] ex V° *V* 72 sunt ponendae] *inv. I* 81 quidem] *om. I*

65/68 ARISTOTELES, *Physica*, IV, 14, 223 b 18-22.
69 ARISTOTELES, *Physica*, VI, 10, 241 b 12-20.
71 ARISTOTELES, *Physica*, V, 1, 224 b 35 - 225 a 12.
77 ARISTOTELES, *Meteora*, I, 3.

Tunc sit prima conclusio: si caelum cessaret a motu, non tamen a lumine et influentia, adhuc in istis inferioribus multi fierent motus et mutationes, generationes et corruptiones. Probatur: quia, ablato motu caeli sed stante lumine et influentia, adhuc sol calefaceret ista inferiora, et ipsum caelum influeret in ista inferiora, mediantibus quibus, scilicet lumine et influentia, adhuc in istis inferioribus fierent generationes et corruptiones; igitur.

Secundo. Sicut prius arguebatur, si caelum modo inciperet quiescere, non propter hoc animalia et plantae que modo sunt manerent perpetue; et sic aliquando corrumperentur, et alia ex eis generarentur, et sic adhuc fierent generationes et corruptiones.

Secunda conclusio: si caelum cessaret a motu, non tamen a lumine et influentia, adhuc aeternaliter fierent generationes et corruptiones, alterationes et motus locales, immo generationes et corruptiones hominum, animalium et plantarum. Patet, quia, licet sub sole esset nimia caliditas et essent omnia combustibilia exusta, et ex opposito esset nimia frigiditas, tamen in quadris mediis esset temperamentum medium et habitatio conveniens pro salute plantarum et animalium.

Probatur hoc idem quantum ad generationes elementorum, scilicet quod perpetue fierent generationes et elementorum ad invicem: quia sub sole converterentur omnes aquae in aerem vel in ignem, et proportionaliter ex opposito, propter frigiditatem ibi existentem, ignis et aer corrumperentur et converterentur in aquam, et tunc aqua ibi valde augeretur; modo naturale est quod aqua, ubi est elevatio, F.V. 36[ra] moveatur ad locum //// decliviorem, et ideo illa aqua continue moveretur circa terram ad locum existentem sub sole, et iste aer vel ignis generatus sub sole moveretur etiam ad partem oppositam, et

---

82/83 non tamen a] stante *I (est in P V)* 84 mutationes] et *add. I* 87 quibus] qualitatibus *V* 87 lumine et influentia] *inv. V* 88 corruptiones] f *add. V sed del.* 88 igitur] *om. I* 89 Secundo] *om. V* 91 perpetue] perpetua *I* 91 et sic] sed *I* 93 motu] et *add. V sed del.* 96 hominum] habitus *(dub.) scr. V sed s.v. corr.* 97 essent] confa *add. V sed del.* 97 combustibilia] ustibilia *I (est in P S V)* 97 exusta] usta *I*; adusta *V (est in S)* 97 et] *scr. V sed del.* 98 quadris] quadriis *V* 2 perpetue] perpetuo *I* 8 existentem] subsistentem *V* 8 iste] ille *I* 9 generatus] genitus *V*

semper aqua sic veniens sub sole iterum converteretur in aerem, et aer vadens ad oppositum converteretur in aquam.

Istam conclusionem pono contra ALIQUOS qui dicunt quod, cessante motu caeli, non tamen influentia et lumine, per aliquod tempus fierent motus et mutationes, scilicet generationes et corruptiones in istis inferioribus; sed tandem, sicut dicunt IPSI, omnia ista inferiora cessarent ab huiusmodi motibus et mutationibus. Verbi gratia, ponamus quod sol modo sit supra nos et planetae frigidi sint ex opposito, et quod caelum de cetero non moveatur; tunc dicunt IPSI quod sol omnia hic existentia calefacit ad summum, et ex opposita parte planetae frigidi omnia frigefaciunt ad summum, et aliquando, sicut dicunt IPSI, istae calefactiones et frigefactiones terminabuntur, cum nulla alteratio possit esse perpetua, sicut patet per ARISTOTELEM *VIIII° Physicorum*. Et, sicut dicunt de calefactione et frigefactione, ita dicerent proportionaliter de humefactione et de exsiccatione, et de aliis alterationibus: quia sic finaliter cessarent omnes alterationes non amplius fierent generationes et corruptiones.

Breviter falsitas istius patet per conclusionem secundam et probationem eius; et etiam solutio motivi ISTORUM sic opinantium patet bene volenti considerare

Tertia conclusio: cessante motu caeli, non tamen lumine et influentia, licet fierent generationes et corruptiones in istis inferioribus, aliter tamen fierent quam modo fiant, nec ita vario modo fierent sicut modo fiunt. Patet hoc, ex eo quia sol et ceteri planetae non diversimode applicarentur istis inferioribus sicut modo applicantur, cum caelum movetur.

Quarta conclusio: si caelum non moveretur nisi unico motu, adhuc fierent generationes et corruptiones in istis inferioribus.

---

10 iterum converteretur] *inv. V* 15 ista] illa *I* 21 frigefactiones] infrigidationes *I* 22 possit] potest *V* 24 frigefactione] infrigidatione *I* 24 humefactione] humectatione *I* 25 quia] et quia *V* 26 non] nec *I* 30 bene] *om. I* 34 quia] quod *I*

12/29 HONORIUS SOLITARIUS (± 1150) (*De imagine mundi*) ? Cf. P. DUHEM, *Le système du monde*, 1958, tome III.
25 ARISTOTELES, *Physica*, VIII, 10, 241 b 12-20.

Probatur: quia non minus fierent quam si caelum quiesceret; sed, si caelum quiesceret, dictae mutationes adhuc fierent, sicut dixit secunda conclusio.

Quinta conclusio, et ista est pro intentione ARISTOTELIS in *littera*: si caelum non moveretur nisi unico motu, non fierent generationes et corruptiones tam elementorum quam aliorum secundum istum ordinem et secundum illa loca, secundum quem ordinem et secundum quae loca apparent nobis esse et permanere in hoc mundo. Probatur, quia non essent applicationes caelestium agentium ad hoc sufficientes.

Ex hoc sequitur sexta conclusio responsalis ad quaestionem quod, si debent generationes et corruptiones in istis inferioribus fieri et permanere secundum ordinem et secundum loca secundum quae apparent fieri et permanere, necesse est caelum moveri F.I. F1[vb] pluribus motibus, scilicet motu diurno et motu obliquo, qui motus | obliquus est planetarum sub zodiaco. Patet, nam secundum hoc sol et alii planetae aliquando accedunt ad nos et aliquando recedunt a nobis, et faciunt nobis diversitatem temporum, scilicet hiemem et aestatem, et diversitatem generationum et corruptionum in istis inferioribus.

Ad rationes. Illae rationes quae positae sunt ante oppositum sunt pro nobis.

Aliae autem ad oppositum adductae videntur esse contra nos, et ideo ad istas dicatur. Primo quidem ad auctoritatem ARISTOTELIS: quid sit dicendum, patet ex quinta conclusione.

39/40 sed si caelum quiesceret] *om. V (hom.)* 40 dixit] dicit *I* 44 aliorum] et secundum *add. V sed del.* 45 istum] illum *I* 45 ordinem] et sic quod illa loca *add. V sed del.* 45 et[1]] vel *V* 45 illa loca] locum quem *V* 45 quem] *om. V* 46 et] vel *V* 46 apparent] apparere *V* 46 nobis esse] in loco *V* 47/48 caelestium agentium] *inv. I* 49 Ex] Ad *V* 49 ad quaestionem] *om. V* 55 et[2]] *om. V* 57 diversitatem] generationem *add. V sed del.* 59 Illae] *om. V* 60 nobis] q *add. V sed del.* 62 istas] illas *I*

42 Cf. ARISTOTELES, *De caelo*, II, 3, 286 b 2-5.

62 ARISTOTELES, *De caelo*, II, 3, 286 b 2-3; *De gener. et corr.*, II, 9-10, 335 a 24 - 337 a 33.

Deinde, ad rationem post hoc factam quae arguebat de agentibus subordinatis, nos diceremus quod nulla esset simpliciter necessaria subordinatio agentium nisi ad ipsum Deum: unde ita Deus, si vellet, posset comburere ligna, si non essent corpora caelestia sicut si //// essent. F.V. 36[rb]

Ad secundam ista probat sextam conclusionem.

Ad tertiam quae fiebat de tempore dico quod nullus motus dicitur tempus nisi pro quanto utimur ipso ad mensurandum alios motus; et ideo, si non esset motus caeli, possemus uti uno alio motu pro tempore, sicut faciunt ALIQUI: aliquando non videntes caelum propter nubes utuntur operationibus suis pro tempore, deducentes tantum: operatus sum, tunc tempus est prandendi; ecce illi sua operatione utuntur pro tempore. Sed quod communius utimur motu caeli pro tempore, huius causa est: quia inter omnes motus ipse est regularissimus et omnibus notior et communior, de quo videndum est in *IV° Physicorum.*

---

64 rationem] primam *V* 65 subordinatis] quia *add. V* 66 ita] *om. V* 67 posset] potest *I* 69 ista] illa *I* 74 utuntur] et negatur *I* 74 deducentes] dicentes *I (est in P V)* 75 ecce] ergo *V* 76 communius] communiter *I* 77 omnes motus] *inv. V* 79 Physicorum] Et sic est finis quaestionis *add. I*

79 Cf. ARISTOTELES, *Physica*, IV, 14, 222 b 30 - 223 b 12.

Quaestio 13

Utrum motus caeli ab oriente in occidentem sit regularis

Sextum propositorum erat utrum motus caeli ab oriente in occidentem sit regularis. Hic unum supponitur, et aliud quaeritur. Supponitur enim quod caelum movetur; quo supposito, quaeritur utrum motu regulari.

Contra suppositum arguitur sic. Terra movetur ab oriente in occidentem; igitur caelum non sic movetur, immo quiescit. Consequentia probatur: quia, si ambo moverentur ab oriente in occidentem, continue idem punctus caeli eundem punctum terrae eodem modo respiceret, saltem si aeque velociter moverentur; quod est falsum. Falsitas patet primo ad experientiam, nam tunc sol nobis non oriretur nec occideret, postquam semper eandem partem terrae eodem modo respiceret, nec etiam tunc fierent generationes et corruptiones in istis inferioribus secundum illum ordinem et secundum illa loca secundum quae apparent fieri. Antecedens probatur: quia ignis movetur ab oriente in occidentem, et aer similiter; igitur et terra cum aqua. Consequentia tenet, nam non videtur esse maior ratio nec minor de istis quam de illis. Antecedens patet per ARISTOTELEM *I^o^ Meteororum*.

Et probatur etiam ratione: nam visum est quod cometae qui generantur in suprema regione aeris moventur ab oriente in occi-

---

4 Sextum propositorum erat] Quaeritur *V* 6 quo] hoc *V* 8 arguitur] quod *add. V* 9 igitur] ergo *I* 10 si] *s.v. V* 10 ab] ind *scr. V sed macul. et exp.* 12 si] sic *add. I* 12 aeque velociter moverentur] moverentur aeque velociter *I*; aeque velociter moveretur *V* 13 quod est falsum] *om. V* 13 Falsitas patet] *om. I P (est in V)* 13 primo] *om. V* 13 non] neque *V* 14 nec] neque *V* 16 illum] eundem *V* 16/17 et secundum... fieri] *om. V* 18 ab] in *V* 18 igitur] ergo *I* 20 nec] neque *I* 22 qui] quae *I P*

20/21 Aristoteles, *Meteora*, I, 2, 339 a 20-23.

talem autem motum non videtur habere ex se, sed ratione continentis, puta aeris, in quo sunt tamquam in loco; igitur taliter non moverentur, nisi aer sic moveretur.

Secundo, adhuc contra suppositum. Si caelum moveretur, hoc esset motu locali; sed hoc est falsum, cum caelum non sit in loco.

Arguitur tertio. Adhuc posito quod caelum esset in loco, non moveretur localiter. Probo sic: nam continue maneret in isto loco non mutando illum nec secundum se nec secundum suas partes. Quod non secundum se, patet. Quod non secundum suas partes, probatur: nam medietas caeli quae est ex una parte aequinoctialis ita continue maneret in eodem loco sicut medietas caeli quae est ex alia parte aequinoctialis.

Deinde arguitur ad quaestionem. Motus caeli est naturalis; igitur motus caeli non est regularis. Antecedens notum est de se. Et consequentia probatur: quia motus naturalis est in fine velocior quam in principio; sed talis motus non est regularis, ex eo quod motus regularis dicitur quo quantum ad suas partes in aequalibus partibus temporis aequalia pertranseuntur spatia; talis autem non est velocior in fine quam in principio, sed aeque velox et in principio et in fine.

Secundo. Aliquae | partes caeli moventur velocius et aliquae F.I. F2ra tardius; igitur totalis motus caeli videtur esse difformis, et per consequens non regularis. Consequentia tenet. Antecedens probatur, nam partes caeli prope polos moventur tardius quam partes //// caeli F.V. 36va prope aequinoctialem: quod patet, quia in aequalibus temporibus minores circulos describunt.

Tertio. Stellae deferuntur in caelo tamquam infixae; et ideo, si stellae moverentur irregulariter, tunc etiam caelum moveretur irre-

---

24 ratione] contin *add. V sed del.* 25 igitur] ergo *I* 26 moverentur] moveretur *V* 28 sed] et *V* 29 Adhuc] *om. V (est in I P)* 30 Probo sic] Probatio *V* 30 isto] illo *I* 33 est] v *add. V sed del.* 34 ita] ista *V* 36 caeli] caelis *V* 36 igitur] ergo *I* 37 est] *om. V* 37 Et] Sed *V* 40 dicitur quo] est quo *I*; *om. P*; dicitur qui *S*; dicitur *V (quo om. V)* 41 pertranseuntur spatia] *inv. V* 45 igitur] ergo *I* 47 caeli] *om. V* 47 partes] perpetue *add. V sed del.* 47 caeli] qui *V* 49 minores ciculos] *in marg. sin. V* 50 et] *iter. V* 51 moverentur] moveretur *I* 51 tunc] *om. V* 51 moverentur] movetur *I*

gulariter; sed stellae moventur irregulariter: patet de luna et aliis planetis, qui aliquando moventur velocius et aliquando tardius, propter quod astrologi dicunt planetas esse aliquando directos, aliquando retrogrados, aliquando stationarios.

Oppositum probat ARISTOTELES in *littera*.

In ista quaestione primo expono aliquos terminos; secundo videndum est de supposito in quaestione; tertio videndum de quaesito.

Quantum ad primum videndum est quod differentia est inter motum difformem et uniformem. Nam uniformitas motus attenditur quantum ad partes mobilis, ita quod iste motus dicitur uniformis quo movetur aliquod mobile cuius una pars movetur ita velociter sicut alia, sicut si lapis aliquis descenderet, non obstante quod iste motus in fine esset velocior quam in principio; tamen dicitur uniformis secundum propriam significationem vocabuli, ex eo quod una medietas illius lapidis descenderet ita velocior sicut alia. Motus autem dicitur difformis cuius una pars movetur velocius et alia tardius, sicut esset motus rotae: partes enim eius circa axem non moventur ita velociter sicut partes circa circumferentiam, licet bene illae partes aeque velociter circuant. Et ideo non est inconveniens aliquem motum esse motum difformem, et tamen esse circulationem uniformem. Penes aliud enim attenditur velocitas motus et penes aliud velocitas circuitionis: unde isti motus dicuntur esse aeque veloces quibus in aequalibus partibus temporis aequalia spatia linearia pertranseuntur; sed istae circuitiones dicuntur esse

52 patet] hic *add. V* 54 planetas] platonicos *[sic] V* 56 esse] *iter. V sed del.* 54 directos] retrogrados *V* 55 retrogrados] directos *V* 57 expono aliquos terminos] exponendi sunt quidam termini *V* 58 supposito] suppositione *V* 59 videndum] sciendum *I* 59 inter] d *add. V sed del.* 60 difformem] irregularem *I P*; regularem *S* 61 iste] ille *I* 62 cuius] ita quod *S V* 63 lapis] homo *V* 63 iste] ille *I* 64 esset] etiam *V* 64 velocior] in fine *add. V sed del.* 69 circa circumferentiam] circumferentiales *V* 69/70 bene illae partes] partes illae *V* 71 aliquem] *iter. V sed del.* 72 aliud enim] *inv. I* 73 isti] illi *I* 74/75 spatia] lineae] *add. V sed del.* 75 linearia] linealia *V* 75 istae] illae *I*

56 ARISTOTELES, *De caelo*, II, 6, 288 a 13 - 289 a 11.

aeque veloces quibus ipsa corpora circuentia in aequalibus partibus temporis aequales describunt angulos circa centrum quod circuerunt. Regularitas autem motus attenditur ex parte temporis, ita quod motus ille dicitur regularis quando ipsum mobile movetur aeque velociter in una parte temporis sicut in alia; sed iste motus dicitur irregularis quo movetur aliquod mobile quod in una parte movetur velocius et in alia tardius.

Verumtamen sciendum est quod aliqui distinguunt de uniformitate motus, dicentes quod potest attendi vel ex parte partium mobilis vel ex parte partium temporis. Uniformitas primo modo dicta est omnino eadem cum uniformitate distincta contra regularitatem; uniformitas autem secundo modo dicta est eadem omnino cum regularitate. Sed isti non utuntur ita proprie unformitate sicut nos utimur secundum dictas descriptiones.

Ulterius sciendum est quod non est inconveniens aliquem motum esse uniformem //// et non esse regularem: patet de motu F.V. 36vb gravis deorsum in medio uniformi quod movetur uniformiter, quia una eius pars movetur ita velociter sicut alia, et tamen non movetur regulariter, quia movetur in fine velocius quam in principio. Similiter non est inconveniens aliquem motum esse regularem, et tamen non esse uniformem: patet de rota, quae in aequalibus partibus temporis aequalia spatia describit: talis enim motus rotae esset regularis, non tamen uniformis, postquam partes illius rotae centrales non moventur ita velociter sicut partes circumferentiales.

Similiter sciendum est tertio non esse inconveniens aliquem motum simul esse uniformem et regularem, sicut si aliquod grave descenderet in aliquo medio sic proportionato ex parte resistentiae quod illud grave in aequalibus partibus temporis aequalia pertransiret spatia: tunc enim motus illius gravis esset uniformis et regularis simul.

77/78 circuerunt] curcuunt *I* 80 iste] ille *I* 80 motus] *om. V* 82 est] *om. V* 84 parte] temporis *add. V sed del.* 87 uniformitas autem] sed uniformitas *I* 87 omnino] *om. I* 88 isti] illi *I* 90 est] *om. V* 91 uniformem] et non esse regularem esse uniformem et non esse regularem *add. V sed del.* 97 describit] describeret *I* 99 moventur] moverentur *I* 00 sciendum est] dico *V*

Ulterius sciendum est quod in caelo motus potest dici simplex vel compositus. Et vocatur *motus circularis simplex*, quia est unius mobilis continui et super istos polos et ab uno motore, circumscripto omni motu praeterquam super illos polos. Sed motus compositus dicitur resultans ex aggregatione plurium motuum simplicium in eodem mobili super diversis polis a diversis motoribus. Et iste motus compositus in istis planetis est ille qui nobis apparet; simplices autem non apparent nobis distin- | F.I. F2rb cti ab invicem nisi per ratiocinationem.

Ista notata valebunt nobis ad tertium articulum illius quaestionis in quo respondebitur ad quaesitum.

Quantum ad secundum sciendum est quod quidam antiquorum erant talis opinionis quod terra moveretur ab occidente in orientem, complendo in die naturali unam circulationem, et quod caelum quiesceret. Et per hoc crediderunt posse salvare apparentia illa quae nos salvamus ex motu caeli, sic quod sol aliquando est nobis in oriente, aliquando in medio caeli, aliquando in occidente, aliquando in angulo noctis, credentes terram se habere sicut assaturam et solem sicut ignem assantem; modo, sicut ignis non movetur circa assaturam, sed assatura movetur circa ignem, ita dixerunt solem non moveri circa terram sed magis terram moveri circa solem, propter hoc quod terra indiget sole, et non e converso.

Quantum ad istam opinionem pono aliquas conclusiones. Quarum prima sit ista quod terra non movetur ab occidente in orientem motu diurno, nec e converso. Probatur: nam, si sic, sequeretur quod esset difficilius ire contra occidentem quam contra orientem; quod est contra experientiam. Probatur consequentia: nam, ex quo terra movetur ab occidente versus orientem et unacum

9 illos] istos *I* 9 polos] non moveatur *add. I* 10 simplicium] scripta *V* 11 diversis[1] polis] diversos polos *I* 12 istis] ipsis *I* 12 planetis] in planetis *add. V sed del.* 12 apparet] apparent *I* 13 autem non] *inv. V* 15 illius] istius *I* 17 est] *om. V* 19 quod] centrum vel *add. I* 20 posse] *om. V* 21 sic] sicut *I* 22/23 aliquando in... aliquando] *om. V* 26 moveri] *om. I P* 28 istam opinionem] *inv. I* 31 ire] moveri *V* 31 contra[2]] *om. V* 33/34 unacum ea] cum ea simul *I*

ea simul, tunc qui ambularet contra occidentem, haberet aerem contra se motum, qui autem contra orientem moveretur cum aere moto; sed difficilius esset moveri contra aerem motum quam cum aere moto.

Secundo, consimiliter sequeretur propter eandem causam quod difficilius esset proiicere lapidem contra occidentem quam contra orientem.

Tertio, sequeretur quod aves non bene possent volare contra orientem, quia aer insequens tantum elevaret pennas earum quod non bene possent //// volare: unde videmus quod aves non bene F.V. 37ra
volant cum vento, sed contra ventum.

Quarto, sequeretur quod proiectum directe sursum non e converso caderet ad locum a quo incepit moveri; quod est falsum. Consequentia patet, nam interim quod grave proiiceretur sursum, terra ulterius moveretur, et sic in descendendo non directe caderet super partem terrae sibi suppositam tunc, cum incepit moveri.

Secunda conclusio: si terra sic moveretur ab occidente in orientem, bene possemus ex hoc salvare aliqua quae nobis apparent ex motu caeli, sicut ortum et occasum solis et stellarum. Patet hoc: nam, sicut iam sol nobis in termino nostri horizontis existens continue ascendit plus et plus super nostrum horizontem usque ad medium caeli, et tunc ad occidentem, et tunc ad angulum noctis movetur, ita, si sol quiesceret et terra moveretur ab occidente versus orientem, et nos unacum ea, sol continue magis nobis et magis elevaretur tamdiu quod appareret in medio caeli, et tunc per ulteriorem motum caeli appareret nobis declinare ad occidentem, et sic tandem iterum appareret nobis in oriente.

Tertia conclusio: non omnia apparentia in caelo possent salvari per quietem caeli et talem motum diurnum terrae. Probatur: nam

---

37 moto] *om. V* 38 consimiliter] similiter *I* 38 sequeretur] sequitur *V* 41 sequeretur] sequitur *I* 41 bene possent] *inv. I* 41 possent] possunt *V* 43 bene[1] possent] *inv. I* 43 bene[2]] *om. I P* 45 Quarto] Tertio *I* 47 patet] tenet *I* 48 non directe] *inv. I* 49 suppositam tunc] oppositam *V* 49 cum] unde *V* 50 Secunda conclusio] *inv. I* 52 solis et] ortis *V* 53 nostri] nostro *I* 57 nobis] *om. S V (est in I P)* 58 quod appareret] quam aliquis *V* 58 tunc] pars *add. S V* 60 tandem] eandem *V* 62 diurnum] diurnam *scr. V sed corr.*

per quietem caeli et motum talem diurnum terrae non possent salvari oppositiones et coniunctiones planetarum et distantiae eorum, aliquando maiores et aliquando minores, a stellis fixis: unde ad salvandum ista oporteret ponere caelum moveri.

Quarta conclusio: caelum continue circulariter movetur ab oriente ad occidentem per meridiem, redeundo ad orientem per angulum noctis. Probatur per duo signa. Primum est: nos videmus quod stellae quae primo apparent in ortu, postea apparent in occasu; sed hoc non posset salvari per motum terrae diurnum, sicut dicit prima conclusio; igitur oportet quod hoc salvetur per motum caeli vel per motum stellarum in caelo quiescente caelo. Si dicatur primum, habetur propositum. Si secundum, hoc non potest esse, nam tunc caelum esset scissibile et divisibile; sed hoc est falsum, nam tunc esset corruptibile; quod est contra determinata *I*^{o} *huius*. Consequentia patet, ex eo quod stellae moverentur in ipso ipsum scindendo, sicut pisces moventur in aqua dividendo aquam.

Quantum ad tertium articulum sit prima conclusio ista quod motus ipsius caeli non est uniformis. Probatur ex eo quod non omnes partes caeli moventur aeque velociter: partes enim caeli circa aequinoctialem moventur velocius quam partes caeli circa polos, ex eo quod in aequalibus partibus temporis maius spatium F.I. F2^{va} lineale describunt, puta maiorem circumferentiam cir- | ca axem mundi. Consequentia patet per definitionem motus uniformis.

---

63 possent] possunt *V* 64 distantiae] distantias *I* 65 eorum] earum *I* 65 fixis] istis *V* 66 oporteret] oportet *I* 67 Quarta] Primo *scr. V sed del. et s.v.* quarta *add.* 67 circulariter] *om. V* 68 ad orientem] *s.v. V* 68 per] ad *scr. V sed del. et s.v. per add.* 69 Probatur] Pro *scr. V sed del. et s.v.* Probatur *add.* 69 nos] nam *I* 71 non] *s.v. V* 71 posset] potest *I* 71 salvari] salvare *I* 71 dicit] dixit *I* 71 prima] praecedens *V* 72 igitur] ergo *I* 73 caelo] *om. V (est in I P)* 74 habetur] habeo *I* 74 Si] dicatur *add. I* 76 esset] dissimile *add. V sed del.* 76 quod] sed *V* 76 determinata] determinationem *V* 77 patet] tenet *I* 77 moverentur] moventur *I* 78 scindendo] vel dividendo *add. V* 78 sicut pisces moventur in aqua dividendo] *om. V* 79 articulum] *om. V* 79 prima] *om. V* 79 ista quod] *om. V* 82 caeli] *om. V* 85 patet] tenet *I*

76 ARISTOTELES, *De caelo*, I, 9, 279 a 18-35.

Secunda conclusio: nullus motus simplex in caelo est irregularis, ita quod nec caelum nec aliquod astrum nec aliqua pars caeli movetur in uno tempore velocius quam in alio, et hoc motu simplici, scilicet omnibus aliis motibus circumscriptis. Et hoc probat ARISTOTELES sic. Primo, quia omnis motus qui aliquando est velocior aliquando tardior, vel iste est velocior in principio, sicut est motus violentus, vel ille est velocior in fine, sicut est motus naturalis gravium et levium, vel est velocior in medio, sicut est motus animalis; sed motus caeli nec est velocior in principio nec in fine //// nec in medio, cum nec habeat principium nec finem nec medium propter sui aeternitatem et caeli sphaericitatem in quo nec est assignare principium neque finem neque medium. F.V. 37rb

Secundo, quia irregularitas motus non potest venire nisi propter mutationem mobilis aut motoris; modo mobile, puta caelum, est inalterabile, similiter motor movens caelum est immutabilis, sicut intelligentia; igitur non est unde posset velocitas caeli variari.

Tertio, si motus caeli non esset regularis, sed irregularis, scilicet aliquando velocior et aliquando tardior, vel igitur veniret continue retardando, et tunc, si hoc esset, proportionaliter iam quiesceret, ex eo quod ab aeterno venisset retardando; vel continue velocitando, et tunc, si hoc esset, proportionaliter iam moveretur subito, eo quod ab aeterno fuisset velocitatum plus et plus. Si autem dicatur quod venisset retardando et velocitando alternatim, hoc non potest esse, ex eo quod motor movens ipsum est immutabilis. Ex ista conclusione patet responsio ad quaestionem.

86/87 irregularis] quod *add. V* 88 in^{1}] *om. V* 88 in uno tempore velocius] velocius in uno tempore *I* 88 in^{2}] *om. V* 89 omnibus aliis motibus circumscriptis] scilicet circumscriptis aliis motibus *I* 91 iste] ille *I* 91/92 in principio... velocior] *om. V (hom.)* 93 est^{1}] *om. V* 94 in principio nec] *om. V* 95 habeat] principiorum *add. V sed del.* 95 nec^{1}] neque *I* 95 nec^{2}] neque *I* 98 propter] semper *V* 00 inalterabile] materiale *V* 1 igitur] ergo *I* 1 posset] potest *I* 2 scilicet] tunc *V* 3 et] vel *V* 3 igitur] ergo *I* 5 quod ab aeterno] *iter. V sed primum verbum del.* (aeterendo *scr. sed* end *exp.)* 5 venisset] fuisset *V* 6 iam] nam *V* 7 velocitatum] velocitatus *V* 7 dicatur] dicitur *I* 8 venisset] veniret *V* 8 et] vel *V* 8 alternatim] subalternatim *V* 8 non] modo *I* 9 quod] quia *V* 9 movens] in instanti *V* 9/10 conclusione] quaestione *V*

90 ARISTOTELES, *De caelo*, II, 6, 288 a 13 - 289 a 11.

Tertia conclusio: motus caeli simplex est circulatio uniformis, non obstante quod non est motus uniformis, quemadmodum dixit prima conclusio huius articuli. Probatur: nam, ex quo motus caeli simplex est regularis, tunc partes eius in aequalibus partibus temporis aequales describunt angulos circa axem mundi, et hoc sufficit ad hoc quod aliquis motus sit uniformis.

Quarta conclusio: motus in caelo vel in aliqua parte eius compositus ex pluribus potest esse irregularis. Patet hoc de motibus planetarum, qui aliquando moventur velocius et aliquando tardius per aggregationem plurium motuum in suis orbibus intantum quod astrologi, sicut arguebatur ante oppositum, dicunt eos esse aliquando retrogrados, aliquando stationarios, aliquando directos, aliquando processivos.

Ad rationes principales. Ad primam nego quod terra movetur ab oriente in occidentem. Et quando dicebatur de igne et aere super altissimos montes, bene concedo quod moveantur unacum caelo ab oriente in occidentem, quia sunt ita prope caelum quod virtute influentiae caelestis possunt sic moveri; sed hoc non oportet de terra propter magnam eius distantiam a caelo.

Ad secundam dico quod saepe prius dixi quod motus totius caeli vel caeli ultimi non est localis, ex quo ultimum caelum non est in loco; bene tamen est eiusdem speciei cum motu locali: et AVICENNA vocat talem motum secundum situm et non secundum locum.

Ad tertiam: ista bene probat quod caelum non movetur motu recto; cum quo tamen stat quod movetur motu circulari, nec est inconveniens aliquid moveri motu circulari et continue secundum se totum categorematice non mutare locum, sed sufficit quod mutet locum secundum suas partes, vel mutaret, si esset in loco.

---

11 est] et *I* 11 circulatio] circuitio *I* 12 dixit] dicit *I* 14 simplex est] est simplex et *V* 17/18 compositus] est *add. V* 18 irregularis] etc. *add. V* 19 et] *om. I* 20 motuum] orbium *V* 20 orbibus] motibus *V* 21 arguebatur ante oppositum] ante oppositum aliquando *V* 22 aliquando[1]] *om. V* 24 principales] *om. V* 24 Ad primam] *om. V* 25/26 super altissimos montes] *om. V* 26 moveatur] movetur *V* 27 quia] et *V* 28 influentiae] fluentiae *V* 30 prius] ante *add. V* 33 talem] li *add. V sed del.* 34 ista] illa *I* 35 tamen] bene *I*

32/33 AVICENNA, *Liber de philosophia prima*, tract. IX, cap. 3, p. 465, lin. 96 sqq.

Et quando dicebatur: videtur quod caelum, adhuc si esset in loco, non mutaret locum secundum suas medietates, quarum una est ex una parte aequinoctialis et alia ex alia, hoc conceditur quod secundum talem divisionem eius in partes non mutaret locum; cum quo tamen stat quod mutaret locum secundum partes eius assignatas secundum aliam divisionem, //// ut si imaginaremur caelum (F.V. 37va) dividi secundum coluros. Tunc non est dubium quin caelum mutaret locum secundum tales partes, et hoc si caelum esset in loco. Finaliter ergo dico non esse inconveniens aliquod mobile mutare locum secundum partes assignatas secundum unam divisionem et non mutare locum secundum partes assignatas secundum aliam divisionem. Sic igitur solutae sunt rationes quibus improbatur suppositum in quaestione.

Deinde respondetur ad rationes factas ad quaestionem. Ad primam dico quod non oportet omnem motum naturalem in fine esse velociorem; sed hoc solum verum est de motu naturali | locali recto (F.I. F2vb) gratia cuius tractabo septimum propositorum.

Ad secundam ista bene probat quod motus caeli non est uniformis; cum quo tamen stat quod est regularis.

Ad tertiam ista vadit pro ultima conclusione tertii articuli.

---

41 conceditur] concluditur *I* 42 talem] tandem *I* 45 coluros] colores *V* 47 dico] tantum *(dub.) add. s.v. V* 50 Sic igitur] Et sic ergo *V* 50 rationes] in *add. I* 50 improbatur] reprobatur *I* 52 respondetur] respondeatur *I* 52 rationes] fa *add. V sed del.* 53 naturalem] talem *add. V* 54 hoc solum] *inv. I* 54 verum est] *inv. I* 55 cuius] forma et *add. V* 56 ista] illa *I* 57 tamen] bene *I* 58 ista] illa *I* 58 tertii] secundi *I (est in P V)* 58 articuli] Et sic soluta est quaestio *add. I*

Quaestio 14

Utrum omnis motus naturalis sit velocior in fine quam in principio

Septimum propositorum quod dixi esse incidentale erat utrum motus naturalis sit velocior in fine quam in principio.

Et videtur primo quod non. Quia motus caeli est motus regularis, per praecedentem quaestionem; igitur non est velocior in fine quam in principio; et tamen est motus naturalis, quia nec est violentus, nec praeter naturam, et etiam quia est a principio intrinseco; igitur non omnis motus naturalis est in fine velocior quam in principio.

Secundo. Quia augmentatio est motus naturalis, et tamen non oportet quod in fine sit velocior quam in principio, immo ut plurimum accidit in oppositum quod sit motus naturalis: patet per ARISTOTELEM in *I° De generatione* et in *II° De anima.* Similiter diceretur de alteratione, nam multae sunt alterationes naturales quae in fine non sunt velociores.

Tertio. Nam sit unum mixtum habens duas libras de igne et duas de aere, duas de aqua, octo de terra, et sit in concavo orbis lunae, tale mixtum descendendo continue tardatur in suo motu, ex eo quod continue resistentia augmentatur, et potentia motiva diminuitur. Patet hoc ex eo: nam, quando tale mixtum est in concavo orbis lunae, trahunt tam terra quam aqua quam aer deorsum, sed quando hoc pertingit ad aerem, aer non plus trahit deorsum, sed tunc solum

---

4 propositorum] erat *add. I* 4 incidentale] erat *add. I* 7 igitur] ergo *I* 8 est] *om. I* 9 etiam quia] *inv. I* 9 igitur] ergo *I* 10 motus] *om. V* 13 in] *om. V* 15 in[1]] *om. V* 16 diceretur] arguitur *I* 17 velociores] velocior *I* 18 sit] si *V* 18/19 duas[2] de aere] *om. V* 21 augmentatur] augetur *I* 22 quando] dum *I*

15 ARISTOTELES, *De gener. et corr.*, I, 5, 320 b 25 - 322 a 33.
15 ARISTOTELES, *De anima*, II, 4, 415 b 23-25.

trahunt aqua et terra. Quod aer in sphaera aeris non trahat, patet, quia elementa appetunt manere in suis locis et non inclinantur ad esse extra ea. Quando autem dictum mixtum pertingit aquam, iam aer incipit resistere cum igne, nec aqua plus trahit deorsum, ex quo est in loco suo, sed solum terra. Ex hoc patet quomodo in dicto casu potentia motiva continue fit minor et resistentia maior, et per consequens sequitur quod dicti mixti motus naturalis, scilicet descensus, non sit in fine velocior, immo tardior, quam in principio.

Quarto. Nam, si grave in descendendo moveretur velocius in fine quam in principio, hoc videtur esse propter quoddam sibi acquisitum in descendendo quod iuvaret potentiam intrinsecam motivam istius gravis ad movendum illud grave velocius in fine quam in principio. Tunc pono quod illud grave descendat in medio difformi sic quod medium inferius sit maioris resistentiae in tanto quanto potentia motiva intrinseca //// istius gravis potest iuvari a F.V. 37vb
tali extrinseco per talem motum sibi acquisito; et tunc saltem illud grave movebitur in isto medio sic quod non movebitur in fine velocius quam in principio.

Quinto. Sit unum grave sicut quattuor in potentia quod debeat descendere per aliquod medium ut duo in resistentia; tunc videtur quod illud grave per illud medium moveatur ita velociter in fine sicut in principio, ex eo quod omnino videtur esse consimilis proportio potentiae moventis ad resistentiam in fine qualis erat in principio, nam continue videtur manere proportio potentiae moventis ad resistentiam sicut quattuor ad duo.

Sexto. Si omnis motus naturalis esset in fine velocior quam in principio, tunc nullus videretur esse motus regularis; quod est falsum. Probatur consequentia, quia omnis motus videtur esse naturalis, violentus vel animalis; modo motus violentus non est regularis, quia est in principio velocior; similiter motus animalis non videtur esse regularis, quia est in medio velocior; si igitur omnis

---

34 quoddam] aliquid *I* 36 istius] illius *I* 37 in] fie *add. V sed del.* 38 tanto] in *add. I* 39 potentia] p *add. V sed del.* 39 istius] illius *I* 40 acquisita] acquisitum *V* 41 isto] illo *I* 43 Quinto] sit *add. V sed del.* 43 sit] sic *V* 25 elementa] aequaliter *add. V* 51 videretur] videtur *V* 51 motus regularis] *inv. I* 55 igitur] ergo *I*

motus naturalis esset in fine velocior quam in principio, tunc etiam nullus motus naturalis esset regularis, et sic simpliciter nullus motus esset regularis, quia nec violentus nec animalis nec naturalis.

Septimo. Si sic, sequeretur quod, si aliquod grave distaret a centro terrae distantia infinita, quod illud in descendendo versus centrum moveretur velocitate infinita antequam | tangeret centrum; sed hoc est falsum. Consequentia videtur tenere ex eo quod motus naturalis sic continue intenditur plus et plus versus finem. Falsitas consequentis patet: nam tunc sequeretur quod tale grave haberet virtutem infinitam.

F.I. F3ra

Octavo. Quando motus naturalis non est, ipse non est velocior in fine quam in principio; sed motus naturalis in fine non est; igitur tunc non est velocior quam erat in principio. Tota ratio clara est.

Oppositum vult ARISTOTELES. Et probatur ratione. Nam grave descendens in fine fortius laedit quam in principio; quod non esset nisi in fine moveretur velocius quam in principio. Assumptum patet: nam, si aliquis lapis descenderet de alto et aliquis reciperet istum lapidem prope initium casus, non laederet recipientem; sed, si reciperet istum lapidem per magnam distantiam ab initio casus istius lapidis, multum laederet recipientem; quod non esset, nisi talis lapis in descendendo continue intenderet suum motum.

In ista quaestione primo ponendae sunt distinctiones; secundo opiniones de causis velocitationis motus naturalis in fine cum suis improbationibus; tertio conclusiones responsales ad quaesitum cum una causa velocitatis motus naturalis in fine cum quibusdam dubiis contra istam causam et solutionibus eorundem.

---

56 quam in principio] *om. V* 56 tunc] *om. I* 56 etiam] *om. V* 57 simpliciter nullus] simplicissimus *V* 58 esset] non esset *V* 60 illud] *om. I* 63 finem] centrum *V* 64 nam] f *add. V sed del.* 66 Quando] Quandoque *V* 66 ipse] in fine *V* 66 non est] *om. V* 67 in fine] *om. I* 67 igitur] ergo *I* 71 moveretur velocius] *inv. I* 72 de] a *V* 72 reciperet] acciperet *V* 73 istum] illum *I* 73 non] re *add. V sed del.* 74 istum] talem *I* 75 istius] illius *I* 77 ponendae sunt] erunt ponendae *I* 80 velocitatis] velocitationis *I* 81 istam] illam *I* 81 eorundem] illorum *I*; earundem *V*

69 ARISTOTELES, *De caelo*, II, 6, 288 a 21.

Quantum ad primum sit prima distinctio quod motuum naturalium, alius est localis, alius est alterationis, alius est augmentationis vel diminutionis.

Secunda distinctio: motuum localium naturalium quidam sunt recti, quidam circulares; modo quaestio proposita intelligitur de motu naturali locali recto dumtaxat.

Tertia distinctio: motum naturalem intendi in fine potest intelligi dupliciter. Uno modo proprie, accipiendo li *in fine* scilicet quando talis motus desinit esse: et sic motus naturalis non intenditur in fine. Patet hoc, quia tunc ipse non est, quia, cum motus naturalis desinit esse, tunc non est et immediate ante hoc erat: et sic non capitur in proposito. Alio modo capitur *in fine* hoc est versus finem: et sic capitur //// in proposito. F.V. 38ra

Quarta distinctio: motum intendi capitur dupliciter. Uno modo per duplum, triplum, quadruplum, et sic ultra. Alio modo quod primi sit aliquantus, et secundo addatur sibi aliquis gradus velocitatis, et tertio medietas istius gradus velocitatis, et quarto quarta pars istius gradus velocitatis, et sic ultra.

Tunc sit prima conclusio: si motus intenderetur primo modo fieret infinitus. Probatur ex quo primo esset aliquantus, et deinde in duplo velocior, et deinde in triplo, et deinde in quadruplo, et sic ultra.

Secunda conclusio: si motus intenderetur secundo modo, non oporteret ipsum fieri infinitum, immo in casu posset in infinitum intendi, et adhuc nunquam fieret triplus ad seipsum. Recte in simili sicut, si esset aliquod lignum pedale et adderetur sibi primo medietas semipedalis, et deinde medietas residui de semipedali, et deinde iterum medietas residui, et sic in infinitum, illud lignum quod primo erat pedale in infinitum posset augeri secundum infini-

82 prima distinctio] *inv. V* 81 quod] *om. I* 83 est^{2}] *om. V* 87 naturali locali] *inv. I* 87 duntaxat] *scr. V sed s.v.* solummodo *add.* 88 fine] esse *(iter. sed del.)* velociorem *add. V* 92 hoc] *om. I* 92/93 et sic non capitur in proposito] *om. I* 92 non] *s.v. V* 95 capitur] potest intelligi *I* 96 per] | *add. V sed del.* 97 triplum] *om. V* 98 istius] illius *I* 98 et] *om. V* 99 istius] illius *I* 1 primo esset] *inv. I* 2/3 et sic ultra] secunda conclusio etc. *add. V sed del.* 4 motus] *om. I* 6 fieret] fieri *I* 6 triplus] *iter. V sed primum verbum del.* 6 recte] in *add. I* 10 posset augeri] augeretur *I*

tas partes proportionales ligni de semipedali sibi additas; et tamen non propter hoc illud lignum pedale sic auctum fieret duplum vel triplum ad se; immo, si totale lignum semipedale esset sibi additum aggregatum ex praeexistenti et addito, non esset duplum ad praeexistens, immo solum sesquialterum. Sic in proposito esset dicendum de intensione motus secundo modo dicta.

Tertia conclusio: motus naturalis in fine, hoc est eundo versus finem, non statim quando incipit et vadit versus finem, intenditur secundo modo. Patet hoc: nam aliter grave non moveretur velocitate infinita antequam veniret ad centrum, si distaret distantia infinita; cuius oppositum dicit ARISTOTELES in *littera*.

Sed sciendum est quod motus naturalis non intenditur per duplum, triplum, etc. sic quod in prima parte proportionali horae sit aliquantus et quod in secunda parte proportionali horae sit in duplo velocior, et sic ultra; nec etiam sic quod, quando est pertransita prima pars proportionalis spatii, puta prima medietas, quod tunc sit aliquanta, et, quando secunda pars proportionalis spatii sit pertransita, quod tunc sit in duplo velocior, et sic ultra. Nam tunc sequeretur quod quilibet motus naturalis, qui per quantumcumque tempus parvum duraret vel quo quantumcumque parvum spatium pertransiretur, ad quemcumque gradum velocitatis pertingeret ante finem; F.I. F3[rb] modo hoc est falsum. | Consequentia tenet ex hoc quod talis motus fieret per aliquod tempus in cuius prima parte proportionali esset aliquantus, et in secunda duplus, et sic ultra, et ita arguatur de spatio. Et ideo tertia conclusio intelligitur quod intenditur per duplum, triplum, etc., ad istum intellectum quod, quando ipso pertransitum est aliquod spatium, est aliquantus, et, quando ipso est pertransitum

11 de semipedali] semipedalis *I* 11 additas] addendas *I* 12/13 duplum vel triplum] *inv. V* 14 aggregatum] auctum *V* 18 et] *om. V* 20 si] de *add. V sed del.* 21 in littera] *om. V* 23 triplum] per quadruplum per quadruplum *V* 24 aliquantus] aliquis quantus *scr. V sed del. et s.v.* aliquantus *add. V* 24 horae] *om. V* 27 sit] *s.v. V* 27 aliquanta] aliquantus *V* 27 quando] *scr. V sed del. et* aliquando *add.* 27 spatii] *om. V* 28 sit in duplo] *inv. I* 30 duraret] *om. V* 31 gradum] *iter. V sed del.* 31 velocitatis] pertra *add. V sed del.* 34 arguatur] arguitur *I* 35 tertia] ista *add. V* 35/36 intenditur] cum dicitur *V* 36 triplum] per triplum *V* 37 ipso] ipsum *V* 37 est] quod tunc est *V*

21 ARISTOTELES, *De caelo*, II, 6, 288 a 21.

duplum spatium, est in duplo velocior, et, quando ipso pertransitum est triplum spatium, est in triplo velocior, et sic ultra. Et ad istum intellectum vadit auctoritas ARISTOTELIS de distantia infinita gravis a centro, scilicet quod tale grave moveretur velocitate infinita versus finem.

Quantum ad secundum articulum praemitto primo unum generale omnibus praemissis opinionibus, scilicet quod omnis velocitatis intensio causatur vel ex cremento potentiae, stante resistentia, vel ex decremento resistentiae, stante potentia, vel ex ambobus simul.

Tunc sit prima opinio de causa velocitatis motus naturalis in fine, quae supponit quod motus calefaciat; modo imaginatur ista opinio quod, quando aliquod grave descendit per aerem, calefacit ipsum aerem, et per consequens rarefacit, et sic aer ille rarefactus est facilioris divisionis et minus resistens, et sic //// statim adest ibi F.V. 38rb
una causa velocitatis motus, scilicet decrementum resistentiae.

Sed ista dicta non sufficiunt. Primo, quia aer in aestate est notabiliter calidior quam in hieme; et tamen idem lapis cadens ab aequali distantia per aerem in aestate et in hieme non movetur notabiliter velocius in aestate, nec sensibiliter magis laedit quam in hieme.

Secundo, nam aer non calefit per motum nisi ante moveatur et dividatur et fricetur, et tunc, cum, antequam fit motus et divisus, resistat gravi descendenti, resistentia eius non est diminuta per eius calefactionem.

Tertio, nam homo ita velociter movet manum suam sicut lapis movetur versus principium sui motus: quod patet ex hoc quod per-

---

38 ipso] ipsum *V* 38/39 pertransitum est] *inv. V* 39 Et] sic *add. V* 40 auctoritas Aristotelis] *s.v. V* 44 praemissis] *om. I P* 48 sit] est *I* 48 velocitatis] velocitationis *I* 49 quae] qua *I* 49 calefaciat] calefacit *V* 50 aliquod] aliquid *I* 53 velocitatis] velocitationis *I* 53 scilicet] una resistentia *add. V sed del.* 55 et] *om. V* 55 cadens] calidus *V* 59 Secundo] *om. V* 60 cum] *om. V* 61 resistat gravi] resistit grave *V* 61 eius] et *add. V sed del.* 61 est] imme *add. V sed del.* 63 nam] *om. I* 64 hoc] eo *I*

40 ARISTOTELES, *De caelo*, II, 6, 288 a 21.

cutiens alterum manu laederet eum plus quam faceret ille lapis cadens prope principium sui motus; et, cum homo sic movendo aerem non calefaceret aerem sensibiliter, quia utique perciperet calefactionem, igitur similiter iste lapis saltem circa principium casus non ita sensibiliter calefacit aerem, quod ex hoc deberet apparere tanta et ita manifesta velocitatio.

Secunda opinio imaginatur quod locus naturalis est tamquam finis appetitus a corpore quod naturaliter movetur ad ipsum; et ideo, quanto mobile per suum motum propinquius efficitur suo loco naturali, tanto intensius et cum maiore conatu movet se ad suum locum, et propter hoc in fine movetur velocius quam in principio, ad similitudinem hominis boni qui, quanto efficitur melior, tanto maiore conatu nititur ad felicitatem seu ad vitam contemplativam quae est finis hominis.

Sed breviter illud non valet, quia, cum appetitus sit ratione carentiae, corpus naturale plus distans a suo loco naturali plus deberet appetere suum locum naturalem, et sic magis in principio velocius deberet moveri quam in fine.

Secundo, nam incipiat aliquis lapis cadere de alto loco usque ad terram, et alter lapis consimilis incipiat cadere de basso loco usque ad terram; tunc isti lapides, quando essent ad spatium pedale prope terram, deberent aeque velociter moveri; quod tamen est falsum, nam ille qui diutius est motus velocius movetur. Probatio consequentiae: nam secundum dictam opinionem tunc isti lapides, cum sint consimiles in gravitate et aequaliter distantes a loco eorum naturali, aequalem haberent appetitum essendi in suis locis naturalibus, et, cum talis appetitus sit causa velocioris motus secundum quod dicit opinio, utique tunc dicti lapides deberent aeque velociter ulterius descendere.

Tertio, nam tunc difficilius esset levare unum lapidem prope terram quam eundem magis distantem a terra; hoc est falsum.

---

68 igitur] ergo *I* 68 iste] ille *I* 73 loco] motu *I* 77 nititur] conatur *V* 85 ad] istam *add. V sed del.* 87 movetur] movetne *I (est in P V)* 89 consimiles] dissimiles *V* 90 aequalem] aequales *V* 90 appetitum] appetitus *V* 91 velocioris] velocitationis *P*; velocitatis *V* 91 motus] *om. V* 92 dicti] isti *I* 92 velociter] velocius *V* 94 unum] istam *V*

Consequentia probatur ex eo quod dicta opinio imaginatur grave maiorem habere appetitum et inclinationem essendi in suo loco naturali quando est prope suum locum naturalem quam quando est magis distans.

Quarto. Si a valde alto descendat lapis per spatium decem pedum et ibi inveniens obstaculum quiescat, et lapis consimilis de basso etiam descendat per spatium decem pedum ad terram, unus illorum motuum non perciperetur velocior quam alter, licet unus illorum sit propinquior suo loco naturali quam alter.

Concludo igitur quod non ex maiore propinquitate ad locum naturalem sunt motus gravium et levium naturales velociores, //// F.V. 38va
propter hoc quod tunc talia corpora sunt propinquiora suo fini et plus appe- | tentia istum finem; nec est simile de illis corporibus F.I. F3va
naturalibus, non cognoscitivis sui finis, et de homine tendente ad felicitatem, qui sui finis est cognoscitivus.

Tertia opinio imaginatur quod in loco naturali est quaedam virtus attractiva locati, et quod illa fortius trahit de prope quam de longe, et quod propter hoc corpus naturale velocius movetur in fine, cum est propinquius suo loco naturali, quam movebatur in principio, cum erat a suo loco naturali remotius.

Contra istam opinionem potest argui tribus ultimis rationibus quibus arguebatur contra opinionem praecedentem.

Et ultra hoc potest contra ipsam argui primo sic. Si hoc esset verum, sequitur quod motus corporum naturalium ad sua loca non esset naturalis sed violentus; sed hoc est falsum. Consequentia patet, ex eo quod per praedictam opinionem entia naturalia trahuntur ad sua loca naturalia per virtutem existentem in ipso loco; modo tractus est quidam motus violentus.

---

98 est[1]] esset *V* 98 est[2]] esset *V* 3 perciperetur] percipietur *I* 4 illorum] istorum *V* 4 naturali] naturaliter *add. V* 5 igitur] ergo *I* 6 velociores] sunt *add. V sed del.* 7 talia] alia *V* 7 et] *om. V* 8 istum] illum *I* 8 illis] istis *I* 9 cognoscitivis] cognitivis *I* 10 cognoscitivus] cognitivus *I* 11 in] b loca *add. V sed del.* 11 est] sit *V* 11/12 virtus] alterativa vel *add. I (non est in P V)* 12 fortiius] portio *V* 12 trahit] tam *add. V* 13 quod] *om. V* 18 ultra] *om. V* 18 hoc] p *add. V sed del.* 18 potest] *om. V* 18 contra] consequenter *V* 18 argui] potest arguere *V* 19 sequitur] sequeretur *I* 20 naturalis] naturales *V* 20 violentus] violenti *V* 20 sed] *om. I* 21 patet] tenet *I* 21 praedictam] dictam *I* 22 trahuntur] traherentur *I* 23 quidam] quie *scr. V sed videtur corr.*

Secundo, sequitur quod graviora tardius moverentur deorsum quam minus gravia; sed hoc est falsum. Consequentia probatur, nam graviora plus resisterent virtuti trahenti.

Tertio, sequeretur quod corpora naturalia non moverentur ad sua loca a quacumque distantia; quod est contra ARISTOTELEM *I^{o} huius*. Probatur consequentia: quia illa virtus attractiva non se excederet ad quamcumque distantiam: recte sicut neque magnes trahit ad se ferrum a quacumque distantia propter determinatam distantiam ad quam agit, ita nec virtus attractiva traheret ad se locatum a quacumque distantia; et per consequens ipsum locatum non a quacumque distantia moveretur ad suum locum.

Quarto, sequeretur quod non a quacumque distantia a suo loco naturali ipsum grave inciperet moveri aeque velociter ceteris paribus; quod est contra experientiam. Consequentia tenet ex eo quod virtus attractiva est fortior prope quam longe; ideo, si aliquod corpus naturale inciperet moveri prope suum locum naturalem, velocius inciperet moveri quam si incepisset moveri remotius a suo loco naturali.

Quarta opinio imaginatur quod, quanto grave plus descendit, tanto minus videtur esse de resistentia sub eo, puta de aere; igitur, cum gravitas maneat et resistentia diminuatur, motus continue plus et plus velocitatur,

Contra hoc breviter arguitur primo: nam secundum hoc sequeretur quod, si duo gravia consimilia caderent versus terram, unum a loco alto sic quod haberet multum de aere sub se, et aliud de loco basso sic quod modicum haberet de aere sub se, quod primum inciperet cadere tardius quam secundum; quod est falsum, quia

---

24 graviora] magis gravia *V* 24 tardius] carius *scr. V sed del. et exp.* 24 deorsum] *om. V* 25 quam minus gravia] *scr. V sed del.* 26 nam] magis quam minus gravia sed hoc est falsum. Consequentia probatur *add. V* 26 graviora] magis gravia *V* 27 moverentur] moventur *I* 30 distantiam] sicut *add. V sed del.* 32 nec] neque *I* 40 remotius] *scr. V sed del. et* remotius *s.v. add. et del. [sic]* 43 puta] scilicet *I* 43 igitur] ergo *I* 44 maneat] manet *V* 44 diminuatur] diminuitur *V* 46 Contra hoc breviter] *inv. I* 48 sic] sicut *scr. V sed del.* 50 quod] hoc *V*

28 ARISTOTELES, *De caelo*, I, 2, 268 b 14-16.

aeque velociter inciperent cadere deorsum, quia prope principia suorum motuum aeque fortiter laederent impedientem. Consequentia tenet per sic opinantes.

Secundo, quia non est verum quod ille minor aer in praedicto casu minus resistat: quia, quando lapis est prope terram, adhuc est tantus aer lateralis, sicut si esset remotior a terra; et ideo ita difficile est quod aer divisus cedat et fugiat lateraliter, sicut erat quando lapis erat remotior; et cum hoc //// aeque difficile vel difficilius F.V. 38vb est quando lapis est prope terram quod aer sub eo cadat in directum, quia terra obviat quae fortius resistit quam aer.

Tertio, quia gravi in descendendo vel resistit totus aer qui est sub ipso unacum terra vel aer solus. Si dicatur primum, tunc nullum grave sicut esset unus lapis magnus vel aliquod tale, descenderet, propter hoc quod tunc resistentia esset maior quam esset potentia motiva istius gravis. Si autem dicatur quod solus aer resistat, tunc sequeretur quod illud grave intenderet motum suum usque ad gradum velocitatis infinitum, ex eo quod resistentia talis diminueretur usque ad non gradum, ex eo quod illud grave in fine motus non habet sub se aliquid de aere resitente.

Quinta opinio vult quod talis velocitas fieret per aerem insequentem vel aquam vel aliquod aliud medium. Et imaginatur sic quod post ipsum grave descendens ipse aer rarefit insequendo ipsum grave descendens ne fiat vacuum ibi ubi erat grave, et quod tali pulsu aeris et motu iuvatur ipsum grave et velocitatur in descendendo.

Illud non valet: nam secundum hoc illud quod esset latae figurae ceteris paribus magis velocitaretur in descendendo, cuius oppositum docet experientia. Consequentia probatur, quia plus de aere insequitur ipsum.

Secundo, sint duae sphaerae aequales, una de plumbo, alia de ligno; tunc motus sphaerae plumbeae cum hoc quod est velocior semper | magis velocitatur quam motus sphaerae ligneae; et tamen F.I. F3vb

51 inciperent] inciperet *I* 51 cadere] | *add. V sed del.* 56 lateralis] naturalis *V* 59 cadat] cedat *V* 60 quia] et *V* 61 gravi] grave *V* 63 unus lapis] *inv. V* 64 esset[2]] *om. I* 65 istius] illius *I* 67 infinitum] et si q *add. V sed del.* 68 usque] *om. V* 69 sub se aliquid] *inv. I* 70 velocitas fieret] velocitatio fiat *I P (est in S V)*

aequaliter de aere insequitur utramque; igitur insecutio talis ipsius aeris non videtur esse causa talis velocitationis.

Tertio, quia, si talis sphaera descendens transeat per foramen, et tunc statim foramen reclaudatur ita quod aer insequens detineatur, non minus motus velocitabitur; igitur talem velocitatem non facit aer insequens.

Quarto, nam aer inferius per descensum gravis condensatus plus videtur resistere et impedire velocitatem quam aer superius rarefactus et insequens videatur iuvare, vel saltem tantum.

Quinto, nam secundum talem imaginationem grave in sphaera ignis minus deberet suum motum intendere; quod tamen est falsum. Consequentia tenet ex hoc quod in descensu gravis in sphaera ignis ipse ignis existens super grave descendens minus insequeretur ipsum grave descendens, postquam ignis est magis levis, et naturae levis repugnat descendere descensum alicuius gravis insequendo.

Sexta opinio praemittit: sicut in his quae scinduntur ubi divisio praecedit dividens, sicut patet in quibusdam lignis, cum dividuntur secundum longum, facilius est continuare divisionem quam incipere, ita in proposito, licet divisio aeris non praecedat ipsum grave, quia tunc esset vacuum; tamen, propter hoc quod aer subiectus recedit ad latera, fit ibi quaedam rarefactio quae precedit ipsum grave, et ex hoc continue movetur velocius et facilius.

Sed ista opinio non valet, quia aer directe sub gravi magis condensatur quam rarefiat, et illud bene patet in simili, si motus fiat per lutum vel aliquod tale cuius condensatio esset sensibilis.

Secundo, nam ex ista causa non potest reddi ratio aliquorum apparentium accidentium ex descensu gravis, sicut quod grave
F.V. 39ra descendendo aliquando reflectitur cum invenit obstaculum; //// et similiter, cum plumbum appensum chordae descendit, e converso reflectitur: horum enim causae non possunt reddi iuxta praedictam opinionem.

---

86 tunc] *om. I* 87 igitur] ergo *I* 90/91 rarefactus] rarefacta *V* 91 tantum] causare *V* 97 natura] naturae *I* 97 descendere] ad *add. V* 98 in his quae] *om. V* 98 scinduntur] scissibilibus *V* 99 ubi] videtur *V* 99 praecedit] *scr. V sed del. et* praecedit *s.v. add.* 1 licet] debet *V* 1 praecedat] praecedere *V* 2/3 subiectus] separatus *V* 3 latera] et *add. V sed del.* 3 fit] vide *V* 6 bene patet] *inv. I* 6 si] sicut si *I* (1 *add. V sed del.*) 9 apparentium] ac *add. V* 9 sicut] secundum *add. V*

Tertio, nec exemplum eorum de lignis est ad propositum, quia talis facilitas dividendi lignum fit propter poros ordinatos in isto ligno secundum longum; et, quia non sunt sic ordinati ex transverso, non ita faciliter secundum transversum dividitur sicut secundum longum; sed sic non est de aere, cum non sit corpus facile scissibile, sicut patet *IV° Meteororum.*

Quantum ad tertium articulum est alia opinio de causa velocitatis motus naturalis in fine. Et illam approbo: unde secundum istam opinionem imaginandum est quod ipsum grave in suo motu ad suam gravitatem naturalem acquirit sibi quendam impetum seu gravitatem accidentalem, quae iuvat gravitatem naturalem ad movendum ipsum grave velocius; et consimiliter est dicendum de levitate, et secundum quod ipsum corpus naturale movetur diutius et diutius secundum hoc sibi acquiritur maior et maior impetus, et secundum hoc continue movetur velocius et velocius, nisi tamen hoc impediretur per maiorem crescentiam ipsius resistentiae quam esset impetus sic acquisitus. Et imaginandum est quod, sicut iste impetus acquiritur consequenter ad motum, ita consequenter minoratur vel deficit ad minorationem vel defectum motus.

Et pro ista opinione experimentum habemus tale quod, si mola fabri magna vel valde gravis velociter moveretur a te motu versionis, quando cessares eam movere, adhuc ipsa diu moveretur; quod non videtur esse nisi sit a quodam impetu ab extrinseco sibi acquisito et impresso sibi a movente. Tunc ulterius, cum cessas movere istam molam, continue diminuitur, donec mola cessat a motu, propter hoc quia forma naturalis molae istius tendit ad oppositum.

---

14 nec] ostendit *V* 15 isto] illo *I* 16 quia] quod *V* 17 transversum] *iter. V sed primum verbum del.* 18 facile] *om. I P (est in S V)* 20 articulum] *om. V* 20/21 velocitatis] velocitationis *I* 25 consimiliter] similiter *I* 25 est dicendum] *inv. I* 26 et] *om. V* 27 acquiritur] acquirit *V* 27 maior et maior impetus] impetus maiores et minores *V* 27 et[2]] *om. V* 30 iste] ille *I* 31 motum] *iter. V sed primum verbum del.* 34 vel valde] et *V* 34 a te] *om. I*; ad te *V* 37 impresso] expresso *scr. V sed* ex *exp. et s.v.* im *add.* 37 sibi] *om. P V* 37 cum] *s.v. V* 38 istam] illam *V* 39 quia] quod *V* 39 istius] illius *I*

19 Cf. ARISTOTELES, *Meteora*, IV, 9, 387 a 4-12.

Item, proportionaliter imaginandum est in proposito de motu naturali corporis naturalis ad suum locum. Et forte, si ista mola sic mota semper duraret sine aliqua diminutione vel ateratione, et non esset aliqua resistentia corrumpens impetum talem ibi generatum, mola ab isto impetu perpetue moveretur. Et sic, si placeret, possemus imaginari quod non oporteret ponere intelligentias | moventes orbes caelestes. Posset enim dici quod, quando Deus creavit sphaeras caelestes, ipse incepit movere unamquamque earum sicut voluit, et sic ab impetu quem dedit eis, adhuc moverentur, quia iste impetus ibi non corrumpitur nec diminuitur, cum non habeat ibi corrumpens, postquam mobile non inclinatur ad oppositum.

F.I. F4^ra

Tunc secundum istam opinionem possent poni conclusiones. Prima est quod causa velocitationis motus naturalis est impetus acquisitus in ipso mobili, qui consequenter acquiritur ad talem motum naturalem. Probatur in simili de mola fabri, quae post amotionem principalis moventis adhuc movetur; sed tunc non videtur moveri nisi a quodam tali impetu sibi ab extrinseco acquisito.

Secundo probatur hoc a simili de homine currente, qui, postquam incepit currere et cucurrit bene velociter, non potest se bene arrestare quando vult; quod non videtur esse nisi propter talem impetum in ipso acquisitum, qui adhuc ulterius inclinat ad motum.

F.V. 39rb

Secundum istam //// opinionem potest reddi causa quare grave, cum fortiter descendit et invenit resistentiam, reflectitur versus partem a qua venit. Unde istius causa est: nam grave in descensu acquirit sibi talem impetum qui non subito corrumpitur; et ideo, cum invenit obstaculum, iste impetus nondum corruptus inclinans ad motum non potens ipsum movere ulterius deorsum movet ipsum e converso sursum tamdiu quod ille impetus corrumpitur.

Iuxta illud etiam diceretur quod, si terra esset perforata totaliter, et per illud foramen descenderet unum grave bene velociter versus centrum, tunc, quando medium gravitatis istius corporis descen-

---

40 Item] Ita *V* 40 proportionaliter] *om. I; scr. V sed del.* 40 est] proportionaliter *add. I* 44 isto] illo *I* 44 Et] *om. V* 45 oporteret] oportet *I* 46 Posset] Potest *I* 48 moverentur] moventur *I* 48 iste] ille *I* 50 corrumpens] *scr. V sed del. et in marg. sin. add.* 55 non] *om. V* 58 cucurrit] tunc dum currit *V* 60 qui] quare *V* 61 potest] posset *I* 62 cum] *s.v. V* 62/63 reflectitur versus partem] versus partem reflectitur *V* 63 istius] illius *I* 65 iste] ille *I* 70 istius] illius *I*

dentis esset medium mundi, illud corpus adhuc ulterius moveretur versus aliam partem caeli propter impetum nondum in ipso corruptum. Et sic ascendendo, quando iste impetus deficeret, illud grave e converso descenderet, et in tali descensu iterum acquireret sibi quendam parvum impetum quo iterum moveretur ultra centrum, et, illo impetu corrupto, iterum descenderet, et sic moveretur circa centrum titubando tamdiu quod non amplius in eo esset talis impetus, et tunc quiesceret.

Secunda conclusio: omnis motus naturalis localis qui fit in medio uniformi velocior est in fine quam in principio. Probatur, ex eo quod resitentia manet eadem, per hypothesim, cum medium sit uniforme, et potentia motiva augetur, scilicet per impetum acquisitum, qui ipsum iuvat ad movendum, per praecedentem conclusionem.

Tertia conclusio: si aliquis motus alicuius mixti fieret in vacuo, ubi fuit locus naturalis alicuius elementi, talis motus esset velocior in fine quam in principio. Probatur iterum, quia, resistentia manente eadem, scilicet resistentia intrinseca, potentia motiva intenditur per impetum qui ibi acquiritur.

Quarta conclusio: medium in quo fieret motus posset sic disponi quod mobile simplex moveretur in ipso aeque velociter praecise in fine sicut in principio. Patet hoc: si medium esset difforme in resistentia et inferius plus resisteret quam superius, in tanto quanto posset iuvare talis impetus acquisitus ad intensionem velocitatis ipsius motus (in tali enim casu motus gravis per totum medium esset uniformis), et quod plus est, medium posset sic disponi quod motus naturalis factus in ipso in fine esset tardior quam in principio. Patet hoc: si medium inferius esset plus resistens quam superius, in tanto quod illa resistentia esset maior quantum ad remittendum motum quam esset impetus acquisitus quantum ad intendendum motum.

73 Et] in *add. I* 73 iste] ille *I* 75 parvum] a^{um} *I* 77 centrum] terminus *add. V sed del.* 77 titubando] q *add. V sed del.* 80 velocior] velocius *V* 81 cum] et cum *V* 83 movendum] motum *I (est in P V)* 90 posset] potest *I* 93 tanto] in *add. I* 94 impetus] taliter *add. V* 94 velocitatis] in tali *scr. V sed del. et* velocitatis *s.v. add.* 00 quam] quanto *V*

Quinta conclusio: mobile posset sic disponi quod in fine sui motus naturalis moveretur tardius quam in principio. Istam conclusionem sufficienter probavit tertia ratio facta ante oppositum; sed verum est quod non totus iste motus fieret in medio uniformi, sed difformi.

Sexta conclusio: mobile posset sic disponi quod velocius moveretur in pleno quam in vacuo. Patet: nam sit unum mobile compositum ex duobus gradibus aeris, et quattuor terrae, et sit sphaera ignis plena et totum residuum vacuum; tunc illud mixtum, cum descenderet in igne resistente sicut unum, verbi gratia, tam aer quam terra traherent ipsum deorsum; quando autem illud mixtum veniret ad vacuum ubi prius erat locus naturalis aquae, aer iam inciperet resistere terrae trahenti deorsum, et sic illud descenderet
F.V. 39va //// a proportione quattuor ad duo in vacuo, ubi prius erat locus naturalis aquae, quod prius in pleno, puta in igne, descendebat a proportione sex ad unum, quae est maior quam proportio quattuor ad duo, et per consequens illud mixtum velocius descendebat in pleno ut in igne, quia ex maiore proportione quam in vacuo. Ista ratio sup-
F.I. F4rb ponit quod a corpo- | re naturali in vacuo circumscribatur appetitus iste generalis corporum quo appetunt replere vacuum. Secundo ulterius supponit quod corpora naturalia gravia et levia appetunt manere in vacuo ubi prius fuit locus naturalis talium corporum.

Iuxta istam opinionem dubitatur contra talem impetum. Primo quid generet talem impetum in motu naturali ipsius corporis; secundo dubitatur a quo corrumpatur ille impetus; tertio dubitatur quae res sit talis impetus.

Ad primum dico quod talem impetum generat forma substantialis mobilis forma accidentali.

---

2 conclusio] – *add. V sed del.* 2 posset potest *I* 5 iste] ille *I* 7 posset] potest *I* 7 quod] n *add. V sed del.* 8 unum] ne *add. V sed del.* 10 tunc] cum *add. V* 11 cum] *om. V* 12 quam] ter *add. V sed del.* 12 terra] aqua *V* 12 mixtum] venir *add. V sed del.* 13 locus naturalis] *inv. I* (naturalis *s.v. V)* 13 aquae, aer] aeris aquae aer *V* 14 inciperet] etiam *add. V* 15 proportione] in duo ad *add. V sed del.* 17 quam] quod *V* 21 iste] ille *I* 21 Secundo] *om. I* 24 dubitatur] dicatur *scr. V sed del. et s.v. et in marg. sin.* dubitatur *add.* 24 Primo] quidem *add. V* 25 talem] in medio naturali *V* 25 in motu naturali] *om. V* 28 generat] f *add. V sed del.* 29 forma accidentali] motu *I P*

Ad secundum dico quod talis impetus corrumpitur per absentiam conservantis, puta motus, et inclinationem ipsius mobilis ad quietem, recte sicut lumen in medio corrumpitur per remotionem et absentiam corporis luminosi.

Ad tertium dico quod est quaedam qualitas de secunda specie qualitatis: est enim quaedam habilitas et facilitas ad motum.

Deinde dubitatur contra istam conclusionem: nam dicunt AUCTORES *De ponderibus* quod, quanto aliquid plus distat a centro, tanto est gravius secundum situm, ex quo videtur sequi quod grave in principio sui motus, quando multum distat a centro, velocius debeat moveri, cum tunc sit gravius.

Secundo, grave in descendendo continue fit calidius et levius, ex quo motus calefacit; igitur continue videtur moveri tardius et tardius.

Ad ista ambo simul dico quod acquiritur ibi plus de impetu in continuatione motus qui plus facit ad intensionem motus in fine quam poterat facere illa gravitas secundum situm in principio, et etiam quam posset impedire tanta levitas quanta ibi acquiritur ex caliditate ibi causata per motum.

Ad rationes principales. Ad primam dico quod illud dictum est intelligitur de motu naturali locali et recto et non circulari.

Per hoc etiam solvit secunda ratio, quia intelligitur de motu locali et non de aliis motibus.

Ad tertiam ista vadit pro una conclusione posita.

Ad quartam ista etiam vadit pro una conclusione posita.

Ad quintam nego quod continue maneat eadem proportio potentiae moventis ad resistentiam, nam per appositionem talis impetus potentia motiva continue intenditur.

---

34 secunda] tertia *V* 34/35 Ad tertium... motum] *om. V et post* 52 per motum *reportavit* 36 istam] secundum *I* 40 tunc] *om. V* 42 igitur] ergo *I* 46 in] acquisitione *add. V sed del.* 49 principales] *om. I* 51 etiam] *om. V* 53 ista] illa *I* 54 ista] illa *I*

36/37 THÂBIT IBN QURRA, *De ponderibus*: cf. L. THORNDIKE, *History of Magic and Experimental Science*, I.

Ad sextam negatur consequentia, quia, sicut dictum est in una conclusione, medium posset sic disponi quod motus naturalis in ipso maneret per totum regularis.

Ad septimam concedo quod tale grave haberet potentiam infinitam; concedo etiam quod non haberet potentiam infinitam, quia aliquod grave distare per distantiam infinitam a centro est impossibile; ad impossibile autem sequitur quodlibet.

Ad octavam ista bene probat quod motus naturalis non intendit in fine capiendo *finem* quando motus desinit esse; et cum hoc tamen stat quod bene intenditur in fine, id est versus finem. Et sic patet F.V. 39vb quaestio. ////

---

59 posset] potest *I* 65 ista] illa *I* 66 fine] quod *add. V sed del.* 66 et] *om. I* 67 bene] *om. V* 67 id est] *om. V* 67/68 patet quaestio] est finis quaestionis *I*

Quaestio 15

Utrum sphaerae caelestes, sicut sunt sphaerae planetarum, pluribus moveantur motibus, scilicet ab oriente in occidentem motu diurno et ab occidente in orientem motu proprio

Octavum propositorum erat utrum sphaerae caelestes, sicut sunt sphaerae planetarum, pluribus moveantur motibus, scilicet ab oriente in occidentem motu diurno et ab occidente in orientem motu proprio.

Et arguitur primo quod non. Nam tales diversi motus vel essent aeque fortes et aeque veloces, vel unus esset velocior et alter tardior, si essent aeque veloces; tunc continue planetae manerent in eodem situ et aspectu ad nos; sed hoc est falsum. Consequentia probatur a simili: nam, si aliqua musca ascendat super aliquam lanceam aliqua velocitate, et lancea interim descendat praecise aequali velocitate, musca non mutabit situm nec aspectum ad aliquod quiescens, sed continue habebit se consimili modo et non aliter ad tale quiescens; similiter esset de homine qui moveretur in navi ita velociter ad unam partem sicut navis moveretur ad aliam. Si autem dicatur quod motus ipsorum orbium planetarum, quorum aliqui sunt ad unam partem et aliqui ad aliam, sic se habent quod unus est velocior alio: capiam igitur sphaeram solis et quaero utrum velocius moveatur ab oriente in occidentem motu diurno vel velocius ab occidente in orientem motu proprio. Si dicatur primum, tunc non movetur nisi motu diurno. Probatur sic in simili de musca mota super lancea: nam, si descensus lanceae sit velocior, musca non dicitur ascendere sed descendere solum (aliter enim idem simul

6 Octavum propositorum erat] Quaeritur *V* 11 et aeque veloces] *om. V* 14 super] *om. V* 15 et] ac *add. V sed del.* 17 consimili] simili *I* 19 moveretur] movetur *V* 22 igitur] ergo *I* 23 vel] et *V*

moveretur motibus contrariis). Si autem motus proprius sphaerae F.I. F4va solis esset | velocior motu diurno eiusdem, tunc propter consimilem rationem non diceretur moveri, ut videtur, nisi motu proprio; quod tamen est falsum.

Et confirmatur hoc: nam sphaera solis quasi omni die naturali facit unam revolutionem motu diurno, ubi in uno integro anno non facit nisi unam revolutionem motu proprio; igitur non potest dici quod motus proprius sphaerae solis sit velocior motu diurno eiusdem.

Secundo. Impossibile est idem moveri simul pluribus motibus localibus; igitur quaestio falsa. Consequentia tenet. Antecedens probo: quia impossibile est idem corpus simul esse in diversis locis, et quia diversi motus locales sunt ad diversa loca, videtur etiam quod impossibile sit idem corpus simul et aeque primo moveri ad diversa loca; sed, si movetur ad diversa loca, prius tamen movetur ad unum et postea ad alium.

Tertio. Si quaestio esset vera, sequeretur quod unus illorum motuum esset tali orbi naturalis, et alter violentus, et sic iste alter non diu duraret in tali orbe, cum nullum violentum diu duret ex *I^{o} huius*; sed consequens est falsum, nam omnibus motibus qui nunc sunt in caelo semper consimiles erant in eodem et semper erunt, supposita aeternitate mundi. Consequentia probatur, ex eo quod ostensum est *I^{o} huius* unius corporis simplicis non esse nisi unum motum naturalem simplicem; cum igitur sphaerae caelestes sint corpora naturalia simplicia, neutra earum habebit plus quam unum motum sibi naturalem simplicem; et ideo, si aliquis alter ei inest, videtur ei inesse violenter.

Oppositum vult ARISTOTELES in *littera*; et similiter oppositum volunt PTOLEMAEUS et alii ASTROLOGI quam plures.

---

32 hoc] *om. V* 32 quasi] quae *V* 33 ubi] *om. V* 34 igitur] ergo *I* 37 moveri simul] *inv. I* 38 igitur] ergo *I* 45 sic] *om. V* 45 iste] ille *I* 46 duret] durat *V* 47 ex] *om. I* 47 motibus] *om. V* 51 igitur] ergo *I* 51 sint] sic *V*

46/47 ARISTOTELES, *De caelo*, I, 2, 269 b 9-10.
50 ARISTOTELES, *De caelo*, I, 2, 267 b 27 - 268 a 2.
55 ARISTOTELES, *De caelo*, II, 10, 291 a 32 - 291 b 10.
56 Cf. PTOLEMAEUS, *Almagesti opus*, IV, 5; V, 4-5.

In ista quaestione primo recitanda est una opinio //// de quaesi- F.V. 40ra
to cum eius improbatione; secundo respondendum est ad quaesitum.

Quantum ad primum sciendum est quod erat una opinio, scilicet ALPETRAGII, quod omnes orbes caelestes moverentur ab oriente in occidentem et quod nullus orbium caelestium moveretur ab occidente in orientem, licet orbes planetarum ab oriente ad occidentem moverentur super aliis polis quam primum mobile et cum hoc non facerent completas circulationes in die naturali, sicut facit primum mobile. Unde imaginatur quod in die naturali primum mobile faceret unam completam revolutionem super polis mundi ab oriente in occidentem, et quod interim orbes planetarum etiam moverentur ab oriente in occidentem super aliis tamen polis, suos motus incurtando intantum quod orbis saturni in die naturali tantum deficit quod non facit unam completam circuitionem quod in triginta annis facit unam revolutionem minus quam primum mobile, sed orbis Iovis, quia est remotior a primo mobili, plus deficit in die naturali quod non faciat unam completam circuitionem, in tantum quod in minore tempore quam Saturnus facit una revolutione minus quam primum mobile, et sic proportionaliter suo modo dicit de orbe Martis et de aliis orbibus planetarum. Unde motus solis ab oriente in occidentem tantum incurtatur a motu primi mobilis quod in uno anno facit una revolutione minus quam primum mobile; sed orbis lunae, qui est infimus orbium planetarum et maxime distans a primo mobili intantum incurtatur in suo motu ab oriente in occidentem quod in uno mense facit una circuitione minus quam primum mobile, ita quod iste imaginatur quod secundum quod orbes planetarum plus distant a primo mobili secundum hoc plus suos motus ab oriente in

---

58 cum] et cum *I* 62 moveretur] movetur *I* 63/64 moverentur] moveretur *I* 66 imaginatur] imaginabatur *I* 68 orbes planetarum etiam] etiam orbes planetarum *I* 69 aliis tamen] *inv. V* 71 completam] plenam *V* 71 triginta] vel tredecim *add. I* 76 sic] *om. V* 76 orbe] orbi *V* 79 una revolutione] unam revolutionem *I* 81 motu] mobili *scr. V sed del. et s.v.* motu *add.* 81 quod] *iter. V sed primum verbum del.* 83 iste] ille *I*; ista *scr. V sed* a *exp.et* e *s.v. add.* 83 secundum] orbes pl *add. V sed del.* 83 planetarum] d *add. V sed del.*

61 ALPETRAGIUS (AL BITRÛJÎ), *De motibus caelorum*, V.

occidentem incurtant, propter hoc quod omnis virtus finita ab aliquo agente derivata fortior est propinqua quam remota; et ideo orbes propinquiores orbi primo velocius ab oriente in occidentem moventur et remotiores tardius. Et ulterius dicit quod propter huiusmodi incurtationem apparet sensui quod orbes planetarum moveantur contra motum primi mobilis. Et declarat hoc exemplo: nam, cum duo homines moventur, non aeque velociter ad idem ubi videtur alicui longe distanti quam tardior ad ubi contrarium moveatur a quo velocior recedere dignoscitur.

Sed breviter ista opinio est contra opinionem PTOLEMAEI et omnium ASTROLOGORUM. Et contra ipsam potest argui duabus rationibus. Prima est: si non esset in motibus orbium nisi differentia incurtationis, tunc Venus et Mercurius certis temporibus deberent esse oppositi radiis solis, quod nunquam visum est: vel enim sunt sub radiis solaribus, vel sunt vespertini vel matutini. Unde secundum ALPETRAGIUM in libro suo *Triginta differentiarum*, differentia quintadecima, dicit quod ad plus Venus a sole elongatur per quadraginta octo gradus et Mercurius per viginti sex.

Secunda ratio: nam tunc secundum proportionem distantiae orbium planetarum a primo mobili deberet esse proportio incurtationis; quod est falsum, cum sol, Venus et Mer- | F.I. F4vb curius in suis deferentibus quasi aequaliter moveantur; luna autem multum inaequaliter, cum tamen Mercurius sequatur immediate.

F.V. 40rb Quantum ad secundum est sciendum //// quod aliquid moveri simul pluribus motibus circularibus potest intelligi duobus modis: uno modo super eisdem polis, alio modo super diversis polis, sic quod uno motu aliquod mobile moveatur super aliquibus polis et alio motu super aliis.

---

87 in] ad *I* 92 tardior] tardius *V* 94 Sed] contra istam opinionem *add. V sed del.* 95 contra ipsam potest] *inv. I* 99 vel^{2}] sunt *add. I* 00 Alpetragium] Alpetraganum *I V* 5 est falsum] *inv. I* 6 moveantur] moventur *I* 6 multum] *om. V* 6 inaequaliter] est *add. V sed del.* 8 est sciendum] *inv. I* 12 secundum] *iter. V sed del.* 9 simul] *om. V* 12 alio] alius *V* 12 motu] motus *V*

94 Cf. PTOLEMAEUS, *Almagesti opus*, IV, 5; V, 4-5.
00 ALPETRAGIUS (AL BITRÛJÎ), *De motibus caelorum*, def. 15.

Tunc sit prima conclusio: impossibile est eundem orbem moveri ab oriente in occidentem, et cum hoc ab occidente in orientem super eisdem polis. Istam conclusionem sufficienter probant prima et secunda rationes positae ante oppositum.

Secunda conclusio: orbes planetarum moventur ab oriente in occidentem super polis mundi, et cum hoc ab occidente versus orientem super aliis tamen polis. Probatur primo: quod moveantur ab oriente in occidentem, notum est ad experientiam. Sed secunda pars probatur: quia nos videmus quod, si aliquis planeta modo est in Ariete, postea est in Tauro, et postea in signo Geminorum, et sic de aliis signis Zodiaci. Sed hoc non posset salvari nisi per motum planetarum ad orientem vel per incurtationem suorum motuum ab oriente in occidentem. Si dicatur primum, cum hoc non posset salvari super eisdem polis super quibus moventur ab oriente in occidentem, per praecedentem conclusionem, oportet quod hoc sit super aliis polis, et hoc dicit secunda pars conclusionis. Si autem diceretur quod hoc posset salvari per incurtationem motus planetarum ab oriente in occidentem, hoc non valet secundum quod patet ex primo articulo. Ex hoc patet responsio ad quaestionem, scilicet quod orbes planetarum simul et semel moventur pluribus motibus, scilicet ab oriente in occidentem per meridiem, et ab occidente in orientem etiam per meridiem, licet tamen super aliis et aliis polis.

Sed sciendum est quod isti motus non proveniunt ab eadem intelligentia. Sed imaginandum est quod orbes planetarum moventur ab oriente in occidentem ex influentia quam recipiunt a primo mobili; et cum hoc quilibet orbis planetae habet intlligentiam sibi appropriatam quae movet ipsum ab occidente in orientem, et ille motus est illi orbi proprius.

---

13 sit] *om. V* 14 occidentem] super quod *add. V sed del.* 14 orientem] s *add. V sed macul.* 16 et] ro *add. V sed del.* 19 polis] scilicet zodiachi *add. S V* 19 quod] non *add. V* 20 in] ad *V* 21 quod] *om. V* 22 signo] signis *V* 23 posset] potest *I* 24 orientem] occidentem *V* 25 posset] possit *I* 26/28 ab oriente... conclusionis] *om. V* 29 diceretur] secunda pars conclusionis *add. V* 33/34 in orientem etiam per meridiem] etiam per meridiem in orientem *V* 35 est] *om. V* 40 orbi] *om. V*

Ad rationes. Prima et secunda vadunt pro prima conclusione secundi articuli.

Ad tertiam dico quod non oportet quod, si alicui mobili insint plures motus locales, quod, si unus illorum ei sit naturalis, alter sit ei violentus, sed sufficit quod ei insit praeter naturam. Et sic patet quaestio.

---

43 insint] insunt *I* 44 ei sit] *inv. I*; eis sit *V* 44 naturalis] quod *add. V* 45/46 patet quaestio] est finis quaestionis *I*

Quaestio 16

Utrum corpora caelestia suis motibus causent sonum

Nonum propositorum erat utrum corpora caelestia suis motibus causent sonum.

Et videtur quod sic. Quia sunt corpora magna et solida, non condensabilia nec rarefactibilia; igitur confricatione eorum ad invicem per suum motum videntur causare sonum, quia sic videmus fieri in aliis corporibus.

Secundo. Quia ex motu violento corporum solidorum causatur sonus; modo primum mobile videtur violente rapere secum orbes planetarum; igitur ex tali violentia videtur causari sonus.

Tertio. Nam videmus hic in inferioribus quod corpora velociter mota causant sonum, sicut patet de virga fortiter percussa ad aerem; sed, quia caelum velocissime movetur, videtur utique suo motu causare sonum.

Quarto. Arguitur ad idem auctoritate antiquorum qui talem sonum vocant musicam mundanam.

Oppositum volunt ARISTOTELES et COMMENTATOR *II° huius*.

In ista quaestione primo videndae sunt de hoc opiniones antiquorum; //// secundo respondendum est ad quaesitum secundum intentionem ARISTOTELIS. F.V. 40va

---

5 non] nec *V* 6 condensabilia] densabilia *V* 6 igitur] ergo *I* 6 confricatione] fricatione *I* 9 Secundo] oz *add. V sed del.* 9 causatur] causarum *V* 10 violente] violenter *I* 11 igitur] ergo *I* 12 in inferioribus] inferius *I* 13 fortiter] velociter *I* 14 velocissime] velocissimum *V* 20 quaesitum] quaestionem *I*

18 ARISTOTELES, *De caelo*, II, 9, 290 b 12-29.
18 AVERROES, *In De caelo*, II, ff. 133vb-134ra, comm. 52.
21 ARISTOTELES, *De caelo*, II, 9, 291 a 4-6.

Quantum ad primum est sciendum quod de ista quaestione fuit una opinio, sicut tangit ARISTOTELES in *littera*, quod corpora caelestia suo motu causant harmoniam, et hoc posuerunt multi philosophi, sicut sunt PYTHAGORAS, PLATO, TULLIUS, MACROBIUS. Et probant hoc rationibus ante oppositum positis. Unde dixit MACROBIUS quod secundum hoc theologi illius temporis posuerunt novem musas, ita quod octava erat caelum stellatum, et aliae erant septem orbes | (F.I. F5ra) planetarum et nona aggregatum ex illis orbibus continens totam istam consonantiam.

Secundo de hoc dixit PLATO quod in singulis caelestibus orbibus sitae sunt syrenes, id est decantatores laudis Dei: unde *syren* graece est idem quod «Deo canens» latine.

Tertio. De hoc dixerunt PYTHAGORAS et TULLIUS volentes reddere causam quare anima delectatur in musica. Dicunt quod hoc est ideo quia anima originem sumpsit ex caelo, ubi est musica; et ideo delectatur in musica, quia tunc quodammodo rememoratur de illa musica caelesti dulcissima.

Quarto. Dicunt quidam quod de orbibus caelestibus dictum est illud, scilicet quod *scribitur*: «in omnem terram exivit sonus eorum». Et quando dicebatur istis bonis antiquis patribus: cur non

---

22 est secundum] *inv. I* 24 suo motu causent harmoniam] causarent harmoniam suo motu *I* 25 sunt] est *I*; *om. V* 25 Plato, Tullius] Ptolemaeus *S V* 26 probant] probatur *I* 28 quod] octava causatis *add. V sed del.* 28 octava] una *V* 28 erat] octava sphaera *add. V* 28 caelum stellatum] et stellatum caelum *I* 28 eant] *om. V* 29/30 aggregatum ex illis orbibus] ex orbibus illis aggregatum scilicet orbibus *I* 29/30 continens] continguis causent *V* 30 istam] illam *V* 31 caelestibus] *om. V* 32 syren] f *add. V et sequitur lacuna (1 cm).* 33 graece] quod *add. V sed del.* 33 est ridem] *inv. I* 34 De hoc dixerunt] *inv. V* 36 ex] de *V* 40 quod scribitur] *om. V* 41 istis] illis *V*

23 ARISTOTELES, *De caelo*, II, 9, 290 b 12-29.
25/27 Cf. MACROBIUS, *De somno Scipionis*, L. II, chap. III.
25/31 PLATO, *Timaeus, passim.*
25/34 PYTHAGORAS: cf. ARISTOTELES, *De caelo*, II, 9, 291 a 6-26; cf. Cf MACROBIUS, *De somno Scipionis*, L. II, chap. I.
25/34 CICERO, *Tusculanorum disputationum libri, passim.*
40/41 *Ps.*, XIX, v. 5.

audimus talem sonum, musicam et harmoniam quem faciunt corpora caelestia suo motu, dicerent quod propter consuetudinem istum sonum non percipimus, recte sicut fabri propter consuetudinem audiendi sonum malleorum illum sonum non ita percipiunt sicut non assueti: quod patet, quia, non obstante tali sono, fabri loquentes ad invicem non impediuntur per talem sonum, quod tamen non esset de aliis qui non essent assueti huiusmodi audire sonum. Similiter sic est de illis qui morantur circa strepitum aquarum, isti etiam propter consuetudinem audiendi istum sonum non sic iudicant de eo nec sic impediuntur per ipsum, quemadmodum faciunt illi qui talem sonum audire non sunt assueti.

Aliter posset dici supponendo quod sonus est quaedam qualitas in corporibus sonantibus et non qualitas existens in aere medio: quia, si esset qualitas realiter existens in medio, tunc perveniret ad sensum et superponeretur auditui et tunc non fieret sensatio; et ideo, sicut dicimus de colore quod est quaedam qualitas non existens in medio realiter, sed multiplicat suam speciem et similitudinem usque ad visum, sic videtur de sono quod esset qualitas existens in corporibus sonantibus et non audiretur nisi per speciem eius multiplicatam per medium usque ad auditum.

Secundo supponerent quod, sicut ad hoc quod species colorum multiplicetur in medio, requiritur lumen existens in medio tamquam dispositio disponens medium ad recipiendum species visibiles, sic, ad hoc quod sonus multiplicet suam speciem per medium, requiritur quod aer circumstet corpora sonantia et sit tremibilis ad hoc quod per ipsum possit multiplicari species soni. Et tunc dicerent quod in corporibus caelestibus esset sonus, sed non audi-

---

42 sonum] vel *add. I* 43 dicerent] dixerunt *V* 44 istum] illum *I* 44 fabri] faber *V* 45 audiendi] fabricandi *V* 45 illum sonum] *om. V* 47 loquentes] loquuntur *I* 47 non] nec *I* 47 impediuntur] impediunt *V* 47 per] propter *scr. V sed del. et s.v.* per *add.* 49 isti] illi *I* 50 istum] illum i50 istum] illum *I* 52 sonum] ne *add. V sed del.* 54 sonantibus] sanantibus *scr. V sed* a[1] *exp. et s.v.* o *add.* 56 tunc] *om. V* 56 non] *scr. V sed del.* 57 quaedam] *om. I* 58 suam speciem] *inv. I* 59 sic] et sic *V* 59 videtur] videretur *I* 59 ita] dicendum *add. I*; *om. V* 59 quod] qui *V* 60 et non] *om. V* 62 colorum] colores *V* 65 suam speciem] *inv. I* 67 possit] posset *V* 67 Et] *om. V*

retur, propter hoc quod aer contiguus ipsis non tremit: et ideo F.V. 40vb species istius soni non multiplicatur per ipsum usque ad nos. Quod aer contiguus eis non //// tremat, patet, quia ipsi suo motu non movent aerem motu saltem tremoris.

Contra istam opinionem, licet non possit demonstrative improbari, tamen contra ipsam potest argui taliter qualiter. Primo, quia, si corpora caelestia facerent talem sonum, ille utique variaretur sicut velocitates et tarditates in corporibus caelestibus variantur; et, si sic, utique sonus qui modo esset talis qualis sonus praecedens non erat, a nobis deberet percipi, ex eo quod audire talem non essemus assueti.

Secundo, quia bene percipimus sonos minores; igitur magis debemus percipere illos.

Tertio, quia talis sonus est ita magnus quod destrueret omnia ista hic inferius.

Quarto, maxime destrueret organum auditus, cum excellens sensibile corrumpat sensum; immo bene minores soni quam essent illi, sunt destructivi organi auditus; igitur magis illi.

Quinto, arguitur contra idem ex causis soni: quia ibi non fit violenta confricatio, ex eo quod corpora caelestia sunt simpliciter levia, et tamen violenta confricatio requiritur ad hoc quod corpora suo motu causent sonum.

Quantum ad secundum pono unicam conclusionem responsalem ad quaestionem secundum opinionem ARISTOTELIS quod corpora caelestia in mundo non faciunt sonum. Probatur: nam frustra esset ibi talis sonus, ex quo toto tempore aeterno talis sonus non audiretur. Probatur etiam per rationes improbantes opinionem recitatam.

---

69 tremit] tremet *V* 70 istius] illius *I* 70 ipsum] ad *add. V sed del.* 71 eis] ipsis *V* 71 quia] quando *add. I* 73 possit] posset *V* 73 demonstrative improbari] demonstrari *I* 77 sonus] soni *V* 77 esset talis] essent tales *V* 80 igitur] ergo *I* 85 immo bene] modo *V* 86 igitur] ergo *I* 87 arguitur] *om. V* 88 sunt] corpora add. *I*; est *(dub.) V* 89 levia] plana et levia *I* 89 et] *s.v. V* 89 requiritur] requiratur *V*

92 ARISTOTELES, *De caelo*, II, 10, 291 a 4-6.

Tunc ad rationes. Ad primam dico quod, licet corpora caelestia sint corpora magna et solida, tamen non est ibi aliqua percussio vel aeris expulsio quae requiritur ad sonum. Et, si dicatur quod talis expulsio aeris solum requiratur ad multiplicandum speciem et non ad generationem soni, hoc non valet, quia sic ego possem dicere consimili ratione quod in quolibet corpore quiescente esset sonus, sed non audiretur, quia tale corpus quiescens non moveret aerem prope se motu tremoris, qui quidem tremor requiritur ad hoc quod sonus audiatur per suam speciem multiplica- | tam per aerem sic F.I. F5rb
trementem.

Ad secundam nego quod unus orbis violente rapiat alium: unde ibi non est aliquis raptus orbis per alium, ex eo quod corpora caelestia sunt levia secundum eorum superficies intantum quod ibi deficit illud quo unus orbium posset se tenere ad alium quo unus raperet alium.

Ad tertiam dico quod verum est quod motus propter sui velocitatem causet sonum, dum tamen ibi etiam adsint alia requisita ad generationem soni, sicut confricatio aeris, expulsio et consimilia; sed illa deficiunt in motu corporum caelestium.

Ad quartam dico quod illi boni antiqui patres fuerunt illius opinionis; ARISTOTELES autem fuit alterius. Et sic patet quaestio.

---

96 Tunc] *om. V* 99 expulsio aeris] *inv. I* 00 generationem] sonam *add. V sed del.* 00 possem] possum *I* 3 prope] propter *V* 4 suam speciem] *inv. I* 6 violente rapiat] rapit violenter *I* 9 orbium] orbis *V* 11/12 velocitatem] ceu *add. V sed del.* 12 etiam] *om. V* 14 sed] in *add. V sed del.* 16 fuit] *om. V* 16/17 Et sic patet quaestio] *om. I*

17 ARISTOTELES, *De caelo*, II, 10, 291 a 4-6.

Quaestio 17

Utrum orbes inferiores planetarum velocius debeant moveri motibus propriis quam orbes superiores

Decimum propositorum erat utrum orbes inferiores planetarum velocius debeant moveri motibus propriis quam orbes superiores, F.V. 41ra ut, verbi gratia, utrum orbis Iovis velocius debeat //// moveri motu proprio quam orbis Saturni, et orbis Martis velocius quam orbis Iovis, et sic consequenter.

Et arguitur primo quod non. Nam primum mobile, scilicet orbis supremus velocissime movetur motu proprio, scilicet ab oriente in occidentem super polis mundi; quod non esset, nisi velociter moveri argueret perfectionem in orbibus caelestibus. Tunc sic: quanto orbes superiores sunt, tanto nobiliores sunt, et, quanto nobiliores, tanto velocius debent moveri motibus propriis; igitur orbes planetarum superiores velocius debent moveri motibus propriis quam inferiores, et per consequens orbis Saturni deberet moveri motu proprio velocius quam orbis Iovis, cuius oppositum quaerit quaestio.

Secundo. De orbibus caelestibus videtur esse imaginandum proportionaliter sicut de corporibus infra sphaeram lunae; sed sic est de corporibus infra sphaeram lunae quod maiora velocius moventur. Patet hoc: nam equus velocius movetur quam formica, et magnus lapis velocius descendit quam parvus; igitur similiter videtur quod orbes maiores debeant moveri velocius, sed hi sunt orbes superiores; igitur etc.

---

5 erat] quaeritur *add. V* 7 utrum] *om. I* 10 primum mobile, scilicet orbis supremus] orbis supremus sicut primum mobile *V* 12 nisi] velocissime moveri seu *add. I* 12 velociter] velocior *I* 14 Tunc] Et *V* 14 superiores sunt] *inv. I* 14 quanto] sunt *add. I* 14/15 nobiliores sunt] *inv. I* 15 moveri] tan *add. V sed del.* 15 igitur] ergo *I* 17 quam] orbes *add. I* 17 orbis] orbes *V* 17 Saturni] velocius movetur vel *add. I* 17 deberet] debet *I* 18 velocius] *om. I* 24 velocius] movetur vel *add. I* 24 igitur] ergo *I* 25 hi] hoc *V* 26 igitur] ergo *I*

Tertio. Sphaerae Mercurii et Veneris sunt inferiores sphaera solis; et tamen non moventur velocius, nam illae tres sphaerae aequale tempus apponunt ad perficiendum suas circuitiones, scilicet unum annum; igitur non est universaliter verum quod orbes inferiores velocius moveantur motibus propriis quam superiores.

Oppositum vult ARISTOTELES et alii ASTROLOGI, qui dicunt Saturnum complere suam circuitionem motu proprio in longiore tempore quam Iupiter, et Iupiter in longiore tempore quam Mars, et Mars in longiore tempore quam sol; ex quo sequitur quod sphaerae inferiores velocius complent suas circuitiones quam superiores, cum Iupiter sit sub Saturno, et Mars sub Iove, et sol sub Marte.

Pro ista quaestione sit prima conclusio ista: consequentia non valet: *orbis Iovis citius perficit suam circuitionem quam orbis Saturni, igitur orbis Iovis velocius movetur quam orbis Saturni.* Probatur, ex eo quod penes aliud mensuratur et cognoscitur velocitas circuitionis et penes aliud velocitas motus. Unde, si orbis Saturni quantum ad suam magnitudinem haberet se in eadem proportione ad magnitudinem orbis Iovis in qua se habet tempus in quo Saturnus facit unam circuitionem ad tempus in quo Iupiter facit unam, Iupiter posset suam circitionem facere in minore tempore quam Saturnus, et tamen aeque velociter moverentur. Vel adhuc Iupiter tardius moveretur Saturno, nam, si Iupiter duas faceret circuitiones interim quod Saturnus faceret unam, adhuc Iupiter non tantum pertransiret de spatio sicut Saturnus in faciendo unam; et ideo bene stat orbes planetarum inaequaliter circuire centrum motibus propriis, et tamen aeque velociter moveri. Vel adhuc istum orbem velocius moveri qui tardius complet suam circuitionem. Et

27 Tertio] *om. V* 29 circuitionem] circulationem *V* 30 igitur] ergo *I* 31 moveantur] moventur *I* 32 alii] *om. V* 33 circuitionem] circulationem *I* 36 circuitiones] circulationes *I* 37 et] sicut] *I* 38 ista] quod ista *add. V* 39 circuitionem] circulationem *I* 40 igitur] ergo *I* 46 in minore tempore] citius *V* 47 moverentur] moventur *V* 50 tantum pertransiret] pertransivisset tantum *V* 52/53 istum orbem] orbem illum *V*

32 ARISTOTELES, *De caelo*, II, 10, 291 a 32 - 291 b 10.

ideo magna est differentia inter moveri velocius et circuire F.I. F5va velocius, nam partes circumferentiales alicuius circuli moti circa | centrum suum quiescens moventur velocius quam partes centrales, et tamen non circuunt velocius.

Secunda conclusio: aliquae orbes inferiores aliquibus orbibus superioribus velocius complent suas circuitiones motibus propriis. Patet, nam experientia docet Iovem citius circuire centrum mundi eundo de signo in signum quam Saturnum, et Mars citius Iove, et F.V. 41rb sol //// citius Marte, et luna citius sole.

Tertia conclusio: non oportet quod, quanto orbes planetarum sunt inferiores, tanto velocius compleant suas circuitiones, et semper intelligitur de motibus propriis. Patet de Venere et de Mercurio, qui sunt inferiores sole, et tamen non complent suas circuitiones tardius; et, si in modico tardius vel velocius, hoc tamen non est secundum istam proportionem secundum quam sunt inferiores.

Sed iuxta istam probationem est sciendum quod aliqui posuerunt solem et Mercurium et Venerem in eodem orbe, sed diversitates apparentes in eorum motibus salvabant, ex hoc quod posuerunt solem non habere epicyclum in isto, sed Mercurium habere unum epicyclum et Venerem unum alium.

Sed contra illud quod Venus sit sub sole et Mercurius sub Venere arguitur. Primo, quia, cum sol sit fons caloris et luminis et regula omnium planetarum ad modum cordis, debet esse in medio eorum. Et haec est sententia PTOLEMAEI et ALPETRAGI ceterorumque EXPERTORUM in astrologia.

---

58 Secunda conclusio] *inv. V* 60 Patet] *om. V* 60 experientia docet] *inv. I* 61 in] ad *V* 61 Saturnum] Saturnus *V* 62 Mars] Martius *scr. V sed del.*; circuit *add. I* 64 inferiores] pro *add. V* 65 de[1]] *om. V* 65 de[2]] *om. V* 67 in] *om. I* 68 istam] illam *I* 72 isto] illo *I* 74 illud] istud; arguitur *add. V sed del.* 74 Mercurius] sit *add. I* 75 arguitur] *om. V* 75 cum] si *add. V sed del.* 76 ad] et *add. V sed del.* 76/77 debet esse in medio eorum] *iter. V* 77 et] ilutr *add. V sed del.* 77 ceterorumque] ceterumque *V* 78 expertorum] peritorum *V*

77 PTOLEMAEUS, *Almagesti opus*, IV-V.
77 ALPETRAGIUS (AL BITRÛJÎ), *De motibus caelorum*, V.
78 *Locus non inventus.*

Secundo, quia maior diversitas aspectus reperitur in Mercurio quam in Venere, et maior in Venere quam in sole, et hoc ipsis se habentibus uniformiter ad zenith capitis nostri et ad quemlibet punctum horizontis: ubi autem ceteris paribus maior est aspectus diversitas, ibi est maior ad terram propinquitas.

De causa autem quare orbes inferiores orbibus superioribus complent suas circuitiones velocius, de hoc sunt opiniones.

Prima est opinio quae imaginatur quod hoc sit propter maioritatem resistentiae. Unde, quia orbes planetarum moventur pluribus motibus, scilicet motu diurno et motu in obliquo circulo, et quia motus diurnus maiorem habet virtutem in orbibus superioribus quam in inferioribus, ideo magis retardat motum orbium superiorum quam inferiorum, et maiorem ibi facit resistentiam quam faciat in orbibus inferioribus, propter hoc quod motus diurnus et motus orbium planetarum in obliquo circulo sunt ad diversas differentias positionis; cum autem motus diurnus maiorem faciat resistentiam in orbibus planetarum superioribus quam in inferioribus, videtur esse, ex eo quod orbes planetarum superiores sunt propinquiores primo mobili, quod ex se movetur motu diurno et suo motu movet orbes alios inferiores consimili motu.

Sed breviter istud non potest stare, quia in caelo non est aliqua talis resistentia seu impedimentum, nam illa esset ratione contrarietatis vel contrariae inclinationis; modo in caelo non videtur esse talis contrarietas. Et ex alio, nam prius probatum est motui circulari non esse alium motum contrarium, et per consequens motus diurnus motui planetarum in obliquo circulo non est contrarius, nec resistens nec impediens aliquo modo motum planetarum proprium.

Alia opinio imaginatur quod causa quare orbes planetarum superiores tardius complent suas circuitiones est propter magnitudinem orbium. Unde, non obstante quod intelligentiae orbium

---

80/81 se habentibus] *inv. V* 81 uniformiter] ad f q *add. V sed del.* 81 nostri] *om. V* 85 complent suas] *inv. I* 85 de hoc] *om. I* 86 Prima est opinio quae] Una enim *V* 86 propter] a *add. V sed del.* 90 in] *om. I* 92 inferiorinus] prioribus *scr. V sed del. et s.v.* inferioribus *add.* 93 circulo] ad a *add. V sed del.* 94 cum] quod *V* 95 in²] *om. I* 96 ex] *om. I* 98 orbes alios] *inv. I* 99 istud] illud *I* 3 esse] est *V* 3 alium] aliquem *V* 6 quare] *om. V* 9 est] istis *I* superiorum sunt maioris virtutis et maioris perfectionis quam intelligentiae orbium inferiorum, tamen, quia habent revolvere orbes multum maiores quam sunt orbes planetarum inferiorum, inde est quod revolvunt eos tardius: verbi gratia, intelligentia orbis Saturni est multum maioris perfectionis quam intelligentia orbis lunae. Et ideo bene concederem, si orbis Saturni esset ita parvus sicut orbis lunae, quod sua intelligentia multo citius ipsum revolveret quam revolvatur orbis lunae. Et etiam, si orbis Saturni haberet consimilem proportionem in magnitudine ad orbem lunae qualem habet proportionem intelligentia orbis Saturni in perfectione ad intelligentiam orbis lunae, tunc aeque velociter praecise orbis Saturni et orbis lunae revolverentur. Sed, quia orbis Saturni ad orbem lunae F.V. 41va multo maiorem habet proportionem //// in magnitudine quam habet intelligentia orbis Saturni ad intelligentiam orbis lunae in perfectione, inde est quod multo tardius revolvitur orbis Saturni quam orbis lunae, et hoc motu proprio, non obstante quod sua intelligentia est maioris perfectionis quam intelligentia orbis lunae. Ita quod F.I. F5^{vb} finaliter illa opinio imaginatur cau- | sam quaestionis propositae, scilicet quare unus orbis planetae revolvitur tardius et alter velocius, esse determinatum excessum intelligentiarum ad invicem in vigore, combinando ad invicem magnitudines mobilium et velocitates circuitionum: cum enim virtus intelligentiae moventis sit terminata, ipsa non moveret quantumcumque mobile nec quantacumque velocitate, licet nulla esset resistentia. Quod patet in simili de lucido finitae potentiae quod non illuminat diaphanum in infinitum, licet non sit resistentia in ipso diaphano. Ita etiam in proposito imaginandum est: licet in orbibus non sit resistentia ad intelligentiam moventem, tamen, quia sunt potentiae finitae, non movent orbes quantumcumque magnos quantacumque velocitate motu revolutionis et circuitionis.

---

11 multum] multo *I* 11 sunt] sint *I* 15 multo] multum *I* 15 ipsum] rep *add. V sed del.* 16 Et] *om. V* 21 habet^{1}] habeat *I* 26 illa] ista *I* 27 quare] quod *I* 28 ad] *om. I* 29 combinando] concludendo *I* 30 circuitionum] circulationem *I* 31 moveret] movet *V* 31/32 quantacumque] quacumque *I (est in P V)* 33 diaphanum] diaphanon *V* 34 in^{1}] *om. I* 36 potentiae finitae] *inv. I* 37 quantacumque] quantumcumque *V*

De orbibus autem solis, Veneris et Mecurii, qui aeque velociter revolvuntur, dico quod hoc est propter hoc quod ibi eadem est proportio perfectionis intelligentiarum ad invicem, qualis est proportio magnitudinum suorum orbium ad invicem quos movent, ita quod, qualem proportionem habet orbis solis ad orbem Veneris in magnitudine, talem etiam proportionem habet intelligentia orbis solis ad intelligentiam orbis Veneris in perfectione; et ideo ita cito sicut intelligentia solis revolvit suum orbem magnum, intelligentia Veneris minoris perfectionis revolvit suum orbem minoris magnitudinis, et Mercurius similiter suum. Sed, quia quantum ad alios orbes planetarum non est consimilis proportio perfectionis intelligentiarum ad invicem qualis est proportio magnitudinum orbium ad invicem, inde est quod illi orbes a suis intelligentiis dissimiliter revolvuntur.

Ad rationes. Primae duae bene probant quod orbes planetarum superiorum velocius moventur quam inferiorum; sed propter hoc non oportet quod revolvantur et circuant velocius. Unde, si essent duo homines, scilicet Socrates et Plato, et Socrates deberet circuire ecclesiam Nostrae Dominae, et Plato Villam parisiensem, possibile esset Platonem in centuplo moveri velocius quam Socrates, et tamen Socrates citius compleret suam circuitionem quam Plato.

De tertia ratione, quid sit dicendum, patet ex quaestione.

39 velociter] moventur *add. I* 40 est] *om. V* 47 minoris] *om. V* 53 bene] *om. V* 54 velocius movetur] *inv. I* 55 circuant] circuunt *V* 56 scilicet] *om. V* 57 parisiensem] ... *scr. V sed macul. et* parisien *in marg. sin. add.* 58 moveri velocius] *inv. I*; platoni *add. V sed del.* 58 velocius] moveri *add. V sed* p *del.* 60 quaestione] Et sic finitur quaestio *add. V*

Quaestio 18

Utrum sol et luna paucioribus debeant moveri motibus quam alii planetae

Undecimum propositorum erat utrum sol et luna paucioribus debeant moveri motibus quam alii planetae.

Et arguitur primo quod non. Quia naturalia debent esse rationabiliter ordinata, et quia suprema sphaera uno solo motu movetur, rationabile est quod sphaerae, quanto sunt sibi propinquiores, tanto paucioribus moveantur motibus; et ideo videtur quod sphaera immediate post supremam debeat moveri duobus motibus, et tertia F.V. 41[vb] tribus, et quarta quattuor, et sic ulterius; et, si est //// sic, tunc sphaera solis pluribus movetur motibus quam sphaera Martis, et similiter quam sphaera Iovis, et sic ulterius ascendendo. Istam rationem facit ARISTOTELES in *littera.*

Secundo. Corpus nobilius plures debet habere operationes: unde homo plures habet operationes quam brutum, et brutum plures quam planta; sed sol est nobilor planeta quam Venus et Mercurius; igitur etiam debet habere plures motus quam habeant Venus et Mercurius.

Oppositum vult ARISTOTELES, et similiter ASTROLOGI.

De ista quaestione quantum ad quia est non dubitatur in proposito, immo praesupponitur quod sol et luna paucioribus moventur

---

5 debeant] debent *V* 6/7 rationabiliter] naturaliter *V* 12 propinquiores] quod *add. V* 12 movetur] *om. V* 18 igitur] ergo *I* 21 dubitatur] est dicendum *(dub.) V*

14 ARISTOTELES, *De caelo*, II, 10, 291 b 35 - 292 a 9.
20 *Ibidem.*
20 ALPETRAGIUS (AL BITRÛJÎ), *De motibus caelorum*, V.

motibus quam alii planetae. Hoc praesupposito, dubitatur propter quid ita sit.

Istam dubitationem nititur solvere ARISTOTELES in *littera*. Et est consimilis dubitatio huic: cum princeps habeat paucam actionem, quare qui sunt sibi propinqui, sicut praepositi vel ballivi vel huiusmodi, habent valde multiplices actiones, et iterum burgenses qui sunt remotiores ab ipso, habent pauciores actiones: in hoc enim non videtur esse ordo conveniens. Et ita in caelestibus.

Consimiliter dubitatur: cum primum mobile habeat unicam actionem sive unicum motum, quomodo erit quod Saturnus, Iupiter et Mars, qui post sequuntur, habent plures, et sol, qui postea sequitur, habet paucos, et Venus et Mercurius, qui solem sequuntur, habent plures, et iterum luna habet paucos: hoc videtur esse valde mirabile, cum non | appareat esse hic aliqua ordinatio. F.I. F6ra

ARISTOTELES autem solvit omnia ista per ordinem omnium ad unum finem ultimatum, quem finem optime se habens attingit cum pauca actione, non autem optime se habens cum pluri actione. Alter autem non potens ad istum finem attingere attingit ad unum finem inferiorem, qui tamen est ordinatus et deserviens ad istum finem principalem; et tunc, ad istum finem inferiorem attingendum, non indiget nisi pauca actione. Sed alter sequens ad eundem finem attingendum pluri indiget actione, et sic in multis aliis. Consequenter videtur de principe et ballivo et burgensi. Princeps enim et ballivi intendunt commune bonum populi, ad quem finem princeps attingit cum pauca actione, scilicet consulendo et praecipiendo; sed bal-

---

23 Hoc] propter *add. V sed del.* 28/29 vel huiusmodi] *om. V* 27 habent] haberent *V* 28 remotiores] remotius *I* 29 habent] habeant *V* 31 Consimiliter] | *add. V sed del.* 35 paucos] *iter. V sed primum verbum del.* 35 hoc] et hoc *V* 35 videtur esse] est *V* 336 mirabile] rationabile *V* 36 cum] tamen hoc *V* 36 esse] *om. V* 37 autem] *om. I* 37 ista] illa *I* 38 se] sic *V* 39 pluri] pleri *I* 40 istum] illum *I* 40 attingit] attingeret *I* 40/41 unum finem inferiorem] inferius *V* 41 qui] quod *V* 41 ordinatus] ordinatum *V* 41 istum] illum *I*; *om. V* 42 finem] *om. V* 42 istum] illum *I* 45 videtur] verbi gratia *V* 45 burgensibus] burgensi *V* 47 consulendo] consolendo *V*

25 ARISTOTELES, *De caelo*, II, 10, 291 b 35 - 292 a 9.
37 ARISTOTELES, *De caelo*, II, 10, 291 a 29 - 291 b 10.

livi et praepositi ad istum finem attingendum indigent pluribus actionibus. Sed postea unus burgensis, qui remotior est a principe, non attingit istum finem nec intendit, immo intendit unum finem inferiorem, scilicet divitias et regimen propriae domus, qui tamen finis subordinatur fini primo ad quem tendit princeps cum ballivo, quia ex divitiis et bono regimine bonorum partialium resultat bonum commune civitatis. Modo ille burgensis sive paterfamilias et filii sui et alii principaliores sui servitores omnes ad eundem finem intendunt, scilicet ad communem perfectionem domus; et, ad istum finem attingendum, paterfamilias pauca utitur actione, scilicet consulendo et praecipiendo; sed filii sui quantum ad hoc pluribus utuntur actionibus, et servitores principaliores adhuc pluribus; postea magis recedendo veniunt coquus et pistor, qui non intendunt ad commune bonum domus, sed quilibet eorum intendit quoddam particulare bonum quod indiget multa actione.

F.V. 42ra Sic etiam imaginandum //// de intelligentiis, hominibus, brutis et plantis. Homines enim et intelligentiae tendunt ad contemplationem divinam. Sed intelligentiae, cum sint perfectiores, attingunt ad hoc per suas essentias sine actione eis inhaerente; sed homo, qui est remotior a primo in perfectione, indiget ad hoc multis actionibus ut dictum finem attingat; bruta autem ad hoc non intendunt, sed ad aliquid multo minus, scilicet ad cognitionem sensitivam, ad quam non indigent tanta actione sicut homo ad intelligere; et tunc ulterius plantae, non attingentes ad sensationem, etiam pauca indigent actione.

Ita similiter de corporibus supercaelestibus imaginandum est, et hoc facit ad propositum. Nam supponendum est quod corpora caelestia ordinantur ad regimen huius mundi inferioris, sed differenter, quia sphaera stellata cum Saturno, Iove et Marte habent proprie-

---

48 praepositi] propositi *V* 48 istum] illum *I* 50 istum] illum *I* 50 nec intendit] *om. V (hom.)* 52 princeps] *om. V* 54 ille] *om. V* 56 perfectionem] perfectum *I* 57 istum] illum *I* 58 sui] *om. I* 60 veniunt] venit *I V* 60 pistor] pastor *V* 61 bonum] bon *add. V sed del.* 61 intendit] *om. V* 62 particulare] partiale *I* 62 bonum quod] aliud nec non *V* 63 etiam] *om. I* 66 actione] etiam *add. V sed del.* 68 ut] f *add. V* 68 intendunt] attingunt *V* 70 tunc] sunt *V* 73 imaginandum est] *inv. I* 76 stellata] stellarum *V*

tatem super esse et durationem rerum et bonam habitudinem earum; et, ad hoc insequendum, sphaera stellata propter eius nobilitatem perficit suum officium uno motu: multae enim stellae plus operantur per unum motum quam una stella per multos, et ita dicti tres planetae, ad suum finem intentum insequendum, indigent pluribus motibus. Sed sol, Venus et Mercurius dictum finem non sunt intendentes, sed unum alium, quia eorum influentia est super motus et mutationes rerum quae est inferior primo fine. Et illum finem attingit sol pauca actione; Venus autem et Mercurius, cum sint inferiores sole, ad hoc indigent pluri actione; deinde est luna, quae ad istum finem non intendit, sed ad alium inferiorem, scilicet ad disponendum materiam in istis inferioribus ad bene recipiendum influentias aliarum stellarum, ad istum finem attingendum, non indiget multa actione.

Ex his patet responsio ad questionem, scilicet quod sol et luna debent moveri paucioribus motibus quam alii planetae. Causa huius patet ex his quae dicta sunt.

Ad rationes principales. Ad primam illa bene procederet, si omnes planetae suis motibus ad eundem finem intenderent et pervenirent; sed, quia omnes orbes super solem intendunt ad unum finem, et sol cum Venere et Mercurio intendunt ad alium, et luna ad alium, non oportet talem esse ordinem in multitudine motuum qualis est ordo in situ orbium.

Ad secundam nego quod corpus nobilius debeat habere plures operationes in attingendo eundem finem, immo dico quod pauciores; bene tamen concedo quod, signato uno corpore tendente ad unum finem, et uno alio tendente ad alium finem, verbi gratia, sicut homine et bruto, bene est possibile inter illa corpora corpus nobi-

77 esse] et sphaera stellata propter eius no *add. V sed del.* 78 insequendum] consequendum *I* 80 motum] annum *V* 80/81 una stella] pauciores stellae *V* 81 dicti três *inv. I* 82 insequendum] consequendum *I* 82 indigent] iam *add. I* 83 sunt intendentes] videntes *V* 85 primo fine] *inv. I* 86 ad hoc] *V* 87 istum] illum *I* 89 stellarum] et *add. I* 90 istum] illum *I* 94 principales] *om. I* 95 intenderent] tenderent *V* 95 et] ut *I* 97 intendunt] tendunt *V* 2 signato] assignato *I* 2 tendente] tendent *I* 3 alium finem[2]] unum alium *I* 4 illa] ista *I*

lius habere plures operationes, et non mirum, quia intendit in finem F.I. F6[rb] nobiliorem. Et sic patet quaestio. |

6 patet quaestio] est finis quaestionis *I*

Quaestio 19

Utrum sphaera solis per suum motum magis calefaciat ista inferiora quam aliae sphaerae

Duodecimum propositorum erat utrum sphaera solis per suum motum magis calefaciat ista inferiora quam aliae sphaerae.

Et videtur primo quod non. //// Motus causat calorem, sicut dicit F.V. 42rb ARISTOTELES *I° Meteororum*; igitur motus velocior maiorem videtur causare calorem; sed primum mobile velocius movetur quam sphaera solis; igitur per suum motum maiorem videtur causare calorem in istis inferioribus quam sphaera solis.

Secundo. Sphaera solis non potest causare calorem in istis inferioribus; igitur quaestio falsa. Consequentia nota est de se. Antecedens probatur: nam, dato quod posset, tunc sphaera solis potest esse calida; sed hoc est falsum, ex eo quod orbes caelestes non sunt susceptivi qualitatum alterativarum disponentium ad corruptionem, de numero quarum est caliditas.

Tertio. Si sic, vel hoc esset immediate vel mediate. Non immediate: patet hoc, quia tunc sphaera solis non tangeret ista inferiora. Si mediate, hoc esset mediantibus aliis sphaeris intermediis inter illa inferiora et solem. Sed probo quod non, quia, si calefaceret illa inferiora mediantibus illis sphaeris, hoc esset agendo aliquid in

---

5 ista] *iter. V sed del.* 5 aliae] alterae *V* 6 rimo] *om. V* 6 non] in istis inferioribus quam sphaera solis. Secundo sphaera solis non potest causare calorem in istis inferioribus *add. V* 6 dicit] ostendit *I* 7 igitur] ergo *I* 7 maiorem] *om. I* 8 causare] maiorem *add. I* 9 igitur] ergo *I* 10 calorem in... solis] id est calorem per suum motum in istis inferioribus *add. V et reportavit supra* 11 Secundo. Sphaera... inferioribus] *om. V* 12 igitur] ergo *I* 13 dato] da oppositum *V* 15 alterativum] alterativas *I* 18 tunc] *om. I* 18 tangeret] tangit *I* 19 esset] est *I* 19 aliis] motibus *add. V sed del.* 19 illa] ista *I* 20 illa] ista *I*

7 ARISTOTELES, *Meteora*, I, 3, 341 a 15.

istas sphaeras; sed non apparet quod sphaera solis aliquid agat in sphaeram lunae, quia vel hoc esset motus localis vel aliqua qualitas. Non potest dici primum, quia nullus motus localis qui est in orbe lunae agitur a sphaera solis, sed ab intelligentia orbi lunae appropriata vel a primo mobili vel ab orbe caelesti sibi immediato. Nec potest dici quod sphaera solis agat in sphaeram lunae aliquam qualitatem per suum motum: non enim agit in ipsam caliditatem, ex eo quod sphaera lunae est calefactibilis. Si autem agat in eam lumen, de hoc non agitur in proposito, quia non quaerimus nisi de actione per motum localem; modo aequaliter sphaera solis ageret in sphaeram lunae, et in ista inferiora, si quiesceret sicut modo cum movetur.

Quarto. Motus non calefacit nisi disgregando vel conterendo; sed motus sphaerae solis et similiter cuiuscumque orbis caelestis non disgregat nec conterit ista inferiora: quod patet de terra, aqua et aere nobis propinquis, quia saepe videmus omnia ista esse in tranquillitate magna et quiete, non obstante quod continue caelum moveatur. Nec etiam potest dici quod caelum disgreget per suum motum sphaeram ignis sibi coniuncta, nam ista movetur simul cum caelo motu diurno, sicut ostendit ARISTOTELES *I° Meteororum*; modo illud quod movetur simul cum alio, non disgregabitur ab ipso, sicut patet de hominibus existentibus in navi, qui, cum movetur ad motum navis, non disgregatur per ipsum.

Quinto. Si sphaera solis ageret in ista inferiora per motum suum maiorem caliditatem quam aliae sphaerae, vel hoc esset ratione suae magnitudinis, vel esset ratione velocitatis sui motus, vel esset ratione propinquitatis eius ad nos, vel daretur quod hoc esset ratione lucis. Si dicatur primum, hoc non valet, quia tunc maiores sphaerae sphaera solis quae sunt super solem maiorem deberent

---

22 istas] illas *I* 27 Nec] etiam *add. V* 28 ipsam] ipsa *I*; q *add. V sed del.* 29 eo] *s.v. V* 37 propinquis] propinquo *I* 39 moveatur] movetur *I* 39 etiam] *om. I* 40 coniuncta] iuncta *I* 40 ista] illa *I* (corre *add. V sed del.*) 40 cum] moto *add. V sed del.* 42 disgregabitur] disgregatur *I* 44 ipsum] ipsam *I* 45 Quinto] *om. V* 45 motum suum] *inv. I* 47 esset²] *om. I* 48 eius] *om. I* 50 solis] sicut *add. V*

41 ARISTOTELES, *Meteora*, I, 3, 341 a 15.

causare calorem in istis inferioribus quam sphaera solis, et habetur propositum. Sed si dicatur secundum, hoc iterum non valet, quia tunc primum mobile, cum velocius moveatur sphaera solis, et similiter sphaera lunae, maiorem deberet causare calorem in istis inferioribus quam sphaera solis. Si dicatur tertium, hoc iterum non valet, quia tunc sphaera lunae, cum sit nobis propinquior quam sphaera solis, deberet nos plus calefacere per suum motum quam sphaera solis. Si dicatur ultimum, hoc non est ad propositum, //// F.V. 42va quia non quaerimus in proposito de actione caeli per lumen vel lucem, sed solum de actione caeli per motum localem.

In oppositum videtur esse ARISTOTELES *hic* et in *I^{o} Meteororum*, et etiam communis auctoritas ASTROLOGORUM et etiam experientia.

In ista quaestione praesupponendum est quae res sit motus localis, sed hoc pertinet ad *III^{um} Physicorum*; similiter hic praesupponendum est quomodo motus localis calefacit, sed hoc pertinet ad *I^{um} librum Meteororum*. Et ideo, istis dimissis et praesuppositis, videndum est ad quaesitum.

Pro quo ponam primo istam conclusionem communiter concessam quod caelum agit in ista inferiora per suum motum localem. Patet hoc, quia suo motu locali trahit secum sphaeram ignis et aerem superiorem contiguum igni, cuius signum est: nam aliter cometae et impressiones generatae in suprema | aeris regione non F.I. $F6^{va}$

---

51 causare] generare *I* 52 Sed] *om. I* 53 moveatur] movetur *I* 57 nos] nobis *scr. V sed del. et s.v.* nos *add.* 64 praesupponendum est] *inv. I* 66 est] *om. V* 66 calefacit] calefaciat *I* 66 sed] et *I* 68 ad quaesitum] de quaesito *I* 69 ponam primo] primo suppono *I* 70 in] aliqua *add. V* 71 quia] movetur *add. V* 71 suo motu] *inv. V* 71 locali] *om. I* 73 aeris regione] *inv. I*

61 ARISTOTELES, *De caelo*, II, 7, 289 a 19-28.
61 ARISTOTELES, *Meteora*, I, 3, 341 a 18-29.
61 Cf. PETRUS DE ALVERNIA, *Questiones supra librum De caelo*, f. 117va.
65 ARISTOTELES, *Physica*, III, 2, 202 a 7 - 8.
67 ARISTOTELES, *Meteora*, I, 3, 341 a 18-29.

moverentur circulariter circa terram, nisi moverentur sic ad motum continentis, scilicet aeris, cuius tamen oppositum saepe visum est, immo de quibusdam cometis visum est sicut dicunt auctores quod movebantur de oriente in occidentem, et occidebant sicut sol, et iterum de mane oriebantur sicut sol.

Secunda conclusio: caelum non agit in ista inferiora caliditatem per suum motum ratione disgregationis factae in istis inferioribus propter motum caeli. Patet hoc, ex eo quod propter motum caeli illa inferiora non disgregantur, sicut arguebatur per quartam rationem ante oppositum.

Tertia conclusio: caelum per suum motum localem agit in ista inferiora caliditatem, frigiditatem, humiditatem et siccitatem, ea ratione quia per ipsum caelum per suum motum applicantur in istis inferioribus planetae et stellae agentes in ea modo caliditatem, modo frigiditatem, modo humiditatem, modo siccitatem.

Quarta conclusio reponsalis ad quaesitum: sphaera solis per suum motum plus calefacit ista inferiora quam aliae sphaerae. Probatur: quia motus sphaerae solis applicat nobis planetam, scilicet solem, qui est magis calefactivus istorum inferiorum quam alii planetae, et hoc caliditate pullulativa et vivificativa istorum inferiorum: quod bene patet ex hoc quia, cum sol ingreditur primum punctum Arietis et incipit accedere versus zenith capitis nostri, aves incipiunt cantare et cuncta vegetalia pullulant plus quam ante.

Sed diceres: hoc aequaliter faceret sphaera solis, si non moveretur sed quiesceret. – Respondetur primo quod non, nam, si sphaera solis quiesceret, tunc inferiora quibus esset praesens omnino suo calore destrueret et consumeret, et calorem ipsa destruentem non vivificantem induceret. Sed illud quod dictum est intelligitur de calore vivificativo et generativo qualis inducitur in ista inferiora per motum sphaerae solis plus quam per motum aliarum sphaerarum modo quo dictum est.

---

74 nisi moverentur] *om. I*   75 cuius] illius *I*   76 est] *om. I*   75 immo de quibusdam cometis visum est] *om. V (hom.)*   77 in] ad *V*   77 iterum] *om. I*   81 propter] per *V*   82 illa] ista *I*   86 per] *om. V*   86 in] *om. V*   87 agentes] agentis *V*   89 quaesitum] quaestionem *I*   90 plus] magis *I*   95 accedere] ascendere *V*   95 versus zenith] rursus cenit *V*   96 pullulant] pullulare *V*   99 omnino] *om. V*   00 ipsa] ipso *V*   1 Sed] *om. V*

Iuxta istam conclusionem dubitatur de modo agendi solis in ista inferiora caliditatem. – Ad quod respondetur quod isto modo ipse sol agit in sphaeras inferiores non caliditatem, quia non sunt calefactibiles, sed aliquam aliam qualitatem, puta influentiam seu qualitatem non sensibilem, qualem etiam agit in ista inferiora; et talis qualitas, licet producat in ista inferiora caliditatem, non tamen producit caliditatem in sphaeris infra solem. Et hoc est bene possibile, nam ista inferiora sunt disposita ad recipiendum caliditatem, orbes autem //// caelestes non. Et est simile de hoc: nam magnes attrahit F.V. 42[vb] ferrum, et tamen non attrahit aerem intermedium, quia natura aeris non est ad hoc disposita sicut est natura ferri; et ideo, licet talem qualitatem qualem agit in ferrum agat in aerem, cum non possit agere in remotum nisi prius agat in propinquum, tamen talis qualitas operatur aliquid in ferrum, scilicet motum ferri ad magnetem, quod non operatur in aerem intermedium. Sic recte est in proposito de influentia multiplicata a sole per sphaeras caelestes sub sole ad ista inferiora: talis enim qualitas sive influentia, licet agat calorem in istis inferioribus, non tamen in caelestibus; et hoc totum provenit propter dispositiones et indispositiones recipientium talem qualitatem seu talem influentiam.

Consimili modo dicatur de modo agendi aliorum planetarum in ista inferiora, quorum aliqui agunt humiditatem, aliqui siccitatem, etc.

Ad rationes. Ad primam ista bene probat quod sphaera solis non magis calefaceret ista inferiora per suum motum ratione disgregationis factae in istis inferioribus propter motum sphaerae solis, et hoc bene conceditur, sicut dictum est; cum quo tamen bene stat quod motus sphaerae solis plus calefacit ista inferiora, propter hoc

---

5 agendi solis] per quem modum sol agat *I* 7 ipse] quod *V* 8 aliam] aliquam *V* 11 non tamen] *inv. I* 15 est[2]] *om. I* 18 aliquid in ferrum] in ferro *V* 18 scilicet] si *I* 19 quod] ipsius ferri quam tamen *V* 21 sub sole] *om. V* 21 sive] seu *I* 21 licet] enim *add. V* 22 non tamen in] tamen non est sphaeris *V* 23 dispositiones et indispositiones] dispositionem et indispositionem *V* 26 agunt] in ista inferiora *add. I* 27 etc.] aliqui frigiditatem *V* 28 ista] illa *I* 31 bene] *om. V*

quia plus calefactivum, scilicet corpus solare, applicatur istis inferioribus.

Ad secundam ista bene probat quod sphaera solis, et similiter sol non est calidus formaliter, sicut ignis vel aliquod tale; tamen cum hoc bene stat quod est productivus caloris in istis inferioribus modo quo dictum est, scilicet per suam influentiam.

Ad tertiam dico quod hoc est mediate, scilicet mediantibus orbibus inferioribus, agendo in ipsos talem qualitatem: et etiam patet ex dictis in quaestione.

Ad quartam ista vadit pro secunda conclusione.

Ad quintam dico quod propter nullum istorum solum, sed propter hoc sicut dictum est in quaestione quod per motum orbis ipsius solis applicatur istis inferioribus corpus solare magis calefactivum istorum inferiorum calore vivificativo quam per motum | (F.V. F6vb) alterius orbis, qui quidem calor vivificativus in istis inferioribus non fieret sine motu orbis solis, sicut iam in quaestione dicebatur.

---

33 quia] corpus *add. V* 33 plus] l *add. V sed del.* 33 applicatur] applicat *I* 34 ista] illa *I* 35 sicut] est *add. I* 35 caloris] caliditatis *V* 36 inferioribus] calorem *add. V* 37 modo] omnino *V* 37 scilicet] si *V* 39 mediantibus] motibus *V* 42 ista] illa *I* 45/46 calefactivum] calorum *add. V sed del.* 46 motum] alicuius *add. I* 47 quidem] qualis *V* (calefactivus *add. V sed del.*) 47 calor vivificativus] calefactio vivificativa *V*

Quaestio 20

Utrum stellae moveantur per se vel moveantur solum ad motum sui orbis

Tredecimum propositorum erat utrum stellae moveantur per se vel moveantur solum ad motum sui orbis.

Et arguitur quod per se. Quia cuilibet corpori simplici debetur aliquis motus simplex per suam naturam, sicut dictum est *I° huius*; et per consequens debetur ei aliquis motus per se: quod enim inest alicui per suam naturam inest ei per se; sed stellae seu astra sunt corpora simplicia; igitur etc.

Secundo. Stellae apparent moveri ab oriente in occidentem; aut igitur sic moventur naturaliter aut violente. Si naturaliter, igitur per se; et, si violente, hoc est falsum, quia in corporibus supercaelestibus non est aliquod violentum.

Tertio. Sol habet aliquem motum per se qui debetur ei ultra motum sui orbis; ergo similiter aliae stellae. Consequentia tenet, nam videtur esse consimilis ratio utrobique. Antecedens probatur. Primo, quia sol de mane, cum oritur, apparet moveri motu saltationis. Secundo, nam, quando sol fortiter aspicitur, apparet rotari et moveri circa centrum proprium. Tertio, nam, quando radius solis transit per parvum foramen bene longe, tunc videtur scintillare ac si sol iret retrocedendo.

---

4 moveantur] moventur *V* 6 Et] *om. I* 6 primo] *om. I* 6 cuilibet] *om. I* 7 simplex] *iter. V* 8 ei] eis *V* 8 alicui] alteri *V* 11 Secundo] *s.v. V* 11 ab] de *I* 11 in] ad *I* 12 igitur] ergo *I* 12 sic] *om. V* 12 naturaliter] autem *add. V sed del.* 12 igitur] tunc *I* 13 et] *om. V* 13 violente] violenter *I* 13/14 supercaelestibus] superioribus *I* 15 ei] *om. V* 16 igitur] ergo *I* 17 utrobique] *om. I* 18 motu] motus *I* 19 nam] *om. V* 19 fortiter] *iter. V sed del.* 21 transit] *om. V*

7 ARISTOTELES, *De caelo*, I, 2, 269 a 3-4.

F.V. 43ra Quarto ad principale. Nam quaelibet stella quae non //// est planeta, cum aspicitur, apparet scintillare et per se moveri.

Quinto. Nam secundum ARISTOTELEM quaelibet stella est sphaerica; modo motus sphaerici debet esse sphaericus circa centrum proprium, sicut apparet de motibus orbium caelestium.

Sexto. Luna habet specialem motum circa suum centrum in epicyclo; igitur videtur quod consimiliter aliae stellae debent moveri circa centra sua propria. Consequentia tenet, nam videtur esse consimilis ratio hic et ibi. Antecedens probatur: quia, cum luna moveatur ad motum sui epicycli, et sit aliquando in superiore parte epicycli, aliquando in inferiore, oportet quod macula quae apparet in luna aliquando appareret eversa, nisi luna moveretur circa centrum proprium motu opposito, scilicet contra motum epicycli: unde aliter non videtur bene posse salvari lunam habere epicyclum et maculam quae apparet in luna semper consimili modo nobis apparere, nisi dicto modo poneretur luna moveri circa centrum suum proprium.

Oppositum vult ARISTOTELES.

In ista quaestione primo ponendae sunt aliquae distinctiones; deinde conclusiones ad quaesitum.

Prima distinctio: stellam moveri per se potest intelligi dupliciter. Uno modo per se, quia per suam naturam, licet cum orbe et ad motum orbis, sicut pars ad motum totius vel contentum in aliquo ad motum sui continentis. Alio modo potest intelligi quod stellae moventur per se, id est solitarie, quia non solum ad motum orbis, sed aliquo motu qui inest eis ex parte earum propria.

---

25 Quinto] *om. V* 27 apparet] patet *I* 28 proprium] *om. I* 29 igitur] ergo *I* 30 centra sua] *inv. I* 32 moveatur] movetur *I* 32 sui] epycl *add. V sed del.* 32 parte] partis *I* 33 oportet] oporteret *I* 34/37 aliquando appareret... luna] *om. V (hom.)* 38 apparere] apparet' *V* 38/39 centrum suum] *inv. I* 43 distinctio] conclusio *V* 46 continentis] contentus *I* 47 id est] *om. V* 47 non] ad motum orbis vel non *add. I* 48 qui] quia *scr. V sed del. et* a *exp.* 48 ex] *iter. V sed del.* 48 parte earum] *inv. I*

25 ARISTOTELES, *De caelo*, II, 8, 290 a - 290 b 1
40 ARISTOTELES, *De caelo*, II, 8, 289 b 1 - 290 b 12.

Secunda distinctio: stellas moveri per se, hoc est solitarie non ad motum orbis, potest intelligi dupliciter. Uno modo ab oriente in occidentem, non tamquam delatae ab orbe, sed dividentes orbem, sicut avis cum volat per aerem vel piscis cum natat in aqua; alio modo per se, id est solitarie circa centra earum propria, qui motus potest vocari motus gyrationis vel volutationis.

Tunc sit prima conclusio: nullum astrum movetur per se, hoc est solitarie, in orbe ab oriente in occidentem, dividendo orbem sicut avis volans per aerem dividit aerem, et piscis natans per aquam dividit aquam. Probatur. Primo, quia tunc caelum esset divisibile et scissibile, et per consequens corruptibile, cum divisibilitas disponat ad corruptionem; sed consequens est falsum; igitur etc.

Secundo, si stellae sic moverentur per se, tunc stellae circa polos habentes describere minores circulos citius perficerent suas circuitiones quam stellae circa aequinoctialem quae habent describere maiores, et sic stel- | lae non manerent fixae aequaliter ab invicem F.I. G1ra distantes; cuius oppositum manifeste apparet, saltem de stellis quae non sunt planetae.

Tertio, si stellae sic moverentur per se dividentes orbes in quibus essent, tunc stellae indigerent organis ad istum motum, ut pedibus vel aliis huiusmodi, quae in eis non inveniuntur, cum sint sphaericae figurae.

Sed iuxta istam rationem forte aliquis instaret, et diceret quod hoc non oportet, quia grave descendit de loco ad locum sine talibus instrumentis seu organis. – Respondetur quod est dissimile hic et ibi: quia grave descendit deorsum, ex eo quod per suam naturam determinat sibi illum locum, si non sit alicubi violente detentum; sed astrum non magis determinat sibi locum in oriente quam in occidente; modo quod est indifferens ad diversa loca, indiget talibus organis.

---

49 solitarie] *iter. V sed primum verbum del.* 51 in] ad *V* 53 centra] *om. I* 56 solitarie] *iter. V sed primum verbum del.* (solitarie *scr.)* 56 in] ad *I* 60 disponat] disponit *I* 60 est] *om. V* 60 igitur] ergo *I* 61 moverentur] moventur *I* 62 habentes describere] existentes describunt *I* 62 citius] et citius *I* 67 moverentur] moventur *I* 68 istum] talem *I* 69 aliis] vel *add. V* 74 quod] quia *I* 74 suam naturam] *inv. I* 75 si] sed si *V* 75 alicubi] alibi *I* 75 violente] violenter *I*

Secunda conclusio: nullum astrum praeter lunam movetur per se circa centrum suum proprium. Probatur. Pro quo supponitur quod quodlibet astrum praeter lunam sit uniforme per totum sic quod una F.V. 43rb eius pars apta nata //// est causare omnem consimilem influentiam in istis inferioribus qualem alia. Ulterius supponitur quod motus qui fiunt in superioribus corporibus sicut in corporibus caelestibus, fiunt propter diversas influentias causandas in ista inferiora. Tunc arguitur sic: si astra moverentur per se motu volutationis circa centra eorum propria, talis motus fieret propter diversas influentias causandas in ista inferiora: patet per secundam suppositionem; sed hoc non, nam ex tali motu volutationis astri non causaretur diversa influentia in ista inferiora, propter hoc quod quodlibet astrum, excepta luna, est uniforme per totum, sicut dixit prima suppositio; et ideo, si aliquod astrum vertit iam unam sui partem ad nos et postea aliam verteret ad nos, non propter hoc causaret in nobis aliam et aliam influentiam, sed semper consimilem propter similitudinem naturae suarum partium.

Tertia conclusio: si luna habet epicyclum, tunc luna movetur per se circa centrum suum proprium contra motum quo movetur in circumferentia epicycli. Probatur: quia aliter non posset salvari, sicut prius arguebatur, quin illa macula quae apparet in luna aliquando appareret eversa sic, scilicet quod, si modo appareret caput supra et pedes infra, postea apparerent pedes supra et caput infra; modo consequens est falsum.

Et, si dicatur talis motus lunae circa centrum proprium, videtur esse frustra, cum ex tali motu non proveniat aliqua diversitas influentiae in illa inferiora, cum luna consimiliter videatur influere secundum unam eius partem in ista inferiora sicut secundum aliam, cum luna videatur esse uniformis naturae per totum. – Respondetur quod immo talis motus lunae non est frustra, nam est concedendum

---

82 omnem] omnino *V* 86 circa] centrum *add. V sed del.* 87 talis] tunc *I* 89/90 astri non causaretur diversa influentia] astra non causarent diversam influentiam *V* 91 per] *s.v. V* 98 epicycli] epicyclus *I* 99 arguebatur] arguitur *I* 99 quin] quia *V* (in *add. V sed del.*) 00 appareret[1]] apparet *V* (in luna *add. V*) 00 quod] *om. V* 00 appareret[2]] apparet *I* 1 et] *om. V* 1 apparerent] apparebunt *V* 3 talis] igitur *V* 3 proprium] *om. V* 4 proveniat] provenit *V* 5 illa] ista *I*

quod luna sit uniformis naturae per totum sicut alia astra: unde est valde diversa in raritate et densitate in suis partibus, sicut postea videbitur; et ideo non consimiliter influit secundum unam partem sicut secundum aliam; et propter hoc talis motus lunae circa centrum proprium non est frustra, immo utilis propter diversam influentiam causandam in ista inferiora.

Quarta conclusio: omnia astra moventur per se et secundum eorum naturam ad motum orbium in quibus sunt. Probatur, nam astra apparent moveri de oriente in occidentem. Sed hoc non est dividendo orbes, sicut dixit prima conclusio; ergo oportet quod hoc sit ad motum orbium; sed talis motus inest astris per se et secundum eorum naturam, ex eo quod astra sunt partes orbium: dicit enim COMMENTATOR quod stella est densior pars sui orbis; modo motus naturalis toti est etiam naturalis parti; igitur etc.

Ad rationes principales. Ad primam dico, sicut iam dicebatur, quod stella est est quaedam pars orbis cui est infixa; ideo non oportet quod habeat motum simplicem alium a motu cuius est pars. Et adhuc, si stella esset unum corpus totale divisum ab orbe, sufficeret quod moveretur delata a proprio continente; et tunc, licet non haberet per se aliquem motum passive, haberet tamen per se aliquem motum active secundum quem alteraret ista inferiora, quia adhuc stella aliter influeret in ista inferiora quam orbis.

Ad secundam illa bene probat conclusionem quartam, scilicet quod stellis debentur aliqui motus per se, id est secundum earum naturam; //// sed non probat quod eis debeantur aliqui motus per se, id est solitarie, qui non insint eis ratione orbium. F.V. 43va

---

9 unde] quia *V* 10 diversa] diversificatio *V* 15 conclusio] notatur *scr. V sed del. et s.v.* conclusio *add.* 15 et] id est *V* 16 Probatur] *om. I* 17 in] *add. I* 18 dividendo] scindendo *V* 18 ergo] ideo *V* 19 sit] sicut *V* 21 est] *om. V* 22 est etiam] *inv. I* 22 igitur] ergo *I* 23 rationes] *om. V* 23 principales] *om. I* 24 quaedam] densa *V* 31 conclusionem quartam] *inv. I* 32 debentur aliqui] debetur aliquis *I* 33 eis debeantur] *inv. I*; eis debeatur *V* 33 aliqui] aliquis *V*

21 Cf. AVERROES, *In De caelo*, II, f. 134va, comm. 53, G; cf. ARISTOTELES, *Meteora*, I, 8, 346 a 27-31.

F.I. G1[rb] Ad tertiam nego | antecedens. Ad probationes. Ad primam, de saltatione solis, dico quod hoc fit propter motum vaporum intermediorum qui refrangunt radios.

Ad secundam dico: quod sol apparet rotari et moveri circa centrum proprium, cum inspicitur, hoc est propter debilitatem oculi, ita quod ob fortem lucem solis visam ab oculo cum labore spiritus missi ad oculum pro confortando virtutem visivam moventur et vertuntur circa axem visus, et propter talem motum imperceptum a potentia visiva apparet talis motus in sole.

Ad tertiam, de radio scintillante, dico quod hoc est propter vapores positos in medio vel propter diversitatem densitatis inter ignem et aerem, ubi fit quasi quidam motus inundationis, propter quem motum solaris radius apparet dicto modo scintillare et titubare, recte sicut tremit umbra in profunda aqua, cuius superficies fluctuat et movetur hinc inde.

Ad quartam principalem, de scintillatione stellarum quae non sunt planetae, dico quod hoc est aut propter debilitatem visus aut propter earum magnam distantiam a visu aut propter illa simul.

Ad quintam dico quod non oportet omne corpus sphaericum habere motum proprium circa centrum suum, sed sufficit multis corporibus sphaericis moveri circulariter ad motum corporum, quibus sunt infixa; et sic est de stellis quae moventur circulariter ad motum orbium quibus deferuntur, et hoc sufficit eis absque hoc quod ultra hoc habeant speciales motus circa centra propria.

Ad sextam illa vadit pro tertia conclusione. Et est dissimile quantum ad hoc de luna et aliis astris, quia luna non est consimilis naturae quantum ad omnes sui partes sicut alia astra; et ideo non mirum si luna movetur circa centrum proprium propter diversas influentias in istis inferioribus, et alia astra non. Et sic patet quaestio.

36/37 intermediorum] mediorum *I* 38 secundam] tertiam *V* 38 apparet] appareat *I*; *iter. V* 39 inspicitur] aspicitur *I* 39 hoc] *om. I* 39 oculi] quod *add. V sed del.* 40 ob] *om. V* 42 axem] visum *add. V sed del.* 43 a potentia] apparentia *V* 46 quasi] communiter *V* 46 quidam] quidem *V* 47 solaris radius] *inv. I* 48 profunda aqua] fundo aquae *I*; eius *add. V sed del.* 51 est] aut propter medium *add. I* 53 illa] ista *I* 56 stellis] talibus *V* 58 centra propria] centrum proprium *V* 61 sui] suas *I* 62 influentias] causandas *add. I* 63 istis inferioribus] ista inferiora *I* 63 patet] est finis *I* 63 quaestio] quaestionis *I*

Quaestio 21

Utrum omnia astra sint eiusdem speciei specialissimae

Nunc quantum ad secundum tractatum huius *II*[i] *libri De caelo et mundo* restat principaliter tractare illa quae concernunt partes caeli minores, sicut sunt astra, postquam tractatum est de differentiis positionis in caelo et de figura caeli et de illis quae concernunt partes caeli maiores, sicut sunt orbes, et cum hoc quae concernunt partes caeli minores, sicut sunt astra quantum ad eorum motum. Quantum ergo ad istum secundum tractatum volo quaerere aliqua. Primo utrum omnia astra sint ad invicem eiusdem speciei specialissimae; secundo, utrum omnia astra alia a sole habeant lumen suum a se vel a sole; tertio, utrum astra per suum lumen sint generativa caloris in istis inferioribus; quarto, utrum macula apparens in luna proveniat ex diversitate partium lunae vel ab aliquo extrinseco.

Quantum ad primum, scilicet utrum omnia astra sint eiusdem speciei specialissimae, arguitur primo quod sic. Omnes orbes caelestes sunt eiusdem speciei specialissimae; igitur omnia astra. Consequentia probatur: quia astrum est eiusdem speciei specialissimae cum orbe in quo est; et ideo, si omnes orbes sunt eiusdem speciei, utique omnia astra erunt eiusdem speciei. Antecedens probatur, scilicet quod stella est eiusdem speciei cum orbe in quo est. //// Primo, nam dicit ARISTOTELES in *isto II*[o], et similiter COMMENTATOR, quod stella est densior pars sui orbis; modo densum et F.V. 43[vb] rarum non diversificant speciem

12 habeant] habent *V* 13 per] propter *V* 15 aliquo] alio *V* 18 igitur] ergo *I* 19 probatur] arguitur *I* 19/20 specialissimae] *om. V* 21 erunt] sunt *V* 21 Antecedens] Assumptum *I* 23/24 similiter Commentator] *inv. I* 24/25 densum et rarum] *inv. I*

4/5 ARISTOTELES, *De caelo*, II, 8, 289 a 11 - 293 a 14.
23 Cf. ARISTOTELES, *De caelo*, II, 7, 289 a 19-35.
23/24 Cf. AVERROES, *In De caelo*, II, f. 134[va], comm. 53, G; cf. ARISTOTELES, *Meteora*, I, 8, 346 a 27-31.

Et confirmatur: quia astra et orbes omnino eodem motu moventur naturaliter; quod non esset, si essent diversarum specierum. Antecedens probatur: quia orbes distincti magis sunt similes quam orbis et stella cum suo orbe; sed orbis et stella ipsius sunt eiusdem speciei, sicut iam probatum est; igitur orbis cum orbe est eiusdem speciei, et non magis duo orbes distincti sunt eiusdem speciei quam omnes simul.

Et confirmatur secundo: omnium orbium caelestium est idem locus numero, ut probat COMMENTATOR in *isto II°* in probando excentricos; sed illa simplicia quorum est idem locus in numero sunt eiusdem speciei specialissimae, sicut dictum est *I° huius*.

Confirmatur hoc tertio: motus simplices ipsorum orbium sunt eiusdem speciei specialissimae; igitur et ipsi erunt eiusdem speciei specialissimae. Consequentia tenet ex his quae dicta sunt *I° huius*.
F.I. G1va Antecedens patet, ex eo quod omnis motus circularis cum omni | motu circulari videtur esse eiusdem speciei specialissimae; motus autem naturales ipsorum orbium caelestium sunt motus circulares.

Secundo ad principale: omnis ignis saltem purus est eiusdem speciei cum alio igne, et omnis aer cum alio aere est eiusdem speciei, et ita similiter est in omnibus aliis corporibus simplicibus elementaribus; igitur a simili arguendo etiam videtur sic esse in corpore simplici caelesti, scilicet in caelo, quod omnis portio caeli cum qualibet alia est eiusdem speciei, et magis adhuc hoc videtur de caelo quam de elementis, cum caelum sit simplicius elementis; sed, si quaelibet portio caeli cum alia est eiusdem speciei, et stellae sunt

---

26 Et] *om. V* 26 orbes] orbis *V* 26 omnino] *om. V* 27 naturaliter] *om. V* 27 specierum] *om. V* 28 orbis] orbes *V* 29 cum suo orbe] quo est in orbe *V* 29 orbis et stella] stella cum suo orbe *V* 29 sunt] est *V* 30 igitur] ergo *I* 33/34 idem locus] *inv. I* 34 numero] in numero *I* 34 probat Commentator in isto II°] probatur in isto II° a Commentatore *I* 37 Confirmatur] Et confirmatur *I* 37 orbium] *om. V* 38 igitur] ergo *I* 40/41 cum omni motu] omni motui *I* 44 igne] *om. V* 44 aere] *om. V* 45 ita] *om. V* 45 omnibus] *om. I* 45/46 simplicibus elementaribus] *inv. I* 46 igitur] ergo *I* 46 arguendo] argumento *I* 46 etiam] *om. I* 49 elementis] elemento *V* 50 caeli] caelis *scr. V sed del.* 50 et] cum *add. V*

34 AVERROES, *In De caelo*, II, f. 118v, comm. 35, G, lin. 13-15.
36 ARISTOTELES, *De caelo*, I, 2, 269 a 2-30.
41 *Ibidem.*

quaedam portiones caeli, sicut deductum est prius, videtur quod quaelibet cum qualibet sit eiusdem speciei.

Tertio. Si stellae distinguerentur contra se invicem specie, tunc multo plura essent in mundo corpora simplicia quam quinque distincta secundum speciem; sed hoc est falsum. Consequentia tenet, ex eo quod valde multae sunt stellae in caelo. Falsitas consequentis patet ex his quae dicta sunt *I° huius*, nam probatum est ibi quod non sunt nisi quinque corpora simplicia distincta secundum speciem, scilicet quattuor elementa et quinta essentia, scilicet caelum.

Quarto. Si stellae differrent ab invicem specie, vel etiam orbes, non oporteret ipsos moveri diversis motibus ad influendum in ista inferiora et ad causandum huiusmodi diversas influentias; cuius tamen oppositum apparet esse verum. Consequentia probatur, nam, ad causandum huiusmodi diversam influentiam, videretur sufficere diversitas specifica ipsorum, non obstante quod omnino eisdem moverentur motibus.

Quinto. Nos videmus in animalibus et in plantis quod illa quae determinant sibi consimiles figuras sunt eiusdem speciei, et e converso, et quae sunt dissimiles sunt dissimilis speciei, et e converso; modo omnes stellae sunt consimilis figurae, quia omnes sunt sphaericae; igitur videtur quod omnes stellae sunt eiusdem speciei.

Sexto. Nam COMMENTATOR ponit super *isto libro* quod totum caelum est sicut unum animal, et sphaerae caelestes et stellae sunt sicut membra eius; ideo totius caeli Primus Motor est quasi sicut anima; igitur totum caelum simul ab illo Primo Motore movetur modo quo animal movetur a sua anima; modo unum animal et membra eius sunt eiusdem speciei specialissimae in genere subs-

51 prius] *om. V* 52 qualibet] alia *I* 55 est] *om. V* 56 sunt stellae] *inv. I* 61 influendum] et causandum diversas influentias *add. I* 61 in] ad *I* 62 et ad... influentias] *om. I* 63 probatur] *om. V* 65 ipsorum] ipsarum *V* 66 non obstante] *om. V* 66 motibus] *om. V* 67 in^2] *om. V* 69 sunt] *om. V* 71 igitur] ergo *I* 71 stellae] *om. I*; q *add. V sed del.* 74 sicut] *om. I* 75 igitur] ergo *I* 75 Primo] *om. V* 76 modo] motu *V*

57 ARISTOTELES, *De caelo*, I, 2, 269 a 2-30.
72 AVERROES, *In De caelo*, II, f. 125va, comm. 42, I, 2-7.

tantiae, quia sunt informata una forma substantiali, scilicet anima sensitiva; igitur similiter sic videtur esse dicendum de toto caelo, et, si sic, tunc tam orbes quam stellae videntur esse eiusdem speciei specialissimae.

F.V. 44ra Septimo. //// Totale caelum est una essentia simplex; igitur non videtur esse compositum ex entibus diversarum specierum; et, cum sit compositum ex multis orbibus et multis stellis, sequitur huiusmodi non distingui ab invicem specie. Antecedens probatur, ex eo quod movetur a motore simplici, qui non producit nisi motum simplicem, qui quidem motus non inesset naturaliter nisi corpori simplici.

In oppositum arguitur: quaecumque sunt eiusdem speciei specialissimae debent habere consimiles proprietates naturales; sed sic non est de stellis. Patet hoc, quia quaedam stellae influunt in ista inferiora caliditatem, quaedam frigiditatem, quaedam humiditatem, quaedam siccitatem, quaedam inimicitias, quaedam amicitias, et sic de aliis diversis proprietatibus quae in isto mundo inferiore inveniuntur, et proveniunt a diversis proprietatibus et virtutibus stellarum; tales autem diversitates virtutum et operationum specifice videntur arguere diversitatem specificam stellarum.

Secundo. Natura non fecit sub una specie plura individua nisi propter corruptionem individuorum, ut salvaretur species; ideo, cum stellae sint perpetuae, si omnes essent eiusdem speciei, frustra essent plures, cum species illae possint salvari et perpetuari in una illarum.

Tertio. Illa non sunt eiusdem speciei quorum unum habet ex se lucem, alia autem non, sed ab alio; sed sic est de stellis, quia sol habet lucem ex se, alia autem astra capiunt lumen suum a sole, quod maxime patet de luna quae deficit a lumine, cum inter ipsam et solem ponitur terra impediens illustrationem lunae a sole.

---

79 igitur] ergo *I* 80 si sic] sic^{e} *V* 80 tunc] quam *add. V sed del.* 82 igitur] ergo *I* 83 ex] omni *(dub.) add. V sed del.* 86 producit] produceret *V* 87 quidem motus] motus simplex *I* 89 In] *om. I* 97 videntur] distinguere *add. V sed exp.* 00 si] omnes *add. I*; et si *V* 1 illae] illa *I* 1 possint] posset *I*; possent *V* 4 alia] illa *I* 6 ipsam] lunam *add. V*

In ista quaestione praemittenda est una distinctio; secundo videndum est utrum omnes orbes caelestes sint eiusdem speciei inter se; tertio, an omnes stellae sint inter se eiusdem speciei, sive sint in diversis orbibus sive in eodem orbe; quarto, utrum orbes sint alterius speciei ab astris quae sunt in ipsis.

Quantum ad primum sit distinctio ista quod aliqua dicuntur eadem specie dupliciter. Uno modo, quia sunt termini significativi sub eodem termino specifico contenti in recta linea praedicamentali, sicut sunt isti termini *Socrates* et *Plato*, contenti | sub isto termino *homo*. F.I. G1^{vb} Et per oppositum diversa specie dicuntur termini significativi contenti sub diversis terminis specificis in linea praedicamentali: isto modo isti termini *Socrates* et *Brunellus* dicuntur ab invicem differre specie. Alio modo dicuntur esse eiusdem speciei, quia sunt res significatae per eundem terminum specificum, et hoc de praedicamento substantiae. Et sic diversa specie dicuntur res significatae vel significabiles per terminos differentes specie etiam existentes de praedicamento substantiae: isto modo tu et ego dicimur esse eiusdem speciei, sed tu et Brunellus dissimiles diversarum specierum.

Modo sciendum est quod in proposito non intenditur de eisdem specie vel diversis primo modo, sed secundo modo in quo notanter apposui li *de praedicamemto substantiae*. Nam sciendum est quod res sunt significabiles per diversos terminos specie de praedicamento substantiae vel de praedicamento accidentis; modo, ad hoc quod aliquae res sint ab invicem diversarum specierum, non sufficit ipsas esse significabiles per species diversas diversorum praedicamentorum accidentium, nam sic eadem res posset esse diversarum specierum, immo etiam diversorum generum, nam eadem res, puta homo, sicut Socrates verbi gratia, est significabilis per species

---

9 utrum] an *V* 9 caelestes] inter se *add. V* 10 speciei] inter se *add. V* 10 sint inter se] inter se sint *I* 11 eodem] uno *V* 11 quarto] *om. V* 12 alterius] eiusdem *V* 13 ista] illa *I* 14 sunt] *om. V* 17/18 significativi] significative *V* 19 et] *om. V* 19/20 ab invicem differre] differre ab invicem *I* 20 dicuntur^{2}] aliqua *add. V* 21 res] significative *add. V sed del.* 23 vel] etiam *add. V sed del.* 24 de] in *I* 25 esse] *om. I* 25 dissimiles] *om. I*; dissimili *V* 28 specie] primo modo *add. V sed exp.* 28 vel diversis primo modo] primo modo vel diversis *V* 31 ad hoc] *om. V* 34 sic] sicut *V*

diversorum praedicamentorum, si ipse sit magnus, si ipse sit albus, si ipse sit filius, si ipse sit sedens, si ipse sit currens, et sic de aliis: isti enim termini sunt species diversorum praedicamentorum, non F.V. 44[rb] //// obstante quod possunt supponere pro una et eadem re.

Similiter, ad hoc quod aliquae res dicantur eiusdem speciei, non sufficit ipsas esse significabiles per eundem terminum specificum de praedicamento accidentis, nam sic homo, equus et lapis essent eiusdem speciei specialissimae, si tam homo quam equus quam lapis esset albus, quia iste terminus *albus* est una species specialissima de praedicamento qualitatis; modo consequens est falsum. Ita quod finaliter in proposito intenditur de eisdem specie vel diversis quantum ad speciem de praedicamento substantiae secundum quod illa dicimus esse *eadem specie* quae significabilia sunt per eandem speciem de praedicamento substantiae et illa *diversa specie* quae significabilia sunt per diversas species seu terminos specificos de praedicamento substantiae.

Quantum ad secundum sit prima conclusio: omnes orbes caelestes et omnes stellae sunt eiusdem naturae secundum speciem in genere substantiae, et etiam in genere corporum simplicium. Patet, quia diversis motibus simplicibus oportet correspondere diversas naturas substantiales; sed tres sunt species diversae motuum simplicium, scilicet a medio sicut est motus sursum, ad medium sicut est motus deorsum, circa medium sicut est motus circularis; ideo sequitur quod tres sunt species corporum simplicium, scilicet gravia, levia et caelestia; et non est vis, si praedicta nomina non sint de praedicamento substantiae, quia non omnibus generibus et speciebus subalternis in praedicamento substantiae sunt nomina imposita, ut generi propinquo ad equum et ad asinum non est nomen impositum, nec etiam generi propinquo ad canem et lupum, sed huiusmodi per nomina accidentalia circumloquimur. Ideo ponamus quod omnia gravia absolute sine connotatione extranea signi-

38 et sic de aliis] *om. V* 39 isti] illi *V* 41 dicantur] dicuntur *V* 44 homo] et *add. V sed del.* 44 et] *om. V* 44 quam] tam *V* 45 albus] lapis *V* 55 genere] sp *add. V sed del.* 57 naturas] naturales *V* 57 diversae] accidit *(dub.) add. V sed del.* 59 est[2]] *om. I* 61 et[1]] scilicet *V* 61 sint] sunt *V* 64 ad[2]] *om. V* 65 nomen impositum] *inv. I*

ficentur communiter per hoc nomen *a* et omnia levia per hoc nomen *b*, et omnia caelestia per hoc nomen *c*; tunc illi tres termini *a b c* essent tres species diversae de praedicamento substantiae significantes omnia corpora simplicia.

Secunda conclusio: illae tres species non sunt species specialissimae. Patet hoc: quia gravium sunt duae species, scilicet terra et aqua, levium autem duae, scilicet aer et ignis; et ita possimus dicere quod, cum ARISTOTELES dixit in *isto IIº* stellam esse de natura sui orbis, intellexit quod esset secum eiusdem naturae, non secundum speciem specialissimam, sed secundum speciem subalternam distinctam contra speciem gravium et levium, quia stellae et orbes non sunt graves neque sunt leves.

Tertia conclusio: intelligentiae ad invicem sunt diversarum specierum specialissimarum. Patet hoc: quia in intelligentiis non sunt aliqua accidentia; ideo intelligentiae, si essent eiusdem speciei specialissimae, omnes essent similes secundum virtutes et operationes quascumque; quod est falsum, quia sic nulla esset ratio quare istum orbem magis moveret una intelligentia quam alia. Similiter nec una earum esset nobilior alia. Similiter sic in separatis a materia essent plura individua sub una specie specialissima, quorum omnium oppositum ostenditur in *XIIº Metaphysicae*.

Quarta conclusio: orbes moti appropriate a diversis intelligentiis sunt ad invicem diversarum specierum specialissimarum. Probatur:
diversarum //// causarum secundum speciem specialissimam effec- F.V. 44va
tus primi et immediati sunt diversi secundum speciem specialissimam; sed sic est quod effectus primi et immediati intelligentiarum, in quocumque genere causandi hoc sit, sunt orbes quibus intel-
ligentiae illae appropriantur; igitur, | cum tales intelligentiae sint F.I. G2^{ra}

---

69 tres] *om. I* 70 tres] termini et *add. V* 74 levium autem] *inv. I* 74 scilicet] sicut *V* 74 possimus] possumus *I* 75 IIº] quod *add. V* 75 stellam esse] stella est *V* 76 naturae] speciei *S V (est in I P)* 78 non] neque *I* 84 quod est... quare] *iter. V* 84 ratio] quod *add. V sed del.* 85 istum] illum *I* 85 magis moveret] *inv. I* 86 nec] et *V* 88 in] *om. V* 90 ad] ab *I* 93 intelligentiarum] differentiarum *V* 94 sit] sicut *V* 94 sunt] plures *add. V* 95 igitur] ergo *I* 95 sint] sunt *V*

75 ARISTOTELES, *De caelo*, II, 7, 289 a 13-16.
88 ARISTOTELES, *Metaphysica*, XII (Λ), 9, 1075 a 3-4.

diversarum specierum, per praecedentem conclusionem, sequitur etiam eorum effectus, puta orbes, esse diversarum specierum.

Secundo, si non, tunc sequeretur quod non posset reddi ratio quare aliquis motor esset appropriatus orbi solis magis quam ipse esset appropriatus orbi lunae. Non enim potest dici quod sit appropriatus magis uni orbi quam alteri ratione accidentium, nam rationabile est quod prima et immediata appropriatio sit ratione substantiarum quae sunt priores naturaliter ipsis accidentibus.

Tertio, si omnes orbes caelestes essent eiusdem speciei specialissimae, tunc quaecumque intelligentia movens unum orbem posset movere omnes; quod est falsum. Consequentia probatur: quia, si mobilia sint eiusdem rationis et consimilis naturae, quicumque motor posset movere unum illorum mobilium, ipse posset movere alterum, si aeque bene esset sibi applicatus; vel saltem quicumque posset movere magis mobile, ipse posset movere minus mobile; et sic intelligentia Saturni posset movere orbem solis et orbem lunae: non enim obstaret debita applicatio. Intelligentiae enim sunt separatae a magnitudine nullum habentes situm determinatum; et ideo quaelibet intelligentia cuilibet orbi posset esse praesens et indistans et applicata; et sic frustra ponerentur tot intelligentiae quot ponuntur.

Quarto, non omnes orbes habent consimiles proprietates naturales; igitur non omnes sunt eiusdem speciei specialissimae. Assumptum patet de primo mobili et de sphaeris planetarum, quia ista quasi modo contrario habent sua dextra et sua sinistra, sicut prius dicebatur: unde ad istam partem ubi est sinistrum primi mobilis, ibi est dextrum orbium planetarum.

Quinto, si orbes non ab invicem differrent specie, tunc non

---

2 Secundo] *om. V* 2 tunc sequeretur quod] *om. I* 00 enim potest] *inv. I* 1 magis uni orbi] uni orbi magis *I* 1 alteri] altare *scr. V sed corr.* 5 orbem] orbum *V* 6 omnes] alios orbes *V* 6 quod est] consequens *V* 7 sint] sunt *I* 7 consimilis] similis *V* 8 illorum] istorum *I* 8 mobilium] *om. V* 8 ipse] *om. V* 9 alterum] et reliquum *V* 9 sibi] *om. I* 10 magis] maius *I* 10 ipse] *om. V* 11 mobile] *om. I* 13 habentes situm determinatum] determinatum habent situm *V* 14 cuilibet orbi posset esse] posset esse cuilibet orbi *I* 14 posset] possit *V* 15 ponerentur tot] poneretur quod *V* 16 quot] *om. V* 18 igitur] ergo *I* 20 ista] illa *I* 20 modo] non *I* 20 contrario] contraria *V* 21 istam] illam *I* 23 ab invicem differrent] *inv. I* 23 tunc] *om. I*

essent ordinati nisi accidentaliter unus super alium; quod tamen est falsum.

Sexto. Si omnes essent eiusdem speciei, tunc essent ad invicem continui; quod est falsum, quia diversis moventur motibus. Consequentia probatur: quia ad continuationem aliquorum sufficit immediatio rerum omnino similium, sicut patet de continuatione duarum aquarum ad invicem: unde, nisi hoc sufficeret, posset dici quod quaelibet partes essent discontinuae ab invicem, quod tamen non esset bene dictum.

Quantum ad tertium sit prima conclusio: sol est alterius speciei a luna et aliis stellis. Istam conclusionem ponit et probat ARISTOTELES in libro *De proprietatibus elementorum*. Et dicit sic: «dico autem quod substantia corporis solaris est alia a substantia corporum stellarum et lunae; quod est quia sol de se habet lumen et lucem: lumen autem lunae et stellarum est acquisitum a sole». Ita quod ARISTOTELES fundat se super hoc quod substantiae eiusdem speciei specialissimae debent habere accidentia propria et naturalia consimilia; et, si habeant dissimilia, hoc est propter extranea agentia et concurrentia ad corruptionem, vel propter diversas dispositiones materiae suae aut suorum agentium; talia autem non habent locum in caelo.

Secunda conclusio responsalis ad quaesitum est quod planetae ad invicem et omnes stellae fixae //// sunt diversarum specierum. F.V. 44vb
Probatur, quia habent proprietates et virtutes naturales valde diversas et activas effectuum specie diversorum et contrariorum in hoc mundo inferiore, sicut communiter concedunt omnes astrologi, et

---

31 partes] res *V* 34/35 et probat Aristoteles] Aristoteles et probat *V* 36 corporis solaris] *om. V* 36 est alia] *inv. V* 36 substantia] solis *add. V sed del.* 37 quod] alia *add. V* 38 et] aliarum *add. V* 39 Aristoteles] aliquis *V* 41 habeant] habent *V* 42 et] *om. V* 42 corruptionem] eorum generationes *V* 43 materiae suae] *inv. V* 45 quod planetae] illa quod planeta *V* 46 et] etiam *add. V sed del.*

34/35 PSEUDO-ARISTOTELES, *De causis proprietatum elementorum*: cf. ALBERTUS MAGNUS, *De causis...*, II, tract. I, p. 89, lin. 49-50.
39 *Ibidem.*

sicut prius arguebatur.

Quantum ad quartum sit ista conclusio quod orbes sunt alterius speciei ab astris quae sunt in eis. Istam conclusionem ponit ARISTOTELES et probat eam in libro *De proprietatibus elementorum* dicens: «et similiter substantia corporis orbis est alia a substantia corporis stellarum»: quod patet, quia stellae illustrantur a sole et non orbes.

Et confirmatur hoc: quia, si orbis octavus esset eiusdem speciei specialissimae cum stellis suis, tunc omnes istae stellae essent eiusdem speciei specialissimae, cuius oppositum dixit conclusio praecedens, scilicet secunda tertii articuli.

Ad rationes. Ad primam negatur antecedens, scilicet quod omnes orbes sint inter se eiusdem speciei et naturae; et negatur etiam unum assumptum in probando consequentiam, scilicet quod astrum sit eiusdem speciei specialissimae cum orbe in quo est. Et quando probatur: *astrum est eiusdem speciei cum suo orbe sic, nam dicunt ARISTOTELES et COMMENTATOR quod stella est densior pars sui orbis*, bene concedo; et ulterius concedo quod bene verum esset si stella non differret ab orbe aliter quam secundum densitatem et raritatem quod tunc esset eiusdem speciei cum orbe; sed, quia stellae etiam aliter differunt ab orbibus, scilicet secundum virtutes earum naturales, sicut dictum est, ipsae non sunt eiusdem speciei sed alterius speciei ab orbibus.

Ulterius quando dicebatur: *astrum et orbes omnino moventur*

---

51 ista] illa *I* 52 Aristoteles] *om. I* 53 eam] Aristoteles *I* 57 quia] *om. I* 58 suis] *om. V* 58 istae] illae *I* 59 specialissimae] *om. V* 59 conclusio] immediate *add. I* 60 scilicet secunda tertii articuli] *om. I* 62 et negatur] *om. V* 64 specialissimae] *om. I* 65 astrum est... sic] *om. V (est in I P S)* 65 sic] scilicet *add. I* 66 quod] *om. I* 68 aliter quam] nisi *I* 71 speciei] *om. I*

53/55 PSEUDO-ARISTOTELES, *De causis proprietatum elementorum*: cf. ALBERTUS MAGNUS, *De causis...*, II, tract. I, p. 89, lin. 49-50.
66 Cf. ARISTOTELES, *De caelo*, II, 7, 289 a 19-35.
66 AVERROES, *In De caelo*, II, f. 134va, comm. 53, G; cf. ARISTOTELES, *Meteora*, I, 8, 346 a 27-31.

eodem motu, potest dici quod, licet stella moveatur ad motum orbis et non habeat motum per se passive, tamen active habet diversam operationem et virtutem; modo ita bene vel melius debet argui distinctio specifica ex diversa actione sicut ex diversa passione, cum formae sit agere et materiae pati, et specifica distinctio in substantiis est potius secundum formas quam secundum materias.

Deinde ad probationes quibus probabatur orbes ad invicem esse eiusdem speciei. Ad primam: *orbes distin- | cti sunt magis similes quam orbis et stella*, admittatur; *sed stella est eiusdem speciei sum orbe suo*, negatur. F.I. G2^{rb}

Deinde ad aliam confirmationem: *omnium orbium est idem locus*, negatur. Et quando arguebatur auctoritate COMMENTATORIS, negatur COMMENTATOR in hac parte, quia hoc dixit ad destruendum excentricos quos posuerunt ASTROLOGI, in quo magis credendum est eis quam COMMENTATORI.

Ad aliam confirmationem, quando dicebatur: *motus simplices ipsorum orbium sunt eiusdem speciei specialissimae*, breviter hoc negatur, quia, sicut non omnis motus deorsum cum omni motu deorsum est eiusdem speciei specialissimae, licet bene subalterne, ita nec omnis motus circularis cum omni motu circulari est eiusdem speciei specialissimae.

Aliter posset dici quod, licet diversitas motuum arguat diversas naturas corporum simplicium, tamen non oportet quod similes motus arguant eandem naturam, saltem secundum speciem specialissimam, licet bene arguant naturas easdem secundum genus vel secundum speciem subalternam: unde equus, mulus et asinus bene habent similes motus naturales.

Ad secundum principale: *omnis ignis, etc.*, dico quod non est

---

74 moveatur] movetur *V* 75 motum per se] per se specialem motum *V* 78 materiae] sit *add. I* 78 specifica distinctio] *inv. I* 79 est potius secundum formas] secundum formas est potius *V* 80 probabatur] probatur *I* 80 ad invicem esse] *inv. I* 81 similes] dissimiles *scr. V sed* dis *exp.* 83 orbe suo] *inv. I* 83 negatur] hoc negatur *V* 85 arguebatur] arguitur *I* 87 posuerunt] ponunt *I* 91 cum omni motu] omni motui *I* 93 cum omni motu] omni motui *I* 98 genus] vel secundum speciem specialissimam *add. V sed exp.* 99 equus] et *add. I* 00 habent] sunt *V*

85/88 AVERROES, *In De caelo*, II, f. 118^{v}, comm. 35, G, lin. 13-15.
87 *Locus non inventus.*

simile, quia totum elementum ignis est homogeneum; sed sic non est de caelo propter diversitatem motuum existentium in ipso quantum ad suas partes, scilicet orbes: unde, licet caelum sit magis simplex per privationem compositionis ex partibus essentialibus, sicut sunt materia et forma, non tamen per privationem compositionis ex partibus integralibus.

Ad tertiam concedo quod plura sunt corpora simplicia distincta secundum speciem specialissimam quam quinque; cum quo stat quod non sunt nisi quinque corpora simplicia secundum speciem subalternam, quia caelum non est species specialissima, sed subalterna.

Ad quartam dico quod, licet orbes et stellae sint diversarum
F.V. 45ra specierum, tamen illa diversitas specifica //// non sufficeret ad talem diversitatem effectuum qualis apparet in istis inferioribus, nisi cum hoc diversi orbes diversis moverentur motibus, sicut dicebatur prius.

Ad quintam posset dici quod diversae figurae naturales bene arguant diversas naturas; sed non oportet quod similes figurae arguant identitatem secundum speciem specialissimam ubi inveniuntur aliae diversitates naturales, immo sufficit quod arguant identitatem secundum genus vel secundum speciem subalternam.

Ad sextam posset dici admittendo quod totum caelum sit sicut unum animal, et stellae et omnes orbes sunt sicut membra eius. Et ulterius posset concedi quod Primus Motor appropriaretur totali aggregato ex orbibus, licet cum hoc cuilibet orbi speciali esset appropriata specialis intelligentia distincta specie ab intelligentia appropriata alteri. Recte sicut est in homine, licet anima intellectiva sit tota in toto et tota in qualibet parte corporis, tamen cum hoc in diversis partibus corporis sunt diversae formae partiales quibus illae partes distinguuntur ab invicem specie (unde in carne est una forma specialis et in osse alia, per quas os et caro distinguuntur ab

---

2 simile] similitudo *V* 2 totum] tunc *V* 9/10 cum quo... quinque] *om. V (hom.)* 10 speciem] saltem *add. I* 13 quod] *om. V* 16 nisi cum] non tamen *V* 16 hoc] *om. V* 16 moverentur] moventur *V* 18 posset] potest *V* 19 arguant] arguunt *I* 21/22 identitatem] scilicet *add. V* 23 posset] potest *V* 23 sicut] *om. V* 27 specialis] propria *V* 28 est] *om. I* 28 homine] f *add. V sed del.* 32 forma specialis] *inv. I* 32 quas] quarto *add. V sed del.* 32 os et caro] et caro et os *V*

invicem specie), sic recte in proposito videtur esse dicendum.

Ad septimam bene concedo quod totum caelum est una essentia simplex, et hoc per privatioonem compositionis ex materia et forma; cum quo tamen bene stat quod est compositum ex diversis partibus integralibus distinctis ab invicem specie, nec est inconveniens totale illud aggregatum ex illis partibus moveri simul unico motu simplici, scilicet diurno, ab una simplici intelligentia, sicut a Primo Motore, sicut nec est inconveniens animam intellectivam, quae est forma simplex, movere corpus humanum, quod est corpus heterogeneum.

---

33 specie] *om. V* 36 quo] hoc *scr. V sed del. et s.v.* quo *add.* 39 motu simplici] *inv. I* 41 corpus[2]] *om. V*

Quaestio 22

Utrum omnia astra alia a sole habeant lumen suum a sole vel a se

Secundum propositorum erat utrum omnia astra alia a sole habeant lumen suum a sole vel a se.

Probatur primo de luna quod habeat lumen ex se. Nam, aere existente sereno et luna existente in prima quadra, videtur totale corpus lunae, licet illa pars quae est versa ad solem videatur lucidior quam alia pars versa a sole; et, cum illa pars quae est versa a sole videatur, et non ratione coloris, cum color sit qualitas secunda quae non reperitur in corporibus caelestibus, oportet quod videatur ratione lucis. Et, si ratione lucis proprie, habetur intentum; si dicatur quod ratione lucis recepti a sole, hoc non potest esse quia ad istam partem lunae versam a sole non protenduntur radii solares.

F.I. G2[va] Secundo. Probatur quod omnia alia astra habent lu- | men suum ex se et non a sole. Nam, si a sole, tunc secundum accessum et recessum solis ad ipsa vel ipsorum ad solem deberent apparere cornuta sicut luna, ita quod talia astra secundum partes eorum versas ad solem deberent esse illuminata et secundum alias non; et, si sic, utique apparerent consimilis figurae qualis appareret luna, cum est ante oppositionem vel post, scilicet figurae arcualis; quod tamen nunquam visum est.

Oppositum arguitur. Primo de luna quae habeat lumen suum a sole: patet manifeste ex eius augmento et decremento in lumine per

---

5 habent] recipiunt *V* 6 habeat] habet *V* 8 illa] quae *add. V sed del.* 8 ad] versus *V* 8 videatur] videtur *I* 10 videatur] videtur *I* 12 intentum] propositum *I* 13 dicatur] dicitur *V* 13 lucis] vel luminis *add. I P* 14 istam] illam *I* 14 protenduntur] proveniunt *I* 15 alia] *om. V* 16 a] *om. V* 16 Nam si a sole] *om. I* 16 tunc] alias *add. I* 18 partes] et *add. V sed del.* 19 deberent] debent *I* 20 apparerent] apparent *I* 20 appareret] apparet *I* 22 est] *om. V* 23 quae] quod *V*

accessum et recessum eius a sole. Patet hoc etiam per eclipses lunae, quia, cum terra interponitur diametraliter soli et lunae, luna deficit a lumine; hoc non esset nisi quia lumen non potest recipere a sole propter impedimentum quod facit terra.

De aliis autem astris arguitur quod etiam habeant lumen suum a sole, quia videtur esse consimilis ratio de ipsis et de luna.

Et confirmatur: nam //// propter hoc sol videtur esse positus in F.V. 45rb medio planetarum, ut tam planetae inferiores quam superiores possint ab ipso recipere lumen.

In ista quaestione primo recitabo duas opiniones quas quidam habuerunt de sole, luna et aliis astris; secundo videbitur de quaesito quantum est de luna; tertio videbitur de quaesito quantum est de aliis astris.

Quantum ad primum sciendum est quod QUIDAM imaginabantur stellas non esse partes densiores orbium, nec etiam solem nec lunam, sed imaginabantur quod supremum caelum esset omnino lucidum secundum se et secundum omnem eius partem. Et ulterius imaginabantur quod in caelo infra illud essent quaedam foramina, quaedam maiora et quaedam minora, per quae videmus aliquas partes illius supremi caeli ita lucidi; et illud quod per maius foramen vidimus, dicimus esse solem, et quod per minus videmus, dicimus esse alia astra; et secundum quod illa foramina moventur unacum caelo in quo sunt et oriuntur et occidunt, secundum hoc nunc in occidente, nunc in oriente, videmus tales partes talis caeli ita lucidi.

---

25 accessum et recessum eius] eius accessum et recessum *I* 25 eclipses] eclipsim *V* 27 non] suum *V* 29 aliis autem astris] astris autem aliis *I* 29 etiam] *om. V* 31 confirmatur] hoc *add. I* 31 sol videtur] *inv. I* 33 possint ab ipso recipere lumen] possunt lumen suum recipi *V* 35 sole] et *add. V* 35 et] ac *V* 36 de¹] *om. V* 36 de² quaesito] *om. V* 38 est] *om. V* 38 imaginabantur] imaginantur *I* 39 non] *om. V* 40 imaginabantur] imaginantur *I* 40 esset] est *I* 41 secundum²] *om. I* 41 Et] *om. V* 42 imaginantur] imaginabantur *I* 42 essent] sunt *I* 43 et] *om. I* 43 per quae videmus aliquas partes] *iter. V* 44 ita] illa *V* 46 secundum] et secundum *I* 47 unacum] f *add. V sed del.* 47 secundum] sed *V*

38/49 *Locus non inventus.*

Ista opinio non valet, quia secundum ipsam non bene posset reddi ratio augmenti et decrementi luminis lunae. Secundo, per hoc etiam non posset salvari diversitas colorum qui apparent in stellis et in planetis. Unde Mars apparet coloris valde rubei, et ita similiter stellae fixae quae sunt de natura Martis, Saturnus autem apparet coloris plumbei, et similiter stellae fixae de natura eius, et sic de aliis planetis et stellis: talis diversitas in apparitione coloris non posset salvari per talia foramina.

Alia opinio est quod totum caelum est immobile, sed sunt quidam spiritus seu intelligentiae quae isto modo moventur in caelo, et voluntarie assistunt nunc uni orbi deinde alteri; et, cum illa pars cui assistunt virtute sua sit luminosa, apparet sicut una stella.

Sed illa opinio etiam non valet, nam videtur irrationabile quod tot sint intelligentiae quot sunt stellae fixae et moveantur ita ordinate sicut moventur stellae fixae. Et etiam quia nihil movetur nisi corpus vel moveatur cum corpore, quia quidquid debet moveri saltem localiter oportet quod habeat partem in termino a quo et partem in termino ad quem; et, si sic, oportet quod sit corporeum, vel saltem magnitudo, vel habens magnitudinem, et non indivisibile, quemadmodum sunt tales spiritus seu tales intelligentiae. Imaginandum est igitur quod astra sunt densiores partes suorum orbium existentes in suis orbibus contiguae ipsis et divisae ab eis quemadmodum locatum a suo loco.

Quantum ad secundum pono unicam conclusionem in qua quasi omnes communiter concordant: luna recipit a sole lucem vel lumen quo ipsa nos illuminat notabiliter. Hoc apparet ex eo quia, sicut arguebatur, quando luna eclipsatur, non nos illuminat, propter hoc quod radii solares non attingunt ad eam.

---

50 bene posset] *inv. V* 52 posset] potest *I*; possit *V* 52 qui] quae *V* 52 in] *om. I* 57 posset] potest *I* 58 sed] tamen *I P V* (sed *est in S)* 60 orbi] parti *I P* 60 alteri] alterius *V* 60 cum] tamen *V* 61 luminosa] et *add. V* 62 etiam] *om. I* 63 tot sint] *inv. I* 63 quot] sicut *I* 63 fixae] et et quia nihil videtur *add. V sed del. (primum* et *exp.)* 64 nisi] sit *add. I P* 66 oportet] *om. V* 66 partem] partes *V* 67 partem] partes *V* 70 igitur] ergo *I* 71 contiguae] contigui *V* 71 divisae] et diversae *add. I*; divisi *V* 73/74 quasi omnes communiter] communiter quasi omnes *I*; omnes quasi communiter *V* 75 quo] nos *add. V sed exp.* 76 non nos] nos tunc non *V*

Secundo patet hoc ex eo quod, quando luna est crescens vel decrescens, non illuminat nos nisi secundum istam partem ad quam attingunt radii solares. Verum est tamen quod ALIQUI imaginabantur lunam secundum unam medietatem habere lucem ex se et secundum aliam non; et quod luna in orbe suo movetur circa centrum proprium complendo in mense unam circuitionem motu distincto a motu quem habet ex suo orbe; et quod successive vertit partem lucidam ad nos, et in oppositione illa tota pars lucida esset versa ad nos, et alia retro ipsam esset versa a nobis, et post oppositionem iterum inciperet se abscondere aliqua pars lunae lucida, et aliqua pars non lucida vertere se versus nos. Isto modo isti voluerunt salvare crementum et decrementum luminis lunae absque //// hoc quod luna reciperet lumen suum a sole. F.V. 45va

Breviter, | licet ISTI secundum istam imaginationem bene salvarent crementum et decrementum luminis lunae, non tamen per dictam imaginationem possent salvare illa quae apparent in eclipsi lunae; et ideo tutius videtur esse dicendum lunam habere lumen suum a sole quo illuminat nos notabiliter. F.I. G2vb

Iuxta istam conclusionem dubitatur de modo per quem recipiat lumen a sole. De quo sunt opiniones. Nam dicit una opinio quod superficies lunae est perfecte lenis sine aliqua asperitate sic quod ab ea bene reflectitur lumen solis ad nos, sicut a speculo bene terso et polito reflectuntur species coloris, et per talem reflexionem luminis solis super lunam ipsa luna videtur lucere. – Sed illud non valet, quia, licet a corpore leni et bene polito reflectantur radii ad visum, tamen hoc non est ab omni parte illius corporis lenis, sicut patet de speculo. Nam, cum facies mea est obiecta speculo, licet a qualibet parte speculi reflectatur cuiuslibet partis faciei meae radius, tamen

78 quod] ut *V* 79 nisi] *s.v. V* 79 istam partem] partem illam *I* 80/81 imaginabantur] imaginantur *I* 81 lucem] lunam *V* 85 esset versa] *inv. V* 87 inciperet] incipit *I* 89 voluerunt] volunt *V* 89 crementum et decrementum] *inv. V* 93 possent] possunt *I* 94 habere] lucem vel *add. I* 95 quo illuminat] *om. V* 96 conclusionem] dubitationem *V* 96 modo] recipiendi lumen *add. V* 96 quem] scilicet luna *add. V* 97 una] *om. V* 98 perfecte] *scr. V sed macul.* 00 per talem] propter *V* 2 ad visum] a visui *V* 3 parte] *foramen sequitur (2 cm)* 4 mea] *om. V* 5 speculi] v *add. V sed del.* 5 meae] species seu *add. I*

80/91 *Locus non inventus.*

non a qualibet parte speculi fit reflexio cuiuslibet radii ad oculum meum, sed aliquorum ad oculum meum et aliorum ad aliam partem. Et hoc est ideo quia radius non reflectitur ad visum meum nisi ab illa parte speculi in qua radius a facie mea cadens super speculum et radius veniens ad oculum constituunt angulos aequales ad superficiem speculi qui dicuntur angulus incidentiae et angulus reflexionis. Sed hoc non est in qualibet parte speculi, et propter hoc accidit quod, moto speculo vel mota facie ad latus, apparent partes faciei in aliis et aliis locis speculi; et ideo, si dicto modo lumen solis reflecteretur a luna ad nos tamquam a speculo, licet tunc in tota superficie lunae bene appareat nobis aliqua modica claritas, tamen intensa claritas non deberet apparere nobis nisi in quadam parva parte, scilicet in illa in qua angulus incidentiae et angulus reflexionis ad oculos nostros essent aequales.

Sed forte aliquis posset impedire istam rationem per hoc: nam, si radii solis cadant super parietem, paries apparebit totus illuminatus, et non solum ubi radius incidens et radius reflexus ad oculum causant angulos aequales, scilicet angulos incidentiae et reflexionis. – Sed illud non valet, nam quantum ad hoc non est simile de pariete et corpore lunari, nam propter asperitatem parietis potest accidere quod a multis partibus parietis possunt reflecti radii ad oculum nostrum, et propter hoc tunc apparet nobis magna pars parietis illuminata bene lumine claro. Nihilominus, si paries esset perfecte lenis sicut speculum vel sicut corpus lunae, tunc ex incidentia radiorum solarium super illum parietem non appareret nobis magna claritas per totum parietem sed solum in parva parte, scilicet ubi radius imaginatus protendi ab oculo super parietem cum radio

---

8 meum] *om. V* 11 angulus[1] incidentiae] anguli incidentiae *S*; insidentiae anguli *V (est in I P)* 11 angulus[2]] anguli *S V* 12 non] *om. V* 14 et[1]] in *add. I* 14 locis] partibus *I* 15 reflecteretur] reflectitur *V* 15 speculo] a luna ad nos tamquam a speculo *add. V* 16 superficie] luna *add. V sed del.* 16 appareat] appareret *V* 17/18 deberet apparere] appareret *V* 18 angulus[2]] · *V* 22 radius[1] incidens et radius[2] reflexus] angulus incidentiae et angulus reflexionis *S V (angulus[2] om. V) (est in I P)* 23 causant] ocul *add. V sed del.* 23 angulos[2]] *om. V* 27 oculum] nr *add. V sed del.* 27 tunc] *om. V* 28 bene] sine *V* 29 tunc] tantum *V* 30 appareret] apparet *V* 31 scilicet] ibi *add. I* 32 protendi] protenditur *V*

veniente a sole super eundem constitueret angulos aequales, scilicet angulum incidentiae et angulum reflexionis. Et hoc manifeste apparet in aqua quiescente: unde in ea una parva pars repraesentat nobis intense lucem solis vel alicuius alterius astri; sed, //// si illla F.V. 45vb eadem aqua moveatur aliqualiter ut non sit ita lenis secundum eius superficiem, apparebit nobis intense lux solis per maiorem partem eiusdem aquae.

Et ideo dicendum est aliter: unde dico quod lumen solis incorporatur in luna, ita quod luna est corpus perspicuum et transparens, saltem circa superficiem eius et forte per totum: licet propter magnitudinem corporis lunaris lumen solis non possit totum corpus lunare penetrare sic quod aeque intense appareat lumen in parte lunae versa a sole sicut in parte lunae versa ad solem, sic igitur lumen lunae quod videmus non est solum lumen solis reflexum super corpus lunae, sed lumen solis lunae imbibitum et incorporatum.

Etiam aliter posset dici, scilicet quod, licet luna non sit actu lucida, nec de se possit movere diaphanum, tamen est in potentia propinqua per suam naturalem dispositionem ad luciditatem, quae quidem potentia reducitur ad actum luciditatis per casum luminis solis super eam, recte sicut colores non sunt in actu sufficienti ex se ad movendum visum, sed fiunt in actu sufficienti per lumen cadens super ipsos.

Quantum ad tertium articulum sciendum est quod de hoc sunt opiniones. In hoc enim ARISTOTELES cum AVERROI contrariatur

---

34 angulum[2]] *om. V* 35 una] sola *add. I* 37 non] si non *V* 38 per] secundum *V* 44 lunare] ponita *add. V sed del.* 45 igitur] ergo *I* 49 scilicet] *om. V* 50 de] a *V* 50 movere] moveri *V* 53 recte] *om. V* 56 articulum] *om. V* 57 In hoc enim Aristoteles] *iter. V* 57 contrariatur] contrariantur *I*

57 PSEUDO-ARISTOTELES, *De causis proprietatum elementorum*: cf. ALBERTUS MAGNUS, *de causis...*, II, tract. I, p. 89, lin. 49-50.
57 AVERROES, *In De caelo*, II, f. 127ra, comm. 42, A-C.

AVICENNAE, MACROBIO et pluribus aliis. ARISTOTELES enim in libro *De proprietatibus elementorum* vult dicere quod omnes stellae habent lumen suum a sole sicut luna, et quod non sunt de se lucidae, quia apparet sibi quod consimili modo debeat esse de luna et aliis astris.

F.I. G3ra Sed AVICENNA cum suis sociis, licet concedat lunam ha- | bere lumen suum a sole, ponit tamen istam conclusionem quod omnia alia astra habent lumen suum a se. Et ad hoc possunt adduci aliquae rationes. Prima est: quia, si alii planetae et alia astra haberent lumen suum a sole, tunc per recessum eorum a sole et accessum eorum ad solem deberent consimili modo suscipere crementum et decrementum luminis sicut luna; quod tamen non videmus.

Secundo, quia, si Venus et Mercurius, qui ponuntur sub sole, non haberent lumen suum a se sed a sole, sed ex se essent corpora sine luce, tunc per interpositionem Veneris vel Mercurii inter visum nostrum et solem deberent eclipsare solem sicut facit luna; et tamen hoc non est visum.

Tertio, videtur saltem quod planetae supra solem et stellae fixae non habeant lumen suum a sole, ex eo quod inferiora non influunt in superiora, ex eo quod, quanto astra sunt altiora, tanto sunt nobiliora; et ideo, si sol habet lumen suum ex se, tunc magis astra supra solem videntur habere lumen a se, et non a sole.

Quarto, tunc consimili modo per interpositionem terrae inter Saturnum et Iovem vel inter Martem et solem deberet fieri eclipsis

---

60 suum] *om. V* 62 astris] *om. V* 63 concedat] ponat *V* 64 suum] *om. I* 65 suum] *om. I* 65 ad] per *add. V* 65 possunt] possent *I* 67 recessun eorum] *inv. I* 68 suscipere] sustinere *V* 69 tamen] *om. V* 71 suum] *om. V* 71 a^1] ex *I* 71 a^2] ex *I* 71 sed ex se] tunc *V* 72 Veneris] *iter. V sed primum verbum del.* 72 vel] et *V* 75 fixae] *om. V* 76 suum] *om. I* 77 ex] et ex *V* 77 altiora] superiora *I P (est in S V)* 77 sunt] videntur esse *I P* 78 suum] *om. I* 78 supra] super *I* 79 videntur] viderentur *I* 79 a se] ex se vel a se *V* 79 et non a] non ex *I* 81 et] vel inter *I*

58 AVICENNA, *Liber de philosophia prima*, tract. VI, cap. 3, p. 311, lin. 11-12.
58 non est in Macrobio: cf. MACROBIUS, *De somno Scipionis*, chap. XVII.
58 PSEUDO-ARISTOTELES, *De causis proprietatum elementorum*: cf. ALBERTUS MAGNUS, *de causis...*, II, tract. I, p. 89, lin. 49-50.
63 AVICENNA, *Liber de philosophia prima*, tract. VI, cap. 3, p. 311, lin. 11-12.

et defectus luminis Saturni vel Iovis vel Martis, sicut si eclipsis lunae propter interpositionem terrae inter ipsam et solem, //// ex F.V. 46ra quo dicti planetae non haberent lumen a se, sed a sole sicut et luna.

Quinto, nam, si omnia astra haberent lumen suum a sole, tunc cuiuslibet astri lumen calefaceret et exsiccaret sicut lumen solis, postquam cuiuslibet astri lumen non est aliud a lumine solis.

Sexto, lumen Martis est simile lumini ignis et lumen Saturni est simile albedini tendenti ad plumbeitatem, ita quod lumina planetarum sunt diversae apparitionis; et tamen omnia deberent esse similis apparitionis, si omnes planetae et omnia astra haberent lumen suum a sole.

Breviter illa dubitatio: «utrum omnia astra praeter lunam et solem habeant lumen suum a sole» est quasi unum probleuma sic quod rationes quae fiunt pro una parte possunt solvi faciliter sicut rationes adductae pro alia.

Et ideo ob amorem ARISTOTELIS principis philosophorum solvam rationes sex factas pro opinione AVICENNAE contra ARISTOTELEM, tenendo cum ARISTOTELE quod omnes stellae praeter lunam et solem, sive sint planetae sive stellae fixae, habent lumina sua a sole.

Tunc respondetur ad rationes factas contra hoc. Ad primam: sequeretur quod consimili ratione per accessum et recessum a sole deberent apparere arcualis figurae sicut luna, et maxime hoc videretur de Venere et Mercurio, qui sunt sub sole, negatur consequentia; et ratio huius est: quia Venus et Mercurius sunt tantae transparentiae et perspicuitatis quod lumen solis incorporatur eis et imbibitur secundum omnes eorum partes, qualiter non est de luna, quia illa non est corpus ita perspicuum et ita transparens.

Et per hoc etiam solvitur etiam ratio secunda.

---

84 haberent] habent *V* 84 a] ex *I* 85 suum] *om. I* 89 albedini] tentendit *add. V sed del.* 90/91 similis] consimilis *I* 93 illa] ista *I* 93 utrum] scilicet *I* 94 probleuma] neutrum *add. I*; et neutrum *add. P*; quod neutrum *add. V (*neutrum *etc. non est in S)* 96 adductae pro] factae per *V* 98 sex] iam *add. V* 00 lunam et solem] *inv. V* 2 Tunc respondetur] *om. V* 4/5 videretur] videtur *V* 5 qui] quae *V* 6 huius] *om. V* 7 et[1]] tantae *add. I* 7 quod] quia *V* 10 etiam] idem *I*

97/99 PSEUDO-ARISTOTELES, *op. cit.*
98 AVICENNA, *Liber de philosophia prima*, tract. VI, cap. 3, p. 311, lin. 11-12.

Ad tertiam dico quod, licet sphaera solis sit minus nobilis quantum est ex situ et motu eius, immo etiam intelligentia appropriata soli non est ita nobilis sicut intelligentia Saturni, tamen ipse sol habet nobilitatem a Motore Divino appropriato toti caelo, sicut cor hominis ratione animae totius corporis habet influentiam tam in partes superiores quam inferiores, non obstante quod cerebrum habet nobiliorem situm corde. Ita recte in proposito dicatur de sole in ordine ad alia astra.

Ad quartam: tunc consimili ratione aliae stellae deberent eclipsari per interpositionem terrae inter solem et ipsas, dico quod non, et hoc est ideo quia umbra terrae non protenditur usque ad orbes aliorum astrorum, saltem quae sunt supra solem. – Sed diceres: ad minus Mercurius posset eclipsari per interpositionem terrae inter ipsum et solem, si non haberet lumen a se sed a sole, quia per CAMPANUM in sua *Theorica* umbra quam facit terra ex eius obiectione ad solem protenditur usque ad sphaeram Mercurii. Respondetur negando consequentiam, propter hoc quod, licet umbra terrae bene protendatur usque ad sphaeram Mercurii, tamen Mercurius nunquam tantum recedat a sole quod inter ipsum et solem sit interposita terra diametraliter.

Ad quintam negatur consequentia, quia quod lumen unius astri causat calorem et lumen alterius frigiditatem in istis inferioribus, hoc est propter diversas naturas istorum astrorum, quibus illud lumen incorporatur et imbibitur, secundum quas illud lumen aliam
F.I. G3^{rb} et aliam operatur actionem in istis inferioribus.

Proportionaliter respondeatur ad sextam. |

Tunc ad rationes principales. Ad primam bene conceditur quod luna et quodlibet aliud astrum habet lumen debile et remissum ex

---

14 habet] habeat *V* 14 Divino] diurno *V* 22 supra] super *I* 23 posset] potest *I* 24 a^1] ex *I* 24 a^2 sole] ab alio *I* 29 recedat] recedit *I* 33 istorum] ipsorum *I* 37 Ad primam] *om. V*

24/25 IOANNES CAMPANUS, *Theorica planetarum*, II.

se; sed quo habet //// lumen notabile quod nos notabiliter illuminat, hoc est a sole. F.V. 46[rb]

Ad secundam ista soluta est in solvendo rationes adductas pro opinione AVICENNAE.

---

40 quo] quod *I P (est in S V)* 41 ista] illa *I* 42 Avicenna] Et sic est finis quaestionis *add. I*

42 AVICENNA, *Liber de philosophia prima*, tract. VI, cap. 3, p. 311, lin. 11-12.

Quaestio 23

Utrum omnia astra per suum lumen sint generativa caloris in istis inferioribus

Tertium propositorum erat utrum omnia astra per suum lumen sint generativa caloris in istis inferioribus.

Et arguitur quod non. Primo, nam tunc nulla astra essent frigefactiva; quod est contra astrologos, qui dicunt aliqua astra esse activa caloris, aliqua frigiditatis, aliqua humiditatis, aliqua siccitatis. Probatur consequentia: quia astra non agunt in ista inferiora nisi per sua lumina et per suos motus; ideo, si sint aliqua quae agunt frigiditatem in ista inferiora, sicut sunt per astrologos, vel igitur illa agunt frigiditatem in ista inferiora per sua lumina, et habetur propositum, vel per suos motus, et hoc non, quia motus est calefactio, sicut ostenditur *I^{o} Meteororum.*

Secundo. Si quaestio esset vera, sequeretur quod magis calefacerent montes altos quam valles, et magis mediam regionem aeris quam inferiorem; haec omnia sunt falsa, sicut patet in libro *Meteororum*. Consequentia patet, ex eo quod lumina eorum prius attingunt ad loca alta quam ad loca bassa, et etiam fortius ex eo quod agens fortius agit in propinquum quam in remotum.

Tertio. Caliditas causatur a motu, sicut saepe dictum et allegatum est prius; igitur non a lumine. Consequentia tenet ex eo quod similes effectus debent esse a similibus causis.

---

5 per suum lumen sunt generativa] sint generativa per suum lumen *I (est in P S V)* 5 caloris] caliditatis *I*; hic *add. V* 6 Et] *om. I* 6 Primo] *om. V* 6 nam] quia *I* 6 astra essent] *inv. I* 8 caloris] caliditatis *I* 10 ideo] iam *V* 12 igitur] ergo *I* 14 calefactio] calefacere *I P*; calefactivus *S* 14 ostenditur] dicitur *I* 16 altos] *om. V* 16 aeris] *om. V* 17 in] de *V* 18 patet] tenet *I* 19 ad loca bassa] inferiora *S V* 19 ex] *om. V* 22 est] *om. V* 22 igitur] ergo *I* 23 similes] consimiles *I* 23 similibus] consimilibus *I*

14 ARISTOTELES, *Meteora*, I, 3, 341 a 17-22.
17/18 ARISTOTELES, *Meteora*, I, 12, 348 a 15-17.

Quarto. Si quaestio esset vera, sequeretur quod contrarium caloris generaretur a contrario luminis; sed hoc est falsum, quia lumen non habet contrarium. Consequentia tenet, quia contrariorum contrariae sunt causae ex *II° De generatione*.

Quinto. Lumen in medio non habet esse nisi intentionale et spirituale; tale autem non videtur agere calorem realem.

Sexto. Sequeretur quod lumen esset qualitas prior naturaliter quam caliditas, et sic caliditas non esset una de qualitatibus primis; quod est falsum.

Septimo. Sequeretur quod sol calefaceret sphaeras caelestes inferiores; quod est falsum, quia non sunt calefactibiles. Consequentia tenet ex hoc quod agens prius agit in propinquum quam in remotum.

Oppositum patet de sole per experientiam. De luna autem probatur auctoritate ARISTOTELIS in *IV° De partibus animalium*: dicit enim quod noctes in plenilunio sunt calidiores propter lunae lumen. Et sicut est de luna, tunc est etiam de astris aliis, quia non videtur quod lumen lunae magis debeat calefacere quam lumen aliorum astrorum, cum secundum astrologos luna secundum eius naturam propriam sit frigida et humida.

In ista quaestione erunt duo articuli. Nam primo ponam conclusiones, quibus positis patet responsio ad quaesitum; secundo videbitur de modo per quem lumen causat calorem.

Quantum ad primum sit prima conclusio quod sol per suum lumen causat calorem. Illud patet ad sensum, nam existentes in radiis solaribus statim calefiunt. Patet hoc idem secundo: quia, si per speculum concavum vel per aliqua similia instrumenta fiat

---

26 contrariorum] contraria *V* 27 ex] *om. I* 28 esse nisi] *inv. I* 33 Sequeretur] Sequitur *I* 34 calefactibiles] calefactibilia *V* 39 lunae lumen] plenilunium *I V* 40 tunc est] sic *I* 40 sic] videtur esse *I* 40 astris aliis] *inv. I* 41 magis debeat] *inv. I* 44 ponam] duas *add. V sed del.* 47 quod] *om. I* 48 Illud] Istud *I* 48 existentes] existens *I* 49 calefiunt] calefit *I* 50 similia] consimilia *I*

27 ARISTOTELES, *De gener. et corr.*, II, 10, 336 b 9-10.
38 ARISTOTELES, *De partibus animalium*, IV, 5, 680 a 33-34.

multa congregatio radiorum solis, non solum causatur calefactio, immo etiam combustio; et, quia sol non est formaliter calidus, sed virtualiter, videtur quod hoc fiat per lumen solis et non per calorem solis ei inexistentem. Unde, si aliquis poneret digitum suum super solem, non sentiret calorem, si tamen poneret super ignem, utique calorem perciperet; et ideo sol non est formaliter calidus sicut ignis; F.V. 46va et ideo quod calefaciat, videtur esse per lumen quod est //// caloris generativum.

Secunda conclusio: omnia alia astra per sua lumina calefaciunt. Probatur: nam aliorum astrorum lumen non est nisi lumen solis, F.I. G3va sicut patet ex praecedenti quaestione in qua dictum est | omnia alia astra habere lumen suum a sole; et, cum lumen solis sit calefactivum, per praecedentem conclusionem, sequitur etiam quod lumen aliorum astrorum sit calefactivum, cum lumen aliorum astrorum non sit aliud quam lumen solis.

Secundo, nam congregando radios planetarum per speculum super certam materiam possunt generari animalia per putrefactionem, quod non fit sine calefactione, sicut patet *IV° Meteororum*; et hoc videtur esse signum lumen talium astrorum esse calefactivum.

Tertia conclusio: hoc non obstante aliqua astra sunt causativa frigiditatis in istis inferioribus. Patet per astrologos dicentes hoc.

Secundo, nam sola remotio et carentia coloris non sufficeret ad frigiditatem ita intensam et ita momentaneam causandam, sicut patet tamen saepe evenire; et ideo talis frigiditas ita intensa, quae aliquando satis cito post magnum calorem evenit, videtur causari ab aliquibus astris.

Tertio, iste mundus inferior regitur a caelo in omnibus disposi-

---

52 etiam] *om. I* 54 inexistentem] inhaerentem *V* 55 calorem] suum *add. V* 56 sicut ignis] *om. V* 57 calefaciat] calefacit *V* 59 sua lumina] suum lumen *V* 62 alia] *om. I* 62 habere] *om. V* 62 suum] *om. V* 62 a] ex *I* 62 cum] omne *add. V* 63 etiam quod] *inv. V* 67 certam materiam] terram *V* 68 fit] f *add. V sed del.* 73 ad] fieri *add. V sed del.* 74 causandam] causandum *V* 74/75 patet tamen] tamen apparet *I* 76 magnum] magnam *V* 78 Tertio] *om. V* 78 iste mundus] *inv. I*

68 ARISTOTELES, *Meteora*, IV, 1, 379 a 23-33.

tionibus suis, sicut patet *Iº Meteororum* et *IIº De generatione*; modo dispositiones naturales aliquorum elementorum, scilicet terrae et aquae, sunt frigiditas; ideo oportet esse aliqua corpora sicut aliqua astra virtualiter frigida.

Quarta conclusio: oportet stellas habere alias virtutes a suis luminibus. Patet: nam aliquae stellae frigefaciunt, per praecedentem conclusionem, sed non per earum lumen, ex quo per lumen calefaciunt, per secundam conclusionem; et, quia non per idem possunt frigefacere et calefacere, oportet quod praeter lumen habeant alias virtutes mediantibus quibus frigefaciant.

Quantum ad secundum articulum sciendum est quod de hoc sunt plures opiniones. Quidam enim dicunt quod lumen astrorum transiens per sphaeram ignis incorporat sibi caliditatem, per quam pertingens ad inferiora calefacit ea, recte sicut lumen transiens per vitrum coloratum videtur sibi colorem incorporare.

Sed illud non valet, quia, ex quo lumen non est corpus, sicut probavit ARISTOTELES *IIº De anima*, nihil videtur sibi incorporare.

Secundo, quia multiplicatio luminis videtur esse subito, caloris autem non; igitur videtur quod dicto modo lumen corporum caelestium non calefaciat ista inferiora, scilicet per incorporationem talem, nam tunc, sicut lumen subito venit ad nos, ita calor sibi incorporatus subito veniret ad nos; quod est contra naturam caloris, cum conditio eius sit multiplicare successive.

Tertio, nam si tali lumini esset calor notabilis incorporatus, sta-

---

78/79 dispositionibus suis] *inv. I*; regitur a caelo in omnibus dispositionibus suis *add. V (iteratio)* 79 modo] nam *I* 81 esse] *om. I* 81 aliqua] caelestia *add. I* 82 astra] esse *add. I* 82 virtualiter] essentialiter *V* 83 alias virtutes] *inv. I* 87 frigefacere et calefacere] *inv. I* 88 alias virtutes] aliam virtutem *(est in I P S)* 88 mediantibus quibus] mediante qua *V* 89 articulum] *om. V* 89 plures] differ *add. V sed del.* 90 opiniones] p *add. V sed del.* 93 videtur sibi colorem] colorem vitri videtur sibi *I* 94 sicut] ut *I* 95 probavit Aristoteles] probabatur ab Aristotele *I* 95 anima] 9 *add. V* 96 luminis] *om. V* 97 igitur] ideo *I* 99 sibi] ei *V* 1 multiplicare se] multiplicari *I* 2 tali lumini] tale lumen *V*

79 ARISTOTELES, *Meteora*, I, 2, 339 a 20-33.
79 ARISTOTELES, *De gener. et corr.*, II, 8, 335 a 20-22.
95 ARISTOTELES, *De anima*, II, 7, 418 b 14-18.

tim notabiliter sentiretur; et sic, ad causandum nobis maiorem calorem, non requireretur longior mora luminis super nos, quod est falsum; si autem talis calor incorporatus non esset notabilis, statim a frigiditate continentis corrumperetur.

Quarto, nam, qua ratione lumen astrorum incorporaret sibi caliditatem in sphaera ignis, eadem ratione incorporaret sibi frigiditatem transeundo per mediam regionem aeris quae semper est frigi-
F.V. 46vb da, et sic haberet in se caliditatem et frigiditatem, et per //// consequens idem lumen esset calefactivum et frigefactivum eiusdem corporis.

Quinto, nam illa opinio imaginatur ac si lumen astrorum in sphaera ignis accipiens in se calorem descenderet ad nos per motum localem; modo hoc est falsum, cum nunquam lumen quod recipitur in sphaera ignis veniat ad nos, cum accidens non transeat de subiecto in subiectum.

Secunda opinio dicit quod radii diversi luminis emissi ad terram intersecantes se in aere distrahunt partes aeris et distrahendo rarefaciunt et calefaciunt, quo modo etiam dicunt motum calefacere, et sic dicunt generari calorem per lumen.

Sed illud videtur esse falsum, nam, existente maximo lumine solis et maxima caliditate ex ipso proveniente, sicut contingit in aestate, bene est maxima aeris serenitas et tranquillitas; quod non esset, si partes aeris sic per lumen distraherentur.

Secundo, nam radii, cum non sint corpora sed qualitas quaedam, non dividumt aerem: aliter non oporteret quod aer esset totus ubique divisus, quod est impossibile.

Alia est opinio, quam reputo esse veram, quod, sicut naturalis proprietas gravitatis est movere deorsum subiectum in quo est, si non sit deorsum et non sit resistentia excedens virtutem gravitatis, ita naturalis proprietas luminis est calefacere subiectum, si sic cale-

---

3 nobis] in nobis *I* 5 talis] *om. V* 8 eadem] pari *I* 9 mediam regionem] supremam regionem vel mediam *[sic] V* 10 caliditatem et frigiditatem] *inv. V* 10/11 idem lumen] *iter. V* 13 illa] ista *I* 13 ac] hoc *S*; per *V* 16 transeat] transit *V (est in I P S)* 19/20 rarefaciunt et calefaciunt] *inv. V* 24 maxima] magna *V* 28 ubique divisus] ibi subdivisus *V* 29 est opinio] *inv. V* 29 veram] sicut *add. V* 30 gravitatis est] *inv. V* 32 si sic] sicut *V*

factibile et resistentia non sit fortior quam activitas luminis. Nam, sicut lumen est nobilissima qualitas et multum commendata ab antiquis philosophis, ita bene rationabile est quod ipsum sit eductum et productivum nobilioris qualitatis activae, sicut caliditatis cuius est disponere ad formam nobilioris elementi, scilicet ignis, quod omnibus aliis elementis est nobilius, cuius nobilitas patet ex hoc quod chaldei adorabant et colebant ignea tamquam deos. Et, sicut non oportet quaerere propter quid gravitas movet deorsum nisi quia haec est naturalis eius proprietas, sic non oportet quaerere propter quid lumen calefacit nisi quia naturalis proprietas luminis est calefacere. Verum est tamen quod lumen qualitercumque | [F.I. G3vb] non est calefactivum, sed mediante reflexione.

Tunc ad rationes. Ad primam dico quod bene multae stellae frigefaciunt; sed hoc non est per earum lumen sed per alias virtutes earum quas influunt in ista inferiora.

Ad secundam dico quod lumen non magis calefacit montes quam valles, quia in vallibus propter reflexionem luminis fit maior congregatio radiorum quam per montes, sicut per specula concava magis quam gibbosa. Et, si montes sint valde alti, tunc attingunt ad mediam regionem aeris //// [F.V. 47ra] quae est naturaliter frigida; et ideo lumen solis habet ibi parvum posse, et ideo ibi lumen non inducit calorem propter nimiam resistentiam ibi existentem ad caloris productionem.

Ad tertiam dico quod, licet causae consimiles producant naturaliter effectus consimiles, tamen cum hoc stat quod saepe effectus similes producuntur a causis dissimilibus. Quod patet, nam mures aliquando generantur per putrefactionem aliquando per prolificationem; et ideo non sequitur, si caliditas generatur a motu, quod igi-

---

33 sit] *om. V* 33 fortior] formalior *I* 35 sit] *om. I* 37 cuius est] et *V* 37 nobilioris] nobiliorem *V* 39 ignea] ignem *V* 39 deos] deum *V* 40 propter quid] quare *V* 41 nisi] nam *V* 42 calefacit] calefaciat *I* 42 proprietas luminis] eius proprietas *V* 43 qualitercumque non est] non est qualitercumque *I* 45 Ad primam] *om. V* 47 earum] suas *I* 48 calefacit] quia *add. V sed del.* 49 propter] per *I* 52 aeris] et ideo lumen *add. V sed exp.* 53 ideo] ergo *I* 56 causae consimiles] *inv. I* 59 aliquando[1]] bene *V* 59/60 prolificationem] propagationem *V* 60 si] des *add. V sed del.*

tur non generetur a lumine, sicut nec sequitur: mures generantur per putrefactionem, igitur non generantur per prolificationem.

Ad quartam dico quod non oportet contrariorum esse causas contrarias formaliter, sed sufficit quod virtualiter.

Ad quintam dico quod esse intentionale est esse verum et esse reale: scientiae enim et virtutes in anima sunt res veriores et nobiliores quam caliditas et frigiditas; et ideo, si lumen habet esse intentionale in aere, non propter hoc sequitur quin habeat esse reale, et quin posset facere effectum realem.

Ad sextam concedo quod multae qualitates caelestes et influentiae in istis inferioribus a corporibus caelestibus sunt productae priores naturaliter quam sint caliditas, frigiditas, humiditas et siccitas; verum est tamen quod illae quattuor qualitates, scilicet caliditas et aliae tres, vocantur primae inter qualitates tangibiles et elementares.

Ad septimam dico quod lumen astrorum non calefacit sphaeras caelestes, quia tales non sunt calefactibiles nec dispositae ad recipiendum calorem, sicut *etiam dicebatur prius in ista quaestione*: «Utrum orbis solis calefaciat ista inferiora per suum lumen plus quam orbes aliorum planetarum».

---

62 igitur] ergo *I* 62 non] *s.v. V* 62 igitur] ergo *I* 62 prolificationem] propriationem *V* 63/64 causas contrarias] *inv. I* 66 virtutes] virtutis *V* 68 in] medio vel in *add. V* 70 influentiae] et influxae *I (est in S V)* 71 productae] *om. I* 73 scilicet] *om. V* 73 et aliae três] etc. *V* 74 vocantur] dicuntur *I*; qualitates *add. V* 78 etiam] *om. V* 78 ista] illa *I* 79 orbis] orbes *V* 78 calefaciat] calefaciant *V* 78/79 ista inferiora... planetarum] *om. V*

79/80 Cf. *supra*, L. II, Q. 19.

Quaestio 24

Utrum macula illa quae apparet in luna causetur ex diversitate partium lunae vel ab aliquo extrinseco

Quartum propositorum erat utrum macula illa quae apparet in luna causetur ex diversitate partium lunae vel ab aliquo extrinseco.

Et arguitur primo quod non ex diversitate partium lunae, ex eo quia ipsa luna est corpus simplex; corporis autem simplicis partes sunt similes et eiusdem rationis, sicut patet de aqua, et de aere, et sic de aliis corporibus simplicibus.

Secundo. Solis et aliarum stellarum partes sunt similes et uniformes in raritate et densitate; igitur partes ipsius lunae; et per consequens non ex diversitate partium lunae videtur provenire apparitio maculae in luna.

Tertio. Nam, si sic, hoc esset ex eo quod aliquae partes lunae essent magis rarae et aliquae minus; sed probatur quod non, nam tunc in eclipsi solis radius luminis a sole transiret ad nos per partes lunae magis raras; quod tamen apparet falsum.

Deinde probatur quod talis maculae phantasia proveniat ab aliquo extrinseco. Nam, ex quo corpus ipsius lunae est corpus tersum et bene politum et speculare, videtur quod terra obiecta lunae causet suam similitudinem et imaginem in ipsa luna tamquam in speculo; et per consequens nobis inspicientibus lunam et videntibus terram in luna reflexe appareat nobis talis macula. //// F.V. 47rb

---

8 quia] quod *V* 9 et[1]] *om. I* 9 et[2]] similiter *add. I* 12 igitur] ergo similiter *I* 13 provenire] pervenire *V* 14 in] *s.v. V* 15 si sic] *om. V* 15 ex eo quod] quia *I*; l *add. V sed del.* 16 in] caelesti *add. V sed del.* 19 ab] ex *V* 23 inspicientibus] inspicientes *V* 23/24 videntibus] videntes *V* 24 luna] e *add. V sed del.* 24 appareat] apparet *I*

Oppositum patet per ARISTOTELEM et COMMENTATOREM in *isto II°*.

In ista quaestione primo videndum est de quaesito, ponendo opiniones de hoc et improbationes earum; secundo ponam de hoc opinionem quam reputo esse veram; tertio videbitur de figura talis maculae.

De primo erat una opinio quod causa maculae apparentis in luna est vapor elevatus ab ipsa luna interpositus inter nos et lunam, per quem nobis obumbratur aliqua pars lunae. Et dicit COMMENTATOR quod aliqui dixerunt ipsam lunam attrahere ad se talem vaporem ad sui nutritionem.

Aliqui autem dixerunt quod, quia luna habet magnam proprietatem super aquas et humiditatem, ideo suae naturae est attrahere sub se talem vaporem; et isti haberent concedere dictam maculam in luna apparentem non ex diversitate partium lunae, sed ab extrinseco.

Sed illa opinio non valet. Primo: quia exhalationes et vapores non uniformiter attrahuntur omni tempore et in consimili figura, sed valde difformiter; et tamen illa macula apparet semper uniformis et eiusdem figurae; et per consequens non causatur ex tali exhalatione et vapore interposito inter nos et lunam.

F.I. G4ra Secundo: si semper esset talis vapor sub luna, tunc | propter diversitatem aspectus non appareret in eadem parte lunae, quia, secundum quod luna esset propinquior vel remotior a nobis, talis macula appareret in alia et in alia parte lunae.

25/26 Oppositum patet... II°] *om. I P S (est in V)* 25 Aristotelem] in 2° huius *add. V sed del.* 33 quem] quam *V* 33 Et] sic *add. V* 36 autem] *om. I* 37 humiditatem] humiditates *V* 37 ideo] igitur *V* 37 suae naturae] sui natura *V* 37 est] *om. V* 37 attrahere] extrahere *V* 38 haberent] habent *I* 40 extrinseco] provenire *add. I (non est in P S V)* 41 illa] ista *I* 41 vapores] vapa^ores^ *V* 46 tunc] tamen *I P (est in S V)* 49 appareret] deberet apparere *I* 49 lunae] et in alia parte *V*

25 Cf. ARISTOTELES, *De caelo*, II, 8, 290 a 24-29.
25/26 AVERROES, *In De caelo*, II, f. 131va, comm. 49, G-H.
33/34 AVERROES, *In De caelo*, II, f. 131r-v, comm. 49, F-I.

Nec valet praecipue illud quod dixerunt primi, scilicet quod luna attrahit ad se vaporem ad sui nutritionem, postquam corpora caelestia non sunt nutribilia, cum nec sint generabilia nec corruptibilia nec alterabilia.

Secunda opinio erat quod ista macula non est aliud quam imago repraesentativa aliquorum corporum hic inferius, sicut terrae vel montium vel aliquorum huiusmodi, quae quidem corpora videntur in luna ad modum ad quem possumus videre corpora in speculo reflexe; et hoc ideo quia, sicut dixit illa opinio, luna est corpus politum, tersum et speculare.

Sed illud non valet, nam oporteret quod ad motum lunae talis imago appareret in alia et in alia parte lunae, recte sicut in speculo moto imagines apparent in alia et in alia parte eius; sed consequens est falsum.

Secundo, si luna haberet sic virtutem reflectendi imagines corporum sibi obiectorum, tunc imago totalis terrae deberet nobis apparere simul in ipsa luna; sed hoc est falsum, quia non est talis figurae sicut est illa macula.

De secundo est tertia opinio, scilicet COMMENTATORIS, quam reputo esse veram, quod talis macula provenit ex diversitate partium lunae secundum raritatem et densitatem maiorem et minorem. Nam partes in quibus apparet macula sunt rariores, et ideo minus bene possunt lucere; partes autem iuxta istas sunt densiores, et ideo magis possunt lucere. Et patet hoc in simili de alabastro: unde illa pars quae est bene densa vel non transparens est valde alba, et illa quae est transparens ad modum vitri est obscura et tendens ad

---

50 illud] *om. V* 51 attrahit] attrahat *I* 51 vaporem] vapores *V* 52 sint] sunt *V* 54 ista] illa *I* 58 dixit] dicit *V* 60 oporteret] *iter. V sed primum verbum del.* 61 in] *om. I* 63 est] *om. V* 64 Secundo] *om. V* 65 sibi obiectorum] *om. I (est in S V)* 68 De secundo] *om. V* 68 est tertia opinio, scilicet] Tertia opinio est *V* 69 veram] scilicet *add. V* 69 provenit] proveniat *V* 70 secundum] secundo *V* 70 raritatem et densitatem] *inv. V* 71 rariores] magis rarae *V* 72 istas] illas *I* 73 Et] *om. I* 74 illa] ista *scr. V sed del. et s.v.* illa *add.* 74 transparens] transfixiens *V*

68 AVERROES, *De substantia orbis*, 2, f. 323r.

F.V. 47[va] nigredinem. Et, si quaeratur //// quare luna est ita difformis in suis partibus, dicatur quod hoc est de eius natura.

Quantum ad tertium, scilicet de figura talis maculae, dicit ALBERTUS quod ibi est quasi figura leonis, cuius caput est versus orientem et supra dorsum eius est quasi arbor transversaliter sita; et similiter imago hominis lateraliter apodiati, cuius pedes sunt versus posteriora leonis. Et dicit quod talis figura melius potest videri aliquantulum post plenilunium, et circa ortum solis, quia tunc aer est serenus et purus.

Ad rationes. Ad primam dico quod corpus lunae bene est simplex substantialiter; cum hoc tamen stat quod potest habere aliquam diversitatem in suis partibus quantum ad raritatem et densitatem.

Ad secundam dico quod non est simile de sole et aliis stellis ex una parte parte, et luna ex altera; nec oportet assignare causam dissimilitudinis nisi quia de natura istorum corporum sic est.

Ad tertiam dico quod, licet una pars lunae sit aliquantulum rarior alia, tamen non est ita rara quod lumen solis possit pertransire totam profunditatem lunae.

Ad ultimam patet ex improbatione secundae opinionis. Et sic patet quaestio.

---

76 ita] taliter *I* 77 suis] *om. V* 77 dicatur] dicitur *V* 77 de] ex *V* 78 scilicet] *om. V* 79 ibi] *om. V* 79 est quasi] *s.v. V* 80 supra] super *I* 80 eius] cuius *V* 80 transversaliter] est *add. V sed del.* 81 et] *om. I* 82 versus] *iter. V sed primum verbum del.* 83 circa] tunc *V* (omnium *(dub.) add. V sed del. et exp.)* 84 est] *om. V* 84 serenus et purus] *inv. I* 84 et] clarus cl *add. V sed del.* 86 cum hoc tamen] tamen cum hoc *V* 87 densitatem] in suis partibus *add. I (non est in P S V)* 89 assignare] assignari *V* 89/90 dissimilitudinis] *om. V* 91 sic est] fit *I (est in P S V)* 92 pertransire] transire *I* 94 secundae opinionis] *inv. V* 94/95 Et sic patet quaestio] *om. I*

79 ALBERTUS MAGNUS, *In De caelo*, II.

Quaestio 25

Utrum terra sit in medio mundi, sicut punctus respectu caeli, naturaliter situata

Postquam circa istum *II^um^ librum De caelo* tracta sunt illa quae concernunt totum caelum et deinde quae concernunt partes eius maiores, sicut sunt orbes, et deinde quae concernunt partes eius minores, sicut sunt astra, nunc tractandum de his quae concernunt centrum eius, sicut est terra. Iuxta quod quaero primo utrum terra sit in medio mundi, sicut punctus respectu caeli, naturaliter situata; secundo, utrum ipsa terra in medio caeli semper quiescat vel semper moveatur; tertio, utrum ipsa terra sit sphaerica; quarto, utrum totalis terra sit habitabilis, ubi videbitur utrum sub aequinoctiali sit habitatio, et similiter utrum inter tropicum Capricorni et circulum antarcticum sit habitatio.

Quantum ad primum, scilicet utrum terra sit in medio mundi, sicut punctus respectu caeli, naturaliter situata.

Arguitur primo quod non. Nam, si terra esset in medio mundi, tunc videretur quod terra esset nobilissimum elementum; modo hoc est falsum, quia non est nisi sicut sex aliorum elementorum. Probatio consequentiae: quia nos videmus sic esse in corpore humano quod nobilissima eius pars est situata in medio, sicut cor; similiter hoc videmus in regno, nam nobilissimus ipsius regni, sicut rex, habitat et ponit se in medio regni, et ita videtur, si terra esset

---

4 istum] *om. I* 4 librum] *om. I* 4 illa] *om. I* 4/5 totum caelum... concernunt] *om. V (hom.)* 10 caeli] seu mundi *add. I* 10/11 moveatur] movetur *V* 13/14 antarcticum] arcticum *S V* 17 Arguitur primo] Probatur *I* 20 quia] nam *I* 21 sicut cor] *om. V* 22 ipsius] *om. I* 23 in medio] ad medium *V* 23 et ita] ita similiter *V* 23 si terra] de terra si *V*

4 ARISTOTELES, *De caelo*, II, 13-14, 293 a 15 - 298 a 20.

F.I. G4[rb] situata in medio mundi, quod ceteris corpo- | ribus mundi esset nobilior.

Deinde probatur quod non se habet sicut punctus respectu caeli. Quia luna non se habet sicut punctus respectu caeli: patet ad experientiam; et tamen luna est minor terra; ergo multo minus terra se habet sicut punctus respectu firmamenti. Consequentia tenet. Antecedens probatur: quia, nisi terra esset maior et luna minor, nunquam ex interpositione terrae diametraliter inter solem et lunam posset tota luna eclipsari, ex eo quod umbra quam facit terra continue vadit diminuendo versus circumferentiam caeli; et ideo, si umbra versus istam partem potest totalem lunam eclipsare, signum est quod diameter lunae est multo minor quam sit diameter illius umbrae tornatiliter et pyramidaliter extense; sed talis umbrae diameter est diameter ipsius terrae.

Deinde probatur quod terra non sit in medio mundi naturaliter situata. Primo, nam dixerunt ipsi ANTIQUI quod propter velocem motum caeli terra est pulsa ad medium; et, si sic tunc non est ibi naturaliter sed violente.

Secundo, quaelibet pars terrae est situata violente; igitur non tota terra est situata naturaliter. Consequentia tenet. Antecedens probatur: nam non cuiuslibet partis terrae medium gravitatis est medium mundi; igitur non quaelibt pars terrae est naturaliter situa-
F.V. 47[vb] ta. Consequentia tenet, ex eo quod //// ad situm naturalem corporum gravium requiritur quod centrum gravitatis eorum sit medium mundi. Antecedens est notum de se.

Oppositum vult ARISTOTELES in *littera*.

---

24 situata] posita *V* 23 situata in medio mundi] *inv. I* 24 ceteris corporibus] aliis partibus *V* 24 esset] perfectior et *add. V* 25 se habet] habeat se *I* 26 Quia] Nam *I* 26 se habet] *inv. V* 26patet] quod patet *V* 27 ergo] immo *V* 29 Antecedens] Assumptum *I* 30 interpositione] positione *V* 31 ex] *om. V* 34 istam] illam *I* 39 ipsi] *om. V* 39/40 velocem motum] *inv. I* 40 caeli] ipsa *add. I* 40 est[1]] esset *I* 40 si] *om. I* 40 tunc] *om. V* 40 ibi] illic *I* 41 violente] violenter *I* 41 violente] violenter *I* 42 igitur] ergo *I* 43 tota] totalis *I* 44 nam] ex eo quod *V* 45 igitur] ergo *I* 47 medium] centrum *V* 48 est notum] *inv. I*

39 Cf. ARISTOTELES, *De caelo*, II, 13, 294 b 33 - 296 b 15.
49 ARISTOTELES, *De caelo*, II, 14, 296 a 24 - 297 a 7.

In ista quaestione videbitur primo utrum terra sit in medio mundi; secundo, utrum terra sit quasi sicut punctus respectu caeli; tertio, utrum totalis terra sit naturaliter situata.

De primo ponam duas distinctiones. Quarum prima est ista: corporum gravium duplicia dicuntur esse media vel centra, scilicet centrum magnitudinis et centrum gravitatis: in corporibus enim gravibus difformiter non est idem centrum magnitudinis et gravitatis; sed in corporibus gravibus uniformiter bene potest esse idem centrum mgnitudinis et gravitatis.

Secunda distinctio: aliquid esse in medio mundi intelligitur dupliciter. Uno modo, quia centrum suae magnitudinis est in medio mundi; alio modo, quia centrum suae gravitatis est in medio mundi.

Tunc suppono quod terra non est uniformiter gravis. Quod patet ex eo quia una pars terrae est discooperta aquis propter habitationem animalium et plantarum, et pars opposita est cooperta aquis; modo aer, qui est naturaliter calidus, et sol calefaciunt partem terrae discoopertam aquis, et sic eam aliquo modo subtiliant et rarefaciunt et alleviant, et pars terrae cooperta aquis remanet magis compacta et magis gravis. Ex hoc sequitur quod ipsius terrae aliud est medium gravitatis et aliud medium magnitudinis.

Tunc sit prima conclusio quod terra non est in medio mundi quantum ad centrum suae magnitudinis. Probatur: nam, si sic, tunc tota terra esset cooperta aquis; modo hoc est falsum. Consequentia probatur: nam, postquam terra esset in medio mundi secundum centrum suae magnitudinis, tunc ipsa terra undique secundum suas partes exteriores esset aequaliter distans a caelo, postquam ponitur esse sphericae figurae; et sic non esset ratio quare aquae plus fluerent ad unam partem quam ad aliam, cum non magis invenirent locum decliviorem in una parte quam in alia.

Secunda conclusio quod terra est in medio mundi quoad centrum suae gravitatis. Probatur: nam omnes partes terrae tendunt ad

---

50 videbitur primo] *inv. I* 51 quasi] *om. I* 52 totalis] tota *I* 52 naturaliter situata] *inv. I* 53 ponam] pono *I* 53 ista] illa *I* 56/57 magnitudinis et gravitatis] *inv. V* 57 bene potest] *inv. I* 63 aquis] habet *add. V sed del.* 63 propter] scilicet *I* 63/64 habitationem] habitatio *V* 68 hoc] statim *add. I* 68 aliud] est *add. I* 79 omnes] *om. V*

medium per suam gravitatem, sicut dicit ARISTOTELES in *littera*, et verum est; modo pars quae esset gravior depelleret aliam tamdiu quod medium gravitatis totalis terrae esset in medio mundi; et tunc starent duae partes terrae aeque graves, licet una maior et alia minor quantum ad magnitudinem contra se invicem, sicut duo pondera in aequilibra.

Ex quo sequitur quod terra est propinquior caelo in parte discooperta aquis quam in parte cooperta aquis; et ita ad partem coopertam aquis est maior declivitas, et sic ad istam partem fluunt aquae tamquam ad locum decliviorem et tamquam ad locum eis naturalem.

Sed diceret aliquis: videtur quod centrum gravitatis terrae non sit medium mundi, sed magis centrum gravitatis aggregati ex terra et aqua, nam, ex quo terra est cooperta aquis ex una parte, videtur quod illa aqua unacum illa parte terrae aquis cooperta ponderet contra aliam et debeat pellere aliam sic quod tandem centrum totius aggregati ex terra et aqua sit medium totius mundi. – Respondetur
F.I. G4va negando quod centrum gravitatis totius aggregati ex | terra et aqua
F.V. 48ra sit medium mundi, nam, si ad imaginationem //// totalis aqua amoveretur, medium gravitatis terrae esset medium mundi, iuxta secundam conclusionem, et quia terra essentialiter est gravior quam aqua. Patet de una parva terra quae descendit in una magna aqua; ideo, quantumcumque de aqua ponatur ad unam partem terrae et non ad aliam, non propter hoc una pars terrae recipit adiutorium in ponderando et in pellendo aliam plus quam ante, ex eo quod aqua est minus gravis essentialiter quam sit terra.

Et ex hoc patet ad argumentum: dico enim quod pars terrae cooperta aquis non ponderat plus contra aliam quam si non esset cooperta aquis.

---

81 tamdiu] quamdiu *V (*quam *add. V sed del.)* 83 terrae] *om. I* 88 declivitas] sicut *add. V sed del.* 88 et] *om. V* 88 sic] *s.v. V* 88 istam] illam *I* 89 ad^2 locum^2] *om. V* 91 diceret aliquis] diceres *I* 93 terra] *om. V* 95 pellere] depellere *V* 95 sic] *om. V* 96 terra et aqua] *inv. I* 96/97 Respondetur negando... mundi] *om. V (hom.)* 00 quam] *om. V* 1 Patet] *om. V* 2 ponatur] positum sit *I (est in S V)* 3/4 in ponderando] *om. V (est in I P S)* 6 Et] *om. V* 6 terrae] *om. V*

80 ARISTOTELES, *De caelo*, II, 14, 296 b 7-23.

Quantum ad secundum articulum praemitto istam distinctionem: terram esse sicut punctum respectu caeli intelligitur tripliciter. Uno modo, sicut punctum, id est sicut aliquid indivisibile. Alio modo sicut punctum respectu caeli, id est non facit diversitatem in perceptione stellarum fixarum et aliarum partium caeli oculo existente super terram et ipso existente in centro terrae, supposito quod una eius medietas esset amota. Tertio modo terram esse sicut punctum respectu caeli intelligitur sic quod, si terra esset posita in caelo stellato, non videretur, sed esset insensibilis, non obstante quod esset facta lucida sicut una alia stella.

Tunc sit prima conclusio: terra non se habet sicut punctus respectu caeli, et hoc primo modo. Patet statim, ex eo quia tunc terra esset indivisibilis; quod est falsum.

Secunda conclusio: terra bene se habet sicut punctus respectu caeli, et hoc secundo modo. Probatur: quia non faceret diversitatem in perceptione stellarum fixarum oculo existente in centro terrae, posito quod una medietas terrae esset amota, et oculo existente in superficie terrae convexa, quia utrobique videret medietatem caeli et non plus, saltem sensibiliter hic quam ibi.

Tertia conclusio: terra est bene sicut punctus respectu caeli stellati seu firmamenti, et hoc tertio modo. Patet: nam plures sunt stellae in firmamento quae vix a nobis videntur, quarum quaelibet est multo maior quam sit terra, sicut patet per ALPETRAGIUM in *libro III° Differentiarum*. Ideo, si terra esset in firmamento posita, nullo modo videretur, non obstante quod esset facta lucida sicut una alia stella.

Quarta conclusio: licet terra respectu firmamenti haberet se sicut punctus, et hoc tertio modo, non tamen sic se haberet, si esset posi-

---

9/10 distinctionem] quod *add. V* 10 tripliciter] dupliciter *V* 11 aliquid] *om. V* 12 modo] esse *add. V* 12/13 in perceptione] interceptiones *V* 19 se habet] *inv. V* 20 statim ex eo] *om. I* 22 se habet] *inv. V* 22 punctus] punctum *V* 22/23 respectu caeli] *om. V* 24 perceptione] protensione *V* 27 quam] illic sive *add. V* 28 est bene] *inv. I* 29 Patet] hoc *add. I* 29/30 sunt stellae] *inv. I* 30 vix a] fixa *V* 32 libro III°] libro 30 *I*; *inv. V* 31 Alpetragium] Alstraganum *I P S V*

31/32 ALPETRAGIUS (AL BITRÛJÎ), *De motibus caelorum*, V.

ta in orbe lunae, et esset facta lucida sicut luna. Patet hoc, eo quod luna quae est minor terra, sicut arguebatur prius, non apparet sicut punctus, et hoc respectu sui caeli; ideo minus ipsa terra, cum sit maior luna.

Quantum ad tertium sit prima conclusio quod totalis terra est naturaliter situata. Probatur: quia totalis terra est gravis naturaliter, sicut suppono et verum est; et centrum gravitatis eius est medium mundi, sicut dictum est in primo articulo; igitur ipsa est naturaliter situata. Consequentia tenet ex eo quod tunc gravia sunt naturaliter situata, cum centra suarum gravitatum sint medium mundi.

Secunda conclusio: secundum unam divisionem partium ipsius terrae, nulla eius pars est naturaliter situata. Patet hoc, nam, si
F.V. 48rb divideretur per superficiem planam transeuntem per centrum //// suae gravitatis, nec una eius pars esset naturaliter situata, nec alia, ex eo quod nec unius medietatis centrum gravitatis est centrum mundi nec alterius.

Tertia conclusio: secundum aliam divisionem partium terrae quaelibet pars eius est naturaliter situata. Patet hoc, quia, si terra divideretur per orbes, tunc enim quilibet illorum orbium terrestrium esset naturaliter situatus, ex quo medium suae gravitatis est medium mundi.

Ad rationes. Ad primam dico quod terra non ponitur in medio mundi, propter hoc quod ipsa sit nobilior aliis elementis; sed ideo, quia est gravior aliis elementis, et est sicut sex aliorum elementorum, et ideo ipsa est posita bassissime, recte sicut videmus in vino et cervisia quod feces in eis cadunt ad fundum. Sed quod cor positum est in medio corporis, hoc est ad istum finem quod melius possit influere spiritum et calorem singulis membris: melius enim hoc facit, cum est in medio quam cum esset in circumferentia. Et, quia caelum satis potens est ad influendum, non obstante quod sit in cir-

---

37 hoc] ex *add. I* 44 igitur] ergo *I* 45 sunt naturaliter] *inv. I* 46 sint] sunt *V* 49 pars] *om. V* 49 per] *om. V* 49 superficiem] ultimam *V* 49 centrum] pla *add. V sed del.* 50 eius] *om. I* 54 quia] *om. V* 55 terrestrium] *om. V* 61 ipsa] *om. I* 62 quod[2]] *om. V* 63 in medio] ad medium *V*

cumferentia, terra posita est in medio tamquam minus nobilis, et alia elementa in circumferentia tamquam magis nobilia.

Ad secundam ista bene probat quod non se habet sicut punctus primo modo, nec etiam sicut punctus tertio modo, et hoc respectu orbis lunaris; cum quo bene stat quod se habet sicut punctus secundo modo.

Ad tertiam dico quod illi ANTIQUI erant illius opinionis: et ARISTOTELES sufficienter improbat eos in *littera*.

Ad confirmationem patet ex ultimo articulo. | F.I. G4vb

67 posita] *om. I* 68 elementa] e *add. V sed del.* 69 ista] illa *I* 70/71 tertio modo... punctus] *om. V (hom.) (est in S)* 70 hoc] *om. S* 73 illi] isti *V* 74 sufficienter improbat eos] improbat eam sufficienter *I* 75 articulo] Et sic est finis quaestionis *add. I*; soluto *add. V*

73/74 ARISTOTELES, *De caelo*, II, 14, 296 a 24 - 297 a 8.

Quaestio 26

Utrum terra in medio caeli seu in medio mundi semper quiescat vel semper moveatur

Secundum propositorum erat utrum terra in medio caeli seu in medio mundi semper quiescat vel semper moveatur

Videtur quod non semper quiescat. Primo, quia illud quod habet in se principium et potentiam movendi non semper quiescit; terra est huiusmodi; igitur etc. Maior est nota, quia aliter illud principium et illa potentia essent in eo frustra. Minor probatur, nam terra est corpus naturale; ideo habet in se naturam, et per consequens principium et potentiam movendi, per definitionem naturae positam in *II° Physicorum* qua dicitur: «natura est principium movendi, etc.».

Secundo. Terra est alterabilis, et de facto alteratur; igitur non semper quiescit. Consequentia tenet ex eo quod alteratio est species motus. Antecedens patet, quia de facto est applicatum sibi contrarium ex una parte, scilicet aqua quae est humida, terra autem sicca, et ex alia parte aer qui est calidus et humidus, terra autem frigida et sicca; et etiam quia ipsa continue alteratur a calore et lumine et aliis influentiis corporum caelestium.

Tertio. Quia continue terra ex illa parte super aquam directe est sol levificatur; igitur, cum centrum gravitatis terrae debeat esse medium mundi, sequitur quod alia pars istam levificatam pellit sursum tamdiu quod centrum totius gravitatis sit medium mundi; et

---

5 moveatur] movetur *V* 6 non] *s.v. V* 8 igitur] ergo *I* 8 est] *om. V* 9 eo] illo *V* 11 per] quod patet per *V* 12 in] *om. V* 14 igitur] ergo *I* 17 scilicet] *om. V* 22 igitur] ergo *I* 23 medium] *om. V* 23 istam] ipsam *V (*ip *add. sed del.)* 23 levificatam] levificans *V* 24 tamdiu quod] quamdiu donec *V* 24 totius gravitatis] *inv. V*

12/13 ARISTOTELES, *Physica*, II, 1, 192 b 20-23.

ideo, quia continue sic aliqua pars terrae levificatur, videtur quod continue terra sic moveatur.

Quarto. Terra continue movetur circulariter; igitur non semper quiescit. Consequentia tenet. Antecedens probatur: quia caelum quiescit //// et stellae caeli successive nobis oriuntur et occidunt; F.V. 48va
ergo terra continue movetur circulariter. Consequentia est scita esse bona, quia, si caelum quiescit, ortus et occasus astrorum non potest salvari nisi per motum terrae. Et antecedens est dubium, quia per nullas experientias nec apparentias possumus scire caelum moveri; igitur dubium est utrum caelum moveatur, cum igitur consequentia sit scita esse bona. Et antecedens dubium. Consequens non est simpliciter negandum, scilicet terram moveri circulariter. Et possunt adduci aliquae persuasiones ad hoc quod terra moveatur et caelum quiescit, quarum prima est: caelum non indiget ad aliquid sibi acquirendum terra, sed terra indiget caelo ad aliquid acquirendum, scilicet influentiam; ergo rationabilius videtur quod terra moveatur et caelum quiescat quam e contra.

Confirmatur: motus est propter indigentiam; modo illud quod pluri indiget plus debet moveri; terra autem pluribus indiget quam caelum; igitur etc.

Tertio. Quies est nobilior conditio quam motus, quia est finis motus; igitur quies debet attribui corporibus nobilibus, sicut est caelum, et motus minus nobilibus, de quorum numero est terra.

Quarto. Melius est salvare apparentia per pauciora quam per plura. Patet: nam I^o *Physicorum* dictum est: «peccatum est fieri per plura etc.»; modo, cum facilius sit movere parvum quam magnum,

---

26 terra sic] *inv. I* 27 igitur] ergo *I* 28 Consequentia tenet] *inv. I* 29 ergo] ideo *V* (l *add. V sed del.*) 30 continue movetur] *inv. I* 30 est scita] *inv. I* 31 astrorum] stellarunm *I* 32 terrae] *om. I*; circularem *add. V* 33 possumus] possemus *I* 33 igitur] ergo *I* 34 moveatur] movetur *I* 34 igitur] ergo *I* 35 sit] scita esse *add. I* 35/36 simpliciter] f *add. V sed del.* 37 movetur] moveatur *I* 38 quiescit] quiescat *I* 38 est] sit ista *I* 39 terra] a terra *V* 39 sed] et *I* 39 caelo ad aliquid acquirendum] ad aliquid acquirendum caelo *V* 39 caelo] a caelo *I* 40 ergo] ideo *V* 40/41 moveatur] movetur *I* 42 Confirmatur] pp *add. V sed del.* 44 igitur] ergo *I* 46 igitur] ergo *I* 49/50 per plura] *om. V*

49/50 Cf. ARISTOTELES, *Physica*, I, 4, 188 a 17-18; cf. etiam THOMAS DE AQUINO, *In Physicam*, I, lect. IX, n° 74.

melius et rationabilius videtur quod terra, quae est valde parva, velocissime moveatur, et sphaera suprema quiescat, quam dicere e converso.

Quinto ad principale. Omni corpori simplici debetur naturaliter aliquis motus simplex *I° huius*; terra est huiusmodi, cum sit unum de quattuor elementis; ergo etc.

Sexto. Terra est figurae sphaericae; figura autem spherica est multum apta ad motum et maxime circularem; ideo, nisi terra de facto moveretur circulariter, vel aliquando, saltem videretur quod talis aptitudo terrae ad motum esset frustra.

Deinde probatur quod non semper movetur, auctoritate ARISTOTELIS, et maxime circa *principium huius*, ubi ponit istam consequentiam tamquam bonam: caelum semper movetur; igitur necesse est terram semper quiescere.

In ista quaestione primo ponendae sunt distinctiones; secundo conclusiones.

Quantum ad primum sit prima distinctio quod terram moveri potest intelligi vel secundum qualitatem vel quantitatem vel secundum ubi vel secundum mutationem eius in substantia, accipiendo *motum* largo modo; in proposito non intelligo nisi de motu secundum ubi.

Secunda distinctio: terram moveri secundum ubi intelligitur dupliciter. Uno modo, scilicet motu recto; alio modo, motu circulari. Et intelligo propositum de totali terra, cuius medium gravitatis est medium mundi.

---

52 moveatur] movetur *V* 53 dicere] *om. I* 55 I° huius] *om. V* 55 huiusmodi] igitur etc. *add. V* 56 quattuor elementis] corporibus simplicibus ex primo huius *V* 56 ergo etc.] *om. V* 57 figurae] figura *scr. V sed* a *exp. et s.v.* e *add.* 58 motum] movendum *scr. V sed del. et s.v.* motum *add.* 61 movetur] moveatur *I* 62 huius] etr *add. V* 63 igitur] ergo *I* 68 potest] mo *add. V sed del.* 68/69 secundum] *om. I* 70 largo] large *I* 72 distinctio] quod *add. V* 72/73 intelligi] imaginari *I* 73 Uno modo] *om. I* 73 alio modo] *om. I* 74 totali] tota *I*

55 ARISTOTELES *De caelo*, I, 2, 269 a 3-4.
61/62 ARISTOTELES, *De caelo*, II, 14, 296 a 24 - 297 a 7.

Tertia distinctio: terram moveri circulariter potest intelligi uno modo circa centrum sibi extrinsecum modo quo stellae moventur circa centrum mundi; secundo modo circa centrum proprium et super polos proprios. Et hoc potest imaginari vel ab oriente in occidentem, vel e converso, vel a //// meridie ad septentrionem, vel e F.V. 48vb converso.

Tunc sit prima conclusio: terra non movetur circulariter circa centrum sibi extrinsecum. Patet hoc, nam tunc centrum gravitatis terrae non esset in | medio mundi, cuius oppositum dictum est in F.I. G5ra alia quaestione.

Et etiam secundo, nam tunc aliquae stellae deberent nobis apparere aliquando maiores, aliquando minores; hoc est falsum. Consequentia tenet ex eo quod per talem motum terrae nos aliquando essemus aliquibus stellis propinquiores et aliquando ab eisdem remotiores.

Secunda conclusio: nec terra movetur circulariter a meridie ad septentrionem, vel e converso, circa centrum proprium et super polos proprios. Probatur: quia tunc non semper polus appareret nobis aequaliter elevatus; cuius oppositum docet experientia.

Tertia conclusio: nec terra movetur circulariter ab oriente ad occidentem, nec e converso, saltem motu diurno, sicut quidam ANTIQUI voluerunt: dixerunt enim caelum quiescere et terram moveri. Huius conclusionis probatio et horum ANTIQUORUM improbatio *fiebat prius in ista quaestione*: «Utrum motus caeli ab oriente in occidentem sit regularis».

Circa istam tamen conclusionem advertendum est quod UNUS DE MAGISTRIS MEIS videtur velle quod non sit demonstrabile quin

---

79 in] *add. V* 82 circulariter] naturaliter *I* 88 Consequentia tenet] *om. V* 88/89 aliquando] *om. V* 92 super] circa *I P (est in S V)* 93 non semper polus appareret] poli non apparerent *V (est in I P S)* 94 elevatus] elevati *V* 95 terra] sic *add. V* 99 ista] illa *I* 1 istam tamen] *inv. I*; quaestionem vel *add. I* 1/2 advertendum est] *inv. I*

96/97 Cf. ARISTOTELES, *De caelo*, II, 13, 294 a 10 - 296 a 23.
99/00 Cf. *supra*, L. II, Q, 13.
1/2 Cf. IOANNES BURIDANUS, *In De caelo*, II, Q. 22, pp. 501-504; cf. etiam NICOLAUS ORESME, *In De caelo*, L. II, Q. 13, pp. 667 sqq.

possit salvari terram moveri et caelum quiescere. Sed apparet mihi, sua reverentia salva, quod immo, et hoc per talem rationem: nam, nullo modo per motum terrae et quietem caeli possemus salvare oppositiones et coniunctiones planetarum nec eclipses solis et lunae; verum est quod istam rationem non ponit nec solvit, licet plures alias persuasiones quibus persuaderetur terram quiescere et caelum moveri ponat et solvat.

Quarta conclusio: bene verisimile est quod semper quaelibet pars terrae totalis moveatur motu recto. Quod persuadetur sic: nam continue de illa terra elementari discooperta aquis cum fluminibus fluunt multae partes terrae ad profundum maris, et sic augetur terra in parte cooperta aquis, et diminuitur in parte discooperta aquis, et per consequens non remanet idem medium gravitatis sicut ante. Medio autem gravitatis mutato, illud quod de novo factum est medium gravitatis movetur, ut sit medium mundi; et illud quod ante erat medium gravitatis ascendit versus partem discoopertam aquis; et tandem per talem continuum fluxum et motum illa terra quae aliquando erat in medio erit in circumferentia et e converso. Et iuxta illud potest apparere quomodo generati sunt magni montes: nam non est dubium quin aliquae partes terrae magis tenent se simul quam aliae; et ideo, quando illae partes quae non tenent se simul fluunt cum fluminibus ad mare, reliquae tenentes se simul manent F.V. 49ra et faciunt eminentiam super terram; sed verum est quod tandem //// per motum terrae vel alio modo evertuntur et cadunt et destruuntur.

Iuxta istam conclusionem dubitatur: posito quod aliquod grave uniforme in gravitate haberet medium suae gravitatis extra medium mundi, omni impedimento extrinseco amoto, nihil sibi addendo nec aliquid ab eo removendo, an sic moveretur quod tandem medium suae gravitatis esset medium mundi? Dico quod non, quia,

---

3 caelum] terram *V* 4 immo] non *V* 5 per] propter *V* 5 motum] rationem *scr. V sed del. et s.v.* motum *add.* 5 salvare] aprie *add. V sed del.* 8 alias] *om. V* 11 moveatur] movetur *I* 12 illa] ista *I* 12 fluminibus] fluviis *I P S* 14 diminuitur in parte discooperta aquis] in parte discooperta aquis diminuitur *I* 20 medio] terrae *add. V* 21 quomodo] quando *V* 24 fluminibus] fluviis *I P S* 25 eminentiam] emi d nentiam *scr. V sed* d *del.* 30 an] *om. V*

priusquam medium suae gravitatis fieret, medium mundi descenderet aliquali tarditate et dupla ad istam, et quadrupla ad istam, et sic in infinitum; et ideo, si perpetue maneret, perpetue descenderet, et nunquam medium suae gravitatis fieret medium mundi.

Ad rationes. Ad primam dico quod illa non probat terram semper moveri in suo loco naturali, sed bene moveretur, si esset extra ipsum; et, licet talis potentia non reducatur ad actum in totali terra, tamen bene in suis partibus.

Ad secundam illa non arguit ad propositum, quia in proposito intelligitur de motu locali, et de quiete sibi opposita, et non de motu alterationis.

Ad tertiam illa bene arguit pro ultima conclusione.

Ad quartam dico quod utique per ceteras experientias haberi potest quod caelum non quiescit: unde, si quiesceret, quomodo tunc sol et luna et ceteri planetae aliquando essent propinquiores aliquando remotiores? Certe impossibile esset hoc nisi caelum moveretur. Quod aliquando sint ad invicem propinquiores et aliquando remotiores, docet experientia.

Deinde respondeo ad persuasiones illas quibus probabatur terram moveri et caelum quiescere. Ad primam bene concedo quod terra recipit influentias a caelo; sed ad hoc non requiritur terram se habere active, sed sufficit se habere passive, sic quod ipsa illam influentiam recipiat, et ipsum caelum illam influentiam causet per suum motum, propter hoc quod est perfectius terra; magis autem de ratione perfecti est dare aliis perfectiones, quamvis ex hoc nihil recipiat quam e converso.

Ad secundam bene concedo quod quidquid pluri indiget, plus debet moveri, nisi aliud moveretur ad dandum sibi quo indiget; sed

---

32 priusquam] postquam *V* 32 fieret] esset *scr. V sed del. et fieret s.v. add.* 32 mundi] dico *add. V sed del.* 33 aliquali] aliqua *I S* 33 istam[1]] illam *I* 33 istam[2]] illam *I* 34 perpetue[1]] perpetuo *I* 34 perpetue[2]] perpetuo *I* 36 terram] non *add. I* 38 talis] totalis *I* 41 de[2]] *om. V* 44 ceteras] experiendo *add. V sed del.* 48 et] *om. V* 50 illas] *om. V* 50 probabatur] arguebatur *P*; persuadebatur *V* 54 illam] ipsam *V* 55 quod] caelum *add. I* 56 perfectiones] perfectionem *V* 58 quidquid] *om. I*

sic est in proposito quod terra quiescente caelum movetur dando sibi illud quo indiget.

Ad tertiam bene concedo quod bene perfectius est esse in quiete quam in motu quantum ad illa quae moventur ad finem veniendi ad sua loca naturalia; sed de illis quae semper sunt in suis locis natu- F.I. G5rb ralibus et quae non mo- | ventur ad aliquid acquirendum sibi aliud a motu ita quod motus localis est finalis perfectio eorum, dico quod talibus perfectius est moveri quam esse in quiete; et sic est de corporibus caelestibus.

Ad quartam dico quod verum est quod facilius esset movere corpus parvum quam magnum, si cetera essent paria; sed non est ita, quia corpora gravia et terrestria sunt inepta ad motum. Unde clarum est quod facilius movemus aquam quam terram, et adhuc facilius F.V. 49rb aerem, //// et sic ascendendo corpora caelestia sunt per suas naturas facilius mobilia.

Ad quintam bene concedo quod terrae debetur aliquis motus simplex quando est extra locum suum, licet hoc non oporteat quando est in loco suo. Unde, nisi partes terrae dicto modo transponerentur modo quo dicebatur in probatione quartae conclusionis, totalis terra simpliciter quiesceret et non moveretur; cum quo bene stat quod, si totalis terra esset extra locum suum vel aliqua eius pars, moveretur motu simplici et naturali sibi debito.

Ad ultimam dico quod his quibus debetur motus circularis conveniens est figura sphaerica, et similiter quibus debetur quies naturalis circa idem centrum etiam conveniens est figura sphaerica; modo ad propositum dico quod terrae non convenit figura sphaerica propter moveri circulariter sed propter ipsam quiescere circa centrum mundi.

---

61 sibi] ei *I* 66 finalis perfectio] *inv. I* 67 esse] esset *V* 75 terrae] non *add. V sed del.* 76 licet] set *V* 76 oporteat] oportet *V* 78 conclusionis] distinctionis *V* 80 bene] *om. V* 81 eius pars] *inv. V* 82 his] in his *V*

Quaestio 27

Utrum totalis terra sit sphaerica

Tertium propositorum erat utrum totalis terra sit sphaerica.

Arguitur primo quod non. Nam, si sic, sequeretur quod oculus existens in superficie terrae non videret medietatem caeli, cuius oppositum dicunt astrologi, immo videret minus. Consequentia probatur: quia, si esset sphaerica, et, cum ponatur in medio caeli sicut prius dicebatur, tunc linea ipsam contingens imaginatam protendi ex utraque parte usque ad concavum caeli resecaret a caelo arcum multo minorem medietate caeli, sicut potest apparere in figura; sed illa eadem linea contingeret oculum existentem in superficie terrae; igitur iste oculus non videret plus de caelo quam si esset super istam lineam.

Secundo. Si terra esset sphaerica, sequeretur quod oculus modicum elevatus super superficiem terrae, sicut est oculus alicuius hominis stantis super terram videret plus quam medietatem caeli; quod iterum est contra astrologos. Consequentia probatur, ex eo quia, si oculus directe esset in centro terrae, et una medietas terrae esset amota, tunc videret praecise medietatem caeli; sed oculus existens super superficiem terrae est altior quam si esset in centro; ergo, cum esset super superficiem terrae, videbit plus quam medietatem caeli.

Tertio. Si terra esse sphaerica, sequitur quod sol deberet apparere secundum superficiem arcualem in eius ortu et similiter in eius occasu; cuius oppositum videmus. Consequentia probatur:

---

4 Nam] *om. V* 5 videret] minus *add. V sed del.* 6/ Consequentia probatur] *inv. I* 8 prius dicebatur] diceretur *V* 8 imaginatam] imaginata *V* 10 multo] multum *I* 10 minorem] in *add. V* 12 igitur] ergo *I* 12 iste] ille *I* 12 si] *om. I S* 13 istam] illam *I* 14 secundo] *om. V* 17 Consequentia probatur] *inv. I* 18 directe esset] *inv. I* 20 terrae] *om. V* 21 ergo] ignis *scr. V sed del.* 21 esset] est *V* 22 caeli] *om. V* 25 Consequentia probatur] *inv. I*

quia, cum sol nondum totaliter est ortus, una eius pars videtur et alia occultatur; sed istae partes distinguuntur ad invicem quoad apparere et non apparere ratione terrae; ideo, si ipsa esset sphaerica, utique pars solis super terram deberet nobis apparere arcualis figurae et hoc concave, recte sicut apparet nobis pars solis non absconsa per lunam in eclipsi solis.

Quarto. Si quaestio esset vera, sequitur quod terra esset totaliter cooperta aquis; hoc est falsum. Falsitas patet ad experientiam. Consequentia probatur. Pro cuius probatione suppono primo quod aqua sit sphaerica vel tendens ad sphaericitatem; secundo, suppono quod terra et aqua tendunt ad idem centrum. Tunc sic impossibile est esse duo sphaerica, nisi unum circumdet aliud, et hoc, si eorum idem sit centrum; igitur, cum aqua sit sphaerica, per unam suppositionem, et, cum unum sit centrum terrae et aquae, tunc, si terra esset sphaerica, utique esset totaliter aqua circumdata.

Quinto. Nam ad sensum apparent in terra multae gibbositates et concavitates montium et vallium, et, ubi non sunt montes et valles, apparet esse plana; quod non esset, si esset sphaerica.

F.V. 49[va] Sexto. Mobilibus motu circulari naturaliter debetur figura //// sphaerica, sicut patet de caelo; igitur mobilibus motu recto naturaliter debetur figura recta et non sphaerica; sed terra est naturaliter mobilis motu recto; igitur etc.

Oppositum vult ARISTOTELES in *littera.*

In ista quaestione primo ponam conclusiones; secundo quaedam corollaria.

---

27 istae] illae *I* 27 ad] ab *V* 30 hoc] *om. V* 31 lunam] lineam *I* 32 esset totaliter] *inv. I* 33 ad] ac *add. V sed del.* 33 experientiam] sensum *V (est in I S)* 34 Consequentia probatur] *inv. I* 37 esse duo] *inv. I* 37 eorum] eorumdem *V* 38 idem sit] *inv. V* 38 igitur] ergo *I* 39 unum sit] sit idem *(*idem *s.v.) V* 41 Nam] *om. V* 43 esse] aliquando *add. V* 43 si] si non *S*; nisi *V* 44 Sexto] *s.v. V* 45 igitur] ergo *I* 47 igitur] ergo *I* 48 in littera] *om. V* 51 primo] *om. V*

48 ARISTOTELES, *De caelo*, II, 14, 297 a 8 - 298 a 20.

Quantum ad primum sciendum est primo quod sphaericum proprie dicitur quod quoad eius superficiem exteriorem est sine aliqua asperitate, et cum hoc omnes lineae a puncto eius medio ducibiles ad superficiem eius exteriorem sunt aequales; sed rotundum potest dici quod accedit ad sphaericitatem, cum non sit perfecte sphaericum. Exemplum primi, sicut est mundus: mundus enim quoad eius superficiem exteriorem est sine aliqua asperitate et perfectissime curvatus a Primo Motore; exemplum secundi, sicut est pomum vel aliquod | tale. F.I. G5va

Secundo notandum quod, accipiendo large *sphaericum* et *rotundum*, solet capi unum pro alio.

Tunc sit prima conclusio: terra non est perfecte sphaerica. Patet, quia multos habet montes et valles.

Secunda conclusio: terra est rotunda inter orientem et occidentem. Probatur: quia, si non, sequeretur quod eaedem stellae aeque cito orirentur et occiderent habitantibus versus occidentem sicut habitantibus versus orientem; sed hoc est falsum. Consequentia tenet ex eo quod causa talis diversitatis non videtur esse alia nisi tumor terrae et gibbositas. Falsitas consequentis patet, ex eo quod habitantibus versus orientem citius fit dies et citius fit nox quam habitantibus versus occidentem: quod patet, ex eo quod pluries eadem eclipsis lunae visa fuit ab orientalibus in tertia hora noctis, et ab occidentalibus in prima hora vel secunda, secundum quod erant magis vel minus occidentales; modo hoc non fuisset, nisi orientalibus citius facta fuisset nox.

Tertia conclusio: similiter terra habet rotunditatem a septentrione ad meridiem. Probatur: nam aliquis potest a meridie tantum procedere versus septentrionem quod polus sibi sensibiliter magis elevatur; modo illud non videtur provenire nisi propter quendam tumorem terrae existentem inter meridiem et septentrionem.

---

52 est] et *V* 53 aliqua asperitate] in *V* 53 omnes lineae a puncto eius medio] a puncto eius medio omnes lineae *I* 53 omnes] *om. V* 54 eius] *om. V* 55 cum] licet *I S* 56 est] motus *add. V sed del.* 58 curvatus] vel tornatus *add. I* 60 accipiendo] sphaericum *add. V* 65 quia] nam *I* 69 Falsitas consequentis] $F^{a}z$ *V* 71 pluries] *iter. V sed primum verbum del.* 74 erant] *om. V (est in I S)* 74 occidentalis] respexit *add. V* 75 orientalibus] occidentalibus *(est in I S)* 75 facta] *om. V* 77/78 tantum procedere] procedere tantum *I* 78 magis] *om. V*

Secundo, nam aliquis potest tantum ambulare a septentrione versus meridiem quod aliquae stellae sibi apparent quae sibi prius non apparebant, et aliquae sibi occultantur quae prius sibi apparebant; modo hoc non videtur esse nisi propter quendam tumorem terrae inter septentrionem et meridiem.

Quarta conclusio: terra undique est rotunda sic quod elevationes montium sunt parvae in respectu totalis terrae et quasi non notabiles. (F.V. 49vb) Probatur primo, quia gravia, ubi cadunt //// super terram non montosam nec vallosam, cadunt ad aequales angulos; quod non esset, nisi gravia peterent idem centrum; et, cum omnes partes terrae sint graves, sequitur quod omnes petunt idem centrum; et hoc non esset, nisi terra esset rotunda vel tenderet naturaliter ad rotunditatem.

Secundo, partes terrae aequaliter tendunt ad medium mundi et descendunt ad loca decliviora nisi una aliam sustineat, sicut patet de montibus; nihilominus per lapsum temporis quaelibet descendet et ruet versus medium mundi, quod videtur esse causa rotunditatis terrae.

Unde sciendum est quod, si terra esset fluxibilis sicut aqua, ita quod una pars non sustineret aliam, flueret ad omnimodam rotunditatem et perfectam sphaericitatem.

Tertio, si terra esset plana et non rotunda, montes multum alti deberent videri a multo remotiore quam videntur; sed quod non ab ita remoto videntur, huius causa non videtur esse alia nisi tumor terrae existens inter tales montes et visum nostrum.

Quarto, nam luna cum eclipsatur propter interpositionem terrae inter solem et ipsam, pars non eclipsata videtur arcualis figurae; sed hoc non esset, nisi terra esset rotunda, quam contigunt radii solares protensi usque ad lunam, qui distinguunt partem lunae visam non eclipsatam a parte lunae eclipsata quae est posita in umbra causata ex interpositione terrae inter solem et lunam. Quia ergo, ubicumque

---

83 sibi prius] *inv. I* 84 quendam] *om. I* 88 primo] *om. V* 89 aequales] certos *I* 90 peterent] appeterent *I* 91 et] *om. I* 95 aliam] alia *I* 95 sustineat] sustentat *I* 97 medium] *om. V* 5 visum nostrum] visus nostros *I* 6 nam] *om. V* 7 solem et ipsam] *inv. I* 11 Quia] Et quia *V* 11 ergo] *om. V*

apparet talis eclipsis lunae, pars non eclipsata apparet arcualis figurae, signum est quod undique terra sit rotunda.

Quinto, totalis mundus est sphaericus; igitur bene rationabile est quod elementa quae sunt partes principales mundi, de quorum numero est terra, etiam inclinentur ad sphaericitatem.

Iuxta istam conclusionem est sciendum quod isto modo posset experiri quod terra est rotunda, saltem inter meridiem et septentrionem, quod aliquis ambularet ab aliquo versus septentrionem tamdiu quod polus esset sibi elevatus plus uno gradu quam ante, et tunc mensuraret spatium pertransitum; hoc facto, rediret ad locum pristinum, et ab eodem loco ambularet versus meridiem, tamdiu quod polus esset sibi elevatus minus uno gradu quam erat in loco signato a quo ambulavit, et iterum mensuraret illud spatium pertransitum. Tunc, si illa spatia invenirentur aequalia, signum esset rotunditatis terrae inter septentrionem et meridiem; si autem non invenirentur aequalia, signum esset quod terra non esset rotunda inter septentrionem et meridiem.

Quantum ad secundum primo sequitur, ex hoc quod terra sit rotunda, quod lineae exeuntes directe de superficie terrae exteriore versus centrum continue vadunt appropinquando et in centro concurrunt. //// F.V. 50ra

Secundo, sequitur quod, si fierent duae turres ad perpendiculum, quanto irent altius, tanto plus elongarentur ab invicem, et, quanto irent bassius, tanto appropinquarentur plus ad invicem.

Tertio, sequitur quod, si fieret aliquis puteus ad perpendiculum, inferius esset srictior et superius esset latior.

Quarto, sequitur quod quelibet linea aeque distans secundum quemlibet eius punctum a centro mundi est curva. Patet: nam, si est

---

14 igitur] ergo *I* 14 bene] *om. V* 15 est] videtur *I* 16 etiam] *om. V* 20 elevatus plus] *inv. V* 23/24 erat in loco signato a quo ambulavit] ante *V* 24 iterum] tunc *V* 24 illud] *om. V* 25 pertransitum] sicut prius *add. V* 26 terrae] *om. V* 26/29 si autem... meridiem] *om. V (hom.)* 29 sit] est *I* 30 quod] quia *V* 31/32 concurrunt] secundo sequeretur quod vacca esset incurva, quia non habet partem vitrum *(dub.) add. V sed del.* 33 fuerunt] vel irent *add. V* 34 altius] vel fierent *V* 34 plus elongaretur] *inv. V* 36 quod] *om. V* 38 quod] *iter. V* 38 quaelibet] omnis *I*

recta, tunc aliquis punctus eius est propinquior centro et alius remotior; et sic non aequaliter distant a centro seu a deorsum secundum quemlibet eius punctum: unde, quacumque recta linea data contin- F.I. G5vb gente superficiem terrae secundum punctum eius medium, ipsa | est propinquior centro terrae secundum punctum eius medium secundum quem contingit terram quam secundum puncta eius extrema. Ex hoc sequitur quod quicumque ambulans secundum lineam rectam pro parte temporis descendit et pro alia parte ascendit: nam pro parte temporis pro qua movetur versus punctum qui est propinquior centro, ipse descendit, sed pro alia parte temporis pro qua movetur ab isto puncto, ipse ascendit. Patet ex eo quod in prima parte temporis continue appropinquat plus et plus centro mundi, in alio autem tempore continue elongatur ab eodem; modo appropinquare centro mundi est descendere, et elongari ab eodem est ascendere.

Ex hoc ulterius sequitur quod aliquod mobile quod continue movetur ascendendo vel descendendo ad aliquem terminum, minorem lineam describit quam aliud quod movetur ab eodem termino in eundem terminum sine ascensu et descensu. Patet hoc, si aliquod moveretur ab uno termino terrae diametri ad reliquum et aliud moveretur per circumferentiam medietatis terrae, cuius quidem circumferentiae illa diameter esset chorda.

Quinto, sequitur quod ambulantium super terram caput movetur velocius pedibus, nam caput in aere describit maiorem circumferentiam quam pedes super terram: unde homo posset esse ita magnus quod caput moveretur in duplo velocius quam pedes, quia in duplo maiorem circumferentiam describeret in aere quam pedes supra terram.

Ad rationes. Ad primam concedo quod oculus, si esset infixus superficiei convexae terrae, videret multo minus quam medietatem caeli, sicut ratio demonstravit; nihilominus bene concedo quod ocu-

---

40 est] esset *V* 40 eius] *om. V* 41 a centro seu a deorsum] *om. V* 42 recta linea] *inv. V* 47/48 et pro... temporis] *om. V (hom.)* 50 isto] illo *V* 52 continue] *om. V* 58 terrae diametri] *inv. I* 59 per] *add. V* 59/60 quidem] fig *(dub.) add. V* 60 illa] *om. V* 61 ambulantium] ambulantem *V* 67 oculus, si] *inv. V*

lus posset in tali proportione esse elevatus super superficiem terrae quod videret praecise medietatem ita quod suus horizon divideret caelum in duo aequalia; et cum hoc stat quod oculus posset esse tantum elevatus super superficiem terrae quod videret plus quam medietatem caeli.

Et ex hoc tunc patet ad secundum argumentum.

Ad tertiam dicunt ALIQUI DE MAGISTRIS MEIS quod secundum rei veritatem, cum una pars solis sit orta et alia non orta, linea dividens partem ortam a parte non orta ipsius est linea curva et arcualis; sed tamen pars orta ipsius solis non apparet nobis figurae arcualis, propter hoc quod, quando linea curva a remotis videtur, apparet recta. – Sed breviter, prout mihi apparet, hoc non est verum. Unde dico quod secundum rei veritatem pars solis orta non debet apparere arcualis figurae, sed debet apparere sicut medietas vel sicut portio unius circuli eo modo quo apparet. Unde imaginor quod noster horizon debet imaginari sicut circulus resecans et dividens partem solis ortam a parte solis non orta; modo, quando unus circulus secundum eius peripheriam cadit super superficiem latam alterius circuli, dividit et resecat unam partem ab alia sine quacumque interiore concavitate istarum partium secundum rei veritatem vel apparentiam, recte ac si istae partes distinguerentur ab invicem per lineam rectam; et propter hoc pars solis orta nobis debet apparere consimili modo ac si distingueretur a parte non orta per lineam rectam, vel ac si esset oculus in centro terrae una medietate terrae amota, ita quod gibbositas terrae nihil faceret ad hoc

---

70 posset] potest *I* 72 divideret] praecise *add. V* 72 hoc] *s.v. V* 73 super] figuram vel *add. V* 75 secundum argumentum] *inv. V* 76 etiam] *om. I* 76 meis] mg *scr. V sed del. et s.v.* meis *add.*; reverendis *add. V* 77 sit] est *V* 77 orta[2]] est porta *I* 79 non] f *add. V sed del.* 80 hoc] praeter h *add. V sed del.* 80 quod] *om. V* 85 resecans] intersecans *V (est in I S)* 88 resecat] intersecat *V* 89 concavitate] concavatione *I (est in S V)* 89 istarum] illarum *V* 89 rei] *om. I (est in S V)* 90 istae] illae *I* 91 solis] nobis *add. I S* 91/92 nobis debet] *inv. I* 94 amota] mota *I* 94 gibbositas] hypositas *V* 95 faceret] facit *I*

76 Cf. IOANNES BURIDANUS, *In De caelo*, II, Q. 23, pp. 510-511, lin. 53-67; cf. NICOLAUS ORESME, *In De Caelo*, II, *passim.*

quod sol in eius ortu secundum eius partem ortam deberet nobis F.V. 50rb apparere arcualis figurae, sed ad hoc //// quod sol nobis taliter apparet sicut oritur facit noster horizon.

Ad quartam ista bene procederet si centrum magnitudinis terrae esset centrum mundi; sed, quia sic non est sed multum est elevatum super centrum mundi, non oportet quod terra sit totaliter cooperta aquis, licet tam ipsa quam aqua sit rotunda.

Ad quintam ista bene probat quod terra non sit perfecte sphaerica, sicut dixit prima conclusio.

Ad ultimam dico quod non oportet mobile motu recto esse figurae rectae, licet bene oporteat motum eius naturalem simplicem esse per lineam rectam. Et sic patet quaestio.

97 facit] quod sic *V* 98 ista] illa *I* 00 terra] quod *add. V* 00 sit totaliter] taliter sit *V* 2 ista] illa *I* 3 prima] una *I* 4 motu recto esse] esse motu recto esse *V* 5 oporteat] oportet *I* 6 patet] est finis *I* 6 quaestio] quaestionis *I*

Quaestio 28

Utrum totalis terra sit habitabilis

Quartum propositorum erat utrum totalis terra sit habitabilis.

Et videtur primo quod nulla pars terrae sit habitabilis. Nam, ex quo terra est sphaerica, sicut *dictum est in alia quaestione*, et aqua similiter, ut probat ARISTOTELES in *hoc II°*, et, cum terra sit gravior aqua et in medio mundi situata, ut *dictum est prius*, videtur quod terra undique sit cooperta aquis et per consequens undique inhabitabilis propter aquas.

Nec valet si diceretur quod elevationes montium qui sunt in terra impediunt ne totalis terra sit cooperta aquis. Et quantum ad huiusmodi elevationes ipsa terra est habitabilis, nam, ex quo mundus fuit ab aeterno, ut credit ARISTOTELES, si aliquando fuissent montes et tales elevationes, iamdiu | [F.I. G6ra] fuissent consumpti, propter hoc quod omne grave tendit deorsum nec perpetue posset sic sursum detineri; quare iam totalis terra esset facta sphaerica et undique aquis cooperta.

Secundo. Sicut sphaera aeris excedit sphaeram aquae, ita sphaera aquae debet excedere sphaeram terrae; et per consequens debet totam terram cooperire, et per consequens debet totam ipsam terram undique inhabitabilem facere.

Deinde probatur quod totalis terra est habitabilis. Nam una eius quarta est habitabilis, ut communiter omnes concedunt; et non videtur esse maior ratio de una quam de alia; igitur etc.

---

4 Et] *om. I* 5 sicut] ut *I* 8 undique sit] *inv. I* 11 terra] aqua *add. V sed del.* 11 cooperta] circumdata *V* 14 fuissent] essent *I* 14 consumpti] consumptae *V* 15 perpetue] perpetuo *I* 15 posset] potest *I* 16 detineri] sustineri *I* 20 totam] *om. V* 23 eius quarta] *inv. I* 24 una] illa *V* 24 igitur etc.] *om. V*

5/7 Cf. *supra*, II, Q. 27.
6 ARISTOTELES, *De caelo*, II, 4, 287 b 4-7.
13 ARISTOTELES, *De caelo*, II, 1, 283 b 26 - 284 b 5.

Oppositum amborum iam probatorum. Patet per experientiam, nam aliqua pars terrae est habitabilis, ut patet, et aliqua inhabitabilis propter aquas et aliqua propter nimium frigus, sicut illa quae est supposita polo arctico vel antarctico.

Quia terra potest esse inhabitabilis propter excessum alicuius qualitatis primae de qualitatibus activis, ut puta propter excessum caliditatis vel frigiditatis, vel potest esse inhabitabilis propter excessum aquarum, ideo in quaestione erunt duo articuli. Nam in primo videbitur de habitatione vel inhabitatione terrae propter temperiem vel excessum caliditatis vel frigiditatis; in secundo videbitur de habitatione terrae vel inhabitatione quantum est ex parte aquarum.

Quantum ad primum supponendum est primo terram dividi in quinque partes secundum quinque zonas imaginatas in caelo. Quarum una est supposita illi parti caeli quae est inter circulum arcticum et polum arcticum; secunda autem est supponitur illi parti quae est inter circulum antarcticum et polum antarcticum; tertia autem supponitur illi parti quae est inter tropicum Cancri et circulum arcticum; quarta autem supponitur illi parti caeli quae est inter tropicum Capricorni et circulum antarcticum; quinta autem et ultima supponitur illi parti caeli quae est inter duos tropicos directe sub aequinoctiali.

F.V. 50va Tunc sit prima //// conclusio: duae primae partes terrae sunt inhabitabiles propter defectum caloris et abundantiam frigoris. Primum patet: quia huiusmodi partes nimis distant a sole qui est causa caloris in istis inferioribus, et, quia ad esse et vivere plantarum et animalium requiritur calor, sequitur quod ibi nec crescunt plantae nec habitant animalia, et hoc propter defectum caloris. Secunda pars patet: quia ibi est excessus frigoris propter eleva-

---

25 Oppositum] iam *add. V sed del.* 25 probatorum] propabatorium *scr. V sed* ba *exp.* 25 per experientiam] ad experientias *V* 31 caliditates vel frugiditates] *inv. I* 32 erunt duo] *inv. I* 34 in] *om. V* 38 quinque^{2}] sono *add. V sed del.* 39 una est] *inv. V* 40 supponitur] est supposita *I* 43 autem] *om. I* 43 caeli] *om. I* 47 conclusio] *om. V* 47 duae primae partes terrae] primae duae terrae partes *V* 48 frigoris] frigiditatis *I* 52 hoc] scilicet *add. I*

tionem vaporum commixtorum aeri qui non possunt ibi consumi propter defectum caloris, et illi tantum aerem ibi existentem infrigidant et ita condensant quod nulla viventia possunt ibi manere.

Secunda conclusio: tertia pars terrae est habitabilis propter temperiem caloris et frigoris: et illa pars terrae est in qua nos habitamus. Et quod in ea est temperies caloris et frigoris, est ex eo quod in aestate nostra sol est prope suum augem, et sic non facit nobis nimium calorem propter maiorem eius distantiam a terra, et in hieme nostra est prope oppositum suae augis; et sic non causatur nobis nimium frigus de sui absentia, propter hoc quod, licet non diu moretur super nos, tamen est terrae tunc propinquior, ex eo quod oppositum augis excentrici solis est punctus excentrici propinquior terrae.

Iuxta istam conclusionem et eius probationem bene sequitur quod secundum mutationem augis ipsius solis aliquae partes terrae redduntur peius vel melius habitabiles,

Tertia conclusio: quarta pars terrae est inhabitabilis propter nimiam abundantiam caloris in aestate et nimiam abundantiam frigoris in hieme: et est illa pars terrae quae est opposita illi parti terrae in qua nos habitamus. Sed verum est quod in ista conclusione non omnes concordant. Et probo eam sic: nam, ex quo aux solis iam est prope finem Geminorum et oppositum augis prope finem Sagittarii, et, cum talibus existentibus in dicta parte terrae, si aliqui ibi existerent, sit aestas sole existente iuxta oppositum suae augis, sol eis in aestate nimium facit calorem propter nimiam eius propinquitatem ad terram; et, cum eisdem sit hiems sole existente iuxta augem, in hieme propter absentiam solis et nimiam eius distantiam a terra est nimium frigus ibidem.

Quarta conclusio: quinta pars terrae, scilicet quae est inter duos

---

55 existentem] ingrossant et *add. I* 56 ita] *om. I; scr. V sed del.* 59 frigoris et caloris] *inv. I* 60 est] *iter. V* 60 suum] *om. V* 61 nimium] *iter. V sed primum verbum del.* 63 de] *om. I* 63 quod] *om. V* 67 conclusionem] quaestionem *scr. V sed del.* 67/68 et eius probationem bene sequitur] bene sequitur et eius probationem *V* 72 frigoris] frigiditatis *V* 72 terrae] etc. *(dub.) add. V sed del.* 73 terrae] *om. V* 73 in qua] quam *V* 76 talibus] *om. I* 77 sole] a sole *V* 79 ad terram] a terra *V* 82 inter] *iter. V sed primum verbum del.*

tropicos sub aequinoctiali est habitabilis, quantum est ex parte frigoris vel caloris, immo non solum habitabilis, sed locus temperatissimus pro habitatione.

In ista iterum conclusione non omnes concordant. Unde AUCTOR *Sphaerae* manifeste dicit oppositum; istam tamen conclusionem ponit AVICENNA in sua *Physica*. Et probatur sic primo auctoritate ISIDORIS in libro *Etymologiarum*, qui dicit quod paradisus est situs in alto loco versus orientem fere attingens globum lunae et sub aequinoctiali; sed constat quod paradisus terrestris est locus (F.I. G6rb) amenissimus et optime habitabilis. Idem patet ex | uno quod semel (F.V. 50vb) legi //// in QUODAM LIBRO: nam in Anglia fuit quidam homo sanctae vitae qui asserebat se fuisse in quodam loco ubi fuit facta incantatio et citatio cuiusdam spiritus qui dixit se velle portare fructus et ficus maturos pro quolibet tempore anni ne amplius sic citaretur. Tunc dixit incantator quomodo hoc esset: dixit spiritus: est locus in terra qui aestimatur inhabitabilis ab hominibus, ubi in omni tempore anni fructus maturi secundum diversitatem generum fructuum inveniuntur. Et de illo loco dixit se velle portare fructus et ficus statim in sequenti die circa festum Nativitatis Domini, ficus et plura alia fructuum genera recentia sibi apportavit. Et certe videtur quod talis locus sit sub aequinoctiali, nam de illo plures dicunt quod sit inhabitabilis propter intemperiem et excessum caloris.

Deinde probatur dicta conclusio rationibus. Primo pro quo supponitur quod caelum et astra sunt ordinata ad gubernandum istum mundum et maxime homines et animalia et plantas, de quibus natu-

---

84 frigoris] frigiditatis *I* 88 sua Physica] *inv. V* 88 sic] *om. V* 90 alto loco] *inv. I* 90 orientem] origentem *V* 94 quodam] uno *I* 95 fructus et] *om. I* 96/1 maturos pro... et ficus] *om. V (hom.)* 1 et[1]] *om. I* 1 circa] *iter. V sed primum verbum macul.* 1 Nativitatis] Natalis *I* 1 ficus] et ficus *I* 1 et[2]] ac *I* 2 genera] et genera *V* 2 sibi] *om. V* 3 talis locus] *om. V*

86/87 IOANNES DE SACROBOSCO, *De sphaera*, pp. 81-83.
88 PSEUDO-AVICENNA, *De divisione locorum habitabilium*: cf. ALBERTUS MAGNUS, *De natura loci*, p. 11, lin. 78 sqq.
89 ISIDORUS, *Etymologiae, passim.*
93 *Locus non inventus.*

ra propter eorum nobilitatem maxime debet esse sollicita. Ideo rationabile est quod in illo loco sit hominum perfectissima habitatio ad quem omnes stellae caeli ordinatae et simul habent aspectum; sed hoc est ad locum sub aequinoctiali: illis enim omnes stellae oriuntur et occidunt, nobis vero non oriuntur nec occidunt illae stellae quae sunt circa polum antarcticum.

Secunda ratio et causa temperici dicti loci sub aequinoctiali est aequalitas distantiae ab utroque polorum: calor enim istius loci obtemperatur propter frigiditatem utriusque loci aequaliter respicientis illum locum.

Tertia ratio et causa est aequalitas diei et noctis in omni tempore anni: frigiditas enim noctis obtemperat calorem diei.

Quarta causa est brevitas aestatis et hiemis, nam nec hiemalis frigiditas excedit nec calor aestatis nimis adurit.

Quinta causa et ratio est paucitas morae solis super zenith capitis eorum qui habitant sub aequinoctiali. Cum enim duplex sit causa caloris, scilicet appropinquatio solis ad zenith et mora eiusdem, prima causa est modica respectu secundae, ut patet quando sol est in meridie, quoniam in meridie non est tantus calor sicut post meridiem; et tamen sol est propinquior capitibus nostris in meridie quam post, quare mora solis plus facit ad calorem quam eius appropinquatio. Quia igitur sol habitantibus sub aequinoctiali non moratur diu super zenith capitis eorum, sed cito transit, inde est quod non est ibi tantus calor sicut circa alterum tropicorum ubi sol diutius moratur.

Sexta causa est accidentalis: elevatio multorum vaporum a mari meridiano et a fluminibus existentibus ibidem quae in dicto loco habent obtemperare calorem.

Septima ratio poterit esse: quia, cum terrae remotiores ab

---

9 illo] *om. V* 10 quem] *om. V (est in I S)* 10 et] *om. V* 12 vero] autem *I* 15 polorum] polo *I* 15 istius] illius *I* 15 loci] opp *add. V sed del.* 17 illum locum] *inv. I* 18 ratio et] *om. I* 18 est] *om. V* 22 et ratio] *om. I S* 24 eiusdem] solis et modo eiusdem *V* 25 est modica] *inv. V* 27 et] *om. V* 27 est propinquior] *inv. I* 29 igitur] ergo *I* 30 inde] ideo *I* 31 est] ibid *add. V sed del.* 31 circa] apud *V* 31 tropicorum] tropicum *I* 36 poterit] potest *I*

aequinoctiali magis remotae, puta illae sub polis, sint inhabiliores [F.V. 51ra] ad habitandum et propinquiores //// habiliores, videtur quod sub aequinoctiali sit locus habilissimus pro habitatione. Et ista ratio magis procedit a signo quam a causa.

Contra istam conclusionem dubitatur per rationes illorum qui tenent partem oppositam. Primo quidam sic arguunt: aliquis est locus inhabitabilis propter nimium frigus, igitur etiam videtur quod aliquis sit locus inhabitabilis propter nimium calorem; sed talis non videtur esse alius quam ille sub aequinoctiali; igitur etc.

Secundo, si habitarent ibi aliqui, utique de talibus aliqui venirent ad nos et de nostris ad istos, quod tamen nunquam est perceptum.

Tertio, nam, cum vadimus versus tropicum Cancri, tandem invenimus homines valde nigros, sicut sunt Ethiopes, et hoc est propter magnum calorem ibi existentem; igitur, si procederemus ultra tropicum, tantum inveniremus calorem ut videtur quod nullus posset ibi habitare.

Quarto, nam ibi existentibus sol bis in anno currit per zenith capitum eorum; igitur videtur eis facere tantum calorem quod non est eis conveniens habitatio: unde videmus quod nobis in aestate quando adhuc non est sol in zenith, aliquando est tantus calor quod est mirabile; ideo, si curreret bis in anno per zenith, videretur tantum debere causare calorem quod nullo modo possemus vivere.

Quinto, nam videmus quod ex reflexione radiorum incidentium perpendiculariter super superficiem speculi concavi causatur ignis; ideo, cum sol proiiciat bis in anno, sicut quando est in principio Arietis et Librae, radios suos perpendiculariter super terram suppositam aequinoctiali, videtur quod talis terra sit inhabitabilis propter nimium calorem adustivum causatum ex tali incidentia radiorum solis perpendicularium.

---

37 sint] sunt *V* 37 magis remotae] *om. I (est in S V)* 37/38 magis remotae... propinquiores] *iter. V sed del.* 39 ista] *iter. V sed primum verbum del.* 39 magis procedit] procedit a signo magis *I*; magis est a signo *V* 42 sic arguunt] *inv. V* 43 igitur] ergo *I* 44 locus] *om. I* 45 ille] *om. V* 45 igitur etc.] *om. I* 46 Secundo] *om. V* 46 talibus] illis *V* 47 istos] illos *I* 48 cum] dum *V* 50 igitur] ergo *I* 59 ibi] *om. I* 54 igitur] ideo *I* 54 videtur] esse *add. V* 56 sol] *om. I* 57 ideo] et ideo *I* 59 nam] *om. V*

Ad primum dico quod, licet sit reperire terram inhabitabilem propter nimiam elongationem a sole et hoc sub utroque polo, non tamen propter hoc oportet quod aliqua sit inhabitabilis propter appropinquationem ad solem, quia, cum frigus sit mortificativum et calor vivificativus et causa vitae, inde est quod natura melius compatitur siccum excessivum caloris quam frigoris, nec etiam sub aequinoctiali est excessus caloris, sed temperamentum optimum, ut dictum est.

Ad secundum dico quod ideo nullus illuc potest ire nec aliquis venire usque huc, quia oporteret talem transire per terram suppositam | tropico Cancri, ubi est nimius calor propter nimiam moram (F.I. G6va) solis super horizontem, saltem in aestate. Nec etiam quis in hieme sola nec aestate posset transire per istam partem, propter hoc quod, AUCTORITATE QUORUNDAM, versus aequinoctialem sunt quidam montes qui habent naturam attrahendi carnem humanam, sicut magnes attrahit ferrum, et haec est causa quare nullus transit. Aliter dicunt QUIDAM quod locus intermedius inter illos et nos est desertus multum et plenus serpentibus et deficiens aquis dulcibus, ita quod nullus potest illum locum transire, et propter hoc non percipimus aliqua nova de illis, nec ipsi de nobis.

Ad tertium bene concedo quod sub tropico Cancri est maior calor quam sub aequinoctiali, et hoc ideo quia, licet sol bis currat in anno per zenith capitum habitantium sub aequinoctiali, et non nisi semel in anno per zenith capitum morantium sub Cancro, tamen, quia minus moratur super zenith capitum existentium sub aequinoctiali et diutius super zenith capitum existentium sub tropico Cancri, inde est quod maiorem facit calorem sub tropico Cancri quam sub aequinoctiali.

Per hoc idem respondeatur ad quartum.

---

70 inde] ideo *I* 71 nec] aeque *add. V* 74 illuc potest] *inv. I* 75 usque] ad *add. V* 75 huc] hoc *V* 75 talem] illum *V* 77/78 Nec etiam... aestate] Et non *V* 78 posset] potest *I* 78 istam] illam *I* 83 ita] *om. V* 87/88 in anno] *om. V* 89 zenith] *om. V* 91 zenith] *om. V* 91 capitum] caput *V* 94 quartum] quartam *I*

79 *Locus non inventus.*
82 *Locus non inventus.*

Ad quintum dico quod non est simile de reflexione radiorum incidentium perpendiculariter super superficiem speculi concavi et de radiis perpendiculariter incidentibus super superficiem terrae, licet bene aliquo modo esset simile de incidentia radiorum perpendiculariter super superficiem speculi convexi et super superficiem terrae, cum terra non sit concava sed convexa vel sphaerica; et ideo, sicut radii incidentes super superficiem speculi convexi non causant F.V. 51rb ignem ex //// reflexione eorum, quod tamen bene faciunt cum incidunt super concavum, ita dico quod nec radii perpendiculariter incidentes super superficiem terrae convexam causant tantum calorem sicut causarent si caderent super superficiem terrae concavam. Et ex hoc patet ad argumentum.

Quantum ad secundum articulum est UNA OPINIO quae imaginatur quod aqua et terra simul faciunt unam sphaeram, et quod non plus habemus de aquis nisi quantum est in vallibus terrae. Et ita ponunt partes terrae habitatas non esse nisi quasdam insulas. Et imaginantur in qualibet parte terrae de dictis quinque partibus terrae esse multas tales partes aquis discoopertas; et tales dicerent in qualibet dictarum quinque partium esse habitationem, saltem quantum est ex parte aquarum, licet aliquae earum sint inhabitabiles propter defectum vel abundantiam caloris vel frigoris.

Sed islla opinio non valet propter duo. Primo, ex quo ab aeterno fuit mundus, diu illa canalia aquarum fuissent repleta per fluxum partium terrestrium cum aqua in illa canalia, et sic iam terra undique esset aquis cooperta propter repletionem talium canalium.

Secundo, tunc utique omnes aquae essent faciliter permeabiles, si non esset plus de aqua quam currat in talibus canalibus et vallibus terrae; sed consequens est falsum, eo quod est unum mare imper-

---

95 quintum] quintam *I* 96 concavi] q *add. V sed del.* 1 ideo] tamen *V* 4 convexam] *om. V* 6 Et] *om. V* 7 una] *om. V* 9 plus] *om. V* 12 terrae] *om. V* 15 caloris vel frigoris] *inv. I* 16 illa] ista *I* 17 illa] *iter. V sed primum verbum del.* 18 canalia] flueret *add. V* 18 terra] tamen *add. V* 19 undique esset] *inv. V* 22 eo] ex eo *I* 22 unum] et *add. V sed del.*

7 *Locus non inventus.*

meabile, in cuius signum quod est impermeabile: Hercules posuit ibi columnas, ut nullus tentet ipsum permeare.

Secunda opinio, et illam approbo, imaginatur quod non est idem centrum gravitatis et magnitudinis terrae; et ideo terra ex una eius parte est propinquior caelo et aquis discooperta, et ex alia parte est remotior a caelo et aquis cooperta, et ad istam partem fluunt aquae quia ibi erunt propinquiores medio mundi. Et ideo pro distinctione partium terrae habitabilium a partibus terrae inhabitabilibus propter aquas imaginandum est in terra unam esse lineam transeuntem ab oriente in occidentem directe suppositam aequinoctiali aeque distantem uni lineae imaginatae in terra suppositae circulo arctico, inter quas imaginatur tertia linea aeque distans utrique. Ulterius imaginetur totum quod est ab aequinoctiali per polum meridionalem et per polum septentrionalem usque ad circulum arcticum esse coopertum aquis, et residuum quod non est nisi una quarta terrae, immo adhuc non integre esse discoopertum aquis. Et ulterius imaginatur a medio istius lineae suppositae in terra discooperta aquis protrahi una linea perpendiculariter versus lineam aeque distantem ei suppositam circulo arctico.

His lineis sic imaginatis manifestum est in figura quomodo ista pars terrae discooperta aquis est divisa in quattuor partes, quarum duae sunt versus occidentem et duae versus orientem, et inter illas quae sunt versus occidentem illa quae est propinquior aequinoctiali vocatur *Africa*, et quae est propinquior septentrioni vocatur *Europa*; deinde | aliae duae sunt versus orientem, et inter eas illa quae est versus aequinoctialem vocatur *Asia maior*, sed propinquior septentrioni vocatur *Asia minor*. Quantum //// ad huiusmodi partes terrae coopertas et discoopertas aquis dicit CAMPANUS in sua *Theorica*, in

F.I. G6vb
F.V. 51va

24 ut] quod *S V* 24 tentet] attentet *V* 25 opinio] est *add. V* 28 est] *om. V* 28 istam] illam *I* 30 terrae[1]] *om. V* 32 directe] esse *add. S V* 32/33 aequinoctiali] et *add. V* 33 uni] secundae *I (est in S V)* 33/34 suppositae] supposito *S V* 35 imaginetur] imaginatur *I* 39 et] tunc *V* 39 istius] illius *I* 40 una linea] unam lineam *I* 41 ei] eis *V (est in I S)* 42 ista] *om. V* 48/49 propinquior] *iter. V sed primum verbum del.* 50 et discoopertas aquis] aquis et discoopertas *V* 50 sua Theoretica] *inv. V* 50 in] *om. V*

50 IOANNES CAMPANUS, *Theorica planetarum*, II.

capitulo de luna, haec verba: «Congregentur autem aquae quae sub caelo sunt in locum unum, ut appareat in terra arida et habitet homo, qui quodammodo est finis omnium, locum suae habitationis congruentem». Ideoque credendum est solum illum locum terrae detectum esse ab aquis qui humano usui fuerit necessarius, quia igitur sola quarta pars terrae quam continent duo semicirculi, quorum unus ab oriente in occidentem sub aequatore protenditur et alius per polum septentrionalem ab oriente in occidentem habitatur, ut omnes aiunt, oportet alias tres quartas terrae esse coopertas aquis.

Sed diceres, sicut prius arguebatur: ex quo continue cum fluviis fluunt partes terrae ad mare, quare igitur tandem terra ex alia parte ubi est cooperta aquis non efficitur aeque propinqua caelo sicut illa quae est discooperta aquis? Unde, cum hoc fieret terra, undique cooperiretur aquis.

Respondetur quod hoc nunquam fiet, et hoc ideo quia, quando particulae terrae fluunt ad aliam partem, tunc alia pars fiet magis gravis et pellet aliam sursum, ut prius *dicebatur in una alia quaestione*, et sic semper erit, et hoc propter difformitatem gravitatis terrae, quam difformitatem ab aeterno Deus ordinavit pro salute animalium et plantarum.

Verumtamen credo quod propter mutationem augis excentrici solis, illa pars terrae quae modo est cooperta aquis prius erat discooperta et quae modo est discooperta prius erat cooperta; et hoc videtur velle satis manifeste ARISTOTELI in *II° Meteororum*, licet non exprimat quod hoc sit propter mutationem augis solaris.

Ad rationes. Prima cum suis confirmationibus non procedit iuxta secundam opinionem unacum hoc quod non est idem centrum gravitatis et magnitudinis terrae.

---

51 Congregantur] Aggregantur *I (est in S V)* 52 arida] *om. V* 55 fuerit] fuit *V* 56 igitur] ergo *I* 57 occidentem] pro *add. V sed del.* 58 habitatur] inhabitatur *I* 59 omnes] a *add. V sed del.* 59 aiunt] dicunt *V (est in I S)* 59 alias] reliquas *V* 61 igitur] ergo *I* 65 hoc] non *V* 69 pro salute] propter salutem *V* 73 et quae... cooperta] *om. V (hom.)* 75 propter] *om. V* 76 Prima] Ad primam *I*

67/68 Cf. *supra*, L. III-IV, Q. 1.
74 Cf. ARISTOTELES, *Meteora*, II, 5, 362 a 33 - 353 a 20.

Ad secundam dico quod ordinatum est a Deo quod sphaera aquae non deberet tantum excedere sphaeram terrae quantum sphaera aeris sphaeram aquae: et hoc ordinatum est propter salutem animalium et plantarum. Nam, si esset tantus excessus aquae ad terram, sicut aeris ad aquam, totalis terra esset cooperta aquis, et sic non possent salvari animalia et plantae.

Ad ultimam dictum est in quaestione quod non est eadem ratio de una quarta sicut de alia quantum ad ipsam esse habitabilem vel inhabitabilem. Et sic cum Dei adiutorio finitae sunt quaestiones super *II^{um} De caelo et mundo.*

---

83 totalis] tota *I* 83 cooperta] q *add. V sed del.* 84 possent] possunt *V* 84 animalia et plantae] *inv. I* 86 sicut de] et *V* 87 adiutorio] auxilio *V (est in I S)*

88 ARISTOTELES, *De caelo*, II, 14, 298 a 20.

LIBER III
ET
LIBER IV

Postquam tractavi circa *I*^{um} *huius* quasdam dubitationes concernentes totalem mundum, et consimiliter tractavi circa *II*^{um} *huius* dubitationes concernentes partem nobiliorem mundi, scilicet caelum et cum hoc terram, prout est centrum caeli et totalis mundi, nunc volo tractare dubitationes concernentes gravia et levia, sicut F.V. 51vb sunt elementa //// quae sunt partes totalis mundi minus nobiles quam sit caelum. De quibus quidem gravibus et levibus ARISTOTELES in *III*^{o} *huius* determinat secundum opinionem ANTIQUORUM, et in *IV*^{o} *huius* secundum opinionem propriam. Et igitur simul quaestiones circa hos duos libros intendo pertractare, talem observando ordinem quod primo tractabo quaestiones quantum ad gravitatem et levitatem ipsorum gravium et levium; secundo, quantum ad motum et quietem eorum; tertio, quantum ad figuram eorum, ita quod erunt tres particulae huius ultimae partis incepti operis. Et differt haec consideratio de gravibus et levibus simplicibus seu de elementis a F.I. H1^{ra} consideratione quae sit de | eisdem in *II*^{o} *De generatione*. Quia haec consideratio respicit ad qualitates alterativas seu motivas eorum

---

5 consimiliter] similiter *I* 6 mundi] *om. V* 8 dubitationes] dubia *I* 8 concernentes] concernentia *I* 9 totalis mundi] *inv. I* 9 sit] *om. V* 10 et levibus] *om. V* 11 et] *om. V* 12 igitur] ideo *I* 12 quaestiones] *om. V* 13 talem observando] tenendo talem *V* 16 motum et... ad] *om. V (hom.)* 16 eorum] quantum ad motum et quietem eorum *add. V* 17 erunt] tunc *V* 17 incepti operis] inceptae *V* 18 de^{2}] *om. V* 20 alterativas seu] *om. I* 20 eorum] *om. V*

4 ARISTOTELES, *De caelo*, I, 1-12 268 a 6 - 283 b 33 22.
5 ARISTOTELES , *De caelo*, II, 1-14, 281 b 26 - 298 a 20.
10/11 ARISTOTELES, *De caelo*, III, 1-8, 298 a 24 - 307 b 24.
11/12 ARISTOTELES, *De caelo*, IV, 1-6, 307 b 28 - 313 b 23.
19 ARISTOTELES, *De gener. et corr.*, II, 1-8, 328 b 26 - 335 a 23.

motu locali, sicut sunt gravitas et levitas; consideratio autem de eis in *II°* *De generatione* respicit ad qualitates eorum alterativas seu motivas motu alterationis, sicut sunt caliditas, frigiditas, humiditas et siccitas. Et, sicut motus localis praecedit motum alterationis, cum inter omnes motus motus localis sit prior, sic haec consideratio de elementis in *isto III°* et *IV°* ante considerationem de eisdem in *II°* *De generatione* debet poni.

21/23 locali, sicut... motu] *om. V (hom.)* 23 frigiditas] *om. V* 24 et[1]] *om. V* 24 siccitas] et huiusmodi *add. V* 25 sit] est *V* 25 haec] *om. I* 25/26 de elementis in isto III° et IV°] in isto III° et IV° de elementis *V* 26 IV°] autem in isto (a *add. sed del.)* III° et IV° *add. V* 26 eisdem] eiusdem *I*

22 ARISTOTELES, *De gener. et corr.*, II, 1-8, 328 b 26 - 335 a 23.
26 ARISTOTELES, *De caelo*, III, 1-8, 298 a 24 - 307 b 24.
26 ARISTOTELES, *De caelo*, IV, 1-6, 307 b 28 - 313 b 23.
27 ARISTOTELES, *De gener. et corr.*, II, 1-8, 328 b 26 - 335 a 23.

Quaestio 1

Utrum aliquod elementum sit simpliciter grave et aliquod simpliciter leve et aliquod in respectu

His praemissis secundum exigentiam primae particulae, sex quaeram per ordinem. Primo, utrum aliquod elementum sit simpliciter grave et aliquod simpliciter leve et aliquod in respectu; secundo, utrum quodlibet corpus quod est alio gravius in aere sit eodem gravius in aqua; tertio, utrum aliquod elementum sit grave in suo proprio loco; quarto, utrum gravitas et levitas sint formae substantiales gravium et levium; quinto, utrum ex parte gravitatis et levitatis concludi possit corpora non esse composita ex indivisibilibus; sexto, utrum ex parte gravitatis et levitatis concludi possit numerus quaternarius elementorum.

Primum propositorum erat utrum aliquod elementum sit simpliciter grave et leve et aliquod in respectu.

Arguitur primo quod nihil sit simpliciter grave. Nam, si sic, hoc videtur esse terra pura, sicut dicit ARISTOTELES in *littera*; modo hoc est falsum. Nam sit ista terra *a*; tunc arguo sic: *a* est aliquo gravius et aliquo minus grave; igitur *a* non est simpliciter grave. Consequentia tenet, quia simpliciter grave debet esse grave in summo; sed gravi in summo nihil est gravius, nam aliter non esset summum. Antecedens probatur: quia terra *a* est minore terra gravior, et maiore terra minus gravis.

---

7 respectu] respectum *V* 8 est] maiori *add. V sed del.* 10 proprio loco] *inv. I* 14 possit] posset *V* 16 respectu] respectum *V* 15 nihil] nullum *V* 17 sic] hoc *V* 18 esse] esset *V* 18 in littera] *om. V* 19 ista] illa *I* 19 arguo] *om. V* 19 aliquo] in aliquo *V* 20 aliquo] in aliquo *V* 20 igitur] ergo *I* 21 quia] nam *I* 21 simpliciter grave] *inv. I* 21/22 grave in summo] *inv. V* 23 terra a] *inv. V* 24 et] minore *add. V sed del.*

18 Cf. ARISTOTELES, *De caelo*, III, 4, 302 a 10 - 303 a 3.

Consimiliter probatur quod ignis non est simpliciter levis, de quo tamen hoc maxime videtur, si esset aliquod simpliciter leve. Nam, si aliquis esset talis ignis, sit ille *b*, probo quod *b* non est simpliciter leve, quia *b* ignis minore igne est levior et maiore igne est minus levis, cum magnus ignis sit levior minore igne, sicut maior terra est gravior minore terra.

Deinde probatur quod quodlibet elementum est grave vel leve simpliciter. Primo sic: quia, si non, hoc esset ex eo quod aqua non esset simpliciter gravis, et aer non esset simpliciter levis; sed probo quod immo. Et arguo sic de aqua: illud quod est graviore simpliciter gravius, utique est grave simpliciter; sic est de aqua: patet, nam unum dolium de aqua est gravius in aere quam sit unus pugillus terrae, et tamen talis terra, per ARISTOTELEM in *littera*, dicitur simpliciter gravis. Assumptum patet, quia cuilibet manifestum est quod difficilius multo est sustinere magnum pondus aquae quam unum pugillum terrae.

Et confirmatur de aqua et de aere simul: nam illud dicitur grave simpliciter quod dicitur grave sine addito, et illud leve simpliciter quod dicitur leve sine addito; sic est de aqua et de aere. Patet hoc, nam aquam dicimus esse gravem sine addito et aerem levem sine addito. //// F.V. 52ra

Secundo, nisi aqua esset simpliciter gravis et aer simpliciter levis, oporteret quod gravitati aquae essent aliqui gradus levitatis commixti et levitati aeris essent commixti quidam gradus gravitatis; sed hoc est falsum. Consequentia tenet, quia aliter aqua esset simpliciter gravis et aer simpliciter levis: illud enim quod habet gravitatem sine levitate est simpliciter grave, et quod habet levitatem sine gravitate est simpliciter leve, recte sicut est in aliis quali-

---

27 ignis] *om. I* 32 primo sic] *om. V* 33 simpliciter gravis] *inv. I* 33 simpliciter[1] levis] *inv. I V* 34 Et] *om. V* 34 est] *om. I* 34/35 simpliciter] est *add. I* 36 dolium] entium *(dub.) scr. V sed del. et s.v.* dolium *add.* 38 Antecedens] assumptum *I* 38 quia] nam *I* 39 in] *om. V* 40 aquae] *om. V* 41 aqua et aere] aere et de aqua *V* 44 addito] *om. V* 46 simpliciter gravis] *inv. V* 46 et aer simpliciter levis] *om. V* 46 aliqui gradus levitatis commixti] commixti quidam gradus levitatis *I* 49 quia] ex eo quod *I* 51 sine levitate] et levitatem *I*

37 Cf. ARISTOTELES, *De caeo*, III, 3, 302 a 5-9.

tatibus. Sed falsitas consequentis probatur. Primo, nam, si sic, tunc aqua simplex posset successive descendere in vacuo, et aer simplex posset successive ascendere in eodem, si esset; quod est contra ARISTOTELEM et COMMENTATOREM in *IV° Physicorum*. Consequentia tenet, quia haberent sufficientem resistentiam intrinsecam: unde in aqua levitas resisteret gravitati et in aere gravitas resisteret levitati.

Et confirmatur: quia forma substantialis aquae est simplex, et similiter forma substantialis aeris; igitur gravitas, quae est qualitas motiva aquae consequens illam formam substantialem, etiam debet esse simplex, et similiter levitas ipsius aeris; et, si sic, aqua est gravis sine levitate et aer levis sine gravitate, et per consequens aqua est gravis simpliciter, et aer levis simpliciter, quod erat probandum.

Oppositum volunt ARISTOTELES et COMMENTATOR in multis F.I. H1^{rb} locis, qui | pluries distinguunt grave in grave simpliciter et in grave in respectu: unde volunt terram esse gravem simpliciter et ignem levem simpliciter et aquam et aerem gravem et levem in respectu.

In ista quaestione primo ponam quasdam distinctiones; secundo conclusiones.

Quantum ad primum sit prima distinctio: aliquid dicitur grave simpliciter quattuor modis. Uno modo, quia eo existente gravi nihil

53 Sed falsitas consequentis] *om. V* 53/54 Primo, nam, si sic] quia sicut *scr. V sed del. et* sicut *add.* 54 in] *om. V* 57 quia] ex eo quod] *I* 60 confirmatur] hoc *add. I* 61 igitur] ergo *I* 62 aquae] ratio *V* 62 consequens] sequens *I* 62 illam formam] *iter. V sed primam locutionem del.* 63 debet] dici *add. V sed del.* 63/72 simplex, et... conclusiones] *om. V (est in I P et partim in S)* 64/65 et per... simpliciter²] *om. S* 65 erat] fuit *S* 67 volunt] vult *I (est in P S)* 67 pluries] multoties *S* 68 distinguunt grave] dicunt quod grave dividitur *(*dicatur *scr. sed exp. et* dividitur *s.v. add.) S* 68 et] dividitur *add. S* 69 volunt] ipsi vocant *S* 69 esse] *om. S* 73 Quantum ad primum] De primo *S*; *iter. V*

56 ARISTOTELES, *Physica*, IV, 7, 213 b 31-34.
56 AVERROES, *In Physicam*, IV, f. 150va, comm, 57, H-I.
67 ARISTOTELES, *De caelo*, IV, 1, 308 a 29-33.
67 Cf. AVERROES, *In De caelo*, III, f. 219^{rb-vb}, comm. 57.

est eo gravius; secundo modo, quia gravitati suae nullus gradus levitatis est commixtus; tertio modo, quia de pronomine ipsum demonstrante est praedicabilis hic terminus *grave* absque addito iuxta illud (hoc simpliciter dico quod sine addito dico); quarto modo, quia in quocumque illorum trium elementorum ponatur quae sunt ignis, aer et aqua, ipsum natum est descendere.

Secunda distinctio: proportionaliter se habet de levi simpliciter, nam uno modo aliquid dicitur leve simpliciter, quia ipso existente levi nihil est eo levius; secundo modo, quia levitati eius nullus gradus gravitatis est commixtus; tertio modo, quia li *leve* est praedicabile de eo sine addito; quarto modo, quia in quocumque istorum trium elementorum ponatur quae sunt terra, aqua, aer, ipsum est aptum natum ascendere.

Tertia distinctio: grave non simpliciter sed in respectu dicitur duobus modis. Uno modo, quia suae gravitatis est aliquis gradus levitatis permixtus; secundo modo, quia in aliquo elementorum aptum natum est ascendere, et in aliquo aptum natum est descendere.

Quarta distinctio: ponatur proportionaliter de levi non simpliciter, sed in respectu.

Quantum ad secundum sit prima conclusio: nulla particula terrae est gravis simpliciter primo modo. Probatur, quia quacumque particula terrae data, una maior est ea gravior.

Secunda conclusio: quaelibet particula terrae purae est gravis simpliciter secundo, tertio et quarto modo. De secundo modo patet, quia suae gravitati nullus gradus levitatis est permixtus: aliter enim non esset terra pura, quod est contra hypothesim. De tertio modo patet, nam li *grave* est praedicabile de pronomine demonstrante

---

76 commixtus] admixtus *V* 76/77 ipsum demonstrante] *inv. I* 77 hic] iste *I* 78 hoc] *om. P V* 85 quarto modo] *om. V* 80 et] *om. V* 80 ipsum] *om. V* 84 gravitatis] levitatis *V* 84 commixtus] admixtus *V* 84 li] *om. V* 90 modo] *om. V* 91 ascendere et... est] *om. V (hom.)* 91/92 descendere] ascendere *scr. V sed del. et s.v.* descendere *add.* 94 sed] seu *V* 96 Probatur] *om. V* 99 secundo] et *add. I* 99 modo²] *om. V* 00 permixtus] admixtus *V* 1 tertio] secundo *V*

istam particulam simpliciter et sine addito. De quarto modo patet, nam, quacumque particula terrae pura data, sive esset in igne, sive in aere, sive in aqua, ipsa apta nata esset descendere, sicut docet experientia; et, si non descenderet, hoc esset propter prohibens et violentans ipsam.

Notandum tamen quod in proposito solum dicimus aliquid esse grave simpliciter propter hoc quod, in quocumque poneretur dictorum trium elementorum, ipsum natum esset descendere.

Sed diceres: videtur quod isto quarto modo non quaelibet particula terrae sit simpliciter gravis, quia non quaelibet talis descendit in aere. Patet de illis parvis corporibus terrestribus atomalibus quae apparent in aere in radiis solaribus proiectis per aliquam fenestram. – Respondetur quod utique particulae tales aptae natae sunt descendere; sed quod non descendunt, hoc est ideo quia non sufficiunt dividere aerem sub se existentem propter eorum parvitatem, et ideo quia ibi retinentur, hoc est eis violentum. – Sed diceres: immo quandoque ascendunt in aere. Respondetur quod verum est, sed hoc est propter alterationem factam in eis per calorem solis inducentem in eis levitatem et trahentem eas a simplicitate et naturalitate sua.

Tertia conclusio: nulla particula ignis est levis simpliciter loquendo de *levi simpliciter* primo modo dicto. Probatur, quia quacumque data maior est ea levior.

Quarta conclusio: quaelibet particula ignis est levis simpliciter secundo, tertio et quarto modis, licet in proposito dicatur esse levis simpliciter iuxta quartum modum. Probatur proportionaliter sicut probatur secunda conclusio de gravitate terrae.

Ex istis conclusionibus sequitur aliquod elementum esse grave

---

3 istam] illam *I* 3 et] *om. V* 4 quacumque] quaecumque *V* 4 terrae] sive *add. V sed del.* 4 data] *om. V* 5 ipsa] *om. V* 8 esse] *om. I (est in P V)* 11/12 particula] pars *V* 13 terrestribus] *om. I (est in S V)* 16 sed] hoc *add. V sed del.* 16 hoc] *om. I* 16 ideo quia] propter hoc quod *I* 18 quia] quod *I S V* 19 immo] *om. V* 19 Respondetur] Respondeo *I* 21 eas] ea *V* 22 et] a *add. V* 24 levi simpliciter] levitate *S V* 25 est ea] *inv. I* 27 secundo] et *add. I* 28 levis simpliciter] *inv. V* 28 iuxta] secundum *V* 29 secunda conclusio] *inv. I* 30 conclusionibus] dictis *I*

simpliciter et aliquod esse leve simpliciter, quod erat prima pars quaestionis propositae.

Quinta conclusio: aer et aqua non dicuntur //// graves vel leves F.V. 52rb in respectu primo modo. Probatur: quia, si sic, tunc in quolibet eorum esset aliquis gradus gravitatis et aliquis gradus levitatis; sed hoc est falsum. Primo, quia tunc quodlibet eorum posset successive moveri in vacuo; secundo, nam tunc nullum eorum esset elementum simplex neque purum, ex eo quod sua qualitas motiva non esset simplex.

Sexta conclusio: tam aqua quam aer est gravis et levis in respectu secundo modo. Probatur, quia aqua posita in aliquo elemento ascenderet, et in aliquo posita descenderet; et similiter sic est de aere; ideo quodlibet eorum dicitur grave et leve in respectu secundo modo. Consequentia tenet ex distinctione tertia et quarta primi articuli. Sed antecedens probatur, nam talis est ordo entium naturalium quod graviora appetunt esse sub levioribus, et leviora appetunt esse super graviora. Patet hoc, nam aliter lignum non ascenderet in aqua nec oleum, cuius oppositum videmus. Et ideo quandocumque aqua haberet super se terram immediatam, et ubicumque esset, moveretur et ascenderet super eam, si non esset impedita; sed, si aqua haberet sub se ignem vel aerem, ubicumque esset, descenderet, si non impediretur, ut esset sub eisdem. Idem patet de aere, quia, si haberet sub se immediate ignem, descenderet ut esset sub eo; sed, si haberet super se immediate aquam vel terram, ascenderet, si non impediretur, tamdiu quod esset super eam. Sic igitur patet quod aqua in aliquo elemento ascenderet et in aliquo descenderet, et aer similiter.

---

31 aliquod] elementum *add. V* 32 quaestionis] conclusionis *V* 33 aer] et aqua] *inv. I* 33 vel] nec *I* 35 gravitatis] levitatis *I* 35 gradus[2]] *om. V* 35 levitatis] gravitatis *I* 36 quia] nam *I* 37 nullum eorum] *inv. I* 40 tam] *om. V (lacuna: 1 cm)* 40 quam] *om. V* 40 aer] *scr. V sed del.* 40 gravis et] *om. V* 40 levis] q *scr. V sed del. et* deinde et gravis *add.* 41 posita in aliquo elemento] in aliquo elemento posita *I* 45 Sed] *om. V* 46 levioribus] levibus *I* 48 aqua] *scr. V sed del.* 48 oleum] simpliciter *add. V* 51 impedita] impedimentum *I* 52 ut] nec *V* 52 eisdem] eis *V* 53 quia] qui *I* 54 ut] nec *V* 54 super] supra *I* 56 super] supra *V* 55 eam] ea *I* 56 igitur] ergo *I*

F.I. H1va Ex quo concluditur aquam et aerem esse gravia | et levia in respectu; ex quo ulterius concluditur aliquod elementum esse grave et leve in respectu, quod erat secunda pars quaestionis propositae. Unde de gravibus et levibus in respectu, sicut sunt aer et aqua, imaginandum est non quod in eis sit gravitas commixta levitati sed quod in eis est una qualitas simplex motiva quae facit ea descendere, quando sub eis est aliquod levius, et eadem qualitas facit ea descendere quando super ea est aliquod gravius.

Septima conclusio: grave et leve in respectu possunt ubique ascendere naturaliter et ubique descendere naturaliter. Probatur, nam ubicumque esset aqua, dum tamen sub ipsa immediate esset aer, ipsa descenderet, et similiter, ubicumque esset aqua, dum tamen super ipsam esset terra, ipsa apta nata esset ascendere, et ascenderet naturaliter, si non impediretur, quia, sicut dictum est, semper minus grave appetit esse super maius grave; modo terra est gravior quam sit aqua: aliter enim non descenderet in aqua.

Ex isto patet differentia inter grave simpliciter et grave in respectu, et leve simpliciter et leve in respectu, quia grave simpliciter nullibi ascenderet naturaliter et leve simpliciter nullibi descenderet naturaliter; sed grave et leve in respectu ubique possunt ascendere et ubique possunt descendere naturaliter.

Sed dubitatur iuxta hoc. Primo: nam dicit ARISTOTELES *IVº huius* quod aer ascendit violente in elemento ignis. Secundo dubitatur: nam iuxta dicta videretur sequi quod aqua non deberet dici magis gravis aere, quia, sicut ubique aer posset naturaliter ascendere vel descendere, ita et aqua, cum utrumque sit grave et leve in respectu. Tertio: si grave et leve in respectu, sicut aqua et aer, possent ubique naturaliter ascendere et ubique naturaliter descendere,

58 aquam et aerem] *inv. I (est in S)* 58/59 aquam et... respectu] *om. V* 59 ulterius] *om. V* 59 elementum esse] *inv. I* 62 imaginandum] imaginatum *I* 62 in] *s.v. V* 62 gravitas] inn *add. V sed del.* 62 commixta] admixta *V* 64/65 sub eis... super] *om. V (hom.)* 65 super] supra *V* 72 maius] magis *I* 73 est] sit *V* 75 quia] *om. V* 77 grave et leve in respectu] leve et grave *V* 78 possunt] *om. V* 78 naturaliter] *om. V* 79 Primo] *om. V* 81 videretur] videtur *I* 82 posset] potest *I* 83 eorum] *om. I* 85 possent] possunt *I* 85 ubique^{2} naturaliter] *om. V*

79/80 ARISTOTELES, *De caelo*, IV, 5, 312 b 2-19.

tunc idem mobile simpliciter posset moveri naturaliter motibus contrariis, cuius oppositum demonstratum est *I° huius*.

Ad ista respondetur. Ad primum dicendum est quod dictum ARISTOTELIS debet intelligi quod aer violente ascenderet in sphaera ignis quando ibi esset ignis; cum hoc tamen stat quod aer ascenderet ibi naturaliter, //// vel saltem esset aptus natus ibi ascendere, F.V. 52va si in sphaera ignis esset aliquod corpus gravius aere, propter naturalem ordinem gravium et levium.

Ad secundum dico quod aqua utique est gravior aere, sed non propter hoc quod aqua descenderet alicubi naturaliter ubi aer non posset descendere casu ad voluntatem posito; sed immo aqua dicitur gravior aere, quia aqua apta nata est descendere in aere et esse sub aere, aer autem non aptus natus est descendere in aquam.

Ad tertium nego quod illi motus sint contrarii, licet possint esse a terminis contrariis ad terminos contrarios. Unde dico quod hoc non sufficit ad contrarietatem motuum; sed cum hoc requiritur quod tales motus fiant per consimilia media in gravitate vel in levitate.

Octava conclusio: si aliquid ascendit naturaliter, saltem in medio pleno, aliquid descendit naturaliter; et similiter, si aliquid descendit naturaliter, aliquid ascendit naturaliter. Patet, nam, si ignis ascendit naturaliter in aere, aer qui est super ipsum descendit naturaliter, cum gravius appetat esse sub leviore; similiter, si terra naturaliter descendit per aerem, tunc aer qui est levior terra ascendit naturaliter, quia gravius vult esse sub ipso.

Ad rationes. Prima bene probat quod terra non est gravis simpliciter primo modo, nec etiam ignis est levis simpliciter primo modo, sicut patet ex conclusionibus positis; cum quo tamen bene

86 simpliciter] simplex *I* 86/87 motibus contrariis] *inv. I* 87 demonstratum] vel determinatum *add. V* 88 respondetur] *om. V* 88 dicendum est] respondetur *V* 91 esset aptus natus] *inv. I* 91 ibi] *om. V* 93 ordinem] ordinationem *V* 94 aqua utique] *inv. I* 95 quod] af *add. V sed del.* 95 aer] *om. V* 96 descendere] aer *add. V* 99 sint] essent *I* 99 possint] possent *V* 2 fiant] fierent *I* 3 in] *om. V* 7 appetat] appetit *V* 8 naturaliter descendit] *inv. I* 9 gravius vult] *inv. I* 9 ipso] levi *I* 10 est] *om. V* 11 simpliciter[1]] *om. V*

89 ARISTOTELES, *De caeo*, IV, 5, 312 b 2-19.

stat quod terra est simpliciter gravis secundo, tertio et quarto modo, et ignis similiter est simpliciter levis secundo, tertio et quarto modo.

Ad secundam nego quod aer vel aqua sit gravis vel levis simpliciter. Et quando dicebatur: unum dolium aqua plenum in aere est gravius quam unus pugillus terrae, bene concedo; sed non propter hoc sequitur quod unum dolium aquae sit gravius uno pugillo terrae simpliciter, nam non sequitur: *est gravius in aere, igitur est gravius*, nam gravitas et levitas simpliciter, sicut patet ex primo articulo, comparantur inter elementa quantum ad motum unius elementi in alio: quidquid enim ascendit in aere dicitur levius aere, et quidquid descendit in aqua dicitur gravius aqua.

Ad confirmationem bene concedo quod secundum unam acceptionem gravis simpliciter aqua diceretur *gravis simpliciter* et aer similiter, scilicet prout illud diceretur grave simpliciter de cuius pronomine demonstrante verificatur li *grave* simpliciter absque addito; verumtamen nec aqua nec aer dicitur grave simpliciter, prout grave simpliciter dicitur quod in quocumque alio elemento ab ipso descenderet, quomodo terra dicitur gravis simpliciter et quomodo grave simpliciter accipitur in proposito.

Alia ratio bene probat quod nec aqua nec aer dicitur gravis in respectu, prout grave in respectu dicitur cuius gravitati aliquid de levitate est commixtum; cum hoc tamen stat quod tam aqua quam aer dicitur gravis in respectu, prout grave in respectu dicitur quod in elemento leviore eo descendit, et in elemento graviore eo ascendit, prout ex conclusionibus ante positis potest apparere. Sic | patet quaestio.

F.I. H1^{vb}

13 simpliciter gravis] *inv. V* 13 secundo] et *add. I* 14 simpliciter levis] *inv. I* 14 simpliciter] *om. V* 14 secundo] et *add. I* 16 aer vel aqua] *inv. I* 16 vel] et *V* 17 aqua plenum] aquae *I* 18 bene] *om. V* 18 sed] *om. V* 20 igitur] ergo *I* 21 gravitas et levitas] gravitates et levitates *I* 23 alio] altero *I* 23 ascendit] ascenderet *I* 23 aere] *om. V* 24 descendit] descenderet *I* 24 aqua[2]] *om. V* 28 pronomine] quantum *(dub.) add. V* 28 simpliciter] *om. V* 29 addito] additione *V* 29 grave] gravis *V* 30 alio elemento] *inv. V* 31/32 quomodo terra... simpliciter] *om. I (est in S V)* 35 commixtum] admixtum *V* 38/39 Sic patet quaestio] *om. I*

Quaestio 2

Utrum quodlibet corpus quod est alio gravius in aere sit eodem gravius in aqua

Secundum propositorum erat utrum quodlibet corpus quod est alio gravius in aere sit eodem gravius in aqua.

Et arguitur primo quod sic. Nam, si non, sit igitur *a* gravius *b* in aere, et *b* e converso sit gravius ipso *a* in aqua, sequitur quod non potest sciri quod in rei veritate sit alio eorum gravius, nam, si tu dicas quod *a* est gravius *b* ex eo quod *a* descendit velocius in aere quam *b*, ego dicam quod *b* est gravius *a* quia velocius descendit in aqua quam *a*.

Oppositum arguitur. Nam unum magnum lignum parvo plumbo in aere est gravius, //// quia velocius in aere descendit quam parvum F.V. 52vb plumbum, et tamen in aqua idem parvum plumbum est gravius illo magno ligno: quod patet, quia illud parvum plumbum descendit usque ad profundum aquae et lignum non.

Iuxta istam quaestionem primo volo ponere conclusiones circa quaesitum; secundo iuxta hoc volo ponere quosdam modos quibus possimus invenire sine ponderatione proportionem corporum gravium et levium ad invicem in gravitate diversarum gravitatum secundum speciem.

Quantum ad primum sit prima conclusio: non quodlibet corpus quod est gravius alio in aere est gravius eodem in aqua. Patet de magno ligno et parvo plumbo, sicut arguebatur ad oppositum.

---

4 est] 1 *add. V sed del.* 6 igitur] ergo *I*; gravi *add. V sed del.* 7 sequitur] sequeretur *V* 8 eorum] *om. V* 9 a] *om. V* 13 descendit] *om. V* 13 quam] quod *V* 13 parvum] per *add. V sed del.* 19 possimus] possumus *I* 19 proportionem] proportione *V* 19/20 gravium et levium] *om. V* 21 secundum speciem] in specie *V* 23 gravius eodem] *inv. V* 24 arguebatur] arguitur *I* 24 ad] post *I S (est in P V)*

Secunda conclusio: non quodlibet corpus est aeque grave in aere et in aqua: patet de ligno quod descendit in aere usque ad profundum aeris, et in aqua non, quod non esset nisi in aere esset gravius et in aqua minus grave.

Tertia conclusio: non quodlibet corpus est aeque grave in aqua et in oleo. Patet de ligno quod non ita profunde descendit in aqua sicut in oleo.

Ex quo sequitur quarta conclusio: non quodlibet corpus quod est alio gravius in aqua est gravius eodem in oleo, et e converso; et non solum illud est verum de aqua et oleo, sed de omnibus corporibus diversarum gravitatum secundum speciem.

Quantum ad secundum supponendum est primo quae dicantur aequaliter secundum speciem et quae inaequaliter. Unde illa dicuntur aequaliter gravia secundum speciuem quae sic se habent quod aequales portiones eorum in magnitudine aequaliter ponderant; illa vero dicuntur inaequaliter gravia secundum speciem quae sic se habent quod portiones eorum aequales in magnitudine inaequaliter ponderant. Unde, si capiantur duae portiones, una ligni et alia tanta plumbi, portio plumbi plus ponderat.

Tunc sit prima conclusio: datis duobus corporibus solidis, an sint eiusdem gravitatis in specie vel diversarum et quod eorum sit gravius possibile est sine ponderatione in aequilibra invenire. Nam sint illa duo corpora *a* et *b*, et capiantur de *a* et *b* portiones aequales in magnitudine; si *a* et *b* sint inaequalia in magnitudine, et dimittantur istae portiones cadere in eandem aquam, tunc, si aeque velociter descendunt in profundum aquae, vel tanta pars de una quanta de alia, dic quod dicta corpora sunt aequalis gravitatis in specie; si autem inaeque velociter descendunt usque ad profundum,

---

26 descendit in aere] *inv. I* 27 aeris] moris *V* 30 in²] sicut in *add. V sed del.* 32 quo] ulterius *add. V* 33 alio gravius] *inv. I* 34 illud] istud *V* 34 est verum] *inv. I* 36 dicantur] dicuntur *I* 39 portiones] poportiones *P S V* 40 vero] autem *V* 40 inaequaliter] inaequalia *V* 42 alia] *om. I* 44 an] sic e *add. V sed del.* 45 vel] an *V* 45 sit] est *V* 47 et] *om. V* 48 et] si *add. V* 49 istae] illae *I*

vel plus de una illarum portionum submergitur in aqua et minus de alia, dic quod illud est gravius secundum speciem, cuius portio velocius descendit, vel cuius portionis submergitur plus in aqua fundamentum istius: *positum est in praecedente quaestione.*

Secunda conclusio: datis duobus corporibus solidis diversarum gravitatum in specie; ambobus tamen supernatantibus in aqua secundum aliquas sui partes, non solum sine ponderatione in aequilibra contingit invenire quod illorum sit gravis, sed etiam proportionem in qua alterum est altero gravius, et hoc potest inveniri sic. Nam sint duo talia corpora duo ligna diversarum specierum et diversarum gravitatum in specie; capiantur de eis duae portiones aequales, et quaelibet illarum dividatur secundum latus in aliquot partes aequales, verbi gratia in duodecim, quae partes vocentur puncta; quo facto dimittantur cadere in aquam, et videatur de quo plura puncta submerguntur et de quo pauciora, et ulterius videatur quot puncta submerguntur de uno et quot de alio, et secundum hoc iudicetur proportio eorum ad invicem in gravitate, verbi gratia sit quod unius submergantur duo puncta et alterius quattuor, tunc dic quod illud cuius quattuor puncta submerguntur est in duplo gravius secundum speciem quam illud cuius solum duo puncta submerguntur.

Tertia conclusio: datis duobus corporibus liquidis diversarum gravitatum | ad invicem secundum speciem possibile est sine pondere invenire quod illorum sit gravius. (F.I. H2ra) Nam sint duo talia: aqua et oleum, et dimittatur unum lignum in aquam primo, et deinde in oleum; tunc si de illo ligno minus submergitur in aqua et magis //// (F.V. 53ra) in oleo, dic quod aqua est gravior et oleum est levius. Patet, nam semper idem grave in leviore profundius descendit quam in graviore.

Quarta conclusio: datis duabus corporibus liquidis diversarum gravitatum in specie, possible est sine pondere invenire non solum quod eorum altero sit gravius, sed etiam in qua proportione alterum

64 et] qualibet *add. V* 64 illarum] *om. V* 64 secundum] in *I* 65 vocentur] vocantur *V* 68 quot] quit *V* 70 tunc] *om. V* 75 possibile est] *inv. V* 77 et[3]] *om. I* 78 tunc] *om. I* 79 levius] minus grave *V* 83 altero sit] *inv. I* 84/85 alterum est] *inv. V*

56/57 Cf. *supra*, L. III-IV, Q. 1.

est altero gravius. Nam sint duo talia corpora liquida aqua et oleum, et capiatur unum lignum quod dicto modo sit divisum in duodecim partes aequales, et dimittatur illud primo modo in unum eorum, verbi gratia in aquam, et videatur quot de illis partibus submergantur in aqua, et sit, verbi gratia, quod quattuor eius puncta, et deinde dimittatur in oleum, et videatur quot istius puncta submergantur in oleo, et sint, verbi gratia, tria hoc considerato, dic quod in illa proportione aqua est gravior oleo secundum speciem in qua numerus punctorum istius corporis submersorum in aqua se habet ad numerum punctorum eiusdem corporis submersorum in oleo; et quia proportio istorum duorum numerorum ad invicem est sesquitertia, quia quattuor ad tria, dic quod aqua in sesquitertia proportione est gravior secundum speciem quam sit oleum.

Quinta conclusio: datis duobus corporibus uno solido et alio liquido, possibile est sine pondere invenire an sint aeque gravia secundum speciem vel unum eorum sit altero gravius secundum speciem. Nam sit corpus liquidum aqua, et corpus solidum sit plumbum vel lignum vel aliquid huiusmodi, et dimittatur illud in aquam; tunc, si desecendit in aqua usque ad profundum, dic quod est gravius aqua secundum speciem. Si autem descendit usquequo superficies eius superior fiet aeque alta cum superficie superiore aquae, dic quod illud corpus solidum et aqua sunt aeque gravia secundum speciem; si autem secundum aliquas eius partes descendit in aqua et secundum aliquas supernatat, dic quod est levius aqua secundum speciem, sicut est lignum.

Sexta conclusio: datis duobus corporibus, uno solido et altero liquido, diversarum specierum in gravitate, corpore tamen solido natante in liquido et non descendente ad profundum, possibile est invenire in qua proportione unum illorum sit alio gravius secundum speciem. Nam sit corpus liquidum aqua, et corpus solidum sit unum

---

86 modo] *om. V* 87 videatur] videtur *V* 89 istius puncta] pouncta eius *I* 90/91 in illa proportione aqua est gravior oleo] aqua est gravior oleo in ea proportione *V* 92 istius] illius *I* 92 habet] in *add. V sed del.* 93 numerum] unum *V* 94 istorum] illorum *I* 94 duorum] *om. I P (est in S V)* 94 invicem] ad *add. V sed del.* 97 alio] altero *I* 2 in] aquia q *add. V sed del.* 3 usquequo] usquequod *V* 4 fiet] fiat *I* 5 illud] *om. E* 7 aqua] aquam *I* 11 non] *s.v. V* 12 qua] quo *V*

lignum, et dividatur illud lignum dicto modo in duodecim portiones aequales, quo facto dimittatur in aquam, et videatur quot eius puncta submergantur in aqua, et sint, verbi gratia, quattuor, quo facto videatur in qua proportione totalis numerus punctorum duodecim habeat se ad numerum punctorum submersorum in aqua, scilicet ad quattuor, dic quod in ea, scilicet tripla proportione, illud liquidum est gravius secundum speciem illo solido. Patet, nam, si illud lignum secundum omnia eius puncta descenderet in aqua usquequo eius superficies superior fieret aeque alta cum superficie superiore aquae, esset praecise aeque grave cum aqua; ideo in quanto minus de ligno descendit in aqua, in tanto aqua est gravior ligno; immo, si medietas istius ligni, scilicet sex puncta, descenderet in aqua, aqua esset praecise in duplo gravior; sed, si minus quam medietas, scilicet tertia, ut puta quattuor puncta, aqua esset in triplo gravior, qualis est proportio duodecim ad quattuor.

Sic igitur positae sunt sex conclusiones. Et iuxta duas primas comparantur solida ad solida, secundum sequentes duas comparantur liquida ad liquida, secundum ultimas duas solida ad liquida.

Tunc respondetur ad rationem ante oppositum. Quando dicebatur: *tunc non posset sciri quod illorum secundum rei veritatem esset gravius secundum speciem*, dico quod immo, nam illud in rei veritatem est gravius secundum speciem quod est gravius in graviore, puta in aqua, sicut est plumbum, sicut patet ex iam *dictis in quaestione praecedente*. Et sic patet quaestio.

---

15 in] q *add. V sed del.* 15 et] quo facto et *V* 17 proportione] vl *add. V sed del.* 17 punctorum] f *add. V sed del.* 19 ea] illa *scr. V sed del.* 19 scilicet] *om. V* 22 superiore aquae] *inv. I* 23 grave] gravis *I* 24 aqua] aquam *I* 25 immo] ideo *V* 25 istius] illius *I* 25 descenderet] descenderent *V* 25 aqua] aquam *I* 27 tertia] ista pars *V* 30 igitur] ergo *I* 30 duas primas] *inv. I* 30 comparantur[1]] conferuntur *I* 30 solida[2]] liquida *V* 30/31 comparantur[2]] conferuntur *I* 32 respondetur] respondeatur *I* 33 tunc] sic tunc *V* 36 ex] p *add. V sed del.* 37 quaestione] et in quaestione *add. I* 37 Et sic patet quaestio] *om. I*

38/39 Cf. *supra*, L. III-IV, Q. 1.

Quaestio 3

Utrum aliquod elementum in suo proprio loco sit grave

Tertium propositorum erat utrum aliquod elementum in suo proprio loco sit grave.

F.V. 53rb Et videtur primo quod sic. Quia vesica repleta aere plus //// trahit in aequilibra quam si non esset repleta; quod non esset nisi aer in suo proprio loco esset gravis.

Secundo. Aliquid est aere existente in suo proprio loco gravius; igitur aer in suo proprio loco gravis est. Consequentia tenet, quia in F.I. H2rb utroque comparabilium debet repe- | riri forma seu qualitas secundum quam comparantur ad invicem.

Tertio. Si aer esset in sphaera ignis, descenderet ad suum locum proprium per suam gravitatem, quam tamen gravitatem non amitteret, sed retineret, ipso existente in suo proprio loco; igitur aer in suo proprio loco est gravis.

Quarto ad idem. Nam dicit COMMENTATOR commento 38° *IV huius* quod, si auferatur aqua quae est sub aere, aer descendit ad replendum locum aquae sine difficultate et violentia; tamen, si auferretur aliqua pars aeris super aquam, aqua non ascenderet nisi cum quadam violentia pro replendo locum aeris. Similiter, si aliqua pars ignis in sphaera sua propria existens super aerem auferretur, aer non ascenderet ad replendum locum illum nisi cum quadam violentia; illud videtur esse signum quod tam aer quam aqua sint gravia in suis locis et non levia.

---

6 sic quae *add. V sed del.* 6 repleta] impleta *V* 8 proprio loco] *inv. V* 10 igitur] ideo *I* 10 gravis est] *inv. V* 10 quia] ex eo quod *I* 11 comparabilium] comparatorum *I* 13/14 ad suum locum proprium per suam gravitatem] per suam gravitatem ad suum locum proprium *V* 15 suo proprio loco] loco proprio suo *V* 15 igitur] ergo *I* 15 proprio loco] *inv. V* 17 ad idem] *om. V* 24 illud] istud *I* 25 sint] sunt *I*; sit *V* 25 suis locis] *inv. V* 25 levia] leves *V*

17/18 AVERROES, *In De caelo*, IV, f. 264vb, comm. 39, M, 3-5.

Quinto. Terra in proprio suo loco est gravis adhuc gravitate actuali; igitur quaestio vera. Consequentia tenet de se. Antecedens probatur: nam, si aliquis niteretur elevare aliquam partem terrae, adhuc, ipsa existente in suo loco proprio, ipsa resisteret elevanti; sed non nisi per gravitatem; igitur etc.

Sexto. Nam partes terrae inferiores sunt solidiores quam superiores, quod non videtur esse nisi ex eo quod superiores eas comprimunt; sed talis compressio est virtute gravitatis; igitur etc.

Septimo. Ignis, ubicumque sit, est calidus actualiter; ergo videtur quod etiam ubicumque sit, sit levis actualiter, et per consequens in suo loco est levis, et pari ratione terra in suo loco proprio est gravis naturaliter.

Octavo arguitur de aqua. Nam, si fiat foramen in terra, aqua descendit in terram, non obstante quod aqua existat in suo loco proprio; sed hoc non videtur esse nisi per gravitatem.

Oppositum arguitur. Nam, si aliquod elementum esset grave in suo proprio loco, hoc non magis videretur de uno elementorum gravium quam de alio neque minus; et ideo, si aliquod elementum esset grave in suo proprio loco, aqua esset gravis in suo proprio loco; sed hoc est falsum, nam, si esset gravis in suo proprio loco, tunc ille qui haberet supra se centum vel mille dolia aquae ipse bene deberet sentire gravedinem eius, sed tamen ipse non sentit. Patet hoc de nautis, quorum aliqui descendunt aliquando usque ad fundum maris, et tunc habent super se plus quam centum dolia aquae, et tamen nullam eius gravedinem sentiunt. Similiter, si aer in suo proprio loco esset gravis, utique deberemus istam gravedinem percipere, cum multum de aere existat super nos.

---

27 igitur] ergo *I* 29 suo loco] *inv. V* 29 proprio] *om. I* 30 per] *om. V* 30 igitur] ergo *I* 31 terrae inferiores] *inv. I*; terrae interiores *V* 32 nisi ex eo] ex alio nis *V* 32/33 comprimunt] comprimant *V* 32 est] gratia et *add. V* 33 igitur] ergo *I* 36 proprio] *om. V* 37 naturaliter] *om. I P* 39 existat] existit *I* 39 loco proprio] *inv. V* 41 Nam] *om. V* 44 proprio[1]] f *add. V sed del.* 44 proprio[1] loco[1]] *inv. I* 44 proprio[2] loco[2]] *inv. I* 45 proprio loco] *inv. I* 47 bene] *om. V* 47 sed] n *add. V sed del.* 48 de] *iter. V sed primum verbum del.* 48 descendunt aliquando] *inv. I* 48 usque] *om. V* 50 centum] mille *V* 50 eius] *om. V* 51 proprio] *om. V* 51 istam] illam *I* 51 gravedinem] gravitatem *I* 52 existat] sic *V*

Secundo ad idem. Arguitur auctoritate ARCHIMEDIS in libro suo *De ponderibus*, ubi dicit nullum corpus in seipso esse grave: unde nec aqua in aqua, nec aer in aere, nec oleum in oleo.

Pro respondendo ad istam quaestionem pono primo unam distinctionem. Et est ista quod dupliciter potest capi gravitas. Uno modo pro dispositione quadam habituali et potentiali consequente formam gravis, sive actualiter inclinet ad motum sive non, et illa vocetur gravitas habitualis et potentialis. Alio modo accipitur gravitas pro tali dispositione actualiter inclinante ad motum, et illa vocetur gravitas actualis. Consimilis distinctio potest poni de levitate.

Tunc sit prima conclusio: ubicumque sit elementum grave, ipsum habet gravitatem habitualem. Probatur, nam talis gravitas est quaedam qualitas consequens formam substantialem ipsius gravis, F.V. 53va nec potest tolli nec auferri nisi //// per corruptionem formae substantialis, et non per solum motum localem.

Secunda conclusio: elementum grave in suo proprio loco habet gravitatem habitualem. Probatur primo per praecedentem conclusionem. Secundo, nam per eandem qualitatem per quam elementum movetur ad suum locum proprium, cum fuerit extra ipsum, quiescet naturaliter in suo proprio loco, cum fuerit in ipso; sed hoc est gravitas quantum ad elementa gravia. Nam illa per suam gravitatem moventur naturaliter ad sua loca naturalia, et ipsa cum perveniunt ad sua loca naturalia per eandem gravitatem quiescunt in ipsis. Et sic eadem gravitas quae aliquando dicitur actualis, sicut quando actualiter inclinat ad motum deorsum, aliquando dicitur habitualis et potentialis sicut quando non actualiter inclinat ad motum.

---

53 ad idem] *om. I* 53 Archimedis] Archimedinis *I* 54 esse grave] *inv. I* 55 nec aer in aere] *om. I* 55 oleo] est grave *add. I* 57 capi gravitas] *inv. V* 60 et] seu *I* 62 vocetur] vocatur *I* 65 gravitatem] actualem *add. V sed del.* 66 quaedam qualitas] *inv. I* 69 grave] *om. V* 69 suo proprio] *inv. V* 70 primo] *om. V* 73 proprio loco] *inv. V* 74 illa] ipsa *I* 75 naturaliter] *om. I* 75 et ipsa] *scr. V sed del.* 75/76 cum perveniunt... naturalia] *om. V (hom.)* 76 per] et per *V* 76 gravitatem] extra *(dub.) add. V sed del.*

53/54 PSEUDO-ARCHIMEDES : cf. THÂBIT IBN QURRA, *De ponderibus*, I.

Consimiliter possent poni duae conclusiones de elementis levibus.

Tertia conlusio: nullum elementum in suo proprio loco habet gravitatem actualem. Probatur: quia nullum elementum existens in suo proprio loco inclinatur actualiter ad motum deorsum; igitur nullum elementum in suo loco proprio habet gravitatem actualem. Consequentia tenet ex quid nominis gravitatis actualis. Antecedens patet per experientiam. Sic simili modo diceretur de levitate respectu elementorum levium.

Sed contra istam conclusionem dubitatur primo. Nam posito quod aqua sit in loco suo naturali proprio, et dimittatur aliqua magna pars terrae in ipsam, tunc illa aqua naturaliter ascendit supra ipsam terram, cum minus grave appetat esse super maius grave; quod non videtur esse nisi per eandem qualitatem per quam aqua descenderet ad suum locum proprium, si esset extra ipsum. Sed hoc esset gravitas actualis per quam descenderet; ergo videtur quod haec etiam sit gravitas actualis per quam ascendit | super terram, F.I. H2^{va} non obstante quod ipsa aqua sit in loco naturali sibi proprio; igitur videtur quod ipsa aqua in loco suo naturali proprio habeat actualem gravitatem, ex quo habet ibi gravitatem actualiter inclinantem ad motum.

Secundo, si super aerem auferretur aliqua pars ignis, ipse ascenderet ne fieret vacuum, et non nisi per levitatem actualem; ergo aer in sua propria regione videtur habere levitatem actualem.

Ad ista. Ad primum istorum concedo quod per eandem qualitatem per quam aqua descenderet naturaliter ad suum locum proprium, si esset extra ipsum, etiam ascendit super terram dimissam in eam: unde non est imaginandum quod in aqua sit una qualitas, scilicet gravitas, per quam descendit infra aerem, et una alia quae

---

80 Consimiliter] Similiter *V* 80 possent] possunt *I* 80 duae] *om. V* 80 elementis] et *add. V sed del.* 81 proprio loco] *inv. I* 83 proprio loco] *inv. I* 83 igitur] ergo *I* 84 proprio] naturali *V* 86 per] ad *I* 89 suo naturali] *om. I* 90 magna] *s.v. V* 90 supra] super *V* 91 maius] magis *I* 92 videtur] dicitur *I* 97 loco naturali] suo loco *I* 96 igitur] ergo *I* 97 ipsa] *om. I* 97 loco suo naturali] suo loco *I* 97 habeat] habet *I* 97/98 actualem gravitatem] *inv. I* 98 ex] h *add. V sed del.* 98 ibi] *om. I* 98 gravitatem[2]] quae es qualitas *add. V* 98 inclinantem] inclinans *V* 3 Ad ista] *om. V* 3 istorum] *om. V* 4 naturaliter] *om. V* 6 sit] est *V*

sit levitas per quam ascendit super terram, nam tunc aqua non esset elementum simplex. Verum est tamen quod illa eadem qualitas vocatur *gravitas* cum inclinat ad descensum vel quietem deorsum; sed vocatur *levitas* cum inclinat ad motum sursum vel quietem sursum.

Tunc ad propositum dico quod, quando aqua existens in sua propria regione ascendit super terram dimissam in ipsam, hoc non est per gravitatem actualem, licet hoc sit per eandem qualitatem quae aliquando dicitur gravitas actualis, sicut quando actualiter inclinat ad motum deorsum et non ad motum sursum.

Sed diceres ad minus: ergo aqua existens in sua propria regione est actualiter levis, nam, terra dimissa in ipsam existentem in sua propria regione, ipsa ascendit super terram graviorem ea; quod non videtur esse nisi per levitatem actualem.

Ad illud dico quod, ita cito quod terra ponitur immediate super aquam, ipsa aqua desinit esse naturaliter locata, ex eo quod ipsa F.V. 53vb existens minus gravis est situata immediate sub existente magis //// gravi. Et ideo concedo quod tunc aqua per suam actualem levitatem ascendit super terram; nec propter hoc potest concludi eam in loco suo proprio esse actualiter levem, nam tunc non est in loco sibi proprio et naturali.

Ad secundam dico quod, si super aerem amoveretur aliqua pars ignis, et latera ignis non fluerent, utique aer ascenderet ne fieret vacuum. Et quando dicebatur: *ergo aer in sua propria regione haberet levitatem actualem*, concedo. Et quando dicebatur: oppositum dicit conclusio, respondetur quod conclusio debet intelligi et moderari quod elementa gravia et levia in suis propriis locis non habent gravitatem actualem nec levitatem actualem, et hoc rebus naturalibus dimissis in sua naturalitate; sed quando super aerem

10/11 descensum vel... inclinat] *om. V (hom.)* 11 vel] ad *add. V* 18 existens] *om. I* 19 demissa] missa *I* 20 ea] eam *V* 22 terra ponitur] *inv. I* 24 immediate] *om. V* 25 actualem levitatem] *inv. I* 26 eam] *om. V* 26/27 loco suo] *inv. I* 27 loco] suo *add. s.v. V* 27/28 esse actualiter... proprio] *om. V (hom.)* 29 aerem] ann *add. V sed del.* 30 ignis[2]] *iter. V sed primum verbum del.* 30 fluerent] confluerent *I* 31 dicebatur] dicitur *V* 31 ergo] *om. V* 33 respondetur quod conclusio] *om. V (hom.)* 34 moderari] modificari *I* 34 propriis locis] *inv. I*

amoveretur aliqua pars ignis, aliqua fieret violentia in rebus naturalibus; igitur etc. Vel aliter, et concordatur solutioni primae dubitationis, quando dicebatur: *si amoveretur super aerem aliqua pars ignis, etc.*, concedo quod aer movetur sursum per levitatem actualem. Et quando dicebatur: *ergo aer in suo loco proprio et naturali haberet levitatem actualem*, hoc nego, nam dico quod tunc aer non esset in suo loco naturali, ex eo quod ad aerem naturaliter esse locatum requiritur ipsum secundum superficiem eius convexam esse immediatum igni; sed, si aliqua pars ignis superius amoveretur, aer desineret esse immediatius igni, et per consequens desineret esse naturaliter locatus; et ideo non est mirum si per suam levitatem exiret in actum ascendendi seu movendi sursum.

Ad rationes principales. Ad primam dico quod, si aer existens in vesica plus ponderet in aere quam vesica solum, hoc est propter hoc quod aer in vesica est aliqualiter condensatus et compressus et factus gravior quam aer exterior, et quia gravius in minus gravi descendit; igitur etc.

Ad secundam dico quod, quando est existens aliquod lignum in aere, tunc ille aer sub ligno existens non est naturaliter locatus, ex eo quod ille aer qui est minus gravis est sub ligno magis gravi, et propter hoc tunc lignum descendit et aer ascendit; nec propter hoc potest concludi elementum in suo loco naturali esse actualiter grave vel leve.

Ad tertiam illa bene probat quod aer in suo loco naturali habet gravitatem vel levitatem habitualem, non tamen actualem.

Ad quartam, quando dicit COMMENTATOR quod, si infra aerem

---

38 igitur] ergo *I* 38 solutioni] solutione *V* 39 quando] dubitatur *add. V sed del.* 40 etc.] *om. V* 41 proprio] et *add. I* 42 hoc] *om. V* 44 esse] *om. V* 44 ipsum] esse *add. V* 44 superficiem eius] *inv. I* 45 esse] *om. V* 45 superius] *om. S V (est in I P)* 47 et] *om. I* 47 est] *om. V* 49 principales] *om. V* 49 si] *om. V (est in I S)* 50 vesica] cum vesica *add. I V (non est in S)* 50 quam] quod *V* 52 et] *om. I* 53 igitur] ergo *I* 55 ille] iste *I* 56 ille] iste *I* 58 potest concludi] concedi potest *I* 59 leve] etc. *add. V* 60/62 illa bene... quartam] *om. S V*

62 AVERROES, *In De caelo*, IV, f. 264vb, comm. 39, M, 3-5.

amoveatur aqua, ipse aer naturaliter descendit, sed si super aerem amoveatur ignis, ipse aer ascendit cum violentia, dico quod hoc intellexit sic, et, si intellexit sicut verba sonant, ipse male dixit. Pro quo supponendum est quod latera ignis ab invicem divisa facilius et citius confluunt quam latera aquae ab invicem divisa. Similiter sic est de lateribus aeris ab invicem divisis quod etiam facilius et citius F.I. H2vb confluunt quam latera aquae ab invicem divisa. Similiter la- | tera aquae ab invicem divisa facilius et citius confluunt ad invicem quam latera terrae, et hoc propter grossitiem et soliditatem terrae.

Tunc ad propositum dico quod, si infra aerem amoveatur aliqua pars aquae, aer naturaliter descendit ad replendum illum locum et valde cito, et hoc est ideo ne fiat vacuum et quod latera aquae ab invicem divisa non ita cito possint confluere, sicut aer potest descendere et illum locum replere. Sed, si supra aerem amoveretur aliqua pars ignis, non ita cito aer ascenderet, quia citius ille locus repleretur. Iterum sic est de igne respectu aeris per fluxum laterum ignis ad invicem, quia ignis citius posset hoc facere quam aer. Sic F.V. 54ra simili modo //// est de aqua respectu terrae et aeris, nam, si aliqua pars terrae infra aquam amoveatur, statim aqua descendit ad replendum istum locum, propter hoc quod latera ipsius terrae non possent ita cito confluere ad replendum illum locum. Sed, si super aquam amoveatur aliqua pars aeris, non propter hoc aqua ascendit, nam statim latera aeris remanentis confluunt ad replendum illum locum et citius quam faceret aqua ascendens.

Ad quintam nego antecedens. Et quando dicebatur: *si aliquis vellet elevare aliquam partem terrae de suo loco, ipsa resisteret*, concedo, quia ita cito sicut aliquis vellet violentare terram. illa

---

63 super aerem] *om. V* 64 ascendit] *scr. V sed* a *exp. et* de *s.v. add.* 65 et] *om. V* 65 si] in *add. V* 65 male] false *V* 66 supponendum est] suppono *V* 66 est] *om. I* 67 quam] a *add. V sed del.* 68 etiam] *om. V* 68/69 et citius] *om. V* 69 ab ivicem divisa] *om. V* 70 et citius] *om. S V* 70/71 ad invicem] *om. V* 71 soliditatem] sollicitudinem *V* 73 illum] *om. I* 76 supra] super *I* 78 sic est de] ab *V* 78 respectu aeris] *om. V* 78 fluxum] confluxum *V* 79 quia] qui *I (est in S V)* 80 respectu] a *add. V sed del.* 81 amoveatur] moveatur *I*; amovetur *V* 83 possent] *om. V* 83 illum] istum *I* 84 ascendit] ascenderet *I* 85 remanentis] remanentia *V* 85 illum] istum *I* 87 dicebatur] dicitur *V* 88 suo loco] *inv. I*

gravitas terrae, quae prius dicebatur habitualis solum, exiret in actum resistendi elevanti et tunc diceretur gravitas actualis; et ideo bene concedo quod grave in suo loco naturali, cum violentaretur, haberet gravitatem actualem. Unde gravitas non ex hoc solo dicitur actualis quia actualiter inclinet ad motum deorsum, sed etiam ex eo quod resistit et nititur contra violentans. Et iuxta hoc concedendum est quod grave prohibitum et detentum sursum per aliquam columnam est actualiter grave, nam, licet eius gravitas non actualiter moveat, tamen actualiter nititur deprimere detinens ipsum violente.

Ad sextam dico quod partes centrales terrae non propter hoc sunt densiores quod comprimantur a superioribus, nam superiores non ponderant super ipsas, sed hoc est ex eo quod superiores sunt magis mixtae et sunt magis porosae, qui pori sunt repleti aere; sed centrales sunt magis solidae, quia minus commixtae partibus alterius rationis.

Ad septimam: ignis, ubicumque sit, est calidus actualiter, illud negatur, quia non ubicumque sit actualiter comburit, sicut nec gravitas, ubicumque sit, actualiter ponderat: unde ignis immediatius concavo orbis lunae non actualiter comburit, cum non sit sibi combustibile approximatum.

Ad octavam dico quod statim sublata aliqua parte terrae infra aquam, illa aqua desinit esse locata naturaliter, cum non habeat infra se immediate aliquod gravius se; et ideo non mirum quod tunc ponderat et descendit. Et per totam istam quaestionem per *locum proprium* intelligo locum naturalem. Et sic patet quaestio.

---

90 in] act *(dub.) add. V sed del.* 93 Unde] Nam *I* 2 qui] poros *add. V sed del.* 5 sit] est *V* 6 non] *s.v. V* 6 sit] est *V* 7 sit] est *V* 11 illa] ista *I* 14 Et sic patet quaestio] *om. I S*

Quaestio 4

Utrum gravitas et levitas sint formae substantiales gravis et levis

Quartum propositorum erat utrum gravitas et levitas sint formae substantiales gravis et levis.

Et videtur quod sic. Gravitati et levitati competit definitio naturae; igitur utraque earum est natura. Consequentia tenet, nam cuicumque competit definitio, eidem competit definitum; modo, si utraque earum est natura et non natura quae est materia, sicut clarum est de se, cum materia nullius sit activitatis, gravitas autem et levitas alicuius sunt activitatis (agunt enim ad motum deorsum et ad motum sursum), sequitur quod utraque earum sit forma substantialis, sed non aliorum quam gravium et levium; igitur etc. Antecedens probatur: quia gravitas est per se principium motus localis deorsum et levitas sursum, quod competit soli naturae; nec aliquid deficit gravitati et levitati de definitione naturae, nam, manente eadem forma substantiali, idem mobile aliquando naturaliter ascendit et aliquando naturaliter descendit propter solam variationem gravitatis et levitatis. Sed hoc videtur esse signum quod tales motus per se proveniunt a dictis qualitatibus, et non a F.I. H3ra for- | ma substantiali. Assumptum patet, quia idem vapor calefactus et levificatus ascendit naturaliter, et postea frigefactus descendit F.V. 54rb naturaliter, //// semper manente eadem forma substantiali. Ex quo sequitur quod tales motus diversi active proveniant et per se producantur a gravitate et levitate.

Secundo. Nisi gravitas et levitas essent naturae et formae sub-

---

5 substantiales] substantialis *V* 7 igitur] ideo *I* 10 de se] *om. V* 13 etc.] *om. I* 14 motus] localis *add. I* 16 naturae] natura tunc *add. V sed del.* 20 per se proveniunt] proveniunt ad se *V* 21 Assumptum] Antecedens *V* 21 idem] unus *add. V sed del.* 22 frigefactus] refrigeratus *I* 26 naturae et formae] *inv. V*

stantiales gravium et levium, sequeretur quod vapor levefactus non moveretur sursum naturaliter, et refrigeratus et gravefactus non descenderet naturaliter. Probo consequentiam, quia tales motus non provenirent a forma substantiali vaporis, cum levitas non ponatur forma substantialis levis nec gravitas forma substantialis gravis.

Tertio. Gravitas et levitas sunt formae priores caliditate, frigiditate, humiditate et siccitate; ergo gravitas et levitas sunt formae substantiales gravium et levium. Consequentia probatur: nam, da quod sint priores dictis qualitatibus alterativis et non sint formae substantiales sed accidentales, sequitur quod caliditas, frigiditas, humiditas et siccitas non sint qualitates primae, quia gravitas et levitas essent qualitates eis priores. Sed consequens est falsum per ARISTOTELEM in *II° De generatione* et *IV° Meteororum*. Antecedens probatur: quia, sicut se habet motus localis ad motum alterationis, sic qualitates motivae localiter, scilicet gravitas et levitas, se habent ad qualitates alterativas sicut sunt caliditas, frigiditas, humiditas et siccitas; sed motus localis est prior motu alterationis per ARISTOTELEM in *littera* dicentem: «primus erit utique secundum substantiam hic motus», scilicet localis gravium et levium».

Oppositum arguitur. Gravitas et levitas sunt per se sensibiles, scilicet sensu tactus, nam aliquis secundum tactum sentit gravitatem lapidis; sed nulla forma substantialis, nec aliqua substantia, est sensibilis per se, sicut patet per ARISTOTELEM *II° De anima*, igitur etc.

---

27 sequeretur] sequitur *I* 29 Probo] Probatur *I* 29 consequentiam] consequentia *I*; conclusionem *V* 30 ponatur] poneretur *I*; ponitur *V* 34 da] dato *I* 35 priores] formae de *V* 37 humiditas et siccitas] siccitas, humiditas *V* 37 sint] sunt *I* 37 primae] patet *add. I* 38 Sed] *om. I* 40 Antecedens] Consequentia *S V (est in I P)* 42/43 caliditas, frigiditas] *inv. V* 43 humiditas et siccitas] siccitas etc. *V* 49/50 sensibilis per se] *inv. I* 50 sicut] *om. V* 50 per Aristotelem] *om. V*

39 ARISTOTELES, *De gener. et corr.*, II, 2, 330 a 12-29.
39 Cf. ARISTOTELES, *Meteora*, IV, 1, 378 b 10 - 379 b 9; 4, 381 b 23 - 382 a 20.
44/45 ARISTOTELES, *De caelo*, IV, 3, 310 b 34 - 311 a 1.
50 ARISTOTELES, *De anima*, II, 12, 424 a 17-23.

Secundo. Formae substantiales elementorum gravium et levium non manent in mixtis sicut ad praesens supponitur; sed gravitas et levitas elementorum manent in mixtis; igitur gravitas et levitas elementorum non sunt formae substantiales eorum.

Tertio. Substantia non est contraria substantiae, per ARISTOTELEM in *Praedicamentis*; sed gravitas est contraria levitati; igitur gravitas et levitas non sunt substantiae, et per consequens nec formae substantiales gravium et levium.

Quarto. Substantia non suscipit magis et minus, per ARISTOTELEM in *Praedicamentis*; sed gravitas et levitas sunt huiusmodi: patet hoc, quia aliquod grave est altero gravi gravius, ut terra est gravior aqua, et aliquod leve est altero levi levius, sicut ignis est levior aere.

Quinto. Manente eadem forma substantiali variantur gravitas et levitas; igitur non sunt formae substantiales gravium et levium. Consequentia tenet. Antecedens probatur de fumo qui, quando est bene calidus, est levis, et, quando est refrigeratus, est gravis; et tamen manet eadem forma substantialis.

De ista quaestione sit prima conclusio: gravitas non est forma substantialis gravis, nec levitas levis. Probatur per rationes quinque immediate positas.

Secunda conclusio: gravitas non est idem quod densitas, nec levitas idem quod raritas, ut quidam dixerunt. Probatur: nam fumus calefacus est levior aere, ex quo ascendit in aere; et tamen non est

51 Formae substantiales] Forma substantialis *V* 52 manent] manerent *V* 52/53 sicut ad... mixtis] *om. V (hom.)* 52 sicut ad praesens supponitur] *om. S* 53 igitur] ergo *I* 54 eorum] ipsorum gravium et levium *V* 56/57 igitur] ergo *I* 57 substantiae, et per consequens nec] *om. V* 60/61 sunt huiusmodi] suscipiunt magis et minus *I* 61 patet] igitur etc. *V* 62 ut] sicut *I* 62 altero] aliquo *I* 62/63 sicut ignis est levior aere] quia ignis est alteri levi levior *V* 65 igitur] ideo *I* 67 refrigeratus] frigefactus *I* 69 De] Pro *I* 70 nec] non est forma substantialis *V* 70 quinque] *om. I* 73 levitas] est *add. I* 73 ut] sicut *I* 74 in aere[2]] *om. V*

55/56 ARISTOTELES, *Categoriae*, 5, 3 b 23-24.
59/60 *Ibidem.*

rarior, sed densior aere; ex quo sequitur conclusio quod gravitas non est idem quod densitas, nec levitas est idem quod raritas.

Tertia conclusio: gravitas et levitas sunt qualitates secundae naturaliter posteriores caliditate, frigiditate, humiditate et siccitate. Probatur: quia calefaciens primo intendit producere caliditatem, ad quam consequenter generatur gravitas vel levitas secundum quod materia est apta nata recipere iuxta exigentiam formae substantialis sibi inhaerentis; sic simili modo frigefaciens intendit et generat frigiditatem ad quam similiter consequitur gravitas vel levitas secundum quod materia est apta nata recipere alterum et alterum istorum; quod non esset, nisi gravitas et levitas essent naturaliter qualitates posteriores dictis qualitatibus alterativis quae sunt caliditas, frigiditas, humiditas et siccitas.

Ad rationes. Ad primam nego quod gravitati et levitati competat definitio naturae: unde, dato quod motus locales gravium et levium immediate provenirent a gravitate et levitate, non propter hoc adhuc gravitas et levitas essent naturae, nam, ad hoc quod aliquid sit natura, non sufficit quod sit principium per se movendi et //// quiescen- F.V. 54va
di, sed ultra hoc requiritur quod sit in illo primo cuius est principium per se movendi et quiescendi; modo hoc non convenit dictis qualitatibus, nam non insunt primo gravibus et levibus, sed secundo, scilicet post qualitates primas | alterativas, et post formam sub- F.I. H3rb
stantialem gravis et levis.

Ad secundam pro nunc dicatur motum vaporis sursum esse naturalem, quantum est ex parte materiae vel ex parte formae. Et de hoc *postea diffusius dicam.*

---

75 aere] *om. V* 75 conclusio] *om. I* 75 quod] raritas *add. V sed del.* 75 gravitas] levitas *I*; *om. V* 76 idem[1] quod[1]] *om. I* 76 densitas] raritas *I* 76 levitas] gravitas *I* 76 idem[2] quod[2]] *om. I* 76 raritas] densitas *I* 77 et] nec *I* 78 humiditate et siccitate] etc. *V* 80 generatur] *om. V* 80 vel] et *V* 82 frigefaciens] principaliter *add. I* 83 consequitur] sequuntur *V* 83 vel] et *V* 84 alterum] *om. I* 85 essent] *om. V* 87 humiditas et siccitas] etc. *V* 95 nam] *om. V* 98 sursum] *om. V* 99 quantum] vel quantum *I* 99 est] *om. I* 99 vel] quantum est *add. I* 1 Et] *om. I*

2 Cf. *infra*, L. III-IV, Q. 12.

Ad tertiam nego antecedens. Et quando dicebatur: *motus locales gravium et levium sunt priores motibus alterationis*, dico quod hoc est verum via perfectionis. Sed non via generationis, nam motus locales gravium et levium, et etiam animalium, habent communiter subiecta magis perfecta, nam grave et leve perfectum est ex eo quod optime movetur localiter; nihilominus istas perfectiones praecedunt bene secundum tempus alterationes. Et hoc notavit ARISTOTELES dicens quod latio, id est motus localis, est perfectior et est ultimus secundum generationem, ex quo concludit quod est primus secundum substantiam, id est perfectionem modo praedicto. Et sic patet.

---

2 alterationis] alterativis *I*   4 animalium] aliorum *V*   5/6 ex eo quod] illud *I*; quando *S*   6 optime] ipsum *V*   6 nihilominus] ante *add. I P S*   7 Et] *om. V*   9 primus] prius *I P*; prior *S*   10/11 Et sic patet] etc. *I*

Quaestio 5

Utrum ex parte gravitatis et levitatis concludi possit corpora non esse composita ex indivisibilibus

Quintum propositorum erat utrum ex parte gravitatis et levitatis concludi possit corpora non esse composita ex indivisibilibus.

Circa quod sciendum est quod multis demonstrationibus satis evidentibus potest demonstrari quod corpora non sunt composita ex indivisibilibus, sicut habet videri in *VI° Physicorum*. Sed illae non sunt ad propositum, sed solum illae quae fieri possunt ex parte gravitatis et levitatis.

Hoc notato arguitur primo quod ex parte gravitatis et levitatis non possit concludi corpora non esse composita ex indivisibilibus. Nam, si sic, hoc videretur esse sicut facit ARISTOTELES in *littera*; sed probo quod non, nam ARISTOTELES, volens probare hic ex parte gravitatis et levitatis corpora non esse composita ex indivisibilibus, supponit duo, quorum utrumque probatur esse falsum; quo probato, sua demonstratio est quassata. Primum quod supponit est illud quod nullum indivisibile est grave aut leve, nec esset grave vel leve, si esset. Secundum quod supponit est quod nullum grave componitur ex non gravibus, et nullum leve ex non levibus; sed omnis pars

---

6 possit] posset *V* 7 est] *om. V* 7 quod] de *I* 8 sunt] sint *I* 9 illae] illa *V* 14 videretur] videtur *I* 14 facit Aristoteles] *inv. I* 15 nam] per *add. V sed del.* 15 hic] hoc *V* 18 sua demonstratio] *inv. V* 18 quassata] conquassata *I* 19 nec] *iter. V* 20 vel] nec *I* 20 est] illud *add. V* 21 leve] componitur *add. I* 22 sed] quia *V*

9 ARISTOTELES, *Physica*, VI, 1, 231 a 20 - 232 a 22.
14/15 Cf. ARISTOTELES, *De caelo*, III, 1, 298 b 35 - 300 a 19.

gravis ex qua componitur grave est gravis, et omnis pars levis ex qua componitur leve est levis.

Contra primum arguitur sic. Quia indivisibile, si esset, vel esset substantia vel accidens. Si substantia, sequeretur quod ipsum esset grave vel leve, quia omnis substantia naturalis est gravis vel levis. Si accidens, tunc oporteret illi accidenti assignare substantiam ei subiectam adaequate, et sic illa substantia esset indivisibilis, et tamen erit gravis, sicut dicebatur; ergo indivisibile, si esset, esset grave.

Contra secundum fundamentum arguitur sic: ex non sensibilibus potest fieri sensibile; igitur ex non gravibus potest fieri grave. Consequentia tenet a simili. Antecedens probatur per ARISTOTELEM in *De sensu et sensato*, ubi declarat quod aliquod corpus est sensibile cuius millesima pars separata est insensibilis.

Secundo, ex non rubeis potest fieri rubeum, sicut ex mixtione colorum; igitur pari ratione ex non gravibus potest fieri grave.

Tertio, nam hoc est gravis, et tamen componitur ex non gravibus, scilicet ex prima materia, quae non est gravis de se, et ex anima intellectiva, quae similiter non est gravis.

Quarto, multae particulae terrae non sunt graves, sicut illae quae volant in aere et apparent in radiis solaribus intrantibus per fenestram; et tamen, si multae tales componerentur, facerent unum grave; sed illud videtur esse compositum ex non gravibus: tales
F.V. 54vb enim particulae terrae, postquam moventur sursum //// in aere, videntur esse non graves.

---

22 gravis] sed non omnis pars gravis ex qua componitur grave est gravis *add. V* 23 levis] nota *(iter. nonies)* modo et quid vos insuper me quia vires nota pessima in in in moda *(iter. sexies)* lupus *(iter. bis)* mota *(iter. ter)* moda lupus *(iter. quater)* nota nota lupus nota moda lupus *(iter. quater)* vacca vacca pota moda lupus *(iter. quater)* vacca vacca videlicet quia communiter grave est gravis et non pars huius ex qua componitur levitas est levis *[sic] add. V sed del.* 24 Quia] *om. V* 25 vel] esset *add. V* 26 vel leve] *om. V* 26 substantia] ... *add. V sed del.* 27 illi] et *add. V sed del.* 28 illa] *om. V* 28 esset] erit *V* 31 potest] *om. V* 31 igitur] ergo *I* 34 millesima] centesima *I* 34 insensibilis] in insensibilibus *V* 35 ex] *om. V* 36 colorum] coloris *I* 36 igitur] ergo *I* 38 non est] *inv. I* 40 non sunt] *inv. I* 40 intrantibus] infinitentibus *(dub.) V* 41/42 fenestram] fenestras *V* 44 terrae] *om. V*

32/33 ARISTOTELES, *De sensu et sensato*, 6, 445 b 29 - 446 a 2.

Oppositum vult ARISTOTELES in *littera.*

Breviter, sicut dictum est, ARISTOTELES ad demonstrandum ex parte gravitatis et levitatis corpora non esse composita ex indivisibilibus praemonstrat duas conclusiones praeambulas. Quarum prima est ista quod nullum indivisibile est grave, quam probat sic: omne grave est aliquo gravius; sed omne quod est aliquo gravius est divisibile; igitur omne grave est divisibile. Sed breviter illa ratio non esset demonstrativa contra adversarium, quia statim adversarius negaret utramque praemissarum: diceret enim quod non solum terra, sed etiam aqua et aer haberent gravitatem. Et diceret ulterius quod esset dare plura indivisibilia ex quibus componeretur terra; et similiter esset dare plura indivisibilia ex quibus componeretur aqua; et similiter plura ex quibus componeretur aer. Et diceretur ultra omnia ista indivisibilia esse gravia; et ulterius diceretur indivisibile aeris | esse grave, licet nullo alio sit gravius. Et sic esset interempta maior. Postea diceretur quod unum indivisibile terrae est gravius uno indivisibili aquae, et similiter uno indivisibili aeris; nec propter hoc sequitur ipsum esse indivisibile, quia non oportet quod subiectum dividatur ad divisionem gradualem formae, nam in eodem subiecto non facto maiore vel minore potest intendi qualitas et remitti, immo adhuc in subiecto indivisibili, sicut patet de intellectu et habitibus eius. F.I. H3[va]

Deinde ARISTOTELES facit unam rationem ad dictam conclusionem, quae magis videtur esse demonstrativa. Et est ista: omne simpliciter grave est densum et omne simpliciter leve est rarum; sed omne rarum vel densum est divisibile; igitur omne grave vel

46 vult] dicit *V* 49 praemonstrat] praedemonstrat *I* 51 quod] illud *add. V sed del.* 52 igitur] ergo *I* 52 illa] ista *I* 53/54 statim adversarius] *inv. V* 56 quod] ab *(dub.) add. V sed videtur del.* 58 similiter] esset dare *add. V* 58 plura] indivisibilia *add. V* 59 diceretur] diceret *V* 60 esse] esset *V* 61 interempta] intemperta *V (est in I S)* 61 Postea] ulterius *add. V* 63 sequitur] quod *add. I* 63 esse] sit *I* 66 sicut] potest *add. V sed del.* 67 habitibus] appetibus *V* 69 magis] non *S V* 71 rarum] vel *add. V sed del.* 71 igitur] ergo *I*

46/47 ARISTOTELES, *De caelo*, III, 1, 298 b 35 - 300 a 19.
68 ARISTOTELES, *De caelo*, III, 1, 299 b 7-13.

leve est divisibile. Maior videtur esse nota, quia omnis terra quae est simpliciter gravis est densa et omnis ignis qui est simpliciter levis est rarus. Sed minor declaratur: quia non dicitur densum nisi quia multum habet de materia sub parva quantitate; sed omne quod habet multum de materia est divisibile; similiter rarum dicitur quod parum habet de materia sub multa quantitate; sed quod multum habet de quantitate est divisibile; et sic omne rarum vel densum est divisibile.

Praeterea adhuc ex parte rari vel densi potest argui ad dictam conclusionem, nam aliqua densa videmus fieri rara, et e converso; ideo, ex quo ex raro potest fieri densum et ex denso rarum, oportet quod componantur ex eisdem indivisibilibus, saltem quantum ad materiam, quia materiam oportet manere in his quae fiunt ex se invicem. Sit igitur rarum compositum ex tribus indivisibilibus, scilicet *a*, *b*, *c*, et condensetur ut fiat minus quam ante, et adhuc erit compositum ex tot partibus sicut ante, scilicet ex *a*, *b*, *c*; modo non est possibile quod hoc et illud sint composita ex tot eisdem partibus unum sicut alterum, et quod unum sit minus altero, nisi partes sint factae minores quam ante; et ergo necesse est in condensatione quod indivisibile fiat minus quam ante, et hoc implicat contradictionem, scilicet quod indivisibile fiat aliquando minus et aliquando maius.

Secunda conclusio fundamentalis est ista: omnis pars ex qua componitur grave est gravis, intelligendo hoc non de partibus essentialibus, sicut sunt materia et forma, quae non sunt situaliter extra se invicem, sed intelligendo de partibus quantitativis quae sunt situaliter extra se invicem, nam bene possibile est quod pars essentialis alicuius gravis sit non gravis, sicut arguebatur ad oppositum de anima intellectiva.

Ad propositum igitur suppono de simpliciter gravibus, sicut est F.V. 55ra terra, quod illud quod est maius est gravius: hoc enim quilibet ////

74 nisi] *om. V* 76 de] *s.v. V* 76 similiter] sed *V* 77 multum] multam *I* 78 de quantitate] quantitatem *I* 78 rarum vel densum] *inv. I* 80 Praeterea] Prima *(dub.) I* 80 vel] et *I* 83/84 ad materam] ex materia *I* 84 oportet] oporteret *I* 84 his] eis *I* 84 se] *om. V* 85 igitur] ergo *I* 88 tot] *om. V* 89 altero] alterum *I* 92 et] *om. V* 93 ista] quod *add. V* 96 se] *om. V* 97 se] *om. V* 97 bene possibile est] est bene possibile *I* 98 ad] ante *I* 00 igitur] ergo *I*

experitur: unde quilibet potest experiri quod maior terra est gravior minore ceteris partibus. Tunc capio unum grave compositum ex tribus partibus, scilicet *a*, *b*, *c*, et sibi addatur quarta pars omnino consimilis praecedentibus quae sit *d*; tunc sequitur quod *a*, *b*, *c*, *d* est maius quam *a*, *b*, *c*, quia hoc est de ratione partis quantitativae quod reddat totum maius et extensius quam esset si auferretur; et ultra per suppositum sequitur quod *a*, *b*, *c* propter additionem ipsius *d* est gravius quam esset *a*, *b*, *c*, quia dictum fuit quod maius est gravius; sed non est possibile quod aliquid fiat gravius per additionem alicuius quod non habeat gravitatem; ergo *d* habebat gravitatem. Ex quo sequitur quod etiam *a* habebat gravitatem, si similiter *b* et *c*, quia ponebamus quod ista pars *d* addita esset omnino consimilis partibus praecedentibus, et sic quaelibet pars ex qua illud grave componebatur erat gravis. Et haec erat conclusio.

Et ista ratio potest declarari per simile, si consideretur quomodo aliquid fiat calidius, nam hoc potest imaginari tribus modis. Uno modo sine additione alicuius per solam condensationem; tunc enim partes caliditatis quae magis distabant fiunt ad invicem propinquiores magis unitae; et virtus unita est fortior seipsa dispersa; et ideo illud apparet calidius et fortius calefaceret: unde caliditas statim in parvo ferro quae statim combureret unum lignum, sic se haberet quod, si esset extensa per unum magnum corpus, ipsa vix sentiretur. Sed iste modus non habet locum in proposito, nam positum est quod *a*, *b*, *c* fieret calidius per additionem ipsius *d*. Secundo modo potest imaginari quod aliquid fiat calidius per additionem alicuius gradus caliditatis in eodem subiecto sine additione alicuius partis quantitativae, ut si aqua calefaciat; et hoc etiam non habet locum in proposito, quia *d* erat pars quantitativa addita habens situm extra partes alias. Tertio modo potest imaginari aliquid fieri calidius extensive, et hoc non esset nisi ista pars addita esset calida; et ita est in proposito, quia *a*, *b*, *c*, *d* habet plurem gravitatem quam habeat *a*, *b*, *c* et non haberet plurem gravitatem nisi *d* haberet gravitatem.

Ad rationes. Ad primam qua probatur quod indivisibile, si esset,

---

2 potest experiri] *inv. I*   3 minore] terra *add. V*   3 ceteris] saltem *add. V*   6 est] *om. V*   7 maius] eius *V*   8 c] d est gravitas quod *add. V*   8 ipsius] *om. V*

esset leve, *nam indivisibile, si esset, vel esset substantia vel accidens*, dico quod esset substantia et esset accidens, et esset divisibile et non esset divisibile, et esset grave et non esset grave, nam indivisi- | bile esse est impossibile, sicut *habet ostendi alibi*; et ad impossibile sequitur quodlibet. Et illud intelligitur de indivisibili habente positionem in continuo. [F.I. H3vb]

Deinde ad rationes contra secundum fundamentum, quibus probatur quod ex non gravibus posset componi grave. Et arguebatur primo: *ex non sensibilibus, etc.*: dico quod, licet aliquae partes tales sint insensibiles separatae, tamen sunt sensibiles, cum inexistunt toti, quia una sentitur cum alia; et sic bene concederem quod ex illis quorum seorsum gravitas non perciperetur, bene posset componi grave, nec hoc est contra intentionem ARISTOTELIS.

Ad secundam de coloribus, dico quod non est simile, nam rubedo est una qualitas mixta ex extremis ei inexistentibus formaliter vel saltem virtualiter; sed sic non est de gravitate, nam illa est qualitas simplex. Vel aliter bene concedo quod ex non rubeis sit rubeum, nam tales partes non rubeae ex quibus componitur rubeum sunt partes diversarum rationum; sed in proposito loquimur de partibus quantitativis quae sunt ad invicem eiusdem rationis; cum enim unum sit unius coloris et alterum alterius non est possibile quod aggregatum sit eiusem coloris, cum altero eorum tamen; sed partes terrae vel aeris sunt inter se eiusdem rationis; ideo non erat simile.

Ad tertiam dico quod dictum ARISTOTELIS intelligitur de partibus integralibus; ratio autem procedit de partibus //// essentialibus, etc. [F.V. 55rb]

Ad ultimam dico quod utique illae partes terrestres volantes in aere in radiis solaribus sunt graves. Sed quod non descendunt, causa est: quia non habent tantam gravitatem quod sufficiant dividere medium, et etiam quia alteratae sunt per calorem ipsius solis. Et sic patet quaestio.

---

45 cum] *om. V* 51 vel] f *add. V sed del.* 58 partes] *add. V sed del.* 61 etc.] *om. V* 62 illae] istae *V* 65 etiam] *om. V* 65 ipsius] *om. V* 66 patet quaestio] est finis *V*

39/48 ARISTOTELES, *De sensu et sensato*, 6, 445 b 29 - 446 a 2.
60 *Ibidem.*

Quaestio 6

Utrum ex parte gravitatis et levitatis possit concludi numerus quaternarius elementorum

Sextum propositorum erat utrum ex parte gravitatis et levitatis possit concludi numerus quaternarius elementorum.

Pro quo sciendum est quod numerus quaternarius elementorum in *II° De generatione* ostenditur ex quattuor combinationibus possibilibus quattuor qualitatum primarum quae sunt qualitates alterativae, de quibus considerare non pertinet ad *praesentem librum.* Sed bene ostenditur numerus quaternarius elementorum ex parte gravitatis et levitatis quae dicuntur qualitates motivae localiter, de quibus ad praesens propositum pertinet considerare. Ex quo patet qualiter probatio qua Aristoteles probat quattuor esse elementa in *II° De generatione* differt a probatione qua probat esse quattuor elementa *hic in isto loco.*

Hoc notato, arguitur ad quaestionem probando quod non possit concludi numerus quaternarius elementorum ex parte gravitatis et levitatis. Nam, si sic, hoc videtur esse per istum modum per quem ARISTOTELES intendit hic facere. Unde arguit sic: unum est elementum simpliciter leve, sicut est ignis, et aliud simpliciter grave, sicut terra, et illa sunt contraria secundum gravitatem et levitatem; et inter contraria oportet esse media; ideo sunt quattuor elementa, quorum unum est simpliciter grave et aliud est simpliciter leve, et

---

5 possit concludi] *inv. V* 6 est] *om. V* 7 combinationibus] a *add. V sed del.* 10 bene] hoc *V* 12 praesens] *om. V* 14 essse quattuor] *inv. I* 16 ad quaestionem] sic *add. I*; pro quaestione *V* 20 aliud] unum *V* 22 oportet] oporteret *I* 23 et] *om. V* 23 aliud] unum est *I*

7 Cf. ARISTOTELES, *De gener. et corr.*, II, 8, 334 b 30 - 335 a 23.
14 ARISTOTELES, *De gener. et corr.*, II, 8, 328 b 25 - 329 b 5.
19 ARISTOTELES, *De caelo*, IV, 5, 312 b 19-32.

unum est grave in respectu et aliud est leve in respectu; et sic erunt quattuor.

Sed probatur quod talis modus non valet ad ostendendum quod elementa sint quattuor et non plura. Primo, quia medium non debet poni elementum, cum medium sit compositum ex extremis formaliter vel virtualiter, sicut patet de tepiditate et de coloribus mediis; sed elementum non debet esse compositum ex extremis sed simplex: hoc enim pertinet ad naturam elementi; igitur, etc.

Secundo, quia posset esse medium inter contraria extrema, scilicet inter gravitatem simpliciter et levitatem simpliciter, et hoc per aequidistantiam; et ideo daretur quod inter terram et ignem non esset nisi unum medium per aequidistantiam. Et, si tu diceres quod inter terram et ignem esset unum medium, scilicet aer, et inter aerem et terram unum aliud medium, scilicet aqua, et quod sic essent quattuor elementa, similiter diceretur quod inter aerem et ignem esset aliud medium sicut inter aerem et terram; et sic non essent quattuor elementa sed quinque.

Tertio, contrariorum nihil prohibet esse plura media quam duo, sicut patet in coloribus et saporibus: unde inter albedinem et nigredinem sunt plures colores intermedii; igitur inter elementum grave simpliciter et elementum leve simpliciter nihil prohibet esse plura elementa intermedia quam duo, et per consequens nihil pro-
F.I. H4ra hibet esse plura elementa quam quattuor. |

Oppositum videntur velle ARISTOTELES et COMMENTATOR. Nam necesse est esse quattuor qualitates simplices distinctas specie, et non plures, inclinantes ad diversos motus locales sursum et deorsum, et ad quietes in diversis locis, quas qualitates vocamus

---

24 unum] *iter. V* 24 aliud] reliquum est *I* 29 coloribus mediis] *inv. I* 31 igitur] quare *I* 32 inter] illa *add. I* 36 et] inter *add. V* 37 et] *s.v. V* 38 essent] erunt*I* 38 elementa] ego *add. I* 38 diceretur] dicerem *I* 39 aliud] unum *I* 40 non] *om. I* 40 quattuor elementa sed] *om. I* 42 et] in *add. I* 42 unde] similiter *I* 43 igitur] ergo *I* 44 et] inter *add. V* 45 plura] esse *add. V* 47 Oppositum] In oppositum *I* 47 videntur velle] est *I* 48 esse] necesse *V* 50 et] ex *I*

47 ARISTOTELES, *De caelo*, IV, 5, 312 b 19 - 313 a 13.
47 AVERROES, *In De caelo*, IV, f. 267r, comm. 40, A-D.

gravitates et *levitates*. Sed istis debent correspondere quattuor corpora simplicia gravia et levia, et non plura distincta specie, mobilia motibus rectis simplicibus, et illa vocamus *elementa*; igitur etc.

In ista quaestione primo videndum est utrum, ad salvandum omnes motus gravium et levium simplices nobis apparentes, oporteat ponere quattuor qualitates motivas simplices et non plures, quas vocamus *gravitates* et *levitates*; secundo respondendum est de quaesito.

Quantum ad primum sciendum est quod motus recti simplices nobis apparentes distincti specie specialissima ipsorum gravium et levium non sunt nisi quattuor, scilicet motus simpliciter ad medium et motus simpliciter a medio et motus ad locum ubi est aqua tamquam in loco sibi naturali, scilicet immediate super terram, et motus //// ad locum ubi est aer immediate sub igne. F.V. 55va

Tuc sit prima conclusio: ad salvandum tales motus simplices non sufficit una qualitas motiva. Probatur: quia, si sic, sequeretur quod omnia mobilia motu recto inclinarentur sursum, licet secundum maius et minus, vel omnia deorsum, licet etiam secundum maius et minus, secundum quod plus vel minus haberent de illa qualitate una motiva localiter; consequens est falsum, quia tunc nihil esset simpliciter grave vel nihil esset simpliciter leve; cuius oppositum prius est probatum. Consequentia probatur, ex hoc quod una qualitas motiva simplex non inclinatur nisi ad unum motum, et non ad loca contraria nec motus contrarios, licet forte inclinet secundum maius et minus secundum quod maius et minus abundat.

Secunda conclusio: ad salvandum dictos motus simplices non sufficiunt duae qualitates motivae contrariae, etiam cum mediis ex mixtione earum provenientibus. Ista conclusio probatur per hoc quod secundum hoc non posset salvari apparentia. Et hoc declaratur

---

51 et levitates] *om. I (est in P S V)* 56 oporteat] oportet *V* 56 quattuor] scilicet *add. V sed del.* 58 quaesito] etc *add. V* 59 sciendum est] *inv. I* 59 recti simplices] *inv. I* 64 motus] ad lo *add. V sed del.* 66 Probatur] *om. I* 67 maius] magis *I* 68 maius] magis *I* 69 secundum] *iter. V* 69 illa] ista *I* 70 nunc] fer *add. V sed del.* 71 vel] et *I* 73 nisi] *om. V* 73 motum] locum *I P* 73/74 vel ad unum locum] *om. I (est in P S V)* 75 maius^1] magis *I P* 75 maius^2] magis *I P*

sic. Nam sint illae duae naturae contrariae, scilicet *a* et *b*, ita quod *a* inclinet deorsum et *b* sursum; tunc quaero quare aqua est gravior aere et magis inclinatur deorsum quam aer. Et non potest responderi secundum istas duas naturas, nisi altero trium modorum. Unus est quod aqua plus habet de *a* quam aer; secundus modus est quod aqua minus habet de *b* quam aer; tertius modus est quod proportio ipsius *a* ad *b* est maior in aqua quam in aere. Sed nullus istorum modorum sufficit, quia secundum primum modum magnus aer esset gravior parva aqua, nam plus esset in magno aere de ipso *a* quam in parva aqua; sed iuxta secundum modum parvus aer esset gravior magna aqua, quia parvus aer minus haberet de ipso *b* quam magna aqua. Sed, si ponatur tertius modus, tunc erunt aequales gradus ad invicem in magna aqua et in parva aqua, et etiam magnus aer et parvus aer, quia eadem esset proportio *a* et *b* ad invicem in magna aqua et in parva aqua, sicut si aliquid sit uniformiter tepidum, qualis est proportio caliditatis ad frigditatem in toto, talis et in parte. Ut si in toto essent quattuor gradus caliditatis et duo frigiditatis; tunc immediate eius essent duo gradus caliditatis et unus frigiditatis; modo eadem est proportio quattuor ad duo et duo ad unum; et tamen apparet quod omnia dicta consequentia sunt falsa. Ista ratio potest trahi ex littera ARISTOTELIS.

Secundo ad idem, etiam non posset salvari quare in regione aeris una magna portio aquae esset gravior uno parvo globo terrae, et in regione aquae esset e converso: nulla enim combinatio ex duobus sufficeret ad hoc salvandum.

Tertio, contraria ad invicem miscibilia infinitis possunt misceri proportionibus; ideo videtur quod possunt esse plura elementa media quam duo, et per consequens plura quam quattuor, quia non sufficiunt duae qualitates motivae contrariae, etiam cum mediis ex mixtione earum provenientibus, ad salvandum apparentia iuxta motus locales rectos simplices gravium et levium.

---

80 illae] istae *I* 80 scilicet] *om. V* 84 quam] de *add. V* 85 est] *om. V* 86 ad] et *V* 86 est] *om. V* 91 si] *om. V* 92 in] *om. V* 93 etiam] *om. V* 93 in] *om. V* 94 in[2]] *om. V* 96 et] est *V* 97 gradus] *om. I* 99 Ista ratio] *inv.*

00 ARISTOTELES, *De caelo*, III, 1, 299 b 7-14.

Tertia conclusio: ad salvandum dictos quattuor motus simplices sufficiunt quattuor qualitates motivae distinctae specie, nec requiruntur plures. Probatur, quia per illas sufficienter possunt salvari apparentia iuxta dictos quattuor motus simplices gravium et levium. Nam sint illae quattuor qualitates *a*, *b*, *c*, *d*; tunc potest dici quod *a* inclinat ad motum simpliciter deorsum, ut ad locum terrae, et *d* ad motum simpliciter sursum, ut ad locum ignis, et *b* ad locum deorsum in respectu, ut ad aquam quae est super terram //// et sub (F.V. 55vb) aere, et *c* ad locum sursum in repectu ubi est aer qui est super aquam et sub igne. Per dictas etiam qualitates omnia alia apparent circa dictos motus possunt salvari, quorum aliqua gratia exempli recitabo. | Unde primo per istas potest salvari quare omnis aqua est (F.I. H4rb) omni aere gravior, et omnis aer omni aqua levior: unde hoc est ideo quia omne *b* inclinat ad esse sub *c* et omne *c* ad esse super *b*, quia sic se habent loca naturalia ad quae inclinant.

Secundo, iuxta dicta potest salvari quare in regione aeris magna aqua est gravior parvo globo terrae, cum tamen parvus globus terrae sit simpliciter gravior: unde hoc est ideo quia tam qualitas *b* ipsius aquae quam qualitas *a* ipsius terrae existentes in aere inclinant deorsum. Et posito quod essent aequalis magnitudinis, tunc terra fortius inclinaret et velocius descenderet, sed tamen non in infinitum velocius, immo secundum aliquam proportionem determinatam; et tunc potest aqua et virtus eius intantum multiplicari quod virtus eius excedit virtutem istius parvae terrae. Et ideo ista aqua magna in aere est gravior illa parva terra.

Tertio, iuxta dicta potest salvari in qua proportione terra sit gravior aqua. Unde posset dici quod in aere vel in igne esset certa proportio, quia utrumque eorum moveretur velocitate finita; sed finiti ad finitum certa est proportio; sed in aqua vel in terra nulla esset proportio terrae ad aquam in gravitate sive in inclinatione deorsum:

---

11 quattuor motus] *inv. I* 11 motus] *iter. V sed primum verbum del.* 13 quia] *om. V* 14 motus] *iter. V sed primum verbum del.* 15 illae] istae *I* 18 in] r *add. V sed del.* 22 istas] illud *I* 23 aer] est *add. V sed del.* 24 super] supra *I* 29/30 inclinant] inclinat *S V* 31 velocius descenderet] *inv. I* 34 istius] illius *I* 34 ista] illa *V* 38 eorum] corpus *V* 39 certa est] *inv. V* 39 esset] apparet *I (est in P S V)* 40 inclinatione] terrae *add. V*

in terra enim aqua non diceretur gravis sed levis, sed in aqua terra bene diceretur gravis; sed aqua non diceretur gravis vel levis, ad intellectum prius *dictum in illa quaestione*, scilicet «Utrum elementum in sua regione sit grave vel leve»; et omnia ista proveniunt ex dictis quattuor qualitatibus simplicibus, scilicet *a*, *b*, *c*, *d*.

Quarto, iuxta dicta potest salvari quare lignum et oleum in aere sunt gravia et in aqua sunt levia. Nam hoc est ex eo quod in ligno abundant terra et aer, et est ibi multum de aere propter porositates intantum quod aer existens in ligno. Si lignum sit in aqua, aer habet fortiorem tractum sursum quam terra deorsum; ideo facit lignum ascendere ad superficiem aquae. Sed in aere ille aer non habet tractum nec supra nec infra, et terra traheret; ideo lignum descenderet. Et ita diceretur de oleo in quo magis abundat aqua quam aer. Ideo, si oleum sit in fundo aquae, aer trahit ipsum super aquam, cum aqua non habeat tractum in suo proprio loco, sicut dictum est prius; sed, si sit in aere, tunc aqua trahit oleum deorsum, et aer non trahit, ideo oleum descendit. Et illud totum provenit ex dictis quattuor qualitatibus, scilicet *a*, *b*, *c*, *d*, quarum *a* est motiva terrae, et *b* aquae, et *c* aeris, et *d* ignis. Et sicut illa apparentia iam recitata circa motus gravium et levium simplices possunt salvari per dictas quattuor qualitates motivas, ita et omnia alia.

Quantum ad secundum articulum pono unicam conclusionem responsalem ad quaestionem, scilicet quod ex parte gravitatis et levitatis potest probari numerus quaternarius elementorum quae dicuntur corpora simplicia mobilia motibus rectis. Probatur: nam primo ex hoc quod ad sensum nobis apparent quattuor motus simplices gravium et levium, et non plures distincti specie, con-

---

42 vel] aut *I* 43 illa] una *I* 43 scilicet] *om. V* 45 dictis quattuor qualitatibus] quattuor qualitatibus dictis *V* 49 Si] l *add. V sed del.* 51 ille] iste *I* 51 habet] haberet *I* 52 infra] *iter. V sed primum verbum del.* 52 et] in *add. I (in non est in P V)* 53 aqua quam aer] aer quam aqua *V* 54 in] *om. V* 55 proprio] *om. I* 58 et²] *om. V* 59 d] b *V* 59 illa] ista *I* 61 ita] ut *I* 63 scilicet] *om. I* 63 quod] quia *I (est in P V)* 66 quod] *om. V* 66 nobis apparent] *inv. I* 66 quattuor motus] *inv. V* 67 et levium] *om. V* 67 distincti] distinctioni *scr. V sed corr.*

45 Cf. *supra*, L. III-IV, Q. 3.

cludimus tamquam ab effectu ad causam quattuor esse qualitates motivas distinctas specie, et non plures, quas vocamus gravitates vel levitates; cum dicti quattuor motus simplices non possint salvari per pauciores, nec ad salvandum eas oporteat ponere plures, sicut dictum est in primo articulo, ergo e converso, arguendo a causa ad effectum ex numero dictarum qualitatum motivarum quaternario, concludimus esse quattuor motus simplices rectos et non plures nec pauciores distinctos specie; et, cum quilibet eorum debeat esse unius //// mobilis simplicis, nec possit inesse naturaliter corporibus F.V. 56ra simplicibus distinctis specie, sequitur quod dictis quattuor motibus simplicibus distinctis specie correspondent quattuor corpora simplicia distincta specie et non plura, et ista vocamus quattuor elementa quare ex parte gravitatis et levitatis concludi potest demonstrative propter quid numerus quaternarius elementorum, etc.

Ad rationes dico quod omnes rationes factae non arguunt contra praedicta, nam procedunt ac si gravitas et levitas aeris et aquae proveniant ex mixtione gravitatis terrae et levitatis ignis; modo hoc est falsum, nam omnes dictae quattuor qualitates motivae sunt aeque simplices. Et sic patet quaestio. | F.I. H4va

70 vel] et *V* 71 oporteat ponere] oportet ponere *I*; ponere oportet *V* 74 simplices] esse *add. V* 74 nec] neque *I* 76 unius] *iter. V* 76 possit] posset *V* 76/77 naturaliter corporibus simplicibus] simplicibus naturaliter coporibus simplicibus *V* 78 simplicibus] *om. I* 80 concludi potest] *inv. I* 80/81 demonstrative] demonstratione *I P (est in S V)* 81 etc.] sit *V* 84 levitatis] levitate *I* 85 quattuor qualitates] *inv. I* 86 patet quaestio] est finis *I*

Quaestio 7

Utrum loca naturalia gravium et levium sint causae suorum motuum

Sequitur nunc tractare de motibus gravium et levium, postquam tracta sunt aliqua concernentia gravitatem et levitatem. Et quantum ad illud quaerantur sex. Primo utrum loca naturalia gravium et levium sint causae suorum motuum; secundo, utrum grave et leve moveantur naturaliter sursum vel deorsum a suo generante vel removente prohibens; tertio, utrum gravia et levia moveantur active a gravitate vel levitate vel a suis formis substantialibus; quarto, utrum formae secundum quas fiunt motus gravium et levium, ut gravitas in terra et levitas in igne, sint naturaliter mobiles; quinto, utrum gravia et levia appetant moveri per lineas brevissimas vel per alias, ut puta per obliquas; sexto, utrum aer naturaliter moveatur in proiectione lapidis vel alterius proiecti in eo.

Quantum ad primum arguitur primo quod loca naturalia gravium et levium non sint causae suorum motuum. Nam, si sic, vel essent causae materiales vel formales, efficientes vel finales; nullum istorum potest dici; igitur etc. Maior est nota. Minor probatur: non enim potest dici quod sint causae materiales vel formales, nam materia et forma non sunt separatae ab eo cuius sunt causae, cum sint causae intrinsecae; ergo locus naturalis ipsius gravis non est causa materialis aut formalis ipsius gravis, aut motus eius, nam, quando movetur, separatum est a suo loco. Similiter est de levi.

---

5 gravitatem et levitatem] gravitatis et levitatis *V* 5 Et] *om. V* 6 quaerantur sex] quaeratur *I* 7 et] vel *V* 7/8 moveantur] moveatur *V* 8 naturaliter sursum vel deorsum] sursum vel deorsum naturaliter *V* 15 in eo] *om. V* 16 primo] *om. V* 18 materiales vel formales] *inv. V* 18 efficientes] vel efficientes *I* 19 igitur] ergo *I* 19 est] *om. V* 19 Minor probatur] *inv. I* 20 enim] *om. V* 20 sint] formae *add. V sed del.* 20 materiales vel formales] *inv. I* 23 ipsius] aqua terra *add. V sed del.* 23 aut] vel *I*

Deinde probatur quod non sit causa efficiens seu movens. Nam dicit ARISTOTELES quod grave movetur a generante vel a removente prohibens; neutrum autem istorum est locus; igitur etc. Et confirmatur hoc, nam movens debet esse simul cum moto; sed locus naturalis ipsius gravis non est simul cum gravi quando movetur deorsum, nec locus naturalis ipsius levis naturalis est simul cum levi quando movetur sursum; igitur etc.

Deinde etiam probatur quod locus naturalis ipsius gravis non sit causa finalis ipsius motus, et similiter erit de levi. Nam forma et finis coincidunt, sicut ostendit ARISTOTELES *II° Physicorum*; sed locus naturalis ipsius non est causa formalis ipsius gravis, sicut prius probabatur; ergo etiam non causa finalis. Et confirmatur hoc: finis debet esse nobilior et melior ordinatis ad finem; sed loca naturalia gravium et levium non sunt nobiliora gravibus et levibus. Probatur: quia locus est superficies corporis, ut dicitur *IV° Physicorum*, grave autem est corpus et leve similiter; sed superficies non est nobilior corpore; igitur etc.

Oppositum arguitur. Primo auctoritate COMMENTATORIS dicentis quod loca naturalia gravium et levium sunt fines eorum, non tamen fines intrinseci, sicut forma substantialis, sed fines extrinseci.

Secundo auctoritate ARISTOTELIS dicentis esse simile in proposito de motu augmentationis et de motu alterationis et de istis motibus localibus. Nam videtur velle quod, sicut sanitas se habet ad sanabile et sanationem, et perfecta magnitudo ad augmentabile et ad augmentationem, ita locus deorsum se habet ad grave et ad motum eius. Sed sanitas est finis ad quem tendit sanatio et est per-

---

27 igitur etc.] *om. V* 27 hoc] *om. V* 30 naturalis] *om. V* 31 igitur] ergo *I* 32 etiam probatur quod] probatur quod etiam *V* 32 ipsius] *om. I* 34 ostendit Aristoteles] *inv. I* 36 prius] *om. V* 37 ordinatis] his quae sunt ordinata *I* 37 ad] in *V* 38 et levium] *om. V* 41 igitur] ergo *I* 44 sicut] est *add. V* 47 habet] habeat *I* 48 ad] et *V* 49 et] *om. V* 50 eius] gravis *V*

26 ARISTOTELES *Physica*, VIII, 4, 256 a 1-4.
34 ARISTOTELES, *Physica*, II, 7, 198 a 25-29.
39/40 ARISTOTELES, *Physica*, IV, 4, 212 a 20.
42 AVERROES, *In De caelo*, IV, f. 251v, comm. 22.
45 ARISTOTELES, *De caelo*, IV, 3, 310 b 16 - 311 a 10.

fectio formalis ipsius sanabilis, cum acquisita fuerit. Et sic etiam est de perfecta magnitudine ad augmentationem et ad augmentabile; et similiter debet concedi de loco deorsum quantum ad ipsum grave et ad motum eius.

F.V. 56rb Tertio. Nam //// dicit ARISTOTELES quod in suiipsius locum ferri est ad suiipsius speciem ferri; et per speciem non potest intelligere nisi perfectionem finalem vel formalem.

Quarto. Nam dicit ARISTOTELES quod proportio continentis ad contentum est sicut proportio formae ad materiam; sed locus est continens locatum; ideo concludit quod locus se habet ad locatum sicut species seu forma ad materiam.

Quinto. Nam dicit ARISTOTELES *IV° Physicorum* quod motus naturalis gravium et levium non solum est ostendens quod locus est aliquid, immo etiam quod locus habet potentiam naturalem; et, cum potentia dividatur in activam et passivam, et locus respectu locati non habeat potentiam passivam, cum non sit materia eius, igitur non habet potentiam eius activam, et hoc est ipsum esse causam agentem vel moventem.

De ista quaestione sit prima conclusio: locus naturalis ipsius gravis, sicut est locus deorsum, non movet active ipsum grave, quando grave movetur deorsum; et similiter dicatur de levi in ordine ad suum locum. Probatur: nam movens debet esse simul cum moto; sed talis locus non est simul cum gravi descendente, quia multum distat ab eo; igitur etc.

Secunda conclusio: nec locus gravis vel levis attrahit grave vel F.I. H4vb leve eo modo quo adamas attrahit ferrum, quemadmodum | quidam

---

52 est] *om. V* 52 et] *om. V* 52 ad^2] *om. I* 53 et similiter] ergo a simili *I* 55 ferri] *om. V* 55 suiipsius] locum *add. V sed del.* 56 speciem] species *I* 56 intelligere] intendere *V* 59 ad] f *add. V sed del.* 63 naturalis] naturales *I* 63 est ostendens] ostendunt *I* 66 igitur] ergo *I* 70 gravis] materialis *add. V sed del.* 74 igitur] ergo *I* 76 quidam] aliqui *V*

55 ARISTOTELES, *De caelo*, IV, 3, 310 a 34 - 310 b 1.
58 ARISTOTELES, *De caelo*, IV, 3, 310 b 8-12.
62 ARISTOTELES, *Physica*, IV, 1, 208 b 8-10.

imaginantur. Nam, si sic, tunc locus naturalis ipsius gravis attraheret fortius et velocius grave sibi propinquum quam remotum. Et sic grave propinquum velocius moveretur, sicut est de ferro et adamante; modo hoc est falsum, nam, quamvis grave descendens velocitetur continue in suo motu, non tamen velocius incipit moveri quando est propinquum loco quam quando est remotum ab eo. Secundo, nam secundum hoc gravius tardius deberet descendere; quod est falsum. Consequentia tenet per simile, nam ferrum gravius tardius movetur ad adamantem quam ferrum minus grave.

Tertia conclusio: locus naturalis est causa agens respectu sui locati non per motum producentis ipsum, sed per motum conservantis quando locatum iam fuerit in eo. Nam locus conservat locatum tam per virtutem elementarem, quia secum convenit in una qualitate elementari, quam per virtutem a caelo influxam.

Quarta conclusio: locus deorsum potest dici causa finalis gravis, et similiter motus eiusdem ratione illius virtutis conservativae, quia propter hoc grave naturaliter appetit et intendit esse deorsum, scilicet ut ibi naturaliter conservetur.

Quinta conclusio: si locus accipiatur non pro loco continente nec pro superficie eius, sed pro ista virtute conservativa quam caelum ad talem distantiam influit, tunc locus potest dici causa formalis ipsius locati sibi inhaerens, quando locatum est in suo loco naturali. Probatur: quia illa influentia veniens a caelo multiplicata usque in locum naturalem alicius corporis ulterius multiplicatur in ipsum locatum, et est sibi dispositio naturalis et conveniens propter quam ipsum grave naturaliter movetur ad illum locum. Unde, cum homo localiter movetur ad ignem, non solum movetur ad ignem ut coniungatur igni, sed ut ab igne recipiat calorem sibi inhaerentem. – Sed aliquis diceret: videtur quod nihil sit de tali influentia quam sic dicis multiplicari a caelo, nam, si esset aliqua talis influentia, utique eam sentiremus.

---

77 ipsius gravis] *om. V* 78 et] vel *I* 79/80 et adamante] ad magnetem seu *add. I (est in S V)* 80 adamante] adamantem *I* 81 non tamen] *inv. V* 81 incipit] movere *add. V sed del.* 81 moveri] movere *V* 82 propinquum] propinquis *V* 82 suo] *om. I* 84 tenet] patet *I* 85 adamantem] magnetem *I* 86 sui] *om. V* 90 per] *iter. V* 91 gravis] *om. V* 96 pro] *om. V* 98 sibi inhaerens] *inv. V* 99 illa] ista *I* 2 illum] istum *I* 3 homo] uno *V* 6 multiplicari] multiplicatam *I*

Secundo, nam, si virtus conservativa ipsius gravis influitur a F.V. 56va caelo, illa fortius influitur prope caelum, scilicet in sphaera ignis //// quam remotius a caelo: corpus enim naturale fortius influit prope quam longe; igitur illic, puta ad sphaeram ignis prope caelum grave magis deberet conservari, et illuc naturaliter moveri.

Ad ista respondetur. Ad primum dico quod non debemus negare talem influentiam, ex eo quod non percipimus eam sensibiliter, quia etiam non percipimus illam quae de magnete multiplicatur usque ad ferrum, quae tamen non minus est in rerum natura.

Ad secundum dico quod debemus imaginari a toto caelo unam influentiam continuam usque ad centrum; nihilominus illa influentia prope caelum et remote habet aliam proprietatem et virtutem et propter istam influentiam sic virtualiter diversificatam superius et inferius ordinant se gravia et levia in hoc mundo inferiore.

Ad rationes factas ante oppositum respondetur faciliter per illa quae iam dicta sunt in conclusionibus.

---

9 illa] ista *I* 11 igitur] ergo *I* 11 ad sphaeram, ignis prope caelum] prope caelum ad sphaeram ignis *V* 13 ista] illa *I* 15 illam] istam *I* 15 magnete] et *add. V sed del.* 18 illa] ista *I* 22 ante oppositum] *om. V* 22 faciliter] facilius *I* 22 illa] ista *I* 23 iam] *om. I* 23 conclusionibus] Et sic est finis huius quaestionis *add. I*

Quaestio 8

Utrum grave vel leve moveatur naturaliter sursum vel deorsum a suo generante vel a removente prohibens

Secundum propositorum erat utrum grave vel leve moveatur naturaliter sursum vel deorsum a suo generante vel a removente prohibens.

Et arguitur primo quod non. Quia, si generans vel removens prohibens annihilaretur, non minus grave descenderet, si esset sursum; ergo non movetur ab aliquo istorum.

Secundo. Movens et motum debent esse simul per indistantiam, sicut patet *VII° Physicorum*; sed grave, puta sagitta, quando descendit deorsum, non est cum suo generante nec cum removente prohibens, cum descendat; igitur etc.

Tertio. Diversorum motuum et effectuum debent esse diversae causae, nam dicitur *II° De generatione* quod idem inquantum idem semper est aptum natum facere idem; sed generatio ipsius gravis et motus eius deorsum sunt diversi motus sive effectus; igitur debent habere causas proprias et diversas; sed generationis causa propria est ipsum generans; ergo illud non est causa propria motus deorsum.

Quarto. Motus gravis deorsum est naturalis; ergo debet esse a natura, et per consequens a principio intrinseco: natura enim est principium motus eius in quo est, sicut patet *II° Physicorum*; sed

---

6 a^2] *om. I*   8 Et] *om. V*   9 grave] *om. S V*   10 ergo] ideo *I*   11 Secundo] *om. V*   11 debent] debet *S V*   12 sed] *om. V*   14 igitur] ergo *I*   17 semper] *om. V*   18 sive] diversi *add. I*   18 igitur] ergo *I*   18 proprias et diversas] *inv. I*

12 ARISTOTELES, *Physica*, VII, 2, 243 a 3-6.
16 ARISTOTELES, *De gener. et corr.*, II, 10, 336 a 27-28.
24 ARISTOTELES, *Physica*, II, 1, 192 b 22-23.

generans vel removens prohibens non sunt intrinseca ipsi gravi moto; igitur non movetur ab illis.

Oppositum arguitur auctoritate ARISTOTELIS in *VIII° Physicorum* et in *IV° huius.* Nam in *isto IV°* ARISTOTELES dicit: «movet autem quod a principio venit impedimentum removens», et addit quod nihil horum, scilicet gravium et levium, seipsum movet.

In ista quaestione primo pono conclusiones; secundo dubita- F.I. H5ra tiones aliquas contra secundam conclusionem. |

De primo sit prima conclusio: motus naturalis ipsius gravis deorsum non est active et immediate a generante ipsum grave, nec etiam a removente prohibens. Probatur per rationes positas ante oppositum.

Secunda conclusio: ad hoc quod grave incipiat moveri deorsum requiritur generans vel removens prohibens. Probatur: quia, quando grave incipit moveri deorsum, ipsum est sursum; vel igitur, antequam incipet moveri deorsum, erat grave in actu vel solum in potentia. Si erat in actu grave, et tamen non movebatur, hoc erat propter aliquod impediens quod oportuit removeri antequam moveretur deorsum, et sic indigebat removente prohibens. Sed, si non erat actu grave sed solum in potentia, antequam incipit moveri, nunquam incepisset moveri naturaliter deorsum, nisi fuisset factum actu grave, et ad hoc indigebat generante, et per consequens, ad hoc quod incipiat moveri naturaliter deorsum, necesse est concurrere generans vel removens prohibens.

Tertia conclusio: si grave sit in potentia naturali et essentiali ad F.V. 56vb moveri deorsum, tunc indiget //// generante ad hoc quod incipiat moveri deorsum. Patet hoc, nam, si sit in potentia naturali ad

---

25 vel] per *add. V sed del.* 26 igitur] ergo *I* 28 in] *om. V* 28 isto IV°] IV° huius *I* 31 pono] ponam *I* 32 secundam] *om. V* 34 active et immediate] *inv. I* 38 quia] *om. V* 39 igitur] ergo *I* 40 grave] vel *add. I* 41 in] *om. V* 46 moveri naturaliter] *inv. I* 47 moveri naturaliter] *inv. I* 48 vel] gener *add. V sed del.* 49 potentia] in *add. V sed del.* 50 et] etiam *add. V*

27/28 ARISTOTELES, *Physica*, VIII, 4, 255 b 32 - 256 a 2.
28/29 ARISTOTELES, *De caelo*, IV, 3, 311 a 10-13.

moveri deorsum, tunc est actu leve; sed, si est actu leve, non movebitur naturaliter deorsum, nisi concurrat generans quod faciat ipsum actu grave.

Quarta conclusio: si aliquid sit in potentia accidentali ad moveri deorsum et detineatur violente, necesse est ut concurrat removens prohibens ad hoc quod illud moveatur deorsum. Patet hoc, quia, si hoc est violente sursum et non descendit, tunc est impeditum, et per consequens oportet concurrere aliquod removens illud impedimentum, si illud debet descendere.

Secundum istas duas conclusiones ultimas debent intelligi plura verba ARISTOTELIS et COMMENTATORIS, quibus dicitur quod generans movet ipsum grave de potentia naturali et essentiali, et removens prohibens movet ipsum grave de potentia accidentali et violenta.

Et etiam ecundum illa potest exponi differentia posita ab ARISTOTELE inter animata ex una parte quantum ad eorum motum et gravia et levia inanimata ex altera parte, scilicet quod animalia moventur ex se, gravia autem et levia inanimata non moventur ex se. Hoc est animal movetur ex se, quia ad incipiendum motum non indiget motore extrinseco; sed grave inanimatum non sic movetur ex se quin indigeat extrinseco motore ad incipiendum motum, scilicet vel generante vel removente prohibens. Verumtamen nec generans nec removens prohibens movet proprie loquendo ipsum grave deorsum, immo removens prohibens movet ipsum prohibens, sed non movet ipsum grave, sed, prohibente amoto, ipsum grave movet se deorsum; similiter generans non movet ipsum grave deorsum, sed bene generat gravitatem per quam ipsum grave movet se deorsum.

---

56 detineatur] detinetur *I* 56 violente] violenter *I* 56 ut] quod *I* 57 moveatur] movetur *I* 58 violente] violenter *I* 59 aliquod removens] ad removendum *P S V (est in I)* 60 debet] debeat *I* 62 verba] dicta *I* 62 dicitur] dicunt *V* 66 Et] *om. I* 66 etiam secundum] etiam. Secundum *scr. I* 66 illa] ista *I* 69 inanimata] *om. S V (est in I P)* 72 extrinseco motore] *inv. I* 75 vel] nec *I* 76 sed] et *I*

62 ARISTOTELES, *Physica*, VIII, 4, 254 b 8 - 256 a 3.
62 AVERROES, *In Physicam*, VIII, f. 364^{r}-365^{v}, comm. 27.
66/67 ARISTOTELES, *Physica*, VIII, 4, 254 b 14-23.

Quantum ad secundum dubitatur contra secundam conclusionem. Nam ponatur quod lapis sit supra columnam ita quod columna prohibeat ipsum cadere, tunc non oportet removere columnam ad hoc quod lapis cadat, sed sufficit trahere vel pellere lapidem extra columnam. Respondetur quod pro eodem debet reputari in proposito, si prohibens removeatur et si grave auferatur a prohibente.

Secundo dubitatur. Nam, si sagitta moveatur sursum, postea incipit moveri deorsum, et tamen nullum prohibens auferretur, quia, si erat aliquod prohibens, illud non erat nisi aer; sed ille non aufertur. Respondetur quod prohibens erat illud quod movebat sagittam sursum, sicut erat impetus sive aliquod aliud, quem oportet auferri et destrui antequam sagitta descendat; et, si fuisset aer impulsus cum sagitta pulsu suo movens sagittam, etiam oporteret motum istius aeris destrui et removeri prius quam sagitta descenderet.

Tertio dubitatur. Nam vapor aeque elevatus ab aqua adhuc videtur esse substantialiter aqua; et tamen ille primo ascendit et postea descendit sine hoc quod removeatur ibi aliquod prohibens, et similiter sine hoc quod ibi requiratur aliquod generans. Quod autem vapor elevatus sit substantialiter aqua, videtur patere ex hoc: nam, si sit superius aliquod impediens, sicut est in distillatione aquarum, statim apparebit esse aqua. Respondetur quod, cum vapor elevatur et e converso descendit, oportet utique concurrere generans; non tamen generans aquam, sed generans gravitatem in illo quod erat levifactum.

Consimilis posset fieri dubitatio de argento vivo, quod, si ponatur super ignem, statim evaporat per fumum; et, si ille fumus

80/81 secundam conclusionem] *inv. I* 81 ponatur] ponamus *V* 82 prohibeat] *om. V* 82 removere] *iter. V sed primum verbum del.* 83 cadat] cadit *I* 85 si[2]] *om. V* 87 Secundo] Secunda *V* 87 dubitatur] q *add. V sed del.* 87 sagitta] d *add. V sed del.* 88 incipit] incipiat *I* 89 ille] iste *I* 92 descendat] moveatur deorsum *V* 92 oportet] oporteret *I* 94 istius] illius *I* 96 elevatus] *scr. V sed del. et s.v. add.*; aqua *add. V sed del.* 96/97 adhuc videtur esse] videtur esse adhuc *I* 97 et] *om. I* 97 ille] iste *I* 98 et] *om. V* 99 requiratur] concurrat *I* 00 vapor] aer *S V (est in I P)* 4 illo] isto *I* 7 fumum] fundum *V* 7 ille] iste *I*

superius detineatur per aliquod obstaculum superius positum, statim revertetur argentum vivum; et sic videtur quod nunquam fuit
corruptum, cum tale //// detinens superius non videatur habere natu- F.V. 57ra
ram et potentiam generandi tale | metallum. Ex quo sequitur quod F.I. H5rb
ille fumus erat substantialiter argentum vivum; et, cum primo ascendat et postea descendat sine removente prohibens et sine generante, igitur videtur quod secunda conclusio sit falsa. Illa dubitatio solvitur sicut dubitatio immediate praecedens.

Rationes autem factae hinc inde ambulant viis suis.

---

12 ille] iste *I* 13 ascendat] ascendit *V* 13 descendat] descendit *V* 14 igitur] *om. I* 14 secunda conclusio] *inv. V* 14 Illa] Ista *I* 16 autem] *om. V* 16 hinc] et *add. I* 16 ambulant] de *add. V sed del.*

Quaestio 9

Utrum gravia et levia moveantur active a gravitate et levitate

Tertium propositorum erat utrum gravia et levia moveantur active a gravitate et levitate.

Et arguitur primo quod non. Nam gravia et levia moventur active a suis formis substantialibus; sed ista non sunt gravitas et levitas, sicut prius dicebatur; igitur etc. Assumptum probatur: nam, ex quo motus gravium et levium est naturalis, oportet quod sit a natura; et cum non sit a natura quae est materia, cum materia nullius sit activitatis, oportet quod sit a natura quae est forma substantialis, cum natura non dicatur nisi de materia et forma.

Secundo. Motus gravium et levium est naturalis, ideo est a natura; sed nec gravitas nec levitas sunt naturae; igitur motus gravium et levium non provenit active a gravitate et levitate. Maior est nota. Sed minor probatur: quia gravitas et levitas sunt accidentia, sicut dictum est prius; sed accidentia non sunt naturae, sed entia secundum naturam, sicut dicit ARISTOTELES *II° Physicorum*; ergo etc.

Tertio. Si grave moveretur a gravitate, et cum ad motum gravis oporteat moveri gravitatem, sequeretur quod gravitas moveretur a gravitate, et sic idem moveretur a seipso; quod est inpossibile, sicut ostendit ARISTOTELES *VII°* et *VIII° Physicorum*.

---

7 ista] illa *V* 8 igitur] ergo *I* 11 nullius sit] *inv. V* 13 Secundo] *om. V* 14 igitur] ergo *I* 16 est] *om. V* 16 Sed] *om. V* 16 minor probatur] *inv. I* 17 dictum est prius] prius dictum est *I* 18 entiam] etiam *scr. V sed del. et s.v.* entia *add.* 18 II°] III° *V* 18 ergo etc.] *om. V* 20 oporteat] oportet *V* 20 moveri] movere *V* 22 ostendit] *iter. V sed primum verbum del.*

18 ARISTOTELES, *Physica*, II, 1, 192 b 32-37.
22 ARISTOTELES, *Physica*, VII, 1, 241 b 24 - 242 a 16.
22 ARISTOTELES, *Physica*, VIII, 4, 254 b 33 - 256 a 3.

Quarto. Si grave moveretur a gravitate, et cum gravitas sit intrinseca gravi, tunc grave moveretur a principio intrinseco, et per consequens grave moveretur a se; cuius oppositum dicitur in *isto IV°* et *VIII° Physicorum.*

Oppositum arguitur. Ab illo movetur grave quo intenso intenditur motus, ceteris paribus, et quo remisso remittitur motus; sed sic est de gravitate: unde videmus quod ceteris partibus gravius velocius descendit, et minus grave minus velociter.

Secundo. Sicut se habent caliditas, frigiditas, humiditas et siccitas ad alterationem, ita gravitas et levitas ad motum localem; sed caliditas, frigiditas, etc. sunt principa activa ad alterationem; igitur gravitas et levitas sunt principia activa motuum localium gravium et levium.

In ista quaestione primo recitabo unam opinionem cum aliqua eius probatione; secundo respondebo ad quaesitum.

Quantum ad primum est una opinio quae imaginatur grave obtinens formam substantialem gravis posse moveri naturaliter dupliciter. Uno modo deorsum, alio modo sursum, verbi gratia sicut est vapor vel fumus. Unde quodlibet istorum, manente eadem forma substantiali, aliquando ascendit naturaliter, sicut quando in eo est levitas; deinde, cum fuerit refrigeratum et condensatum, descendit naturaliter. Et declaratur hoc per simile de aqua, quae aliquando naturaliter frigefacit, sicut quando est actualiter frigida, et aliquando naturaliter calefacit, sicut quando est actualiter calida.

Deinde illa opinio ponit duas conclusiones ad quaestionem. Prima est quod aqua, quando actualiter habet gravitatem, movetur

---

25/26 in isto IV°] VII° *V* 26 VIII°] et etiam VIII° *V* 31 caliditas] et *add. I* 31 et] *om. V* 33 caliditas] et *add. V* 33 ad alterationem] alterationum *I* 33 igitur] ergo *I* 37 quaesitum] quaestionem *I* 39 substantialem] *om. V* 39 gravis] non *add. S V* 41 vel] et *I* 42/43 in eo est] *inv. I* 45 et] *om. V* 47 illa] ista *I* 48 quando] cum *I*

25/26 ARISTOTELES, *De caelo*, IV, 3, 311 a 8-13.
26 ARISTOTELES, *Physica*, VIII, 4, 254 b 33 - 256 a 3.

active a forma eius substantiali et instrumentali a gravitate.

Secunda conclusio: quando aqua actualiter habet levitatem, sicut quando est fumus vel vapor, movetur active a levitate, et nullo modo ab eius forma substantiali.

Prima conclusio probatur per simile de aqua actualiter existente frigida: frigefactio enim activa talis aquae procedit a forma substantiali illius aquae tamquam ab agente principali, sed procedit a frigiditate tamquam ab agente instrumentali. Ita in proposito videtur de descensu ipsius gravis.

F.V. 57rb Secundam conclusionem etiam probat per simile: nam //// calefactio activa procedens ab aqua calefacta procedit active a caliditate tamquam ab agente principali et non a forma substantiali aquae, ex eo quod forma substantialis aquae magis trahit ipsam aquam a caliditate versus frigiditatem priorem. Ita videtur in proposito quod, quando aqua quae est vapor ascendit, quod principale principium activum istius ascensus non videtur esse forma substantialis aquae, sed magis levitas inexistens vapori, et maxime ideo quod forma F.I. H5va aquae est forma | simplex; et per consequens non potest esse principium activum principale motus deorsum et motus sursum.

Breviter videtur quod illa opinio non sit omnino vera. Primo quidem propter hoc quod supponit aliquod accidens esse principale principium activum alicuius effectus, sicut verbi gratia quod caliditas in aqua calefacta sit principale principium calefactionis, et non forma substantialis aquae; et similiter ascensus ipsius vaporis dicunt principale principium activum esse levitatem, et non formam substantialem.

Sed illud non valet. Nam, si caliditas se sola, sine forma substantiali ipsius calidi, posset producere caliditatem, etiam sic posset producere ignem; modo hoc est impossibile, nam tunc producens esset minus nobile quam productum, nam producens esset accidens, puta caliditas, et productum esset forma, puta ignis; modo

---

55 illius aquae] eius *V* 58 nam] *sequitur lacuna (linea vacua: 10 cm) et* nam *in linea sequenti iter. V* 60 aquae] *om. V* 61 aquam] ... *scr. V* 63 principium] *om. V* 64 istius] illius *I* 68 Breviter] Unde *S V* 68 illa] ista *I* 69 hoc] *om. V* 70 sicut] *om. V* 70 gratia] dc *add. V* 72 ipsius] istius *I* 76 sic] *om. V* 78 esset] est *I*

substantia est nobilior accidente. Falsitas consequentis patet per istam communem regulam quod nihil agit ultra gradum proprium suae speciei. Nec valet ratio istius opinionis, scilicet quod, si vapor ascenderet per suam formam substantialem habens levitatem et postea descenderet per eandem habens gravitatem, eadem forma simplex esset productiva distinctorum motuum. Certe verum est, nec hoc reputo inconveniens, quando hoc fit mediantibus diversis instrumentis. Nonne anima intellectiva, quae est forma valde simplex, valde diversas habet operationes mediantibus diversis instrumentis: unde per aliqua instrumenta videt, per aliqua tangit, et per aliqua audit, etc. Sic dico in proposito non esse inconveniens eandem formam substantialem aquae mediante caliditate calefacere, et mediante frigiditate frigefacere, et mediante levitate producere motum sursum, et mediante gravitate producere motum deorsum.

Quantum ad secundum sit prima conclusio: motus gravium et levium naturales nullo modo proveniunt a gravitate et levitate tamquam a principiis activis principalibus.

Secunda conclusio: dicti motus proveniunt a formis substantialibus gravium et levium tamquam ab agentibus principalibus, licet a gravitate et levitate proveniant tamquam ab agentibus instrumentalibus.

Prima conclusio probatur: nam, dato opposito conclusionis, sequeretur quod gravitas et levitas essent naturae; sed hoc est falsum, ex eo quod omnis natura est substantia; sed gravitates et levitates non sunt substantiae, sed accidentia, sicut dicebatur prius; igitur etc. Consequentia tenet ex eo quod hoc videtur esse natura quod est principium activum principale motus naturalis, sicut patet per definitionem naturae.

Secunda conclusio probatur: nam tales motus sunt naturales,

---

80 istam] illam *I* 81 regulam] videlicet *add. I* 81 gradum] *om. S V* 83 vapor] et *add. I* 84 eadem] eorum *I* 85 simplex] et *add. V* 89 instrumenta] *om. V* 89 per] et per *I* 90 et] per aliqua audit *add. I*; *om. V* 90 audit] odorat *V* 94 conclusio] *iter. V sed primum verbum del.* 95 nullo] uno *S V* 99 et levitate] *om. V* 2 sequeretur] sequitur *I* 2 gravitas et levitas] gravitates et levitates *I* 5 videtur] dicitur *I*

sicut supponitur in conclusionibus; ideo oportet quod proveniant active a natura gravium et levium tamquam ab agente principali. Et, cum in gravi et similiter in levi non sint nisi duae naturae, scilicet materia et forma, oportet quod dicti motus proveniant active vel a materia vel a forma, et hoc substantiali. Sed non a materia, cum illa nullius sit activitatis; reliquitur igitur quod a forma substantiali.

Ad rationes dico quod istae quae positae sunt ante oppositum bene probant quod motus gravium et levium naturales non proveniunt a gravitate et levitate tamquam a principiis activis principalibus, sed magis a forma substantiali; cum hoc tamen bene stat quod a dictis qualitatibus dicti motus proveniunt tamquam ab agentibus instrumentalibus.

Ad alias rationes post oppositum. Ad primam: ad intentionem gravitatis intenditur velocitas, etc., dico quod per illam rationem bene concluditur quod gravitas est principium activum instrumen- F.V. 57va tale motus, non tamen principale alicuius: pari enim //// ratione concluderem quod calefactio procedens active ab igne procederet a caliditate ignis tamquam a principio activo principali, cuius tamen oppositum dicunt adversarii. Probarem consequentiam per hoc quod ad intentionem caliditatis intenditur calefactio ignis.

Ad secundam concedo maiorem, et nego minorem. Unde dico quod caliditas, frigiditas etc. non sunt principia activa principalia calefactionis, frigefactionis etc., sed instrumentalia dumtaxat; principalia autem dictarum operationum sunt formae substantiales quae mediantibus dictis qualitatibus agunt dictos effectus tamquam F.I. H5vb mediantibus instrumentis. |

---

13 illa] ipsa *I* 14 igitur] ergo *I* 14 substantiali] *om. V (est in I S)* 24 alicuius] *om. V* 24 pari enim] tali enim pari *V* 25 igne] ligno *V* 26 tamen] *om. I* 29 et] sed *I* 30 caliditas] et *add. V* 32 dictarum] operas *add. V sed del.* 33 effectus] effectos *V* 34 instrumentis] Et sic est finis quaestionis. Ad laudem Dei omnipotentis qui regnat per infinita saecula. Amen. *add. V*

Quaestio 10

Utrum formae secundum quas fiunt motus gravium et levium sint naturaliter mobiles secundum locum, sicut est forma terrae vel forma ignis

Quartum propositorum erat utrum formae secundum quas fiunt motus gravium et levium sint naturaliter mobiles secundum locum, sicut est forma terrae vel forma ignis

Probatur quod non. Omnis motus naturalis debet esse a principio intrinseco; sed formae secundum quas fiunt motus gravium et levium non habent principia intrinseca; igitur etc. Maior est nota, nam per hoc motus naturalis differt a violento. Minor patet, quia tales formae sunt simplices, saltem simplicitate opposita compositioni ex partibus essentialibus quae vocantur materia et forma, quarum forma debet esse principium intrinsecum activum motus, materia vero passivum.

Secundo. Si quaestio esset vera, sequeretur quod idem motus naturalis in specie competeret distinctis corporibus naturalibus in specie, cuius oppositum ostensum est in *I° huius*. Probatur consequentia: nam, si forma terrae secundum quam terra est mobilis deorsum esset mobilis secundum locum naturaliter, ipsa non esset mobilis secundum locum naturaliter nisi esset deorsum; et, cum forma terrae distinguatur specie a totali terra, cum forma terrae sit simplex et terra sit composita, sequitur quod idem motus deorsum simplex competeret duobus distinctis corporibus in specie, scilicet terrae et formae suae motivae deorsum.

---

8 est] *om. V* 10 igitur] ergo *I* 11 Maior est nota] *om. V* 12 motus naturalis differt] differt motus naturalis *I* 12 a] motu *add. V* 19 ostensum est] *inv. V* 19 in] *om. V* 21 naturaliter] naturalem *I* 23 cum] et cum *V* 24 sequitur] sequeretur *I* 24/25 deorsum] scilicet *add. V* 25 corporibus] *om. V*

19 ARISTOTELES, *De caelo*, I, 2, 269 a 8-9.

Tertio. Nam, si forma terrae esset naturaliter mobilis deorsum, quaero a quo. Vel a se vel ab alio? Non a se, nam dicitur *VII°* *Physicorum* quod omne quod movetur, ab alio movetur. Et confirmatur: nam, si a se, idem simul et semel esset in actu et in potentia, ex eo quod eadem forma moveret et moveretur. Nec etiam potest dici quod ab alio, nam hoc esset a materia terrae vel a gravitate terrae. Non potest dici quod a materia, quia illa nullius est activitatis. Nec potest dici quod a gravitate, nam illa non faceret talem motum in alio sine principio activo principali quod esset natura, sicut *dictum est in alia quaestione*. Illud ergo princium principale activum quod esset natura concurrens unacum gravitate ad talem motum producendum, vel esset ipsa met forma substantialis gravis, et hoc non, quia tunc idem esset in actu et in potentia respectu eiusdem; vel esset una alia natura, sed hoc non, ex eo quod in terra non est nisi una materia et una forma substantialis, et caliditas et frigiditas et siccitas, quae nihil faciunt ad propositum, ex eo quod non sunt qualitates motivae localiter, sed alterativae solum.

Quarto. Si quaestio esset vera, sequeretur quod, si tales formae essent separatae a materia, et, ipsis sic separatis, conservarentur per aliquam potentiam in eorum esse, essent mobiles naturaliter; sed probo quod non: nam, si forma substantialis terrae esset separata a sua materia, non videretur descendere propter hoc quod sibi deficeret instrumentum, scilicet gravitas qua deberet se movere deorsum.

Oppositum arguitur. Nam cum gravia et levia moveantur naturaliter, manifestum est quod formae eorum quae sunt in eis secun-
F.V. 57vb dum quas fiunt illi motus moverentur iuxta illud, motis nobis //// moventur omnia quae in nobis sunt. Cum igitur aliqua terra movea-

---

29 quod¹] *om. V* 29 ab alio movetur] *inv. V* 30 simul et semel] *inv. I* 33 Non potest dici quod] *om. I* 33 materia] terrae *add. V* 35 natura] *om. V* 36 quaestione] nam *add. V* 36 Illud] Istud *I* 44 sequeretur] videretur *I* 48 hoc] ex eo *add. I* 49 deberet] debet *I* 49/50 deorsum] etc. *add. V* 53 moverentur] moventus *V* 54 in nobis sunt] *inv. I* 54 igitur] ergo *I* 54/55 moveatur] movetur *I*

28/29 ARISTOTELES, *Physica*, VII, 1, 241 b 24.
35 Cf. *supra*, L. III-IV, Q. 9.

tur deorsum, forma sua quae est in ea secundum quam fit ille motus, etiam movetur deorsum, vel igitur naturaliter vel violente. Si naturaliter, habetur propositum; si violente, igitur motus motui deorsum contrarius inesset ei naturaliter, et sic adhuc naturaliter esset mobilis. Consequentia probatur: nam, sicut ostensum est *I° huius*, si alicui inest aliquis motus violente, eidem inest naturaliter motus contrarius illi qui inest ei violente.

In ista quaestione primo videbitur numquid formae secundum quas fiunt motus gravium et levium essent naturaliter mobiles, si existerent per se separatae a suis materiebus; secundo videbitur a quo moventur. Quibus visis, patet quid dicendum sit de eis quantum ad hoc ipsis existentibus in suis materiebus.

Quantum ad primum sit prima conclusio: si forma motiva terrae deorsum esset separata a materia, nec esset ei gravitas coniuncta, non moveretur naturaliter deorsum, posito adhuc quod esset posita sursum. Probatur: quia, dato opposito conclusionis, sequitur quod forma substantialis gravis posset poducere motum deorsum sine gravitate; sed hoc est falsum. Consequentia nota est de se. Falsitas consequentis probatur, nam tunc natura dedisset frustra gravitatem ipsis gravibus ultra formam substantialem eorum, postquam sine gravitate forma substantialis gravis aequaliter posset movere grave deorsum. Consimili modo diceretur de forma substantiali levis et de levitate.

Sed tu diceres: si talis forma substantialis sic posita sursum non descenderet, cum non haberet gravitatem sibi annexam, oporteret quod | quiesceret, vel igitur naturaliter vel violente. Non naturaliter, F.I. H6ra

---

55 ille] iste *I* 56 igitur] ergo *I* 56 violente] violenter *I* 57 violente] violenter *I* 57 igitur] ergo *I* 58/59 naturaliter esset] *inv. I* 59 sicut] *om. V* 61 illi] isti *V* 65 moventur] *om. V* 65 patet] patebit etiam *I* 65 dicendum sit] *inv. I* 66 Quantum ad hoc] quod adhuc *V* 68/69 gravitas coniuncta] *inv. V* 69 naturaliter] *om. V* 70 quia] *om. V* 71 quod] for *add. V sed del.* 72 nota est] tenet *V* 72/73 Falsitas consequentis probatur] *om. V* 73 dedisset frustra] *inv. I* 73 gravitatem] *om. V* 74 gravibus] gravitatem *add. V* 75 forma] eo *add. V sed del.* 75 gravis] naturaliter vel *add. I* 78 sic] *om. V* 80 igitur] ergo *I*

59/60 ARISTOTELES, *De caelo*, I, 2, 269 a 14-18.

ex eo quod tunc naturaliter moveretur ad istum locum, si esset extra ipsum, quod est falsum. Si violente, quaeritur de tali violentante. Respondetur quod quiesceret ibi violente. Et quando quaeritur de violentante, dico quod aliquid potest imaginari quiescere violente dupliciter. Uno modo propter aliquod violentans potentius ipsum detinens et prohibens; alio modo propter defectum et carentiam alicuius requisiti ad sum motum naturalem. Tunc dico quod dicta forma in dicto casu non quiesceret violente primo modo, sed secundo modo. Patet hoc in simili quod aliquis non potest a se extendere brachium suum: potest esse propter aliquod impediens et prohibens talem extensionem, vel propter defectum loci vel receptaculi in quo deberet fieri extensio, sicut, si homo esset extra caelum, non posset extendere brachium non propter aliquod impediens positum, sed propter defectum et carentiam loci requisiti ad istam extensionem. Sic dico quod esset consimili modo in proposito quod talis forma quiesceret violente propter defectum gravitatis requisitae ad suum motum naturalem.

Secunda conclusio: gravitas separata a materia et a forma substantiali existens sursum non descenderet nisi formae substantiales vices supplerentur aliunde. Probatur hoc: quia instrumentum sine dirigente ex se non agit; cum igitur gravitas se habeat sicut instrumentum mediante quo forma substantialis producit motum deorsum, sequitur quod ipsa gravitas sine forma substantiali non descenderet nec aliquem motum deorsum efficeret. Et notanter dixi: *nisi formae substantialis vices supplerentur aliunde*, propter sacramentum eucharistiae, ubi sunt accidentia sine subiecto, scilicet albedo, rotunditas, gravitas, etc.; et tamen gravitas in isto sacra-

---

81 tunc] movere *add. V sed del.* 81 istum] illum *I* 82 tali] *om. I* 83 quando quaeritur] quaeritur quando (quando *iter. V sed primum verbum del.*) *V* 85 potentius] positum *S V* 87 motum] requisiti ad *add. V* 88 in dicto casu non quiesceret] non quiesceret in dicto casu *V* 88 modo] *om. V* 89 a se extendere] extendere ad se *V* 90 suum] *om. V* 90 potest esse] *om. I* 91 vel] *om. V* 92 deberet] debet *I* 93 impediens positum] positum prohibens *V* 94 et carentiam] *om. I* 96 violente] violenter *I* 1 igitur] ergo *I* 5 substantialis] substantiales *V* 5 supplerentur aliunde] *inv. I* 6 eucharistiae] seu altaris *add. V* 7 subiecto] substantia (*dub.*) *V* 7 rotunditas] *om. V* 7 etc.] *om. V* 7 isto] illo *I*

mento descendit, non obstante quod non sit coniuncta formae substantiali gravis. Verum est tamen quod ibi formae substantialis vices supplerentur aliunde per Primam Causam.

Tertia conclusio: si forma substantialis //// terrae esset separata a materia, et esset simul coniuncta gravitas, et esset posita sursum, nec esset aliquod impediens sive prohibens, moveretur deorsum. Patet hoc: quia ibi esset principium activum principale motus deorsum et instrumentale, et similiter ibi esset principium sufficiens receptivum motus deorsum, scilicet forma substantialis, et similiter gravitas; ideo utique fieret ibi motus, postquam ibi nullum esset impediens, sicut ponit hypothesis. F.V. 58ra

Quarta conclusio: talis motus esset naturalis. Probatur, quia talis proveniret ex inclinatione naturali essendi deorsum talis formae substantialis.

Contra tertiam conclusionem dubitatur: nam dicit ARISTOTELES *I^{o} De generatione* quod, si caliditas esset separata a materia, bene ageret in frigiditatem existentem in materia, sed non pateretur ab ea; ideo etiam videtur quod forma gravis separata a materia non moveretur, cum moveri sit pati.

Respondetur negando consequentiam. Et ratio est: quia frigiditas non ageret in caliditatem separatam nisi corrumpendo istam caliditatem, et quia ad corruptionem huius caliditatis separatae non sequeretur alicuius alterius generatio. Et, cum naturaliter non corrumpatur aliquid nisi propter aliud generari, ibi non fieret actio in istam caliditatem separatam. Sed, si forma substantialis gravis est separata, et si in ipsam agitur motus localis, hoc bene potest fieri, nam non propter talem motum ipsam corrumpit, immo magis sal-

8 coniuncta] si *add. V sed del.* 9/10 formae substantialis vices] vices formae substantialis *I* 10 aliunde] scilicet *add. V* 13 sive] *om. I* 15 et^{2}] l *scr. V sed del.* 15 ibi esset] *inv. I* 15/16 principium sufficiens receptivum motus deorsum] subiectum receptivum motus deorsum suffficiens *I (est in S V)* 17 ibi^{2} nullum] *inv. I* 18 ponit] dicit *S V* 19 talis] *om. V* 20 naturali] ascendit *add. V sed del.* 22 Contra] Sed contra *V* 27 est] *om. I* 28 istam] illam *I* 29 huius] istius *I* 31 aliud generari] aliquid regenerari *V* 31 ibi] aliter ibi *V* 31 fieret] esset *scr. V sed s.v.* fieret *add.*; f *add. V sed del.* 32 istam] illam *I* 33 ipsam] ipsa *I*

22/23 Cf. ARISTOTELES, *De gener. et corr.*, I, 7, 324 b 18 - 21.

vatur. Et ideo quantum ad hoc dissimile est de motu alterationis qui fit cum corruptione vel dispositione ad corruptionem, et de motu locali qui potest fieri tam absque corruptione quam absque dispositione ad corruptionem.

Quantum ad secundum dico quod talis motus provenit effective a forma substantiali tamquam ab agente principali, non tamen principalissimo, et a gravitate tamquam ab agente instrumentali. Probatur: nam, si forma et accidens in genere causae efficientis concurrunt ad productionem alicuius effectus, tunc substantia, cum sit accidente nobilior, tenet locum agentis principalis, accidens autem tenet locum agentis instrumentalis. Sed sic est in proposito, nam talis motus provenit effective ab ambobus: non enim apparet a quo alio tamquam ab efficiente proveniret, ex quo non est ibi plus quam forma substantialis et gravitas. Et notanter dixi: *in conclusione*, non tamen tamquam ab agente principalissimo, quia agens principalissimum in isto motu, sicut etiam in aliis, est Causa Prima, quae sua generali influentia ad quemcumque motum producendum in istis inferioribus concurrit effective.

Ad rationes. <Ad primam>: *omnis motus naturalis provenit a principio intrinseco*, dico quod hoc verum est de motu naturali corporum compositorum ex materia et forma, quae vulgo sunt magis
F.I. H6rb manifesta | quam formae substantiales, quae non minus talibus corporibus compositis ex materia et forma sunt naturaliter mobiles.

Ad secundam dico quod nullus motus simplex in specie convenit naturaliter distinctis corporibus in specie, corporibus dico compositis ex materia et forma; cum quo tamen bene stat quod idem motus simplex potest competere naturaliter pluribus corporibus, quorum unum est forma substantialis alterius.

37 tam] *om. V* 37 absque[2]] etiam *V* 42 si] quando *I* 43 concurrunt] concurrit *I* 44 accidente nobilior] *inv. V* 45 sic] non *add. V* 49 tamen] *iter. V sed primum verbum del.* 51 sua generali influentia] *om. S V (est in I P)* 51/52 producendum in istis inferioribus] in istis inferioribus producendum *I* 53 Ad primam] *suppl. (om. I P S V)* 55 sunt magis] *inv. I* 59 in specie, corporibus dico] *om. V* 61 naturaliter] naturalibter *scr. V ed* b *exp.* 62 alterius] 3° *add. V sed del.*

Ad tertiam: si forma terrae esset naturaliter mobilis deorsum, vel a se vel ab alio. Dico quod a se, non tamen solum a se sed etiam ab alio, puta a Prima Causa concurrente. Et per hoc tunc solvitur auctoritas de *VII° Physicorum*: «omne quod movetur, ab alio movetur»; etiam, si vellemus allegare *litteram* sicut iacet, non esset contra hoc, nam in *littera*, sicut quilibet videre potest, non stat ab alio, sed ab aliquo; sed EX- //// POSITORES exponunt ab aliquo id est ab alio. F.V. 58rb

Ad confirmationem: *idem semel et simul esset in actu et in potentia*, dico quod hoc non est inconveniens respectu diversorum, qualiter est in proposito, nam talis forma esset in actu in actualiter se movendo deorsum et in potentia essendi deorsum.

Et, si ulterius diceretur: idem esset agens et patiens, quia ageret istum motum et reciperet eundem, dico non esse inconveniens idem esse partiale agens et totale recipiens, et sic est in proposito. Nam totale agens istum motum est ista forma substantialis et ista gravitas; et prima causa est cuius totalis aggregati quaelibet illarum formarum est pars; totale autem recipiens est ista forma, vel saltem aggregatum ex illis formis ambabus, quarum una concurrit sicut agens principale, aliae autem sicut instrumentale.

Ad quartam patet ex primo articulo.

---

65 Prima Causa] *inv. I* 65 per] propter *V* 66 de] in *V* 66/67 ab alio movetur] *inv. V* 68 stat] est *I* 70 semel et] *om. I* 70 in²] *om. V* 72 in²] *om. V* 74 diceretur] sequeretur *V* 76 et²] *om. V* 78 totalis aggregati] *inv. I* 78 illarum] istarum *I* 79 ista forma] illam formam *I* 82 articulo] etc, *add. I*

66 ARISTOTELES, *Physica*, VII, 1, 241 b 24.
69 Cf. THOMAS DE AQUINO, *In Physicam*, VII, lect. 1, n° 885.

Quaestio 11

Utrum gravia appetant descendere per lineas brevissimas

Quintum propositorum erat utrum gravia appetant descendere per lineas brevissimas.

Et arguitur primo quod non. Nam, si sic, pari ratione levia appeterent ascendere per lineas brevissimas, puta per rectas et non per obliquas; sed hoc est falsum, nam, si sic, tunc terra pura deberet descendere ita velociter et non velocius in igne sicut in aere. Consequens est falsum, eo quod ignis est rarior quam sit aer, et per consequens minus resistens eidem mobili qam aer; et per consequens, si idem mobile descendat prius per ignem et postea per aerem, velocius debet descendere per ignem quam per aerem. Consequentia probatur: pro quo suppono quod levius plus appetit esse super aliquo gravi quam minus leve. Verbi gratia, si aliquod grave ponatur super ignem, et deinde ponatur super aerem, ignis, quia est levior aere plus appetit esse super illud grave quam aer appetat esse super idem grave; tunc sic: si aliqua terra pura debeat descendere in igne, sicut ista appetit esse sub igne, ita ignis appetit esse super illam terram; et ideo, sicut terra descendit ut sit sub igne, ita ignis existens sub terra ascendit ut sit super terram. Et quia gravia appetunt descendere per lineas rectas et levia ascendere etiam per lineas rectas, sequitur quod per eandem lineam per quam terra appetit descendere in igne, ipse ignis obviando terrae appetit ascendere super terram. Et quia ignis plus appetit esse supra terram

---

10 est] sit *V* 10 sit] *om. V* 11 resistens] end *add. V sed del.* 12 prius] *om. I* 14 Consequentia] Sed consequentia *S V* 14 plus appetit] *inv. V* 15 aliquo gravi] graviori *V* 15 gratia] *iter. V sed primum verbum del.* 16 aerem] ar *add. V sed del.* 17 est] *om. V* 17 aere] *om. V* 18 grave] *om. V* 18 pura] *iter. V sed primum verbum del.* 19 igne] ignem *I* 19 ista] illa *I* 20 istam] illam *I* 20 et] *om. V* 22 etiam] *om. I* 24 igne] ignem *I* 25 supra] super *I*

quam aer, sequitur quod ignis cum maiore appetitu et conatu movetur contra terram, cum illud grave descendat in igne velocius quam faciat aer, cum idem grave descendit in aere. Igitur videtur quod tantum vel plus impediatur grave in descendendo in igne quam impediatur in descendendo in aere.

Secundo. Si sic, sequeretur quod grave nunquam descenderet oblique; sed hoc est falsum. Falsitas patet, nam saepe videmus aliquem lapidem bene descendere super aliquam tabulam transversaliter positam. Probatur consequentia: nam sit *a* aliquod grave positum in summitate alicuius tabulae transversaliter positae, ita quod linea recta non possit protrahi per superficiem tabulae ad centrum mundi, et sit *d* centrum mundi, et *b c* tabula, et non possit *a* descendere nisi per *b c*; quo facto, illud *a* grave vel appetit aequaliter descendere | per lineam rectam vel per lineam obliquam, F.I. H6va vel plus per rectam quam per obliquam, vel plus per obliquam quam per rectam. Si dicatur primum vel secundum, sequitur quod illud grave positum super dictam tabulam non descendet per lineam *b c*, ex quo tantus vel maior appetitus eius est descendere per lineam *b d*, cuius tamen oppositum docet experientia. Si dicatur tertium, tunc quaestio est falsa, scilicet quod gravia magis appetant descendere per lineas rectas quam per obliquas. Et posset ista ratio declarari exemplo. Nam, praesentatis duobus contrariis incompossibilibus voluntati, scilicet *a b*; tunc, si illa aequaliter movent voluntatem, voluntas perplectitur //// ad prosequendum unum vel F.V. 58va alterum, propter hoc quod aequaliter appetit ea; et sic appetitus unius retrahit voluntatem a prosecutione alterius. Si autem *a* magis movet voluntatem quam *b*, vel e converso, tunc voluntas vadit in prosecutionem huius quod magis appetit et a quo magis movetur.

---

26 sequitur] et *add. V sed del.* 27 descendat] descendit *I* 27 velocius] *om. I V (est s.v. in S)* 28 descendit] descendat *V* 28 Igitur] Ergo *I* 29 igne] ignem *I* 31 sequeretur] sequitur *I* 33 tabulam] terram *V* 34 Probatur consequentia] Consequentia arguitur *I* 35 alicuius tabulae] *inv. I* 36 possit] potest *(trahi add. sed del.) V* 37 mundi²] *om. V* 39 descendere] aequaliter *add. I* 40 vel¹] per *add. V sed del.* 40 quam per² obliquam¹] *om. V* 41 dicatur] dicitur *V* 42 illud] quia *add. V sed del.* 45 dicatur] dicitur *I* 45 tunc] *om. I* 46 per] *om. V* 48 voluntati] in voluntate *V* 48 illa] ista *I* 48 aequaliter movent] *inv. I* 49 perplectitur] | complectitur *add. V sed* | *del.* 53 huius] illius *I*

Sic in proposito a gravi dicto modo posito super tabulam transversaliter positam. Vel aequaliter appetit descendere per lineam rectam et per lineam obliquam, et, si sic, neutro modo descendit, quia unus istorum appetituum impedit prosecutionem alterius; et, si magis appetit descendere recte quam oblique, tunc non descendet oblique, ex eo quod tunc appetitus descendendi per lineam rectam impedit descensum eius per lineam obliquam, cuius tamen oppositum videmus; si autem magis appetit descendere per lineam obliquam quam rectam, hoc est contra quaestionem.

Oppositum arguitur. Gravia per easdem lineas appetunt descendere per quas descendunt, cum non fuerint impedita; sed hoc est per lineas brevisimas quae possunt protrahi ab eis usque ad centrum mundi; igitur etc. Maior est nota. Minor probatur: quia descendunt per semidiametros mundi vel per lineas quae sunt partes semidiametrorum mundi; sed istae sunt brevissimae quae possunt ab eis protrahi usque ad centrum. Assumptum patet per hoc: nam, datis duobus gravibus descendentibus, ista descendunt per lineas rectas concurrentes in centro mundi, ex quo quodlibet illorum gravium tendit ad centrum mundi; sed tales lineae sunt semidiametri mundi vel partes earum; igitur etc.

De ista quaestione dicunt quidam quod gravia appetunt descendere per lineas rectas quando possunt et non sunt impedita; sed quando impediuntur quod non possunt descendere per lineam rectam, tunc mutant appetitum descendendi per lineam rectam in appetitum descendendi per lineam obliquam, per quam possunt fieri propinquiora centro quam prius.

Sed breviter ista opinio non valet, ex eo quod, si appetitus for-

---

56 istorum] illorum *I* 57 impedit] impediat *V* 57 alterius] secundum alterum *I* 57 appetit] appetat *V* 58 descendet] descenderet *I* 66 igitur] ergo *I* 66 est] *om. V* 66 Minor probatur] *inv. I* 67 semidiametros] semidiametrum *V* 67 istae] illae *I* 70 ista] illa *I* 70 rectas] *om. V* 71 illorum] eorum *V* 73 igitur] ergo *I* 76 quod non] ne *I* 76 non] sunt *add. V sed del.* 76 possunt] possint *I* 77 tunc] *om. V* 78 quam] tunc saltem *add. V* 79 possunt] possint *I* 80 breviter] *om. V*

mae gravis sic mutaretur, tunc forma gravis esset forma cognoscitiva; quod est falsum. Consequentia tenet, quia sic mutare appetitum solum debetur formis cognoscitivis.

Secundo, gravi intrinsece nullo modo mutato potest una vice descendere per lineam obliquam et postea per lineam rectam propter solam mutationem medii extrinseci; igitur non mutatur de uno appetitu in alium, nam cum tali mutatione appetitus nullo modo posset stare quod idem grave haberet se omnino eodem modo intrinsece nunc et prius.

Aliter autem dicendum est quod grave non appetit descendere plus per unam lineam quam per aliam. Sed quod descendit per unam lineam et non per aliam, hoc est secundum quod applicatur tali vel tali resistentiae, ita quod finaliter ex applicatione alia et alia ipsius gravis ad medium extrinsecum determinatur quod per talem vel talem lineam descendit, ita quod bene ex se appetit descendere; sed modus descendendi determinatur secundum aliam et aliam applicationem eius ad medium extrinsecum. Et ratio huius est: nam, si aliquando plus appeteret descendere per unam lineam, et aliquando plus per aliam, oportet concedere appetitum eius intrinsece mutari; et sic oportet concedere formam gravis esse formam cognoscitivam; et ulterius oportet concedere grave non posse nunc descendere per lineam obliquam, et postea per rectam, nisi ipsum grave intrinsece mutaretur.

Sed diceret aliquis: videtur utique quod grave plus appetat descendere per lineam rectam quam per obliquam, nam videmus quod, quando grave descendit per lineam rectam, difficilius potest arrestari et impediri ab eius descensu quam quando descendit per lineam obliquam; hoc //// autem videtur esse signum quod plus F.V. 58vb
appetit descen- | dere per lineam rectam quam per obliquam. F.I. H6^{vb}

Ad illud dico quod ipsum grave, quando descendit per lineam

84 intrinsece] intrinseco *S V* 86 igitur] ergo *I* 86 de] ab *V* 88 eodem] *s.v. V* 90 autem] ergo *I* 91 aliam] lineam *add. V* 93 applicatione] ex *add. V* 98 lineam] *om. I* 98 et] *om. V* 1 ulterius oportet] *inv. I* 1 concedere] quod *add. I* 1 posse] possit *I* 2 per^2] lineam *add. V* 2 ipsum] *om. V* 4 quod] *s.v. V* 5 per^2] *om. V* 8 autem] *iter. V sed primum verbum del.* 9 per^2] *om. V* 10 illud] istud *I* 10 ipsum] *om. I*

rectam, difficilius arrestatur quam quando descendit per lineam obliquam. Sed huius causa non est maior appetitus descendendi per lineam rectam quam per obliquam, sed hoc est propter hoc quod, quando descendit per lineam rectam, minorem haberet resistentiam quam quando descendit per lineam obliquam, ut puta super tabulam transversaliter positam; modo difficilius est idem impediens cum minore resistentia impedire motum alicuius potentiae moventis quam cum maiore.

Ad rationes igitur factas hinc inde. Ad primam negatur consequentia, ex eo quod, quando terra descendit in igne, ignis non appetit ascendere per eandem viam per quam descendit terra, ex eo quod terra ipsum a tali ascensu impediret. Et ideo tunc ignis propter resistentiam extrinsecam determinatur ad ascendendum per aliam viam ubi invenit resistentiam minorem.

Ad secundam: *sequeretur quod grave nunquam descenderet oblique*, negatur consequentia, quia non dico quod grave ex se magis appetat descendere per lineam rectam quam per lineam obliquam, sed, quia appetit esse propinquius centro, descendit per quamcumque lineam. Et quod sic vel aliter descendit, ad hoc determinatur ex alia et alia applicatione eius ad resistentiam, quia, quando ex descensu per lineam rectam haberet maiorem resistentiam, descendit per lineam obliquam; quando autem ex descensu eius per lineam obliquam haberet maiorem resistentiam, tunc descenderet per lineam rectam.

Tunc ad rationem factam in oppositum: *per easdem lineas gravia appetunt descendere, etc.*, dico quod non oportet, sed sufficit, quod eorum descensus per tales lineas determinetur ex tali applicatione gravium ad talem resistentiam.

---

11 lineam] p *add. V sed del.* 12/13 Sed huius... obliquam] *om. V (hom.)* 19 igitur] ergo *I* 19 hinc inde] *om. V* 20 igne] ignem *I* 25/26 quod grave... oblique] etc. *V* 28 propinquius] centi *(dub.) add. V sed del. et exp.* 29 lineam] potest *add. I* 30 resistentiam] eius *add. V* 35 Tunc] *om. V* 37 tales] *om. V*

Quaestio 12

Utrum aer naturaliter moveatur in proiectione lapidis vel alicuius alterius proiecti in eo

Sextum propositorum erat utrum aer naturaliter moveatur in proiectione lapidis vel alicuius alterius proiecti in eo.

Et arguitur primo quod non. Nam, si sic, sequeretur quod aer nunquam in tali motu desineret moveri, saltem quamdiu maneret in loco suo proprio. Consequens est falsum. Consequentia videtur tenere: nam, si aer moveretur naturaliter versus sursum vel ad latus, ipso existente in loco proprio, qua ratione moveretur per aliquod tempus, eadem ratione per aliud, nam, si quiescat, hoc non est propter novum locum in specie nec propter aliquem locum sibi naturalem de novo acquisitum, ex eo quod tali motu aer movetur in loco proprio.

Secundo. Nam ponatur quod proiectum proiiciatur ad latus; tunc, si in tali motu aer moveretur naturaliter, oporteret utique quod hoc esset mediante gravitate vel levitate ipsius aeris; sed hoc non, ex eo quod gravitas et levitas non inclinant naturaliter nisi ad motum sursum vel deorsum.

Tertio. Si quaestio esset vera, pari ratione proiectum moveretur naturaliter; sed hoc est falsum. Consequentia probatur: nam, sicut aer in proiectione pellitur a proiiciente, ita proiectum; et per consequens qua ratione motus unius esset naturalis, eadem ratione motus alterius. Falsitas consequentis probatur: nam, si motus proiecti esset naturalis, proiiciatur ergo aliquis lapis sursum, manifestum est quod talis lapis non movetur a sua materia, cum ista nullius sit

---

5 alicuius] *om. I* 6 Et] *om. I* 6 primo] *om. I* 6 non] | *add. V sed del.* 7 suo] *om. I* 8 Consequens est falsum] *om. V* 10 moveretur] movetur *I* 11 ratione] *om. V* 11 est] nisi *add. V* 15 proiectum] iectum *V* 16 tunc] quod *I* 18 inclinant] inclinat *V* 18 nisi] nec *V* 19 vel] nec *V* 26 ista] illa *I* 26 nullius sit] *inv. V*

activitatis, nec movetur a sua forma vel gravitate, quia illa magis inclinat ad oppositum; nec apparet aliquid aliud in lapide intrinsecum lapidi quod aptum natum sit movere dicto modo illum lapidem; quare talis lapis dicto modo movetur violente, cum non moveatur violente a principio intrinseco; ergo etc.

Oppositum arguitur. Nam in proiectione lapidis aer retro lapidem insequitur lapidem ne fiat vacuum; igitur in proiectione lapidis F.V. 59ra aer movetur //// naturaliter. Consequentia tenet ex eo quod motus corporum quo moventur ad replendum vacuum est corporibus naturalis. Antecedens patet, quia, nisi lapidem proiectum insequeretur aer, maneret vacuum in loco quem exivit lapis intrando alium locum in tali motu.

In ista quaestione primo videndum est de principali quaesito; F.I. J1ra secundo videndum est de proiecto a quo mo- | veatur et utrum naturaliter vel violente post recessum a proiiciente.

Quantum ad primum considerandum est quod in proiectione lapidis est duplex motus aeris, scilicet aeris ante lapidem, qui resistit proiecto et dividitur, vel ultra naturalem suam qualitatem condensatur per ipsum proiectum; alius est aeris qui retro ipsum proiectum insequitur ad finem quod non remaneat vacuum.

Tunc sit prima conclusio: in proiectione lapidis motus aeris antecedentis proiectum non est naturalis. Probatur: nam tunc sequeretur quod non resisteret proiecto, quod est falsum: talis enim aer non minus resistit proiecto quam aer resistat gravi descendenti vel levi ascendenti naturaliter.

Secundo, nam condensatio aeris ultra suam naturalem raritatem

---

27 vel] a *add. V* 28 ad] modum *add. V sed del. et exp. et s.v.* motum *add.* 28 aliquid] *om. V* 29 illum] dictum *V* 30 dicto modo movetur] movetur dicto modo *I* 31 moveatur] movetur *V* 31 violente] *om. I P S* 33 lapidem[2]] *om. V (est in I P S)* 33 igitur] ergo *I* 35 corporum quo moventur] quo moventur corpora talis motus *V* 36 insequeretur] sequeretur *I*; insequitur *V (est in S)* 41 a proiiciente] proiicientis *V* 42 considerandum] sciendum *I (est in S V)* 44 suam qualitatem] *inv. V* 45 aeris] aer *V* 46 proiectum] *om. V* 49 talis enim] unde talis *V*

est sibi violenta; sed in tali motu talis aer antecedens condensatur ultra densitatem sibi naturalem; igitur etc.

Secunda conclusio: motus aeris insequentis proiectum est naturalis. Probatur: quia est a principio intrinseco, scilicet a forma substantiali ipsius aeris, quae inclinat ipsum aerem ad insequendum proiectum ad finem quod non fiat vacuum.

Sed contra istam conclusionem arguitur: nam iuxta hoc esset concedendum idem elementum simplex habere duos motus naturales distinctos specie; quod est contra dicta in *I° huius*. Consequentia probatur: nam aer vel aliquod aliud corpus haberet motum naturalem quo moveretur ad suum locum naturalem, et unum alium motum naturalem quo moveretur ad replendum vacuum. Ad illud respondetur quod alicui corpori simplici inesse naturaliter plures motus intelligitur dupliciter. Uno modo quod ambo insint illi corpori secundum naturam propriam illius corporis; alio modo quod unus illorum motuum insit illi corpori secundum naturam propriam et alter secundum naturam communem illi et aliis corporibus naturalibus. Tunc dico quod bene ostensum est *I° huius* quod impossibile est inesse eidem corpori naturaliter distinctos motus in specie secundum naturam propriam; cum hoc tamen bene stat uni corpori simplici inesse plures motus distinctos specie, et hoc naturaliter, quorum unus inest ei secundum naturam propriam, alter vero secundum naturam communem.

Circa illud dubitatur quis illorum motuum sit magis naturalis: utrum ille qui inest corporibus secundum naturam communem, vel ille qui inest corporibus secundum naturam propriam, vel an sint aeque naturales. Respondetur quod motus qui inest corpori secundum naturam communem est magis naturalis, puta motus quo

53 violenta] mota *V* 53 motu] mota *V* 54 igitur] ergo *I (est in S)*; *om. V* 54 etc.] *om. V* 55 proiectum] lapidem *V* 59 nam iuxta] nec *V* 59 esset] fore *V* 61 in] *om. V* 65 illud] istud *I* 65 inesse] esse *V*; plures *add. V sed del.* 68 unus] alius *V* 70 quod] bene *add. V* 71 inesse eidem corpori] eidem corpori inesse *I* 72 secundum naturam propriam] *om. V* 73 simplici] *om. V* 77 corporibus] corpori *I* 77 communem] propriam *I* 78 corporibus] corpori *I* 78 propriam] communem *I*

61 ARISTOTELES, *De caelo*, I, 2, 269 a 8-9.
70 *Ibidem.*

moventur corpora ad replendum vacuum. Et ratio huius est ista: quia videmus quod corpora dimittunt loca sua propria et naturalia ad quae sunt mobilia naturaliter secundum naturam eorum propriam et moventur ne fiat vacuum motu qui inest eis secundum naturam communem. Quod patet: nam, cum aliquis ponit aliquam fistulam ad aquam et extrahit per os aerem de fistula, aqua dimittit locum suum proprium et ascendit in fistula; et hoc est signum quod plus inclinatur ad motum per quem cavetur vacuum quam ad motum quo est mobile ad locum proprium.

Notandum est quod per *naturam communem* non intelligo aliquam rem quae insit pluribus corporibus, sed hoc voco inesse corporibus secundum naturam communem quod inest uni corpori na- F.V. 53rb turaliter, et consimiliter inest //// aliis corporibus distinctis ab illo specie. Sic est de moveri ne fiat vacuum: hoc enim inest omnibus corporibus. Unde, antequam natura permitteret vacuum, caelum descenderet et impleret, sicut dicit COMMENTATOR *IV° Physicorum.* Verum est tamen quod aliqui dixerunt quod sic insequi corpora ne fiat vacuum inest solum aeri et aquae, quae sunt elementa media, quae, quia sunt gravia et levia, possunt moveri indifferenter huc vel illuc; sed, sicut dicunt, non sic est de elementis extremis, quorum unum est simpliciter grave et aliud simpliciter leve. – Sed breviter illud non valet, nam ad sensum videmus quod pulvis ascendit per F.I. J1^{rb} fistulam, | subtracto aere, per quod constat terram ascendere ad sequendum corpus aliud naturaliter, sicut facit aer vel aqua.

Quantum ad secundum articulum sciendum quod de hoc sunt plures opiniones. Una est opinio quod proiectum post exitum eius a manu proiicientis movetur ab aere insequente proiectum. Unde

81 moventur] moverentur *I* 81 ad replendum vacuum] pro vacuo replendo *I* 80 ratio huius est ista] huius ratio est *V* 82 loca sua] *inv. I* 84 moventur] moverentur *I* 84 inest] est *I* 87 proprium] *om. V* 87 fistula] fistulam *V* 89 locum] motum *V* 89 proprium] *textum 83/88:* secundum naturam communem... proprium *iter. V sed del.* 90 Notandum est] Et nota *I* 93 illo] illa *V* 94 moveri] movere *I* 96 et impleret] *om. V (est in I S)* 98 media] intermedia *I* 00 sic] *om. V* 1 et] *om. V* 6 est] *om. I* 6 eius] *om. V*

96 Cf. AVERROES, *In Physicam*, IV, ff. 155rb-156vb, comm. 66-67.

imaginatur illa opinio quod, cum proiectum exit velociter a loco in quo erat, natura abhorrens vacuum mittit velociter aerem post ad replendum locum, qui quidem aer sequens velociter attingit ad proiectum et pellit ipsum ultra.

Breviter illa opinio non videtur esse sufficiens, nam, licet proiectum bene insequatur aer ne fiat vacuum, tamen ille aer non videtur esse causa motus ipsius proiecti: nam ille aer quando insequeretur proiectum et tangeret ipsum, quia aer est faciliter divisibilis et proiectum non, latera aeris dividerentur ab invicem, et sic non impelleretur proiectum ultra.

Secundo, nam secundum illam opinionem non posset reddi causa quae moveret rotam vel molam fabri longo tempore postquam manus movens esset ablata. Unde non potest dici quod hoc sit aer insequens, ex eo quod continue illa moventur in eodem aere, nec ita aer insequitur illa, sicut bene insequitur sagittam vel aliquod tali modo proiectum.

Tertio, nam videmus quod, si aliqua navis plena feno vel straminibus moveretur ab oriente versus occidentem in aliquo fluvio, post ablationem trahentis saepe paleae retro navem moventur contra orientem; et tamen deberet esse opposito modo si aer insequens moveret.

Secunda est opinio quod manus movendo proiectum etiam moveret aerem circumstantem et locantem ipsum proiectum, et ille aer, qui est innatus velociter moveri, defert secum proiectum tamquam vas illud quod est in vase.

Ista opinio etiam non est sufficiens, nam dubitatur a quo moveatur ille aer postquam manus cessat impellere et movere, et sic

---

8 illa] ista *I* 8 exit] a manu *add. S V* 9 erat] fuit *V* 9 mittit velociter] *inv. I* 9 post] *om. I (est in S V)* 10 locum] vacuum *V (est in I S)* 10 sequens velociter] *inv. I* 11 pellit ipsum ultra] ipsum ultra pellit *I* 12 illa] ista *I* 14 ipsius] *om. V* 15 proiectum] et tangeret ipsum *add. V sed del. et exp.* 15 et tangeret] attingeret *V* 17 impelleretur] impelleret *I*; impellerent *V (est in S)* 18 illam] ista *I* 19 rotam] rotum *V* 20 movens] moventis *V* 22 insequitur illa] *inv. I* 25 moveretur] *om. V* 27 deberet] deberent *V* 29 est] *om. V* 29 movendo] proiiciendo *V* 29 proiectum] et movendo *add. V* 29/30 etiam moveret] moveret etiam *I*; etiam movet *V* 30 ille] iste *I* 34 cessat] cesset *V*

manet tanta dubitatio de illo aere a quo moveatur sicut erat de proiecto. Si dicatur quod ille aer movetur a sua levitate, quae quidem levitas aere velociter moto innata est retinere diu vim motivam, hoc non valet, quia levitas non est apta nata movere nisi sursum; et proiectio potest fieri tam sursum quam deorsum quam ad latus.

Secundo, illa opinio non posset salvare quid moveret molam fabri quae velociter impulsa valde diu adhuc verteretur, non obstante quod aer undique circumstans abstergeretur.

Tertio, nam aer, quantumcumque velociter est motus, ipse est valde faciliter divisibilis; ideo non apparet quomodo posset tam longo tempore sustinere in alto lapidem ponderis centum vel mille librarum proiectum per machinam vel per aliquod aliud instrumentum.

Quarto, iuxta istam opinionem sequeretur quod longius possemus proiicere plumam quam lapidem et minus grave quam magis grave, si essent consimilia in figuris et in magnitudinibus. Consequens est contra experientiam. Consequentia tenet ex eo quod magis grave videtur magis resistere aeri moventi ipsum sur-
F.V. 59va sum quam pluma vel minus grave. ////

Quinto, si aer quem proiiciens movet cum lapide est tantae virtutis quod possit velociter ferre magnum lapidem proiectum, tunc videretur, si sine lapide aliquis proiiciens pelleret aerem contra socium suum, quod ille contra quem pelleretur aer multo maiorem impetum deberet percipere quam percipit.

Tertia est opinio quam reputo veriorem quod proiectum post exitum eius a manu vel recessum a proiiciente movetur a quadam vi seu impetu sibi impresso ab ipso proiiciente. Et sicut tandem illa virtus motiva sic sibi impressa remittitur usque ad non gradum,

---

35 a quo] unde *V* 35 erat] *om. V* 36 ille] iste *I* 36 sua levitate] *inv. I* 38 apta] *om. I* 39 proiectio] proiectum *I* 41 illa] ista *I* 41 posset] potest *I* 42 adhuc] *om. V* 42 verteretur] vertitur *V* 43 abstergeretur] vel astringeretur *add. I*; abstargeretur *V* 44 quantumcumque] quantocumque *V* 44 velociter est] *inv. I* 47 per] *om. V* 49 sequeretur] sequitur *V* 50 quam lapidem] *om. V* 50 magis] maius *V* 60 est] *om. V*

proiectum desinit moveri motu proiectionis. Et secundum istam opinionem possunt salvari apparentia iuxta motum proiectionis. Primo quidem quare proiiciens remotius proiicit lapidem quam plumam. Huius quidem ratio est ista: quia in lapide plus est de materia quam in pluma, et etiam est magis compacta; et ideo illa virtus motiva fortior et maior imprimitur lapidi quam plumae, et etiam diutius retinetur, recte sicut videmus quod ferro fortior imprimitur calor quam ligno, et hoc propter densitatem et compaci-| tatem materiae. F.I. J1[va]

Iuxta etiam istam opinionem redditur causa propter quam lancea longa plus perforaret quam ferrum sine lancea. Huius quidem causa est: quia in lancea longa recipitur plus de illo impetu quam in ferro solum.

Et si quaeritur quae res sit talis impetus, certe hoc magis pertinet ad investigationem metaphysicam quam ad investigationem naturalem. Ex his patet quod motus proiecti non est proiectio naturalis sed violenta. Patet hoc, nam talis motus provenit ab aliquo impresso ipsi proiecto ab extrinseco.

Sed diceres contra: talis motus est a principio intrinseco moti; igitur naturalis. – Respondeo negando consequentiam, nam ultra hoc requiritur quod naturalis inclinatio mobilis non sit ad oppositum.

Ad rationes. Ad primam, quando dicebatur: *sequeretur quod aer in tali motu nunquam desineret moveri*, negatur consequentia. Et ratio huius est: quia in tali motu aer rarefit et condensatur ultra gradum raritatis vel densitatis sibi debitum; et ideo aer appetens redire ad statum pristinum tandem desistit a tali motu.

Ad secundam: *proiiciatur proiectum ad latus*, placet mihi. Tu dicebas quod aer tunc non insequitur naturaliter, dico quod immo; et ulterius dico quod hoc est mediante forma tamquam mediante

---

67 ista] *om. V* 68 etiam] *om. V* 73 etiam istam opinionem] istam opinionem etiam *V* 73 quam] quid *V* 74 perforaret] perforatur *I* 75 recipitur plus] *inv. I* 78 ad[2]] *om. V* 80 violenta] violentus *I* 80 nam] quia *I* 83 igitur] ergo *I* 90 desistit] desinit *I (est in P S V)* 91 Tu] Tunc *V*

principio activo principali et mediante levitate tamquam instrumentali. Et quando dicebatur: *levitas non inclinat nisi ad motum sursum*, dico quod hoc est verum quando mobile movetur motu sibi naturali secundum naturam suam propriam; tamen, quando mobile movetur motu sibi naturali secundum naturam communem sibi et aliis, sicut est in propositione *ne fiat vacuum*, levitas bene movet ad latus seu ad aliam differentiam positionis quam sursum.

Ad tertiam illa bene probat quod proiectum moveretur naturaliter, et hoc si aer praecedens ipsum moveretur naturaliter, quia ille pellitur sicut proiectum; tamen non oportet si aer insequens proiectum moveatur naturaliter quod ergo proiectum moveatur naturaliter, quia aer insequens non pellitur sicut pellitur proiectum. Et ideo dissimile est de motu proiecti et de motu aeris insequentis proiectum. Et sic patet.

---

96 est verum] *inv. V* 97 suam] sibi *I* 99 propositione] proposito *S V (est in I)*
1 illa] ista *I* 7 Et sic patet] quare etc. *I*

Quaestio 13

Utrum elementa quattuor determinent sibi figuras a natura

Nunc ultimo restat quaerere circa figuram corporum simplicium elementarium et quantum ad hoc quaeram unicam quaestionem, scilicet utrum elementa quattuor determinent sibi figuras a natura.

Et videtur quod sic. Nam quintum corpus simplex, scilicet caelum, determinat sibi figuram a natura, scilicet sphaericam, sicut prius dictum est; igitur videtur quod alia quattuor corpora simplicia, scilicet elementa, determinent sibi figuras a natura.

Secundo. Quia per rationes geometricas probatum est quod non sint nisi quinque figurae corporum regularium secundum speciem quae sunt simplicissimae; igitur videtur quod illas figuras //// sibi F.V. 59vb determinant quinque corpora simplicia, scilicet caelum et quattuor elementa, sic quod quodlibet eorum determinat sibi unam earum.

Tertio. Corpora determinata ad maximum vel ad minimum utique determinant sibi aliquam figuram a natura, quia determinata ad maximum vel ad minimum determinantur ad finita; omne autem finitum est figuratum; corpora autem elementaria determinantur naturaliter ad maximum vel ad minimum, quod patet ex *II° De anima*, ubi dicitur: «omnium natura constantium est terminus, et ratio magnitudinis et augmenti»; hoc idem videtur posse elici ex *I° Physicorum*.

---

4 ultimo restat] *inv. I* 4 querere] quaerendum *V* 5 elementarium et] *om. V* 7 scilicet] puta *V* 8 sicut] ut *I* 9 ideo] ergo *I* 11 Quia] *om. V* 12 sint] sunt *V* 15 eorum] corpus *V* 15 earum] mearum *V* 17 aliquam] fia na *add. V sed del.* 17 determinata] determinatur *V* 18 finita] finitatem *I* 20 naturaliter] totaliter *S*; localiter *V (est in I)* 21 est terminus] posita est *I* 21 et ratio] *om. S V (est in I)* 22 magnitudinis] am *add. V sed del.* 22 I°] II° *I (est in P S V)*

20/21 ARISTOTELES, *De anima*, II, 4, 416 a 16-17.
22/23 ARISTOTELES, *Physica*, I, 2, 185 a 34.

Quarto. Aqua determinat sibi aliquam figuram a natura; igitur et F.I. J1^{vb} cetera elementa. Consequentia tenet, quia non vide- | tur esse maior ratio de uno elemento quam de alio. Antecedens videtur esse evidens ex intentione ARISTOTELIS in *II° huius*, ubi probat quod ipsa est sphaerica, quia aliter partes eius superficiales non aequaliter distarent a centro.

Quinto. Eadem est figura totius homogenei et cuiuslibet eius partis: aliter enim non esset homogeneum; sed particulae aquae naturaliter videntur tendere ad sphaericitatem, sicut patet de guttulis roris et pluviae; igitur ita videtur esse de tota sphaera aquae.

Sexto. Ignis determinat sibi aliquam figuram a natura; igitur et alia elementa. Consequentia tenet. Antecedens probatur: quia determinat sibi figuram pyramidalem: patet hoc, quia, cum ascendit, non ascendit nisi secundum illam figuram, scilicet pyramidalem, sicut docet experientia; ergo etc.

Oppositum videtur esse de intentione ARISTOTELIS in *littera*.

In ista quaestione erunt quattuor articuli principales. In quorum primo recitabo opinionem ANTIQUORUM de figura corporum simplicium; in secundo improbationem eorum quam ponunt ARISTOTELES et COMMENTATOR; in tertio dubitabitur de uno quod ARISTOTELES et COMMENTATOR assumunt in improbando opinionem antiquorum; in quarto articulo respondebitur ad quaesitum.

---

24 a] ex *V* 24 igitur] ergo *I* 24 et cetera elementa] *iter. V sed primam locutionem del.* 26 elemento] *om. V* 27 evidens] *om. V* 27 ex] de *V* 27 in] *om. I* 28 eius] *om. V* 32 naturaliter] *om. I* 33 guttulis] gutta *I* 33 igitur] ergo *I*; et *add. V* 33 tota] totalis *V* 34 Sexto] *om. V* 34 aliquam] *om. V* 34 igitur] ergo *I* 36/37 ascendit] h *add. V sed del.* 37 illam figuram] figuram istam *I* 38 ergo etc.] *om. V* 42 eorum] antiquorum *add. I*; eius *V* 43 uno] quodam *I* 44 in] *om. V* 45 articulo] *om. V* 45 respondebitur] videbitur *V* 45 ad quaesitum] de quaesito *V*

27 ARISTOTELES, *De caelo*, II, 4, 287 b 1-14.
39 ARISTOTELES, *De caelo*, III, 8, 306 b 3 - 307 b 24.
41 Cf. ARISTOTELES, *De caelo*, III, 4, 303 a 3 - 303 b 8.
42/43 ARISTOTELES, *De caelo*, IV, 6, 313 b 6 - 313 b 23.
43 AVERROES, *In De caelo*, IV, ff. 225ra-226vb, comm. 66 - 67.
43/44 ARISTOTELES, *De caelo*, III, 4, 303 a 17-18.
44 AVERROES, *In De caelo*, IV, ff. 227vb-228rb, comm. 68.

Quantum ad primum sciendum est quod erat una opinio antiquorum quod corpora simplicia, sicut caelum et elementa, determinarent sibi figuram a natura. Unde consideraverunt quod corpora mathematica regularia sunt quinque et non plura, scilicet tetracedron, hexacedron, octocedron, duodecedron et icocedron. Et quia etiam corpora simplicia naturaliter sunt quinque et non plura, scilicet quattuor elementa et quinta essentia, crediderunt quod quodlibet illorum corporum simplicium determinaret sibi unam illarum quinque figurarum regularium. Unde dixerunt terram esse corpus exacedron, seu corpus cubicae figurae, seu corpus sex superficierum regularium, et hoc ideo quia corpus cubicum seu hexacedron est magis fixum et immobile et minus aptum ad motum; et quia sic est de terra, ideo attribuerunt terrae figuram cubicam seu figuram hexacedron. Dixerunt autem aquam esse corpus icocedron seu corpus ex viginti superficiebus regularibus, quia aqua pro omnibus aliis est corpus magis rotabile et minus stabile, terminabile faciliter terminis alienis et difficulter terminis propriis; et hoc ipsi attribuerunt aquae propter multitudinem angulorum quos habet corpus icocedron. Attribuerunt autem aeri figuram octocedron et igni figuram tetracedron, scilicet figuram pyramidalem, et caelo figuram duodecedron, et hoc propter causas quae erant expresse in *una quaestione facta* circa principium *I^i^ huius*. Et illud potest intelligi vel quod dicta corpora secundum se tota essent taliter figurata vel ex parvis particulis sic figuratis composita, videlicet quod terra secundum se totam sit cubicae figurae, vel quod particulae ex quibus ipsa est composita sint cubicae figurae.

Quantum ad secundum articulum sciendum est quod ARISTOTELES et COMMENTATOR improbant illam opinionem sic. Nam, si

---

46 una] *om. I* 48 figuram] figuras *V* 51 naturaliter] *om. V* 53 illorum] istorum *I* 53 simplicium] *om. V* 53 determinaret] determinarent *V* 54 dixerunt terram] *inv. V* 58 ideo] *om. V* 59 corpus] et *add. V sed del.* 60 pro] *om. I* 61 terminabile faciliter] et faciliter terminabile *V* 65 figuram^2] pur *scr. V sed del.* 67 principium] *om. I* 67 I^i] I^{um} *I* 69 composita] videtur *add. V sed del.* 73 illam] istam *I*

68 Cf. *supra*, L. I, Q. 1.
72/73 ARISTOTELES, *De caelo*, III, 8, 306 a 3 - 307 b 25.
73 AVERROES, *In De caelo*, IV, ff. 225ra-226vb, comm. 66 - 67.

dicta opinio esset vera, necessario sequeretur vacuum, quod tamen ipsi antiqui negabant. Probatur consequentia, quia, cum huiusmodi corpora simplicia sic figurata componerentur, non ita possent co- F.V. 60ra niungi circa eundem punctum //// quin inter ea maneret vacuum, quia in superficialibus figuris regularibus sunt tantum tres figurae quae replent spatium superficiale circa eundem punctum, scilicet trigonus, quadratus et hexagonus; in corporalibus autem figuris, sicut dicunt ARISTOTELES et COMMENTATOR, sunt duae tantum quae spatium replent corporale circa eundem punctum, scilicet pyramis et cubus, propter quod oportet solum illa duo corpora, scilicet quorum unum est pyramidale vel ex pyramidibus compositum et aliud cubicum vel ex cubicis compositum, in aliquo numero accepta replere locum sine vacuo. Et ideo quantum esset de aliis F.I. J2^{ra} tribus opor- | teret esse vacuum, licet hoc evitaretur per cubica et pyramidalia.

Quantum ad tertium articulum dubitatur, de hoc quod suppositum iam fuit in improbatione opinionis antiquorum (supponitur enim quod corpora pyramidalia regularia in aliquo numero accepta possint replere locum), utrum hoc sit verum. Pro quo primo oportet supponere quid intelligatur in proposito per *replere locum*. Pro quo sciendum quod *replere locum* potest intelligi vel in superficie vel in solido. Replere locum in superficie non est aliud quam replere totale spatium superficiale circumstans aliquem punctum in aliqua superficie imaginatum; sed replere locum in solido est replere totum spatium corporale circumstans aliquem punctum imaginatum.

---

75 antiqui] *om. V* 77 maneret] remaneret *I* 77 figuris] et *add. V* 77 sunt tantum] *inv. I* 79 superficiale] scilicet *add. I* 80 quadratus] *iter. V sed primum verbum del.* 81 duae] duo *V* 82 scilicet] quin *add. V* 83 cubus] cubicus *V* 86 replere] replnt *V* 86 aliis] corporibus *V* 87 licet] *iter. V sed primum verbum del.* 90 iam fuit] est *V* 92 utrum] dubitatur utrum *V* 93 in proposito per replere locum] per replere locum in proposito *V* 96 aliqua] ista *I* 97 solido] solidis *V*

81 ARISTOTELES, *De caelo*, III, 8, 307 a 3 - 13.
81 AVERROES, *In De caelo*, IV, ff. 227vb-228rb, comm. 68.

Tunc pro conclusionibus aliquibus ponendis supponatur quod quemlibet punctum in superficie imaginatum circumstat spatium superficiale, quod valet quattuor angulos rectos. Ista patet ex I° *Elementorum* EUCLIDIS. Tunc sit una conclusio quod tres sunt figurae regulares superficiales potentes replere locum in superficie, scilicet triangulus, quadratum et hexagonus. Illud probatur de quadrato. Nam, si aliquem punctum circumponantur quattuor quadrata, occupabunt totum spatium superficiale circumstans illum punctum: quod patet, nam totale illud spatium circumstans istum punctum valet quattuor angulos rectos praecise et tantum praecise valent quattuor anguli quattuor quadratorum, quia cuiuslibet quadrati quilibet angulus est rectus.

Dico secundo quod sex anguli trianguli regularis replent locum, quia angulus trianguli regularis seu aequilateri valet duas tertias unius recti, sicut elici potest ex XXXIIª propositione I[1] *Elementorum* EUCLIDIS; igitur sex tales anguli valent *12* tertias anguli recti; sed tales *12* tertiae faciunt quattuor integra, scilicet quattuor angulos rectos, quantum est praecise spatium superficiale circumstans aliquem punctum in suoerficie imaginatum; ideo sex trianguli regulares circa eundem punctum positi replebunt locum.

Tertio dico quod tres hexagoni regulares replent locum, quia angulus hexagoni habet quattuor tertias unius recti, sicut potest elici ex iam allegata propositione I[1] *Elementorum* EUCLIDIS; igitur tres tales quae faciunt quattuor integra, scilicet quattuor angulos rectos, replerent locum superficialem circumstantem aliquem punctum in superficie imaginatum.

---

00 supponatur] supponitur *I* 4 superficiales] *s.v. V* 5 triangulus, quadratum] *inv. I* 5 et] *om. V* 5 Illud] Istud *V* 7 quadrata] hoc autem *scr. V sed* autem *del.* 7 occupabunt] quattuor *add. V sed del.* 7 totum spatium] *inv. V* 8/9 quod patet... punctum] *om. V* 9 rectos] *om. V* 10 valent] valet *V (est in I P S)* 12 trianguli] qua° *add. V* 12 regularis] regulares *V* 14 XXXIIª propositione I[1]] propositione 30ª I° *I*; XXXª 9ᵉ 2ª I° *P (est in S V, sine* Ii *in S)* 15 igitur] ergo *I* 15 sex] *om. V* 15 tales anguli] *inv. V* 18 sex] anguli *add. I* 20 Tertio dico] *inv. I* 20 tres] trianguli *add. V* 21 habet] valet *V* 21 unius] unus *V* 21 allegata] probatione *add. V sed del.* 22 igitur] ergo *I*

2/3 EUCLIDES, *Elementa*, I, prop. XLVI.
14/15 EUCLIDES, *Elementa*, I, prop. XXXII.
22 EUCLIDES, *Elementa*, I, prop. XLVI.

Dico quarto quod anguli pentagonorum vel heptagonorum vel octogonorum, et sic in infinitum in nullo numero combinati, possunt praecise replere locum: angulus enim pentagoni habet unum rectum et quintam unius recti; tales autem tres combinati minus faciunt quam quattuor rectos, quattuor vero combinati plus faciunt quam quattuor rectos. Deinde nec heptagonus replet locum, quia angulus heptagoni valet unum rectum et quinque septimas unius recti; ergo duo tales sunt minores quam quattuor recti, et tres sunt maiores quattuor recti. Et breviter ultra hexagonum nullarum figurarum regularium anguli replent locum, quia omnium figurarum regularium ultra hexagonum duo anguli sunt minores quattuor rectis, et tres sunt maiores quattuor rectis.

Et ut melius intelligatur illud sciendum quantum alicuius figurae regularis angulus valeat et etiam quantum omnes simul, est sciendum quod cuiuslibet quadrati angulus est rectus: hoc patet per definitionem quadrati; et cuiulibet trianguli regularis angulus valet
F.V. 60[rb] //// duas tertias recti: illud patet, nam cuiuslibet trianguli anguli valent duos rectos, sicut demonstratum est I° *Elementorum* EUCLIDIS. Et, cum anguli trianguli regularis sint sibi invicem aequales, ut patet per definitionem figurae regularis, sequitur quod quilibet angulus trianguli regularis valet duas tertias recti: unde figura regularis dicitur cuius omnia latera sibi invicem sunt aequalia et omnes anguli sibi invicem sunt aequales; sic ergo scimus quantum valent anguli quadrati et similiter trianguli.

Ad sciendum autem consimile de aliis figuris regularibus superficialibus, sicut de pentagono, hexagono, heptagono, et sic de aliis, est sciendum quod primo considerandus est numerus angulorum talis figurae; quo considerato, ab illo removeantur duo, et illud

---

29 unius] una *V* 30 rectos] deinde *add. s.v. V* 31 rectos] recti *P V* 31 heptagonus] extagonus *V* 32 heptagoni] extagon *V* 38 ut] quod dicitur *add. I* 38 illud sciendum] pro sciendo *I P*; sciendum est *V* 39/40 est sciendum] *inv. I* 40/41 angulus est[2]... quadrati] *om. S V (hom.)* 42 illud] istud *V* 43 sicut] ut *I* 45 ut] quod *V* 47 sibi invicem sunt] sunt sibi invicem *V* 48 sibi invicem sunt] sunt sibi invicem *V* 51 pentagono] pentagone *V* 52 est sciendum] *inv. I* 53 illud] *om. V*

44 EUCLIDES, *Elementa*, I, prop. IV-XI.

residuum ostendet nobis numerum triangulorum in quos illa figura est reso- | lubilis; quo autem scito, duplicemus numerum triangulorum in quos illa figura est resoluta, et resultans ex tali duplicatione est numerus angulorum rectorum quos valent omnes anguli simul iuncti illius figurae, cuius angulorum valor quaerebatur. Verbi gratia, si volo scire quot angulis rectis aequivalent anguli pentagoni regularis, considerabo quod quinque sunt anguli pentagoni a quibus removebo duos, et remanebunt tres. Dicam ergo quod pentagonus resolubilis est in tres triangulos; et, quia trium triangulorum anguli valent sex rectos, quod patet duplicando tria, dicam quod omnes anguli pentogoni regularis simul iuncti valent sex rectos; et per consequens unus angulus pentagoni valet unum rectum et quintam partem recti; et, quia hexagoni sunt sex anguli, removebo a sex duo, et remanebunt quattuor; in tot igitur triangulos hexagonus est resolubilis, scilicet in quattuor; et, si quattuor duplicabo, resultant octo, et tot angulis rectis aequivalent anguli hexagoni simul iuncti, propter quod unus angulus hexagoni regularis valet unum rectum et unam tertiam recti. Quod patet, nam, si octo anguli recti distribuantur sex angulis hexagoni, cuilibet angulo hexagoni cadit unus rectus cum sexta parte duorum rectorum, sexta autem pars duorum rectorum est una tertia recti, et sic quilibet angulus hexagoni regularis valet quinque tertias unius recti. F.I. J2[rb]

Finaliter recolligendo conclusionem primam, dico quod solum tres figurae regulares superficiales replerent locum superficialem, scilicet triangulus, quadratum et hexagonus, non distinguendo quadratum contra triangulum.

De corporibus autem replentibus locum in solidis dicunt ARISTOTELES et COMMENTATOR quod talia sunt duo, scilicet cubus et pyramis. De cubo non est dubium. Et ideo sit secunda conclusio

---

55 quo] hoc *I* 56 illa] ista *I* 59 volo] volumus *V* 59 aequivalent] aequivaleant *I* 61 duos] duo *V* 61 Dicam] Dico *I* 63 patet] valet *V* 64 regularis] regulares *V* 67 igitur] ergo *I* 68 duplicabo] duplicamus *I* 70/71 regularis] *om. V* 71 unam] *om. I* 72 angulis] anguli *V* 76 Finaliter] igitur *add. V* 79 contra] quadrangulum vel *add. I (non est in S V)* 81 cubus] cubum *V* 82 secunda conclusio] *inv. V*

80/81 ARISTOTELES, *De caelo*, III, 8, 307 a 3 - 13.
81 AVERROES, *In De caelo*, IV, f. 225[ra], comm. 66, D, 7-8.

quod in solidis *8* cubi aggregati circa unum punctum totum spatium circa ipsum replent ad omnem differentiam. Quod patet: si intelligamus tres lineas in aere intersecare se orthogonaliter, sicut apparet in tribus paleis sibi mutuo applicatis, quae faciunt duodecim angulos rectos, sicut patet inter illas lineas, superius intercipientur quattuor cubi sine intervallo, et inferius alii quattuor, ita quod quattuor supra sectionem et quattuor infra sectionem, quae simul faciunt octo, totum spatium circumstans occupabunt.

De pyramidalibus autem regularibus dicit COMMENTATOR quod duodecim pyramides regulares replent locum, et hoc ipse sic nititur probare *III° huius*: quorumcumque angulorum corporalium anguli superficiales aequivalent angulis superficialibus angulorum octo cuborum isti anguli possunt replere locum in solidis; sed anguli superficiales duodecim angulorum pyramidalium aequivalent angulis superficialibus octo cuborum; igitur etc. Maiorem relinquit tamquam per se manifestam, ex eo quod anguli octo cuborum replent locum. Sed minorem probat: pro quo supponitur quod angulus cubi solidus clauditur tribus angulis superficialibus rectis, et sic octo anguli cuborum solidi clauduntur viginti quattuor angulis rectis superficialibus. Sed, quia angulus solidus pyramidis regularis trium superficierum clauditur tribus angulis superficialibus aequivalentibus duobus angulis superficialibus rectis, sequitur quod //// anguli solidi duodecim pyramidum clauduntur etiam viginti quattuor angulis rectis superficialibus, et sic tot angulis rectis superficialibus clauduntur //// anguli solidi *12* pyramidum regularium quot clauduntur anguli solidi octo cuborum; et hoc erat intentum. F.V. 60va

Secundo, nam, sicut se habet triangulus in plano, ita se habet

86 paleis] pallis *I*; palleis *S V* 87 duodecim] duos *V* 90 circumstans] sectionem *add. I P (non est in S V)* 91 autem] *om. V* 92 ipse sic] *om. V* 93 probare] sic *add. V* 93 angulorum] *om. V (lacuna: 1 cm)* 94 aequivalent] aequivalentes *S V* 95 isti] illi *I* 97 igitur] ergo *I* 97 Maiorem relinquit] Maior delinquitur *V* 98 manifestam] nota *V* 3/4 aequivalentibus duobus angulis superficialibus] *om. V (hom.)* 5 anguli] recti *add. V sed del.* 5/7 clauduntur etiam... pyramidum] *om. S V (hom.)* 8 solidi] duodecim *add. V sed del.* 8 octo] *om. V (lacuna: fi cm)*

91/95 AVERROES, *In De caelo*, III, f. 225vb, comm. 66, K, 3-5.

pyramis in solido; sed aliquot trianguli replent locum in plano; ideo aliquot pyramides replebunt locum in solido; et ex quo sex trianguli regulares replent locum in plano, videtur quod *12* pyramides repleant locum in solido. Consequentia videtur tenere per hoc: nam, sicut numerus cuborum replentium locum in solido est duplus ad numerum quadratorum replentium locum in plano, quia octo cubi replent locum in solido et quattuor quadrata replent locum in plano, ita videtur quod numerus pyramidum replentium locum in solido debeat esse duplus ad numerum triangulorum replentium locum in plano.

Contra istam opinionem COMMENTATORIS, salva reverentia, sit tertia conclusio quod duodecim py- | ramides regulares non replent F.I. $J2^{va}$ locum in solido. Quod probatur sic. Nam recipiam aliquam superficiem planam et signabo in ea punctum, et sit *a*, et assignabo circa punctum istum sex triangulos aequilateros qui replent locum in superficie circa punctum illum, quod est possibile, sicut dicit COMMENTATOR et prius ostensum est demonstrative; deinde supra quemlibet istorum triangulorum tamquam supra basim erigam pyramidem regularem trium laterum, quo facto, erunt ibi sex pyramides omnes continentes se in puncto *a*; deinde imaginor unam lineam perpendicularem in illa superficie erectam directe ab *a* puncto in sursum, quae sit *a b*, quo facto, istae sex pyramides nunquam tangunt illam lineam nisi inferius in puncto *a*, sicut patet volenti considerare, et per consequens istae sex pyramides nullum omnino solidum constituunt; deinde ex alia parte eiusdem superficiei imaginor alias sex pyramides supra easdem sex bases constitutas, et in

---

10 ideo] ad *add. V sed del.* 13 repleant] replent *V* 13 videtur tenere per hoc] tenet quia *V* 13 nam] recte *V* 16 locum] *om. V* 18 locum] numerum *V* 20 Commentatoris, salva reverentia] salva reverentia Commentatoris *I* 21 quod] quia *V* 23 circa] super *I (est in S V)* 24 istum] illos *V* 24 triangulos] angulos *V* 25 illum] istum *I* 25/26 dicit Commentator] Commentator concedit *I*; met *add. V* 26 prius ostensum est] ostensum est prius *I* 29 omnes] contingentes vel *add. I* 30 ab a puncto] ad a punctum *I* 32 nisi] *om. V*

20 AVERROES, *In De caelo*, IV, f. 225vb, comm. 66, K, 3-5.
25/26 AVERROES, *In De caelo*, IV, f. 225, comm. 66, G, 10-12.

eodem puncto *a* contingentes se, et imaginor *b a* protrahi directe deorsum in *c*; igitur erit *b a c*, linea tota in vacuo ex utraque parte, et nihil solidum constitutum est circa punctum in quo contigunt se *12* pyramides, immo sunt ibi sex corpora, quorum quodlibet constitutum est ex duabus pyramidibus in communi base coniunctis, quorum unum alteri coniungitur secundum superficiem, sed tantum eorum superficies lineis se contingunt. Patet ergo quod *12* pyramides bene possunt se contingere circa eundem punctum commune; sed nullo modo implebunt locum.

Nec ratio COMMENTATORIS, salva sui gratia, est alicuius valoris: supponit enim quod quicumque anguli corporales continentur ab angulis superficialibus aequivalentibus viginti quattuor angulis superficialibus rectis quod illi impleant praecise locum; modo hoc est falsum. Nam, si hoc esset verum, sequeretur quod tres cubi unacum sex corporibus superficialibus resultantibus ex divisione trium cuborum replerent locum; modo hoc est falsum, ex eo quod tales tres cubi unacum talibus sex corporibus superficialibus non valent nisi sex cubos; sex autem cubi non replent locum. Probatur consequentia, ex eo quod omnes anguli solidi simul iuncti trium cuborum et sex talium corporum superficialium clauduntur angulis superficialibus aequivalentibus viginti quattuor angulis superficialibus rectis, et eo quod angulus cubi solidus continetur tribus angulis superficialibus rectis et angulus solidus talis corporis superficialis clauditur duobus angulis rectis superficialibus cum dimidio; et sic anguli solidi talium sex corporum superficialium clauduntur angulis superficialibus rectis aequivalentibus quindecim angulis rectis, et tres anguli trium cuborum novem rectis; sed quindecim et novem faciunt viginti quattuor; igitur etc.

Secundo, sequeretur quod octo cubi non implerent locum.

---

36 directe] in *add. I* 37 igitur erit] erit ergo *I* 37 ex] in *V* 41 unum] nullum *I* 46 corporales] *om. V (lacuna: 2 cm)* 49/51 Nam, si... falsum] *om. S V (hom.)* 52 tres cubi] *om. V* 52/53 superficialibus] *om. V* 55 sex] amborum *add. V sed del.* 55 superficialium] serrabilium *V* 57 et] et] ex *I* 58 superficialis] serrabilibus *V* 59 rectis superficialibus] *inv. I* 60 superficialium] serrabilium *V* 61 rectis] *om. V* 63 igitur] ergo *I* 64 sequeretur] sequitur *I*

45 AVERROES, *In De caelo*, IV, f. 225[va], comm. 66, G, 10-12.

Probatur consequentia, quia secundum dictam suppositionem COMMENTATORIS sedecim corpora superficialia aequivalentia octo cubis non implerent locum, ex eo quod sedecim anguli solidi corporum superficialium clauduntur angulis superficialibus non aequivalentibus praecise viginti quattuor angulis superficialibus rectis. Patet hoc, ex eo quod angulus corporis superficialis solidus versus illam partem ubi fiebat divisio clauditur duobus angulis rectis cum dimidio; et sic tales sedecim clauduntur angulis superficialibus aequivalentibus quattuor angulis rectis. //// Et ne laboremus in aequivoco, corpus superficiale dicitur esse quodlibet illorum duorum quae resultant ex divisione cubi, cum cubus dividitur diametraliter, quae divisio cadit super angulos cubi apparentes. Ex quo patet quod praecise tantum valent duo corpora superficialia quantum unus cubus. F.V. 60[vb]

Sic igitur primo vana est opinio COMMENTATORIS, scilicet quod duodecim pyramides regulares replent locum; et secundo ratio sua, et tertio improbatio suae opinionis; et quarto ostensus est defectus suae rationis qua credidit se demonstrasse. Nec propter hoc volo improbare ARISTOTELEM, quia ARISTOTELES non dixit quod duodecim pyramides regulares replent locum, sed bene dixit quod pyramis est unum de corporibus quae in aliquo numero accepta possunt replere locum; sed quot pyramides hoc faciunt, non exprimit. Et ideo secundum ARISTOTELEM diceretur ad dubitationem motam quantum ad tertium articulum | quaestionis quod pyramides regulares in aliquo modo acceptae replent locum; sed in F.I. J2[vb]

---

65 quia secundum dictam suppositionem] ex suppositione dicta *V* 65/66 Commentatoris] quia *add. V* 66 sedecim] 12 *V* 67/68 corporum superficialium] *inv. I*; corporum serrabilium *V* 70 ex eo] *om. V* 70 superficialis] serrabilis *V* 73 laboremus] laboramus *V* 74 superficiale] serrabile *V* 75 cubi] cui *I* 75 cubus] dicitur *add. V sed del.* 76 apparentes] oppositos *V* 76 quod] *om. I* 77 corpora superficialia] serrabilia *V* 78 cubus] cubum *V* 79 igitur] ergo *I* 79 primo] *om. V* 79 vana] visa *I* 80 secundo] secunda *V* 81 tertio] tertia *V* 83 dixit] dicit *I* 84 dixit] dicit *I* 86 faciunt] faciant *I*

65/66 AVERROES, *In De caelo*, IV, f. 225[vb], comm. 66, K, 3-5.
79 *Ibidem.*
83 ARISTOTELES, *De caelo*, III, 8, 306 a 3 - 307 b 25.
87 *Ibidem.*

quo numero hoc faciaut ipse non dixit, et si in aliquo numero forte hoc sunt viginti. De hoc autem alias, si Deo placet, profundius perscrutabor.

Quantum ad quartum articulum sciendum quod aliquod determinare sibi figuram a natura est ipsum habere aliquam figuram determinatam, et non posse habere aliam nisi violente.

Secundo est sciendum quod quaestio potest intelligi vel de totali elemento, vel de parte eius.

Tunc sit prima conclusio quod particulae elementorum non determinant sibi figuram naturaliter. Probatur, quia aliter et aliter possunt figurari, nunc triangulariter nunc quadrangulariter, secundum aliam et aliam figuram corporis continentis, sicut patet de aere et de aqua, absque eorum violentia et corruptione, qualiter non posset fieri de homine vel de asino.

Secundo, omne recipiens debet esse denudatum a natura recepti; modo elementa per mixtionem quamlibet figuram possunt recipi, nec aliquam sibi determinant nec aliquam habent sibi connaturalem: iam enim non possent aliam recipere. Sic enim arguit ARISTOTELES in *I° Physicorum*, et COMMENTATOR in *De substantia orbis,* quod materia prima nullam sibi determinat formam substantialem, nam tunc nullam aliam posset recipere.

Tamen contra illas probationes dubitatur: prima quidem probatio non videtur procedere de omnibus elementis: non enim concludit de terra quae est solida (illa enim non potest sic diversimode figurari secundum diversam figuram continentis).

Contra secundam probationem dubitatur similiter, quando dici-

---

90 faciunt] faciant *I* 90 dixit] dicit *V* 91 hoc] *om. V* 91 viginti] quattuor *add. V* 91 placet] placuerit *V* 93 aliquod] aliquid *V* 94 est] intelligo *V* 96 est] *om. V* 00 quadrangulariter etc.] quadrate *I* 1 et] *om. V* 3 de^{2}] *om. I* 4 esse] a natura *add. V sed del.* 4/5 recepti] p *add. V sed del.* 5 elementa per mixtionem] per mixtionem elementi *V* 6 aliquam^{2} habent] *inv. V* 6/7 connaturalem] naturalem *V (est in I S)* 8 in^{1}] *om. V* 9 sibi determinat] *inv. I* 11 illas] istas *I* 11 prima] primo *V* 13 sic] determinari *add. V sed del.* 15 secundam] secundum *V* 15 probationem] *om. V* 15 similiter] *om. V*

7/8 Cf. ARISTOTELES, *Physica*, I, 9, 192 a 25-34.
8/9 AVERROES, *De substantia orbis*, I, f. 3, L.

tur: recipiens debet esse etc., nam secundum hoc oporteret concedere quod etiam elementa non haberent formas substantiales, ex eo quod in mxtione quamlibet formam substantialem possunt recipere.

Ad illa respondetur. Ad primum dico quod, licet terra non figuretur ad figuram continentis, hoc non est quia forma eius substantialis determinet sibi figuram quam habet, sed hoc solum est propter duritiem, quia non est fluxibilis: etiam sufficit quod sine corruptione ipsa terra posset dividi et figurari aliter et aliter sine eius violentia.

Ad secundum illa bene probat quod oportet elementa carere formis substantialibus elementorum mixtorum, nam tales recipiunt immixtionem, non tamen propter hoc oportet elementa carere formis substantialibus elementaribus.

Ex ista conclusione sequitur quod non potest fieri transmutatio particulae elementi de figura in figuram quae sit ei violenta: patet hoc ex eo quod nulla est sibi naturalis; verumtamen potest //// esse F.V. 61ra
violentia aliunde in tali transmutatione sicut propter motum localem vel rarefactionem vel condensationem vel divisionem, licet non ratione figurationis.

Secunda conclusio: totalis sphaera elementi non determinat sibi aliquam figuram naturaliter. Probatur: quia totum homogeneum et quaelibet eius pars separata sunt eiusdem rationis, et non differunt nisi secundum magnum et parvum; et ideo consimilis est motus et locus talis totius et suae partis, et similiter consimilis figura, sed, per praecedentem conclusionem, pars elementi non determinat sibi aliquam figuram naturaliter; igitur nec totum.

Secundo, si elementa totalia determinarent sibi figuras, tunc, sicut differunt specie, determinarent sibi figuras differentes specie;

16/17 concedere] *om. I (est in S V)* 17 elementa] elementaliter *V* 20 illa] ista *I* 20 respondetur] *om. V* 20 primum] primam *V* 20 terra] *om. V* 20/21 figuretur] na *(dub.) add. V sed del.* 21/22 substantialis] *om. V* 22 determinet] determinat *V* 24 sine] sed *V* 26 illa] ista *I* 27 elementorum] *om. V* 31 particulae] *om. V (est in I S)* 32 quod] quia *I* 33 transmutatione] transmutare *V* 36 conclusio] quod *add. I* 36 sphaera] figura *V (est in I S)* 40 figura] figurae *V* 42 naturaliter] naturalem *V* 43 figuras] aliquam figuram naturalem *I* 44 specie[1]] *om. V* 44 differentes] distinctas *I (est in S V)* modo hoc est falsum, nam omnia sunt quasi sphaerica, sed illam non determinant sibi a natura, sed habent istam ratione continentis. Consequentia probatur, nam, sicut videmus in animalibus et aliis differentibus specie, quod, distincta specie, si determinant sibi figuras, determinant sibi figuras differentes specie.

Sed dubitatur primo de hoc quod eadem est figura totius homogenei et suae partis: nam aliqua particula aquae transmutatur de una figura in aliam, et tamen tota sphaera aquae manet consimilis figurae cuius fuit ante.

Secundo, dubitatur contra conclusionem in se: nam terra undique naturaliter movetur ad medium, ex hoc sequitur ipsam esse
F.I. J3[ra] rotundam, | sicut dicebatur *II° huius*; ideo ipsam esse rotundam videtur ei inesse naturaliter, sicut inest ei naturaliter undique moveri ad medium. Ad quod sequitur ipsam esse undique rotundam.

Tertio, ignis necessario est sphaericus, nam aliter esset vacuum prope sphaeram lunae; igitur videtur quod talem figuram ignis sibi determinat.

Ad illa respondetur. Ad primum bene concedo quod tota sphaera aquae et una pars aquae quodammodo se habent aliter quantum ad figuram; sed tamen hoc non est de per se, nec ratione formae substantialis aquae, sed per accidens et ex continente et ratione motus, quia facile est unam parvam particulam aquae transmutare et movere de continente in continens, et non est ita de tota sphaera aquae; tamen, si sic fieret, non propter hoc corrumperetur nec violentaretur.

Ad secundum dico quod non sequitur, si motus est naturalis et ex motu sequitur talis figuratio, quod talis figuratio sit naturalis figurato.

---

45 sunt quasi] *inv. I* 46 istam] illam *I* 48 distincta specie, si determinant figuras] *om. S V* 49 differentes] distinctas *I* 51 suae] sui *I* 58 moveri] movere *V* 60 necessario] naturaliter *scr. V sed del. et s.v.* necessario *add.* 62 determinat] etc. *add. I* 63 illa] ista *I* 63 respondetur] *om. V* 63 primum] primam *V* 63 concedo] *om. V* 69 non propter hoc] propter hoc non *V* 71 est] sit *I* 72/73 figurato] figuratio *I (est in S V)*

56 ARISTOTELES, *De caelo*, II, 14, 297 a 8.

Ad tertium dico quod, licet ignis sit necessario sphaericus, non tamen naturaliter a forma sua, sed ab alio, scilicet a continente, scilicet a caelo, quod est sphaericum.

Ad rationes. Ad primam illa bene probat quod quodlibet elementum est figuratum; sed quod illam figuram per suam naturam sibi determinet, hoc non concluditur.

Ad secundam dico quod, licet non sint nisi quinque corpora regularia secundum speciem, non tamen oportet quod quodlibet corporum simplicium unam illarum figurarum talis corporis sibi determinet, nam, si sic, sicut arguit ARISTOTELES, oporteret esse vacuum, quod natura abhorret. Nec ratio illa est aliud quam quaedam concordantia et persuasio, secundum quas non est procedendum in naturalibus, sed magis ibi est procedendum secundum experientiam.

Ad tertiam dico quod elementa ex sui natura non determinata sunt ad maximum vel ad minimum, nam dicitur *II° De anima* quod ignis cresceret in infinitum, si in infinitum combustibile apponeretur; sed, si elementa determinata sunt ad maximum vel ad minimum, hoc non est ex eorum natura sed magis a continente. Et iuxta illud proportionaliter exponatur illud quod dictum est omnium natura constantium.

Ad quartam dico quod aqua habet figuram sphaericam; hoc autem non est immediate a forma sua sed | quodammodo ex consequente, scilicet propter locum et distantiam eius a centro mundi, sicut ostensum est *II° huius*. F.I. $J3^{rb}$

Ad quintam, de guttulis aquae quae sunt sphaericae, dico quod hoc non est a forma aquae, sed magis propter fugam contrarii, nam

---

74 necessario] necessarius *V* 75 naturaliter] movetur *add. V sed del.* 77 illa] ista *V* 78 figuratum] per naturam *add. V* 78 illam] istam *I* 78 suam] *om. I* 83 si sic] *om. V* 84 illa] ista *I* 86 ibi est] *inv. V* 86/87 experientiam] experientias *V* 88 sua] sui *I* 89 vel] nec *V* 90 in^2] *om. I* 93 illud] hoc *V* 94 constantium] etc. *add. I* 95/96 hoc autem] *om. V* 96 ex] forma sua *add. V sed del. et exp.* 00 forma] sua *add. V sed del.* 00 fugam] suum *S*; figuram *V*

83 ARISTOTELES, *De caelo*, III, 8, 306 a 3 - 307 b 25.
89 ARISTOTELES, *De anima*, II, 4, 416 a 15-16.
98 Cf. *supra*, L. II, Q, 6 et 7.

illa est figura, scilicet sphaerica, in qua partes sunt magis unitae et magis possunt resistere corrumpenti; et ideo quodlibet, quantum potest, tendit ad istam figuram nisi aliud impediat, sicut gravitas vel durities, et maxime quando est in parva quantitate; nec hoc solum convenit aquae sed etiam aliis liquidis, sicut patet de argento vivo.

Ad sextam, dico quod hoc non est propter hoc quod ignis talem F.V. G1^{rb} //// figuram sibi determinet; sed hoc est magis propter aerem circumstantem corrumpentem illam flammam et diminuentem, quanto remotius est ab eius origine. Et sic est finis quaestionum super totalem librum *De caelo et mundo* conscriptarum per Magistrum Albertum reverendum de racinetdorp parisius dictum Saxonia, iuxta ea quae didicit a magistris suis de venerabili Facultate Artium parisiensium. Deo gratias.

Expliciunt quaestiones quattuor librorum *De caelo et mundo* compilatae et finitae Anno Domini 1366° die dominica qua Cantatur invocavit.

---

5 etiam] *om. I* 7 est magis] *inv. I* 9 remotius est] *inv. I* 9/19 Et sic...Straminis] Et sic cum Dei laude terminatur quaestio, et per consequens *III^{us}* liber, sicque totalis liber, qui, ut visum est, in tres partiales libros distributus est. Cuius I^{i} omnes quaestiones fundatae sunt super textus *I^{i}* libri Aristotelis, praeter ultimam, quae fundata est super primo textu II^{i} libri De caelo Aristotelis; similiter quaestiones omnes II^{i} libri fundatae sunt super textus II^{i} libri De caelo Aristotelis, praeter decimam quartam quaestionem, quae fundata est super 89um textum I^{i} Caeli Aristotelis; quaestiones autem huius III^{i} omnes sunt fundatae super textum IV^{i} libri De caelo Aristotelis, praeter quintam, duodecimam et decimam tertiam, quae fundatae sunt super textus III^{i} libri De caelo Aristotelis, ut patuit. – Expliciunt quaestiones praeclarissimi doctoris Albert de Saxonia super quattuor libros De caelo et mundo Aristotelis, diligentissime emundatae per eximium artium et medicinae doctorem magistrum Hieronimum Surianum Venetum, filium domini magistri Iacobi Suriani, physici praestantissimi. Impressae autem Venetiis arte Boneto Locatellis Bergomensis; impensa vero nobilis viri Octaviani Scoti civis Modoetiensis, anno salutis nostrae 1492, nono calendae novembris, ducante inclito principe Augustino Barbadico *I*; Et sic cum Deo adiutorio finitae sunt quaestiones super totalem librum De caelo et mundo per Magistrum Albertum de Saxonia iuxta illa quae didicit a Magistris suis Parisius in Facultate artium anno Domini 1368 *P*; Et sic sit finis super totalem librum quaestionum De caelo et

10 ARISTOTELES, *De caelo*, IV, 6, 313 b 23.

Hic est finis quaestionum Reverendi magistri Alberti de Saxonia magistri parisiensis ante Artium Facultatem supra totalem librum *Caeli et mundi* Aristotelis lectae parisius in vico Straminis.

---

mundo. Deo gratias. Et cetera ante leyith. – Expliciunt quaestiones totius libri De caelo per reverendum magistrum abertum compilatae et finitae sub anno Domini 1369°. Et cetera rinifleyith *S*

Tables

Table des sources
des *Quaestiones in De caelo*
d'Albert de Saxe

Cette Table comprend toutes les sources (explicites ou implicites (fort rares)) données par le texte des Quaestiones. L'indication figurant avant le signe = identifie la division (Livre) et/ou le chapitre du titre mentionné. Le chiffre qui figure après le signe = désigne la page où le lecteur pourra trouver la référence.

ÆGIDIUS ROMANUS
De materiali caeli compositione
= 59, 60, 63. 16
=

ALBERTUS MAGNUS
De causis...
L. II,tract., I = 389, 390, 399, 400

De natura loci
= 440

In De caelo
L. II = 413

ALHAZEN
Opticae libri septem
II = 235

ALPETRAGIUS (AL BITRÛJÎ)
De motibus caelorum
V = 280, 349, 350, 360, 364, 419

ARCHIMEDES
De isoperimetris
= 261, 263

ARISTOTELES
Analytica posteriora
L. I, 4 = 128

Analytica priora
L. I, 1 = 308

Categoriae
3 = 474
6 = 114

De anima
L. II, 4 = 93, 97, 150, 171, 330, 525, 539
5 = 189
7 = 157, 407
12 = 473
L. III, 4 = 217
5 = 215
9 = 238

De caelo
L. I, 1 = 7, 72, 231, 234, 236, 448
2 = 7, 9, 10, 11, 15, 17, 18, 20, 26, 33, 35, 36, 37, 39, 43, 45, 47, 69, 238, 255, 256, 268, 278, 289, 290, 293, 307, 338, 348, 375, 382, 383, 424, 505, 507, 519
3 = 10, 62, 70, 308, 314, 318
5 = 84, 88, 89, 141, 155, 182
6 = 93, 94, 100, 151, 229, 327
7 = 57, 85, 129, 130
8 = 142, 143, 149
9 = 8, 55, 56, 65, 66, 132, 134, 148, 152, 209, 298, 326
10 = 152, 234
11 = 155, 166, 180, 181, 184, 192, 207, 222, 223, 226
12 = 195, 203, 206, 207, 208, 211, 213, 221, 226, 227, 233, 235
L. II, 1 = 118, 236, 294, 437
2 = 238, 245, 247, 251, 256, 307
3 = 302, 303, 308
4 = 437, 526
5 = 287
6 = 222, 322, 332, 334, 335
7 = 37, 38, 42, 371, 381, 387, 390
8 = 376, 381, 412
9 = 353
10 = 293, 348, 356, 357, 359, 364, 365
13 = 302, 415, 425
14 = 261, 418, 416, 421, 424, 430, 447, 538
III, 1 = 57, 66, 448, 449, 477, 479, 486
3 = 451, 473
4 = 450, 526
6 = 217
8 = 526, 527, 528, 531, 535, 539

L. IV, 1 = 448, 449, 452, 492

3 = 178, 473, 491, 492, 496, 501
5 = 456, 457, 483, 485
6 = 526, 540

De generatione et corruptione
L. I, 1 = 196, 228
3 = 313
4 = 296, 310
5 = 330
7 = 509
10 = 28
L. II, 1 = 40, 448, 449, 495
2 = 473
8 = 60, 309, 407, 483
9 = 314, 318
10 = 195, 204, 310, 405, 495
11 = 221, 245

De interpretatione
9 = 220, 225

De morte et vita
3 = 249, 252

De motibus animalium
2 = 291
4 = 246, 247, 288, 303

De partibus animalium
L. IV, 5 = 405

De sensu et sensato
3 = 184
6 = 478, 482

De somno et vigilia
1 = 294, 300

Ethica ad Nicomachum
L. III, 1 = 13

Metaphysica
L. II (a), 2 = 86, 87, 314
L. V (D), 2 = 71
6 = 56, 58, 66
15 = 114
L. VII (Z), 10 = 59
L. VIII (H), 1 = 59
L. X (I), 5 = 309
L. XII (L), 7 = 61
8 = 56, 153, 273, 274, 297, 298
9 = 74, 235, 273, 387
10 = 153

Meteora
L. I, 2 = 70, 310, 314, 320, 407
3 = 9, 293, 315, 369, 370,371, 404
7 = 39
8 = 379, 381, 390
12 = 404
L. II, 5 = 244, 248, 446
L. IV, 1 = 205, 406, 473
4 = 199
9 = 341
12 = 38

Physica
L. I, 2 = 58, 68, 525
4 = 82, 423
7 = 62
9 = 153, 197, 536
L. II, 1 = 12, 28, 56, 57, 422, 500
7 = 491

L. III, 2 = 371
5 = 119
7 = 122
L. IV, 1 = 89
3 = 68
4 = 81, 115, 140, 268, 491
5 = 24, 288
7 = 140, 452
8 = 143
11 = 134, 162
14 = 315, 319
L. V, 1 = 315
3 = 49
4 = 13
L. VI, 1 = 65, 477
2 = 116, 162
4 = 8
7 = 88
10 = 315
L. VII, 1 = 500, 506, 511
2 = 166, 495
5 = 292
L. VIII, 4 = 491, 496, 497, 500, 501
6 = 222, 229, 297
9 = 84
10 = 84, 244, 317

AVERROES
De substantia orbis
1 = 44, 56, 57, 66, 67, 536
2 = 413

In De anima
L. III, comm. 1 = 217
comm. 5 = 217
comm. 74 = 39

In De caelo
L. I, comm. 5 = 20, 280, 285
comm. 20 = 216
comm. 93 = 206
comm.117 = 184
comm.128 = 213
L. II, comm. 3 = 294
comm. 12 = 244
comm. 13 = 251
comm. 21 = 305
comm. 35 = 382, 391
comm. 42 = 383, 399
comm. 46 = 268, 277
comm. 49 = 412
comm. 52 = 353, 390
comm. 53 = 379, 381
comm. 57 = 452
comm. 58 = 177
comm. 59 = 254
comm. 111= 255
comm.135 = 214
L. III, comm. 57 = 452
L. IV, comm. 22 = 491
comm. 39 = 464, 469
comm. 40 = 484
comm. 66 = 526, 527, 531, 532, 533, 534, 535
comm. 68 = 526, 528

In Metaphysicam
L. XIIcomm. 44 = 153, 285

In Physicam
L. I, comm. 83 = 222
L. III, comm. 35 = 119
L. IV, comm. 57 = 452
comm. 66 = 520
L. VIII,comm.27 = 497
comm. 84 = 222

AVICENNA
Liber de philosophia prima
tract. VI = 401, 403
tract. IX = 328, 400

EUCLIDES
Elementa
I = 92, 102, 115, 116, 268, 529, 530
III = 58, 100, 103, 118
V = 118, 120
XII = 175
XIII = 53, 54

HISSETTE, ROLAND
Enquête sur les 219 articles
= 94, 304

IOANNES BURIDANUS
Expositio in De caelo
L. I, tract. IV = 227

Quaestiones in De caelo
L. I, Q. 22 = 425
Q. 23 = 435

IOANNES CAMPANUS
Theorica planetarum
II = 402, 445

IOANNES DE SACROBOSCO
De sphaera = 70, 440

ISIDORUS
Etymologiae
= 440

MACROBIUS
De somno Scipionis
cap. XVII = 400

NICOLAUS ORESME
In De caelo
L. II, Q. 13 = 425, 435

PETRUS DE ALVERNIA
Quaestiones In De caelo
= 371

PSALMUS
... = 354

PLATO
Timaeus
35 = 15

PSEUDO-ARCHIMEDES
De insidentibus in humidum
= 147

PSEUDO-ARISTOTELES
De causis proprietatum elementorum
= 389, 390, 399, 400, 401

PSEUDO-AVICENNA
De divisione locorum habitabilium
= 440

PTOLEMAEUS
Almagesti opus
IV = 280, 281,

285, 348, 350, 360
V = 285, 348
X = 282

THÂBIT IBN QURRA
De ponderibus
I, = 147, 275, 276, 345, 466

THOMAS DE AQUINO
In De caelo
L. I, lect. VI = 59, 60, 62, 63

In Physicam
I, lect. IX = 423

L. VII, lect. I = 511

WITELO
Opticae libri decem
VIII = 235

Table des matières des *Quaestiones in De caelo* d'Albert de Saxe

LIBER I

Q. 1. Utrum cuilibet corpori simplici insit naturaliter tantum unusmotus simplex 7
Q. 2 Utrum in mundo sint quinque corpora simplicia distincta secundum speciem, scilicet quattuor elementa et caelum seu quinta essentia 37
Q. 3 Utrum praeter quattuor elementa et caelum sit ponendum sextum corpus simplex secundum speciem 45
Q. 4 Utrum totalis mundus aggregatus ex quinque dictis corporibus simplicibus sit unum ens continuum 55
Q. 5 Utrum mundus sit sphaericus 69
Q. 6 Utrum possit esse aliquod corpus infinitum immobile 75
Q. 7 Utrum possit esse aliquod corpus infinitum mobile circulariter 84
Q. 8 Utrum possit esse aliquod corpus infinitum mobile motu recto 93
Q. 9 Utrum aliqua magnitudo, sive corporea sive linealis sive superficialis, sit vel possit esse infinita 98
Q. 10 Utrum unum infinitum possit esse maius vel minus alio, si essent plura infinita, sive utrum unum infinitum sit comparabile alteri 117

Q. 11 Utrum totalis mundus sit magnitudo finita vel infinita 130
Q. 12 Utrum, supposito quod essent plures mundi, terra unius mundi moveretur ad medium alterius mundi 141
Q. 13 Utrum sint vel possint esse plures mundi 150
Q. 14 Utrum quaelibet potentia activa terminetur per maximum in quod potest agere 155
Q. 15 Utrum quaelibet potentia passiva terminetur per minimum a quo potest pati. 184
Q. 16 Utrum omne ens habeat potentiam respectu suae durationis per maximum tempus per quod potest durare 194
Q. 17 Utrum omne corruptibile necessario corrumpetur . . . 205
Q. 18 Utrum aliquid de novo genitum possit perpetuari, et aliquod aeternum possit corrumpi 212
Q. 19 Utrum generabile et corruptibile convertantur ad invicem, et similiter ingenerabile et incorruptibile 220
Q. 20 Utrum mundus sit perpetuus 228

LIBER II

Q. 1 Utrum in caelo sint sursum et deorsum, ante et retro, dextrum et sinistrum 237
Q. 2 Utrum in caelo debeat sumi sursum et deorsum secundum polos, ita quod unus polorum sit sursum et alter deorsum 244
Q. 3 Utrum polus arcticus, scilicet polus nobis apparens, sit deorsum, et alter, scilicet antarcticus, sit sursum 250
Q. 4 Utrum sursum, deorsum, etc. reperiantur in caelo ex natura rei, vel solum in habitudine ad nos 254
Q. 5 Utrum caelum sit figurae sphaericae 261
Q. 6 Utrum sphaerae caelestes seu orbes sint octo vel novem vel plures vel pauciores 267

Q. 7 Utrum ad salvandum illa quae apparent ex motibus planetarum oporteat ponere orbes excentricos et epicyclos 278
Q. 8 Utrum omne caelum sit mobile, vel sit ponendum aliquod caelum quiescens, accipiendo caelum pro orbe caelesti 286
Q. 9 Utrum caelum moveatur cum poena et fatigatione . . . 292
Q. 10 Utrum illa consequentia sit bona: «caelum movetur, igitur necesse est terram quiescere» 301
Q. 11 Utrum ista consequentia sit bona: «caelum semper movetur, igitur necesse est ipsum moveri pluribus motibus» 307
Q. 12 Utrum illa consequentia sit bona: «si necesse est generationes et corruptiones esse hic inferius, necesse est esse plures motus caelestes» . . . 313
Q. 13 Utrum motus caeli ab oriente in occidentem sit regularis 320
Q. 14 Utrum omnis motus regularis sit velocior in fine quam in principio 330
Q. 15 Utrum sphaerae caelestes, sicut sunt sphaerae planetarum, pluribus moveantur motibus, scilicet ab oriente in occidentem motu diurno et ab occidente in orientem motu proprio 347
Q. 16 Utrum corpora caelestia suis motibus causent sonum 353
Q. 17 Utrum orbes inferiores planetarum velocius debeant moveri motibus propriis quam orbes superiores 358
Q. 18 Utrum sol et luna paucioribus debeant moveri motibus quam alii planetae 364
Q. 19 Utrum sphaera solis per suum motum magis calefaciat ista inferiora quam alii sphaerae . . . 369
Q. 20 Utrum stellae moveantur per se vel moveantur solum ad motum sui orbis 375
Q. 21 Utrum omnia astra sint ad invicem eiusdem speciei specialissimae 381
Q. 22 Utrum omnia astra alia a sole habeant lumen suum a sole vel a se 393

Q. 23 Utrum omnia astra sint generativa caliditatis per lumen in istis inferioribus . . . .
Q. 24 Utrum macula illa quae apparet in luna causetur ex diversitate partium lunae vel ab aliquo extrinseco 411
Q. 25 Utrum terra sit in medio mundi sicut punctus respectu caeli naturaliter situata 415
Q. 26 Utrum terra in medio caeli seu in medio mundi semper quiescat vel semper moveatur 422
Q. 27 Utrum totalis terra sit sphaerica 429
Q. 28 Utrum totalis terra sit habitabilis 437

LIBER III-IV

Q. 1 Utrum aliquod elementum sit simpliciter grave et aliquod simpliciter leve et aliquod in respectu 450
Q. 2 Utrum quodlibet corpus quod est alio gravius in aere sit eodem gravius in aqua 459
Q. 3 Utrum aliquod elementum sit grave in suo loco proprio 464
Q. 4 Utrum gravitas et levitas sint formae substantiales gravis et levis 472
Q. 5 Utrum ex parte gravitatis et levitatis concludi possit corpora non esse composita ex indivisibilibus 477
Q. 6 Utrum ex parte gravitatis et levitatis possit concludi numerus quaternarius elementorum 483
Q. 7 Utrum loca naturalia gravium et levium sint causae suorum motuum 490
Q. 8 Utrum grave vel leve moveatur naturaliter sursum vel deorsum a suo generante vel a removente prohibens 495
Q. 9 Utrum gravia et levia moveantur active a gravitate et levitate 500
Q. 10 Utrum formae secundum quas fiunt motus gravium et levium sint naturaliter mobiles secundum locum, sicut est forma terrae vel forma ignis 505

Q. 11 Utrum gravia appetant descendere per lineas brevissimas 512
Q. 12 Utrum aer naturaliter moveatur in proiectione lapidis vel alicuius alterius proiecti in eo 517
Q. 13 Utrum elementa quattuor determinent sibi figuras a natura 525

Table des sources 543
Table des matières 551

Achevé d'imprimer le 15e jour de mai
de l'année deux mille huit sur les presses
de l'imprimerie Orientaliste, Leuven